U0385542

"十三五"国家重点图书出版规划项目

高端集成电路制造工艺丛书

等离子体蚀刻

及其在大规模集成电路制造中的应用

第2版

张海洋　等 编著

清华大学出版社

北 京

内容简介

本书共 10 章,基于公开文献全方位地介绍了低温等离子体蚀刻技术在半导体产业中的应用及潜在发展方向。以低温等离子体蚀刻技术发展史开篇,对传统及已报道的先进等离子体蚀刻技术的基本原理做相应介绍,随后是占据了本书近半篇幅的逻辑和存储器产品中等离子体蚀刻工艺的深度解读。此外,还详述了逻辑产品可靠性及良率与蚀刻工艺的内在联系,聚焦了特殊气体及特殊材料在等离子体蚀刻方面的潜在应用。最后是先进过程控制技术在等离子体蚀刻应用方面的重要性及展望,以及虚拟制造在集成电路发展中的应用。

本书可以作为从事等离子体蚀刻工艺研究和应用的研究生、科研人员和工程技术人员的参考书籍。

本书封面贴有清华大学出版社防伪标签,无标签者不得销售。

版权所有,侵权必究。举报:010-62782989,beiqinquan@tup.tsinghua.edu.cn。

图书在版编目(CIP)数据

等离子体蚀刻及其在大规模集成电路制造中的应用/张海洋等编著. —2 版. —北京:清华大学出版社,2023.1(2024.9 重印)

(高端集成电路制造工艺丛书)

ISBN 978-7-302-61439-5

Ⅰ.①等… Ⅱ.①张… Ⅲ.①大规模集成电路－集成电路工艺－等离子刻蚀 Ⅳ.①TN405.98

中国版本图书馆 CIP 数据核字(2022)第 136178 号

责任编辑:文 怡
封面设计:王昭红
责任校对:李建庄
责任印制:沈 露

出版发行:清华大学出版社
    网 址:https://www.tup.com.cn,https://www.wqxuetang.com
    地 址:北京清华大学学研大厦 A 座 邮 编:100084
    社 总 机:010-83470000 邮 购:010-62786544
    投稿与读者服务:010-62776969,c-service@tup.tsinghua.edu.cn
    质量反馈:010-62772015,zhiliang@tup.tsinghua.edu.cn
    课件下载:https://www.tup.com.cn,010-83470236
印 装 者:三河市龙大印装有限公司
经 销:全国新华书店
开 本:185mm×260mm 印 张:27.25   字 数:698 千字
版 次:2018 年 2 月第 1 版 2023 年 1 月第 2 版   印 次:2024 年 9 月第 3 次印刷
印 数:2501～3500
定 价:149.00 元

产品编号:091747-01

未来十年是以开放式创新为标识的物联网高速发展的时期,是新硬件时代即将开启的黎明。全球物联网规模化的期望已经使世界半导体行业成为蓝海。芯片技术、传感器、云计算的有机结合会让万物相连和无处不在的高度智能化成为可能。而低功耗、小尺寸和稳定性强的芯片是实现未来的智能家居、可穿戴设备、无人驾驶汽车、多轴无人飞行器、机器人厨师等新生事物的基石。顺应时代的需求,2014年《国家集成电路产业发展推进纲要》出台,并推出十年千亿扶植基金计划。2015年政府工作报告中首次提出"中国制造2025"规划,其中集成电路放在新一代信息技术产业的首位。这些对于集成电路制造业核心工艺技术之一的低温等离子体蚀刻的发展无疑既是机遇又是严峻的考验和挑战。

在摩尔定律提出50周年的2015年,英特尔、三星、台积电等公司均进入14/16nm FinFET工艺量产阶段。2016年在台积电公司的2020年技术路线发展蓝图上,EUV工艺因其提高密度、大幅简化工艺而第一次成为5nm量产标配。2016—2020这5年间,10nm、7nm甚至5nm依次量产,由此可见技术节点更迭依然摧枯拉朽,丝毫不见摩尔定律脚步迟滞的迹象。FinFET教父胡正明教授在2016年坦言:半导体行业还有百年的繁荣。5nm之后,可预见到的还有7~8个技术节点,未来集成电路的发展方向大体可以分成三类:①依靠半导体制造工艺改进持续缩小数字集成电路的特征尺寸的More Moore;②依靠电路设计以及系统算法优化提升系统性能的More than Moore;③依靠开发CMOS以外的新器件提升集成电路性能的Beyond CMOS。总体方针是从PPAC(功率、性能、面积和成本)四个方向续写微缩神话。应运而生的新结构有GAA(纳米片环栅)、CFET(互补晶体管)、BPDN(背面功率分配)以及新型封装技术Chipset(小芯片)。而存储器是芯片制造领域的另一制高点,它与数据相伴而生且需求量巨大。在传统存储器DRAM、NAND Flash等遭遇微缩瓶颈的境况下,目前全球半导体巨擘皆正大举发展次世代存储器,如磁阻式随机存取存储器、相变存储器及电阻式动态随机存取存储器。在这些新兴领域里,等离子体蚀刻依然扮演着不可或缺的重要角色。

过去半个世纪中,蚀刻技术已从简单的各向同性灰化发展到离子能量分布/电子能量分布级的精密控制技术。本书的内容基于已经公开发表的文献以及蚀刻团队对等离子体蚀刻在集成电路体制造应用的全面深刻理解,共分10章,包括低温等离子体半导体蚀刻技术的基本原理;等离子体蚀刻技术发展史及前沿蚀刻技术的前瞻,诸如原子层蚀刻、中性粒子束蚀刻、离子束蚀刻、带状束定向蚀刻以及异步脉冲蚀刻等;逻辑制程的经典蚀刻过程介绍;传统及各种新型存储器中等离子体蚀刻技术的解读;蚀刻过程相关的缺陷聚焦;蚀刻过程和产品可靠性及良率的已知关联;特殊气体在蚀刻中潜在应用的探索;特殊材料蚀刻的综述涉及了三五族元素、石墨烯、黑磷、拓扑材料以及自组装材料等;先进控制过程在等离子体蚀刻过程中应用涵盖了等离子体蚀刻过程的模型建立,已公开的先进控制技术实例,未来可能的黑灯工厂的全厂控制系统的架构;虚拟制造在集成电路发展中的应用。

　　本书是年轻的蚀刻团队在百忙之中历时数年完成。希望本书对于等离子体蚀刻在高端半导体制造中的研发和应用能够管窥一斑,也希望它能成为有意愿致力于半导体高端制造等离子体蚀刻工艺应用的科研人员、工程技术人员的参考书籍。因经验有限,不妥之处,还请诸位专家、学者及工程技术人员斧正。

张海洋

2022 年 9 月于上海浦东张江

目录

CONTENTS

第1章　低温等离子体蚀刻技术发展史 ……………………………………………… 1

　1.1　绚丽多彩的等离子体世界 …………………………………………………… 3

　1.2　低温等离子体的应用领域 …………………………………………………… 4

　1.3　低温等离子体蚀刻技术混沌之初 …………………………………………… 5

　1.4　低温等离子体蚀刻技术世纪初的三国演义 ………………………………… 7

　1.5　三维逻辑和存储器时代低温等离子体蚀刻技术的变迁 …………………… 9

　1.6　华人在低温等离子体蚀刻机台发展中的卓越贡献 ………………………… 11

　1.7　未来低温等离子体蚀刻技术展望 …………………………………………… 12

　参考文献 …………………………………………………………………………… 13

第2章　低温等离子体蚀刻简介 ……………………………………………………… 15

　2.1　等离子体的基本概念 ………………………………………………………… 17

　2.2　低温等离子体蚀刻基本概念 ………………………………………………… 18

　2.3　等离子体蚀刻机台简介 ……………………………………………………… 23

　　2.3.1　电容耦合等离子体机台 ………………………………………………… 23

　　2.3.2　电感耦合等离子体机台 ………………………………………………… 24

　　2.3.3　电子回旋共振等离子体机台 …………………………………………… 25

　　2.3.4　远距等离子体蚀刻机台 ………………………………………………… 25

　　2.3.5　等离子体边缘蚀刻机台 ………………………………………………… 26

　2.4　等离子体先进蚀刻技术简介 ………………………………………………… 27

　　2.4.1　等离子体脉冲蚀刻技术 ………………………………………………… 27

　　2.4.2　原子层蚀刻技术 ………………………………………………………… 31

　　2.4.3　中性粒子束蚀刻技术 …………………………………………………… 34

　　2.4.4　带状束方向性蚀刻技术 ………………………………………………… 35

　　2.4.5　气体团簇离子束蚀刻技术 ……………………………………………… 37

　参考文献 …………………………………………………………………………… 40

第3章　等离子体蚀刻在逻辑集成电路制造中的应用 …………………………… 43

　3.1　逻辑集成电路的发展 ………………………………………………………… 45

3.2 浅沟槽隔离蚀刻 ·· 46
   3.2.1 浅沟槽隔离的背景和概况 ··· 46
   3.2.2 浅沟槽隔离蚀刻的发展 ··· 47
   3.2.3 膜层结构对浅沟槽隔离蚀刻的影响 ························· 48
   3.2.4 浅沟槽隔离蚀刻参数影响 ·· 51
   3.2.5 浅沟槽隔离蚀刻的重要物理参数及对器件性能的影响 ··· 53
   3.2.6 鳍式场效应晶体管中鳍(Fin)的自对准双图形的蚀刻 ··· 54
   3.2.7 鳍式场效应晶体管中的物理性能对器件的影响 ········· 57
   3.2.8 浅沟槽隔离蚀刻中的负载调节 ································· 58
3.3 多晶硅栅极的蚀刻 ·· 62
   3.3.1 逻辑集成电路中的栅及其材料的演变 ····················· 62
   3.3.2 多晶硅栅极蚀刻 ··· 63
   3.3.3 台阶高度对多晶硅栅极蚀刻的影响 ························· 66
   3.3.4 多晶硅栅极的线宽粗糙度 ·· 68
   3.3.5 多晶硅栅极的双图形蚀刻 ·· 71
   3.3.6 鳍式场效应晶体管中的多晶硅栅极蚀刻 ················· 73
3.4 等离子体蚀刻在锗硅外延生长中的应用 ································· 75
   3.4.1 西格玛形锗硅沟槽成型控制 ····································· 77
   3.4.2 蚀刻后硅锗沟槽界面对最终西格玛形沟槽形状及
        硅锗外延生长的影响 ··· 79
3.5 伪栅去除 ··· 81
   3.5.1 高介电常数金属栅极工艺 ·· 81
   3.5.2 先栅极工艺和后栅极工艺 ·· 82
   3.5.3 伪栅去除工艺 ··· 82
3.6 偏置侧墙和主侧墙的蚀刻 ·· 86
   3.6.1 偏置侧墙的发展 ··· 86
   3.6.2 侧墙蚀刻 ··· 87
   3.6.3 先进侧墙蚀刻技术 ·· 88
   3.6.4 侧墙蚀刻对器件的影响 ··· 89
3.7 应力临近技术 ··· 90
   3.7.1 应力临近技术在半导体技术中的应用 ····················· 90
   3.7.2 应力临近技术蚀刻 ·· 92
3.8 接触孔的等离子体蚀刻 ·· 93
   3.8.1 接触孔蚀刻工艺的发展历程 ····································· 93
   3.8.2 接触孔掩膜层蚀刻步骤中蚀刻气体对接触孔尺寸及
        圆整度的影响 ··· 94
   3.8.3 接触孔主蚀刻步骤中源功率和偏置功率对接触孔侧壁
        形状的影响 ··· 97
   3.8.4 接触孔主蚀刻步骤中氧气使用量的影响及优化 ········· 98
   3.8.5 接触孔蚀刻停止层蚀刻步骤的优化 ························· 100

3.8.6 晶圆温度对接触孔蚀刻的影响 ·· 102
3.9 后段互连工艺流程及等离子体蚀刻的应用 ·································· 103
   3.9.1 后段互连工艺的发展历程 ·· 103
   3.9.2 集成电路制造后段互连工艺流程 ·································· 105
3.10 第一金属连接层的蚀刻 ·· 110
   3.10.1 第一金属连接层蚀刻工艺的发展历程 ·································· 110
   3.10.2 工艺整合对第一金属连接层蚀刻工艺的要求 ······· 113
   3.10.3 第一金属连接层蚀刻工艺参数对关键尺寸、轮廓图形及
       电性能的影响 ································ 114
3.11 通孔的蚀刻 ·· 116
   3.11.1 工艺整合对通孔蚀刻工艺的要求 ·································· 116
   3.11.2 通孔蚀刻工艺参数对关键尺寸、轮廓图形及电性能的影响 ·········· 116
3.12 金属硬掩膜层的蚀刻 ·· 120
   3.12.1 金属硬掩膜层蚀刻参数对负载效应的影响 ·················· 121
   3.12.2 金属硬掩膜层材料应力对负载效应的影响 ·················· 123
   3.12.3 金属硬掩膜层蚀刻侧壁轮廓对负载效应的影响 ··········· 124
3.13 介电材料沟槽的蚀刻 ·· 125
   3.13.1 工艺整合对介电材料沟槽蚀刻工艺的要求 ·················· 125
   3.13.2 先通孔工艺流程沟槽蚀刻工艺参数对关键尺寸、
       轮廓图形及电性能的影响 ································ 125
   3.13.3 金属硬掩膜先沟槽工艺流程沟槽蚀刻工艺对关键尺寸、
       轮廓图形及电性能的影响 ································ 129
3.14 钝化层介电材料的蚀刻 ·· 133
3.15 铝垫的金属蚀刻 ·· 133
参考文献 ·· 137

第4章 等离子体蚀刻在存储器集成电路制造中的应用 ························ 141
4.1 闪存的基本介绍 ·· 143
   4.1.1 基本概念 ·· 143
   4.1.2 发展历史 ·· 143
   4.1.3 工作原理 ·· 143
   4.1.4 性能 ·· 144
   4.1.5 主要厂商 ·· 145
4.2 等离子体蚀刻在标准浮栅闪存中的应用 ·································· 147
   4.2.1 标准浮栅闪存的浅槽隔离蚀刻工艺 ·································· 148
   4.2.2 标准浮栅闪存的浅槽隔离氧化层回刻工艺 ·················· 152
   4.2.3 标准浮栅闪存的浮栅蚀刻工艺 ·································· 154
   4.2.4 标准浮栅闪存的控制栅极蚀刻工艺 ·································· 157
   4.2.5 标准浮栅闪存的侧墙蚀刻工艺 ·································· 162
   4.2.6 标准浮栅闪存的接触孔蚀刻工艺 ·································· 163

　　　　4.2.7　特殊结构闪存的蚀刻工艺 ·· 180
　　　　4.2.8　标准浮栅闪存的 SADP 蚀刻工艺 ························· 182
　　4.3　3D NAND 关键工艺介绍 ··· 186
　　　　4.3.1　为何开发 3D NAND 闪存 ································· 186
　　　　4.3.2　3D NAND 的成本优势 ·· 187
　　　　4.3.3　3D NAND 中的蚀刻工艺 ······································ 190
　　4.4　新型存储器与系统集成芯片 ··· 195
　　　　4.4.1　SoC 芯片市场主要厂商 ··· 197
　　　　4.4.2　SoC 芯片中嵌入式存储器的要求与器件种类 ········· 197
　　4.5　新型相变存储器的介绍及等离子体蚀刻的应用 ············· 200
　　　　4.5.1　相变存储器的下电极接触孔蚀刻工艺 ·················· 200
　　　　4.5.2　相变存储器的 GST 蚀刻工艺 ······························ 203
　　4.6　新型磁性存储器的介绍及等离子体蚀刻的应用 ············· 204
　　4.7　新型阻变存储器的介绍及等离子体蚀刻的应用 ············· 210
　　4.8　新型存储器存储单元为何多嵌入在后段互连结构中 ······· 212
　　　　4.8.1　新型存储器存储单元在后段互连结构中的嵌入形式 ··· 212
　　　　4.8.2　存储单元连接工艺与标准逻辑工艺的异同及影响 ···· 213
　　参考文献 ·· 215

第5章　等离子体蚀刻工艺中的经典缺陷介绍 ·························· 219
　　5.1　缺陷的基本介绍 ·· 221
　　5.2　等离子体蚀刻工艺相关的经典缺陷及解决方法 ············· 222
　　　　5.2.1　蚀刻机台引起的缺陷 ··· 222
　　　　5.2.2　工艺间的互相影响 ··· 229
　　　　5.2.3　蚀刻工艺不完善所导致的缺陷 ····························· 236
　　参考文献 ·· 243

第6章　特殊气体及低温工艺在等离子体蚀刻中的应用 ············ 245
　　6.1　特殊气体在等离子体蚀刻中的应用 ······························ 247
　　　　6.1.1　气体材料在半导体工业中的应用及分类 ·············· 247
　　　　6.1.2　气体材料在等离子体蚀刻中的应用及解离原理 ····· 251
　　　　6.1.3　特殊气体等离子体蚀刻及其应用 ························· 252
　　6.2　超低温工艺在等离子体蚀刻中的应用 ·························· 266
　　　　6.2.1　超低温等离子体蚀刻技术简介 ····························· 266
　　　　6.2.2　超低温等离子体蚀刻技术原理分析 ······················ 266
　　　　6.2.3　超低温等离子体蚀刻技术应用 ····························· 268
　　参考文献 ·· 270

第7章　等离子体蚀刻对逻辑集成电路良率及可靠性的影响 ······· 273
　　7.1　等离子体蚀刻对逻辑集成电路良率的影响 ··················· 275

      7.1.1　逻辑集成电路良率简介 ······························· 275

      7.1.2　逻辑前段蚀刻工艺对逻辑集成电路良率的影响 ········· 280

      7.1.3　逻辑后段蚀刻工艺对逻辑集成电路良率的影响 ········· 286

  7.2　等离子体蚀刻对逻辑集成电路可靠性的影响 ··············· 289

      7.2.1　半导体集成电路可靠性简介 ························· 289

      7.2.2　等离子体蚀刻对 HCI 的影响 ························ 292

      7.2.3　等离子体蚀刻对 GOI/TDDB 的影响 ················· 293

      7.2.4　等离子体蚀刻对 NBTI 的影响 ······················ 295

      7.2.5　等离子体蚀刻对 PID 的影响 ······················· 297

      7.2.6　等离子体蚀刻对 EM 的影响 ······················· 299

      7.2.7　等离子体蚀刻对 SM 的影响 ······················· 303

      7.2.8　等离子体蚀刻对低 k TDDB 的影响 ·················· 304

  参考文献 ··· 308

第 8 章　等离子体蚀刻在新材料蚀刻中的展望 ··············· 311

  8.1　硅作为半导体材料在集成电路应用中面临的挑战 ············ 313

  8.2　三五族半导体材料在集成电路中的潜在应用及其蚀刻方法 ····· 317

      8.2.1　磷化铟的蚀刻 ································· 318

      8.2.2　铟镓砷的蚀刻 ································· 321

      8.2.3　镓砷的蚀刻 ··································· 325

  8.3　锗在集成电路中的潜在应用及其蚀刻方法 ················· 326

  8.4　石墨烯在集成电路中的潜在应用及其蚀刻方法 ············· 328

  8.5　其他二维材料在集成电路中的潜在应用及其蚀刻方法 ········ 333

  8.6　定向自组装材料蚀刻 ································ 335

  参考文献 ··· 338

第 9 章　先进蚀刻过程控制及其在集成电路制造中的应用 ········ 341

  9.1　自动控制技术 ····································· 343

  9.2　传统工业先进过程控制技术 ··························· 344

  9.3　先进过程控制技术在集成电路制造中的应用 ··············· 345

  9.4　先进过程控制技术在等离子体蚀刻工艺中的应用 ············ 352

      9.4.1　等离子体蚀刻建模 ····························· 352

      9.4.2　等离子体蚀刻过程识别 ························· 355

      9.4.3　等离子体蚀刻过程量测 ························· 363

      9.4.4　等离子体蚀刻先进控制实例 ····················· 364

  参考文献 ··· 374

第 10 章　虚拟制造在集成电路发展中的应用 ················ 377

  10.1　未来集成电路技术的发展趋势 ························· 380

      10.1.1　鳍式晶体管后时代逻辑电路技术的发展趋势：三维逻辑器件 ····· 381

10.1.2 集成电路研发和制造遇到的挑战 ·········· 383

10.2 关键工艺流程模拟和虚拟制造技术 ·········· 385

　　10.2.1 蚀刻模块的计算机辅助模拟 ·········· 388

　　10.2.2 光刻、CMP 等模块的计算机辅助模拟 ·········· 401

　　10.2.3 虚拟制造中的器件模拟 ·········· 403

10.3 设计和工艺协同关系的演化 ·········· 409

　　10.3.1 可制造性设计 ·········· 411

　　10.3.2 设计工艺协同优化 ·········· 412

　　10.3.3 系统工艺协同优化 ·········· 416

10.4 虚拟制造技术的展望 ·········· 418

参考文献 ·········· 419

第1章

低温等离子体蚀刻技术发展史

摘　　要

　　2015年,在摩尔定律提出50周年之际,英特尔公司用14nm工艺开发出的处理器已包含19亿个晶体管。万倍放大之下,星罗云布的晶体管由状如立交桥密布的铜线互相连接,最小金属栅极长度、最小铜线宽度只有几十纳米,大概是一根头发丝直径的千分之一。低温等离子体蚀刻技术则是在芯片上雕刻出这种复杂微观结构的重要工艺之一。过去半个世纪中,等离子体蚀刻技术已经从简单各向同性的氧气灰化技术发展到实际应用中的原子层蚀刻技术,控制电子能量分布、离子能量分布及离子能量角度分布的脉冲技术。华人在等离子体蚀刻机台发展史上的贡献可圈可点,留下了浓墨重彩的一笔。等离子体蚀刻机台国际市场版图几经更迭。目前在领跑的第一集团中,以电感式激发等离子体的美国泛林半导体公司、应用材料公司以及电容式激发等离子体的日本东京电子公司为主导,以微波电子回旋共振激发等离子体的日本日立机台公司为辅。国内21世纪初崛起的中微半导体公司和北方微电子公司,已在先进技术节点的工艺中崭露头角。随着逻辑10nm以下技术节点量产的渐行渐近,逻辑5nm可能是最后一个沿用传统硅材料作为沟道的技术节点。特殊材料的蚀刻、特殊蚀刻气体潜在性应用等领域的技术开发迫在眉睫。2016年6月,鳍式场效应晶体管之父胡正明教授在集微网独家专访中提到:半导体行业还有一百年的荣景。这意味着等离子体蚀刻技术目前刚过而立之年,还有许多未知领域有待于进一步探索和开发。

作 者 简 介

张海洋,1997 年秋获得天津大学化工研究所工学博士学位,2002 年夏获得美国休斯敦大学化工系哲学博士学位,研究方向为等离子体蚀刻先进过程控制。目前供职于中芯国际集成电路制造(上海)有限公司技术研发中心,教授级高级工程师,国务院政府特殊津贴专家。在过去追赶摩尔定律的十几年中,专注于大规模先进集成电路制造技术中成套等离子体蚀刻工艺研发(90nm、65nm、45nm、28nm 和 14nm)、各种先进存储器中特种蚀刻工艺研发以及国产蚀刻机台在高端逻辑工艺中的验证。已获授权和受理半导体制造领域国际专利百余项,指导发表国际会议文章八十余篇。国家"万人计划"科技创新领军人才、2015 年度上海市先进技术带头人、科技部中青年科技创新领军人才。

1.1　绚丽多彩的等离子体世界

古埃及神秘的赫尔墨斯哲学被誉为西方的易经,在其 7 项宇宙终极密码论说中的"振动原理"讲到:"没有任何东西是静止的,一切都在动,一切都在振动(Nothing Rests,Everything Moves,Everything Vibrates)。"无独有偶,1918 年诺贝尔物理学奖获得者德国科学家普朗克(Max Planck)认为:大千世界的所有物质都是由快速振动的量子组成的,物质能量正比于其振动频率以及层次。振动频率反映了物质中粒子的有序程度,从低到高分别对应于熟知的物质形态——固体、液体、气体和等离子体。在这 4 类物质中,等离子体内的粒子是最无序的。在同一类物质形态内振动频率也千差万别,例如等离子体中的太阳风约为 9×10^4 Hz,日冕则约为 9×10^6 Hz,对等离子体而言,其振动频率通常与等离子体密度的平方根成正比。1665 年,荷兰科学家惠更斯(Christiaan Huygens)提出的低频能量转换成高频能量的共振原理可以解释从固体、液体、气体到等离子体逐级无序程度的提高。在高频能量作用下,固体晶格空间被共振分解形成液体,液体粒子结合键被共振瓦解形成气体,气体中电子被共振脱离中性粒子束缚成为自由电子,从而形成等离子体。

大体上讲,等离子体是部分或完全电离的准电中性气体,由电子、正/负离子、中性粒子(激发态/基态)、自由基、光子等组成。宇宙学理论认为物质的最初形态是等离子体,从宇宙诞生之初 $10 \mu s$ 的夸克-胶子等离子体到 3min 的氢等离子体构成的原子核时代。但人类首次认知等离子体则是源自英国科学家克鲁克斯(William Crookes)在 1879 年研究电现象时的偶然发现。Plasma 这个希腊词汇由美国科学家朗缪尔(Irving Langmuir)和托克斯(Lewi Tonks)在 1929 年第一次提出,用来描述气体放电管中的辉光等离子体。根据印度科学家沙哈(Meghnad Saha)估算:在浩瀚的宇宙中以及人类生存的地球上,大于 99% 的可见物质都处于等离子体状态。图 1.1 中罗列了各种经典等离子体的大致分布情况,人类的生存环境属于高密度低温度区域,在这个低能级区域没有天然等离子体存在。天然等离子体包括太空中的太

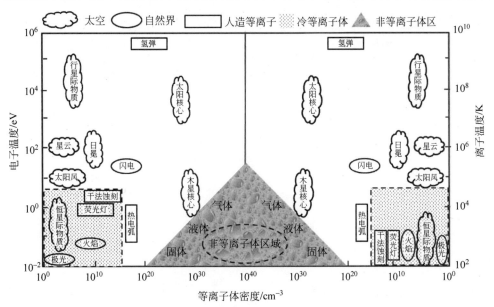

图 1.1　经典等离子体种类分布

阳核心、日冕及太阳风等,自然界中的闪电、火焰及极光等。人造等离子体应用数以千计,经典的应用有电弧、干法蚀刻和荧光灯等。等离子体世界密度跨度近30个数量级,温度跨度达8个数量级,其中天然等离子体间不是完全割裂的。例如地球大气外侧的磁层和电离层就是太阳辐射和宇宙射线激励地球表面的大气层而产生的;来自于日冕的日地之间的太阳风与地球表面的磁层和电离层(均为等离子体)作用会在南北极产生极风。等离子体另外一个重要分类方式是依据等离子体粒子温度,可分为热平衡、局部热平衡和非热平衡3种,其中非热平衡等离子体有别于热平衡以及局部热平衡等离子体的一个主要特征是其电子温度和离子温度的二元性,即其电子温度远高于其离子温度,故常称为冷等离子体(属于非热平衡的低温等离子体)。在太空、自然界和人造等离子体中都有冷等离子体存在,例如恒星际物质、火焰、干法蚀刻和荧光灯。

等离子体世界博大精深,历经百年艰辛的探索,依然难以窥其全貌。援引中国科学技术大学刘万东教授世纪之初的素描[1]来细细品味等离子体的特性:"等离子体中的两性:相互独立又相互扶持,平和时若即若离,逃逸时则携手并肩;等离子体中的相互作用:长则绵绵,短则眈眈,远可及周天之外,近可抵唇齿之间;等离子体的集体行为:自由与束缚兼得,温和与暴虐并存;等离子体的自洽禀性:可以欺之以妩媚,不可催之以强蛮,若以力,人人奋愤可兵,以弱,则诺诺列队而从。电子离子,以其简洁的库仑作用,本不堪言,然一成群体,即如此绚丽。"

1.2 低温等离子体的应用领域

在过去近一个世纪的时间里,因为可调节的超高电子温度(1～20eV)和较低离子/气体温度这一独特的非热平衡性质,人造低温等离子体的实际应用数以千计[2],并且还有不断增加的趋势,几乎涉及人类生活的各个领域,对高新科技的发展及传统行业的改造有着深远的影响。图1.2从光学、热学、化学、力学和电学几个方面列出了相应的代表性应用。有家喻户晓的等

图1.2 经典低温等离子体技术应用分布

离子体电视,纺织工业中材料表面的改性,采矿业中超坚硬矿石的开采,农业上模拟太空环境的种子改良,追赶摩尔定律的半导体制造技术,与人类生存环境密切相关的空气污染治理和垃圾处理,探索中的妙手回春的医疗技术,以及未来军事上的飞机隐身技术,等离子体气泡通信干扰和航天中的节能再生推进器等。每一个领域都蕴含着丰富的宝藏。本书的核心等离子体蚀刻工艺占集成电路制造业(半导体)上千道复杂工序中的 20% 以上。

半导体行业传奇定律——摩尔定律的核心是每隔最多两年单位面积芯片上集成的晶体管数量会翻番。半导体行业从 20 世纪 80 年代的微米级发展到 21 世纪初的纳米级,以及目前 10nm 以下的原子级。1971 年第一代英特尔商用处理器 4004 由 $10\mu m$ 工艺制造,包括 2300 个晶体管,而 2015 年初英特尔公司开发出的第五代处理器 Broadwell-U[3] 则由 14nm 工艺制造,包括 19 亿个晶体管。2015 年 7 月,IBM 研发出 7nm 芯片样品。摩尔定律揭示了信息技术进步的速度,在 PC 时代和智能手机时代,人们见证了摩尔定律的神奇。2015 年戈登·摩尔(英特尔公司联合创始人)在摩尔定律提出 50 周年之际表示,摩尔定律还能够有效 5~10 年。这意味着未来十年,世界半导体行业依然是激动人心的领域。同时,未来十年也是以开放式创新为特色的物联网高速发展和新硬件时代即将开启的黎明。全球物联网规模化的期望已经使世界半导体行业成为蓝海。芯片技术、传感器、云计算的有机结合会让万物相连和无处不在的高度智能化成为可能。而低功耗、小尺寸和稳定性强的芯片是实现未来的智能家居、可穿戴设备、无人驾驶汽车、多轴无人飞行器、机器人厨师等新生事物的基石。顺应时代的需求,2014 年《国家集成电路产业发展推进纲要》出台,并推出十年千亿扶植基金计划。2015 年两会政府工作报告中,李克强总理提到的"中国制造 2025"规划中将集成电路放在新一代信息技术产业的首位。这对于集成电路制造业核心工艺技术之一的低温等离子体蚀刻技术而言既是机遇又提出了严峻的考验和挑战。

1.3　低温等离子体蚀刻技术混沌之初

低温等离子体蚀刻是确保集成电路制造产品质量和技术先进性的重要工艺之一,涵盖了光刻胶改性、掩膜图形准确复制到晶圆表面、晶圆纵深方向上各种复杂结构成型、材料表面的蚀刻后处理(残余材料去除、聚合物清理、表面改性、去氧化、电荷释放等)等功能。图 1.3 总结了低温等离子体蚀刻技术过去近半个世纪的发展历程和目前最先进逻辑、存储器制程、微处理器中各种可工业化的蚀刻技术。20 世纪 60 年代集成电路制造关键技术湿法蚀刻存在化学药品浪费、废料处理、无法蚀刻氮化硅(芯片顶层钝化保护)[4] 等问题。为了解决这些问题,最初的低温等离子体蚀刻技术的出现是 1968 年艾文(S. M. Irving)开始利用氧气等离子体进行光刻胶灰化。因此低温等离子体蚀刻又称干法蚀刻(也称电浆蚀刻)以有别于湿法蚀刻。1969 年艾文申请了利用 CF_4 等离子进行等离子体蚀刻的专利(US3615956),第一个设计了圆筒形低温等离子体电感耦合式光刻胶灰化反应器,并于 1972 年申请了美国专利(US3837856)。1972 年艾德-雅格布(Adir Jacob)申请了多个在圆筒形蚀刻机中利用 CF_4 和 O_2 进行蚀刻的专利(US3795557)。时至今日,等离子体灰化方式依然在最先进制程中被广泛采用,不过已经不再局限于氧气,氢气、氮气、氦气、氟基气体等都被用于保证光刻胶的无残余去除。当然,湿法蚀刻在一些特殊成型制程中至今依然发挥着其独特的作用,例如 45nm 逻辑制程开始引入的西格玛形状的锗硅沟槽、LED 中的硅基板 $54.7°$ 成型以及金属催化湿法定向蚀刻(Metal Assisted Chemical Etch)等。

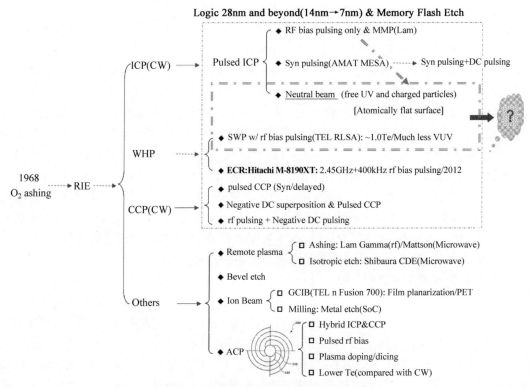

图 1.3 低温等离子体蚀刻技术发展分布

第一个"平行板"型等离子体蚀刻机(A-24D)由美国德州仪器公司(Texas Instruments)的瑞恩伯格(Alan Reinberg)设计并于 1971 年申请专利(US3757733)。这种腔体设计是目前各种先进蚀刻机台腔体的鼻祖(见图 1.3)。其莲蓬头式上电极设计在所有先进等离子体机台腔体中仍得以保留。受到瑞恩伯格的启发,他的同事张(Christopher Chang,美国南加州大学博士)成功地把铝蚀刻由湿法蚀刻转换到瑞恩伯格的平行板等离子体蚀刻机。此外,A-24D 在实际应用中遇到的尘粒问题因瑞恩伯格的同事沈其昌(C. C. Shen,美国康奈尔大学博士,中芯国际公司成立之初曾任技术研发中心顾问)提出的腔体壁加热设计得以解决。早期等离子体蚀刻以各向同性为主,直到 1973 年,美国惠普公司的穆托(Steven Y. Muto)用 CF_4、SF_6 和 CCl_2F_2 实现了第一个真正各向异性(以垂直蚀刻为主)的等离子体蚀刻(US3971684)。1975 年英国的亨内克[5](Rudolf A. H. Heinecke)提出在 CF_4 中掺入 H_2 或者 C_2F_6、C_3F_8、CHF_3 来提高硅对于二氧化硅蚀刻时的选择比。常说的反应离子蚀刻(RIE)就是平行板反应器上电极接地仅依赖下电极输入 13.56MHz 射频电源来电容式激发等离子体。"平行板"型商业化机台——等离子体 1 号(Plasma 1),由美国应用材料公司的罗斯勒(Richard Rosler)在 1976 年推出。该公司的王宁国博士在 1983 年因 Hexode-Type RIE 机台设计获得了该年度半导体国际奖。高深宽比的垂直硅侧壁图形的实现则直到 1988 年德州仪器公司的道格拉斯(Monte Douglas)在硅蚀刻气体中引入 HBr(US4855017)方得到成功。时至今日(14nm 及以下),HBr依然在硅蚀刻保形中发挥着重要作用。RIE 机台在 20 世纪 80 年代是业界主力机台,也是 20世纪 90 年代 3 大主流机台的前身。

可以看到,等离子体蚀刻技术诞生后,里程碑式的技术大多出自美国公司。相应的理论研究如雨后春笋般在美国高校展开。加州大学伯克利分校的利伯曼(Michael A. Lieberman)教授可谓泰斗级人物。他于 1966 年博士毕业于麻省理工学院,曾发表 170 多篇有关等离子体、等离子体材料处理和非线性动力学方面的研究论文。所著的《等离子体放电原理与材料处理》一书由清华大学蒲以康教授在 2007 年翻译成中文出版,此书堪称等离子体"圣经"。2008 年 10 月,利伯曼教授在中国科学院力学研究所开课讲授等离子体放电原理。前中芯国际公司研发副总裁吴汉明博士于 20 世纪 90 年代初曾在加州大学伯克利分校半导体等离子体工艺专业做博士后,研发了世界上第一套可以进行等离子体工艺模拟的商业软件并得到广泛使用。另外一位贡献卓著的是密歇根大学的库什纳(Mark J. Kushner)教授,他于 1979 年博士毕业于加州理工大学,教职生涯起步于伊利诺伊大学香槟分校(1986 年),发表过近 300 篇等离子体技术及应用的研究论文。1994 年提出了二维混合等离子设备模型(HPEM),并在 1996 年扩展为三维版本。其近期研究内容涉及脉冲电感耦合蚀刻机台的模拟。此外,休斯敦大学伊科诺谋(Demetre J. Economou)教授在等离子体蚀刻机台方面近 30 年的研究也是独树一帜。他于 1986 年在伊利诺伊大学香槟分校获得博士学位,1995 年开发出二维模块化电感耦合等离子体反应器模拟器(MPRES),2003 年当选美国真空协会会士(fellow)。他于 2011 年提出图 1.3 中在同步脉冲 ICP 机台上加入异步直流脉冲的技术(Syn pulsing+DC pulsing),其可调节的收敛的离子能量分布使精确控制蚀刻选择比的提高和原子层级别蚀刻(ALE)成为可能。2014 年夏发表主题综述文章关于脉冲等离子体蚀刻在半导体生产中的应用[6],该技术也是 3 位巨擘(英特尔公司、三星公司、台积电公司)2016 年末争夺 10nm 鳍式晶体管制造技术节点领头羊地位的必备攻坚利器。2013 年休斯敦大学唐纳利(Vincent M. Donelly)教授发表的长达 40 多页的综述文章《等离子体蚀刻的过去、现在和未来》[7]亦值得一读,其中不仅有蚀刻机台进化史,还有具体逻辑工艺重要蚀刻步骤的介绍以及对未来新材料、新结构相关蚀刻技术的展望。马里兰大学奥尔雷因(Gottlieb S. Oehrlein)教授 2015 年[8]综述了在 10nm 以下技术节点 ALE 蚀刻的迫切性、重要性以及该技术未来业界应用将面临的挑战。同期,美国泛林半导体[9]公司也单独发表了 ALE 在半导体行业应用前景的综述,呼吁高校和工业界更紧密地联合以实现 ALE 方面质的飞跃。

1.4 低温等离子体蚀刻技术世纪初的三国演义

基于平行板蚀刻机的设计理念,20 世纪 90 年代出现了电感式、双射频电容式以及微波等激发等离子体的商用蚀刻机台。3 家主流蚀刻机台厂商包括美国应用材料(AMAT)公司、美国泛林半导体(LAM)公司和日本东京电子(TEL)公司。AMAT 公司首次在 RIE 基础上,在上电极设置球面螺旋线圈来电感式激发等离子体(Inductively Coupled Plasma,ICP),第一次实现了等离子体密度和轰击晶圆表面能量的分别控制。后续这种设计由尹志尧博士演化为立式环状线圈以解决激发能量均匀度问题。LAM 公司在此基础上把立体的环绕线圈改装成平面螺旋线圈,这种设计称为变压器耦合等离子体(Transformer Coupled Plasma,TCP)。虽然 TCP 和 ICP 极为相似,但是由于设计结构的差异导致平面螺旋线圈式设计的内在电容性比例偏高,从而导致其磁通量偏低。这在脉冲技术使用上产生的差异不可忽视,特别是在同步脉冲技术中。从逻辑 90nm 到 28nm,LAM ICP 机台不断配备了加热恒温上电极,下电极分区独立控温设计,蚀刻腔周边特气引入和单晶圆预镀膜概念,十余载一骑绝尘,一直是硅蚀刻的主力机台,其静电卡盘(Electrostatic Chuck,ESC)的设计已臻化境,在 28nm 以下可以在一片 300mm 晶圆上实现上百个区域不同温度同时控制[10],再配以相应的蚀刻气体,可以实现鳍式晶体管中多晶硅表面的平坦化。AMAT 公司在 200mm 跨 300mm 阶段因重点放在存储器(DRAM)产品上,导致其 65nm 逻辑硅蚀刻产品线几乎全线退出江湖。直到其同步脉冲技术机台 Mesa 系列于 2009 年推出,才在 28nm 逻辑及以下涅槃重生。此外,以前段(金属互连为后段)小众机台成名的日本日立机台(Hitachi)公司借助 2.45GHz 微波的电子回旋共振等离子体蚀刻机(ECR)[11],ECR 蚀刻概念最早出现于 1977 年,由于其内在结构的复杂性及随着晶圆尺寸增大产生的蚀刻均匀性的问题,20 世纪末逐步淡出主流市场,常见于高校等离子体特性的研发。直到 2012 年 Hitachi 公司针对 28nm 推出 8190XT[12],首次使用了微波/射频同步脉冲技术,并在 450mm 晶圆上均匀性无忧,使其在逻辑 28nm 及以下重新崭露头角。此外,日本芝浦机电(Shibaura)公司的 CDE-300 是微波激发等离子体然后远程扩散到晶圆表面,实现超低电子温度各向同性蚀刻,在平面晶体管的先进制程中有所应用。该机台的另外一个特殊用途是多晶硅侧壁粗糙度的改进,类似于 SiOF 在凹陷处富集,然后选择性地去掉暴露的多晶硅。2005 年韩国十大发明之一的自适应耦合(Adaptively Coupled Plasma,ACP)蚀刻机具有实心板平面顶部线圈的设计(如图 1.3 所示),这种设计介于 ICP 和 CCP 之间,可以在较低的射频功率下激发等离子体,电子温度相对较低,在多晶硅蚀刻时对硅衬底的损伤会显著降低。不过由于推出较晚,目前还很难在竞争愈发激烈的主流市场中占有一席之地。ICP 蚀刻制程占整个蚀刻制程[ICP/(ICP+CCP)]比例已经从 21 世纪初的 30% 上升到 28nm 以下的 50%,这是因为前段工艺复杂性的不断增加,如双图形栅蚀刻、硅沟槽蚀刻、伪栅去除蚀刻等,以及后段金属硬掩膜定义沟槽技术的使用(从逻辑 45nm 开始)。

钨通孔蚀刻以及铝/铜(逻辑 0.13μm 开始使用铜互连)互连孔沟槽介电材料蚀刻也是 3 家主流蚀刻机台厂商(AMAT/LAM/TEL)在 CCP 机型上的长期拉锯战。ICP 是通过射频磁场来激发等离子体,而 CCP 则是在 RIE 基础上再增加一到两个射频源,通过射频电场来激发等离子体,即电容性耦合激发。虽然 CCP 配备了两个或三个不同射频源,但还是无法实现等离子体密度和正粒子轰击晶圆表面能量完全独立的控制。在逻辑 65nm 侧墙蚀刻研发中就发现 ICP 机台要远优越于 CCP,这可以归结为 ICP 良好的均匀性以及较弱的对硅衬底的损伤。初期的 TEL CCP 机台 SCCM S.E. Plus,只是在平行板腔体上下各有一个射频源。2006 年推出的 SCCM Jin-Ox,首次引入了直流叠加(DC superposition)技术,这个技术为后来的直流脉冲技术打下了坚实的基础。相对应的 LAM CCP Flex 系列则从下电极板配备两个不同频率射频源,升级为 3 个不同频率射频源。其中最高频用于控制等离子体密度,最低频用于控制等离子体轰击晶圆能量,中间频率改善离子能量分布。在逻辑 65nm 这一技术节点,由于 TEL 控制粒子轰击能量依赖于 2MHz 射频源以及其较大的腔体空间,在侧壁粗糙度以及均匀度方面略逊于同期的 LAM CCP Flex。到了逻辑 45nm 阶段,由于整个互连技术制程从图形化方法单一底部抗反射层转换成 3 层图形化方法以克服光阻厚度不够的问题,同时 TEL 公司推出的 Vigus 机台将低频射频改成 13.56MHz 并采用高温侧壁改善均匀度问题,所以在逻辑 45nm TEL 在互连沟槽蚀刻方面尽显优势。由于在逻辑 45nm 主流互连制程还是孔和沟槽分别蚀刻成型,所以 LAM 公司和 TEL 公司在互连制程方面还算平分秋色。到了逻辑 28nm 技术,由于一站式(AIO)蚀刻的广泛推广,尽管 LAM CCP Flex 配备了脉冲技术(US9105700),TEL Vigus 依然在 28nm 及以下的金属互连制程中占据了绝对优势。LAM 公司则是利用 ICP 机台在互连金属硬掩膜蚀刻续写辉煌。AMAT 公司在做钝化层等蚀刻方面因价格低廉仍保有一席之地。2009 年曾用 CCP 机台 Enabler E5 来做顶层沟槽蚀刻。该机台配有一个超高射频源(Very High Frequency),采用磁场来控制离子通量分布。随着中微半导体 CCP 机型的崛起,45nm 及以下钝化层蚀刻和顶层金属互连蚀刻逐步纳入中微半导体公司的版图。

1.5　三维逻辑和存储器时代低温等离子体蚀刻技术的变迁

　　继 NAND 量产于 2014 年正式进入三维时代(3D NAND),2015 年逻辑产品也跨入三维结构鳍式晶体管的量产。随着半导体行业整体步入三维结构的时代,传统的蚀刻技术无法满足小尺寸复杂工艺的要求。国际蚀刻机台厂商八仙过海,推出各种适用三维结构的蚀刻技术。图 1.4 以前段为例,汇总了各种蚀刻技术演变的来源。对于等离子体而言,一般可以用电子能量分布(EED)和离子能量分布(IED)两大主线来表征。EED 通常控制电子温度、等离子体密度和电子碰撞反应。而 IED 则是控制离子轰击晶圆表面能量,优化蚀刻形貌和降低晶圆损伤的关键。目前已推出的商业化的蚀刻机台主要是沿着 EED 这条主线在提高蚀刻机台的战斗力。例如 TEL 公司的 RLSA 利用表面波激发等离子体,然后扩散到晶圆表面。该种机台是目前已开发机台中电子温度最低的,大概可以低到 1.0eV。而 AMAT 公司的 Mesa 甚至 Hitachi 公司的 8190XT 则是通过同步脉冲来实现低电子温度。同步脉冲是指源功率和底部电极偏压功率同步开关,在关闭状态时,等离子体中的电子大量减少,等离子体从原来的 electron-ion 型转换成 ion-ion 型,同时由于底部电极表面鞘层的消失,为更好地控制等离子体中的正负离子提供可能性。RLSA 是从空间上利用扩散实现 ion-ion 等离子体,而 Mesa/8190XT 则是利用时间(等离子体的开关)来实现的。从机理上讲 RLSA 电子温度更低,而 Mesa/8190XT 则增加了两个调节等离子体的手段,即同步脉冲的开关比以及频率。Mesa 是两个射频功率同步脉冲,8190XT 理论上可以是微波/射频的同步脉冲。一般蚀刻的等离子体都是电负性的,所以在 ion-ion 等离子体状态,负离子可以脱离束缚中和晶圆表面正电荷,从而减少电荷累积效应。低电子温度可以降低解离率,从而降低轰击晶圆表面能量,减少聚合物产生和真空紫外线释放。低电子温度可以收窄离子能量峰的宽度,使精确控制能量轰击成为可能,从而提高选择比。此外,在等离子体关闭的时间内新鲜气体的补入可以改变等离子体均匀

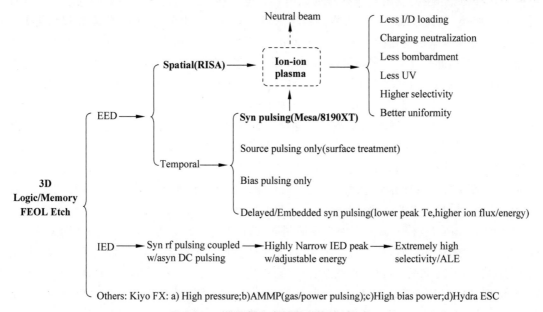

图 1.4　三维逻辑和存储器时代蚀刻机理

性。另外,同步脉冲技术可以通过开关比以及频率来调节活性基团通量和离子通量的比值,这个比值会影响蚀刻选择比,影响的程度则是,具体的蚀刻气体有强相关性。

脉冲蚀刻技术最早由澳大利亚国家大学等离子体实验室鲍斯威尔(Boswell)教授报道于1985年[13]。30多年来,脉冲蚀刻的研究文章大概有5万篇,占等离子体蚀刻文章的15%[9]。除了同步脉冲技术外,还有源功率脉冲、偏压功率脉冲、嵌入式脉冲(Embedded)以及错步脉冲(Delayed)技术,都是在EED上微调整或者用于特殊制程。例如源功率脉冲时一般没有偏压,所以适用于表面材料精细的处理(去除)。偏压功率脉冲时,由于源功率连续工作,其电子温度不会随脉冲而降低,如需降低往往通过升高反应腔压力来实现,但因此会减弱各向异性蚀刻能力,不过配以高功率底部偏压可解此问题。目前泛林半导体公司高端Kiyo系列配备了这种高偏压脉冲技术(US9059116),这种技术和同步脉冲相比,其等离子体关闭期间粒子能量角分布(IEAD)与同步脉冲类似,因此也可降低电荷积累效果。嵌入式脉冲一般是源功率和偏压功率同时脉冲但偏压功率开启的时间要短于源功率的开启时间,这样可以降低同步脉冲等离子在开启瞬间的高电子温度峰。错步脉冲技术分几种,大致是在源功率关闭时,偏压功率延迟不同步关闭或者提前不同步开启,目的是通过等离子体源功率关闭阶段等离子体电势的调整来延缓离子通量,降低或增加离子轰击能量(相对同步脉冲而言)。一般来讲,嵌入式脉冲、错步脉冲技术在设备端实现困难诸多,距离大规模生产还有待时日。

三维时代蚀刻技术创新固然重要,但蚀刻机台的稳定性以及缺陷控制能力也是至关重要的,因为这些会直接影响量产质量和进度,特别在这个日新月异的时代,失去先机就可能功败垂成。如上所述,EED一脉的蚀刻技术改进已经有各种商业化机台,并在三维半导体产品市场占有一席之地。学院派在EED方向的改进还有串联式ICP(Tandem)以及利用脉冲产生负离子然后经过Beam能量控制区形成中性粒子束蚀刻,不过后者的选择比是薄弱环节。在IED方向原则上超高频射频源可以实现狭窄的离子能量峰,有助于高蚀刻选择比的实现,可是通常超高频射频会带来驻波效应等影响等离子体的均匀性,特别在大尺寸晶圆上。目前IED方向上改进的商业化机台有东京电子公司开发的将负直流脉冲(Negative DC Pulsing)用于上电极的CCP机台,主要应用在超高深宽比内存介电材料蚀刻。机理是在射频同步脉冲关闭时,增加DC量,从而增加离子轰击能力和电荷中和能力。在ICP方向上,学院派提出类似想法,即在射频同步脉冲的基础上,在上电极(负)或下电极(正)加装直流脉冲。由于ICP的源射频和偏压射频偶合性可以忽略,这种DC pulsing的引入可以实现不同材料间蚀刻的高选择比的精确控制,达到ALE蚀刻境界,且远优于传统的基于气体脉冲的ALE蚀刻的4步法(吸附、抽空、反应、抽空)。除了EED和IED方向上的改进,泛林半导体公司的高级混合式脉冲(AMMP,气体、射频功率等)、超高偏压射频源以及蜂窝式(Hydra)静电卡盘加热也是蚀刻机台实现三维结构高品质蚀刻的有效手段。气体脉冲又称循环蚀刻(cyclic etch),基本由保护、激活、蚀刻3部分组成。相当于把原来连续蚀刻中同时进行的保护、激活、蚀刻拆分成3个独立步骤,从而实现在目标界面上蚀刻量的严格控制。混合式脉冲就是气体、源/偏压功率、气压等同时脉冲。该技术在改善稀疏和密集区蚀刻差异时功效明显。

EUV是5nm的标配,其光阻因为耐蚀刻能力弱,需要脉冲等离子体技术的特别关照。一般会采用二段式脉冲技术,即在一个周期内,先聚合物保护再蚀刻或者类似的理念。此外,等离子蚀刻和原子层沉积也可在同一蚀刻反应腔内完成(US10515815B2),可采取循环的模式:蚀刻、沉积、蚀刻、沉积等多步骤在一个蚀刻工艺中。其主要功效是使得目标对象侧壁顶部和底部型貌可分开控制,解锁关联,大幅降低蚀刻工艺难度。例如,在鳍式晶体管多晶硅栅形成中,底部多晶硅蚀刻降低鳍与多晶硅栅交界处的硅残留需要高强度的过量蚀刻,这就要求多晶硅顶部有坚实的侧壁保护。同时为了实现更高深宽的蚀刻,三段式脉冲技术也崭露头角(US10861708B2/WO2021118862A2/WO2021029922A1)。例如,介质材料的蚀刻中解决掩膜消耗和目标对象侧壁凹陷的冲突。侧壁凹陷需要超高频射频功率来实现狭窄的离子能量峰,可相应的掩膜消耗也会增加。而三段式中第一段采用超高频射频功率解决侧壁凹陷,第二段则以聚合物保护为目的降低掩膜消耗,第三段降低电子温度为第一段做铺垫。

1.6　华人在低温等离子体蚀刻机台发展中的卓越贡献

"龙的传人"在低温等离子体蚀刻机台过去半个世纪的发展中功不可没。1999 年出版的《硅谷英雄》[14]中提到两位与低温等离子体蚀刻设备发展密切相关的华人。一位是林杰屏(David K. Lam)博士,出生于中国广东,1967 年毕业于加拿大多伦多大学工程物理系,后获得美国麻省理工学院化学工程硕士(1970)和博士学位(1973)。1980 年草创了美国泛林半导体公司,该公司 1984 年上市时已是全球领先的半导体设备制造商。林杰屏博士最早提出单片晶圆蚀刻模式来确保最佳可控的蚀刻工艺环境。在蚀刻机台开发初期,他颇具战略眼光地把重点放在了相对容易的多晶硅材料的蚀刻,从而使泛林半导体公司快速开发出高质量、稳定、市场占有率高的 ICP 机台,也为后续 CCP 机台的开发赢得了时间。21 世纪初泛林半导体公司在蚀刻机台的市场占有率一直排名前三。

另一位与等离子体蚀刻相关的"硅谷英雄"是王宁国(David Wang)博士,出生于中国南京,早年毕业于中国台湾中原大学化工系,1970 年获得美国犹他大学冶金工程硕士学位,随后在加州大学伯克利分校获得材料科学博士学位。1977 年起在新泽西贝尔实验室总部从事等离子体蚀刻以及化学蒸镀等方面的研究工作。在时任应用材料公司总裁、董事长及 CEO 吉姆·摩根(Jim Morgan)力邀下,1980 年加盟应用材料公司,在其后效力的 25 年里有百余项专利,其发明的单一芯片集合工艺技术第一个原型机 1993 年在华盛顿 Smithsonian 博物馆永久陈列,这是该博物馆中唯一陈列的华人发明设计的机器。在同一房间陈列的还有贝尔电话机、苹果计算机和 IBM 的第一台机器。1983 年因 Hexode-Type RIE 蚀刻机的设计获得了该年度半导体国际奖。次年又因为半导体工业制定了等离子体蚀刻标准,获得半导体设备及材料国际协会所颁的 SEMI 奖。1993 年底擢升为应用材料公司资深副总裁,管理全球商业营运。1994 年因对半导体设备工业多年来的卓越贡献获得 SEMI 终生成就奖。林杰屏博士和王宁国博士先后入选美国硅谷工程协会名人堂。

等离子体蚀刻设备是确保高品质半导体产品量产的基石。21 世纪之初主流的等离子体蚀刻机台清一色"洋枪洋炮",而且美国政府从 1995 年开始实行半导体设备出口管制,也就是说最先进的蚀刻机台在大陆地区是禁止销售的。国内蚀刻设备制造业起步于 2003 年,北有北方微电子公司(2003 年成立)致力于硅蚀刻机台开发,南有中微半导体公司(2004 年成立)起始于介电材料蚀刻机台打造。两大公司均有不少海归资深专家效力。其中,中微半导体公司CEO 兼董事长尹志尧(Gerald Yin)博士早年毕业于中国科技大学,1984 年在加州大学洛杉矶分校获得物理化学博士学位,目前持有 70 多项国外专利。20 世纪 80 年代中后期在泛林半导体公司成功开发出彩虹等离子体蚀刻设备(介电材料蚀刻),使得泛林半导体公司在这一领域成为领先者之一。20世纪90年代初加盟应用材料公司负责等离子体蚀刻部门研发工作。他开发或参与开发的产品在等离子蚀刻领域约占50%。在国际两大蚀刻设备生产商成功的独特经历使他对于不同技术节点相应的蚀刻机台的更新换代如数家珍。2004年辞去应用材料公司副总裁一职回国,在上海创办了中微半导体设备有限公司。目前开发的CCP蚀刻机,具有超高频和低频混合射频去耦合反应等离子体源,独特的多反应腔双反应台系统,已在28nm逻辑低介电材料及存储器介电材料蚀刻方面取得突破性进展,并打入国际市场。2015年初,SEMI在敦促美国政府修订半导体设备出口管制清单上取得突破性进展:认可中国存在各向异性等离子体蚀刻设备,美国国家安全出口取消这项二十年的管制(专业光伏媒体/世纪新能源网)。这也与中微半导体公司CCP机台打入国际市场以及北方微电子公司在逻辑28nm硅蚀刻的历史性突破密不可分。

1.7　未来低温等离子体蚀刻技术展望

过去半个世纪,低温等离子蚀刻技术的发展栉风沐雨。半导体行业第一个原子级别(一个原子的大小为0.1nm)技术节点10nm以下的量产预计在2020年前会到来。伴随着后摩尔定律时代的开启,低温等离子体蚀刻技术又一次被推到风口浪尖,可能到来的450mm晶圆对等离子体内在均匀性的严苛要求,以及高频射频源在这种超大晶圆加工时可能导致的驻波等不良效应(60MHz射频源对应于5m真空波长,当蚀刻腔体尺寸大于这个真空波长的1/10时,就有可能产生驻波效应),这些都对蚀刻机台的设计提出了挑战。多电极[15]、多ICP源功率等设计理念已经被提出来以避免450mm晶圆上驻波、趋肤等效应。但是最终450mm晶圆能否被成功推向市场是个系统性工程,性价比以及各个工艺模块机台的同步跟进都是重要影响因素。此外,逻辑工艺5nm或以下,Ⅲ/Ⅴ族复合材料[16]取代硅材料做沟道势在必行,石墨烯[17]、黑磷[18]、二硫化钼、拓扑材料[19]用来做沟道以及石墨烯混搭金属互连[20],自组装材料用来定义线条及通孔[21]也渐行渐近。这些新材料的蚀刻如何进行对于等离子体蚀刻技术而言是全方位的考验。

如图1.3所示,ALE被认为是后摩尔定律时代等离子体蚀刻的主流技术之一。例如黑磷是一种与石墨烯性能相近的材料,而且因为具有可调节的能带隙(Bandgap),其受到越来越多的青睐。黑磷的制备领域几乎是空白。已报道的黑磷蚀刻是采用氩气一层一层蚀刻(剥离)来精确地实现指定层数的设计。类似的一层一层蚀刻又称为数字蚀刻(Digital Etch)或者循环蚀刻(Cyclic Etch),其实都属于ALE范畴。ALE是利用一系列自限性(Self-limiting)反应来实现精确控制材料蚀刻厚度。ALE的概念[9]最早由美国海军研究部门的约德(Max N. Yoder)于1987年申请钻石蚀刻的专利(US4756794)中提到。第一波ALE研究高潮在20世纪90年代,第二波高潮则始于2013年。其中1/3的研究是各向同性蚀刻的ALE。到目前为止在超过20种材料上实现过ALE,包括硅、氧化硅、氧化铝、氧化铍、氧化铪、氧化锆、氧化钛、Ⅲ/Ⅴ族复合材料、石墨烯、黑磷、铜、锗、聚合物等。传统的ALE方法由等离子体蚀刻机台完成吸附、抽空、反应、抽空4步。其中有的ALE采用了其他方法替代这4步中的吸附和反应步骤,比如用氢离子注入的方式改变氮化硅表面,然后用氢氟酸去掉改性的表面来实现ALE。

偏压脉冲技术被认为是"部分"ALE,因为偏压脉冲技术不能完全分开吸附和反应。传统的ALE中如果吸附所用气体停留时间较长而使第2步抽空时间较长,则会影响整体蚀刻速率。另外,反应步骤中离子能量峰窄度不足(不能精确制导)将导致随循环次数增加而单次蚀刻速率变快。从这个角度讲图1.4中的同步脉冲加异步直流脉冲技术可精准(调窄离子能量峰)快速(频率控制)地实现ALE。

除了蚀刻设备内在均匀性的提升和ALE技术的进一步完善。特种气体的合理使用会给等离子体蚀刻工艺起到画龙点睛的作用。例如无定型碳掩膜蚀刻时,COS蚀刻出来的无定型碳线条图形侧壁几乎完美无缺,而用传统的蚀刻气体则会出现侧壁局部凹陷的问题。可是当COS用来做双图形的无定型碳核时,虽然核侧壁形貌很完美,但是在后续的侧墙沉积蚀刻过程中容易爆裂。这是由于COS吸附在无定型碳核所致。COS在介电材料蚀刻方面也有探究,但是在蚀刻过程中如果底部有金属硬掩膜暴露,会产生棉纱状聚合物[22]而影响最终蚀刻效果。有些特种气体的研究尚处于保密阶段,即使见于报道也仅以代号如 $C_x H_y F_z$ 表示。主要是针对氮化硅和氧化硅这两种材料超高蚀刻选择比定制,满足侧墙蚀刻和自对准接触孔蚀刻的需要。前者需要蚀刻氮化硅停止在超薄的氧化硅上,后者在蚀刻氧化硅时不希望消耗氮化硅。单从这种双向超高蚀刻选择比的调节能力上看,就弥补了同步脉冲加异步直流脉冲技术精确制导的单向性。另外,后段已经报道的 CF_3I、C_4H_9F、C_5HF_7 以及 SiF_4 将在7nm以下的蚀刻工艺中发挥重要的作用。它们已经被证明在降低光阻消耗以及改善超低介电材料损伤方面卓有成效。

此外,未来等离子体蚀刻技术会在精细化及降低等离子损伤等方面继续精进。①经典的两段/三段式脉冲技术(在一个周期内某功率变化一次或二次)向四段式甚至更多段式脉冲技术发展(US20220216038A1),相当于在一个周期内实现聚合物保护、平衡、蚀刻、蚀刻后处理等多种功能,这些功能顺序和应用频率与具体应用强相关。②超低温蚀刻(如−100℃)有实现蚀刻和侧壁保护同步的潜质,对于蚀刻对象侧壁粗糙度改善至关重要。当然如何实现超低温是一个严峻的挑战。③中性粒子束蚀刻(Neural beam etch)来降低等离子损伤,如Ge等新材料成型蚀刻。④气体团簇离子束蚀刻(Gas Cluster Ion Beam,GCIB)因其对材料不敏感的蚀刻能力和出众的局部厚度去除可控制能力,或许在复杂的材料平坦化精度控制方面将有一席之地。

参 考 文 献

[1] 刘万东.等离子体物理导论.中国科学技术大学近代物理系讲义,2002.

[2] Charles C. Grand Challenges in Low-temperature Plasma Physics. Front. Phys. 27 June,2014.

[3] http://techreport.com/news/27557/intel-broadwell-u-arrives-aboard-15w-28w-mobile-processors,2015.

[4] Penn T C. Forecast of VLSI Processing-A Historical Review of the First Dry-Processed IC. IEEE Trans. Electron,1979,26(4):640-643.

[5] Heinecke R. Control of Relative Etch Rates of SiO_2 and Si in Plasma Etching. Solid State Electronics,1975,18(2):1146-1147.

[6] Economou D J. Pulsed Plasma Etching for Semiconductor Manufacturing. J. Phys. D:Appl. Phys,2014,47(30):303001-303027.

［7］ Donnelly V. Plasma Etching：Yesterday，Today and Tomorrow. J. Vac. Sci&Tech A，2013，31（5）：050825.

［8］ Oehrlein G. Atomic Layer Etching at the Tipping Point：An Overview. ECS，2015，4(6)：N5041-N5053.

［9］ Kanarik K，et al. Overview of Atomic Layer Etching in the Semiconductor Industry. J. Vac. Sci&Tech A，2015，33(2)：20802.

［10］ Shen M，et al. Etch planarization—A New Approach to Correct Non-uniformity Post Chemical Polishing. Advanced Semiconductor Manufacturing Conference，2014，28(4)：423-427.

［11］ Izawa M，et al. Plasma Etching Technology Challenges for Future CMOS Fabrication based on Microwave ECR Plasma. ECS Transactions，2015，66(4)：143-150.

［12］ http：//www. hitachi. com/rev/pdf/2011/r2011_05_102. pdf.

［13］ Boswell R，et al. Pulsed High Rate Plasma Etching with Variable Si/SiO Selectivity and Variable Si Etch Profiles Appl. Phys. Lett，1985，47(10)：1095-1097.

［14］ 朱丽芝. 硅谷英雄. 北京：中央民族大学出版社，1999.

［15］ Lee Y，et al. Advanced Plasma Sources for the Future 450mm Etch Process. Proc. SPIE9054. Advanced Etch Technology for Nanopatterning Ⅲ. San Jose. California. USA，2014，9054(12)：90540K.

［16］ Thathachary A，et al. Impact of Sidewall Passivation and Channel Composition on InxGa1-xAs FinFET Performance. IEEE Electron Device Letters，2015，36(2)：117-119.

［17］ Franklin A. et al. Double Contacts for Improved Performance of Graphene Transistors. IEEE Electron Device Letters，2012，33(1)：17-19.

［18］ Luo X，et al. Temporal and Thermal Stability of Al_2O_3-passivated Phosphorene MOSFETs. IEEE Electron Device Letters，2014，35(12)：1314-1316.

［19］ Liu H，et al. Atomic-layer Deposited Al_2O_3 on Bi_2Te_3 for Topological Insulator Filed Effect Transistor. Applied Physics Letters，2011，99(99)：3045.

［20］ Zhao W，et al. Electrical Modeling of on-chip Cu-graphene Heterogeneous Interconnects，IEEE Electron Device Letters，2015，36(1)：74-76.

［21］ Kim S. Process Simulation of Block Copolymer Lithography. Proceeding of 10th IEEE International Conference on Nanotechnology. Joint Symposium with Nano Korea 2010：335-338.

［22］ Mokrane M，et al. Role of Mask on the Contact Etching for 14nm Nodes. PESM. Grenoble. France，2014.

第2章

低温等离子体蚀刻简介

摘　要

　　在过去的几十年中,以超大规模集成电路(ULSI)为代表的半导体技术一直以约每两年一个技术节点的脚步追随着摩尔定律迅猛发展。1958 年杰克·基尔比发明的集成电路板上只有 5 个元件,而英特尔公司量产的 10nm 技术的逻辑芯片上 $1mm^2$ 封装了 1 亿零 80 万个晶体管。半导体技术的发展和成本的降低离不开晶圆尺寸的增加。如图 2.1 所示,晶圆的尺寸在过去几年中从 50mm 增长到 300mm,并且还有可能会进一步增长到 450mm。

　　从一片切割好的硅晶圆裸片上,一步一步地形成最终的芯片产品,过程十分复杂。主要工艺包括光刻(Lithography)、等离子体蚀刻(Plasma Etch)、薄膜沉积(PVD、CVD)、化学机械研磨(CMP)、离子注入(IMP)等。而本书所关注的等离子体蚀刻技术,是半导体生产中最重要的工艺之一,其重要性以及挑战性随着半导体技术的发展而日益突出。低温等离子体蚀刻的一个突出特点就是空间尺度和时间尺度跨度相当大,需要在一片直径为 300mm 的晶圆上进行以埃(Å)为单位的微观加工操作。如图 2.2 所示,时间尺度上也从电子响应时间的纳秒级一直到整片晶圆蚀刻完毕所需要的宏观的分钟级。这种时间和空间的跨度能很好地反映超大规模集成电路制造以及等离子蚀刻技术所面临的挑战。

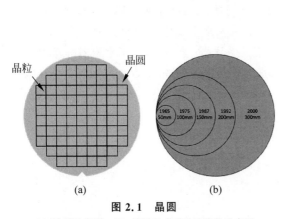

图 2.1　晶圆

(a) 晶圆示意图;(b) 晶圆尺寸随时间演化示意图

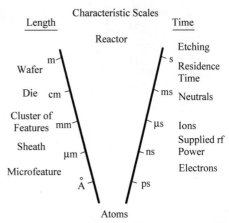

图 2.2　半导体制造空间、时间尺度示意图[2]

　　低温等离子体技术在光刻胶改性、材料表面处理、光刻胶灰化、离子注入以及等离子体增强化学气象沉积工艺等方面也有广泛应用[1]。本章将对等离子体概念、低温等离子体蚀刻、等离子体蚀刻机台以及先进等离子体蚀刻技术进行介绍。

作者简介

张城龙,2011 年获得浙江大学物理系博士学位。同年加入中芯国际集成电路制造(上海)有限公司技术研发中心等离子体蚀刻部。作为主要负责人,成功完成国家"十二五"02 专项"28 纳米逻辑电路国产介质蚀刻机台验证"项目。2014 年 3 月"基于国产设备的 28 纳米蚀刻工艺技术"项目获得"第八届(2013 年度)中国半导体创新产品和技术证书"。目前已获授权和受理半导体制造相关专利两百余项,发表国际会议文章 10 篇。2015 年度上海市科委青年科技启明星(B 类)项目负责人。

袁光杰,上海大学副教授,博士生导师,IEEE 会员,现研究方向为微纳制造、芯片散热技术、新型传感器的设计与制造。2014 年 9 月获得东京大学工学部材料工程系博士学位,之后进入中芯国际集成电路制造(上海)有限公司技术研发中心从事研发工作,2016 年 3 月入职上海大学机电工程与自动化学院机械自动化工程系。主持(负责)两项国家自然科学基金项目,参与国家重点研发计划等多项国家及省部级项目。发表 SCI/EI 学术论文 30 余篇,参编专著 1 本,授权发明专利 8 项。

2.1　等离子体的基本概念

与物质的固态、液态、气态相比,等离子体态是物质的一种更高能量形态。在恒星中,热核聚变产生的巨大能量维持了物质的等离子体形态;在实验室中,需要通过外加电场或者微波源来驱动产生等离子体,并维持稳定的等离子体形态。不同等离子体的空间尺度和能量级别可以参考图1.1。等离子体是一种宏观概念,等离子体中包含中性粒子(n)、电子(e)和离子(i),在足够大的尺度上呈现出电中性($n_i \approx n_e$)。对应的特征长度为电子德拜长度(λ_{D_e})。在小于这一特征长度的空间内,电荷分离是显性的,大于这一距离电离气体才会呈现电中性,才可以称为等离子体。电子德拜长度取决于电介质常数、电子温度、电子密度。

$$\lambda_{D_e} = \sqrt{\frac{\epsilon_0 T_e}{e n_e}} \tag{2-1}$$

选用常用的单位,当 $T_e = 4\text{eV}$,$n_e = 10^{10}\,\text{cm}^{-3}$ 时,$\lambda_{D_e} = 0.14\text{mm}$。

等离子体中电离的气体分子所占比例表征了等离子体的电离化率:

$$h \approx n_e/(n_e + n_n) \tag{2-2}$$

电离化率接近于 1 的等离子体称为完全电离等离子体,电离化率远小于 1 的等离子体称为弱电离等离子体。应用于超大规模集成电路制造中的等离子体蚀刻所用到的大多是弱电离等离子体,介电质蚀刻常用的容性耦合(CCP)等离子体的电离率大概在 10^{-5} 量级。高密度等离子体源(high density plasma),如电感耦合(ICP)等离子体、电子回旋共振(ECR)等离子体的电离率可以达到 10^{-2} 量级。

等离子体中带电粒子的存在使得等离子体中不仅有热压力,还有静电力,在外加磁场作用下还会产生电磁力。外加磁场对等离子体蚀刻的作用已经在工业生产上取得应用,具有突出的优势以及相应的技术难题。在磁场的作用下,带电粒子会围绕磁力线做回旋运动。带电粒子在磁场中的回旋频率的表达式为

$$\Omega = qB/m \tag{2-3}$$

其中,q 为带电粒子电荷数;m 为带电粒子的质量;B 为磁场强度。在 q 和 m 不变的情况下,回旋频率是由磁场强度所决定的。电子回旋共振(ECR)反应腔室就是一种利用磁场约束电子进行回旋运动从而得到较高电离率的低温等离子体。

平均自由程是指气体中粒子间发生碰撞的平均距离,而在等离子体中,由于存在带电粒子,粒子间的相互作用更为复杂,除了碰撞外,相互间还会有电场力作用。

等离子体中的平均自由程是指粒子间相互作用的平均距离为

$$\lambda \sim 1/(n\sigma) \tag{2-4}$$

其中,n 为粒子密度,σ 是碰撞截面。如图 2.3 所示,同一空间内,粒子的密度越大,相应的平均自由程越短;在相同压力条件下,碰撞截面大的粒子的平均自由程较短,碰撞截面小的粒子自由程较长。等离子体蚀刻中稳态的低温等离子体是通过电子吸收外加电场或微波能量后不断高速轰击中性粒子或者离子进行电离来维持的。对于半导体制造中应用的低温等离子体蚀刻技术,气体压力一般在 $1\text{m} \sim 1\text{Torr}$ 量级范围内。在这种低气压的状态下,离子很难通过与电子碰撞来获得能量,离子温度也远低于电子温度,也就是所谓的低温等离子体。

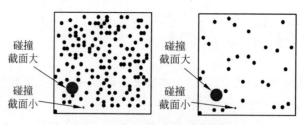

图 2.3　压力与平均自由程[1]

2.2　低温等离子体蚀刻基本概念

在半导体制造中,低温等离子体蚀刻的主要应用是将曝光显影在光阻层的图形传递到目标材料上,从而形成设计要求的图案以及三维结构等。在早期的半导体制造过程中,图形传递的过程是采用湿法蚀刻方法来完成的,也就是通过化学制剂将暴露出来的待蚀刻物质去除掉。但是湿法蚀刻会对暴露出来的各方向的材料无选择地蚀刻,如图 2.4 所示,随着图形密度的增加,湿法蚀刻已经无法满足图形传递的要求。在 20 世纪 70 年代初,具有各向异性的低温等离子体蚀刻方法逐渐取代了湿法蚀刻。

图 2.4　湿法蚀刻与等离子体蚀刻

这里先介绍低温等离子体的放电过程。低温等离子体的放电过程具有以下几条特征[3]:

- 由外加电场或者微波源驱动;
- 其中重要的物理过程是带电粒子和中性气体分子间的碰撞;
- 存在某些边界,在边界处粒子表面损失是重要的;
- 稳态放电过程是通过不断电离中性粒子来维持的;
- 电子和离子之间不存在热平衡。

电子的质量远小于离子,氢离子的质量约为电子质量的 1836 倍。在低温等离子体中,电子对高频电场以及微波源的响应更快,所以在外加电场以及微波源的作用下电子更容易获得能量。离子能量主要是通过与电子、中性粒子的碰撞过程中所获得的。在外界气体不断补充以及粒子在边界处不断损失的情况下,离子无法通过和电子碰撞达到热平衡,电子的能量要远高于离子。电子热速度 $v=(kT_e/m_e)^{1/2}$。在射频驱动等离子体中,电子温度为 2eV 时,电子的热速度可以达到 $5.9\times10^7\,\mathrm{cm/s}=1.3\times10^7\,\mathrm{mph}$。

低温等离子体是通过高速运动的电子不断撞击中性粒子形成离子的过程来维持稳态的。具体的过程往往十分复杂,简单地可分为电离、分裂、激发与弛豫这几个过程。如图 2.5 所示,在外加电场或微波的作用下,少量的初始电子迅速获得能量,高速撞击中性粒子使得中性粒子损失电子,成为离子,这一过程就是电离过程。分裂过程是指高速电子将气体分子间的分子键打断,形成中性的自由基的过程。自由基具有化学活性,在等离子体蚀刻中起到非常重要的作用。激发过程是指在高速电子的轰击下,中性粒子进入一个更高能级的激发态。激发态的粒子在恢复到初始态的弛豫过程中会发出光子。不同的等离子体可以产生不同的光谱,利用光谱信号的变化可以对等离子体蚀刻以及腔室清洁等进程进行监控。低温等离子体中的粒子种类包含气体分子、离子、原子、自由基。图 2.6 中标出了传统的电容耦合等离子体蚀刻机台

CF_4等离子体中各种成分的密度与温度的大概分布[3]。从图中可以看到,由于低温等离子体的电离率通常较低,所以离子所占的比例较低,自由基和气体分子的比例较高。蚀刻气体分子和蚀刻产物、自由基以及离子的温度是大致相当的,为室温的数倍(室温约为0.026eV)。在蚀刻过程中起化学反应作用的自由基的密度和蚀刻副产物的密度在反应腔室中都要比蚀刻气体分子密度要低1～2个数量级。等离子体中离子和电子的密度相当,密度比CF_4气体分子密度低了5个数量级,电离率约为10^{-5}量级。电子的温度比离子、自由基、蚀刻产物、气体分子要高出两个量级,这是由低温等离子体的加热机制所决定的。离子会对处于边界处的待蚀刻晶圆产生轰击作用。等离子体的方向性蚀刻就是鞘层离子产生的物理轰击得到的[3]。

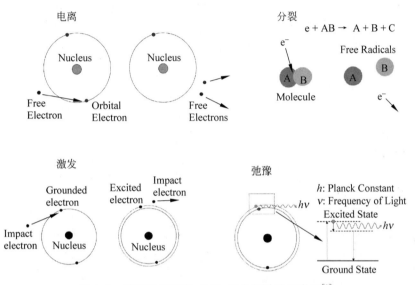

图2.5　等离子体电离、分裂、激发与弛豫示意图[1]

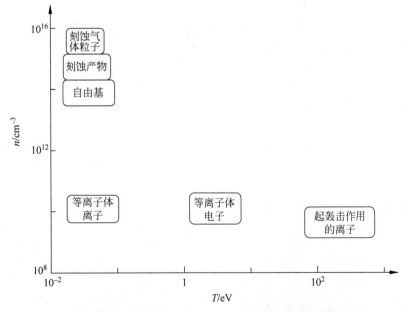

图2.6　等离子体中各种成分的温度及密度示意图[3]

鞘层(Sheath)是等离子体蚀刻的重要概念。与湿法蚀刻相比,等离子体蚀刻最突出的特点就是具有方向性的各向异性蚀刻。而这一特点就是由边界处粒子表面损失形成鞘层来达到的。如图 2.7 所示,在蚀刻反应腔室中,等离子体团靠近电极部分的快速运动的电子会吸附在

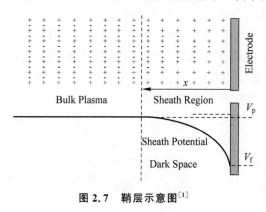

图 2.7　鞘层示意图[1]

电极上并使其带负电,从而在电极附近的薄层区域内形成指向电极的电场。这一薄层区域就是鞘层。如果在电极上放置一个晶圆,那么进入鞘层的正离子会在指向晶圆的电场的作用下,加速轰击晶圆。离子的轰击能量主要是由鞘层电压、等离子体气体压力等因素所决定的。离子对衬底的轰击是等离子体各向异性蚀刻的主要原因,并且还对蚀刻速率影响很大。如图 2.8 所示,在 J. W. Coburn 的研究中,单纯的离子轰击与单纯的化学反应的硅蚀刻速率都很慢,而化学反应和离子轰击的结合可以使得蚀刻速率提高 10 倍左右。

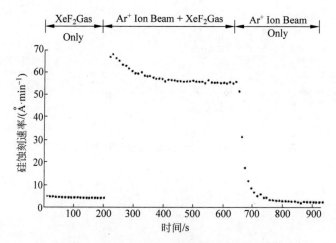

图 2.8　XeF_2 与 Ar^+ 对硅蚀刻速率的变化[4]

这里介绍低温等离子体蚀刻相关的一些概念。

(1) 蚀刻速率(Etch Rate,ER)。蚀刻速率是指在蚀刻的过程中单位时间内的蚀刻量。如图 2.9 所示,在单位时间 t 内,氧化硅材料被蚀刻的深度为 h,那么对应的刻蚀速率为

$$ER = h/t \tag{2-5}$$

蚀刻速率是半导体制造中的一个重要的考量指标。在生产过程中,较快的蚀刻速率意味着较低的生产成本。所以在不产生其他副作用的前提下,提高蚀刻速率是蚀刻工艺优化的一个方向。

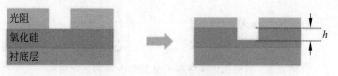

图 2.9　蚀刻速率示意图

（2）蚀刻选择比（Selectivity）。在大部分的蚀刻过程中都会接触两种或者更多的材质，而不同材质的蚀刻速率是不同的，不同物质之间蚀刻速率的比值，就是蚀刻选择比。在薄膜层叠（film stack）设计时会考虑材料间选择比的不同而进行叠加。在图 2.9 所示的氧化硅蚀刻过程中，光阻和氧化硅都是暴露在等离子体环境中，不仅氧化硅会被蚀刻出图形，光阻也会在等离子体中被蚀刻掉。如果光阻的蚀刻速率是 ER_1，氧化硅的蚀刻速率是 ER_2，这个过程中光阻对氧化硅的选择比为

$$Sele. = ER_1/ER_2 \tag{2-6}$$

（3）蚀刻均匀性（Etch Uniformity）。蚀刻均匀性是等离子体蚀刻的一个重要参数，在大规模集成电路制造过程中，一片 300mm 的晶圆上排列着数万颗芯片。每片晶圆内部不同位置间，晶圆与晶圆间，以及不同批次晶圆之间蚀刻速率的均匀性对产品大规模量产良率的控制至关重要。对于蚀刻速率均匀性多用 3 倍标准方差进行描述，其中 N 为量测点数目，$\bar{E}$ 为 N 个量测点所取的平均值，E_i 为每个点的量测值。

$$3\sigma = 3\sqrt{\frac{\sum_{i=1}^{n}(E_i - \bar{E})^2}{N-1}} \tag{2-7}$$

3 倍标准方差的含义为 99.7% 的量测值会在 $\bar{E} \pm 3\sigma$ 这一范围内。另外一种应用也比较广泛的均匀性计算单位为

$$Nonuniformity = 100 \times \frac{E_{max} - E_{min}}{2\bar{E}} \tag{2-8}$$

通常，一片晶圆内的均匀性如果可以控制在 3% 以内，就已经是比较好的结果了。当然针对不同的情况，不均匀性的影响也是不同的。例如，某一步蚀刻对前层有足够高的选择比，那么这一步蚀刻的蚀刻速率的均匀性就不是那么关键了。而对于需要在待蚀刻薄膜内进行特定深度的蚀刻工艺，那么蚀刻速率的均匀性就变得十分重要了。蚀刻过程中的不均匀性调节可以通过蚀刻腔室的设计、蚀刻气体的选择以及各种蚀刻参数（气体流量、气压、射频功率等）的控制来进行优化[5]。

（4）终点探测。在等离子体蚀刻的过程中，蚀刻腔室中蚀刻副产物在电子的轰击下也会产生激发、弛豫发射光波的过程。所以特定的光波强度的变化可以直接反映出所对应的蚀刻副产物浓度的变化，进而可以判断蚀刻进度，确定目标材料是否被去除干净。蚀刻程式可以设定为当光波强度的变化达到某一特定要求时触发停止蚀刻。考虑到整片晶圆上的薄膜厚度不均匀性以及蚀刻速率的不均匀性，通常还会增加一定的过蚀刻量来确保目标材料蚀刻完成。

（5）蚀刻过程。图 2.10 是典型的沟槽蚀刻示意图，主要应用于前段的浅沟道隔离及后段铜互连结构的形成。经过曝光显影，在光阻内形成的沟槽图案，通过蚀刻工艺传递到硬掩膜（Hard mask）上。凭借着硬掩膜和介质层之间的蚀刻选择比，在硬掩膜定义的图案内对暴露出来的介质层进行蚀刻。在光阻厚度足够的情况下，也可以直接用光阻作为蚀刻掩膜进行蚀刻。这里通过图 2.10 中的沟槽蚀刻示意图介绍一下蚀刻过程相关的内容。在蚀刻过程中，可分为图中所示的 4 个节点：蚀刻前（Before Etch）、部分蚀刻（Partial Etch）、蚀刻到位（Just Etch）和过蚀刻（Over Etch）。蚀刻前，在掩膜上已经形成了待蚀刻图案，具体的电路图案十分复杂，存在不同的图案疏密度以及不同的关键尺寸（CD）。而这些不均匀性都会导致蚀刻结果的不同。如图 2.10 中部分蚀刻示意图所示，图形的疏密度不同造成了蚀刻形貌以及蚀刻深度

的差异,这种在蚀刻过程中产生的差别称为负载(Loading)。蚀刻停止层用来减少在整个晶圆内所有结构上要承担的过蚀刻负载,也是利用蚀刻过程中对不同材料的蚀刻选择比来实现这一点的。如图2.10中蚀刻到位示意图所示,待蚀刻介质层刚好蚀刻完毕,但是这时蚀刻还未完成,还会继续进行过蚀刻。过蚀刻主要是考虑整片晶圆上蚀刻速率以及薄膜厚度的不均匀性而引入的,在蚀刻的过程中不是所有的目标材料都可以在同一时间内从晶圆上去除,因此过蚀刻是必要的。过蚀刻阶段是在未完成区域继续去除目标材料,而在已经完成的区域需要完好地停止在刻蚀停止层上。与沟槽蚀刻和通孔蚀刻密切相关的一个重要概念是深宽比,指的是蚀刻沟槽或通孔的深度与蚀刻后宽度尺寸(AEI)之间的比值。高的深宽比会使得自由基、离子更难进入图形底部完成蚀刻,同时也会增加蚀刻副产物挥发的难度,形成负载效应,严重情况下会导致蚀刻停止。

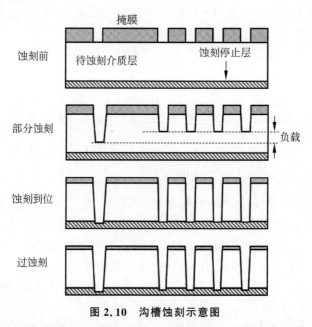

图2.10 沟槽蚀刻示意图

(6) 蚀刻形貌的控制(Profile Control)。半导体制造中的等离子体刻蚀所需要传递的图形多为线、沟槽、孔形及其组合图形。如图2.11所示,这里总结了各种常见蚀刻形状的剖面图。以多晶硅栅极为例,理想的蚀刻后多晶硅栅极的形貌是矩形的。虽然等离子体蚀刻能够

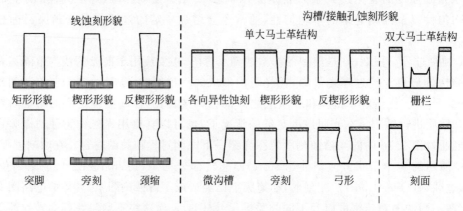

图2.11 各种线蚀刻、沟槽蚀刻、通孔蚀刻的常见形貌

提供接近垂直的蚀刻方向,但是在多晶硅的蚀刻过程中,经常会由于各种原因而导致最终蚀刻结果会与完美的矩形有些差别。这里列举了多晶硅蚀刻中常见的几种不理想形貌。梯形形貌(Tapered profile)是在蚀刻的过程中对侧壁的保护过度所造成的。倒梯形形貌(Reverse tapered profile)是由于在蚀刻过程中侧壁钝化作用逐渐弱化,底部的多晶硅被过多地侧向蚀刻而形成的。颈缩(Necking)形貌的形成多是由于重掺杂导致多晶硅栅极材料不均匀性,不同的掺杂浓度会造成蚀刻速度变化。严重的颈缩通常与多晶硅栅极重掺杂有关。多晶硅底部形貌的突脚(Foot)和旁刻(Notch)也都是常见的不理想形貌,这些不理想的形貌都会直接影响半导体器件的性能,甚至会导致器件失效。

无论是沟槽蚀刻还是孔蚀刻,蚀刻形貌都会涉及后续的填充问题。对于后段金属互连线,需要在沟槽和孔中填充金属从而形成电路,因此沟槽与孔的理想形貌是轻微侧斜的上开口形状,这样会有利于金属的填充。微沟槽结构(Micro-trench)是沟槽底部蚀刻的过程中,蚀刻离子从侧墙反射和侧墙的阴影效应共同作用的结果。这种形貌会带来上下层导线可靠性能的降低。底切(Notch)是由于对蚀刻停止层的选择比过高,这种形貌会对金属种子层的均匀覆盖产生不利的影响。在图形密集的区域,离子的反射或者蚀刻材质的损伤会导致孔、沟槽出现弓形(bowing)的形貌。在后段工艺中,弓形形貌会导致线路可靠性能的降低。在后段双大马士革工艺蚀刻过程中,刻面(Facet)和栅栏(Fence)形貌很大程度上取决于通孔中填充材料的回蚀刻与沟槽蚀刻的组合。通常在实际生产中,轻微的刻面形貌比较符合设计要求。

2.3 等离子体蚀刻机台简介

等离子体蚀刻机台种类繁多,不同的蚀刻机台生产厂商的设计也各不相同。由于等离子体是通过外加能量输入来维持蚀刻气体的等离子体态的,不同的能量输入方式以及机台结构的设计对等离子体的性能及应用会产生很大的影响。本节介绍几种在超大规模集成电路生产中比较常用的等离子体蚀刻机台,分别是电容耦合等离子体蚀刻机台(Capacitively Coupled Plasma,CCP)、电感耦合等离子体机台(Inductively Coupled Plasma,ICP & Transformer Coupled Plasma,TCP)、电子回旋共振等离子体蚀刻机台(Electron Cyclotron Resonance, ECR)、远距等离子体蚀刻机台(Remote Plasma)和等离子体边缘蚀刻机台(Plasma Bevel Etch)。前3种蚀刻机台是以等离子体产生方式命名的,后两种机台主要是通过特殊的结构设计来达到不同的蚀刻效果。远距等离子体蚀刻机台通过过滤掉等离子体的带电粒子,利用自由基与待蚀刻材料进行蚀刻反应。这种反应是纯化学反应,属于各向同性蚀刻。等离子体边缘蚀刻机台则是通过反应腔室结构的特殊设计,只对晶圆的边缘区域进行清洁蚀刻,对于降低缺陷数目、提升良率具有很好的效果。

2.3.1 电容耦合等离子体机台

图2.12是电容耦合等离子体机台示意图。在两个平行板电容器上施加高频电场,反应腔室中初始电子在射频电场的作用下获得能量,轰击蚀刻气体使其电离,产生更多的电子、离子以及中性的自由基粒子,形成动态平衡的低温等离子体。如图2.13所示,在射频电场的作用下,会形成垂直于晶圆的方向的自偏压,进而使得离子可以获得比较大的轰击能量。在电容耦合等离子体机台的最初发展阶段,只有一个射频电源,射频电源功率的变化会同时影响等离子体密度和离子轰击能量,所以单频电容耦合等离子体的可控性不尽如人意。

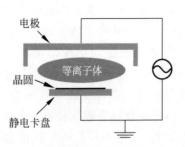

图 2.12　电容耦合等离子体蚀刻机台示意图

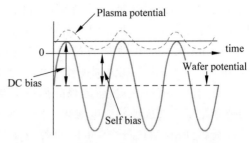

图 2.13　电容耦合等离子体自偏压示意图[1]

多频容性耦合等离子体蚀刻机台(Multiple-frequency Capacitively Coupled Plasma Etchers)通过引入多频外加电源,使得容性耦合等离子体蚀刻机台性能获得大幅提升。对于多频外加电场来说,高频电场主要起到控制等离子体密度的作用,低频电场主要起到控制离子轰击能量的作用[6]。目前半导体工业生产中的主流的容性耦合等离子体蚀刻机台都是这种双频、多频容性耦合等离子体蚀刻机台。电容耦合蚀刻机台的另外一个特点是两个电极面积不同。对于电容耦合等离子体,面积较小的电极会由于自偏压而获得更高的电势差。如图 2.12 所示,待蚀刻晶圆会被置于面积较小的电极之上。一方面是为了获得较快的蚀刻速度,另一方面也是为了降低上电极的损耗。两个电极板的电压和面积的关系可以表示为

$$\frac{V_1}{V_2} = \left(\frac{A_2}{A_1}\right)^n \tag{2-9}$$

简化模型预测值 $n=4$,实际量测值 $n \approx 1 \sim 2$ [2,7]。

2.3.2　电感耦合等离子体机台

电感耦合等离子体机台是通过在反应腔室外的电磁线圈上加射频电压,在反应腔室中,急剧变化的感应磁场会在腔室中产生感应电场,使得初始电子获得能量继而产生低温等离子体的方法。如图 2.14 所示,初始电子在感应电场中获得能量轰击中性粒子,产生稳定的等离子体。电感耦合等离子体中电子会在围绕着磁力线回旋运动,较容性耦合机台中自由程更大,可以在更低的气压下激发出等离子体。等离子体密度可比电容耦合等离子体高约两个数量级,电离率为 $1\% \sim 5\%$。等离子体的直流电位以及离子轰击能量为 $20 \sim 40\mathrm{V}$ [3]。与电容耦合等离子体相比较,电感耦合等离子体的离子通量和离子能量可以得到更好的独立控制。为了更好控制离子轰击能量,一般会将另一个射频电源容性耦合在放衬底的晶圆上。线圈在感性放电的过程中会和容性驱动的衬底台产生容性耦合的成分,也就是在产生

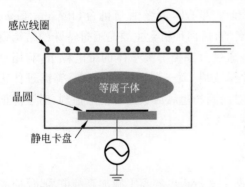

图 2.14　盘香形电感耦合等离子体蚀刻机台

等离子体的过程中,外加电源会产生电压差。这将不利于等离子体密度和能量的独立控制。所以一般会在线圈和等离子体之间加上一层静电屏蔽,在不影响感性耦合的情况下,过滤掉线圈的容性耦合成分。线圈的布局对机台的性能影响比较大,不同生产厂家的感应线圈的设计

往往差别很大。主要的线圈布局结构有盘香形结构和圆柱形结构。

2.3.3　电子回旋共振等离子体机台

电子回旋共振等离子体蚀刻机台是利用高频微波产生等离子体。图2.15是机台示意图，在磁场作用下，电子的回旋半径远小于离子，所以电子会受磁场约束，环绕磁力线做回旋运动。相对来说，离子则不会受到明显的影响而独立运动。如式(2-3)所示，电子回旋频率是由磁场强度决定的。对于特定的外加高功率微波，当微波的频率与电子回旋频率一致时，电子就会发生共振，从而获得磁场所传递的微波能量。在微波频率固定前提下，在反应腔室，磁力线自上而下向周围发散。磁场强度相应地逐渐降低，在磁场强度的分布涵盖了共振磁场强度值的情况下，产生等离子体的位置也就固定了。对于频率为2.45GHz的微波能量，电子回旋共振的磁场强度为875G(高斯)。在电子回旋共振等离子体蚀刻腔室中，微波能量以及磁场强度是电子回旋共振等离子体蚀刻腔室的两个最重要的调控参数。微波能量的大小可以决定等离子体密度，磁场强度的调节，即调节磁场强度为875G的电子共振区域位置，就可以调节等离子体产生区域与晶圆的距离。可以改变离子的能量分布与入射角度分布。低气压是等离子体发展方向之一。在较低的气压下，离子在轰击到晶圆前的碰撞会减少，进而减少散射碰撞，可以优化离子入射角度，得到比较精确的蚀刻结果。

2.3.4　远距等离子体蚀刻机台

等离子体中的主要成分包含未电离气体分子、带电离子、电子以及各种自由基。在传统的与图形传递相关的蚀刻工艺中，带电离子体中各种成分都是非常重要的。而有些工艺只需要将晶圆表面所暴露出来的物质去除或者有选择比地蚀刻掉，并不需要带电粒子所产生的物理轰击以及方向性蚀刻。远距等离子体蚀刻机台就可以满足这些工艺的需要。如图2.16所示，远距离等离子体蚀刻机台的等离子体产生以及蚀刻反应是在不同的腔室中完成的。反应气体进入等离子体激发腔室，在外加电场或者微波的作用下电离产生等离子体，然后通过一个管道或者特定的过滤装置进入蚀刻腔室。由于带电粒子在传输的过程中会被管道器壁或者特定装置过滤掉。中性的自由基会进入反应腔室与待蚀刻晶圆进行反应。由于没有带电粒子，整个反应过程不会产生与带电粒子相关的损害。相关的应用十分广泛，例如光刻胶灰化、多晶硅回刻等工艺。

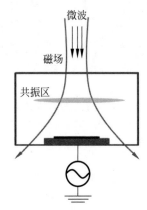

图2.15　电子回旋共振等离子体蚀刻机台

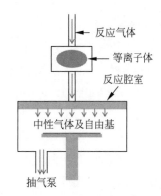

图2.16　远距等离子体蚀刻机台

2.3.5　等离子体边缘蚀刻机台

等离子体边缘蚀刻是指采用等离子体蚀刻去除晶圆边缘处所不需要的薄膜,起到降低缺陷数目、提升良率的作用。随着技术节点按照摩尔定律延伸到65nm及更先进的工艺节点,与晶圆边缘及侧面相关的缺陷对良率的影响就变得与尤为突出。如图2.17(a)所示,一片300mm直径的晶圆的厚度约为0.8mm,晶圆边缘各区域示意图如图2.17(b)所示。这一区域受曲面的影响不会形成有效晶粒,也是很多传统工艺无法精确控制的区域。在超大规模集成电路制造过程中,薄膜沉积、光刻、蚀刻和化学机械研磨之间复杂的相互作用,容易在晶圆的边缘造成不稳定的薄膜堆积。而这些不稳定的薄膜可能会在后续的工艺中脱落,影响后续的曝光、蚀刻或者填充工艺进而造成良率损失[8-11]。如图2.18所示,在经过很多道沉积、光刻、蚀刻、化学机械研磨的工艺之后,晶圆的边缘区域形成了复杂的不稳定的薄膜结构。如图2.19所示,接触孔蚀刻后,边缘区域氧化硅薄膜在金属填充过程中脱落并掉落到晶圆的表面,并直接导致化学机械研磨后接触孔内金属缺失,造成器件失效[10]。在后段形成金属连线的工艺中,金属填充物在边缘区域的残留还会在等离子体相关的工艺中引起放电(arcing)问题,可能导致整片晶圆报废[9]。因此在器件制造过程中,需要对边缘区域进行控制,去除这些在晶圆边缘堆积起来的薄膜,可以减少缺陷以及生产过程中的良率损失。

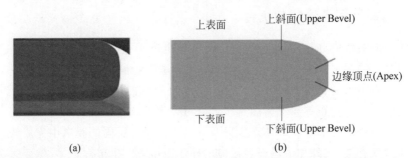

图2.17　(a)电子显微镜下晶圆边缘切面图和(b)晶圆边缘各区域示意图

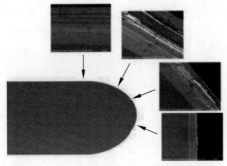

图2.18　电子显微镜下晶圆边缘切面图[11]

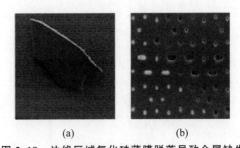

图2.19　边缘区域氧化硅薄膜脱落导致金属缺失

(a)边缘区域氧化硅薄膜在金属填充过程中脱落并掉落到晶圆的表面;(b)化学机械研磨后可以看到这一区域的接触孔内金属缺失[11]

对晶圆外边缘及斜面清洁的方法主要包括3种:①化学机械研磨过程中加入的外边缘及斜面研磨清洁;②湿法蚀刻及清洁;③等离子体边缘蚀刻[3]。等离子体边缘蚀刻相对来说具有一定的突出特点,例如边缘蚀刻区域的精准控制,较多的蚀刻气体种类可以对多种薄膜进行处理,多样的可调参数可以控制对前层的影响等。

图 2.20 为等离子体边缘蚀刻机台示意图。等离子体边缘蚀刻机台通过上下两部分的覆盖装置来保护晶圆大部分区域,而暴露在保护装置外的边缘及侧面都在等离子体的作用范围下。覆盖装置与晶圆之间不会有物理接触,距离往往会控制在 0.3～0.5mm。覆盖装置的尺寸可以按照工艺的需要进行选择。针对清除的材质的不同,等离子体边缘

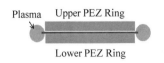

图 2.20 边缘等离子体蚀刻机台示意图

机台可以有不同的蚀刻气体组合。对聚合物的清除需要氧基或者氮基等离子体,对介质层则需要以 CF_4/SF_6 等含氟的等离子体为主,对钛、钽、铝、钨等金属层则需要含有氯元素的蚀刻气体,如氯化硼、氯气等。

等离子体边缘蚀刻可以改善很多与边缘区域薄膜沉积相关的缺陷问题。当然,需要从工艺整合的角度考虑引入边缘蚀刻后对后续工艺所带来的影响并进行综合评估。

2.4 等离子体先进蚀刻技术简介

2.4.1 等离子体脉冲蚀刻技术

从传统意义上来说,等离子体蚀刻过程需要达到高产量、高均匀性、高选择比、各向异性和无损伤等目标。蚀刻工艺产量是衡量产能的标准,是指单位时间所完成蚀刻的晶圆数量。另一个与质量相关的重要指标是晶圆内部和晶圆间的蚀刻均匀性,符合要求的蚀刻均匀性是芯片良率的保证。对于蚀刻各向异性而言,它直接定义了蚀刻后微结构的侧壁轮廓。潜在的等离子体诱导损伤(PID)则对器件运行性能有重大的影响。对于传统的连续等离子体蚀刻而言,当器件尺寸缩小到 14nm 节点以下,达到上述蚀刻目标变得越来越困难。为了应对这些挑战,等离子体脉冲蚀刻技术被开发并逐渐应用于工业界。

等离子体脉冲技术在 20 世纪 80 年代后期被首次报道,被用于等离子体物理学方面的基础研究。经研究发现,等离子体脉冲蚀刻技术能够很好地解决传统连续等离子体蚀刻遇到的诸多问题,特别是对于带负电等离子体参与的蚀刻过程。与传统的连续等离子体蚀刻相比,等离子体脉冲技术能获得高选择性、高各向异性和轻电荷累积损伤的蚀刻过程,并且可以提高蚀刻速率,减少聚合物的产生,增加蚀刻的均一性以及减小紫外线辐射损伤。为了更好地理解等离子体脉冲蚀刻技术,图 2.21 指出了其过程中的输入参数(控制变量)和输出结果(蚀刻结果)之间的关系。不同的输入参数,如反应器结构、源和偏置功率、气压和频率、气体流速和组成、腔壁材料和温度、脉冲方式(Source only,Bias only,Synchronous Pulsing)、脉冲频率(Pulse Repetition Frequency,PRF)、脉冲占空比(Pulse Duty Cycle)以及脉冲相位差(Phase Difference)等,都会影响反应器内等离子体特性,如等离子体密度、反应基团活性、电子温度、离子通量和能量、中性粒子和离子通量比率以及解离速率。通过改变等离子体特性从而影响输出结果,如腔侧壁状态、宏观的蚀刻非均匀性、蚀刻和聚合物沉积、微观的蚀刻非均匀性、垂直和横向蚀刻、图形侧壁保护层、关键尺寸、侧面扭曲变形和等离子体诱导损伤。通过调节等离子体内部和晶圆表面发生的化学和物理反应过程调节重要等离子特性从而优化蚀刻结果。为了能更好地控制这些等离子体特性,一般通过控制电子能量分布(EED)和离子能量分布(IED)来实现,这是因为电子和离子的能量分布很大程度上影响了离子和晶圆表面的反应速

度。通常意义上来说,电子影响了激发、离子化、分解和热扩散等过程,从而影响诸多中性反应基的通量、能量和表面反应速率。离子能够传递足够的能量促进表面的化学反应过程和诱导溅射,从而影响反应离子的通量和能量,以及离子参与的表面反应速率。

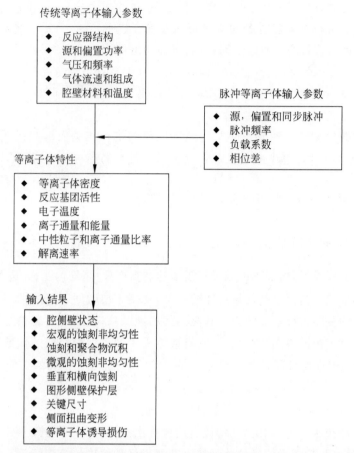

图 2.21   在等离子体脉冲蚀刻过程中等离子体特性与输入和输出关系示意图[12]

图 2.22(a)、(b)显示了氯气等离子体蚀刻硅基体的过程,以及蚀刻过程中鞘层横截面示意图。在源功率施加作用下,通过电子和氯气分子的撞击产生氯自由基(Cl^*)和氯离子(Cl_2^+)。随后在偏置功率施加作用下,离子沿着垂直方向在鞘层中加速并轰击基板,同时氯自由基也与待刻蚀物质进行反应,从而进行各向异性蚀刻并产生蚀刻副产物。与传统的连续等离子体蚀刻不同,图 2.23 所示在脉冲等离子体蚀刻中源或偏置功率会随时间的变化而变化。在一个脉冲循环中,功率打开的时间被定义为 t_{on},又称激发阶段(Active-glow Period);源功率关闭的时间为 t_{off},又称功率关闭阶段(After-glow Period)。一个循环的总脉冲时间(Pulse Period)可以定义为 $t_p = t_{on} + t_{off}$,脉冲占空比被定义为 $D = t_{on}/t_p$。图 2.24 所示主要的等离子体脉冲蚀刻技术可以分为 4 类:①在没有施加偏置功率下,对源功率进行的脉冲;②在施加不变的偏置功率下,对源功率进行的脉冲;③在施加不变的源功率下,对偏置功率进行的脉冲;④对源功率和偏置功率同时进行脉冲,在这个过程中对源和偏置功率的施加可以有相位偏移,又称异步脉冲等离子蚀刻技术。在等离子体脉冲蚀刻过程中,占空比和脉冲频率在很大程度上决定了等离子体特性,如电子温度、电子和离子密度、等离子体电位等。

一个完整的等离子体脉冲蚀刻循环包括以下 4 个阶段:初始激发阶段(Initial Active-

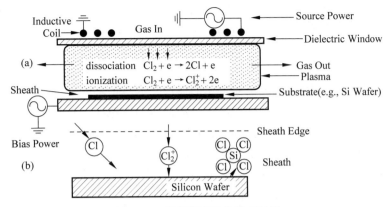

图 2.22　氯气等离子体蚀刻过程

（a）氯气对硅基体进行等离子体蚀刻过程的示意图；（b）鞘层的横截面示意图。在脉冲等离
子体蚀刻过程中，源或偏置功率会随时间的变化而变化[12]

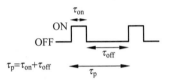

图 2.23　在等离子体脉冲蚀刻过程中，功率随时间变化的示意图[12]

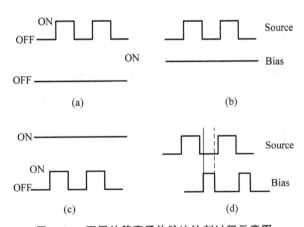

图 2.24　不同的等离子体脉冲蚀刻过程示意图

（a）在没有施加偏置功率下，对源功率进行的脉冲；（b）在施加不变的偏置功率下，对源功率进行的脉
冲；（c）在施加不变的源功率下，对偏置功率进行的脉冲；（d）对源功率和偏置功率同时进行脉冲，在这
个过程中对源和偏置功率的施加可以有相位偏移，又称同步脉冲等离子蚀刻技术[12]

glow Period），稳定激发阶段（Steady-state Active-glow Period），功率关闭初始阶段（Initial
After-glow Period）和功率关闭后期阶段（Late After-glow Period）。

（1）功率激发初始阶段。

在功率启动的初始阶段，电子温度陡然上升，伴随着电子和离子密度的增加，在晶圆附近
形成鞘层，但整体未达到稳定状态。在这个阶段，功率处于最大值，但是电子密度很低。高功
率激发了高的平均电子能量、等离子体电位和离子能量。然而，低的电子和离子密度导致了晶
圆表面低的离子通量。

（2）功率激发稳定阶段。

这个阶段与连续等离子体基本相同,电子密度、电子温度、离子密度和等离子电位等处于稳定状态,其值也与连续等离子体蚀刻状态基本相当。

（3）功率关闭初始阶段。

当功率关闭的初始阶段,感应电场对电子的加热基本停止。然而,电子依然扩散到基体侧壁或者与中性粒子发生非弹性碰撞,进而继续释放能量引起电子温度剧烈下降。等离子体电势、正离子能量和通量剧烈下降,接近表面处的离子鞘层也开始崩塌。

（4）功率关闭后期阶段。

当功率关闭的后期阶段,电子密度降到最小值,主要带负电荷粒子已经由电子转变为负离子。图2.25所示等离子体组成成分也由原来的电子和离子转变为正离子和负离子状态,正负离子通量达到基本相同。接近表面处的鞘层彻底崩塌,大通量的负离子可以到达基体的底部,从而平衡了正电荷在此处的积聚,保证了在下一个功率激发初始阶段基体底部有足够的正离子通量进行持续的蚀刻。

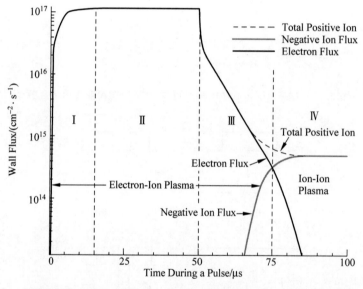

图 2.25　在一个等离子体脉冲蚀刻循环中,到达基体侧壁各种粒子通量随时间变化示意图[13]

为了优化脉冲等离子体蚀刻过程,到达基体表面的各种粒子通量需要被很好地控制,例如反应基团、离子和光子通量。为了控制粒子通量,通过电子能量分布（EED）有效地控制电子与通入气体分子碰撞过程和解离产物是一种非常重要的手段。在传统的连续等离子体蚀刻过程中,对于给定的气体混合比、气体流速、能量分布、频率和腔体几何形状,电子的产生和消耗在稳态过程中进行,而电子能量分布也基本处于恒定的状态。在等离子体脉冲蚀刻过程中,由于功率是在重复的脉冲循环中以一定负载系数施加的,所以电子的产生和消耗之间的平衡则需要在脉冲过程中维持。在这种情况下,脉冲等离子体可以通过对脉冲占空比和脉冲频率等参数的调节来优化电子能量分布。

在等离子体中,电子撞击中性原子或分子产生了反应粒子。当电子能量高于反应激活能时,电子会参与激活、离子化和分解反应过程。在这些反应中,电子能量分布决定了反应速率系数（k）,如式(2-10)[14]：

$$k = \int_0^{+\infty} f(\varepsilon) \left(\frac{2\varepsilon}{m}\right)^{1/2} \sigma(\varepsilon) \mathrm{d}\varepsilon \qquad (2\text{-}10)$$

其中,$f(\varepsilon)$ 是电子能量分布,m 是电子质量,ε 是电子能量,$\sigma(\varepsilon)$ 是一个具有特定能量 ε 的电子能够影响反应过程的横截面。反应速率系数和反应粒子密度共同决定了反应速率,而电子能量分布通过反应速率系数来影响反应速率。

如前文中提到的,等离子体脉冲技术能够更有效控制电子能量分布。在保证粒子在整个循环中产生和消耗处于平衡的前提下,源功率脉冲可以使其在脉冲过程中处于不平衡状态,从而影响电子能量分布的即时行为,更好地控制中性粒子和离子的通量比值,解离速率和电子温度。此外,等离子体脉冲技术还可以通过改变电子能量分布形状来有效控制反应速率参数,进而影响电子参与的激发、离子化和解离过程。

对于离子而言,它们与表面原子的质量相似,因此能够通过与基体表面撞击有效地将能量和动量传递给基体表面,从而协助表面化学反应和诱导溅射过程。离子的通量和能量以及表面参与的反应速率基本由离子能量分布(IED)决定,其很大程度上也决定了蚀刻后侧壁轮廓,纵向和横向相对蚀刻速度和等离子体诱导损伤。对于等离子体脉冲蚀刻技术而言,可以通过同步脉冲,对离子能量分布进行有效的控制。使离子能量分布的范围变窄,且波峰值相对于连续等离子体蚀刻过程较低。在阻挡层蚀刻阈值能量比蚀刻层高的条件下,窄的离子能量分布可以得到非常高的选择比。同时,在等离子体脉冲蚀刻过程中,由于离子能量分布的峰值相对很低,所以等离子体诱导损伤也相对较小。

从等离子体脉冲蚀刻技术被首次开发到现在,对它的研究已经不再局限于高校或研究所,它已经开始被大规模应用于半导体制造工业中。特别是电感耦合等离子体蚀刻机台,能够有效降低等离子体诱导的表面损伤,改进蚀刻均匀性和提升定义图形的蚀刻传递能力。

2.4.2 原子层蚀刻技术

随着器件尺寸的日益缩小,半导体制造工业逐渐进入原子尺度阶段。在未来 10 年内,可接受的特征尺寸变化幅度将被要求在 3～4 个硅原子量级以内。器件尺寸的不均匀性很大程度上将影响整个器件的稳定性、漏电流和电池功率损耗,最终引起器件失效和良率降低。为了精确控制蚀刻过程和改善蚀刻结果,原子层蚀刻技术被开发并研究。尽管原子层蚀刻技术在二十几年前已经被报道,但是其蚀刻速率相对于传统蚀刻技术相对较慢,较低的蚀刻工艺产量制约了它在半导体制造业中的应用。但是随着三维结构鳍式晶体管技术的发展,原子层刻蚀技术均匀性、超高的选择等突出优势,使得其在一些关键刻蚀工艺中得到了很好的应用。

原子层蚀刻技术被认为是在原子级别实现蚀刻的最有前途的方法,这与它具有自限制行为有关。自限制性行为是指随着蚀刻时间或反应物导入量的增加,蚀刻速率会逐渐变慢最终达到停止。如图 2.26(a)、(b)所示,一个理想的原子层蚀刻循环可以分为以下 4 个阶段:①向腔体中通入反应气体,对材料表面进行改性形成单层自限制层;②停止通入反应气体,并用真空泵除去多余的未参加反应的气体;③向腔体中通入高能粒子,除去单层自限制层从而实现自限制蚀刻行为;④停止通入高能粒子,用真空泵除去多余的未参加蚀刻的粒子和蚀刻副产物。对于实际的原子层蚀刻过程中每一个循环的反应 A 和 B 而言,理想的单层自限制蚀刻过程很难被实现。如图 2.27 所示,反应 A 包括 4 种不同的表面改性机理,分别为化学吸附、沉积、转换和剥离。反应 B 大多需要等离子体辅助,运用离子进行各向异性蚀刻,得到高深宽比的蚀刻结构。从原子层蚀刻首次开发到目前为止,已经被证明适用于二十多种不同的材料,包括半导体、绝缘体和金属等。相信在不久的将来,它会被应用于更多材料的蚀刻。

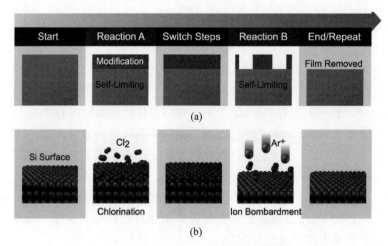

图 2.26　单个原子层蚀刻循环示意图

(a) 一般概念;(b) 单个理想的硅原子层蚀刻循环[15]

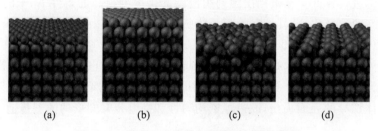

图 2.27　反应 A 包含的不同表面机理示意图

(a) 化学吸附;(b) 沉积;(c) 转换;(d) 剥离[15]

　　对于实际的原子层蚀刻技术而言,虽然其与理想的单层自限制性蚀刻有所不同,但都必须符合以下两个标准:①在一个蚀刻循环中,反应 A 完成后进行反应 B,两者是分离开的;②反应 A 和 B 至少有一个是自限制性过程,从而实现自限制性蚀刻过程。反应 A 和 B 的分离有利于离子、电子和中性粒子的产生和传送,从而使它们更容易达到预期的通量和相对比例,以获得更宽的原子层蚀刻工艺窗口。此外,这种反应 A 和 B 分离的方式可以更好地实现自限制性反应过程,从而精确控制生成薄膜的厚度。

　　图 2.28 显示了 3 个原子层蚀刻循环。对于原子层蚀刻而言,蚀刻总量等于循环次数乘以每一个循环中的蚀刻量(Etch per Cycle,EPC)。图 2.29(a)～图 2.29(d)显示了在连续等离子体蚀刻和原子层蚀刻过程中蚀刻时间与蚀刻量的关系。其中,图 2.29(a)和图 2.29(b)显示了在具有自限制性行为的原子层蚀刻过程中,随着蚀刻时间的增加,每一个循环中的蚀刻量会最终饱和。当每个蚀刻循环中蚀刻量达到饱和后,蚀刻快的区域最终的蚀刻量逐渐与蚀刻慢的区域相近,大幅度改善了整片晶圆不同位置和不同图形间的均匀性。图 2.29(d)显示了连续等离子体蚀刻过程,其缺乏自限制性行为,蚀刻量与蚀刻时间成正比。图 2.29(c)显示了在具有准自限制性行为的原子层蚀刻过程中,随着蚀刻时间的增加,每一个循环中蚀刻速率随蚀刻时间的增加而逐渐变慢,但蚀刻量不会最终趋于饱和。相比于连续等离子体蚀刻过程而言,准自限制性蚀刻可以实现很多自限制性蚀刻过程的优点。而相比于理想的原子层蚀刻过程,

准自限制性原子层蚀刻又能增加蚀刻速率、节约成本和提升生产效率,为它在半导体制造业中的广泛应用提供了极大可能。事实上,对于原子层蚀刻而言,很多基于产业化的探索都是利用它的准自限制性行为进行的。

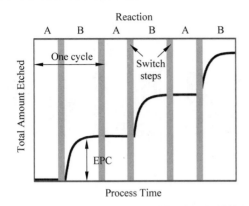

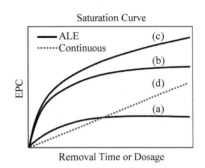

图2.28 在连续的原子层蚀刻循环中材料被蚀刻的总量(A—B—A—B—A—B)。在理想状态下,蚀刻只发生反应 B 中,而且具有自限制性[15]

图2.29 在连续等离子体蚀刻和原子层蚀刻过程中,蚀刻时间与蚀刻量的关系图
(a)自限制性低蚀刻速率的原子层蚀刻过程;(b)自限制性高蚀刻速率的原子层蚀刻过程;(c)准自限制性原子层蚀刻过程;(d)传统的连续等离子体蚀刻过程[15]

图 2.30 描述了在反应 B 中单次循环蚀刻量随离子能量变化的关系。在区域Ⅰ时,蚀刻量随离子能量的增加而增加。这是因为当离子能量过低时,材料表面改性层无法全部完成蚀刻。在区域Ⅱ时,蚀刻量与离子能量无关,被称为原子层蚀刻平台,此时达到最优条件。在区域Ⅰ和Ⅱ中,蚀刻材料表面改性层能量势垒要比其底下衬底低,离子能量刚好达到表面改性层的能量壁垒,而未能达到其底下衬底的能量壁垒,从而实现了精确的蚀刻过程。在区域Ⅲ时,蚀刻量会随离子能量的增加而再次增加。这是因为当离子能量太高时,材料表面改性层和其底下衬底被同时蚀刻,这时其蚀刻行为趋近于连续等离子体蚀刻过程。由此可见,为了实现原子层蚀刻过程中的自限制性行为,两个最重要参数(蚀刻时间和离子能量)必须得到很好的控制。

除了上述的在等离子体蚀刻机台内实现的一站式的原子层蚀刻方法外,也可以通过其他方法来实现原子层蚀刻。文献[16]中介绍了一种对三五族材料进行原子层蚀刻的方法,这种方法包括两步:表面氧化以及氧化物去除。表面氧化过程可以用过氧化氢(H_2O_2)等氧化剂,也可以在氧气等离子体的作用下形成氧化层,然后通过稀释的硫酸(H_2SO_4:H_2O=1:1)等酸性溶液来去除掉氧化层。重复这两步就可以实现小于 1nm 级别的精确蚀刻。这种方法也称为数字刻蚀(Digital Etch)。如图 2.31 所示,在 InP 薄膜上面是具有图案的 InGaAs 薄膜。InGaAs 层上的图形是通过湿法蚀刻或者干法蚀刻形成的。在这种结构下,多次循环地进行表面氧化加上酸液去除氧化层的方法可以实现对 InP 薄膜小于 1nm 级别的精确蚀刻。

总体而言,虽然原子层蚀刻技术在实验室阶段已经存在二十余年,但是其向半导体制造工业的应用则相对很慢,其主要的原因是半导体制造工业持续要求降低成本,而原子层蚀刻具有多步和各步之间的转换使得其生产效率相对较低。但随着器件和互联线系统尺寸越来越小,半导体工艺对蚀刻精度的要求越来越高,从而促使原子层蚀刻技术在 7nm 及更先进的技术节点会有广泛的应用。

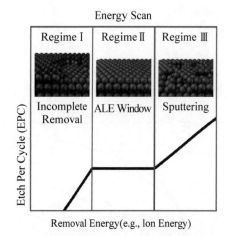

图 2.30 在原子层蚀刻反应 B 过程中,单次循环蚀
刻量随离子能量变化的示意图[15]

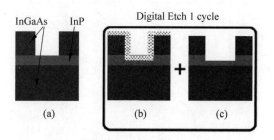

图 2.31 数字蚀刻
(a)薄膜结构;(b)表面氧化过程;(c)氧化物去除[16]

2.4.3 中性粒子束蚀刻技术

当大规模集成电路特征尺寸缩小到 7nm 以下时,传统等离子体蚀刻的固有缺陷将限制其进一步的发展和应用,例如电荷积累和深紫外光子(VUV)辐射。电子遮掩效应引起的电荷积累会导致过多的正电荷堆积在蚀刻图案底部,造成电荷诱导损伤和正离子轨道扭曲而引起的蚀刻精度降低。深紫外光子辐射不仅会加剧正电荷的堆积,而且会在蚀刻基体表面形成缺陷,从而影响表面的蚀刻反应过程。因此,其会增加蚀刻基体表面的粗糙度和侧壁蚀刻量,以及降低蚀刻的精度。此外,为了在蚀刻过程中精确地控制表面反应,参与蚀刻的反应粒子需要具有低能量,从而提高整个蚀刻过程的可控性以及精准性。为了消除以上在传统等离子体蚀刻中的问题,并在蚀刻过程中提供低能量粒子,中性粒子束蚀刻技术逐渐被开发出来并获得了一定的发展。

与传统的等离子体蚀刻、等离子体脉冲蚀刻和原子层蚀刻系统不同,中性粒子束蚀刻技术发展了适合其自身的系统。到目前为止,中性粒子束蚀刻技术系统主要分为 3 种:电子回旋共振等离子体方式、直流等离子体方式和感应耦合式等离子体加平行碳板方式,如图 2.32(a)、(b)和(c)所示。对于电子回旋共振等离子体和直流等离子体方式而言,中性粒子束是由正离子电荷转移形成的,中性化效率不高(60%左右),而粒子束能量很高(>100eV)。这种低中性化、低通量和高能量的粒子束导致了低的蚀刻速率和蚀刻选择比,所以并不太适用于蚀刻工艺。与前两种方式不同,对于感应耦合式等离子体加平行碳板方式而言,中性粒子束是由负离子分离电子形成的。在等离子脉冲技术功率关闭阶段,大量负离子产生并通过平行碳板,通过分离电子形成中性粒子束。相比正离子而言,在通过平行碳板时负离子更容易被中性化,主要因为负离子分离电子能量要远小于正离子电荷转移,因此负离子中性化效率比正离子要高很多,例如氯负离子中性化效率可以接近100%,而氯正离子的中性化效率则只有60%左右。此外,对于感应耦合式等离子体加平行碳板方式而言,其偏压被施加于底部平行碳板上,因此能够精确控制负离子束能量,从而产生低能量高通量的中性粒子束。相比前两种方式,感应耦合式等离子体加平行碳板方式中性粒子束蚀刻技术将拥有更好的应用前景。

随着芯片特征尺寸逐渐缩小,对蚀刻工艺的要求也会越来越高。当特征尺寸缩小到 7nm

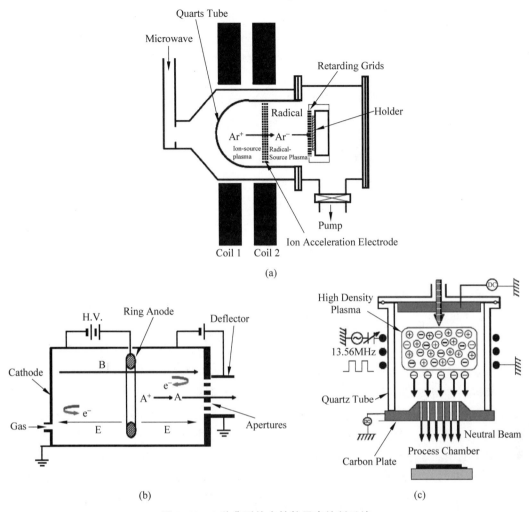

图 2.32　3 种典型的中性粒子束蚀刻系统

（a）电子回旋共振等离子体方式；（b）直流等离子体方式；（c）感应耦合式等离子体加平行碳板方式。
前两种系统是利用正离子电荷转移产生中性粒子束，而后一种是利用负离子电子分离产生中性粒
子束[17]

以下时，对于可精确控制的各向异性蚀刻工艺需求也变得越来越急迫。由于中性粒子束蚀刻
基本不会产生电荷堆积和（真空）紫外光子辐射，而且产生的粒子反应能量很低，因此将会非常
可能适用于 7nm 以下鳍式场效应晶体管中硅衬底的蚀刻，以及 5nm 以下碳纳米管或者石墨
烯器件精确无损伤的蚀刻。

2.4.4　带状束方向性蚀刻技术

带状束方向性蚀刻（Directed Ribbon-beam Etch，U. S. patent，20150083581）是一种比较
新颖的等离子体蚀刻方法。带状束方向性蚀刻结合了等离子体蚀刻和离子束注入技术，可以
在某一特定方向上对晶圆上的图案进行修正以及蚀刻。这种方法对于超大规模集成电路制造
来说十分具有吸引力，具有传统蚀刻方法所不具备的单一方向蚀刻能力。

离子注入（Ion Implantation）是超大规模集成电路生产中广泛采用的一种技术，多应用于
硅掺杂形成 MOSEFT 器件。离子束技术和其他掺杂方法相比较具有一些突出的优势，例如

对离子能量的精确控制,离子种类的控制,入射角度的控制等。离子注入技术已经不局限于传统的电学掺杂,还被应用到集成电路生产中的材料改性等方面。例如通过离子注入技术改变物质的抗蚀刻能力、光学特性等。与传统的离子注入机台相比,带状束方向性蚀刻可以使得这一技术在图形定义等方面取得一些独特的应用。

图 2.33 是带状束方向性蚀刻机台示意图。整个系统是由两个腔室组成的。第一个腔室是等离子体生成腔室。反应气体进入这个腔室后会在外加电场的作用下通过电感耦合方式形成等离子体。等离子体生成腔室的气压为 $10^{-1}\sim$

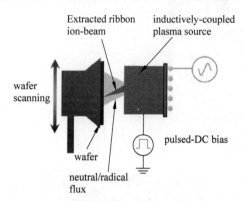

图 2.33 带状束方向性蚀刻机台示意图[18]

10Pa。第二个腔室是蚀刻反应腔室。这个腔室包括晶圆扫描系统和晶圆静电卡盘。晶圆扫描系统和应用材料公司的束线离子注入(Beam-line Ion-implantation)系统非常接近[18]。在这个腔室中的气压为 $10^{-4}\sim10^{-2}$Pa。较低的气压利于离子束入射的方向以及能量的控制。在蚀刻反应腔室中还加上了一些量测装置,用于监测反应过程中离子束电流、离子束光谱、离子角度分布等相关参数。在等离子体生成腔室和反应腔室之间,会有一个狭长的开口,长度约为 400mm,宽度为 1~10mm。气体和自由基会从等离子体产生腔室通过这个狭缝入射到晶圆上。晶圆会被固定在静电卡盘上与狭缝保持一定距离,静电卡盘可以垂直于狭缝方向上下运动。晶圆和等离子体产生腔室间会额外加上一个电压。在电势差的作用下会产生带状离子束。这个外加电压是脉冲直流偏压,电压值为 0~10kV。在电势差的作用下,离子在通过狭缝后会具有可控的方向性入射到晶圆表面。如图 2.34 所示,入射离子束沿着狭缝方向的入射角度和离子速度等参数是几乎相同的,均匀度可以控制在 2%以内。入射离子束电荷密度、入射角度、入射形貌可以通过等离子体参数、脉冲直流电场以及狭缝的形貌来进行控制。图 2.34(b)中描述了离子束的角度分布,不同的入射形貌。图 2.35 描述了方向性带状束蚀刻的一个实验结果。蚀刻前的结构如图中所示,为传统的有源区结构,在均匀分布的氮化硅覆盖下是氧化硅硬掩膜层以及多晶硅。在这个实验中,选择 CH_3F/O_2 这一气体组合来蚀刻 SiN。SiN 的衬底层有氧化硅以及硅。蚀刻反应中蚀刻副产物具有挥发性,不会形成副产物的二次沉积。这个实验中,从等离子体源中提取了双方向的离子束,入射角度与晶圆的垂直方向夹角约为 20°。这样有利于侧壁 SiN 的蚀刻。在晶圆上如图 2.35 所示的结构有两个方向:平行方向和垂直方向。在实验中可以看到在一个方向上,侧壁的 SiN 已经被蚀刻干净,而另外一个方向上的 SiN 基本上没有变化。这是由于在不同方向上离子的轰击的作用不同而导致的,两个方向上蚀刻量的比率大于 $10:1$。在传统的等离子体蚀刻反应中,侧壁的氮化硅只有在各向同性蚀刻或者是长时间的方向性蚀刻中才可能会被蚀刻掉,而这两种情况中 x 和 y 方向的情况会是一样的,并且长时间的方向性蚀刻会使得结构的顶部承受过多的蚀刻而受到损害。在这个实验中可以看到带状束方向性蚀刻可以做到单方向蚀刻而对另外一个方向影响很小。这种特性使得带状束方向性蚀刻方法在图形修正方面可以得到很好的应用。例如在沟槽蚀刻中,如 FinFET 电路中的连接源漏极的金属导线(M0)图案的形成,在图案最为稠密的地方,光阻曝光会遇到挑战。图 2.36(a)、(b)为形成的光阻图形,中间标示的 H1 是光阻的最小宽度。如果光阻的宽度小于某一极限值,光阻将会在曝光显影的过程中发生形变、产生短路。光刻工艺为了取得比较大的工艺窗口,曝光后光阻的尺寸会大于刻蚀后尺寸,需要在等离子体蚀刻过程中将这一尺寸收缩到设计的刻蚀后尺寸。在等离子体蚀刻过程中,随着线宽尺寸的收缩,线顶端对顶端的尺寸也会进一步增加,有可能会超过设计值。之前往往是通过增加一张光罩来解决这种问题,但是带状束方向性蚀刻方法可以提供一个更为经济的解决方法。这里所提到的 M0 金属线更适合于这个方法,是因为 M0 金属线的图案方向比较一致,可以做到在线宽不受到明显影响的情况下增加沟槽的长度,具有节省光罩的可能性。当然,相信这带状束方向性蚀刻也可以在其他一些关键蚀刻步骤中得到很好的应用。

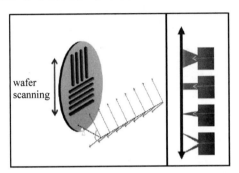

图 2.34 带状离子束对晶圆进行蚀刻示意图以及典型的入射离子束的形貌

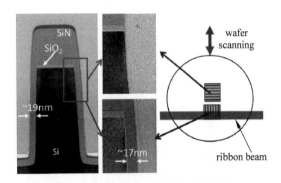

图 2.35 带状离子束蚀刻结果[18]

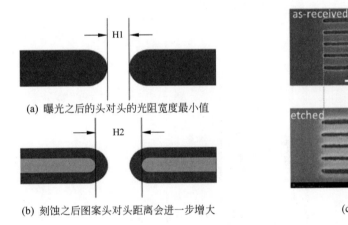

(a) 曝光之后的头对头的光阻宽度最小值

(b) 刻蚀之后图案头对头距离会进一步增大

(c)

图 2.36 光阻图形

(a)、(b) 相邻图案在图形传递过程中间距的变化;(c) 氧化硅沟槽在方向性带状离子束蚀刻后长度增加约 30nm,宽度无明显变化[18]

综上,带状束方向性蚀刻方法在对离子的能量及入射角度上进行精确控制,得到了比较好的结果,可以做到在单一方向上的蚀刻,修正图案。这可以简化多重曝光方式,更为经济有效地解决一些图案形成上的问题。

2.4.5 气体团簇离子束蚀刻技术

气体团簇离子束(Gas cluster ion beam)蚀刻具有一系列传统等离子体蚀刻所不具备的特性。在传统等离子体中,电子与离子的能量分布范围很广,少数的高能粒子可以在对目标材质进行蚀刻的过程中穿透表面几层原子对衬底造成伤害。所以,如何优化等离子体离子能量分布始终是等离子体蚀刻技术发展的一个方向。气体团簇离子束在这一方面优势十分突出。气体团簇是在物理或化学作用下,由几个到数万个原子或分子组成的相对稳定的聚集体[19]。气体团簇在电子的轰击下,可以电离化,而电离化的气体团簇在电场的作用下获得很大的动能,也可以在磁场的作用下进行过滤,进而得到能量分布更为集中的气体团簇离子束。气体团簇离子束在加速电极的作用下可以获得很高的能量,在一个局部区域形成较高的能量密度,在目标材质表面附近激发很多种物理和化学反应。但是团簇中每个粒子的速度相同,每个粒子的平均能量很低。所以在与传统等离子体平均能量相同的情况下,粒子的能量分布要远远优于等离子体,在与目标材料反应的过程中不会对目标材料的深层原子造成伤害。这一优势使得气体团簇离子束在很多方面可以得到很好的应用。例如表面平滑处理、表面分析、浅层注入、薄膜沉积、颗粒去除、蚀刻反应等。图 2.37 描述了不同能量条件下,气体团簇与材料表面的相互作用。随着能量的增加,从气体团簇沉积过渡到气体团簇蚀刻、气体团簇浅层注入等不同反应[20]。产生团簇的具体方法包括[19]气体聚集[21]、超声膨胀[22]、激光蒸发[23-24]、磁控溅射[25]、离子溅射[26]、弧光放电[27,28]、电喷射液态金属法[29]和氦液滴提取法[30-31]。图 2.38 是一台 CO_2 气体团簇离子束设备示意图,通过这张图我们可以了解气体团簇离子束的产生方式。

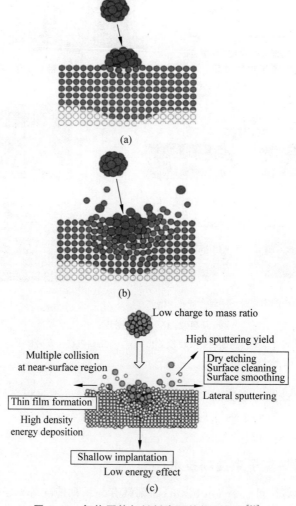

图 2.37 气体团簇与材料表面的相互作用[20]

(a) Low-energy cluster deposition or soft landing; (b) Cluster-surface high-energy impact;

(c) Schematic illustration of a cluster impacting on a surface, which induces various effects

CO_2气体在数倍于大气压的作用下,经过喷嘴,进入真空环境后发生超声绝热冷凝膨胀,形成了气体团簇,经过分离装置(Skimmer),将非团簇的气体分子过滤掉。通过离化器(Ionizer)时,与电子相结合从而带电。在电场的作用下气体团簇离子获得很高的能量。在磁场的作用下,过滤得到能量分布较为单一的气体团簇离子束,在注入蚀刻腔室前,往往会安装一个电子中和装置,中和掉气体团簇所带电荷,然后射入放置目标材料的腔室与目标材料进行反应[22]。

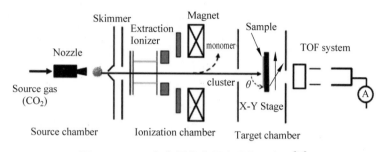

图 2.38 CO_2 气体团簇离子束设备示意图[32]

在 Kazuya 等的研究工作中,CO_2气体团簇离子束在去除晶圆表面微小颗粒方面取得了很好的结果。随着摩尔定律的发展,超大规模集成电路技术节点已经进入 7nm 阶段,随着器件尺寸的变小以及三维结构的引入使得清洁工艺(Cleaning)面临很多挑战。而气体团簇离子束的上述优点可以在这方面得到很好的应用。图 2.39 中描述了 CO_2 气体团簇离子束照射后,晶圆表面颗粒的去除率和加速电压以及入射角度之间的关系。CO_2 气体团簇离子束的密度为 $3×10^{14} cm^{-2}$。在密度不变的条件下,加速电压越高,离子束的能量也就越高,所以表面颗粒的去除率越高。对比不同角度的结果,可以看到 45° 入射角度在 5kV 的加速电压下就已经得到了大于 80% 的颗粒去除率,当电压增加到 20kV 时,去除率已经接近 100%。不过对于半导体制造工艺来说,非垂直的入射角度会对半导体结构产生侧向作用力而容易对结构造成损害。对于垂直入射的实验中,当加速电压到达 30kV 时,颗粒去除率也可以达到 92%,这说明 CO_2 气体团簇离子束在不伤害目标材料的情况下可以取得比较好的清洁效果。图 2.40 中描述了具有三维结构的晶圆上颗粒的去除情况。在加速电压

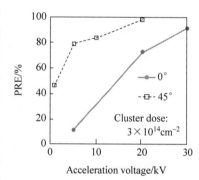

图 2.39 CO_2 气体团簇离子束照射后,表面颗粒的去除率和加速电压以及入射角度之间的关系(CO_2 气体团簇的密度为 $3×10^{14} cm^{-2}$[21])

为 20kV,密度为 $3×10^{14} cm^{-2}$,入射角度为 0° 的条件下,沟槽内的颗粒被清除得很干净,这也表明 CO_2 气体团簇离子束的清洁能力在三维结构的晶圆上依然有效。

气体团簇由几千到数万个原子或分子组成。从能量沉积的角度上分析,能在一个局部区域形成较高的能量密度是气体团簇离子束的一个重要特性。在离子束轰击区域,气体团簇离子束导致蚀刻目标原子与表面附近的气体团簇原子间发生多重碰撞,而这些碰撞会产生溅射和二级离子散射,使得化学反应得到增强。鉴于这些特性,气体团簇离子束被用作方向性高能反应束。如文献[33]中介绍,氧化铜可以被有机酸性蒸汽去除掉。这个反应需要在 150℃ 的高温条件下进行,反应方程式为

$$CuO + 2CH_3COOH \longrightarrow Cu(CH_3COO)_2 + H_2O \tag{2-11}$$

图 2.40 CO_2 气体团簇离子束照射后颗粒去除对比图[32]

这个反应需要达到一定温度后才会发生,并且反应的副产物 $Cu(CH_3COO)_2$ 无法挥发。气体团簇离子束的轰击会产生短暂的局部加热,并对其他区域影响不明显。这一特性可以促进化学反应以及帮助蚀刻产物的解吸附作用。如图 2.41 所示,在醋酸蒸汽环境下,O_2 气体团簇离子束对于局部的加热以及轰击作用,可以在真空环境中实现室温条件下对铜的蚀刻[33]。

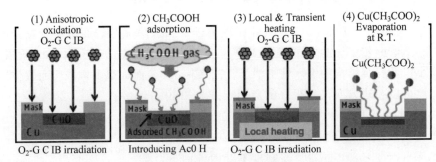

图 2.41 O_2 气体团簇在醋酸蒸汽环境下进行低温铜蚀刻[33]

气体团簇离子束在其他很多方面都有很好的应用,例如结合晶圆的薄膜厚度量测值来进行蚀刻后或者化学机械研磨后薄膜平坦化工艺,得到了很好的结果[34]。在薄膜沉积等方面也有很好的应用。用碳的小团簇离子注入的方法制石墨烯的层数和结晶性取决于离子束参数和热处理工艺条件。团簇离子束引起的非线性辐照损伤有利于少层石墨烯的形成,其物理机制是值得进一步研究的课题。几个原子层的薄膜沉积所需离子剂量很低,为质量选择的离子束找到了新的用武之地,对石墨烯、硅烯拓扑绝缘体等二维材料的离子束合成具有重要意义[19]。

参 考 文 献

[1] 萧宏. 半导体制造技术导论. 北京:电子工业出版社,2013.

[2] Economou J D. Modeling and Simulation of Plasma Etching Reactors for Microelectronics. Thin Solid Films,2000,365:348-367.

[3] 力伯曼 A M,里登伯格 J A. 等离子体放电原理与材料处理. 蒲以康,等译. 北京:科学出版社,2011.

[4] Coburn J W, Winters H F. Journal of Applied Physics,1979,50:3189.

[5] Donnelly M V,Avinoam Kornblit. Plasma etching:Yesterday,today,and tomorrow. J. Vac. Sci. Technol. A 31(5):050825-1.

[6] Boyle P,et al. Applied Physics,2004,37:697.

[7] Coburn J W. Kay E. Journal of Applied Physics,1972,43:4965.

［8］　Kalyan J，et al. Optimization of Edge Die Yield Through Defectivity Reduction. Solid State Technology，2009.

［9］　Morillo J D，Houghton T，Bauer J M，et al. 1EEEISEMI Advanced Semiconductor Manufacturing Conference,2005：1-4.

［10］　Bunke C,Houghton T,Bandy K,et al. Grace Fang. ASMC, 2012：63-66.

［11］　Chenglong Zhang，Qiyang He，Haiyang Zhang. Bevel Etch Methods for BEOL Peeling Defect Reduction. CSTIC,2015.

［12］　Economou D J. Pulsed Plasma Etching for Semiconductor Manufacturing. J. Phys. D. Appl. Phys,2014,47：303001.

［13］　Midha V,Economou D J. Spatiotemporal Evolution of a Pulsed Chlorine Discharge. Plasma Source Sci. Technol,2010,9：256.

［14］　van Boosmalen A J,Baggerman J A G,Brader S J H. Dry Etching for VLSI. New York：Plenum Press,1991.

［15］　Kanarik K J,et al. Overview of Atomic Layer Etching in the Semiconductor Industry. J. Vac. Sci. Technol, 2015,33：020802.

［16］　Lin J Q,et al. A Novel Digital Etch Technique for Deeply Scaled III-V MOSFETs. IEEE ELECTRON DEVICE LETTERS,2014,35(4)：440-442.

［17］　Samukawa S. Ultimate Top-down Etching Processes for Future Nanoscale Devices：Advanced Neutral-beam Etching. Jpn. J. Appl. Phys,2006,45：2395.

［18］　Ruffell S，Renau A. Directed Ribbon-beam Capability for Novel Etching Applications. J. Vac. Sci. Technol. B,2015,33(6)：06FA02.

［19］　张旱娣,李慧,王泽松,等. 团簇离子束纳米加工技术研究进展. 中国表面工程,2014,27(6)：28-43.

［20］　Popok V N，et al. Cluster Surface Interaction：from Soft Landing to Implantation. Surface Science Report,2011,66：347-377.

［21］　Sattler K,Muhlbach J,Recknagel E. Generation of Metal Clusters Containing from 2 to 500 Atoms. Physical Review Letters,1980,45：821.

［22］　Hagena O F. Cluster Ion Sources. Review of Scientific Instruments,1992,63：2374.

［23］　Cheshnovsky O，Taylor K J，Conceicao J，et al. Ultraviolet Photoelectron Spectra of Mass-selected Copper Clusters：Evolution of the 3rd Band. Physical Review Letters,1990,64(15)：1785-8.

［24］　Nonose S,Sone Y,Onodera K,et al. Structure and Reactivity of Bimetallic Cobalt-vanadium($Co_n V_m$) Clusters. The Journal of Physical Chemistry,1990,94(7)：2744-6.

［25］　Haberland H,Karrais M,Mall M,et al. Thin Films from Energetic Cluster Impact：a Feasibility Study. Journal of Vacuum Science & Technology A,1992,10：3266-71.

［26］　Haberland H,Mall M,Moseler M,et al. Filling of Microsized Contact Holes with Copper by Energetic Cluster Impact. Journal of Vacuum Science & Technology A,1994,12(5)：2925-30.

［27］　Methling R P,Senz V,Klinkenberg E D,et al. Magnetic Studies on Mass-selected Iron Particles. The European Physical Journal D,2001,16：173-176.

［28］　Kleibert A，Passig J，Meiwes-Broer K H，et al. Structure and Magnetic Moments of Mass-filtered Deposited Nanoparticles. Journal of Applied Physics,2007,101：114318.

［29］　Yamashita M,Fenn J B. Electrospray Ion Source Another Variation on the Free-jet Theme. The Journal of Physical Chemistry,1984,88(20)：4451-9.

［30］　Radcliffe P，Przystawik A，Diederich T，et al. Excited-state Relaxation of Ag_8 Clusters Embedded in Helium Droplets. Physical Review Letters,2004,92 (17)：179403.

［31］　Diederich T，Doppner T，Fennel T，et al. Shell Structure of Magnesium and Other Divalent Metal Clusters. Physical Review A,2005,72：023203.

［32］　Dobashi K,et al. Ultrafine Particle Removal Using Gas Cluster Ion Beam Technology. IEEE Transactions on Semiconductor Manufacturing,2013,26(3)：328-334.

［33］　Toyoda N,Yamada I. Advancement of Gas Cluster Ion Beam Processes for Chemically Enhanced Surface Modification and Etching. Physics Procedia,2015,66：556-560.

［34］　Taher Kagalwala,et al. Integrated Metrology's Role in Gas Cluster Ion Beam Etch. ASMC 2015：72-77.

第3章

等离子体蚀刻在逻辑集成电路制造中的应用

摘　要

逻辑集成电路工艺伴随着摩尔定律飞速发展,从 21 世纪初的亚微米工艺到如今已经量产的 14/16nm 工艺,凝聚了无数半导体人的汗水和结晶。等离子体蚀刻作为集成电路工艺的核心部分也伴随着技术发展发生着日新月异的变化,尺寸的微缩对等离子体蚀刻工艺提出了更高的要求。

在形成器件结构的前段工艺,高精度图形定义需要浸入式光刻机和 193nm 光阻,单纯光阻掩膜在小尺寸纳米工艺已经不再适用,其厚度不足以胜任单一掩膜结构,三明治结构应运而生。为了更好的图形传递和器件的物理性能,(金属)硬掩膜已经得到广泛应用。器件从平面结构向三维结构的转变意味着更高的深宽比。为了更好地进行工艺整合,对形貌的控制需求也变得更加苛刻。45nm 工艺后的 p 型沟道锗硅外延生长对等离子体蚀刻提出了更高要求。14nm 及更先进的技术节点中引入了自对准双图形工艺,如何发展蚀刻工艺以避免奇偶效应也将是对等离子体蚀刻的巨大考验。工艺尺寸的微缩对蚀刻后的均匀度、线条粗糙度、负载效应及等离子体损伤的控制提出了更高的要求,新型脉冲等离子体蚀刻在 28/14nm 工艺中逐步介入。

接触孔层在集成电路的制造中起到承上启下,连接前段器件和后段金属互连的重要作用,历来是良率提升的重中之重。在接触孔蚀刻工艺中,除了要求全部导通,对于接触孔各项性能指标要求也越来越严格。例如,关键尺寸缩微、尺寸均匀性、接触孔侧壁形状的控制,接触孔蚀刻工艺对蚀刻停止层的选择性,金属硅化物的消耗量,以及接触孔高度均匀性等。

后段工艺是指在接触孔之后的实现金属连接互通的金属布线工艺,将外接电压/电流传递到前段晶体管,通常是由金属连接层、金属通孔和钝化层构成的。大马士革工艺的提出完全改变了后段的蚀刻工艺,金属蚀刻被介质蚀刻所取代。(超)低介电材料的引入减少了器件的延迟,与此同时,为避免(超)低介电材料的恶化,一站式通孔沟槽蚀刻已经成为现在的主流方案。随着先进技术的不断发展,特征尺寸显著减小,芯片集成度的倍增,使得后段的图形分布更加密集,金属层数逐渐增加,这对于后段互连工艺中的蚀刻技术的均匀性、稳定性、可靠性提出了更高的要求。

本章将重点介绍从亚微米至第一代鳍式晶体管逻辑电路工艺中等离子体蚀刻的发展。

作者简介

韩秋华,2002 年获得吉林大学材料加工工程硕士学位,高级工程师。加入中芯国际十余年来,全程参与主导了中芯国际自 0.13μm 至 28nm 关键节点蚀刻成套工艺研发并成功实现量产。长期致力于先进半导体逻辑产品的蚀刻工艺研发及相关原理的研究工作,并大力推动了国产高端蚀刻机台配套工艺研发。率先实现了北方微电子国产蚀刻设备在 28nm 技术节点的成功验证,获得第八届(2013 年度)中国半导体创新产品和技术证书。取得半导体技术专利授权 120 多项,核心专利获 2012 年上海浦东新区发明创造大赛优秀发明奖,2013 年浦东职工工人发明家二等奖。指导和发表国内国际论文 20 多篇。

王新鹏,2006 年获得北京航空航天大学材料学博士学位,教授级高工。目前供职于中芯国际集成电路制造(北京)有限公司技术特色工艺研发部,从事工艺技术开发。先后参与了 90nm、65/55nm、45/40nm、28nm 逻辑技术及 55nm、28nm 嵌入式非易失性存储技术相关制造工艺的研发并成功实现大规模量产。负责开发的接触孔、铝焊垫及钝化层的蚀刻等制造工艺已经累积量产数百万片 12 英寸晶圆;参与研发并推广了国产介电材料蚀刻机台在高端逻辑电路制造中的应用;作为 55nm 嵌入式非易失性存储器中栅极技术负责人,研发了逻辑栅极和控制栅极的制造工艺,实现了具备国际领先技术的手机卡和金融卡的国产化。取得专利授权 180 多项,其中约 100 项为第一申请人,美国专利 25 项;发表国际会议文章 16 篇,其中第一作者 5 篇。

王彦,2003 年南京大学物理系获学士学位,2009 年北京大学物理学院博士学位。2013 年起就职于中芯国际集成电路制造(上海)有限公司研发部,历任主任工程师、技术专家、资深经理,参与闪存器件及逻辑电路 28nm 及历代鳍式晶体管蚀刻工艺研究开发,现为逻辑电路中段介质层蚀刻的负责人。2017 年上海市青年科技人才启明星,2020 年获评上海市青年拔尖人才。持有或申请专利 100 余项,包括 30 余项国际专利。

3.1　逻辑集成电路的发展

1958 年,美国德州仪器公司展示了全球第一块集成电路板,电线将 5 个电子元件连接在一起,这标志着世界从此进入集成电路的时代。1959 年,美国贝尔实验室的马丁·艾特拉(Martin Atalla)和姜大元(Dawon Kahng)研发了首个绝缘栅场效应晶体管(FET)[1]。他们的成功要素是通过控制"表面态"的影响使得电场能渗入半导体材料。在研究热生长硅氧化层的过程中,他们发现在金属层(M-栅)、氧化层(O-绝缘)和硅层(S-半导体)的结构中,这些"表面态"会在硅和其氧化物的交界处大大降低。这样,加在栅上的电场能通过氧化层影响硅层,这就是 MOS 名称的由来。由于原始的 MOS 器件速度偏慢,且未能解决电话设备中所面临的问题,这项研究被停了下来。但仙童半导体(Fairchild)公司和美国无线电(RCA)公司的研究者认识到了 MOS 器件的优点[1]。在 20 世纪 60 年代,卡尔·塞宁格(Karl Zaininger)和查尔斯·穆勒(Charles Meuller)在美国无线电公司制造出了金属氧化物半导体晶体管。飞兆半导体公司的萨支唐(C. T. Sah)制造了一个带控制极的 MOS 四极管[2],随后,MOS 晶体管开始用于集成电路器件开发。

1962 年,弗雷德·海曼(Fred Heiman)和史蒂文·霍夫斯坦(Steven Hofstein)在美国无线电公司制造了一个实验性的由 16 个晶体管组成的单芯片集成电路器件[3]。在 1963 年一篇作者为飞兆研发实验室萨支唐和弗兰克·万拉斯(Frank Wanlass)的论文中显示,当处于以互补性对称电路配置连接 p-沟道和 n-沟道 MOS 晶体管形成逻辑电路时(现称为 CMOS,即互补型场效应管),这个电路的功耗几乎接近为零。弗兰克·万拉斯将这一发明申请了专利。CMOS 技术为低功耗集成电路打下了基础并成为主流数字集成电路的生产技术。

1963 年,在定义开发标准逻辑电路中,晶体管-晶体管逻辑(TTL)集成电路因其速度、成本和密集度优势而成为 20 世纪六七十年代最流行的标准逻辑构造模块。1964 年,混合微型电路达产量高峰,IBM 系统/360 计算机系列发展的多芯片 SLT 封装技术进入大批量生产。同年,第一块商用 MOS 集成电路诞生,通用微电子公司用金属氧化物半导体工艺取得了比双极型集成电路高的集成度,并且用这项技术制造了第一个计算器芯片组。1968 年,费德里克·法格(Federico Faggin)和汤姆·克莱恩(Tom Klein)利用硅栅结构(取代了金属栅)改进了 MOS 集成电路的可靠性、速度和封装集成度[4]。法格设计了第一个商用硅栅集成电路(飞兆 3708)。1971 年,为了减少运算器设计需要的芯片数,英特尔公司的工程师创造了第一个单片微处理器(CPU)i4004[5]。1974 年,用于液晶显示数字手表的集成电路是第一块集成整个电子系统到单个硅片上的产品(SoC)。1978 年,用户可编程逻辑器件(可程序化行列逻辑)诞生。单片存储器公司的约翰·比克纳(John Birkner)和 H. T. Chua 为了能让客户快速定义逻辑功能,研发了易用的可编程行列逻辑(PAL)器件和软件工具[6]。1979 年,单片数字信号处理器诞生。贝尔实验室的单片 DSP-1 数字信号处理器器件结构使电子开关系统更加完善,同期,德州仪器公司研发了可编程的 DSP。

1965 年仙童半导体公司研发总监戈登·摩尔曾写过一份内部文件,他整理了 1959—1964 年开发的 5 组产品并以芯片的集成度和单个器件的最低成本做成图表,然后划一条连线穿过这些点。从这个图上摩尔发现每个新芯片大体上包含其前任两倍的容量,而且每个新芯片的产生都是在前一个芯片产生后的 18~24 个月内。如果按这个趋势继续,计算能力相对于时间周期将呈指数式的上升。摩尔的观察结果,就是现在所谓的摩尔定律。他当时预测,在今后的十年中芯片上的器件数将每年翻一番,并会在 1975 年达到 65 000 个。"对集成电路而言,降低成本具有相当的吸引力。随着技术的发展使其能在单芯片上集成越来越多的电路功能,成本的优势会继续增长。"1975 年,已加入英特尔公司的摩尔对他提出的"摩尔定律"做了一次修改,并指出芯片上集成的晶体管数量将每两年翻一番[7]。

最先进的集成电路是微处理器或多核处理器的"核心"(cores),可以控制从计算机到手机等数字产品的一切。存储器和 ASIC 是其他集成电路家族的例子,对于现代信息社会非常重要。虽然设计开发一个复杂集成电路的成本非常高,但是当分散到通常以百万计的产品上,每个 IC 的成本将会显著降低。IC 的性能很高,因为小尺寸带来短路径,使得低功率逻辑电路可以在快速开关速度下应用。近些年,随着 IC 持续向更小的外形尺寸发展,每个芯片可以封装更多的电路。这样既增加了单位面积容量,又可以降低成本和增加功能。总之,随着外形尺寸缩小,几乎所有的指标都改善了,单位成本和开关功耗下降,速度得到提升。但是,伴随着尺寸缩小,器件的漏电流(leakage current)也会随之增大,因此,对于最终用户的速度和功率消耗增加非常明显,制造商需要使用更好的图形设计及工艺优化来应对这样严峻的挑战。这个过程和在未来几年所期望的进步,在半导体国际技术路线图(International Technology Roadmap for Semiconductors,ITRS)中有很好的描述。图 3.1 描述了英特尔系列处理器 2005—2019 年在半导体制造工艺上的演变,从 130nm 硅栅到 65nm 硅栅制造技术,再到 32nm 金属栅制造工艺,目前的鳍式场效应管金属栅处理器,达到半导体制造的巅峰。与传统平面晶体管比,鳍式场效应晶体管(FinFET)由于采用了立体的三维结构,大大增加了栅级的控制面积,因此可以大幅缩短晶体管闸长和减少漏电流,降低尺寸微缩带来的短沟道效应[8,9]。英特尔公司 2011 年用 22nm 节点工艺推出了商业化的 FinFET;2014 年底,三星公司实现了 14nm FinFET 工艺量产,为未来的移动通信设备提供更快、更省电的处理器。紧随其后,台积电公司 2015 年推出增强型 16nm FinFET+。苹果公司的手机 iPhone7 和 iPhone7 plus 的处理器即分别采用了业界主流的 FinFET 技术,中国海思公司研发的麒麟 950 等高端移动芯片也采用了 FinFET 工艺。在逻辑电路工艺中,前段逻辑蚀刻着重于场效应管的搭建,而后段蚀刻聚焦于电路连线。

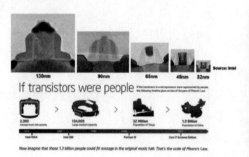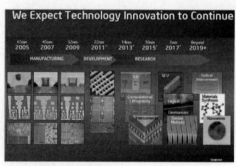

图 3.1　摩尔定律推动 CMOS 器件的发展[8-9]

3.2　浅沟槽隔离蚀刻

3.2.1　浅沟槽隔离的背景和概况

集成电路按照摩尔定律发展至今已经进入纳米时代,随着器件的不断缩小,原始的本征氧化隔离技术(Local Oxidation on Silicon,LOCOS)已经不能适应器件的电学性能及小尺寸要求[10],成为影响器件性能的重要因素。所谓"隔离"是指利用介质材料或者反向 PN 结等技术隔离集成电路的有源区(Active Area,AA)器件,从而达到消除电路中的寄生效应、降低工作电容的目的。

本征氧化隔离技术是利用光刻技术在硅衬底上的氮化硅上开出氧化窗口,利用氮化硅(SiN)的掩膜作用,在 1000℃ 的高温下对没有被氮化硅覆盖的场区进行氧化。氧化后的氧化层表面将高出硅表面,形成一定程度的不平坦表面,对后续工艺带来不利影响。此外,向外生长时,横向的氧化生长将向器件的有源区延伸,形成所谓的"鸟嘴"[11](Bird beak)现象,如图 3.2 所示。"鸟嘴"的出现,不但占据一定的有源区面积,而且在小尺寸下,使得漏电流问题越来越突出,极大影响器件的性能。

当集成电路尺寸缩小至亚微米技术节点,并伴随着氧化硅(SiO$_2$)的表面平坦化技术的发展,浅沟槽隔离技术被逐步应用。这种工艺是一种完全平坦的、无"鸟嘴"现象的新型隔离工艺,能够回避高温工艺,保证有源区面积,降低成本,因此成为在亚微米、深亚微米、纳米工艺节

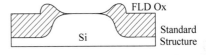

图 3.2 LOCOS 工艺中的"鸟嘴"现象[11]

点中不可或缺的隔离技术。从另一方面讲,通过蚀刻形成浅沟槽隔离层的同时,也定义出晶体管的导电通道或器件沟道,因此浅沟槽隔离蚀刻也可称为有源区蚀刻。

3.2.2 浅沟槽隔离蚀刻的发展

浅沟槽隔离蚀刻从亚微米级(0.13μm)工艺发展至 14nm 工艺,工艺流程日臻成熟。如图 3.3[12] 所示,首先以氮化硅为硬掩膜,通过硅的干法蚀刻,形成浅沟槽(如图 3.3(a)所示)。然后以磷酸(H$_3$PO$_4$)和稀释的氢氟酸(DHF)对硬掩膜进行侧向蚀刻(如图 3.3(b)所示)。其目的是通过硬掩膜的侧向蚀刻,扩大沟槽的上开口,减小深宽比,使后续气相沉积氧化硅的填充工艺不易产生空洞。更重要的是,使硅沟槽与硬掩膜的尖角能够暴露出来,在后续的衬里氧化时(如图 3.3(c)所示),尖角可以钝化,减少尖角所造成的漏电。衬里氧化的作用主要是修复在蚀刻过程中造成的体硅沟槽表面的损伤,通过氧化的方式使硅尖角变得圆滑。然后采用化学气相沉积氧化硅填充沟道至过填充(如图 3.3(d)所示)。采用化学机械研磨,去除掉多余的

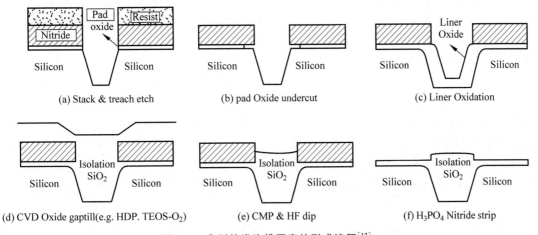

图 3.3 典型的浅沟槽隔离的形成流程[12]

氧化硅,使硬掩膜表面暴露。硅沟槽中氧化硅的上表面至硅的上表面的垂直距离,定义为台阶高度(Step Height),这是一个非常重要的参数,直接影响后续工艺。因为沟槽中氧化硅的高度在后续的栅氧化层的图形定义中,仍然有损耗,所以要严格控制浅沟槽隔离形成阶段的台阶高度,以保证在后续工艺损耗后,达到平坦的目的,避免影响后续的图形工艺。沟槽氧化硅的高度可以用氢氟酸湿法蚀刻控制高度。由于氢氟酸湿法蚀刻在不同图形上的性能有较大差异。近年来,以远距离等离子体(Remote Plasma)为代表的干法清洗工艺,如 SiCoNi 技术[13]得到了较多应用。最后用磷酸去掉硬掩膜层,形成了完整的浅沟槽隔离或者有源区定义。由此可以看出,硬掩膜层的厚度主导了台阶高度,而化学机械研磨后的湿法蚀刻可以微调台阶高度。关于台阶高度对后续工艺的影响,会在多晶硅栅蚀刻章节中详细说明。

浅沟槽隔离蚀刻工艺中,有源区的图形定义和硅沟槽形状控制是主要面临的挑战。有源区的图形定义,直接决定了后续器件沟道的宽度(Width),而硅沟槽的形状,决定了后续的氧化硅填充是否有空洞缺陷。硅沟槽的转角是否圆滑,决定了尖端漏电的性能。尖锐的顶角,在浅沟槽隔离侧壁上形成高的边缘电场,漏电会在栅极电流电压(I_g-V_g)曲线上形成双驼峰(Double Hump)。侧壁氧化物退火和硬掩膜拉回技术(Pull Back)可在一定程度上减弱漏电,但是无法改善由于局部应力差引起的窄沟道宽度效应,用圆滑的顶角(Top Corner Rounding)可以解决这个问题。

3.2.3　膜层结构对浅沟槽隔离蚀刻的影响

集成电路工艺中,传统的光阻(Photo Resist,PR)或者光阻/底部抗反射层(Bottom Anti-reflective Coating,BARC)结构中,以光阻为掩膜,实现图形的转移。线宽随着技术节点发展急剧微缩,为了改善曝光工艺窗口,光阻的厚度要变薄。而在用蚀刻方法进行的图形转移过程中,当光阻的厚度不足时,无法完成图形的精确传递。为满足曝光工艺和蚀刻工艺对光阻厚度的不同需求,实现精准的图形转移成为图形工艺面临的主要问题,三明治结构(Tri-layer)被提出并得到了广泛的应用(图 3.4 所示)[14]。如图 3.4(a)所示,以无定型碳(Amorphous Carbon,A-C)为基础的三明治结构为例,最上层的光阻,曝光后形成图形。中间层是介质抗反射层(Dielectric Anti-reflective Coating,DARC),主要成分是氮氧化硅(SiON)。由于其中的氮元素容易扩散到光阻上形成氮氢键(N-H),在曝光时,光阻的光酸不足以完成图形曝光定义,导致显影不足。因此近来碳氧化硅(SiOC)也被用来作为介质抗反射层。三明治结构中的下层(Under Layer)是无定型碳,用化学气相沉积的方法形成,具有耐高温、吸光性能好、机械性能优良、耐蚀刻等一系列优点。在蚀刻过程中,首先以光阻为掩膜通过蚀刻将图形转移到介质抗发射层。介质抗反射层的厚度远小于光阻厚度,因此不会发生光阻厚度不够的问题,此时光阻的作用已经完成。再以介质抗反射层为掩膜,将图形传递到无定型碳上。因为蚀刻无定型碳时不会用到氟基气体,因此几乎不会造成介质抗反射层的损伤,无定型碳对介质抗反射层近似无限高的蚀刻选择比,使得较薄的介质抗反射层足以作为掩膜,完成图形到无定型碳的转移。最后以无定型碳为掩膜,蚀刻下层膜层。在三明治的结构中,无定型碳膜层的厚度则可充分加厚,以不会在蚀刻后发生线条扭转变形为宜。三明治结构巧妙地运用了三膜层之间的蚀刻选择比(Etching Selectivity),将掩膜成功地从薄的光阻转变为具有足够厚度且具备良好的抗蚀刻能力的无定型碳上,实现了图形的精确转移。

除了无定型碳的三明治结构,含硅底部抗反射层(Silicon Bottom Anti-reflective Coating,Si-BARC)的三明治结构也在业界得到广泛应用[14]。如图 3.4(b)所示,最上层同样是光阻,中

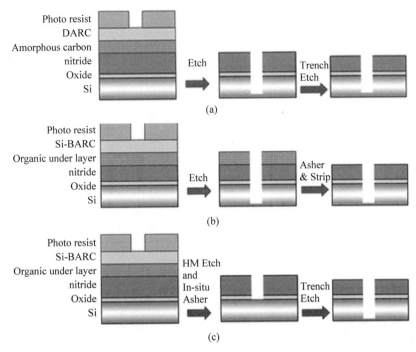

图 3.4 不同类型的三明治结构及软掩膜和硬掩膜硅蚀刻

间层是采用旋涂工艺的 Si-BARC 膜层,即掺杂硅元素的有机抗反射层,含硅量一般为 14% ~ 40%,甚至更高,下层为同样采用旋涂工艺的有机膜层。当从中间层向下层进行蚀刻图形转移时,下层有机物对 Si-BARC 中间层具有一定的选择比。而此选择比直接与 Si-BARC 中间层的含硅量紧密相关,越高的含硅量提供越高的下层对中间层的蚀刻选择比。Si-BARC 三明治结构的优势在于所有膜层都可以在光刻 track 机台旋涂完成,而无定型碳三明治结构的中间层介质抗反射层和下层的无定型碳均需采用化学气相沉积的方式完成。在图 3.5 静态随机存储器(Static Random Access Memory,SRAM)中,选用最小线宽线条末端形状来比较 Si-BARC 软掩膜(Si-BARC Soft Mask,SSM)和无定型碳软掩膜(Amorphous Carbon Soft Mask,ASM)两种三明治结构的性能。这是因为最小线宽线条末端受到 3 个方向的等离子蚀刻,相对于线条中央,更能反映图形传递的性能。无定型碳的三明治结构定义出的线条末端图形形状更接近于线条中央(线宽差异小于 2nm),图形定义失真最少。而 Si-BARC 软掩膜的三明治结构,则造成线条末端图形非常尖锐,图形定义明显失真(线宽差异大于 5nm),如图 3.5(a)所示。同理,两根线条头对头(Head to head)的距离也可以用来评估图形定义过程中图形的失真,如图 3.5(b)所示,采用无定型碳的三明治结构定义的两根线条头对头的距离(L2)只有采用 Si-BARC 三明治结构(L1)的 80%。究其原因,如前文提到,在无定型碳三明治结构中,作为下层的无定形碳对于中间层的介质抗反射层的蚀刻选择比接近于无穷大,在从中间层向下层无定型碳的图形传递中没有失真。图 3.6 中,在蚀刻完下层之后,无定型碳的侧壁由于顶部抗反射层的充分保护,接近矩形,而对 Si-BARC 的三明治结构而言,尽管掺杂了硅,Si-BARC 自身仍然以有机成分为主,在蚀刻下层时,Si-BARC 中间层仍然会有一定程度的损伤,无法完整地保护下层。

如上所述,以上两种三明治结构中,相对于 Si-BARC 三明治结构,无定形碳三明治结构可以实现更精准的图形传递。但是无定型碳三明治结构各层都采用化学气相沉积的方法,成本高,而且化学气相沉积形成的膜层存在应力,在线条缩微到一定程度时,容易产生线条扭曲的现象。Si-BARC 三明治结构,采用的旋涂方式生长,成本低,且没有应力的存在,也在生产中得到了大量应用。

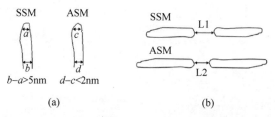

图 3.5　Si-BARC 和无定型碳三明治结构对图形传递精度的影响

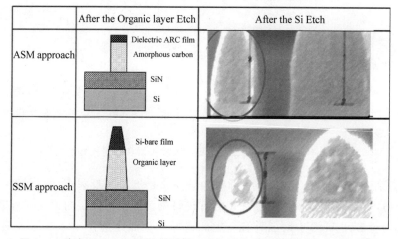

图 3.6　造成 Si-BARC 和无定型碳三明治结构图形传递精度差异的原因

在浅沟槽隔离的蚀刻中,依据蚀刻硅过程中,所用掩膜种类分为软掩膜(Soft Mask)和硬掩膜(Hard Mask)。如图 3.5 所示,当硬掩膜层蚀刻后,以硬掩膜上残存的三明治结构的下层为掩膜,蚀刻硅沟槽,即为软掩膜蚀刻。如果以灰化工艺去除下层,以硬掩膜来蚀刻硅沟槽,即为硬掩膜蚀刻。由于在硅蚀刻过程中,采用的掩膜材料不同,导致最终的浅沟槽隔离性能也有差异。如图 3.7 所示,软掩膜蚀刻的硅沟槽,大尺寸和小尺寸开口的硅沟槽深度差异约为整体深度的 10%,而采用硬掩膜的方法沟槽深度差异只有整体深度的 3.5%。这是因为在软掩膜硅蚀刻中,软掩膜中的碳原子进入到沟槽中,与蚀刻副产物形成聚合物。在开口小的沟槽中,聚合物不容易被带走,阻碍到后续的蚀刻反应,而开口大的沟槽,聚合物容易被去除,因此形成较大的深度差异。硬掩膜不提供额外的碳元素,在硅蚀刻反应中,形成较少的聚合物,因此不同开口的硅沟槽深度差异并不明显。正是因为硬掩膜蚀刻过程中产生较少的聚合物,缺乏对侧壁的保护,造成顶端和底部硅转角比较尖锐。而软掩膜蚀刻过程中由于有聚合物的保护,可以得到更圆滑的转角,图 3.8 显示了在 Si-BARC 三明治结构下,软掩膜和硬掩膜(Si-BARC Hard Mask,SHM)在硅蚀刻底部和顶部转角的差异。

硬掩膜更大的问题是在硅蚀刻过程中,硬掩膜被消耗掉一部分,同时造成均匀度的改变。如前文所述,台阶高度是浅沟槽隔离一项重要的参数,硬掩膜高度一定程度上决定了台阶高度。硬掩膜厚度均匀度变差直接导致了台阶高度均匀度变差,影响后续多晶硅栅的蚀刻。表 3.1 对比了硬掩膜和软掩膜对后续台阶高度均匀性的影响,可以看出采用硬掩膜将使台阶高度均匀性变得恶化。在较先进技术节点的逻辑工艺中的浅沟槽隔离层的蚀刻,会采用两层作为硬掩膜层,通常为氧化硅/氮化硅,在浅沟槽隔离层蚀刻过程中,完全使用氧化硅作为掩膜,在后续湿法清洗中再完全去除氧化硅,从而达到不同图形中的硬掩膜具有相同的残留量,进而改善台阶高度的差异。

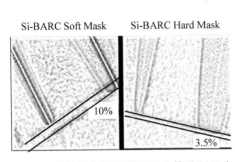

图 3.7　软掩膜和硬掩膜对硅沟槽蚀刻深度负载的影响

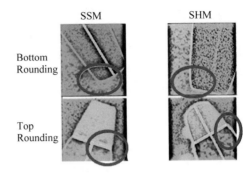

图 3.8　软掩膜蚀刻和硬掩膜蚀刻对硅沟槽转角的影响

表 3.1　不同掩膜条件下的浅沟槽蚀刻对台阶高度均匀度的影响

掩　　膜	大尺寸沟槽台阶高度的均匀度	小尺寸沟槽台阶高度的均匀度
Si-BARC 硬掩膜	1.6%	1.9%
Si-BARC 软掩膜	1.4%	1.6%

综上所述,无定型碳三明治结构在图形定义方面具有优势,但是费用较高,而 Si-BARC 三明治结构则具有较高的费效比。软掩膜和硬掩膜蚀刻方法,也是各有优势,硬掩膜具有较好的深度负载性能,软掩膜方法则具有更好的台阶高度均匀度和更圆滑的顶角。

3.2.4　浅沟槽隔离蚀刻参数影响

本节以优化的氧化硅和氮化硅双层硬掩膜蚀刻来讨论浅沟槽隔离蚀刻参数对最终性能的影响,图 3.9 为 PR/DARC/A-C 三明治结构,以氧化硅/氮化硅为硬掩膜的浅沟槽隔离蚀刻示意图。

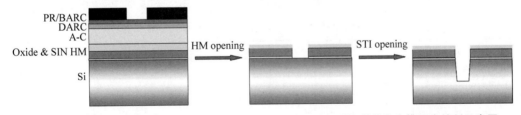

图 3.9　典型的 PR/DARC/A-C 三明治结构,以硅介质层作为硬掩膜的浅沟槽隔离蚀刻示意图

在蚀刻过程中,图形密集区浅沟槽,开口尺寸小、深宽比高,需要严格的控制侧壁角度,以保证在后续的氧化硅介质填充时不会产生空洞,造成漏电失效。浅沟槽隔离侧壁角度的负载如图 3.10 所示,即密集图形和稀疏图形深度和侧壁角度(Side Wall Angle,SWA)等物理参数的差异,是需要研究的重要性能指标。在硅蚀刻过程中,氟基气体、溴化氢(HBr)、氮气(N_2)的气体组合是一个经典的蚀刻工艺。表 3.2 列出了蚀刻参数对硅蚀刻过程中密集图形和稀疏图形负载的影响,其中 F 代表在蚀刻气体中氟基气体的流量;N_2 即为气体中氮气的流量;Br 代表 HBr 气体流量;Pre. 为腔体压力;Source 为等离子体源功率;Bias 为偏置电压。实验设计方法(Design of Experiment,DOE)的分析结果表明,含氟气体流量及偏置电压与浅沟槽侧

壁角度的负载效应正相关,即增加含氟气体和偏置电压,会严重恶化负载效应。图 3.11 描述了负载效应的来源,从原理上讲,它是由各向同性蚀刻,各向异性蚀刻,保护性聚合物附着和输送综合影响。在图形密集区,侧壁的比例要远远大于图形稀疏区。蚀刻过程中,如果各向同性蚀刻占据主导地位,较少的聚合物附着在侧壁上,侧壁会持续向两侧推进,这时负载效应不明显。在密集图形区,如果各向同性蚀刻或者副产物保护发生变化,较多地侧壁面积可以分担并弱化其侧壁角度的影响。而对于稀疏图形区,由于侧壁面积少,因此侧壁角度对于聚合物的改变非常敏感。氮气会与侧壁的体硅发生反应,形成氮化硅,增加了对侧壁的保护,因此侧壁角度负载效应会相应随之变差。增加偏置电压会增强离子的方向性,在图形密集区,浅沟槽的开口尺寸变小,由于掩膜的遮蔽效应,导致大量离子轰击在掩膜上或者沟槽底部,无法作用于侧壁蚀刻,导致侧壁角度的负载效应进一步恶化。另一方面,含氟气体的加入会恶化侧壁角度的负载效应,这是因为实验使用的是氧化硅在上,氮化硅在下的双层硬掩膜结构。蚀刻时,含氟气体与氧化硅反应,在形成四氟化硅(SiF_4)的同时,会释放出氧原子。而氧原子与浅沟槽侧壁的硅形成保护侧壁的氧化硅,造成负载效应变差。另外一个有趣的发现是,压力和偏置电压的交互作用,极大影响侧壁角度负载效应,而压力和偏置功率单因素本身反而没有如此强的作用。氮气与 HBr 气体流量的比值也同样显示出相对单因素更强的交互作用。由以上的讨论可以发现,浅沟槽侧壁角度负载,是由众多蚀刻参数共同作用的结果。其中氮气的流量属于弱影响因素,偏置电压、含氟气体及氮气/HBr 等因素属于中等影响因素,而偏置电压与压力的交互作用属于强影响因素。浅沟槽隔离的深度负载效应同样也是重要性能指标,与侧壁角度负载效应相似,更多的负载效应将在 3.2.8 节中进行讨论。

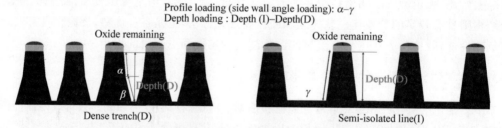

Profile loading (side wall angle loading): α−γ
Depth loading : Depth (I)–Depth(D)

图 3.10 浅沟槽隔离蚀刻中不同图形下的深度及角度负载图

表 3.2 不同图形物理特性随蚀刻参数值增加的变化趋势

Parameter	F	N2	Pre.	Source	Bias	Br	Bias/P.	Bias/Source	N2/Br
Depth loading	↑↑↑			↑↑		↑	↑↑	↑	
SWA loading	↑↑	↑		↑↑			↑↑↑	↑↑	↑↑
SWA	↑	↓		↓↓	↑↑		↗↘	↑↑↑	↓
Double slope	↑		↘↗	↓			↓↓	↘↗	↓

◆ Shielded radical or ion
● Effective radical or ion

图 3.11 活性基团或离子在不同图形下的行为(负载的来源)

3.2.5 浅沟槽隔离蚀刻的重要物理参数及对器件性能的影响

倘若我们把集成电路比作一座大厦,浅沟槽隔离蚀刻工艺就是这座大厦的基石,毫不夸张地说,浅沟槽隔离层的物理性能对整个器件的性能、良率有着至关重要的作用。晶体管导通时的电流与有源区尺寸的关系为

$$I_{DS} = \frac{W}{2L}\mu C_{ox}(V_{GS} - V_T)^2 \tag{3-1}$$

其中,W 为有源区宽度,即浅沟槽隔离蚀刻中定义出的线条的关键尺寸;L 为沟道长度,忽略短沟道效应时通常可理解为栅极蚀刻中定义出的线条的关键尺寸。

沟槽深度对器件性能具有很大影响。图 3.12[15] 是一个简易的 $0.18\mu m$ 工艺的横向双扩散 MOS 晶体管(Lateral Double Diffused MOSFET,LDMOSFET)中沟槽深度与 P 型金属氧化物半导体(P-type Metal Oxide Semiconductors,PMOS)器件性能关联的测试图。在高压离子注入形成 N 型阱后,采用硼离子注入形成 P 型体结构,然后通过干法蚀刻形成隔离层,这样 P 型硅体材料电阻则由沟槽深度决定,后续的栅和金属互连都采用正常工艺形成。图 3.13 和图 3.14[15] 分别反映了沟槽深度与夹断

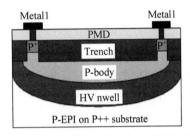

图 3.12 简易的沟槽深度与器件性能测试剖面图[15]

电阻及击穿电压的依赖关系。可以看出,这两个参数对沟槽深度存在着很强的线性依赖关系。传统的 CMOS 结构,先形成沟槽隔离,再形成阱,阱电阻也会受到沟槽深度影响,P 型阱电阻与沟槽深度有着明显的依赖关系。沟槽越深,隔离(Isolation)性能越好,CMOS 中的静态漏电流越小。但是当集成电路尺寸大幅缩小后,沟槽的深宽比(Aspect Ratio,AR)大幅增加。倘若无限制地增加沟槽深度,极大增加了后续的氧化硅填充难度。如果在二氧化硅填充过程中形成空洞,对隔离也会产生负面效果,因此选取合适的沟槽深度才能实现有效的有源区隔离。在 28nm 及更低的尺度下,填充所需求的深宽比会更大,因此通常会选取填充能力更强的氧化物(High Aspect Ratio Process,HARP[16] 或者 Flowable Chemical Vapor Deposition Oxide,FCVD[17])来进行浅沟槽填充。同时对浅沟槽蚀刻中的剖面形貌也需要严格控制,从原理上讲,当沟槽的剖面形貌越倾斜,对于氧化硅填充越有利。另一方面,这种倾斜的形貌对于隔离

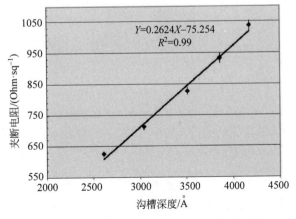

图 3.13 沟槽深度与夹断电阻的依赖关系[15]

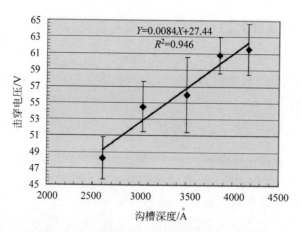

图 3.14   沟槽深度与击穿电压的依赖关系[15]

则是不利的,深宽比达不到需求会造成沟道与沟道之间漏电,在剖面形貌的需求上要考虑后续填充,更重要的则是防止漏电。因此在浅沟槽蚀刻中需要取一个平衡,同时需要保证浅沟槽的剖面轮廓平滑以保证填充效果。现有的工艺中通常利用光学关键尺寸(Optical Critical Dimension,OCD)来监测沟槽轮廓以保证后续工艺的正常进行。

3.2.6   鳍式场效应晶体管中鳍(Fin)的自对准双图形的蚀刻

传统的 193nm 光刻机最小能显影重复周期(Pitch)极限为 76nm,当集成电路的技术发展至 14nm 鳍式场效应管(FinFET)技术节点时,这种传统的曝光工艺已经不能满足图形形成,需要使用自对准双图形(Self-aligned Double Patterning,SADP)的工艺来实现更小尺寸周期图形的形成。图 3.15 是理想状态下自对准双图形工艺的示意图,其中主要包括以下几步,(a)芯轴(Mandrel)图形化;(b)原子层侧墙(Spacer)介质沉积;(c)侧墙蚀刻及芯轴去除。自对准双图形工艺会引入奇偶效应(Pitch Walking),这种奇偶效应会引起最终图形失真以及线条的应力不均匀,严重时会发生线条坍塌现象,如何减少奇偶效应成为自对准双图形工艺的一个挑战。奇偶效应的来源包括芯轴图形化、侧墙蚀刻、芯轴去除等几个方面。理想的自对准双图形工艺中,蚀刻工艺各层之间需要足够的选择比,从而实现各层蚀刻的精确控制,以达到减小奇偶效应的目的。

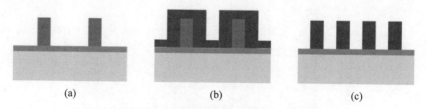

(a)   (b)   (c)

图 3.15   典型的自对准双图形工艺图
(a)芯轴图形化;(b)原子层侧墙介质沉积;(c)侧墙蚀刻及芯轴去除

1. 芯轴图形化

芯轴蚀刻是自对准双图形工艺中的关键步骤,它的特征尺寸、侧面形貌、线条粗糙度、下层衬底凹进对后续的工艺都会产生重要影响。表 3.3 列出了两种芯轴材料在自对准双图形工艺中的物理表现,其中 a,b,c 为归一化的数值。从表中可以看出,两种芯轴材料都可以获得理想的侧面轮廓,其中 A 材料在后续去除过程中造成比较少的关键尺寸损失,B 材料方案中,蚀刻停止层(Etch Stop Layer,ESL)的凹进和线条的粗糙度的表现更加优异,线条粗糙度的物理表现对后续的器件性能影响更大,综合考虑,B 材料方案更适用于 14nm FinFET 自对准双图形工艺的芯轴材料。

表 3.3　两种芯轴材料在自对准双图形工艺中的物理表现[18]

Approach	ESL Recess	CD Loss	LWR	Vertical Profile
A	$2.1 \times a$	$(b-3)$nm	$1.5 \times c$	Yes
B	a	$b$nm	c	Yes

芯轴图形化工艺会影响后续浅沟槽蚀刻后的奇偶效应,理想化的芯轴蚀刻是不存在衬底额外损耗的,但在现今的工艺中,不存在绝对无穷大的膜层间选择比,在芯轴蚀刻中会引入衬底的额外损耗 a,如图 3.16 所示,这样的损耗将在后续侧墙沉积时造成衬底在两种沟槽中的厚度差异 S_1 和 S_2,引起奇偶效应。另外,芯轴特征尺寸决定了 S_1,S_2 由侧墙沉积厚度决定,在后续工艺都不变的情况下,S_1 的大小决定了 S_2 的大小,为消除奇偶效应,芯轴尺寸需要非常精确,否则就必须在后续若干工艺中做调整来补偿。

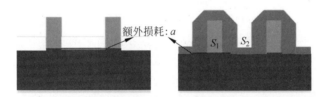

图 3.16　自对准双图形工艺中的下层衬底的损耗——奇偶效应的来源之一

2. 原子层沉积侧墙的蚀刻

自对准双图形工艺中,在侧墙蚀刻后,理想状况下是希望留下比较方正的顶部,以保证侧墙线条的应力均匀,实际工艺中,各向同性的沉积时会形成圆角肩部,如图 3.17 所示。同样地,在等离子蚀刻中,由于离子轰击效应,会使得在肩部的侧墙损耗会相对较多,造成过度的肩部侧墙损失。这种肩部侧墙损失所造成的奇偶效应会转移到后续的工艺,除此之外,当这种奇偶效应所引发的非均匀应力累积到一定程度时,会引起线条坍塌,造成缺陷,并影响后续鳍部蚀刻工艺。

图 3.17　自对准双图形工艺中的侧墙蚀刻及芯轴去除

在实际的蚀刻过程中,可以通过工艺调整来减少隔离层蚀刻过程中的肩部的损失。图 3.18 显示出通过工艺调整,可以实现肩部侧面轮廓的优化,在图 3.18(a)中隔离层顶部可以控制在比较平的水准,这种物理表现对于减少应力分布从而减少后续工艺中的奇偶效应有着很重要的影响。方形侧墙形貌对于减少双图形工艺中的奇偶效应有着显著作用,尤其是当尺寸进一步缩小时,方形侧墙还将对应用于更小关键尺寸工艺中的自对准四重图形工艺(Self-aligned Quadruple Patterning,SAQP)产生关键影响。

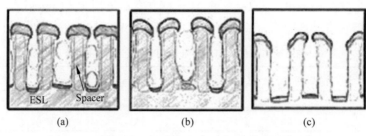

图 3.18　侧墙蚀刻中的参数调节对侧墙肩部形貌的影响

3. 芯轴去除

芯轴去除过程中的两个因素会影响后续工艺中的奇偶效应。

(1) 芯轴去除工艺中对原子层沉积隔离层的选择比。

当工艺对芯轴和隔离层的选择比不够时,隔离层两侧在芯轴去除过程中的特征尺寸损失会不一样,这样会造成两侧的间隙特征尺寸的变化不同,从而在以后的工艺中引起奇偶效应。

(2) 芯轴去除过程中对下层蚀刻停止层的选择比。

在芯轴去除过程中,当芯轴对蚀刻停止层不具备足够的选择比时,暴露出的蚀刻停止层(图 3.18 所示)也会有损失,这样将造成蚀刻停止层在隔离层两侧的厚度不一致,继而造成后续的奇偶效应。

增加芯轴去除中对隔离层和蚀刻停止层的选择比可以很有效地减少后续工艺引发的奇偶效应,通常的自对准双图形工艺中,芯轴、原子层侧墙、蚀刻停止层的材料选择必须能够实现蚀刻过程中两两之间的选择比,比较常见的搭配为无定型碳作芯轴,氮化硅作原子沉积层、氧化硅作蚀刻停止层。新型的芯轴材料为无定型硅,这种材料在自对准双图形工艺中可以降低线条粗糙度,提高器件性能,在去除此材料时,则需要特别考虑蚀刻参数,传统的 HBr 气体及后续的湿法清洗会造成侧墙关键尺寸的缺失,从而影响最终鳍部尺寸的缺失,实验中换蚀刻气体并搭配不同的湿法清洗,可以有效改善侧墙缺失。

4. 鳍部切断

自对准双图形工艺中形成的线条总是成双出现的,并且围绕芯、芯轴成一个环。当器件需求单个鳍部沟道时,需要把冗余的鳍部去除,同时还需要把鳍部线条尾部的连接部分切断,分别如图 3.19(a)和图 3.19(b)所示。按照鳍部切断工艺在形成中的时间点可分为前切(Cut First)和后切(Cut Last)。切断工艺在鳍部形成中安插的位置会对鳍部物理特性有很大的影响,这将大大影响器件的性能。前切工艺在侧墙蚀刻后,鳍部蚀刻前,在此过程中需要把不需要的侧墙去除,通常侧墙与下层硬掩膜使用不同的材质,因此前切工艺可以通过蚀刻选择比的控制很好地停在下层的硬掩膜上,这样切断工艺的硬掩膜损耗和侧墙蚀刻造成的硬掩膜损耗仅会存在极微小的差异,即图中灰色区域的高度会基本相当。但是先切工艺会影响后续鳍部蚀刻中的形貌负载。如图 3.20 所示,传统的等离子蚀刻在(半)稀疏区的鳍部蚀刻中的鳍部角度会小于密集区的角度,半稀疏区、稀疏区鳍部的尺寸会大于密集区的鳍部尺寸,及图 3.10 所提到的侧面角度的差异,在鳍式场效应晶体管中,沟道宽度有鳍部顶部尺寸及侧面角度所定义,不同的顶部尺寸和角度均会造成沟道宽度的差异,这种物理性能的差异将会对器件性能造成影响。图 3.21 描述了后切工艺,在鳍部蚀刻后,通过蚀刻把不需要的鳍部沟道去除,在这种工艺中,蚀刻过程中的鳍部角度负载效应会大大降低,使得各种器件性能得到优化。在鳍部去除过程中,由于填充材料和鳍部沟道蚀刻选择比的影响,可能导致沟槽底部不平整,但这基本不会影响器件性能,业界现有的 FinFET 产品多数选择后切工艺,如图 3.22 所示,现有前切和后切工艺可以通过最外一个鳍部与中间鳍部的角度和特征尺寸的差异来辨别。

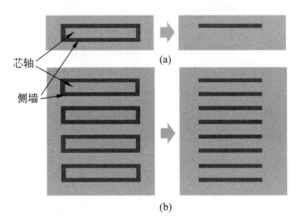

图 3.19 典型的切断工艺(自对准双图形工艺中,伪线条的去除)

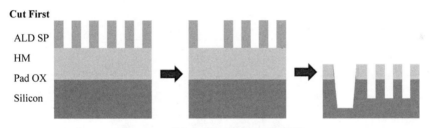

图 3.20 前切工艺示意图(侧墙切断)

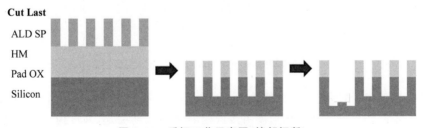

图 3.21 后切工艺示意图(鳍部切断)

3.2.7 鳍式场效应晶体管中的物理性能对器件的影响

将传统 CMOS 中的源漏电流的表达式推广到 FinFET 中,并引入短沟道效应的参数,源漏电流表达式将变为

$$I_{DS} = \frac{W_{eff}}{2L}\mu C_{ox}(V_{GS} - V_T)^2(1 + \lambda V_{DS}) \tag{3-2}$$

其中,W_{eff} 为沟道有效宽度;λ 为 FinFET 中沟道长度的修正参数;W_{eff} 可表示为

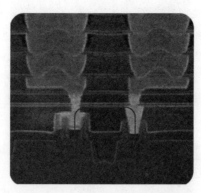

图 3.22　业界鳍状晶体管中鳍部的电镜图片[19]

$$W_{eff} = W_{fin} + 2\frac{H_{fin}}{\sin\alpha} \tag{3-3}$$

其中，W_{fin} 为鳍部顶部关键尺寸(Critical Dimension,CD)；H_{fin} 为鳍部的高度；α 为鳍部的侧面倾角，如图 3.23(a)所示，理想条件下可以近似认为是 90°，于是

$$W_{eff} = W_{fin} + 2H_{fin} \tag{3-4}$$

在由 n 个鳍部组成的沟道中(如图 3.23(b)所示)，考虑到鳍部物理特性负载，W_{eff} 可以表示为

$$W_{eff} = nW_{fin} + 2(n-1)\frac{H_{fin}}{\sin\alpha} + 2\frac{H'_{fin}}{\sin\beta} \tag{3-5}$$

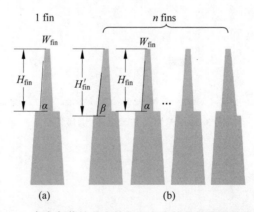

图 3.23　存在负载的单个鳍部和多个鳍部的物理性能差异

　　在上述表达式中，鳍部物理参数的负载主要考虑了鳍部的顶部特征尺寸、高度和倾角 3 个方面。鳍部的顶部特征尺寸和鳍部角度由浅沟槽隔离层蚀刻决定，高度由浅沟槽绝缘层的凹进所决定。影响鳍状晶体管的饱和电流特性的因素由整个鳍部的蚀刻、氧化硅的凹进等多种因素决定，减少工艺中带来的负载效应对于优化器件性能起到关键的作用，后续章节会具体讨论鳍部蚀刻的负载调节。

3.2.8　浅沟槽隔离蚀刻中的负载调节

　　由于浅沟槽隔离层中的物理参数(关键尺寸、沟槽深度、剖面倾角)对有源区器件性能有着关键影响，浅沟槽隔离蚀刻工艺中的负载调节一直是核心问题。对于特殊的图形，器件的负载控制显得尤为重要。

1. 关键尺寸

在传统逻辑电路中的存储单元 SRAM 中,NMOS/PMOS 的匹配一直是一个很大的问题,这主要是由硅材料中的电子、空穴的电学特性的差别所导致的,由于迁移率的差别,在 NMOS/PMOS 中对沟道尺寸宽度的需求也是不同的,定义合适的 NMOS/PMOS 的沟道尺寸宽度对于器件性能来讲至关重要。由于光学局限的存在,光刻(Lithography)及光学临近效应修正(Optical Proximity Correction,OPC)可能无法实现曝光显影后的关键尺寸的完全到位,部分工作需要蚀刻工艺来完成。通常情况下,浅沟槽隔离蚀刻后的关键尺寸测量包括存储的 SRAM 区域(Pull Up/Pull Down/Passing Gate)和外围逻辑电路区域的几种有代表性的图形(密集线条/稀疏线条/稀疏沟槽)。

2. 沟槽深度

沟槽深度的负载不仅与蚀刻条件相关,也与有源区的关键尺寸相关,在浅沟槽隔离蚀刻时,沟槽深度的负载往往取决于沟槽宽度的大小,在传统蚀刻条件下,沟槽越宽,深度越深,一个孤立的有源区,沟槽深度通常会大于密集区有源区的深度。我们通过计算孤立区深度和密集区深度的差值来定义密集区和孤立区的深度负载。

调节沟槽深度负载通常有以下几种方法:

1) 蚀刻气体的调节

通常条件下,浅沟槽隔离层的蚀刻气体基本是基于三氟化氮(NF₃)/HBr 或者氯气(Cl₂),也会存在一些特殊需求的硅衬底蚀刻,会使用到一些特殊的气体。调节沟槽深度负载可以通过调节蚀刻气体来实现。通常来说,基于 Cl₂ 的气体组合在浅沟槽隔离蚀刻中会产生很大的密集区/孤立区的深度负载,基于常见的两种卤族元素搭配的气体组合(A 和 B)在浅沟槽隔离蚀刻中产生的密集区/孤立区的深度负载会相对较小。在蚀刻的底部圆滑(Bottom Rounding)过程从基于单一卤族元素的气体 A 工艺换成两种卤族元素搭配的气体组合(A 和 B)工艺时,密集区/稀疏区的深度负载将减少 20%,如图 3.24 所示。

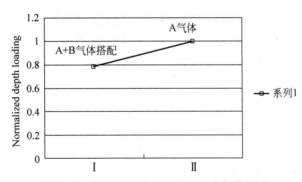

图 3.24 不同底部圆滑工艺对深度负载影响

2) 蚀刻参数的调节

调节浅沟槽蚀刻中的参数,可以调整密集区和稀疏区的深度负载,通过减少 TCP 功率(图 3.25(a))、减少腔室压力(图 3.25(b))或者增加蚀刻中的偏置电压(图 3.25(c)),均可以减少密集区和稀疏区的深度负载。密集区和稀疏区的深度负载也会受到有源区线条关键尺寸的影响,在通常的蚀刻条件下,随着线条尺寸的缩小,密集区和孤立区的深度负载会降低,图 3.26 显示了相同的蚀刻条件下密集区和孤立区在不同线条尺寸条件下的深度差异,图中的

x,$x-3$ 和 $x-5$ 分别为相同的密集图形区域的线条尺寸,1、2、3 分别是不同系列的蚀刻条件,这两块区域的局部透射率分别为 40% 和 66%,当密集区线条尺寸分别降低 3nm 和 5nm,归一化后的沟槽深度负载均下降了 20% 以上。

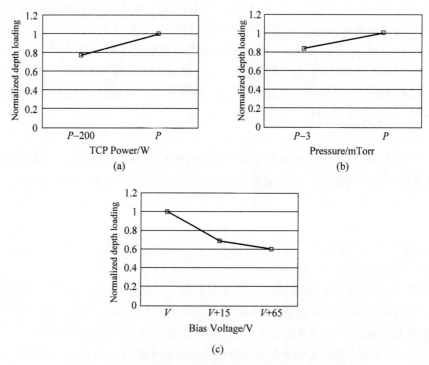

图 3.25　不同蚀刻参数对密集区和稀疏区深度负载的影响

(a) TCP 功率;(b) 腔室压力;(c) 偏置电压

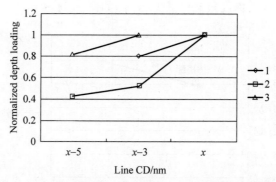

图 3.26　浅沟槽隔离蚀刻中的深度负载与关键尺寸的依赖关系

　　沟槽深度的负载通常是由于不同的局部透射率造成的,其差异会引起等离子蚀刻过程中的电子、活性基团、副产物等因素的不同表现。当密集区的线条尺寸缩小时,该图形区域对应的局部透射率会变大,密集区会逐步向稀疏区转变,因此密集区和稀疏区的负载会变小。

　　3) FinFET 的浅沟槽蚀刻中负载的调节

　　受曝光波长的光学极限所限,FinFET 的沟道形成将使用自对准双图形的工艺,因此它的负载会受到很多工艺的影响,本段将单独列出 FinFET 中的负载调节。FinFET 自对准双图形工艺形成 fin 的过程中,也会产生密集区和稀疏区负载的差异,如式(3-2)所示,3D 的晶体管,其沟道的等效宽度不仅由特征尺寸来定义,而且与鳍部角度、高度都有关系,减少鳍部蚀刻工艺中的负载对于器件性能至关重要。

FinFET 中的特征尺寸主要由自对准双图形中原子层沉积厚度决定,同时也会受到蚀刻工艺影响,存在密集区和孤立区的负载。ALD 侧墙沉积后的硬掩膜打开过程,在自对准双图形中所形成的线条中,最外侧的线条所处的环境会有所不同,这种不同的局部环境会造成侧面轮廓的差异,从而导致在硬掩膜打开后的底部特征尺寸

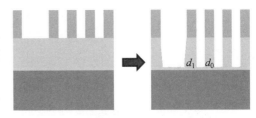

图 3.27　自对准双图形工艺中硬掩膜打开的负载现象

的差异(d_0 和 d_1),如图 3.27 所示,这个底部特征尺寸直接决定了鳍部蚀刻过程中的沟道顶部特征尺寸,这种不同局部环境下的蚀刻特征尺寸偏置在传统的非自对准双图形工艺中也会存在,后者的特征尺寸是由曝光显影工艺所决定的,它可以通过光学临近效应修正来调整最终蚀刻后的特征尺寸。自对准双图形工艺中通常利用切断工艺的安插位置来调整这种负载,如图 3.20 和图 3.21 所示。

深度负载的调节除了在传统的连续波等离子体蚀刻中提到的蚀刻参数的调整,采取等离子体脉冲技术也可以很有效地减少密集区和孤立区的负载。与连续波等离子相比,脉冲等离子体在源功率和偏置功率中附加脉冲功能,使得蚀刻过程中的等离子产生、蚀刻、副产物抽出的步骤得到相对有效的控制,从而降低整个蚀刻过程中的负载,如图 3.28 所示,在引入脉冲偏压等离子技术后,FinFET 蚀刻的深度、角度的负载都有显著的改善,当等离子体脉冲占空比降低时,对于改善深度负载有明显的作用。此外,如图 3.29 所示,在引入混合脉冲后(Mixed Mode Pulsing),鳍部负载效应得到进一步改善。除去蚀刻参数的影响,在 3.2.6 节所提到的 FinFET 中的切断工艺的安放对于调节鳍部蚀刻中的深度及角度负载也有显著作用。后切工艺的核心是形成鳍部沟道时,所有的鳍部都是密集区的图形,不会存在由于图形密度差异所形成的负载,从而达到减小深度负载的目的。

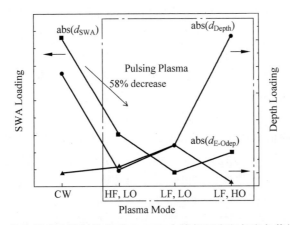

图 3.28　等离子脉冲蚀刻技术对 FinFET 中鳍部深度和角度负载的影响[18]

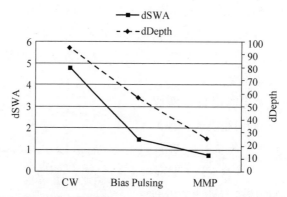

图 3.29　等离子体连续波,偏压脉冲,混合模式脉冲下的鳍部角度和深度的负载状况

3.3　多晶硅栅极的蚀刻

3.3.1　逻辑集成电路中的栅及其材料的演变

20 世纪 60 年代的栅极材料是铝(Aluminum,熔点为 660℃,电阻率为 2.7~3.0μΩ·cm),由于 Al 材料的熔点极低,不能承受离子注入后的高温退火,所以此时的工艺必须选择后栅(Gate-last)工艺(在源漏已完成后制备栅极),这是因为在当时的蚀刻水平下,金属 Al 线条蚀刻一直是一个令工艺工程师头疼的问题。铝往往采用 Cl_2 蚀刻,但是实现各向异性及铝对二氧化硅高选择比是一个难题(现在通过掺入 $CHCl_3$ 或者 N_2 已经解决该问题),所以在设计版图时,栅和源漏的交叠面积很大,导致了很大的交叠电容;另外,金属 Al 和二氧化硅的界面问题,导致 MOS 的阈值电压发生漂移,这是多晶硅栅取代它的重要原因。20 世纪 70 年代,多晶硅栅 CMOS 工艺(熔点 1417℃,电阻率 450~1000μΩ·cm)被提出,解决了阈值电压漂移的问题,并且多晶硅具有耐高温、生长容易、电阻率较低的特点,可以采用先栅极(Gate-first)工艺,这样从设计版图的角度看也变得相当简便,在做源漏时不必开两个窗口,直接开一个窗口即可对源漏进行注入,同时还可以对栅极进行掺杂调节电阻率。这样在不考虑横向扩展的情况下,源漏的交叠是相当小的,所以也就引入了相当小的栅源、漏电容。多晶硅栅蚀刻和二氧化硅具有高度的选择性(例如 HBr 气体等离子工艺),而且具有各向异性。随着尺寸的不断缩小,介质的厚度必须不断缩小,这导致二氧化硅的漏电流变大,击穿电压变小等问题。引入高 k 介质,可以减缓等效二氧化硅厚度的降低。但是高 k 介质不能承受高温,所以现在又要采用后栅工艺。

理论上 MOSFET 的栅极应该尽可能选择导电性良好的导体,多晶硅在经过重掺杂之后的导电性可以用在 MOSFET 的栅极上,但是并非完美的选择。MOSFET 使用多晶硅作为栅极材料的理由如下。

(1) MOSFET 的阈值电压(Threshold Voltage)主要由栅极与沟道材料的功函数(Work Function)之间的差异来决定。而多晶硅本质上是半导体,所以可以掺杂不同极性的杂质来改变其功函数。更重要的是,因为多晶硅和底下作为通道的硅之间能隙(Bandgap)相同,因此在降低 PMOS 或 NMOS(N-type Metal Oxide Semiconductor)的临界电压时可以直接调整多晶硅的功函数来达成需求。反过来说,金属材料的功函数并不像半导体那样易于改变,要降低 MOSFET 的临界电压就变得比较困难。而且如果想要同时降低 PMOS 和 NMOS 的临界电压,将需要采用两种不同的金属分别作其栅极材料,对于工艺又将是一个很大的变量。

(2) 硅/二氧化硅界面经过多年的研究,已经证实这两种材料之间的缺陷(Defect)是相对比较少的。反之,金属/绝缘体界面的缺陷较多,容易在两者之间形成很多表面能阶,极大地影响了元件的特性。

(3) 多晶硅的熔点比大多数的金属高,而在现代的半导体工艺中习惯在高温下沉积栅极材料以增进元件效能。金属的熔点低,将会影响工艺所能使用的温度上限。

不过多晶硅虽然在过去 20 年是制造 MOSFET 栅极的标准,但也有若干缺点使得未来仍然有部分 MOSFET 可能使用金属栅极,这些缺点如下。

(1) 多晶硅导电性不如金属,限制了信号传递的速度。虽然可以利用掺杂的方式改善其导电性,但成效仍然有限。有些熔点比较高的金属材料,如钨(Tungsten)、钛(Titanium)、钴(Cobalt)或镍(Nickel),被用来和多晶硅制成合金。这类混合材料通常称为金属硅化物(Silicide)。金属硅化物的多晶硅栅极具有比较好的导电特性,而且能够耐受高温工艺。此外,因为金属硅化物的位置是在栅极表面,离通道区较远,所以不会对 MOSFET 的临界电压造成太大影响。

(2) 随着 MOSFET 的尺寸微缩,栅极氧化层变得非常薄时,例如当把栅氧化层缩到 1nm 左右的厚度,一种过去没有发现的现象随之产生,这种现象称为“多晶硅耗尽”。当 MOSFET 的反转层形成时,有多晶硅耗尽现象的 MOSFET 栅极多晶硅靠近氧化层处,会出现一个耗尽层(Depletion Layer),影响 MOSFET 导通的特性。要解决这种问题,金属栅极是最好的方案。可行的材料包括钽(Tantalum)、钨、氮化钽(Tantalum Nitride,TaN),或氮化钛(Titanium Nitride,TiN)。这些金属栅极通常和高介电常数物质形成的氧化层一起构成 MOS 电容。另外一种解决方案是将多晶硅完全的合金化,称为 FUSI(Fully-Silicide Polysilicon Gate)工艺,如图 3.30 所示。

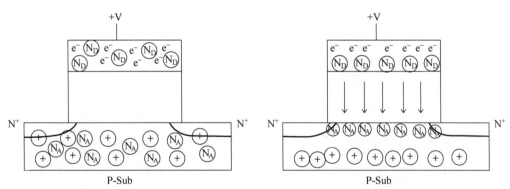

图 3.30　普通的 MOS 电容下的栅极和完全合金化的多晶硅栅极比较

3.3.2　多晶硅栅极蚀刻

当 CMOS 工艺延伸到 65nm 及以下工艺节点时,栅极的制造面临诸多挑战。作为控制沟道长度的关键工艺,多晶硅栅极的图形与器件性能紧密相连,牵一发而动全身。摩尔定律推动黄光图形技术从 248nm 波长光源工艺转向 193nm 波长光源工艺。这一转变在 2012 年成功实现了 30nm 的图形分辨率。然而,193nm 光阻的化学组分与 248nm 光阻有很大差异,在恶劣的等离子体环境下,其抗蚀刻能力较差。为了保证曝光工艺窗口,需要采用的 193nm 光阻的厚度更薄。在此情况下,栅极图形的特征尺寸、线宽均匀性、侧壁角度、侧壁形状(凹进,突出)和线宽粗糙度等特性都是需要严格控制的工艺参数。

　　传统的多晶硅栅蚀刻采用的无机硬掩膜(一般为氮化硅)蚀刻方式极易产生栅极侧壁粗糙的问题。另外,如上节所述,为了解决多晶硅栅的耗尽层问题,需要对多晶硅膜层进行预先的掺杂,一般为磷掺杂。由于通过离子注入的掺杂集中在多晶硅的上半部,多晶硅栅在使用热磷酸去除硬掩膜时,将发生严重的颈缩(Necking)现象。正因为遇到上述问题,多晶硅栅蚀刻在65nm以后转向软掩膜蚀刻方法为主。传统多晶硅栅的蚀刻以卤族气体元素为主,例如 Cl_2,HBr。预掺杂的多晶硅在卤族气体蚀刻中同样遇到缩脖现象。韩国的李等[20]在文献中通过掺杂和卤族气体原子或分子的库仑力来解释这一现象。N型掺杂的磷或砷与化学吸附的卤族气体产生的相互吸引的库仑力,会增加对掺杂多晶硅的蚀刻率,进而产生缩脖现象。张等[21]研究了 HBr/Cl_2,HBr/O_2 和 CF_4 对 N 型掺杂多晶硅蚀刻率的影响。如图 3.31 所示,CF_4 气体在 N 型掺杂多晶硅和未掺杂多晶硅的蚀刻率差异最小,在5%以内。而 HBr/O_2 的蚀刻率差异大于20%,HBr/Cl_2 的蚀刻差异率介于二者之间,约为13%。因此,在蚀刻位于多晶硅栅上半部的 N 型掺杂多晶硅时,采用 CF_4 是较好的选择。因为多晶硅栅蚀刻最终要停止在栅氧化硅上,因此当使用 CF_4 气体的主蚀刻步骤蚀刻完上半部的掺杂多晶硅后,蚀刻剩余的20%的多晶硅栅下半部的过蚀刻步骤需要采用 HBr/O_2 气体蚀刻,以实现多晶硅蚀刻对栅氧化硅的高选择比。如前文所述,HBr/O_2 对 N 型掺杂多晶硅的蚀刻率比未掺杂多晶硅高20%,极易产生缩脖效应,因此 HBr/O_2 的过蚀刻量要严格控制,一般以30%为宜,过少的过蚀刻量会导致多晶硅栅侧壁底部长脚(Footing),过多的过蚀刻量会导致上部缩脖效应加剧。图 3.32 显示了不同掺杂的多晶硅在 HBr/Cl_2 基气体蚀刻下的不同形貌。

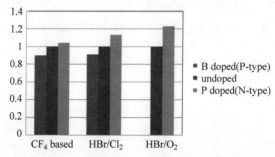

图 3.31　不同掺杂下的多晶硅的蚀刻速率差异

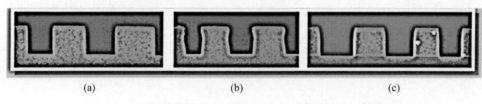

(a)　　　　　　　　　　(b)　　　　　　　　　　(c)

图 3.32　不同掺杂的多晶硅在 HBr/Cl_2 基气体蚀刻下的形貌

(a) 本征型;(b) N型;(c) P型

　　过蚀刻步骤尽管采用具有针对栅氧化硅较高蚀刻选择比的 HBr/O_2 蚀刻工艺,仍然容易导致硅穿孔(Pitting)及硅损伤。硅穿孔的产生,一般是因为主蚀刻步骤蚀刻过量,触及栅氧化硅,或者 HBr/O_2 工艺不够优化导致蚀刻选择比下降。而多晶硅栅蚀刻造成的硅损伤(Si Recess),通常是在无蚀损斑的情况下,通过透射电镜发现的。其成因与蚀刻选择比无直接关联。由于硅损伤会造成器件饱和电流的下降,因此需要在多晶硅栅蚀刻中严格控制体硅损伤。

多晶硅栅蚀刻造成的体硅损伤原理如图 3.33 所示。由于等效氧化硅厚度(Effective Oxide Thickness,EOT)的考量,在 65nm 以下工艺,栅氧化层薄至 1～2nm。在 HBr/O$_2$ 等离子体中,HBr 分解出氢离子,因为氢离子的质量非常小,在电场的加速下,高能氢离子可以穿过栅氧化硅,注入深达 10nm 的体硅中,使体硅产生位错缺陷,而后氧原子更容易进入破坏的体硅内部,形成氧化层。氧化层在随后的清洗过程中被去除,造成了体硅的损伤[22]。在同样的电场加速条件下,HBr/O$_2$ 气体等离子体产生的损伤层深度为 10nm。如果没有 HBr 气体的参与,在单纯的 O$_2$ 气体条件下,体硅损伤层深度仅为 2nm 左右。由此可见,要解决体硅损伤的问题,要先降低加速氢离子的电场强度。如图 3.34 所示,在能保持多晶硅栅侧壁形貌的前提下,将偏置电压从 80V 下降到 60V,体硅损伤可以从 8.5Å 下降到 6.3Å。与传统的连续型等离子体相比,脉冲等离子体可以有效地降低电场强度,在同步脉冲等离子体中,体硅损伤层的厚度只有连续型等离子体工艺的 20%,代表了未来等离子体蚀刻的方向。

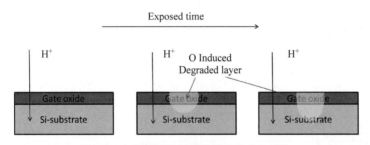

图 3.33 氢离子和氧对硅衬底造成的损伤

多晶硅栅的特征尺寸直接决定了器件沟道长度,因此晶片内部的尺寸均匀性,晶片和晶片之间的特征尺寸变化控制都是多晶硅栅蚀刻的重中之重。如图 3.35 所示,多晶硅栅的特征尺寸由无定形碳三明治结构的蚀刻来决定。因此在三明治结构的蚀刻中,加入了特征尺寸修整步骤(Trim)。修整步骤以具有较少副产物的高氟碳比气体的各向同性蚀刻为主,如 CF$_4$ 或者 NF$_3$ 等气体蚀刻。修整步骤的蚀刻时间与特征尺寸的变化关系,称为修整曲线(Trim Curve)。通过修整曲线,找出修整工艺的线性区间,进而得到修整工艺的可调整范围,

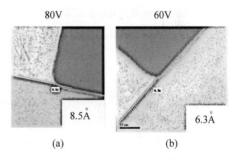

图 3.34 HBr/O$_2$ 条件,不同偏置电压下的多晶硅蚀刻

(a) 80V;(b) 60V

通过调整修整步骤的时间,可以精确地微调多晶硅栅的特征尺寸。同时通过先进过程控制(Advanced Process Control,APC),根据曝光尺寸的变化,运用软件系统动态调整修整步骤的时间,得到稳定一致的最终多晶硅栅的特征尺寸。如图 3.35 所示,测量黄光工艺后光阻的特征尺寸,将其与目标值的差异反馈到其后的多晶硅栅蚀刻的修整时间,称为向前反馈(Feed Forward)。这一反馈可以有效消除黄光工艺带来的光阻特征尺寸误差。而蚀刻后的特征尺寸测量值与目标值的差异,可以反馈到修整曲线的修正,以消除由于蚀刻腔体条件变化对特征尺寸的影响,称为后反馈(Feed back)。

多晶硅栅的特征尺寸均匀性决定了饱和电流的收敛程度。目前业界主流的多晶硅栅蚀刻

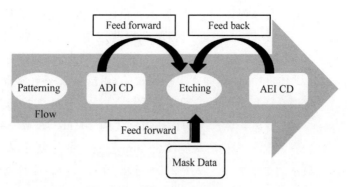

图 3.35　通过先进过程控制调整蚀刻后特征尺寸的典型示意图

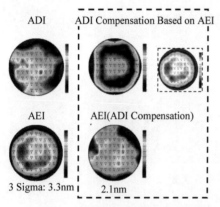

图 3.36　通过曝光能量的预补偿对蚀刻后特征尺寸的改善[23]

机台都配备了多区温控静电吸盘,通过控制晶片上不同区域的温度,从而控制线条侧壁上副产物的吸附,起到控制线条特征尺寸的目的。传统的静电吸盘有二区和四区两种,它们只能改善不同环形区域的特征尺寸差异。现今的设备中已开发出配置有更加强大的网格型温控静电吸盘,可以独立控制晶片上更小的区域,更有效地改善不对称的特征尺寸差异。

除了蚀刻工艺的调整,通过对蚀刻后特征尺寸的大数据量的收集,利用专用软件分析,得出新的带预补偿能量的曝光条件(Dose Mapper,DOMA),改善晶片内特征尺寸均匀性,也是一种成熟有效的方法。实践证明,通过这种方法可以改善30%的特征尺寸均匀性,如图3.36所示[23]。

3.3.3　台阶高度对多晶硅栅极蚀刻的影响

除了蚀刻本身对多晶硅栅尺寸的影响外,浅沟槽隔离带来的表面形貌起伏(Topography)也对多晶硅栅尺寸具有明显的影响[24]。如前节所述,浅沟槽隔离的台阶高度表征了多晶硅生长前的晶片表面形貌。如图3.37所示,由于炉管多晶硅的平坦化生长,正的台阶高度(浅沟槽隔离氧化硅上表面高于体硅有源区)会导致靠近浅沟槽隔离区的多晶硅变厚,进而影响最终多晶硅栅的侧壁角度。在正的台阶高度下,在经过多晶硅栅蚀刻的主蚀刻步骤后,位于浅沟槽隔离区的多晶硅栅的侧壁明显要比有源区倾斜,特征尺寸也明显比有源区大。即使主蚀刻步骤采用了产生较少聚合副产物的气体,仍然无法在浅沟槽隔离区形成垂直的栅极侧壁,并且这种侧壁的差异会保留到全部蚀刻完成。如图3.38所示,最终发现靠近浅沟槽隔离的多晶硅栅的侧壁角度只有86°,而位于有源区中央的多晶硅栅侧壁角度达到89°。因此,多晶硅膜厚度差异导致最终栅极侧壁角度的差异,而栅极侧壁角度的差异导致了特征尺寸的差异。在不同有源区的特征尺寸下,浅沟槽隔离的台阶高度会呈现差异,如图3.39所示,在浅沟槽隔离后的化学机械研磨存在由于有源区密度的差异而造成的负载,从而引起了台阶高度的差异,进而影响多晶硅蚀刻时的特征尺寸及角度的差异。图3.40给出了不同有源区宽度下多晶硅高度及台阶高度的关系,可见有源区尺寸大小与栅极蚀刻时的台阶高度存在紧密的关系。表3.4给出了不同有源区宽度下,光板多晶硅及有表面形貌的多晶硅在曝光及蚀刻前后特征尺寸的差异,可见有源区宽度不同时,蚀刻过程的蚀刻偏差(Etch Bias)也会存在差异。

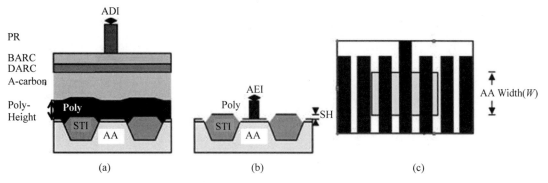

图 3.37　存在表面形貌起伏的晶圆的栅极图形化

（a）曝光显影后；（b）蚀刻后；（c）落在 AA 上的多晶硅蚀刻[24]

图 3.38　存在台阶高度时不同位置的多晶硅在蚀刻后的形貌差异[24]

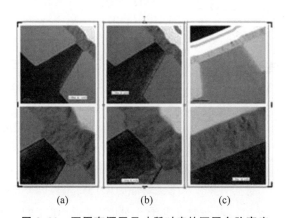

图 3.39　不同有源区尺寸所对应的不同台阶高度

（a）0.062μm；（b）0.108μm；（c）0.54μm[24]

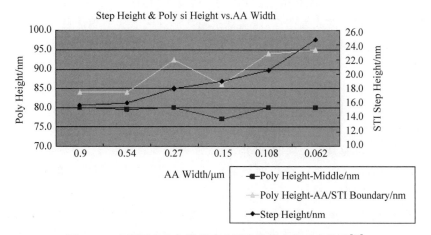

图 3.40　有源区宽度与栅极高度及台阶高度的对应关系[24]

表 3.4　不同表面形貌的晶圆在不同有源区宽度下的曝光尺寸和蚀刻尺寸的差异[24]

AA Width/μm	ADI CD/nm			Etch CD Bias/nm	
	Blanket Wafers	Topography Wafers	Bias	Blanket Wafers	Topography Wafers
0.9	X1	Y1	−0.9	5.6	4.8
0.54	X2	Y2	−0.5	6.6	4.7
0.27	X3	Y3	−0.4	5.8	3.3
0.15	X4	Y4	−1.1	4.3	2.6
0.108	X5	Y5	1.9	5.3	−0.2
0.062	X6	Y6	2.2	4.3	−0.3

3.3.4　多晶硅栅极的线宽粗糙度

当特征尺寸线宽下降至 100nm 以下时,线宽粗糙度(Line Width Roughness,LWR)对集成电路加工工艺和器件的影响已无法忽略,成为严重制约集成电路持续发展的瓶颈之一。2001 年,ITRS 将线宽粗糙度作为一种边缘粗糙度(Line Edge Roughness,LER)的描述方式给出。2003 年,ITRS 将线宽粗糙度定义为局部线宽变化量的 3 倍标准偏差。在线条左边缘的粗糙度和线条右边缘的粗糙度随机变化并且相互独立的情况下,LWR = $2^{1/2}$LER,如图 3.41 所示[25]。ITRS 2003 年的线宽粗糙度定义首先是为满足器件电气性能评定的需要,是线宽一致性的描述。金等[26]在器件电气性能评估中,线宽粗糙度远比边缘粗糙度对器件影响更加明显。如图 3.42 所示,性能较差的线宽粗糙度直接导致了器件漏电性能的恶化。目前对线宽粗糙度评估的主要方式是原子力显微镜(Atomic Force Microscope,AFM)和特征尺寸扫描电镜(Critical Dimension Scanning Electron Microscope,CDSEM),CDSEM 因其快速

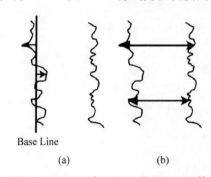

Base Line

(a)　　　　　(b)

图 3.41　ITRS 对 LER(a)和 LWR(b)的
定义[25]

可靠的性能得到了广泛的应用。采用激发电子并对电子进行加速的方式,使其通过一系列电磁透镜并聚集成电子束,采用聚集的电子束扫描被测晶片,最后检测散射电子和二次发射电子的信号变化,并将这种变化反映在电子探测器中,通过探测器的综合响应与光栅扫描同步显示于阴极射线管上形成物体的表面图像,进而观察量测晶片的表面形貌信息。

线宽粗糙度是一种描述线条边缘形貌的方式,是通过对边缘或者线宽进行统计分析得到的数据,因此不但要研究线宽粗糙度的幅值,而且要研究分析数据的频谱。均方根(Root Mean Square,RMS)能在一定程度上反映线宽粗糙度分布的均匀性,该参数被广泛用于生产中的在线测量,它与评估长度以及采样间隔密切相关。目前比较通用的观点是评估长度必须大于 2μm,采样间隔小于 10nm,这样才能保证均方根测量值的误差在 5% 以内。不同线宽形貌特征的两幅图像也可能具有相同的 RMS,因此需要更多的参数与均方根共同定义线条边缘的形貌。空间参数能够从另外一个角度评估线宽粗糙度,实际应用中一般采用功率谱分析。目前线宽粗糙度的研究中一般仅分析两种参数——功率谱密度和自相关函数,尽管表征意义不同,但是功率谱密度(Power Spectra Density,PSD)函数和自相关函数互为傅里叶变换(Fourier Transformation)。这说明功率谱密度能够反映线宽粗糙度的大部分空间信息,例如

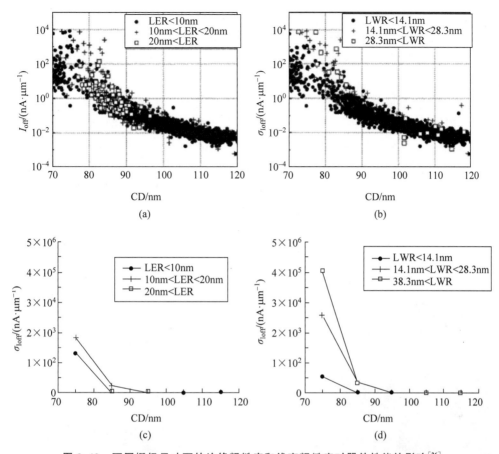

图 3.42 不同栅极尺寸下的边缘粗糙度和线宽粗糙度对器件性能的影响[26]

哪种波长成分在线宽粗糙度的影响中占主导地位,进而可以推论出线宽粗糙度产生的成因。例如高频线宽粗糙度,一般认为与蚀刻工艺具有密切的联系,而低频线宽粗糙度则与黄光工艺有关,因为高频线宽粗糙度能够在沟道宽度范围内相互补偿,因此对多晶硅栅影响最大的线宽粗糙度来自于低频部分。因此在 ITRS 路线图中,低频线宽粗糙度被限定在特征尺寸的 8% 以内,以保证对器件的影响维持在可接受的范围内,以追随摩尔定律最近的 DRAM 工艺为例,栅极低频线宽粗糙度的标准如表 3.5 所示。

表 3.5 ITRS 对低频线宽粗糙度所定的标准

Year of Production	2011	2013	2015	2017	2019
DRAM 1/2 pitch/nm	40	32	25	20	16
Low frequency linewidth roughness/nm 3sigma<8% of CD	2.5	2.0	1.6	1.3	1.0

　　如何降低 LWR,成为目前多晶硅栅蚀刻面临的严峻挑战。很多文献报道了采用曝光显影后处理工艺(Plasma Post Lithography Treatment,PPLT)来改善 LWR 性能,即通过对光阻线条进行等离子体处理或者等离子体带状束掺杂处理,修复光阻的边缘形貌。如图 3.43 所示,等离子体处理一般采用氢气(H_2)或者 HBr 等离子体,处理过程中会造成 PR 损耗[27]。气体激发后产生的深紫外线(Ultra Violet,UV)、真空深紫外光(Vacuum Ultra Violet,VUV)、

光子剪断光阻主分子链,重要的是,C—O—C 和 C =O 键发生断裂,导致旁链基团从主分子链脱离。大量的此类基团作为可塑性剂,可以增加短链和线性高分子聚合物的活性,光阻聚合物发生重组以达到最小的表面自由能,导致光阻发生重融(Reflow),实现了 LWR 的改善。但是在等离子体环境下,除了 VUV 外,等离子体中的离子或者自由基也会作用于光阻,由于交互作用,在光阻表面会形成类石墨层。当类石墨层的厚度达到一定程度时,会限制光阻的进一步重融。当光阻的重融过程停止后,线宽粗糙度的改善过程也中止了,而类石墨层表面粗糙的性质将导致随着其厚度的增加,对应粗糙度也会变差,如图 3.44 所示[28],光阻的线宽粗糙度在 HBr 处理的初期急剧下降,明显改善,而在重融停止后,随着 HBr 处理时间的增加,反而会恶化。在氢气或者 HBr 等离子体中,依据 H 原子的多寡可以去掉一定量的类石墨层,一定程度上延长光阻的重融过程。但是 H 原子的反应会造成光阻的额外消耗。H_2 等离子体由于具有较多的氢原子,因此造成了相对 HBr 等离子体更多的光阻消耗。而光阻的厚度不足,也会导致在经过蚀刻图形传递后 LWR 性能的恶化。这也是采用氢气或者 HBr 等离子体处理对较薄的光阻进行处理后蚀刻,LWR 没有明显改善的原因。

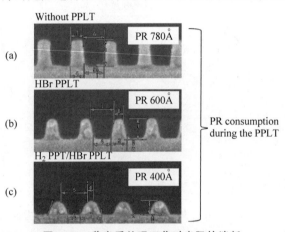

图 3.43 黄光后处理工艺对光阻的消耗

(a) 无处理;(b) HBr 处理;(c) H_2 及 HBr 共同处理[27]

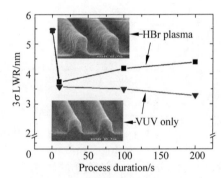

图 3.44 193nm 光阻的表面线宽粗糙度在 HBr 等离子体处理及仅 VUV 处理下随时间的演变[28]

图 3.45 的结果表明离子能量对石墨层的粗糙度有着明显的影响,当离子能量增加时,石墨层的表面粗糙度会急剧恶化。要进一步改善 LWR,需要维持较薄的类石墨层和较高的 VUV 剂量。脉冲等离子体,采用尽可能低的等离子体占空比(Duty Cycle,等离子体处理的时间占整个时间的比例),例如 15%,可以明显减少等离子体中分子的解离,减少其分子化学活性。在黄光后处理工艺中,光阻中的 $C_x H_y O_z$ 会被尽可能少地分解成 C_x 和 CH_x,而这两种基团是形成类石墨层的主要成分,因此类石墨层的厚度可以大幅减薄。而 VUV 的剂量则可以通过占空比单独控制。从图 3.46 中可以发现,采用脉冲的 HBr 等离子体后,只用 VUV 处理光阻得到的 LWR 和采用全等离子体处理得到的线宽粗糙度几乎相同,这说明采用脉冲型 HBr 等离子体处理工艺,可以完全消除类石墨层对线宽粗糙度改善的限制。不同等离子体或 VUV 处理后的光阻剖面如图 3.47 所示。

惰性气体,例如氩气(Ar)等离子体也是一个选择。Ar 等离子体也可以产生 VUV,改善光阻的 LWR。由于没有气体参与反应去除光阻表面形成的类石墨层,因此很快光阻的重融过程就被类石墨层中止。但是也恰恰是惰性气体,在处理过程中光阻的损耗不明显,因此在后

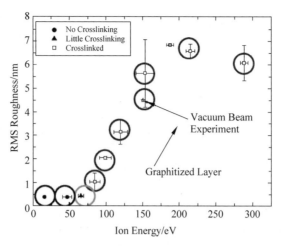

图 3.45 不同离子能量处理下的石墨层表面粗糙度的变化[29]

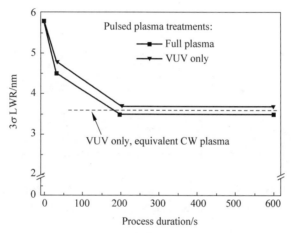

图 3.46 193nm 光阻条件下，栅极线宽粗糙度在 HBr 脉冲等离子体处理及
仅 VUV 处理下随时间的演变[28]

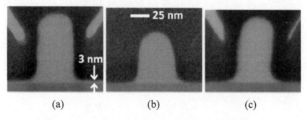

图 3.47 不同处理条件下的光阻剖面形貌

（a）30s HBr 等离子体处理；（b）仅 30s VUV 处理；（c）200s 脉冲 HBr 等离子体的处理[28]

续的蚀刻图形传输中，改善的光阻的 LWR 被保留下来。采用 Ar 惰性等离子体处理工艺，LWR 的改善局限在 10% 左右。

3.3.5 多晶硅栅极的双图形蚀刻

在多晶硅栅图形定义中，除了线条本身的特征尺寸外，线条末端（Line End）的图形也需要严格控制。与线条中央不同，由于黄光工艺的限制，线条末端的光阻侧壁倾斜突出，而且在蚀刻时受到来自 3 个方向的蚀刻,光阻后退很快。业界以线条末端蚀刻前后特征尺寸差异与线条中央的蚀刻前后特征尺寸差异的比值来评估蚀刻工艺对线条末端图形的控制精度,称为线条末端回缩(Line End Shortness,LES)。

$$LES = \frac{AEI\ 特征尺寸_{headtohead} - ADI\ 特征尺寸_{headtohead}}{ADI\ 特征尺寸_{linewidth} - AEI\ 特征尺寸_{linewidth}}$$

一般情况下,线条末端的回缩越小越好,说明线条末端的图形失真控制在小的范围内。众所周知,多晶硅栅线条跨过有源区,形成器件。多晶硅栅线条末端如果在蚀刻过程中回退过多,将导致栅极长度不足以跨过有源区,浅沟槽隔离区中的氧化硅在后续的工艺中受到损伤,引起作为沟道的有源区暴露形成损伤,造成器件失效。

研究发现,线条末端的回缩与图形蚀刻定义的初始蚀刻步骤工艺紧密相关,使用不同底部抗反射层蚀刻气体,线条末端的回缩性能差异很大。目前的蚀刻气体主要有 HBr/Cl_2 和氟基(Fluorine Based)气体。如图 3.48 所示,采用氟基气体的底部抗反射层蚀刻工艺,线条末端的回退程度远小于 HBr/Cl_2 类蚀刻工艺。这是因为在 HBr/Cl_2 蚀刻工艺中,VUV 会使光阻表

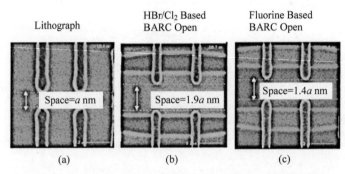

图 3.48 使用不同 BARC 蚀刻气体对于线条末端收缩的影响

(a) 曝光后的线条末端头对头的尺寸;(b) 使用 HBr/Cl_2 的 BARC 蚀刻条件;(c) 使用氟基气体的 BARC 蚀刻条件

面性质发生改变,光阻聚合物分子的断裂使光阻发生重融收缩,使线条末端的回退更加剧烈,因此在图形定义的初始蚀刻步骤,采用氟基气体可以精确控制图形的传递。但是随着器件的缩微,如图 3.49 所示,要求多晶硅栅头对头的距离越来越小,这时仅靠控制 LES 已经无法满足工艺的要求,引入双图形(Double Patterning)切断工艺可以很好地解决这一问题。双图形工艺早在 2010 年前已经被提出,三星公司的技术遭到新墨西哥大学诉讼,此后,双图形技术发明得到了飞速发展,国内也在此领域的知识产权上做了很多布局。如图 3.50 所示,业界在 28nm 工艺中已经引入双图形工艺来避免多晶硅线条末端的过分收缩。如图 3.51 所示,首先通过第一次曝光及蚀刻,形成长线条图形,通常称为 P1。然后做第二次曝光工艺,一般采用含硅底部抗反射层的三明治结构工艺,即先用旋涂工艺沉积下层,达到平坦化的目的;然后旋涂中间层含硅底部抗反射层;最后旋涂光阻并作切割孔的曝光工艺。通过蚀刻工艺切割多晶硅栅,通常称为 P2。这种双图形工艺有效地规避了一次图形工艺中黄光工艺曝光的在栅极长度和宽度两个方向上的缩微限制。同时通过蚀刻

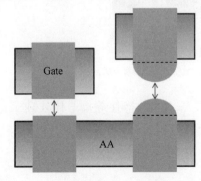

图 3.49 器件微缩过程中伴随着的栅极头对头距离的降低

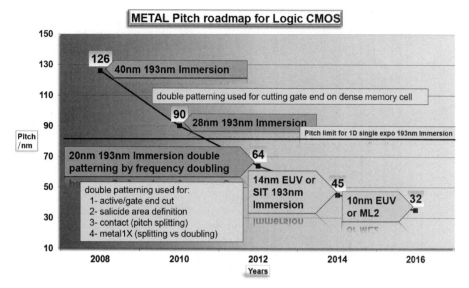

图 3.50 随着器件的微缩而引入的双图形工艺[30]

切割工艺的优化,即在蚀刻气体中加入能产生厚重聚合物的气体,可以将多晶硅栅头对头的距离缩小到 20nm 以下,满足了有源区持续缩微的需要。采用双图形蚀刻的工艺中,切割工艺的工艺窗口是必须要考虑的,通常会将切割工艺的图形全部利用设计规则(Design Rule)使得全部落在氧化硅上,从而在硬掩膜切割的步骤中施加足够的过蚀刻量,以达到完全切割的目的,增大工艺的工作窗口。但是如果没有通过设计规则来规避它,即如果存在双图形均曝开的区域,且多晶硅下是有源区的衬底的设计,那么在切断工艺中就需要控制过蚀刻量以避免下层的硅衬底受损伤。P1 蚀刻后如图 3.52(a)所示,P2 图形定义如图 3.52(b)所示,区域 A 是落在硅衬底上,且 P1 和 P2 均曝开,区域 B 也落在硅衬底上,仅 P2 曝开,在 P2 蚀刻时,区域 A 和 B 均需要去除,这时区域 A 和区域 B 的掩膜就会有差别,区域 A 完全使用 ODL 作为掩膜,区域 B 的掩膜则包括 ODL 和硬掩膜,切割工艺通常分为图 3.52 中的几步,图 3.52(c)Si-BARC 打开,图 3.52(d)ODL 部分去除,图 3.52(e)硬掩膜去除,图 3.52(f)ODL 完全去除,多晶硅蚀刻,在工艺中需要控制图 3.52(a)、图 3.52(b)、图 3.52(c)的过蚀刻量,以保证在 ODL 完全去除时仅有少量的多晶硅损失,从而在后续多晶硅蚀刻时不会损伤下层的硅衬底。当尺寸进一步微缩,切断工艺的深宽比进一步增大,对于干法蚀刻后的清洗工艺增加了不少挑战,在更先进工艺中的双图形,双图形步骤的安放,填充材料都将会有所变化。

3.3.6 鳍式场效应晶体管中的多晶硅栅极蚀刻

FinFET 仍然沿用 28nm 平面晶体管中的双图形方法来定义栅极线条和线条末端,与平面晶体管最大的差别在于,FinFET 是三维的晶体管,多晶硅栅极横跨鳍部,如图 3.53 所示,这种差异造成了蚀刻过程中工艺的差异。多晶栅蚀刻后的剖面形貌对后续工艺有着很大的影响。多晶硅顶部和底部的形貌会影响应力硅锗生长的表现,如图 3.54(a)是一个理想的多晶硅蚀刻后的剖面形貌,在多晶硅上会有硬掩膜的残留,多晶硅的剖面是非常垂直的形貌,与硬掩膜的关键尺寸相同。

在多晶硅蚀刻中会产生横向蚀刻,当蚀刻工艺对硬掩膜和多晶硅的蚀刻选择比不同,多晶硅顶部的关键尺寸将会有别于硬掩膜。例如,当多晶硅关键尺寸大于硬掩膜的关键尺寸时,偏

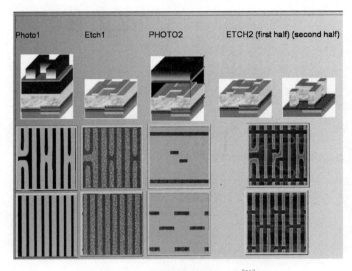

图 3.51 典型的双图形工艺[30]

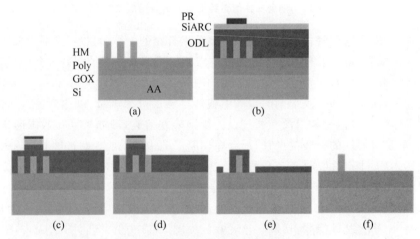

图 3.52 多晶硅蚀刻中的 P2 切断工艺

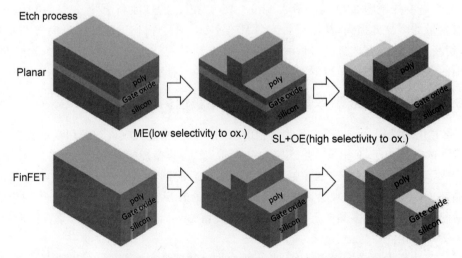

图 3.53 平面晶体管中多晶硅蚀刻和三维 FinFET 中多晶硅蚀刻的差异

置侧墙在后续的 P 型硅锗凹槽（PMOS Silicon Recess，PSR）蚀刻中将会受到更多的消耗，一旦偏置侧墙的厚度不足以保护顶部的多晶硅，在后续的硅锗外延生长中，多晶硅顶部就会有很大概率生长出硅锗外延，形成缺陷，造成器件失效；当多晶硅关键尺寸小于硬掩膜时，这种缺陷出现的概率将会小很多，有利于良率提高。同样地，当多晶硅在蚀刻后出现比较严重的底部长脚时，底部的偏置侧墙也会在 PSR 蚀刻中受到更多的消耗，从而导致在后续的硅锗外延中，在多晶硅底部生长出硅锗缺陷（见 3.4 节中的说明）。当硬掩膜的有效高度不够时，顶部的多晶硅也会生长出硅锗缺陷，因此控制 FinFET 的多晶硅中的蚀刻的剖面形貌尤为重要，分别如图 3.54(b)～图 3.54(d)所示。作为三维的晶体管，多晶硅的蚀刻必须考虑沟道因素，鳍部本身材料是体硅，在蚀刻多晶硅时，尽管有氧化硅的保护，仍然需要考虑鳍部本身的损耗。在蚀刻过程中，通常在距离鳍部顶部 200～300Å 时将蚀刻工艺切换到传统的高选择比 HBr/O_2 的步骤，并且需要采用较低的偏置功率。另外由于三维立体鳍部的存在，其顶部以上部分和顶部以下部分的多晶硅栅蚀刻环境有所不同，因此蚀刻过程中为了形成理想的多晶硅栅剖面形貌，通常会把高选择比的软着陆步骤拆分成几步以达到优化多晶硅剖面形貌的目的。源漏极的外延直接在鳍部形成，意味着 FinFET 的多晶硅蚀刻中的鳍部损耗相比平面结构的衬底硅的损耗变得不是特别重要。要保证后续外延生长的效果，需要将鳍部与栅极交叉的角落里的多晶硅清理干净，所以从器件整合角度来说，鳍部损耗是不可避免的。

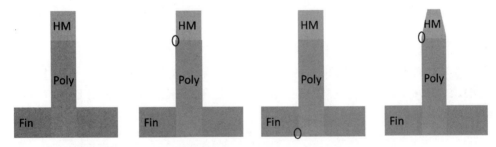

图 3.54　多晶硅剖面形貌对后续源漏外延生长的影响（图中圈中区域为需要特别保护的多晶硅）

3.4　等离子体蚀刻在锗硅外延生长中的应用

随着 CMOS 技术的缩微发展，需要更大的驱动电流以提高电路的速度。对沟道施加应力已经成为提高 100nm 以下场效应管性能的重要方法。如图 3.55 所示，锗的晶格系数比硅大 4.2%，因此当锗硅外延生长在源漏区时，对沟道形成较强的压应力，可以显著地改善空穴载流子的迁移率和降低源漏扩展区接触电阻。这一技术首次应用于 90nm 逻辑技术中，它可以使

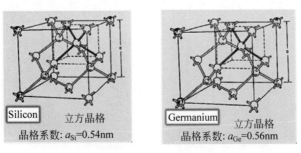

图 3.55　锗和硅的晶格系数

多种器件(多晶硅栅器件,高 k 金属栅器件)在性能上得到显著的提升(20%~65%)。根据文献[31],在所有的应力技术中,在预先形成沟槽的源漏区形成外延生长的嵌入式锗硅结构,可以增强 P 晶体管的驱动电流,这种方法已经成为一种非常有前景的技术(迁移率增强技术)。

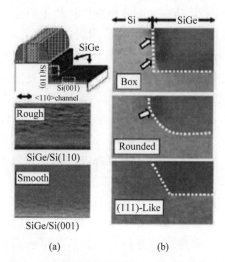

图 3.56　硅锗在不同硅面上的外延生长的
扫描电镜图[32]

锗硅沟槽的形状直接影响了器件的性能。如图 3.56 所示,当 CMOS 器件沟道建立(110)晶向上,采用 U 形沟槽时,侧壁是(110)面,底部是(001)面。由于锗硅外延生长时,在(110)面上的形核率要比(001)面上高,所以锗硅表面粗糙度比(001)面差,导致(110)面在生长锗硅时容易形成位错缺陷,使应力无法传递到器件沟道上[32]。而在西格玛型沟槽中,仅有(111)面和(001)面。以(111)面取代了(110)面,可以最大限度地减少外延生长缺陷。同时,通过有限元分析,我们发现与传统的 U 形或者各向同性的硅锗技术相比,带有大底切的西格玛形沟槽锗硅能够使应力集中在底切尖角上,能够对锗硅/硅异质结产生更大的应力来提高 P 形晶体管的性能,如图 3.57 所示。目前,西格玛形嵌入式锗硅技术与后金属栅极技术相结合,可以使锗硅对沟道施加的应力更加显著,提供额外 11% 的性能提升[32]。图 3.58 是一个典型的西格玛形沟槽的形成过程,首先通过等离子干法蚀刻形成 U 形或者碗状沟槽,然后利用四甲基氢氧化铵(Tetramethylammonium hydroxide,TMAH[33])对硅沟槽进行晶面选择湿法蚀刻,最终沟槽两侧均停留在(111)面,形成西格玛形凹槽。

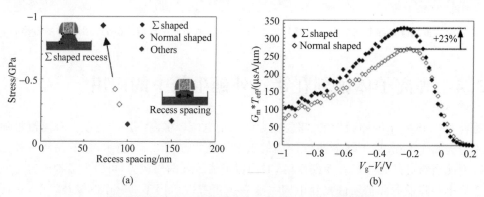

图 3.57　西格玛形沟槽与其他形状沟槽在外延生长后所施加的应力对比[32]

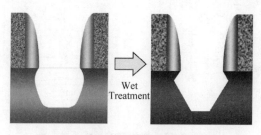

图 3.58　典型的西格玛形沟槽的形成

3.4.1 西格玛形锗硅沟槽成型控制

在 P 型源漏区形成西格玛形硅沟槽,需要先通过化学气相沉积,在多晶硅栅上生长氧化硅膜层和氮化硅膜层。其中氮化硅膜层用于形成侧墙,控制锗硅沟槽到栅极的距离。而底部的氧化硅层,则是作为氮化硅层的蚀刻停止层和应力缓冲层。然后通过光刻工艺,将 NMOS 区用光阻覆盖,PMOS 区暴露。接着需要在 PMOS 区形成侧墙。侧墙的主蚀刻一般采用 CF_4 气体,蚀刻掉大部分的氮化硅,以不接触到下层衬底硅为宜。过蚀刻采用 CH_3F/O_2 气体,以得到高的氮化硅对氧化硅的蚀刻选择比,以一定量的过蚀刻来清除掉剩余氮化硅。硅沟槽成形采用干法蚀刻和湿法蚀刻相结合的工艺。干法蚀刻在电感耦合硅蚀刻机中进行体硅蚀刻,采用 HBr/O_2 气体工艺,对于侧墙和栅极硬掩膜层具有较高的选择比,可以有效地防止多晶硅栅极的暴露,避免在后续的外延工艺时,在栅极生长出多余的锗硅缺陷。这种多余的锗硅缺陷会造成栅极和通孔的短路失效。湿法蚀刻采用四甲基氢氧化铵,为无色或微黄液体,具有类似胺类气味,极易溶于水中,其溶液是一种强碱性溶液,在半导体中除了常被曝光工艺用作显影液外,也常被用作硅的蚀刻溶液。其特点是在(100)面和(111)面上对硅的蚀刻选择比可以达到 40∶1~70∶1。这意味着通过控制不同的干法蚀刻硅沟槽形状,辅以 TMAH 的处理,可以让最终的硅沟槽停止在(111)面上,形成西格玛形状(图 3.59)。与其他湿法蚀刻溶液(例如 KOH/EDP)相比,TMAH 无毒,没有金属离子污染的隐患,因此被广泛应用于锗硅沟槽的成型工艺。表 3.6 列出了不同溶液对体硅及介质层的湿法蚀刻速率。在图 3.59 中,为了分析方便,我们把西格玛形硅沟槽的 4 个(111)面分成两组,即上面的称为 $(111)_U$,下面的称为 $(111)_L$。图 3.59(a)和(b)的 $(111)_U$ 的位置基本相同,图 3.59(a)干法蚀刻后的沟槽比右图深,因此形成的 $(111)_L$ 也相对较深。图 3.60 中,曲线表示 3 种不同的干法蚀刻后形成的侧壁。这 3 种侧壁在 TMAH 处理后,会形成相似的西格玛形状。这是因为这 3 种干法蚀刻后的侧壁,虽然深度不同,但是它们有着共同的沿着(111)面的切线。综前所述,TMAH 在(111)面蚀刻率最慢,处理过程中,所有的晶面在到达(111)面时蚀刻率急剧下降,蚀刻会沿着(111)面缓慢向前推进。因此,西格玛形沟槽的尖角深度由干法蚀刻后沟槽沿着(111)面的两根切线 $(111)_{上切}$ 和 $(111)_{下切}$ 的交点来决定。而尖角距栅极的距离则可以用侧墙宽度和干法蚀刻沟槽的侧向蚀刻程度共同决定。

表 3.6 不同溶液对硅的湿法蚀刻速率

Etchant	Etch rate ratio		Etch rate(absolute)			Advantages(＋) Disadvantages(－)
	(100)/(111)	(110)/(111)	(100)	Si_3N_4	SiO_2	
KOH (44%,85℃)	300	600	1.4μm/min	<0.1nm/min	<1.4nm/min	(－)metal ion containing (＋)strongly anisotropic
TMAH (25%,80℃)	37	68	0.3~1μm/min	<0.1nm/min	<0.2nm/min	(－)weak anisotropic (＋)metal ion free
EDP (115℃)	20	10	1.25μm/min	0.1nm/min	0.2nm/min	(－)weak anisotropic,toxic (＋)metal ion free, metallic hard masks possible

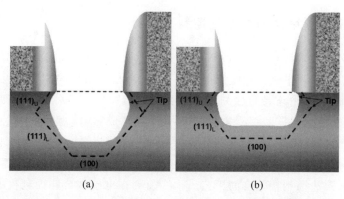

图 3.59　不同形状和深度的干法蚀刻沟槽对最终西格玛形沟槽形状的影响[34]

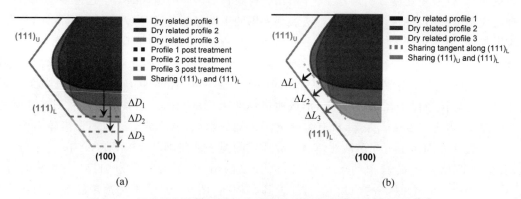

图 3.60　干法蚀刻沟槽侧壁形状对最终西格玛形沟槽形状的影响[34]

锗硅沟槽形状的精确控制与最终 PMOS 的性能密切相关。如图 3.57 所示,当切角越大,即切角距离越小时,由于后续锗硅生长更接近沟道区域,器件性能提升越明显。

在湿法蚀刻形成西格玛形沟槽时,多晶硅的上角会成为一个薄弱点,如图 3.61(a)所示,此时多晶硅上角与侧墙存在一个最小距离,硅锗生长时,当这个侧墙厚度不足以阻挡外延生长气体的扩散作用时,便会在多晶硅的上角外延生长出多余的硅锗,形成缺陷,导致器件失效,为避免这种缺陷,可以增加多晶硅蚀刻后硬掩膜的残留量来保护多晶硅上角的薄弱点,图 3.61(b)为产品中发现的硅锗缺陷。

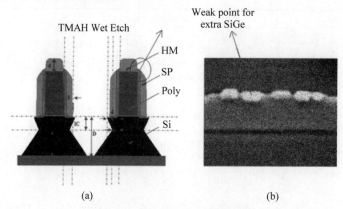

图 3.61　多晶硅上角成为薄弱点

(a)硅锗沟槽蚀刻后的薄弱点;(b)产品中发现的硅锗外延缺陷

3.4.2　蚀刻后硅锗沟槽界面对最终西格玛形沟槽形状及硅锗外延生长的影响

众所周知,硅的干法蚀刻过程中会产生大量的高分子副产物。图形密集区反应总量大,因此副产物容易聚集。在图形硅片实验中,图形密集区厚重的蚀刻副产物导致深度相比图形稀疏区浅。这样的深度差异在 TMAH 处理工艺后,会变得更加明显,甚至导致无法形成正常形状的西格玛形硅沟槽。这是因为蚀刻后处理工艺需要一个干净的硅界面来进行湿法蚀刻,以形成最终的西格玛形硅沟槽。这种深度的差异,可以通过在蚀刻气体中引入 Cl_2 进行改善。与其他气体(如 HBr)相比,氯与硅形成的副产物具有更好的气化性,能够有效地减少蚀刻副产物的沉积,达到改善蚀刻负载的效果。实验证明,Cl_2 的加入对于改进深度差异非常有效。如图 3.62 所示,通过引入 Cl_2,这种图形导致的深度差异可以改善60%。另外在引入 Cl_2 前,后续的处理工艺常常不能形成正常的西格玛形硅沟槽,而引入 Cl_2 后可以解决这一问题。

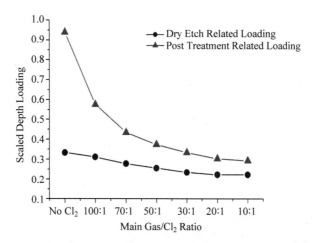

图 3.62　蚀刻副产物与基于图形的深度差异的对应关系[34]

另外,干法蚀刻后的湿法清洗也在西格玛形硅沟槽形成中起着重要的作用。硅沟槽表面生长的氧化硅会阻碍后续四甲基氢氧化铵处理,导致西格玛形硅沟槽无法形成。在集成电路制造中,通常使用稀释的氢氟酸来去除氧化硅,确保在硅表面没有氧化硅或者其他的污染。如图 3.63 所示,通过氢氟酸工艺时间的调整,不同图形的西格玛形硅沟槽的深度差异得到了极大的改善。所有试验都是基于相同的干法蚀刻和灰化工艺。当稀释的氢氟酸的用量超过一定量时,西格玛形沟槽的深度差异可以控制在较低的水平。然而,过量的氢氟酸清洗,会去除过多的浅沟槽隔离氧化硅,导致器件隔离性能下降。因此,对氢氟酸的使用,需要兼顾硅沟槽的清洗效果和浅沟槽隔离氧化硅的损耗。

锗硅的外延生长对硅沟槽表面性质非常敏感,很容易形成各种外延缺陷。因此对硅沟槽干法蚀刻后的灰化工艺选择就变得非常关键。灰化工艺不仅要去除残余光阻,还要得到纯净的硅表面以利于锗硅的外延生长。灰化工艺包含氧化型灰化、低氢混合气体(含有 4%氢气的氮气氢气混合气体)灰化、高氢混合气体(氢含量大于 20%)灰化。低氢混合气体灰化工艺可

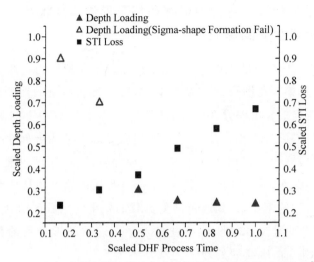

图 3.63 氢氟酸清洗量与图形密度引起的深度差异的对应关系[34]

以有效地减少光阻及蚀刻副产物的残留,但是外延生长缺陷却没有明显改善(见图 3.64),这是因为光阻残余及蚀刻副产物不是造成外延缺陷的主要原因[35]。文献中报道[36],Si-C 键是造成外延缺陷的主要原因。其中碳原子来自光阻及蚀刻气体,在蚀刻过程中,被注入体硅中。在等离子体蚀刻过程中,碳和体硅或者侧墙的氮化硅发生反应,形成 Si-C 键。因此,需要找到一种能够有效去除 Si-C 键的方法来改善锗硅的外延缺陷。从图 3.65 可以发现,相对于低氢灰化工艺,高氢灰化工艺能够更加有效地去除硅沟槽表面的 Si-C 键,达到改善硅锗外延缺陷的目的。氧化型灰化工艺也可以在增加氧化量的基础上,达到改善外延缺陷的目的。但是此类工艺会在沟槽表面形成较厚的氧化硅层。如前所述,去除灰化产生的氧化硅层的过程也会造成浅沟槽隔离氧化硅层的损伤,对器件性能造成影响,因此氧化型灰化工艺在锗硅工艺中并不适用。

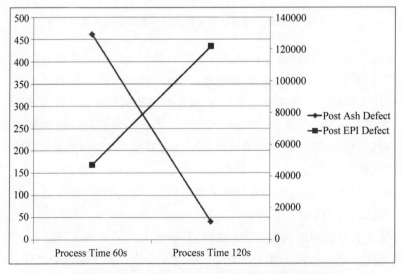

图 3.64 低氢混合气体灰化后缺陷数量和外延生长的缺陷数量对比[35]

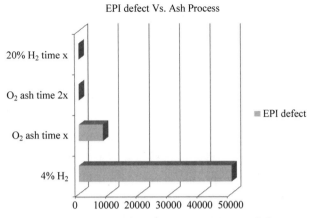

图 3.65　不同灰化工艺对外延缺陷的影响[35]

3.5　伪栅去除

3.5.1　高介电常数金属栅极工艺

如图 3.66 所示,随着 CMOS 集成电路线宽的持续缩微,晶体管的一个关键指标:等效栅氧厚度也要不断缩小。以英特尔公司为例,90nm 时代实际应用的栅氧厚度最低达到了 1.2nm,45nm 时代更是需要 1nm 以下的栅氧厚度。不过栅氧厚度是不能无限缩小的,薄至 2nm 以下的氧化硅层不再是理想的绝缘体,会出现明显的隧穿漏电。而且随厚度减小,指数级将上升,1nm 以下漏电电流就会大到无法接受的程度。所以英特尔公司在 45nm 开始启用高 k 技术,其他公司则在 32nm 或 28nm 阶段启用高 k 技术。高 k 工艺即使用高介电常数的物质替代氧化硅作为栅介电层。英特尔公司采用的氧化铪(HfO_2)的介电常数为 25,约为氧化硅介电常数(4)的 6 倍。所以在同样电压同样电场强度条件下,介电层厚度可以增大到原来的 6 倍,栅极漏电将会显著减小。或者,在相同厚度的介电层厚度的条件下,栅电容会显著增加,晶体管的饱和电流也会明显增加。

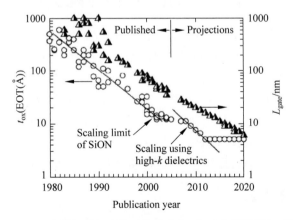

图 3.66　有效栅氧厚度随时间的演变(高 k 介质的引入)[37]

HK(High-k)即高介电常数栅介电层技术,而 MG(Metal Gate)指的是金属栅极技术。两者本来没有必然的联系。但采用高 k 的晶体管栅电场强度更高。如果继续使用多晶硅栅极,栅极耗尽问题会制约性能提高。因此高介电材料搭配金属栅极成为目前逻辑集成电路的主流。

3.5.2 先栅极工艺和后栅极工艺

现在 CMOS 集成电路制造使用的是"硅栅自对准"工艺。即先形成栅介电层和栅极,然后进行源极和漏极的离子掺杂。因为栅极结构阻挡了离子向沟道区的扩散,所以掺杂是自动和硅栅对准的。后续会进行高温的退火工艺,以激活掺杂。金属栅极经过这样的步骤会导致包括阈值电压变化在内的种种问题。为解决此问题,采用了多晶硅伪栅技术。依旧采用多晶硅栅极。在离子掺杂及高温退火等步骤结束后,通过化学气相生长,填充氧化硅膜。采用化学机械研磨工艺进行平坦化,使伪栅暴露。然后去除掉多晶硅栅极,使用功函数金属及栅极金属填充,形成金属栅。这就是所谓的后栅极工艺流程。在此流程中,增加了数道核心工艺。特别是伪栅去除和金属填充。伪栅去除工艺要在完全去除伪栅的情况下,避免对沟道造成损伤。而金属填充的挑战则是更高的深宽比。图 3.67 是典型的先栅极和后栅极的工艺流程图。

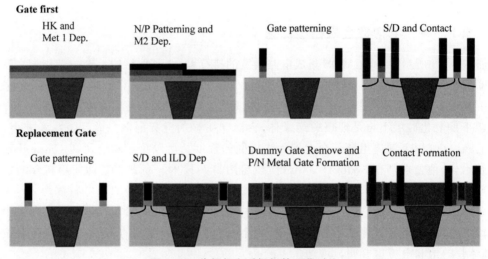

图 3.67 先栅极和后栅极的工艺对比

不过虽然后栅极工艺代价很大,很长时间以来人们都认为这种工艺流程是 HKMG 必须采纳的方案。IBM 公司继续研发,找到了不必在制造时付出后栅极工艺的代价的方案。例如英特尔公司采用的栅介电材料是氧化铪,所以底界面层、HK 层、顶界面层、金属栅极层次分明。而 IBM 公司采用的介电材料是硅酸铪——成分是硅、氧和铪 3 种元素,若与周围的硅和氧化硅发生反应,结果仍然是硅、氧化硅、硅酸铪,与特定的栅极材料匹配,高温时仍然是热动力学稳定的。另外,先栅极工艺所谓的金属栅,其实只是在栅介电层上增加一层高熔点金属。因此先栅极工艺仍然需要多晶硅栅极来实现"硅栅自对准"的其他工序。

3.5.3 伪栅去除工艺

使用后栅极工艺,必须要进行伪栅去除工艺。目前伪栅去除工艺有湿法蚀刻工艺、干法结合湿法蚀刻工艺和纯干法蚀刻工艺 3 种选择。湿法蚀刻,一般采用四甲基氢氧化铵[33],去除多晶硅伪栅。这种方法可以避免干法蚀刻对于沟道的等离子体损伤。但是因为伪栅上部在离子注入过程中,尽管采用硬掩膜保护,部分掺杂仍然不可避免地进入伪栅上半部分。湿法蚀刻率对于多晶硅的伪栅掺杂非常敏感,四甲基氢氧化铵在硼掺杂硅上的蚀刻率相对于未掺杂多晶硅会大幅降低。因此单纯用湿法蚀刻去除伪栅存在诸多限制。干法蚀刻过程中潜在的等离子体损伤,也制约了干法蚀刻去除伪栅的应用。而干法蚀刻搭配湿法蚀刻,即使用干法蚀刻去除伪栅上部的掺杂多晶硅层,然后用湿法蚀刻去除伪栅剩余的未掺杂多晶硅,这种方法集合了干法和湿法的优点,避免了等离子体损伤,因此在工业界得到了一定范围的应用。但是这种方法因为采用了各向同性的湿法蚀刻,只适用于对 N 型伪栅和 P 型伪栅的同时去除。而在后续的功函数填充工艺中,N 型器件和 P 型器件需要选用不同的功函数金属。因此同时去除 N/P 型伪栅的工艺,后续仍然要重新用图形定义功函数金属,去除不需要的功函数金属,这称为后功函数后栅制程(HK last and gate last,如图 3.68 所示)。整体工艺流程并未简化。采用各向异性的干法蚀刻,分别去除 N 型伪栅和 P 型伪栅,辅以功函数金属的化学机械研磨平坦化工艺,以实现在 N 型器件和 P 型器件上灵活选用不同的功函数金属,也被证明是一种可行的方法。值得庆幸的是,干法蚀刻完全可以通过新型的工艺方法降低风险。本章将重点介绍纯干法蚀刻伪栅去除工艺。

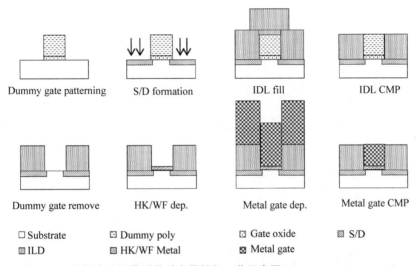

图 3.68 伪栅去除及典型的后金属栅极工艺示意图(HK last and Gate last)

纯干法蚀刻伪栅去除工艺通常需要先去除伪栅表面覆盖的一层原生氧化硅(Native Oxide),多采用碳氟气体蚀刻,在去除原生氧化硅的同时,尽可能少地在蚀刻表面残留副产物。其后的伪栅主蚀刻步骤,则采用 HBr 与 O_2 搭配,在电感耦合蚀刻反应腔体中进行。硅和溴反应形成弱挥发性的溴化硅($SiBr_4$)副产物,以达到较高的多晶硅对氧化硅的选择比。在去除伪栅多晶硅的同时,蚀刻会停止在高介电常数栅氧化层的保护层上,同时对于层间介质层具有较少的损伤,使得在金属栅金属沉积和化学机械研磨后,仍然能保证金属栅的高度。在伪栅去除蚀刻中,要求较强的各向同性蚀刻能力,便于有效地去除伪栅。在 HBr/O_2 气体组合中,O_2 和待蚀刻的伪栅多晶硅反应,形成氧化硅,抑制各向同性蚀刻。但是如果减少 O_2,蚀刻工艺对氧化硅层间介质层和 HK 材料保护层的选择比下降,会造成较多的损伤。因此,伪栅去除得是否完全和相关膜层的消耗相互制约。常规的连续等离子体 HBr/O_2 蚀刻工艺因为较高的电子温度,导致高能粒子注入沟道区,会产生经时电介质击穿(Time Dependent Dielectric Breakdown,TDDB)的可靠性问题,不能完全满足工艺需要。新型的同步脉冲等离子体工艺被引入此项蚀刻中。所谓的脉冲等离子体,如图 3.69 所示,是指区别于常规的连续等离子体,脉冲等离子体射频发生器在以一定的频率,按照一定的占空比实现等离子体的开和关,达到降低等离子体中电子温度的目的[38-39]。目前应用较多的脉冲等离子体主要有偏置电压脉冲,产生等离子体的源功率与偏置电压的同步脉冲(Synchronized Pulsing),如图 3.70 所示。偏置电压脉冲具有实现简单、可靠性高的优点,但是电子温度和离子能量的降低幅度要小于同步脉冲。较低的电子温度和较低的离子能量,大大减轻了由等离子体损伤和高能粒子注入沟道所带来的风险(如图 3.71 所示)。如图 3.72 所示,栅介质层的 TDDB 的极大改善验证了这一结论。

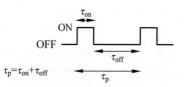

图 3.69 脉冲等离子体示意图(τ_{on} 和 τ_{off} 分别代表等离子源(或者偏置电压)的开和关的时间,τ_p 为脉冲周期[38])

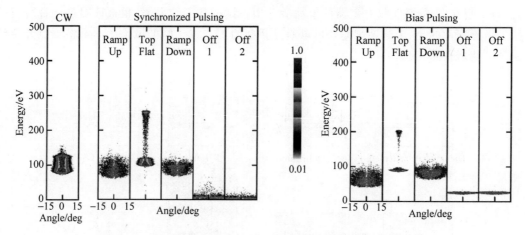

图 3.70 同步脉冲和偏置电压脉冲下的离子能量及角度分布[38]

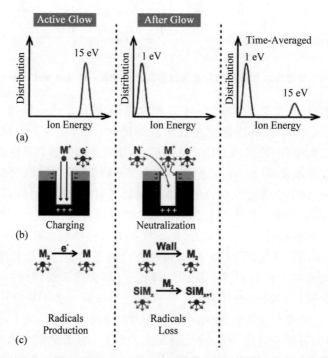

图 3.71 脉冲周期下的(a)离子能量分布;(b)蚀刻过程中的电荷分布;(c)活性基团的产生和湮灭[39]

众所周知,NBTI(Negative Bias Temperature Instability)效应是指在高温下对 PMOSFET 施加负栅压而引起的一系列电学参数的退化(一般应力条件为 125℃ 恒温下栅氧电场,源、漏极和衬底接地)。NBTI 效应的产生过程主要涉及正电荷的产生和钝化,即界面陷阱电荷和氧化层固定正电荷的产生以及扩散物质的扩散过程。氢气和水汽是引起 NBTI 的两种主要物质。传统的 R-D 模型将 NBTI 产生的原因归结于 PMOS 管在高温负栅压下反型层的空穴受到热激发,隧穿到硅/二氧化硅界面,由于在界面存在大量的 Si-H 键,热激发的空

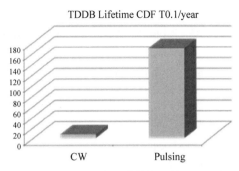

图 3.72 采用同步脉冲等离子体和连续波等离子体蚀刻后的 TDDB 差异

穴与 Si-H 键作用生成 H 原子,从而在界面留下悬挂键。而由于 H 原子的不稳定性,两个氢原子就会结合,以氢气分子的形式释放,远离界面向栅界面扩散,从而引起阈值电压的负向漂移。NBTI 的可靠性与氢原子的扩散紧密相关。采用同步脉冲等离子体蚀刻,可以减少蚀刻主要气体 HBr 的过度解离,大大减少了等离子体中的氢离子浓度,电子温度的降低,也减少了被电场加速注入沟道的氢离子数量,引入同步脉冲等离子体可以有效地改善 NBTI 的性能。

在物理性能方面,由于 Si-O 键能为 $460kJ/mol^{-1}$,大大高于 Si-Si 键的键能 $176kJ/mol^{-1}$。极低的电子温度,导致同步脉冲伪栅去除蚀刻工艺对氧化硅层间介电层蚀刻率下降,伪栅和层间介电层的蚀刻选择比上升。如图 3.73 和图 3.74 所示,蚀刻过程中造成的层间介电层消耗从 50Å 减少到 20Å,这将明显提高金属栅的高度从而降低金属栅的电阻[40]。蚀刻气体的选择也是伪栅去除工艺中不可忽视的一个重要因素。传统的 HBr 气体在与多晶硅栅的反应中形成难以挥发的副产物,以达到较高的多晶硅对氧化硅的选择比。但是由于难挥发的副产物的形成,需要增加偏置功率以达到去除的目的,因此需要使用同步脉冲以达到减弱离子轰击的目的。而采用氢气作为蚀刻气体,只需使用源功率解离氢气分子为反应粒子,氢原子与硅形成硅烷(SiH_4)。硅烷具有较低的沸点,因而气化性远大于溴化硅($SiBr_4$),因此不需要使用偏置功率去除蚀刻副产物残留。实验证明,采用无偏置功率氢气等离子体的伪栅去除工艺对于伪栅底部的高 k 材料保护层具有更高的选择比、更少的损伤,从器件性能看,金属栅极漏电相比其他工艺大幅降低 50%。

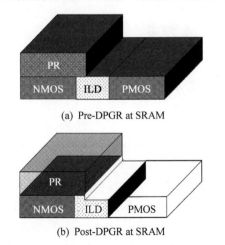

(a) Pre-DPGR at SRAM

(b) Post-DPGR at SRAM

图 3.73 伪栅去除时的 ILD 损耗示意图[40]

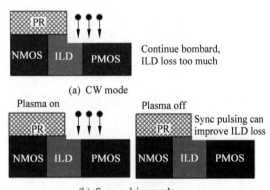

(a) CW mode

(b) Sync pulsing mode

图 3.74 不同等离子模式下的 ILD 损耗
(a) 连续波模式;(b) 同步脉冲模式[40]

3.6　偏置侧墙和主侧墙的蚀刻

3.6.1　偏置侧墙的发展

栅极尺寸 $1.0\mu m$ 以下的工艺,称为亚微米工艺。而到 $0.25\mu m$ 以下,称为深亚微米工艺。在亚微米以及深亚微米时代,随着栅极长度/沟道长度的减小,主要面对的技术难题除了隧穿(Punch Through)就是沟道电场(Channel Electric Field)导致的热载流子效应。主要是由于耗尽区宽度延展进入沟道,导致有效沟道长度变窄,所以等效加在沟道上的电场增加($V_d/$ Leff),导致了沟道载流子碰撞能增加,产生新电子空穴对(Electron-hole Pair),进而形成热载流子注入效应(Hot Carriers Effect or Injection,HCE or HCI)。如何防止沟道的热载流子效应,只能通过减少耗尽区宽度来提高沟道的有效长度。一方面可以通过增加沟道区域的浓度,防穿通注入(NAPT implant)或者先进工艺中采用的 Pocket implant 来抑制耗尽区宽度延伸。另一方面,就是降低源漏区的 PN 结浓度,这样也可以降低耗尽区宽度。前者可以抑制穿通,但不可能一直提高浓度,毕竟会影响沟道开启电压。对于后者,采用一个低掺杂的漏极(Light Doped Drain,LDD)作为 N+_Source/Drain 的 Junction 的过渡区,从原来的 N+/PW 的 PN 结过渡到了 NLDD−/P Well,所以 PW 那边的耗尽区宽度自然就变窄了。

从器件结构看,紧邻栅极的偏移侧墙宽度尺寸可以控制 LDD 相对栅极的位置,或者 LDD 掺杂深入到栅极下面的距离,达到控制栅极-漏极重叠电容(CGDO)的目的。后面的主侧墙(Main Spacer)会在后续的高浓度源漏区注入中,使 LDD 区得以保留,同时形成自对准的源漏区。

如图 3.75 所示,为了形成侧墙,首先要在栅极上沉积薄膜。假设薄膜沉积的厚度为 a,栅极高度为 b,则栅极边上的侧墙高度为 $a+b$。我们的侧墙蚀刻是回刻,而且是各向异性的蚀刻,可以等效地理解为只有向下蚀刻,没有或很少的侧向蚀刻,所以如果蚀刻量为厚度 a,则栅极侧壁将只剩下侧墙残留,这就是我们想要的侧墙了。对于主侧墙来说,它的宽度就是 LDD 的长度,而它的宽度是由沉积薄膜的厚度来决定的,当然蚀刻本身也会对侧墙宽度有影响。

图 3.75　典型的偏置侧墙蚀刻示意图

在亚微米时代,直接在栅极沉积硅酸四乙酯氧化硅(TEOS 氧化硅),然后蚀刻停止在源漏硅上,形成侧墙。这种方法最大的问题是会造成硅损伤。所以当器件缩小至一定程度,漏电将无法控制。到了 $0.25\mu m$ 时代,因为 TEOS 氧化硅侧墙无法满足工艺需要,所以后来发展到氮化硅侧墙。因为氮化硅侧墙蚀刻可以停止在下面的氧化硅层上,所以不会对硅有影响。这样的侧墙也叫氮化硅侧墙或者氧化硅/氮化硅(Oxide SiN,ON)侧墙。到了 $0.18\mu m$ 时代,这个氮化硅侧墙的应力太大,会造成饱和电流降低,漏电增加。为了降低应力,需要提高沉积温度到 700℃,量产的热成本将会提高,同样会增加漏电。因此在 $0.18\mu m$ 时代选用 ONO 侧墙。

底部还是快速热氧化(Rapid Thermal Oxidation,RTO)形成的氧化硅,然后在中间沉积一薄层氮化硅,再沉积一层 TEOS 氧化硅。先蚀刻 TEOS 氧化硅,停止在氮化硅上,再蚀刻氮化硅停在 RTO 的氧化硅上,这样既满足应力和热成本需求,也不会对衬底有损伤。到了 65nm 以下的时代,由于侧墙厚度的减少,应力不再是重要的影响,ON 侧墙凭借工艺简单、控制稳定的优点,再次在先进半导体技术中得到广泛的应用。表 3.7 比较了不同介质层沉积方式的特点。

表 3.7　不同介质层沉积方式的特性

Deposition Type	Temperature/℃	Thermal Budget	Step Coverage	Within wafer Uniformity
Furnace(LPCVD)	650	Worse	Worse	Worse
ALD	450	Better	Better	Better
(Atomic Layer Deposition)	550	Better	Better	Better

3.6.2　侧墙蚀刻

侧墙蚀刻一般采用四氟化碳(CF_4)作为主蚀刻(Main Etch)步骤的气体。主蚀刻步骤蚀刻掉氮化硅薄膜表面的原生氧化层和大部分厚度的氮化硅薄膜。通过调节蚀刻腔体的压力和功率,可以控制主蚀刻步骤的各向异性蚀刻,以形成侧墙。但是主蚀刻步骤对氮化硅和底部氧化硅没有选择比,如果不加以控制,会对底部的体硅基体造成损伤。因此,侧墙蚀刻主蚀刻步骤的终点监测一旦发现有底部氧化硅暴露出来,会立刻停止蚀刻,切换到过蚀刻步骤。由过蚀刻步骤蚀刻掉主蚀刻步骤残留的氮化硅薄膜,同时停止在氧化硅薄膜上,防止对下层的硅基体造成损伤。

过蚀刻步骤通常采用 CH_3F 或 CH_2F_2 和 O_2 气体搭配。CH_3F 气体在等离子体中分解成 CH_x 及 F·+H·轰击的离子能打断 Si-O 键,这时需要 CF_x 基团与 Si 反应形成可挥发副产物,但是在 CH_3F 等离子体中 F 离子浓度低,CH_x 很容易和⁻O-Si-发生反应,形成-Si-O-CH_x。这种高分子聚合物在氮化硅上较薄,是因为 Si-N 键的键能远低于 Si-O 键,因此 Si-N 键很容易被打断。由于是放热反应,CH_x 很容易与-Si-N 键结合,产生 ·C-N+·H,因此蚀刻反应在氮化硅上很活跃。与此相反,在氧化硅膜层

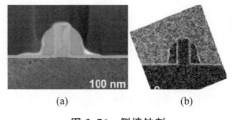

图 3.76　侧墙蚀刻
(a) 氧化硅上的氮化硅侧墙蚀刻(在氧化硅表面及侧墙堆积了一层高分子层);(b) 能量过滤透射电镜中氧元素的分布图[41]

上形成很厚的高分子聚合物,阻止了反应的进一步进行,如图 3.76 所示[41],一般情况下可以通过工艺优化得到高于 10 的选择比,表 3.8 列出了不同碳氟比条件对介质层及硅的刻蚀速率、选择比及均匀度。侧墙的宽度和高度主要由沉积的膜层的厚度和过蚀刻的程度决定。

表 3.8　不同碳氟比条件对介质层及硅的蚀刻速率、选择比及均匀度[41]

	Etch Rate/(nm · min⁻¹)			Selectivity		Uniformity/(%)		
	Si_3N_4	SiO_2	Si	Si_3N_4/SiO_2	Si_3N_4/Si	Si_3N_4	SiO_2	Si
CH_3F	26	1	2	26	13	1.5	1.1	0.42
CH_2F_2	28	16	8	1.8	3.5	0.43	0.3	0.1
CHF_3	145	55	61	2.6	2.3	7.5	0.5	0.1

3.6.3 先进侧墙蚀刻技术

传统的氮化硅侧墙等离子体蚀刻,通过使用高氢的碳氟气体提高选择性,通过增加离子的轰击来达到各向异性的目的。当侧墙膜层和氧化硅停止层较厚时,影响并不明显。但在一些SOI侧墙蚀刻中,侧墙蚀刻直接停止在硅或锗硅的沟道材料上。沟道材料的损伤需要严格地控制在一定程度。超过一定限度,损伤会严重影响器件的性能。目前在传统的工业界使用的等离子体蚀刻机台上,即使采用最低的离子能量,也只能使等离子体电子温度控制在20eV。采用最优化的含有50%过蚀刻量的CH_3F气体的侧墙蚀刻工艺,仍然对锗硅基体材料造成了多达15Å的损伤。

减少基体材料的损伤,需要进一步降低电子温度来达到降低等离子体电势,以达到降低离子能量的目的。目前有效的方法包括高气压模式和同步脉冲等离子体模式。通过调整脉冲模式下的占空比,达到降低电子温度的目的。同步脉冲等离子体采用源功率射频和偏置功率射频同开同关,造成同步脉冲在稳定性方面较难控制,同时蚀刻率也急剧下降。在低电子温度的等离子体中,离子的大范围散射降低了离子的方向性,同时也减弱了蚀刻的方向性,这对于要精确控制宽度的侧墙蚀刻来说,是难以接受的。同样地,高气压蚀刻模式下,除了电子温度降低带来的离子散射问题,较长的气体驻留时间会使蚀刻的均匀性变差,需要搭配其他复杂的均匀性改进方法来一并解决此问题。

为了解决前面讨论的问题,满足随着特征尺寸持续缩微带来的严苛需求,可以采用一种类似原子层蚀刻的方法,即首先使用H_2或者He等等离子体对氮化硅表面进行处理,改变表面膜层的性质,然后使用湿法蚀刻,如稀释的氢氟酸溶液,选择性地将变性的表面膜层去掉,如图3.77所示。由于H是轻离子,与He相比几乎对氮化硅膜层没有蚀刻,因此作为膜层处理的首选。在电容耦合等离子体蚀刻机台中,通过调制偏置功率和注入时间,可以调整氮化硅表面膜层氢的浓度和注入深度。在氮化硅膜层中,H的浓度与随后的氢氟酸蚀刻率紧密相关。通过控制氢在氮化硅膜层中的浓度,达到性质改变的氮化硅膜层和本体氮化硅膜层之间蚀刻的选择比。在蚀刻停止在锗硅材料的侧墙蚀刻中,采用这种类原子层蚀刻方法,可以将锗硅损失控制在6Å以内。

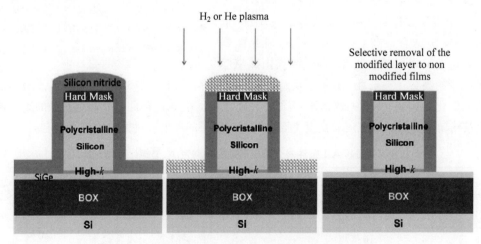

图 3.77 使用新型等离子处理后的侧墙蚀刻示意图[42]

3.6.4　侧墙蚀刻对器件的影响

　　偏置侧墙宽度对器件性能有重要的影响。最直接的影响就是侧墙下面的源漏区寄生电阻(R_{SD})与侧墙的宽度紧密相关。当沟道电阻因为栅极长度减小而大幅降低后,源漏区寄生电阻成为器件整体电阻的重要组成部分。图 3.78 是一个用于评估源漏和栅极重叠的测试结构。如图 3.79 所示[43],太窄的偏置侧墙会导致较高的重叠电容,恶化短沟道效应;太宽的偏置侧墙会使重叠电容偏小,导致驱动电流下降。同时时间延迟会随着偏移侧墙宽度的增加而下降,但是到达一定尺度后会恶化。因此偏置侧墙的宽度要仔细优化,保证达到最优的器件性能。

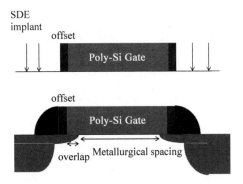

图 3.78　用于评估源漏延伸及栅极重叠电容的结构

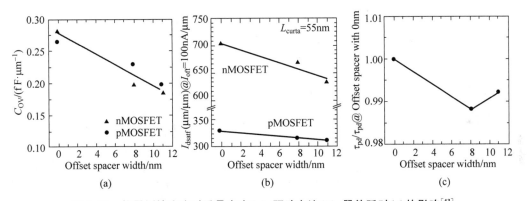

图 3.79　偏置侧墙宽度对重叠电容(a)、驱动电流(b)、器件延时(c)的影响[43]

　　在 90nm 以前的技术工艺中,主要使用电容耦合(Capacity Coupled Plasma,CCP)的介质蚀刻机台来进行偏移侧墙的蚀刻。这种设备属于工作在高压力下的低密度等离子体设备,蚀刻均匀性和工艺稳定性相对较差。同时由于离子的发散的方向性,侧墙的侧壁角度的一致性也难以控制。因此,此前用于硅蚀刻的电感耦合(Inductively Coupled Plasma,ICP)高密度等离子体设备被逐渐应用到氮化硅侧墙蚀刻中来。由于电感耦合等离子体设备可以工作在低压力区间,离子的方向性好,散射少。同时气体在腔体内停留时间短,蚀刻均匀性好。而且在蚀刻过程中采用了腔体预沉积功能,即在每片晶片蚀刻前,在腔体上沉积一层薄膜,并在蚀刻后将此腔体壁上的薄膜去除。以此保证了晶片蚀刻时腔体环境的一致性,蚀刻工艺的稳定性大大提高。表 3.9 显示了两种不同型蚀刻机台下侧墙形貌的比较,不难发现采用电感耦合的蚀刻机台对偏置侧墙的形貌有更好的控制[44]。

　　如图 3.80 所示,采用电感耦合的设备的偏置侧墙宽度的均匀性远远优于采用电容耦合的工艺。以透射电镜照片中侧墙中部宽度和底部宽度的差值对侧墙的侧壁进行评估,可以发现,采用电感耦合的蚀刻设备的侧墙宽度差值远小于采用电容耦合设备的工艺。由此看出,电感耦合蚀刻设备的蚀刻均匀性和对侧墙形状的控制能力远好于电容耦合设备。正是因为良好的偏移侧墙宽度均匀性和侧墙侧壁形状控制,带来了良好的晶体管均匀性。这一点从环形振荡器带来的良率损失可以得到明确验证。如图 3.81 所示,电感耦合蚀刻设备大幅减少了环形振荡器带来的良率损失,使良率大幅提高。图 3.82 的环形振荡器的累积分布函数曲线同样证实,使用电感耦合蚀刻机台下侧墙蚀刻更加接近设定目标。

表 3.9　不同蚀刻机台下侧墙形貌宽度差值比较[44]

Wafer	CD Bottom-CD Middle/nm	
	ICP Etcher	CCP Etcher
1	0.9	2
2	0.5	2.5
3	0.3	1.7
4	1	2.4
5	1	2.2
6	0.6	0.3
Average	0.7	1.6

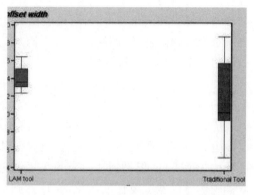

图 3.80　侧墙宽度均匀性的比较[44]

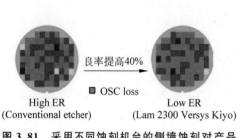

图 3.81　采用不同蚀刻机台的侧墙蚀刻对产品良率的影响[44]

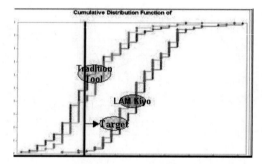

图 3.82　不同蚀刻机台的环形振荡器累计分布函数比较[44]

　　在侧墙蚀刻工艺中,除均匀性外,顶部高度损失(Top Loss)也是侧墙蚀刻的重要参数。较少的顶部高度损失,会影响多晶硅栅金属化的厚度,增加最终金属栅的电阻值。而较多的顶部高度损失,又会在后金属栅工艺中影响对多晶硅伪栅的保护。

3.7　应力临近技术

3.7.1　应力临近技术在半导体技术中的应用

　　应力临近技术(Stress Proximity Technology,SPT)是近年来在先进逻辑芯片工艺上广泛应用的技术。其技术原理是在栅极和源漏区金属化(Silicide)以后,用蚀刻方法去除部分或全部侧墙,如图 3.83 所示[45],使得在随后沉积的应力层或者双应力层的应力能更有效地施加到沟道区,具体流程见图 3.84。如图 3.85 所示,通过应力临近技术,NMOS 的性能可以提高 3%[46]。而在 PMOS 方面,因为应力临近技术的引入,性能提升更加明显。搭配 SiGe 技术,应力临近金属可以提升 40% 的性能。

　　应力临近技术的作用与栅极的周期尺寸或者密集程度相关。密集的栅极电路,引入应力临近技术后性能提升 28%,相比稀疏栅极电路 20% 的提升,如图 3.86 所示,性能改善更加明显[40]。这是因为在密集的栅极电路里,栅极与栅极的空间狭小,应力层沉积后的体积在引入应力临近技术前后差异明显,而应力层体积与应力层的应力施加紧密相关。

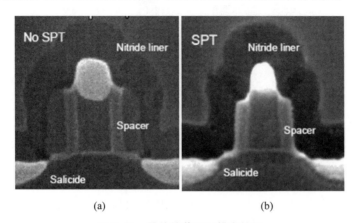

(a)   (b)

图 3.83 器件的截面扫描电镜图

(a) 未引入应力临近技术;(b) 引入应力临近技术[45]

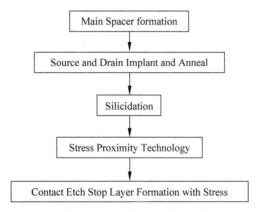

图 3.84 应力临近技术流程图

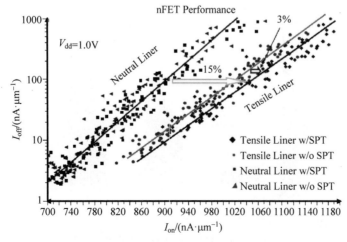

图 3.85 应力邻近效应对 NMOS 器件的改善[46]

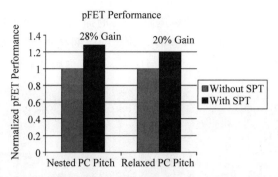

图3.86　不同器件间隔周期下的应力临近技术对 PMOS 性能的改善[46]

3.7.2　应力临近技术蚀刻

应力临近技术的蚀刻方法主要分为湿法蚀刻和干法蚀刻。在蚀刻过程中,源漏区的金属硅化物始终暴露,而金属硅化物决定了源漏区的电阻。因此,在去除侧墙过程中要严格控制金属硅化物的损伤。因为侧墙一般主要是氮化硅材质,因此湿法蚀刻主要采用热磷酸溶液。湿法蚀刻具有氮化硅对金属硅化物高选择比的优点,能够在施加高过蚀刻量的情况下很好地控制金属硅化物的损伤。同时,湿法蚀刻属于各向同性蚀刻,相对于干法蚀刻的各向异性蚀刻,能够高效地去除侧墙。湿法蚀刻的缺点是化学容器的颗粒(Particle)缺陷难以控制。

干法蚀刻采用线圈耦合的高密度等离子体设备,以重聚合物气体等离子体蚀刻氮化硅侧墙。重聚合物气体主要包括 CH_2F_2 和 CH_3F,搭配一定量的 O_2 气体控制,达到蚀刻氮化硅而停止在硅化物上的目的。如前文所述,CH_2F_2/CH_3F 气体蚀刻时,在氮化硅表面形成的聚合物厚度远小于在氧化硅或金属硅化物上形成的聚合物,因此在氮化硅表面,蚀刻反应可以持续进行,而金属硅化物上则产生厚重的聚合物,因此得到较高的选择比。但是由于大量 F 原子的解离,等离子体对于金属硅化物仍有明显的损伤。相比较而言,干法蚀刻氮化硅对金属硅化物的选择比要小于湿法蚀刻的选择比。

从图3.87可以看出,通过控制工艺时间来控制蚀刻量,可以达到控制硅化物损伤的目的。应力临近蚀刻越多,金属硅化物损伤越严重,金属硅化物的电阻值越高。另外,由于侧墙被全部或部分去除,因此降低了后续填充时的深宽比,改善了紧随其后的接触通孔停止层及层间介电层填充性能。

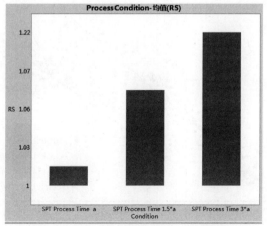

图3.87　不同 SPT 时间对薄膜电阻的影响

3.8 接触孔的等离子体蚀刻

3.8.1 接触孔蚀刻工艺的发展历程

接触孔在集成电路的制造中起到承上启下、连接前段器件和后段金属互连的重要作用。

由于接触孔层在集成电路中起到的关键作用,在接触孔蚀刻工艺中,工艺整合对于接触孔关键尺寸、尺寸均匀性、接触孔侧壁形状的控制,以及接触孔蚀刻工艺对蚀刻停止层的选择性、金属硅化物的消耗量、接触孔高度均匀性及确保接触孔全部开通的要求越来越严格,特别是对于良率的提高变得越来越重要。

在接触孔技术工艺整合的发展历程中,两个重要的里程碑是 65nm 技术结点开始使用 NiSi(金属镍硅化物)代替之前的 CoSi(金属钴硅化物)作为接触金属以降低接触电阻、减少信号延迟,以及从 45nm 技术结点开始使用高应力的氮化硅材料改善器件的性能并作为接触孔蚀刻停止层(Contact Etch Stop Layer,CESL)。与之相伴随的接触孔蚀刻技术的发展如图 3.88 所示,65nm/55nm 技术节点之前均为光刻胶掩膜的氧化硅材料蚀刻,90nm 时的接触孔蚀刻的步骤顺序为先去除光阻再蚀刻开接触孔停止层,而 65nm/55nm 时使用先蚀刻开接触孔停止层最后去除光阻的步骤顺序。由于 90nm 和 65nm/55nm 器件对关键尺寸的要求,基本不需要蚀刻工艺对接触孔的尺寸进行收缩,如图 3.88(a)、(b)所示。

当逻辑电路关键尺寸缩小到 45nm/40nm 及更先进的工艺技术节点时,由于光刻工艺的限制,工艺整合通常要求接触孔蚀刻后的关键尺寸比蚀刻前的尺寸缩小约 40nm(尺寸偏移),开始使用多层掩膜的蚀刻技术。在接触孔蚀刻工艺中,如此巨大的尺寸缩小,对确保接触孔在高深宽比情形下的开通提出了挑战,尺寸偏移通常主要通过富含聚合物的蚀刻工艺来实现尺寸的收缩。而富含聚合物的蚀刻工艺,趋向于减小保证接触孔的良好开通、控制高深宽比接触孔的侧壁形状和良好的尺寸均匀性的工艺窗口,而所有这些正是工艺整合为实现更为严格的电性特征提出的对蚀刻工艺的要求。除此之外,光刻技术对于图形曝光需要厚度更薄的、更少未显影的光刻胶,这些要求又增加了接触孔蚀刻工艺对光刻胶的更高的选择性,来防止接触孔的圆整度变差。因此,为更好地传递图形,45nm/40nm 开始使用有机旋涂的多层掩膜技术(从下至上依次是有机旋涂层(Organic under Layer)、有机材料抗反射层(Si BARC)和光刻胶);发展到 28nm 技术时,开始使用先进图形材料的多层掩膜技术(从下至上依次是先进图形材料层(Amorphous Carbon)、硬掩膜抗反射层(DARC)和光刻胶)。其中,有机旋涂多层掩膜技术使用的旋涂层为碳氢聚合物,有机材料抗反射层为含硅的碳氢聚合物,二者都是液体,需经过低温烘烤成固态掩膜,因此称为软掩膜技术,都是在光刻机台上一体化完成,具有很快的工艺过程。而先进图形材料的多层掩膜是化学气相沉积的先进图形材料(无定型碳薄膜)以及介电材料(如氮氧化硅)薄膜作为抗反射层,因此又称为硬掩膜技术。由于硬掩膜技术中使用的氮氧化硅材料的厚度很薄,大概是软掩膜技术中的有机材料抗反射层的厚度的 1/2 或 1/3,因此,为传递图形所需要的光刻胶的厚度也可以大大降低,这样可以显著增加光刻工艺的图形显影精准度、降低噪声影响及提高安全工艺窗口;同时,先进图形材料掩膜层工艺还具有更高的接触孔尺寸收缩能力及更优异的接触孔圆整度,由此可见,图 3.88(d)的先进图形材料多层掩膜技术能更好地传递图形,具有优良的工艺整合的工艺窗口,被广泛使用于目前最前沿的逻辑集成电路制造工艺流程中。

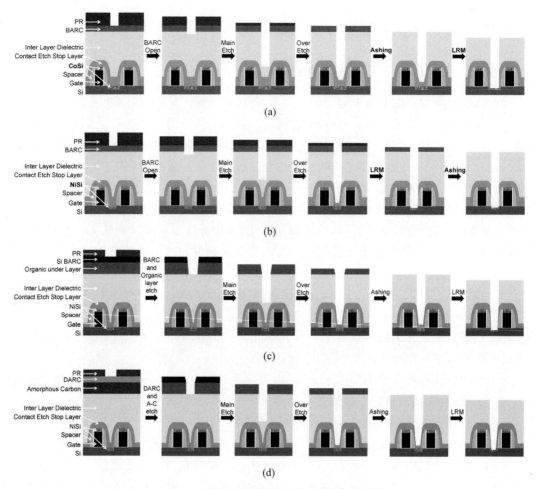

图 3.88 接触孔蚀刻技术的发展历程[47-51,77-81]

(a) 90nm 技术的光刻胶掩膜及先去除光阻再蚀刻开接触孔停止层的蚀刻工艺;(b) 65nm/55nm 技术的光刻胶掩膜及先蚀刻开接触孔停止层再去除光阻的蚀刻工艺;(c) 45nm/40nm 技术的有机旋涂多层掩膜的蚀刻工艺;(d) 28nm 技术先进图形材料的多层硬掩膜技术的蚀刻工艺

3.8.2 接触孔掩膜层蚀刻步骤中蚀刻气体对接触孔尺寸及圆整度的影响

在接触孔掩膜层蚀刻步骤中,CF_4 气体是主要的蚀刻剂气体;为了实现蚀刻后关键尺寸的缩小,引入可以产生更多聚合物的 CHF_3 或者 CH_2F_2 气体,以便在接触孔蚀刻过程的开始部分就收缩接触孔尺寸。表 3.10 总结了蚀刻气体的比例对蚀刻后关键尺寸、尺寸均匀性、接触孔圆整度以及光阻的蚀刻速率等的影响。其中,试验选取的 CF_4/CHF_3 比例为 $3.3\sim10$;由于 CH_2F_2 的重聚合物特性,CF_4/CH_2F_2 的比例选择为 CF_4/CHF_3 比例的 2 倍以获得同样的蚀刻后尺寸,它们的影响可以从最终的蚀刻后关键尺寸和接触孔圆整度来评估。

结果表明,无论引入 CHF_3 蚀刻剂还是 CH_2F_2 气体都将降低光刻胶的蚀刻速率从而提高对光阻的选择性。光刻胶的蚀刻速率随 CF_4/CHF_3 比率的减小而线性降低。而仅有 CF_4 蚀刻剂气体的条件,由于具有最快的光刻胶蚀刻速率而表现出最差的对光刻胶的选择性,从而使得蚀刻后的接触孔尺寸比目标值大了 8nm。相比之下,$CF_4/CHF_3=5$ 和 $CF_4/CH_2F_2=10$ 的条件成功地减小了蚀刻后尺寸,达到了目标值。然而,当我们检查仅有 CF_4 的条件及上述两个尺寸达标组别的顶视图（图 3.89）时，就会发现 $CF_4/CHF_3＝5$ 在好的圆整度和达标的蚀刻后尺寸方面是一个有潜力的候选者。而 CH_2F_2 气体，由于产生的聚合物太多，虽然具有最低的光阻消耗速率和更高的蚀刻尺寸收缩能力，但同时降低了蚀刻后尺寸的均匀性并且表现出最差的接触孔圆整度，如图 3.89(c)所示。

表 3.10 接触孔蚀刻剂气体比率对蚀刻后尺寸及接触孔圆整度的影响[52]

条件分类	蚀刻剂气体种类	气体比例	蚀刻后关键尺寸 /nm	尺寸均匀性 /nm	圆整度 /nm	归一化的光阻蚀刻速率
1	CF_4	仅用 CF_4	$a＋8$	6	0.4	2.4
2	$CF_4＋CHF_3$	$CF_4：CHF_3＝10.0$	$a＋4$	6	0.5	1.8
3		$CF_4：CHF_3＝5.0$	a	4	0.5	1.2
4		$CF_4：CHF_3＝3.3$	$a－1$	4	0.9	1.0
5	$CF_4＋CH_2F_2$	$CF_4：CH_2F_2＝20.0$	$a＋3$	7	1.5	0.9
6		$CF_4：CH_2F_2＝10.0$	a	6	1.9	0.8
7		$CF_4：CH_2F_2＝6.7$	$a－5$	5	2.1	0.6

注："a"为蚀刻后接触孔尺寸的目标值。

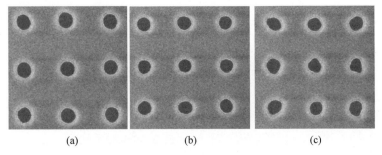

(a)　　　　　　　(b)　　　　　　　(c)

图 3.89 仅有 CF_4 气体和分别引入 CHF_3 与 CH_2F_2 气体达到尺寸目标值测试组的顶视图[52]
(a) 仅有 CF_4 气体；(b) $CF_4：CHF_3＝5$；(c) $CF_4：CH_2F_2＝10$

随着逻辑集成技术的高速发展，栅极之间的物理距离变得越来越小，虽然接触孔的工艺已经显著收缩了最终的接触孔蚀刻后尺寸，但是接触孔和栅极之间的有效距离仍是很大的技术挑战。当接触孔的圆整度太差时，将随机发生接触孔和栅极之间的桥联短路，影响器件的正常工作，其顶视图如图 3.90(a)所示，剖面分析图如图 3.90(b)所示。因此，为减少接触孔和栅极之间随机发生的桥联短路，提高良率，必须严格控制接触孔的圆整度，以增加安全工艺窗口。

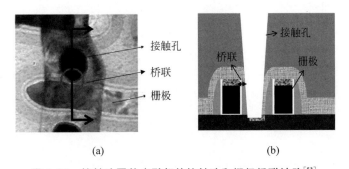

(a)　　　　　　　　(b)

图 3.90 接触孔圆整度引起的接触孔和栅极桥联缺陷[53]
(a) 圆整度差的接触孔与栅极桥联的顶视图；(b) 接触孔和栅极桥联的剖面分析图

圆整度的表征方法是在对圆形接触孔进行量测时,采用均匀分布的多个(例如8个)直径同时量测,其平均值即为接触孔尺寸,而所有直径测量值之间的标准方差的大小则视为圆整程度,如图 3.91 所示。选取的样本数(量测直径数)越多,标准方差数值越小,则接触孔的圆整度越高。

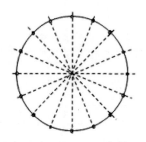

接触孔圆整度的计算步骤:

① 量测8组直径的尺寸

② 计算量测的8组直径的平均值作为接触孔的尺寸

③ 计算8组直径与平均值之间的标准方差

图 3.91　接触孔圆整度的量测方法

另外一组试验仍选取 CHF_3 和 CH_2F_2 作为辅助蚀刻气体,对蚀刻气体在有机旋涂掩膜材料及先进图形材料掩膜工艺中的蚀刻状况分别进行了研究。其中 CHF_3 和 CH_2F_2 气体比例对蚀刻后接触孔关键尺寸、尺寸均匀性和圆整度的影响如表 3.11 所列,达到尺寸目标值测试组的接触孔圆整度顶视图如图 3.92 所示。

表 3.11　接触孔蚀刻剂气体比例与掩膜材料对蚀刻后尺寸及接触孔圆整度的影响[51]

条件分类	掩膜层工艺	蚀刻剂气体种类	蚀刻剂气体比例	蚀刻后关键尺寸/nm	尺寸均匀性/nm	圆整度/nm
1	有机旋涂掩膜（软掩膜）工艺	CF_4+CHF_3	$CF_4：CHF_3=x$	a	4.0	2.5
2			$CF_4：CHF_3=0.6x$	$a-5$	4.0	2.9
3		$CF_4+CH_2F_2$	$CF_4+CH_2F_2=y$	a	6.0	3.1
4			$CF_4+CH_2F_2=0.7y$	$a-5$	5.0	3.5
5	先进图形材料掩膜（硬掩膜）工艺	CF_4+CHF_3	$CF_4：CHF_3=x$	$a-2$	3.6	1.3
6			$CF_4：CHF_3=0.6x$	$a-8$	3.7	1.5
7		$CF_4+CH_2F_2$	$CF_4+CH_2F_2=y$	$a-3$	3.3	1.4
8			$CF_4+CH_2F_2=0.7y$	$a-10$	3.5	1.5

注:"a"为蚀刻后接触孔尺寸的目标值。

蚀刻剂气体比例	$CF_4:CHF_3=x$	$CF_4:CH_2F_2=y$
有机旋涂掩膜层（软掩膜）工艺	 2.5nm	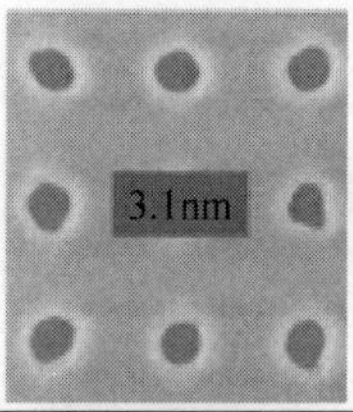 3.1nm
先进图形材料掩膜层（硬掩膜）工艺	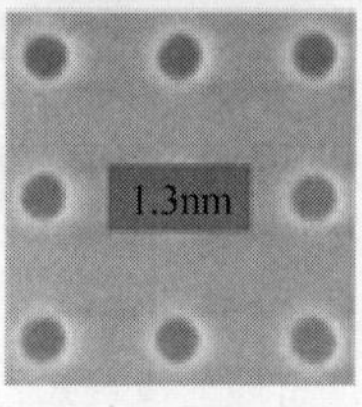 1.3nm	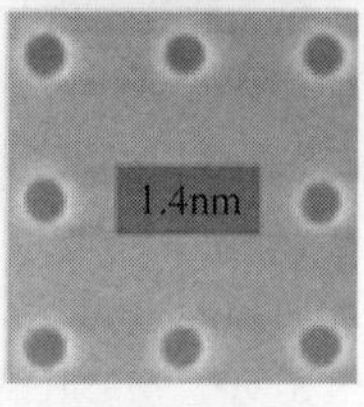 1.4nm

图 3.92　蚀刻气体及掩膜材料对接触孔圆整度的影响[51]

　　结果表明,使用先进图形材料掩膜层的蚀刻工艺的尺寸均匀性比使用有机旋涂掩膜层工艺提高了 10%～40%,圆整度提高了约 50%。这主要是因为,先进图形材料及介电材料抗反射层是使用化学气相沉积的方式涂覆形成,相比烘烤形成的有机旋涂材料而言,具有更高的致密度,这在某种程度上增强了抵抗等离子体物理轰击的能力,不但可以提高接触孔图形的圆整度,还能减少掩膜层的横向蚀刻比率,达到收缩蚀刻后尺寸的效果。此外,在对先进图形材料无定形碳薄膜层进行蚀刻时,使用的蚀刻剂是不含氟离子的气体,如氧气、氢气、氮气或者二氧化硫等气体,具有对抗反射层的介电材料超高的选择性(例如,当使用氧气作为蚀刻气体时,氮氧化硅的蚀刻速率几乎为 0),不会产生有机聚合物、副产物,这就使得先进图形材料多层掩膜技术展现出优异的接触孔图形圆整度。

　　此外,先进图形材料多层掩膜技术还具有更强的尺寸收缩能力、更大的蚀刻后尺寸调节空间。表 3.11 数据表明,当把目标尺寸进一步缩小 10nm 后,仍未降低接触孔尺寸的均匀性及圆整度。因此,先进图形材料多层掩膜技术具有比有机旋涂材料多层掩膜技术更好的工艺整合工艺窗口,以及更优的良率,如图 3.93 所示。

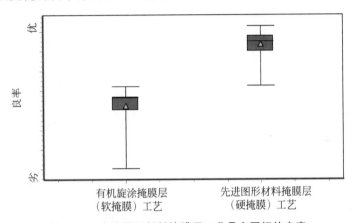

图 3.93　先进图形材料掩膜层工艺具有更好的良率

3.8.3　接触孔主蚀刻步骤中源功率和偏置功率对接触孔侧壁形状的影响

　　如前面章节所述,在蚀刻工艺中,源功率用来改变等离子体的密度,偏置功率用来调节等离子体的轰击能力;而在接触孔蚀刻工艺中,源功率与偏置功率的比值可以用来控制或调节接触孔的侧壁形状。图 3.94 比较了不同源功率与偏置功率比值对接触孔侧壁形状的影响,可以看到,当源功率与偏置功率的比值从 1.0 下降到 0.6 时,侧壁角度从 85.5°上升到 89.5°。这是由于随着源功率与偏置功率比值的升高,有更多的聚合物沉积在接触孔中;同时,偏置功率的降低又减弱了离子轰击能力,使得接触孔侧壁上留下更多的副产物,从而不可避免地形成锥形侧壁。

　　锥形的侧壁轮廓虽然具有更小的蚀刻后尺寸(接触孔底部)以及更优越的接触孔金属填充(优异深宽比)的工艺窗口,但是主蚀刻步骤中加剧沉积在侧壁的聚合物以及等离子体对接触孔底部物理轰击的不足使得蚀刻终止会随机发生,显著降低了接触孔未开通缺陷的安全工艺窗口。因此,工艺整合倾向于使用垂直侧壁轮廓的接触孔蚀刻工艺。但是随着集成电路先进技术的发展,接触孔与栅极的桥联短路(如图 3.95 中的箭头所示)引起的良率降低越来越多,工艺整合要求严格控制接触孔与栅极之间的套刻尺寸精度(OVL),并且希望在随机发生的接触孔与栅极之间 OVL 较差的情形下仍具有一定的桥联安全工艺窗口。接触孔蚀刻工艺通过

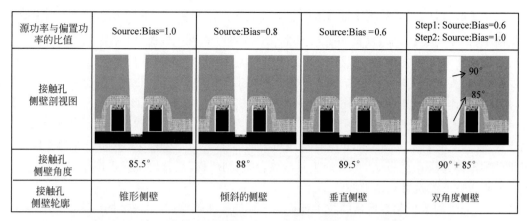

源功率与偏置功率的比值	Source:Bias=1.0	Source:Bias=0.8	Source:Bias =0.6	Step1: Source:Bias=0.6 Step2: Source:Bias=1.0
接触孔侧壁剖视图				90° 85°
接触孔侧壁角度	85.5°	88°	89.5°	90° + 85°
接触孔侧壁轮廓	锥形侧壁	倾斜的侧壁	垂直侧壁	双角度侧壁

图 3.94 源功率与偏置功率比值对接触孔侧壁形状的影响[52,53]

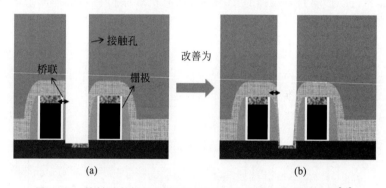

图 3.95 接触孔与栅极的桥联短路及双角度侧壁轮廓的改善[53]
(a) 接触孔与栅极的桥联短路(套刻精度较差时); (b) 双角度侧壁轮廓的改善

大量试验,优化主蚀刻步骤中的源功率和偏置功率的大小和比例,以及接触孔材料氧化硅蚀刻与蚀刻停止层间的选择比,最终实现了双角度侧壁轮廓的接触孔(如图 3.94 所示)。双角度侧壁轮廓的接触孔可以更好地满足工艺整合的这一需求。

其中,主蚀刻步骤拆分成两步:①使用较高的偏置功率消耗、轰击、减少蚀刻聚合物在接触孔侧壁和底部的沉积,以形成垂直接近 90° 的上半部分;②使用较高的源功率、源功率与偏置功率近似等同的功率组合,有控制地在接触孔侧壁产生并堆积聚合物,以形成倾斜的下半部分轮廓曲线,从栅极上覆盖的接触孔停止层的平面位置开始的近似 85° 的下半部分。这样不但保持了较大的接触孔上开口尺寸,有利于蚀刻过程中聚合物副产物的排出,以及后段金属与接触孔金属的有效连接;保证了较小的接触孔底部的蚀刻后关键尺寸,显著减少了接触孔与栅极桥联的缺陷;同时,改善了高深宽比接触孔金属填充的工艺窗口。

图 3.95 的示意图中可以清晰地看到双角度侧壁轮廓接触孔对于接触孔与栅极之间 OVL 较差的显著改善。当接触孔与栅极之间的 OVL 较差时,接触孔的左侧优先碰到栅极上的蚀刻停止层,开始形成倾斜(角度转弯)的侧壁轮廓曲线,与图 3.95(a)相比,增加了接触孔与栅极的水平距离,如图中的箭头标记,显著改善了桥联缺陷工艺窗口。

3.8.4 接触孔主蚀刻步骤中氧气使用量的影响及优化

先进技术中使用的接触孔蚀刻工艺的主蚀刻通常由两步组成。①以较低的氧化物和蚀刻停止层氮化物的选择比为特征,主要是为了控制接触孔的侧壁轮廓曲线以及蚀刻后的关键尺寸,使用的主要蚀刻剂气体是 CF_4、C_xF_y 和 O_2 的混合气体。②通常只使用可大量产生聚合物的气体,以增加对蚀刻停止层氮化物的选择性,并确保足够的接触孔过蚀刻工艺窗口,使用的主要蚀刻剂气体是 C_xF_y 与 O_2 的混合气体。两个蚀刻步骤中均使用到 O_2 气体。O_2 气体的作用首先是调节蚀刻后尺寸,其次是改善接触孔随机未开通的缺陷,调节对蚀刻停止层的选择比,最后还有控制接触孔过蚀刻深度的作用。

表 3.12 对主蚀刻第二步骤中的 O_2 气体使用量(C_xF_y/O_2)对蚀刻后关键尺寸、接触孔随机未开通缺陷和对于蚀刻停止层选择比的影响进行了总结。从表 3.12 可以看出,更多的 O_2 气体使用量虽然可以减少接触孔未开通的缺陷,然而却带来了一个副作用——更大的接触孔蚀刻后关键尺寸。由于先进技术的接触孔具有很高的深宽比(>7.0),在接触孔主蚀刻步骤中大量产生的聚合物及副产物,很容易导致随机的接触孔未开通的问题,因此在主蚀刻步骤中加入 O_2 气体用于去除、稀释聚合物,挥发一部分副产物,可以改善随机发生的接触孔未开通现象。当 C_xF_y/O_2 气体比例从 $1.22m$ 下降至 $0.92m$(约 33%)时,蚀刻后的接触孔尺寸增大 8nm,对蚀刻停止层氮化硅材料的选择比从 $1.44n$ 下降到 $0.68n$ 的水平,并且显著改善了接触孔随机未开通缺陷的工艺窗口。随着氧气使用量增加了 10%,更多的 $[O]$ 被解离出来与蚀刻聚合物反应,减少了这些副产物在接触孔底部及侧壁的堆积,使得蚀刻深度显著地增加了 800Å,如图 3.96 所示;同时造成的对蚀刻停止层的选择比的降低在图 3.96 的剖视图中显现出来,第二步主蚀刻步骤后的蚀刻停止层氮化硅的剩余厚度也降低了 60Å,足以可见氧气使用量的重要性。

表 3.12 主蚀刻步骤中的 O_2 使用量对蚀刻后关键尺寸、接触孔随机未开通缺陷和蚀刻选择比的影响[51]

条件分类	C_xF_y/O_2 气体比例	蚀刻后关键尺寸/nm	接触孔未开通缺陷的个数/个	蚀刻选择比(氧化硅:氮化硅)
1	$1.22m$	$a-5$	>10	$1.44n$
2	$1.11m$	$a-3$	~5	$1.27n$
3	m	a	0	n
4	$0.92m$	$a+3$	0	$0.68n$

注:"a"为蚀刻后接触孔尺寸的目标值。

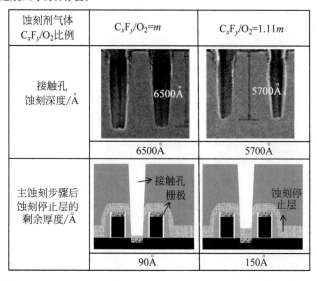

图 3.96 主蚀刻步骤 O_2 使用量对接触孔蚀刻深度、侧壁轮廓曲线及蚀刻停止层的剩余厚度的影响[51]

因此,在两个主蚀刻步骤中,必须针对具体的工艺设计来优化氧气使用量,以解决接触孔未开通引起的缺陷问题并确保蚀刻后尺寸达标。表3.12中的条件3为优化后的最佳条件。

3.8.5　接触孔蚀刻停止层蚀刻步骤的优化

如双角度侧壁轮廓所述,接触孔下部的轮廓图形对于良率的提高亦很重要,尤其是低于栅极和蚀刻停止层的部分,需要仔细优化以保证足够的工艺窗口。

表3.13总结了接触孔蚀刻停止层蚀刻步骤中使用的蚀刻气体对蚀刻选择比及接触孔轮廓曲线的影响。结果表明,蚀刻选择比可以有效地调节接触孔下部的轮廓图形,必须进行严格控制。气体C在3种典型气体中展现出最高的选择比(>15.0),并且形成了"侧壁凹陷弯曲"形状或者蚀刻停止层过度横向蚀刻的侧壁轮廓曲线。这种侧壁轮廓图形,减小了接触孔到栅极的有效距离,容易引起电压击穿,造成短路,尤其是在关键尺寸较大或者套刻精度较差的情况下,显著地降低了工艺安全窗口。气体A在3者中具有最小的蚀刻选择比(~5.5),形成了角度最大、近似垂直的侧壁轮廓。为配合实现形成图3.97中的双角度侧壁轮廓的接触孔,可以将蚀刻停止层的蚀刻步骤拆分成两步。①使用气体A作为主要蚀刻剂,利用其较低的选择比的特性,在层间介电材料氧化硅与蚀刻停止层氮化硅的交界、过渡部分形成垂直的轮廓曲线。②使用气体B作为主要蚀刻气体,以形成倾斜的侧壁轮廓图形。此外,氧气作为对蚀刻选择比以及控制蚀刻聚合物堆积的有效调节方法,可以显著影响停止层的侧壁轮廓图形,因此,氧气在两步骤中的使用量以及与蚀刻气体A或B之间的比例需要严格控制。最终形成的双角度侧壁轮廓图形如图3.97所示。

表 3.13　接触孔蚀刻停止层蚀刻步骤的蚀刻气体对蚀刻选择比及接触孔轮廓曲线的影响[53]

蚀刻剂种类	气体 A	气体 B	气体 C
蚀刻选择比(氮化硅：氧化硅)	~ 5.5	~10.0	>15.0
接触孔侧壁剖视图			
蚀刻停止层的侧壁轮廓	垂直侧壁	倾斜的侧壁	凹陷弯曲过度横向蚀刻的侧壁

图 3.97　双角度侧壁轮廓图形[53]

双角度侧壁轮廓曲线工艺的另外一个好处是可以减少栅极和源区共享接触孔的金属硅化物、硅材料损失,如图3.98所示。其中,图3.98(a)为使用未经优化的蚀刻停止层工艺,由于氮化硅蚀刻速率太快,将共享接触孔内的栅极侧墙(也是氮化硅材料)全部蚀刻之后进一步地对侧墙下层金属硅化物、硅材料进行蚀刻,最终造成接触孔漏电、影响器件的性能。随着先进技术的发展,栅极(侧墙)的高度不断降低,使这一问题变得更加凸显。当我们采用双角度侧壁轮廓的蚀刻停止层蚀刻工艺后,第二步使用的气体显著降低了氮化硅材料的蚀刻速率,减少了侧墙的蚀刻,起到保护栅极侧墙的作用,解决了这一漏电问题,如图 3.98(b)所示。

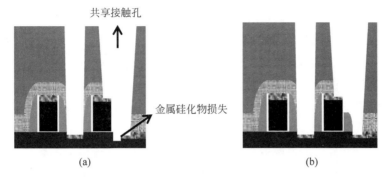

(a) (b)

图 3.98 双角度侧壁轮廓的蚀刻停止层蚀刻工艺对共享接触孔的硅、金属硅化物过量损失的改善[51]
(a) 共享接触孔的硅、金属硅化物过量损失;(b) 改善后的共享接触孔的侧面

此外,蚀刻停止层蚀刻步骤还会产生不平整、不连贯的接触孔侧壁,严重时会在蚀刻停止层的氮化硅材料和层间介电材料氧化硅的交接界面处形成一个尖角形状的缺口,如图 3.99 所示,这种尖角的侧壁轮廓会影响接触孔金属的填充以及减小接触孔与栅极之间的有效距离,严重降低了良率。

通过对这一不连贯的接触孔侧壁缺陷进行分析,其产生原因是多方面的。首先,蚀刻停止层使用的氮化硅材料为了器件性能的提升,从 45nm 技术节点开始使用超高拉伸应力的氮化硅材料,这种材料使得氮化硅的蚀刻速率大大增加,选择比变得更加难以控制。其次,接触孔干法蚀刻后的湿法清洗工艺中的溶剂会与干法蚀刻产生的、沉积在

图 3.99 不平整的、V 形倒尖角的接触孔侧壁[53]

侧壁和交接界面处残留的含氟聚合物反应,继续横向蚀刻氮化硅材料,尤其是在对于具有很高拉应力的氮化硅材料。为了改善这种不连贯的接触孔侧壁轮廓,需要在蚀刻工艺结束后、晶圆未被传出蚀刻腔室前进行蚀刻后的表面处理以尽可能地去除接触孔侧壁的副产物、聚合物。选取了两种典型的蚀刻后表面处理工艺进行了试验,结果表明,两种蚀刻后的表面处理工艺(PET)都可以缓解接触孔侧壁不连贯的问题,其中第一种工艺方法具有更强大的清理副产物的能力,可以完全解决、改善这种尖角缺陷的难题,如图 3.100 所示。

(a) (b)

图 3.100 蚀刻后表面处理工艺对侧壁轮廓曲线的改善[53]
(a) PETⅠ;(b) PETⅡ

3.8.6 晶圆温度对接触孔蚀刻的影响

除了上述的接触孔蚀刻的调节方法之外,晶圆温度是另一个对接触孔圆整度、侧壁形状和关键尺寸收缩比率有重要影响的因素。对晶圆的温度进行调节,可通过控制晶圆下部的静电吸附卡盘(ESC)的温度来实现。一般来讲,晶圆的温度越高越有利于蚀刻副产物的挥发。当将静电吸附装置温度从 20℃降低到 0℃时,晶圆背部保持冰点温度,晶面的温度亦显著降低,造成蚀刻副产物的严重堆积,表现为关键尺寸的巨幅收缩,图 3.101 表明,同样的接触孔蚀刻工艺产生了多达 10nm 的蚀刻后尺寸的收缩;而对于设计尺寸更大的矩形接触孔,由于在接触孔蚀刻步骤中产生、堆积更多的副产物,晶圆温度从 20℃降低到 0℃的影响达到了 30nm,从而具有比圆形接触孔更大的蚀刻后关键尺寸的收缩比率,这使得蚀刻后的矩形接触孔尺寸太短,可能无法实现接触孔与有源区的连接,造成随机的接触孔未开通的缺陷,如图 3.102 所示。除此之外,晶圆温度的降低还会严重影响接触孔的侧壁轮廓形状,尤其是在对蚀刻停止层具有较高选择性的主蚀刻第二步中,会在接触孔的洞底和侧壁产生、堆积大量的副产物,造成侧壁形状异常的缺陷。如图 3.103 所示,使得接触孔未开通的缺陷随机发生或接触孔金属无法完全填充满,降低良率。

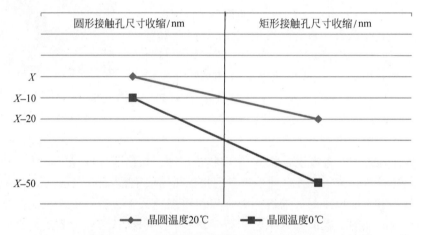

图 3.101 不同形状、尺寸的接触孔在晶圆温度 0℃与 20℃的尺寸收缩比率

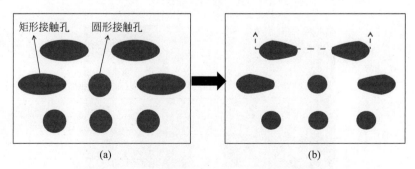

图 3.102 0℃晶圆温度造成接触孔的异常收缩缺陷

(a) 20℃晶圆温度下的正常的接触孔;(b) 0℃晶圆温度下的异常接触孔

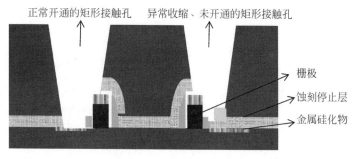

正常开通的矩形接触孔　异常收缩、未开通的矩形接触孔

栅极

蚀刻停止层

金属硅化物

图 3.103　0℃晶圆温度造成接触孔侧壁的异常形状和结构缺陷

3.9　后段互连工艺流程及等离子体蚀刻的应用

3.9.1　后段互连工艺的发展历程

逻辑集成电路制造中的后段是指在晶体管以及接触孔之后布金属线以实现金属连接互通,并将外接电压/电流传递到前段晶体管并维持其正常工作的部分,通常是由金属连接层、金属通孔(Vertical Interconnect Access,VIA 垂直连接通孔)和钝化层构成,不具有器件功能。图 3.104 为典型的逻辑集成电路剖面图,后段工艺是在金属钨接触孔之后、从第一层金属连接层开始到芯片封装之前的所有部分,其中包括重复的层间金属连接层(Inter Metal)和金属通孔(Inter Via)、顶部金属连接层(Top Metal)和顶部金属通孔(Top Via)以及钝化保护层(Passivation layers)和金属铝焊垫(Al Pad)。

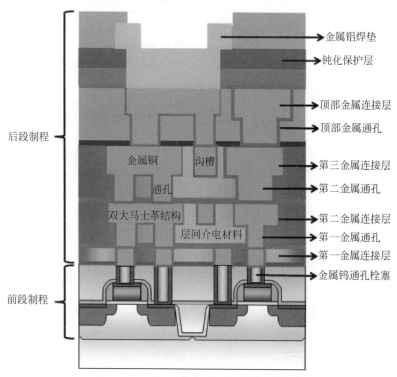

金属铝焊垫

钝化保护层

顶部金属连接层

顶部金属通孔

后段制程

金属铜　沟槽

第三金属连接层

第二金属通孔

通孔

双大马士革结构

第二金属连接层

层间介电材料

第一金属通孔

第一金属连接层

金属钨通孔栓塞

前段制程

图 3.104　逻辑集成电路剖面示意图[54-55]

随着超大规模集成电路的高速发展,芯片的集成度不断提高,特征尺寸不断减小,图形分布更加密集,金属层数逐渐增加,由于后段工艺为多层分布的金属连线结构,导致金属导线电阻、金属导线之间的寄生电容以及金属连接层之间的寄生电容(如图3.105所示)增大,信号延迟时间和功耗大大增加,并且随着频率的增加更易发生信号串扰现象,这对后段工艺提出了更高的要求。为解决这些问题以及提高芯片的速度,后段金属连接线开始使用更低电阻率的铜金属来代替金属铝以降低电阻;为改善信号的耦合及串扰现象,降低寄生电容,后段工艺需要使用低介电常数的介电材料;此外,出于集成电路可靠性的考虑,后段金属连接需要严格控制电迁移。

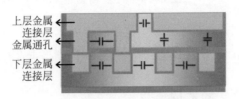

图 3.105　后段金属互连的寄生电容

纵观逻辑集成电路制造后段的发展历程,110nm 或者 90nm 技术节点之前使用的介电材料是氧化硅,金属连线是铝金属(简称为铝互连),而 110nm 或者 90nm 技术节点之后的先进技术开始使用(超)低介电常数的介电材料,使用铜金属作为金属连线(简称为铜互连),其原因可以从表 3.14 中得出结论,金属铜的体电阻率为 $1.67\mu\Omega\cdot cm$,而金属铝为 $2.67\mu\Omega\cdot cm$,使用铜工艺代替金属铝可以显著降低金属体电阻($\sim 1/3$)。

由于电子在导电过程中会撞击金属导体中的离子,将动量转移给金属离子,从而引起及推动金属离子发生缓慢移动,该现象称为电迁移。电迁移对集成电路的可靠性有重要影响。这是因为在导电过程中,电迁移会不断积累,最终在金属导线中产生分散的缺陷,这些缺陷继续汇集形成大的空洞,造成金属断路,直接影响电路的性能。表 3.15 为金属铝和金属铜的电迁移能力的对比,铜的晶格扩散激活能为 2.2eV,而铝的晶格扩散激活能仅为 1.4eV;铜的晶界扩散激活能为 $0.7\sim1.2$eV,而铝仅为 $0.4\sim0.8$eV,因此按照式(3-6)中扩散激活能的计算方法,铜的电迁移会比铝材料小很多,表明金属铜具有显著的优越性,因此,金属铜被先进技术广泛应用。

表 3.14　金属 Al 和 Cu 的体电阻对比

金　　属	体电阻率/($\mu\Omega\cdot cm$)
Ag	1.63
Cu	1.67
Al	2.67
W	5.65

表 3.15　金属 Al 和 Cu 的扩散激活能对比

	金　属　铝	金　属　铜
晶格扩散激活能/eV	1.4	2.2
晶界扩散激活能/eV	$0.4\sim0.8$	$0.7\sim1.2$

$$D^0 = D_0^0\, e^{-E_a/kT} \tag{3-6}$$

式中,D_0^0 为表观扩散系数,取决于晶格振动频率与晶格几何结构;E_a 为激活能;k 为玻尔兹曼常数,8.6×10^{-5}eV/K;T 为温度。

集成电路的速度由晶体管的栅极延迟和信号的传播延时共同决定,信号传播延时又称为 RC 延时,计算方法参见式(3-7)。其中 ρ 为金属的电阻率;ε(也记作 k)是电介质材料的介电常数；L 为金属导线的长度；T 是电介质材料层的厚度；D 为金属导线的厚度，该公式反映了电路参数对信号延迟时间的影响。由于金属的电阻率与电阻 R 成正比，而介电材料的介电常数 ε 与介电材料的电容 C 成正比，在固定的金属连接关键尺寸的条件下，信号延时可简化为金属连线的电阻和寄生电容的乘积，乘积越大速度则越慢，如图 3.106 所示。为了减少各层电路之间的相互干扰，减少 RC 延迟，提升芯片工作的稳定性和频率，需要降低材料的介电常数。110nm 或者 90nm 技术节点之后的先进技术通常使用低、超低介电常数材料作为主体材料，其中具有代表性的 90nm 逻辑电路使用的后段介电材料的介电常数为 2.9～3.0，65nm 工艺要求的材料的介电常数为 2.7～2.8，45nm 工艺要求的介电常数为 2.5～2.6，28nm 及以下工艺要求介电常数在 2.4 以下。图 3.107 对后段不同金属及介电材料的信号延迟进行了对比，结果表明铜互连比铝互连的延迟时间可以改善 30% 以上。

$$T_{RC} = \rho \cdot \varepsilon (L^2/TD) \tag{3-7}$$

（超）低介电常数的电介质材料在先进技术中的广泛应用给制造工艺提出了巨大挑战。（超）低介电常数材料多孔的结构特性使得等离子体蚀刻形成理想轮廓曲线、保证较高的关键尺寸均匀性的难度大大增加；较低的密度、强度特性，使得化学机械研磨工艺为保证合格的金属层厚度更为艰难；松软结构和易渗透性还影响了铜互连的可靠性，这些随着技术工艺的不断发展都得到了相应解决。

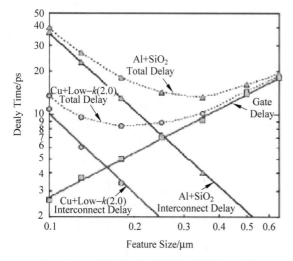

图 3.106　金属/介电材料在各关键尺寸下的
延迟时间[55]

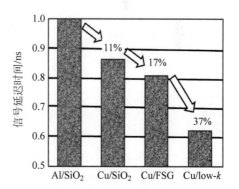

图 3.107　铜和低介电常数材料对延迟
时间的改善[55]

3.9.2　集成电路制造后段互连工艺流程

1. 铝互连工艺流程

铝互连的工艺流程为，金属阻挡层沉积→金属铝沉积→表面抗反射层沉积→光阻旋涂及金属铝连线图形曝光→金属铝蚀刻→层间介电层氧化硅沉积→氧化硅化学机械研磨的平坦化处理→抗反射层沉积→光阻旋涂及通孔图形曝光→通孔氧化硅蚀刻→金属阻挡层沉积→通孔金属钨沉积→通孔金属钨化学机械研磨→下一层连接层的金属阻挡层沉积（重复循环进行），最终实现铝互连，如图 3.108 所示。由此可见，为形成一层的金属互连层需要两次的金属沉积和化学机械研磨工艺，工艺复杂，制造费用高，容易引入缺陷影响良率。

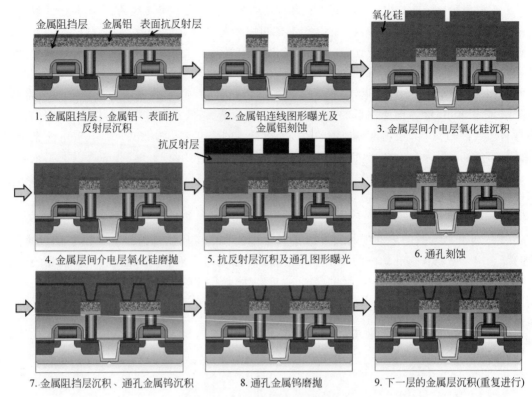

图 3.108　铝互连工艺流程图[56]

　　金属钨由于可以使用气相沉积的方式获得,是一种常见的用于填充通孔的金属。在早期的铝互连技术中的通孔金属钨化学机械研磨工艺(图 3.108 步骤 8),还使用过金属钨回刻技术,用等离子体蚀刻掉氧化硅表面多余的氮化钛及钨覆盖层,暴露出氧化硅材料,制成填满钨的通孔,如图 3.109 所示,同样能达到通孔金属钨的研磨效果。金属钨回刻技术通常由两步工艺组成,首先用具有很高蚀刻速度的第一步主蚀刻,高速、均匀地蚀刻掉约 90% 的金属钨,然后换成低蚀刻速度、具有对氧化硅有较高选择比的第二步过蚀刻步骤继续蚀刻,尽可能快地、全面地把表面的金属及残留物蚀刻干净,并且尽可能地减少通孔中金属钨塞的损失,通常减小蚀刻气体的压力或者降低硅片晶背的温度是降低反应速率的有效调节方法。金属钨回刻工艺使用的是各向同性蚀刻,这是鲜有的、有效利用负载效应的等离子体蚀刻工艺。但是,金属钨回刻技术通常都会在金属钨塞中产生较大的凹坑,随着集成电路性能要求的提高和化学机械平坦化技术的发展,逐渐用金属钨研磨技术取代了回刻技术。

　　综上所述,在铝互连技术的工艺流程中使用了氧化硅通孔蚀刻和金属铝线蚀刻。氧化硅通孔等离子体蚀刻工艺通常采用含氟的蚀刻剂气体,如 CF_4、CH_2F_2、CHF_3、NF_3、C_4F_8 等,同时通入增加蚀刻均匀性及提供离子轰击效果的惰性气体,如 Ar 和 He 等。其中 CF_4 为主要的蚀刻气体,其蚀刻原理是 CF_4 气体被导入等离子体进行分解为活性的氟基团,它可以轰击氧化物表面而产生化学反应蚀刻,生成易于挥发的生成物被蚀刻反应腔抽走,同时产生的 CF_x 聚合物基团可以钝化侧壁表面,形成各向异性蚀刻。一般来说,碳与氟原子数比例越高,就能形成越多的聚合物,各向异性增加,但是蚀刻速率会降低,选择比会增加;反之比例越低,则蚀刻速率越快,选择比会降低。通孔蚀刻关键尺寸的调节方法除了通过光刻调整曝光之后的关键尺寸外,还可以在蚀刻抗反射层的蚀刻步骤中通过蚀刻气体比例来调整。对光刻胶的选择

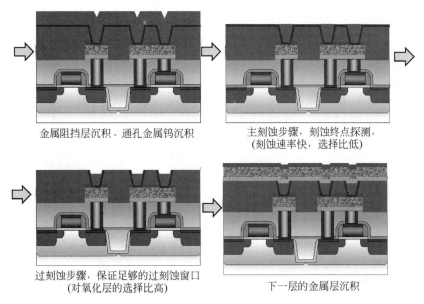

金属阻挡层沉积、通孔金属钨沉积　　　主刻蚀步骤，刻蚀终点探测，
　　　　　　　　　　　　　　　　　　（刻蚀速率快，选择比低）

过刻蚀步骤，保证足够的过刻蚀窗口　　　　下一层的金属层沉积
（对氧化层的选择比高）

图 3.109　金属钨通孔回刻技术简介[56-57]

比决定了通孔形状的圆整度，它可以通过蚀刻步骤中蚀刻气体的碳与氟的比例来调节。除此之外，已无其他技术难点。而金属铝线蚀刻是一道典型的金属铝蚀刻工艺，其使用的机台种类和蚀刻工艺类似于铜互连工艺的铝焊垫蚀刻，将在后面章节中介绍。

　　传统的铝互连工艺不能满足超大规模集成电路发展的电性要求，已被铜互连工艺取代，鉴于目前先进技术主流已经发展为铜互连和超低介电材料的 45nm 技术节点以及更先进的28nm 技术节点，本章节将重点介绍集成电路制造后段铜互连工艺的等离子体蚀刻技术。

　　2. 铜互连工艺流程

　　前面章节介绍了金属铜具有很多优越性，已经被先进技术广泛使用，但它有一个缺点——金属铜很难形成可挥发性的蚀刻生成物，无法使用等离子体蚀刻技术来制备图形，目前铜的等离子体蚀刻还处于课题研究阶段，在低温或室温下使用氢气可以实现金属铜的蚀刻，尚不能大量地工业化生产使用，因此金属铜只能使用镶嵌工艺（又称为大马士革工艺）来实现互连。

　　铜互连技术的工艺流程大致如下，化学气相沉积蚀刻终止层和层间介电材料层，形成通孔和沟槽，物理气相沉积铜金属扩散阻挡层和铜种子层，电化学镀填充形成金属铜，金属铜化学机械研磨的平坦化处理和清洗，重复进行下一金属互连层的化学气相沉积蚀刻终止层和层间介电材料层，最终实现互连，如图 3.110 所示。

　　其中的通孔和沟槽的形成在业界有两种制造方法。一种是先形成通孔再制备沟槽，称为先通孔工艺（Via First Trench Last，VFTL）技术，流程为在依次沉积的蚀刻终止层、层间介电材料层、第一硬掩膜层上旋涂第一抗反射涂层和第一光刻胶层，对第一光刻胶层曝光并显影形成通孔图形，通过第一等离子体蚀刻（称为通孔蚀刻工艺）在层间介电材料层中形成通孔（通孔蚀刻工艺停止在蚀刻终止层的表面），灰化去除第一抗反射涂层和第一光刻胶层，清洗表面残留物；平坦层旋涂，化学气相沉积第二硬掩膜层，第二抗反射层和光刻胶层旋涂及曝光形成沟槽（即金属连接线）图形，第二等离子体蚀刻（称为沟槽蚀刻工艺）依次蚀刻第二抗反射层、第二硬掩膜层、平坦层后将沟槽图形传递到层间介电材料层中，灰化去除平坦层，继续将通孔图形暴露的蚀刻停止层蚀刻开并露出前层金属，形成大马士革结构，如图 3.111 所示。另一种是先

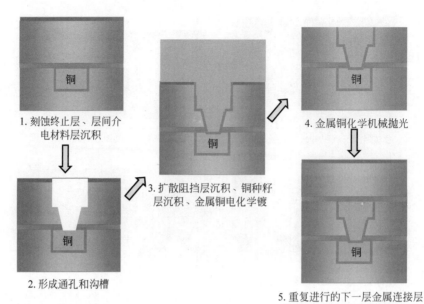

1. 刻蚀终止层、层间介电材料层沉积

2. 形成通孔和沟槽

3. 扩散阻挡层沉积、铜种籽层沉积、金属铜电化学镀

4. 金属铜化学机械抛光

5. 重复进行的下一层金属连接层的刻蚀终止层和介电材料沉积

图3.110 铜互连工艺流程[56]

形成沟槽再制备通孔,称为先沟槽工艺(Trench First Via Last,TFVL)技术,流程为在依次沉积的蚀刻终止层、层间介电材料层、第一硬掩膜层上旋涂第一抗反射涂层和第一光刻胶层,对第一光刻胶层曝光并显影形成沟槽(金属连接线)图形,第一等离子体蚀刻(称为硬掩膜层蚀刻),将沟槽图形传递至第一硬掩膜层(硬掩膜层蚀刻工艺停止在层间介电材料层的表面),灰化去除第一抗反射涂层和第一光刻胶层,清洗表面残留物;有机材料旋涂平整化,化学气相沉积第二硬掩膜层,第二光刻胶层旋涂及曝光形成通孔图形,第二等离子体蚀刻(称为金属连接层一站式蚀刻)依次蚀刻第二硬掩膜层、有机材料层后将通孔图形传递到层间介电材料层中,灰化去除有机材料层,以第一硬掩膜层为掩膜继续蚀刻,把通孔和沟槽图形一起继续传递到层间介电材料,最后将通孔图形暴露的蚀刻停止层蚀刻开并露出前层金属,形成大马士革结构,如图3.112所示。先沟槽工艺的硬掩膜通常使用金属作为硬掩膜层。

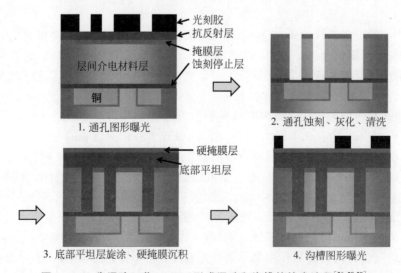

1. 通孔图形曝光

2. 通孔蚀刻、灰化、清洗

3. 底部平坦层旋涂、硬掩膜沉积

4. 沟槽图形曝光

图3.111 先通孔工艺(VFTL)形成通孔和沟槽的技术流程[56,58-59]

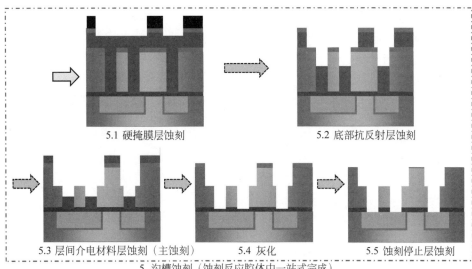

5.1 硬掩膜层蚀刻　　　　　5.2 底部抗反射层蚀刻

5.3 层间介电材料层蚀刻（主蚀刻）　　5.4 灰化　　　5.5 蚀刻停止层蚀刻

5. 沟槽蚀刻（蚀刻反应腔体中一站式完成）

图 3.111 （续）

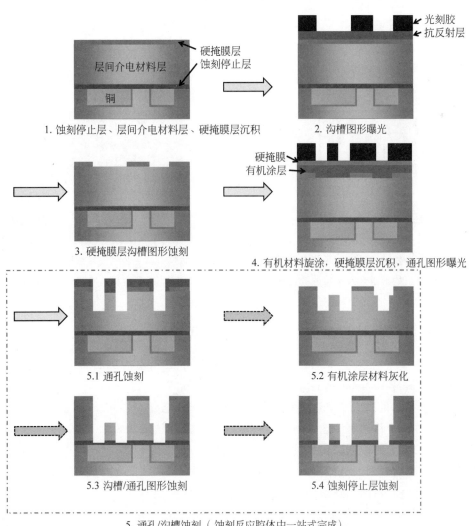

1. 蚀刻停止层、层间介电材料层、硬掩膜层沉积　　2. 沟槽图形曝光

3. 硬掩膜层沟槽图形蚀刻　　　4. 有机材料旋涂，硬掩膜层沉积，通孔图形曝光

5.1 通孔蚀刻　　　　　5.2 有机涂层材料灰化

5.3 沟槽/通孔图形蚀刻　　　　5.4 蚀刻停止层蚀刻

5. 通孔/沟槽蚀刻（蚀刻反应腔体中一站式完成）

图 3.112　先沟槽工艺（TFVL）形成通孔和沟槽的技术流程[56,58,60-61]

这两种工艺方法各有优缺点,先通孔技术的优点是通孔的曝光工艺简单,通孔的关键尺寸容易控制,通孔接触电阻稳定,沟槽覆盖通孔的工艺窗口大;其缺点是沟槽光刻曝光如需重新曝光的工艺复杂、成本高且造成严重的低介电常数材料的损伤缺陷,同时双大马士革结构的侧壁轮廓对于蚀刻技术提出了很高的要求。先沟槽技术的优点是工艺流程简单,通孔和沟槽的结构同时形成,双大马士革结构侧壁轮廓工艺窗口大;缺点是在已形成的沟槽中进行通孔曝光对于光刻工艺的能力提出了挑战,降低了通孔曝光时通孔图形与沟槽图形对准控制的工艺窗口,继而影响通孔的关键尺寸,使得通孔接触电阻的控制变得更难。

此外,铜工艺中的单大马士革结构或者单镶嵌技术是指经过一次电化学镀和研磨仅形成单一结构的金属通孔层或者金属连接线层的工艺;而双大马士革结构是指经过一次电化学镀和金属铜的研磨,可以同时形成既包括通孔又包括金属连接线结构的工艺。

下面章节将按照后段铜互连的制造流程详细介绍等离子体蚀刻技术的应用。

3.10 第一金属连接层的蚀刻

第一金属连接层是第一层连接金属钨接触孔栓塞的金属层,为单大马士革结构,主要作用是将前段器件局部连接并引出。第一金属连接层的图形通常比较特殊,既包含用于引出前段器件金属钨栓塞的椭圆形图形,又包含作为金属连线布线使用的金属线,其图形结构俯视图分别如图 3.113 和图 3.114 所示。

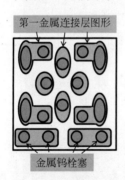

图 3.113　第一金属连接层蚀刻后的俯视图以及暴露出的前层金属钨接触孔栓塞[62]

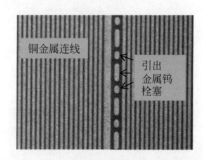

图 3.114　第一金属连接层研磨后的铜金属连线及金属钨栓塞引出通孔示意图[63]

3.10.1 第一金属连接层蚀刻工艺的发展历程

第一金属连接层蚀刻技术从逻辑集成电路 90nm 工艺发展到目前量产的、最先进的 28nm 技术节点不过 10 年,可谓是飞速发展,具体历程如图 3.115 所示。

90nm 工艺技术的第一金属连接层蚀刻由两道蚀刻工艺组成。第一道是以光刻胶为掩膜的介电材料层等离子体蚀刻工艺,经过灰化去除光刻胶、湿法清洗表面残留物后,再进入蚀刻反应腔进行第二道无掩膜的蚀刻停止层蚀刻,如图 3.115(a)所示。其中,第一道蚀刻工艺为主蚀刻步骤,使用的蚀刻剂气体为 CF_4、CHF_3、Ar 等;由于层间介电材料的 k 值为 2.9~3.0,不会发生超低介电材料的损伤缺陷,因此,光刻胶的灰化使用 O_2 作为蚀刻气体;第二道蚀刻停止层蚀刻使用的蚀刻气体为 CF_4、CHF_3、Ar、O_2 等的组合,由于第二道蚀刻停止层蚀刻是无掩膜的工艺,因此,将造成层间介电材料顶部的损耗。

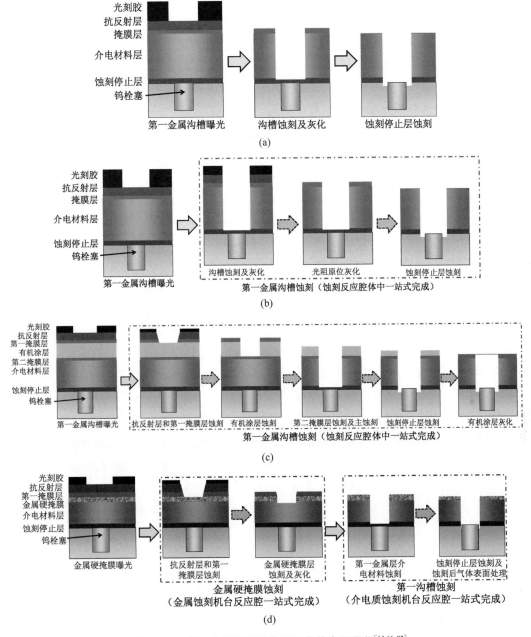

图 3.115　第一金属连接层蚀刻工艺的发展历程[64-66,82]

(a) 90nm 工艺节点的第一金属连接层蚀刻；(b) 65/55nm 工艺节点的第一金属连接层蚀刻；

(c) 45/40nm 工艺节点的第一金属连接层蚀刻；(d) 28nm 工艺节点的第一金属连接层蚀刻

　　65nm/55nm 技术节点时，第一金属连接层仍然是光刻胶掩膜，但已经发展到将以光刻胶为掩膜的沟槽蚀刻、光刻胶的灰化去除、无掩膜的蚀刻停止层蚀刻在蚀刻反应腔体中一次完成图形传递（称为一站式工艺），暴露出前层的接触孔栓塞，如图 3.115(b) 所示。这种一站式工艺节省了一次清洗工艺和一次干法蚀刻工艺，不但简化了工艺流程、降低了生产成本，还可以提升良率。一站式工艺的蚀刻步骤及使用的蚀刻剂气体，除了在开始的掩膜层蚀刻的步骤中加入了碳氟比较高的 C_4F_6、C_4F_8 或者 C_5F_8 等气体用于调整蚀刻后关键尺寸之外，与较前的

90nm 工艺相近。

由于 45nm/40nm 技术中器件关键尺寸的缩小,以单一光刻胶为掩膜已经无法满足工艺整合对于第一金属连接沟槽关键尺寸的要求,开始采用三明治结构的多层掩膜(Tri-Layer)技术,其中从下到上的多层掩膜依次是有机旋涂层、第一硬掩膜层、抗反射层和光刻胶组成。具体的蚀刻步骤为:①预蚀刻,蚀刻抗反射层继而将曝光后的图形传递到第一硬掩膜层的低温氧化硅层,这一步骤伴有一定的关键尺寸调整,通常都是尺寸收缩;②蚀刻有机旋涂层,由于这一步的蚀刻气体为氧基气体,对于有机旋涂层和光刻胶有相同的蚀刻速率,但是对于氧化硅材料有极其高的选择比,因此,在将图形完全传递到有机旋涂层的过程中,低温氧化硅上的光刻胶已被全部消耗掉后,以低温氧化硅层为掩膜继续进行;③对第二掩膜层和第一金属连接层介电材料进行的主蚀刻,由于这一步的蚀刻气体为氟基气体,对于第一金属连接层介电材料和低温氧化硅层有近似的蚀刻速率,所以,低温氧化硅层很快就被全部消耗掉,主蚀刻转而以有机旋涂层为掩膜继续蚀刻,将图形传递到第一金属层,并停止在蚀刻停止层的表面;④蚀刻停止层蚀刻,暴露出金属钨接触孔栓塞;⑤灰化去除有机旋涂层,最终将图形传递到第一金属层的介电材料中,如图 3.115(c)所示。由于 45/40nm 技术已经开始使用介电常数为~2.7 的低介电材料作为金属连接层,原位灰化步骤已不能使用氧气作为蚀刻剂,否则会造成严重的低介电材料损伤缺陷,使得介电常数值升高,降低电路的性能。因此,最后的有机旋涂层灰化步骤开始使用 CO_2 气体为灰化步骤蚀刻剂。这是由于 CO_2 在等离子体中可以分解出[CO]及[C]离子,[C]离子可以抑制(超)低介电材料中碳离子的脱离,从而改善了低介电材料的损伤缺陷。另外,45/40nm 技术与 65/55nm 技术的先灰化再进行终止层蚀刻的顺序不同,45/40nm 的第一金属层沟槽蚀刻使用先进行终止层蚀刻再进行灰化,其原因是,首先,使用这种后灰化的顺序,在对蚀刻终止层进行蚀刻时,介电材料层的表面尚有有机旋涂层作为掩膜,沟槽的上开口不会受到等离子体的物理轰击和横向蚀刻,可以保护沟槽的上开口、确保正常的蚀刻后关键尺寸,这对于 45/40nm 技术大大减小的金属连线关键尺寸及金属线间距来说,可以增加金属线间击穿的安全工艺窗口;此外,原位灰化蚀刻使用 CO_2 气体代替氧气,也大大降低了灰化过程对前层金属钨栓塞的氧化损伤,使得先打开蚀刻终止层再灰化成为可能。

随着逻辑电路进一步发展到 28nm 技术,由于关键尺寸的继续缩小,以及为改善信号延时而开始使用的具有超低介电常数的多孔介电材料,第一金属连接层蚀刻开始使用金属作为硬掩膜,由两道蚀刻工艺组成,如图 3.115(d)所示。首先是以光刻胶为掩膜的金属硬掩膜层蚀刻,主要步骤为抗反射层蚀刻、第一掩膜层蚀刻、金属硬掩膜层蚀刻和光刻胶灰化,从而完成图形从光刻胶到金属硬掩膜层的传递,在抗反射层蚀刻步骤中加入了关键尺寸的调整方法。这一道蚀刻工艺使用金属蚀刻机台完成,抗反射层蚀刻步骤使用的蚀刻气体是氯基气体,使用氟基气体蚀刻第一掩膜层;金属硬掩膜的主蚀刻与过蚀刻步骤使用的均为氯基气体,灰化步骤由于超低介电常数的介电材料仅仅暴露了沟槽的上开口表面、并且会在后续步骤蚀刻掉,因此可以使用 O_2,其造成的超低介电材料损伤可以忽略。第二道蚀刻工艺是以金属层为硬掩膜,对第一金属层介电材料进行蚀刻,从而将金属硬掩膜的图形传递到第一金属层介电材料并暴露出金属钨接触孔栓塞,这一道工艺又由沟槽蚀刻和蚀刻终止层蚀刻两个步骤组成,使用的是介电材料蚀刻机台,蚀刻剂气体为氟基气体,为了提高对金属硬掩膜层的选择比,通常加入碳氟比例较高的气体,如 C_4F_8 或 C_4F_6 来获得高选择比,以保证第一沟槽的顶部关键尺寸不被沟槽蚀刻的物理轰击扩大,从而确保了金属线间击穿的工艺安全窗口。此外,由于关键尺寸的缩小,蚀刻后的沟槽底部必须进行一定的蚀刻后气体表面处理,以改善电性能提高良率,后续会详细介绍。

3.10.2　工艺整合对第一金属连接层蚀刻工艺的要求

第一金属连接层是集成电路外接信号经过金属布线传递进入器件之前的最后一道"闸口",由于此重要性,工艺整合对其蚀刻工艺提出了严格要求,并且随着集成电路集成度的大幅度提高,器件关键尺寸不断缩小,第一金属连接层亦成为后段工艺中特征尺寸最小的工艺,同样也对第一金属层等离子体蚀刻技术提出了更多的挑战。具体要求如下:

(1) 蚀刻后的关键尺寸,以及优良的尺寸均匀性。关键尺寸不但决定了金属连线的电阻、金属线间电容等电性能,还将影响金属连接线之间的电压击穿。蚀刻后的关键尺寸均匀性差时,金属线间的电压击穿现象会在金属线尺寸最大、金属线间隔最小处更容易发生。

(2) 应保证一定数量的接触孔金属栓塞材料层介电材料的损耗,其损耗负载效应要有足够的安全工艺窗口。如果损耗太多,会减小第一金属连接层和栅极层之间的距离,从而增加了寄生电容,并降低第一金属连接层与栅极之间的击穿电压;损耗太少时,第一金属连接层的铜与接触孔金属钨栓塞接触不完全,将增加接触电阻,降低器件的性能,严重时(伴随第一金属层图形曝光偏移)还会造成断路。

(3) 第一金属连接层沟槽蚀刻后的侧壁轮廓应连续,且其角度处于一定的安全范围,以方便后续金属的填充。蚀刻后关键尺寸及侧壁轮廓的负载效应,密集线区域和大尺寸空旷区域之间,必须具有一定的工艺安全窗口。具体侧壁轮廓图形的要求参见图 3.116。图 3.116(a)是理想的蚀刻轮廓图形。图 3.116(b)的侧壁轮廓不够连续,下半部分侧壁太倾斜,容易在连接处堆聚缺陷从而降低可靠性。图 3.116(c)的凹陷弯曲形状使得沟槽中段的金属线间距太小,容易发生线间击穿。图 3.116(d)的缺点是负载效应太差,即,不同尺寸沟槽的蚀刻深度或者对前层金属钨栓塞材料的过蚀刻量不同,使得最终不同尺寸的金属线之间的电阻、电容比例不合理,不能同时达到设计值,严重情况下大尺寸的金属线或者空旷区域可能无法与接触孔金属钨栓塞正常连接造成断路。

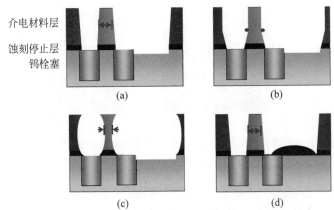

图 3.116　第一金属连接层蚀刻侧壁轮廓图形的要求
(a) 理想的蚀刻轮廓图形;(b) 不连续的侧壁轮廓曲线;
(c) 凹陷弯曲形状的侧壁轮廓曲线;(d) 负载效应差的剖面轮廓曲线

3.10.3　第一金属连接层蚀刻工艺参数对关键尺寸、轮廓图形及电性能的影响

　　凹陷弯曲的侧壁轮廓曲线是由于蚀刻副产物或聚合物对第一沟槽侧壁的保护不够均匀致密而产生的;而过量的蚀刻副产物或聚合物则会造成图形密集区域和空旷区域之间侧壁曲线不连续(当副产物或聚合物堆积在第一沟槽侧壁时)及接触孔层介电材料损耗的负载效应太差(当副产物或聚合物堆积在第一沟槽底部时)。这些不完美的侧壁轮廓图形可以通过调节等离子体的浓度、均匀性及物理轰击性进行改善。

　　介电材料蚀刻机台一般由高频率和低频率的等离子体偏压发生器共同组成,并且放置在下电极以控制等离子体的性能。一般来说,高频偏压可以很好地控制等离子体的浓度和均匀性,但等离子体本身的能量比较低;而低频偏压可以使得等离子体具有较大的平均自由程,从而使等离子体具有很高的能量,有利于离子物理轰击,更容易控制等离子体的方向性。二者搭配使用可以很好地控制等离子体的浓度和强度,即,蚀刻速率的高低、等离子体在整个晶圆内的分布即蚀刻速率均匀性、蚀刻副产物或聚合物的密度、聚合物的沉积与挥发的相对比率、蚀刻过程中聚合物对侧壁的保护以及等离子体对介电材料蚀刻物理轰击的强弱等。如图 3.117所示,未经优化的第一金属连接层蚀刻形成的不连贯的侧壁轮廓曲线,使得前层接触孔与第一金属连线的有效接触面积太小,接触电阻太高并造成良率的大大降低;而经过优化的等离子体的高频与低频等离子体功率比例,显著地改善了侧壁轮廓图形,得到理想的侧壁曲线,形成和接触孔的有效连接,增加了安全工艺窗口;并且,通过等离子体的高频与低频等离子体功率比例的优化,同时还可以改善对接触孔层介电材料过蚀刻的均匀性和负载效应,更难能可贵的是,对蚀刻后关键尺寸没有太大的影响。

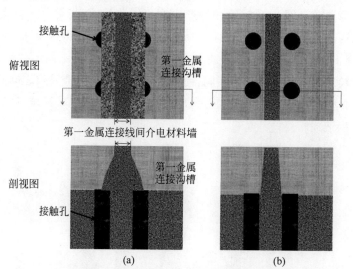

图 3.117　蚀刻等离子体频率比例对第一金属连接层侧壁轮廓图形的影响[66]
(a) 未经优化的侧壁轮廓图形;(b) 经优化的侧壁轮廓图形

　　此外,通过对第一金属连接层蚀刻工艺中抗反射层和硬掩膜层蚀刻步骤的蚀刻气体比例进行调节可以显著地调整最终的蚀刻后关键尺寸。如图 3.118 所示,通过调节抗反射层蚀刻时 CF_4/CHF_3 蚀刻气体比例(图 3.118(a))和硬掩膜层蚀刻时 O_2 气体用量(图 3.118(b))可以实现对蚀刻后关键尺寸的精确控制以及线性调节,即 10sccm CF_4 与 CHF_3 的等量交换可以产生

3nm 的蚀刻后关键尺寸的变化,而每 1sccm 的 O_2 的加入则可以增加蚀刻后关键尺寸 2nm。这样的调节方式使得同一蚀刻工艺在不同蚀刻机台之间的相互匹配,以及对具有不同图形比例的多个产品的蚀刻后关键尺寸的达标更加简单有效。

CF_4/CHF_3刻蚀比例	密集沟槽图形关键尺寸/nm	稀疏沟槽图形关键尺寸/nm
100/50	$m-3$	$n-3$
110/40	m	n
120/30	$m+3$	$n+3$
130/20	$m+6$	$n+6$

(a)

O_2气体用量/sccm	密集沟槽图形关键尺寸/nm	稀疏沟槽图形关键尺寸/nm
$T-1$	$m+2$	$n+2$
T	m	n
$T+1$	$m-2$	$n-2$
$T+3$	$m-6$	$n-6$

(b)

图 3.118 抗反射层和硬掩膜层蚀刻步骤蚀刻参数对蚀刻后关键尺寸的影响和调节
(a) CF_4/CHF_3 蚀刻气体比例对关键尺寸的影响;(b) O_2 气体用量对关键尺寸的影响

对于关键尺寸在整个晶圆内的分布均匀性的调节,传统的方法是调整蚀刻气体在晶圆中心和边缘的分布比例及偏置功率的分配比重,而随着先进蚀刻机台技术的发展,在晶圆局部(晶圆中心、边缘、极度边缘和晶圆侧面的上斜面)通入用于调节关键尺寸的气体、可以动态调节晶圆温度的晶圆静电吸附装置、在晶圆多个区域(晶圆中心、中部、边缘和极度边缘)温度进行分体独立调节的技术以及在上电极叠加使用直流偏压等方式使得对整个晶圆内蚀刻后关键尺寸均匀性的调节越来越多样化。

第一金属沟槽蚀刻后表面处理技术在先进的铜工艺中,不但能够清除沟槽表面残留副产物,而且具有改善和修复蚀刻工艺对介电材料层侧壁的损伤的功能,优良的蚀刻后表面处理可以显著提高第一沟槽的可靠性,已经成为(超)低介电材料沟槽蚀刻技术所不可或缺的步骤。由于蚀刻后表面处理技术可供选择的蚀刻剂气体很多,如 O_2、CO_2、N_2、H_2、CO 等,但不同种类的蚀刻气体对介电材料的损耗、层间介电材料的电容和金属互连间的接触电阻等性能(又可称为 RC 特性,反映的是信号延时方面的性能)会产生截然不同的影响,因此蚀刻后表面处理需谨慎选择。

图 3.119(a)总结了不同蚀刻气体的表面处理对应的 RC 特性。其中,使用 CO_2 与 CO 气体的蚀刻后表面处理,由于解离出来的氧离子能和沟槽(超)低介电常数材料表面的$[CH_3]$自由基发生反应,产生严重的低介电材料损伤,从而显示出最差的 RC 性能。

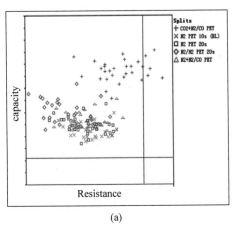

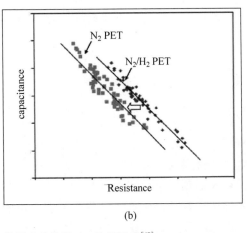

(a) (b)

图 3.119 蚀刻后表面处理工艺对介电材料 RC 值的影响[67]
(a) 不同蚀刻气体对 RC 性能的影响;(b) N_2 与 N_2/H_2 的表面处理工艺对 RC 的影响

从图 3.119(b)可见,仅使用 N_2 气体的表面处理具有最低的 RC 值,被先进工艺广泛使用。这是因为,[N]离子可以和蚀刻副产物中的[C]反应,生成易挥发的[HCN]基团,从而可以很好地清除沟槽内的蚀刻残留物;同时由于 N_2 气体具有很低的等离子体解离率,可以缓慢地和沟槽表面的自由基团反应,并生成[Si-N]键、[N-N]键以及[N-C]键,这些化学键可以密封(超)低介电材料多孔的表面,使其免于正常空气中 H_2O 气体的侵入。为了提高表面处理的速率,通常会混合加入 H_2 气体(成为 N_2/H_2 的表面处理)来提高气体的解离速率,从而加速沟槽内蚀刻副产物的去除。但是,[H]离子的加入可以和沟槽(超)低介电材料表面的[C]反应生成[CH$_n$]基团,从而有[Si]基自由键残留在外表面,将会吸收大气中的 H_2O 气体,造成介电常数的上升。此外,N_2/H_2 的表面处理工艺要求蚀刻表面处理后与后续酸槽清洗之间维持较短的等待时间,否则,沟槽侧壁还是会吸附大气中的水汽,造成低介电材料的损伤,因此,未能在(超)低介电材料中广泛使用。

3.11　通孔的蚀刻

鉴于前面对于铜互连工艺流程先通孔工艺和先沟槽工艺的介绍,先通孔工艺具有完整的等离子体蚀刻步骤形成通孔,而先沟槽工艺的通孔蚀刻步骤和沟槽蚀刻步骤是在同一道等离子体蚀刻工艺中同时形成的。所以,本节对铜通孔蚀刻工艺的介绍主要是针对先通孔工艺流程;而先沟槽工艺流程中的通孔蚀刻工艺,请参见后面的介电材料沟槽蚀刻工艺章节。

我们将集中讨论工艺整合对通孔蚀刻工艺的要求,等离子体蚀刻技术相应的解决方法,及其对接触电阻电性能和可靠性的影响。

3.11.1　工艺整合对通孔蚀刻工艺的要求

尽管硬掩膜方法可以显著降低灰化过程对低介电常数材料的损伤,但是光刻胶掩膜方法具有工艺流程简单,通孔关键尺寸容易控制的特点而仍然流行。

工艺整合对于铜通孔蚀刻工艺的要求如下:

(1) 符合要求的蚀刻后关键尺寸,以及优良的尺寸均匀性,以保证接触电阻的均匀性、稳定性。

(2) 通孔要具有良好的圆整度,不可以有条纹状的开口形状,否则会严重影响电路的可靠性。

(3) 介电材料蚀刻对于蚀刻停止层具有足够的选择比,这样既可以保证通孔的过蚀刻工艺窗口,又能防止对前层金属铜的击穿。

3.11.2　通孔蚀刻工艺参数对关键尺寸、轮廓图形及电性能的影响

典型的铜通孔蚀刻工艺的薄膜材料组成如图 3.120 所示,自下而上依次为蚀刻停止层、层间介电层、硬掩膜层、抗反射涂层和光刻胶。

铜通孔蚀刻工艺由底部抗反射层和硬掩膜层蚀刻、主蚀刻、过蚀刻和光刻胶灰化 4 步组成。底部抗反射层和硬掩膜层蚀刻步骤使用的蚀刻气体为氟基气体和氧气的组合,如 CF_4、CHF_3、O_2,共同完成对有机抗反射涂层和硬掩膜层的蚀刻。硬掩膜层通常是一种氧化硅材料,用 CF_4 和 CHF_3 共同蚀刻时会产生聚合物,并积累在保护层和层间介电层的侧壁上,如图 3.121 所示,如果让聚合物沉积在侧壁上,后续的主蚀刻将把这种不正常的图形传递到通孔

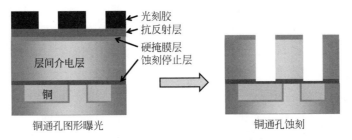

图 3.120　铜通孔蚀刻工艺简介[68]

的底部，成为一种贯穿通孔的顶部到底部的条纹，增加了通孔侧壁的粗糙度，严重影响了后续电镀铜填充的完整性，并且作为一种缺陷，容易发生电迁移(EM)进而影响电路的可靠性。因此，为避免形成这种条纹，在底部抗反射涂层蚀刻时，必须严格控制聚合物在层间保护层侧壁的沉积。孙武等[68,70]通过对抗反射层蚀刻工艺参数进行了研究，其中包括 CHF_3/CF_4 的蚀刻气体比例、等离子体的功率以及蚀刻工艺时间等，研究结果如图 3.122 所示，CHF_3/CF_4 的比率越低，产生的条纹越少，这是由于更多的 CF_4 减少了蚀刻气体的 C/F 比，因而减少了聚合物的产生。低的等离子体功率将显著改善条纹现象，这是因为低功率可以减少等离体浓度，从而直接降低了聚合物的生成量，同时，功率的降低也减弱了等离子体对光刻胶的物理轰击，继而减少了等离子体中的[C]的含量，从另一个角度减少了聚合物的生成量。此外，更短的蚀刻工艺时间减少了总的聚合物的量，从而改善了条纹现象。

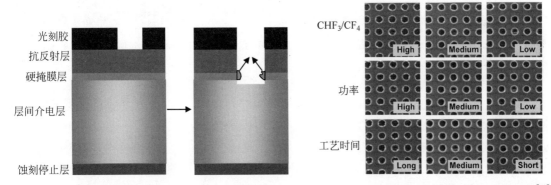

图 3.121　通孔蚀刻中的条纹产生的第一种机制的示意图[68]

图 3.122　通孔蚀刻参数对第一种条纹的影响[68]

　　除此之外，还有一种可形成条纹现象的机理，如图 3.123 所示。通孔主蚀刻步骤通常使用高源功率和高偏置功率去蚀刻通孔，高的源功率增加等离子体的浓度，高的偏置功率产生高能的物理轰击，会加速光刻胶的消耗，尤其在图形密集区域，在高偏置功率下，光刻胶的消耗会更快。无论何时，只要在全部的通孔蚀刻工艺结束前，光刻胶消耗殆尽，等离子体将直接轰击层间保护层和层间介电材料。随着光刻胶掩膜的逐渐减少，已经无法良好地保护下层材料时，即导致第二种条纹现象，这种条纹通常仅仅存在于通孔的顶部，最差情况时可能发生通孔的桥连。

　　为避免第二种条纹，需要在主蚀刻步骤中产生更多的聚合物并堆积在光刻胶的表面，以减少光刻胶的损耗，即需要提高对光刻胶的选择比。因此，主蚀刻步骤通常使用 C/F 比率比较高的、更容易产生聚合物的蚀刻气体，如 C_4F_8、C_4F_6、CH_2F_2 等，通过对主蚀刻步骤工艺参数的研究，结果表明，C_xF_y/O_2 的比率越高，第二种条纹越轻微，这是由于 C_xF_y 的增加，将产生大量的聚合物;同时,O_2用量的下降,使得反应产生的聚合物被解离、去除的概率会大大减少,这样在光刻胶表面积累的聚合物会不断增加,可以完好地保护介电材料不受到等离子体的轰击或者化学蚀刻,从而避免了第二种条纹现象,如图 3.124 所示。此外,低的偏置功率/源功率的比率也可以改善第二种条纹现象,因为偏置功率主要控制的是等离子体中的离子加速度,源功率控制的是等离子体的浓度,较低的偏置功率可以减小离子的轰击能量,而高的源功率将增加等离子体的密度,使得离子自身之间的碰撞比例增加,减弱了等离子体的方向性,同时也减弱了等离子体的物理轰击效果;同时,高的源功率亦分解出更多的[C],将产生更多的聚合物,堆积在光刻胶表面,保护光刻胶免受等离子体的轰击。因此,更低的偏置功率和更高的源功率是减少第二种条纹的切实可行的方向,但是这种功率配比也带来了缺点,等离子体向下蚀刻的方向性被减弱,会降低通孔过蚀刻的安全工艺窗口。此外,更高的压力,相当于增加了等离子体的浓度,也可以在某种程度上减少轰击,改善条纹现象。

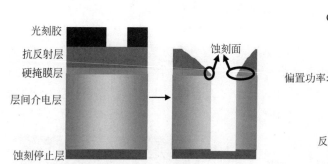

图 3.123　通孔蚀刻中的条纹产生的第二种机制的示意图[68]

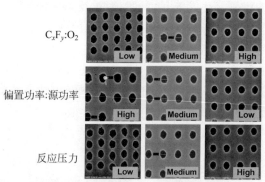

图 3.124　通孔蚀刻参数对第二种条纹的影响[68]

分别选取两种条纹产生机制不同功率和不同偏置功率/源功率条件下的通孔蚀刻工艺进行研究,并对通孔接触电阻和电迁移性能进行了对比研究。图 3.125 所示为铜通孔接触电阻的电性能测试,是由 3600 个铜通孔串联组成,图 3.125(a)和图 3.125(b)分别是两种条纹机制的通孔接触电阻测试结果。结果表明,第一种条纹对接触电阻有显著影响,使得接触电阻的均匀性变差,其原因是第一种条纹是从顶部贯穿到底部、侧壁粗糙的通孔,不仅造成通孔底部关键尺寸的变化,而且造成了不正常的通孔底部形貌,使得接触电阻的均匀性变差。而图 3.125(b)表明,第二种条纹对通孔电阻基本无影响。因此,通孔接触电阻的均匀性在很大程度上取决于第一种条纹的状况,而第二种条纹主要是发生在通孔的顶部、介电材料的表面,不会对通孔的底部产生影响,因而对通孔电阻没有影响。

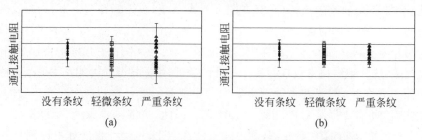

图 3.125　通孔的两种条纹机制对通孔接触电阻的影响[68]

(a)第一种条纹对通孔接触电阻的影响;(b)第二种条纹对通孔接触电阻的影响

图 3.126 是电压击穿测试的电流-电压(I-V)曲线。图 3.126 表明第一种条纹和第二种条纹对于电压击穿性能有不同程度的影响。显而易见,第二种条纹的影响更为严重,这可以归咎于第二种条纹是发生在通孔表面,伴随着蚀刻过程中等离子体对介电材料表面的物理损伤,由于低介电常数薄膜中的 Si-CH$_3$ 和 CH 键对 O$_2$ 等离子体极其敏感,在通孔主蚀刻与过蚀刻过程使得低介电材料的薄膜质量严重退化,从而第二种条纹使得电压击穿曲线发散、变弱。而第一种条纹仅影响了通孔的图形圆整度,并未对介电材料产生损伤,因此,第一种条纹对电压击穿测试未见明显影响。

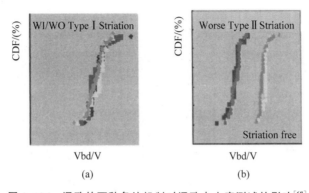

图 3.126　通孔的两种条纹机制对通孔电击穿测试的影响[68]

(a) 第一种条纹对电击穿测试的影响；(b) 第二种条纹对电击穿测试的影响

同时,两种条纹现象对可靠性的影响也进行了评估。在电迁移的测试中,通孔尺寸为90nm,测试电流为 0.25mA,测试温度为 300℃,由实验结果推算寿命的 n 值为 1.15,E_a 为0.85eV。表 3.16 表明第一种条纹现象对电迁移可靠性有显著影响,当第一种条纹现象较为严重时,电路的寿命从 51 年严重地缩短到了 28 年,然而由于集成电路要求的寿命规范多为10 年,这说明最差的条纹现象的电迁移可靠性也是合格的。而第二种条纹现象对电迁移可靠性基本无影响。

表 3.16　通孔条纹对通孔电迁移试验的影响[69]

	Striation type	Via lead metal width	$t_{50}\%$ /hrs	$t_{0.1}\%$ /hrs	Sigma	Lifetime@0.158mA,110℃
Phase Ⅰ	Striation free	0.1μm(V2)	241.2	139.6	0.077	51.4yrs
	Medium Striation	0.1μm(V2)	207.0	117.2	0.080	43.1yrs
	Serious Striation	0.1μm(V2)	175.5	78.2	0.114	28.8yrs
Phase Ⅱ	Striation free	0.1μm(V1)	204.1	96.9	0.105	35.7yrs
	Medium Striation	0.1μm(V1)	199.8	93.4	0.107	34.4yrs
	Serious Striation	0.1μm(V1)	188.3	87.4	0.108	32.2yrs

综上所述,两种条纹现象对于通孔接触电阻和电压击穿特性展现出完全不同的影响,第一种条纹源于抗反射层蚀刻步骤,容易导致糟糕的电阻分布和电迁移现象；第二种条纹是在主蚀刻和过蚀刻步骤形成的,会造成电压击穿的严重退化。而两种条纹均可以通过铜通孔的等离子体蚀刻参数加以改善。通孔的轮廓曲线、形状对电性能的影响如图 3.127 和图 3.128 所示。结果表明,蚀刻气体的比率显著影响着铜通孔侧壁轮廓的曲线。当 C$_4$F$_8$/O$_2$ 比率未得到优化时,通孔的侧壁轮廓为锥形或者圆弧形的形状,通过 C$_4$F$_8$/O$_2$ 比率的增加,可以产生更多

的聚合物、增加聚合物在通孔侧壁积累的比例,因而削弱了等离子体对通孔侧壁的轰击,减少了侧壁的蚀刻速率,最终形成图 3.127(a)的锥形通孔侧壁曲线。而当 C_4F_8/O_2 比率较低时,导致侧壁的聚合物保护不足,侧壁受到更多的等离子体轰击,横向蚀刻增加,最终形成如图 3.127(c)的凹陷弯曲形状的侧壁轮廓。图 3.128 所示为 3 种铜通孔电性能的对比,结果表明,锥形通孔由于具有较小的通孔底部关键尺寸,电阻最大。而弧形的通孔和理想的垂直形状的通孔具有相同的关键尺寸和分布,因此通孔的电性能无明显差异。需要指出的是,弧形的侧壁形状由于通孔之间距离变近以及侧壁低介电常数材料的损伤,容易造成通孔之间的电压击穿,会降低可靠性能。

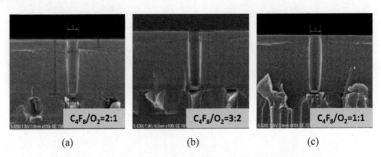

图 3.127 主蚀刻步骤气体比率对通孔形状的影响[70]

(a) 锥形侧壁(Tapered);(b) 垂直侧壁(Vertical);(c) 凹陷弯曲侧壁(Bowing)

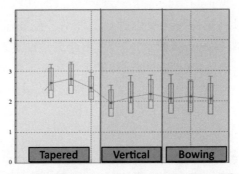

图 3.128 通孔形状对通孔接触电阻的影响[70]

3.12 金属硬掩膜层的蚀刻

使用金属作为先沟槽工艺流程中沟槽蚀刻的硬掩膜层可以显著降低(超)低介电常数材料损伤、改善金属连线的扭曲和粗糙度以及控制双大马士革结构中通孔与沟槽间的平整圆滑过渡转换,已经从 45nm 技术节点开始被后段工艺整合广泛使用。

由于蚀刻后的金属硬掩膜图形将作为沟槽蚀刻的掩膜层使用,金属硬掩膜层蚀刻后的图形完整度、关键尺寸都将被再次传递到(超)低介电常数材料,经过沟槽蚀刻形成金属连线。金属硬掩膜层蚀刻后图形对于设计图形传递的保真度、蚀刻后关键尺寸偏差的负载效应,都将被后续的沟槽蚀刻传承甚至由于沟槽蚀刻的负载效应会继续放大这些偏差,因此,需要对金属硬掩膜层蚀刻进行严格控制。负载效应越小,设计的金属连线图形的保真度越高;图形可以严格地从光罩经过曝光、显影传递到金属硬掩膜层,以及近似垂直的金属硬掩膜的侧壁轮廓角度,是工艺整合对金属硬掩膜层蚀刻工艺的要求。

典型的金属硬掩膜层蚀刻工艺的示意图如图 3.129 所示,一般为光阻和底部抗反射层有机材料作为单一蚀刻掩膜的结构。

图 3.129　金属硬掩膜层蚀刻的结构示意图[66]

(a) 金属硬掩膜层蚀刻前；(b) 金属硬掩膜层蚀刻后

3.12.1　金属硬掩膜层蚀刻参数对负载效应的影响

金属硬掩膜层蚀刻工艺的蚀刻气体、源功率、偏置功率、反应压力以及放置晶圆的静电吸附装置的温度等工艺参数都显著地影响蚀刻后关键尺寸及其负载效应,总结如图 3.130 所示。

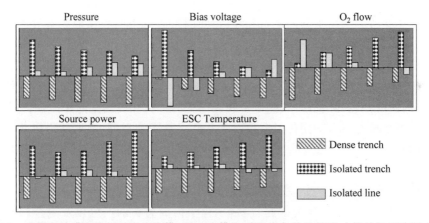

图 3.130　金属硬掩膜层蚀刻后密集沟槽、稀疏沟槽和稀疏线条的关键尺寸偏差与反应压力、源功率、偏置功率、放置晶圆的静电吸附装置的温度以及 O_2 气体量之间的变化关系[66]

通常地,沟槽的密集图形(密集沟槽)蚀刻后关键尺寸与曝光后关键尺寸的偏差和稀疏图形(稀疏沟槽)的关键尺寸偏差具有相同的变化趋势,而较大尺寸的金属线、稀疏的介电材料隔离墙(稀疏线)的尺寸偏差则是相反的变化趋势,即,当密集沟槽的蚀刻后关键尺寸的偏差变小时,稀疏沟槽的蚀刻后关键尺寸偏差也变小,而稀疏线的蚀刻后关键尺寸偏差则变大。总的说来,蚀刻后关键尺寸偏差或者关键尺寸本身是各向同性化学蚀刻、各向异性物理轰击蚀刻、沟槽侧壁聚合物的沉积保护之间协同变化的结果,如图 3.131 所示。当各向同性蚀刻增强及侧壁聚合物保护减弱时,沟槽侧壁的介电材料会在蚀刻过程中不断地退缩,这将导致密集沟槽和稀疏沟槽关键尺寸变大或者蚀刻后关键尺寸偏差的增加,但是在稀疏线图形则表现出关键尺寸变小或者蚀刻后关键尺寸偏差减小的特征。

从图 3.130 中还可以看出,密集沟槽对于蚀刻工艺参数的变化不如稀疏沟槽和稀疏线那样变化明显,如密集沟槽的蚀刻后关键尺寸偏差相比稀疏沟槽和稀疏线是最小的,这是典型的蚀刻工艺由于图形密集程度引起的负载效应。这种负载效应是各向同性的化学蚀刻、反应副产物聚合物的侧壁保护以及各向异性的物理轰击蚀刻在不同图形之间综合作用的结果。由于不同密集度的图形对蚀刻等离子体基团的消耗需求不同,产生副产物聚合物的多寡也就不同,在密集图形区和稀疏图形区之间产生化学和聚合物基团的浓度就存在差异,如果产生的这些基团得不到及时的排出,即产生了负载效应,如图 3.131 所示。鉴于图形密集区的(超)低介电常数材料暴露出的侧壁比例大大高于图形稀疏区,用于蚀刻反应的各向同性化学蚀刻基团以及侧壁保护的等离子体氛围聚合物的沉积的任何变化都被弱化了。相反地,这些蚀刻反应参数改变导致的蚀刻基团和聚合物沉积的变化在稀疏沟槽和稀疏线的图形区域却被放大了。这是稀疏沟槽和稀疏线的图形对于蚀刻参数的变化比密集沟槽更敏感的原因。

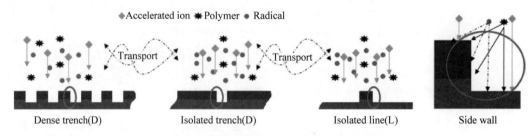

图 3.131   等离子体蚀刻的负载效应示意图[66]

除了图 3.130 所表现出来的大体趋势外,不同蚀刻参数不同程度地影响着关键尺寸偏差的大小,例如,O_2 气体量和晶圆温度的增加使得密集沟槽和稀疏沟槽的关键尺寸偏差变大,而稀疏线图形的关键尺寸偏差则变小。反应压力和偏置功率则表现出相反的影响趋势,而源功率的影响更加复杂。一般来说,增加 O_2 气体量和降低偏置功率可以增强各向同性的化学蚀刻,而增加晶圆温度,则会降低副产物、聚合物在侧壁的沉积和对侧壁的保护,最终都会增加关键尺寸偏差。由于反应压力的变化不但可以改变离子基团的碰撞、散射从而影响着各向同性的化学蚀刻的强弱;同时还通过蚀刻反应腔体抽气泵功率的变化,影响等离子体氛围中的聚合物的浓度,调节聚合物的沉积保护作用,因此,反应压力对负载效应的影响比较复杂。其中,从图 3.130 的结果可见,聚合物沉积对负载效应的影响最为显著。源功率对负载效应的影响是交替的复杂趋势,它和反应压力一起,决定了化学蚀刻离子的产生以及聚合物在不同区域的沉积,共同影响蚀刻反应。总体上,通过反应压力和晶圆温度可以明显调节稀疏沟槽区域关键尺寸偏差的大小;而通过 O_2 气体量和偏置功率对于稀疏线区域关键尺寸偏差的调整更有效。

抗反射层蚀刻步骤使用的关键尺寸调节蚀刻剂气体,如 HBr、Cl_2,不同气体亦对关键尺寸偏差的负载效应有不同影响。如图 3.132 所示,选择 HBr、Cl_2 作为抗反射层蚀刻关键尺寸调节气体对负载效应的影响会产生极大的差异。与 Cl_2 相比,在使用 HBr 气体、保持相同的密集沟槽区域关键尺寸的前提下,稀疏线的关键尺寸被大大减小,稀疏沟槽的尺寸则显著增加。因此,在抗反射层蚀刻步骤中使用 HBr 气体比 Cl_2 气体的关键尺寸负载效应更差,尤其是对稀疏线区域。这主要是由于 HBr、Cl_2 不同气体在等离子体氛围内产生的不同的离子基团浓度、功效以及聚合物沉积效果导致的。

此外,在金属硬掩膜层蚀刻工艺中,通过使用对光阻进行表面处理的方式也可以改善蚀刻的负载效应、提高图形传递的保真度。图 3.133 对不使用表面处理以及在抗反射层蚀刻步骤前、后分别使用 CH_4 基气体进行表面处理对关键尺寸偏差的负载效应进行了对比。CH_4 基气体对光阻的表面处理戏剧性地改变了稀疏沟槽和稀疏线的关键尺寸偏差,而对于密集沟槽

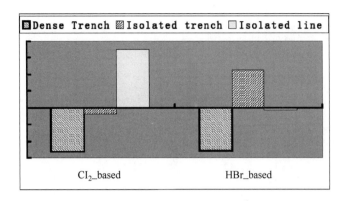

图 3.132　使用 HBr、Cl₂ 不同气体所产生的蚀刻后关键尺寸的负载效应[66]

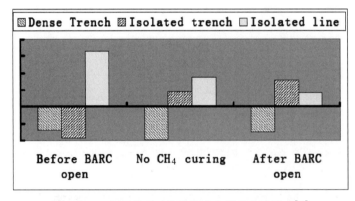

图 3.133　表面处理对关键尺寸负载效应的影响[66]

区关键尺寸偏差的影响微乎其微；在抗反射层蚀刻之前和之后，对光阻进行表面处理，又有不同的负载效应结果。在抗反射层蚀刻之前进行表面处理，可以使得稀疏沟槽具有和密集沟槽一样的负的蚀刻后关键尺寸偏差，这对于关键尺寸负载效应的改善来说是卓有成效的方法。CH_4 基气体进行表面处理降低了稀疏沟槽区域蚀刻后关键尺寸的偏差，这与图 3.131 讨论的聚合物沉积对负载效应的影响的原理类似，CH_4 基气体改善了光阻的表面处理、平衡了光阻侧壁表面的活性基团，增强、均衡了不同尺寸区域光阻侧面在等离子体氛围中对化学蚀刻和物理轰击的抵抗能力。

通过对金属硬掩膜层蚀刻工艺关键尺寸偏差的负载效应进行改善和严格控制，可以实现并保证金属沟槽连线和金属通孔之间的完好连接。

3.12.2　金属硬掩膜层材料应力对负载效应的影响

金属硬掩膜层材料自身的应力对于金属硬掩膜层蚀刻后的侧壁轮廓图形及关键尺寸，以及后续的双大马士革沟槽蚀刻都有显著影响。较大的应力不但会导致沟槽尺寸的变化，使图形扭曲，降低后续的金属填充的安全工艺窗口，而且会造成金属硬掩膜蚀刻后关键尺寸偏差的负载效应。如图 3.134 所示，随着金属硬掩膜材料应力从压应力变化到拉应力，蚀刻后关键尺寸偏差不断增加，较低的应力导致较大的关键尺寸偏差。这种现象是由两种原因综合作用产生的。首先，不同的应力会改变金属材料本身的自由能，在不同图形密集度的区域产生不同的蚀刻行为，对应产生不同的蚀刻负载效应；其次，在金属硬掩膜蚀刻工艺中以及工艺结束后的金属材料产生了应力的释放。由于在稀疏图形区域较容易产生应力的集中,因此在稀疏图形区域会产生更多的应力释放,导致稀疏图形关键尺寸的较大变化。即,稀疏线在拉应力的情况下关键尺寸变小收缩,而稀疏沟槽的尺寸则显著变大,如图3.135所示。

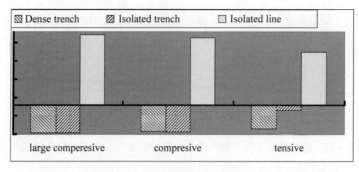

图 3.134 金属硬掩膜层应力对蚀刻后关键尺寸偏差的影响[66]

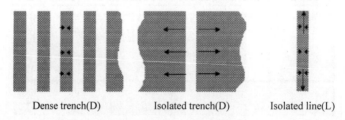

图 3.135 拉应力的金属硬掩膜层在蚀刻后应力释放对关键尺寸的影响[66]

3.12.3 金属硬掩膜层蚀刻侧壁轮廓对负载效应的影响

由于大马士革沟槽蚀刻对于金属硬掩膜层具有很高的选择比,因此,金属硬掩膜层的厚度一般都比较薄,金属层蚀刻步骤本身对金属硬掩膜层侧壁轮廓图形及负载效应的影响微乎其微,即,密集沟槽、稀疏沟槽和稀疏线图形都具有相同的、一致的侧壁轮廓图形,但是金属硬掩膜层的侧壁轮廓对负载效应仍有一定的相互影响。一般来说,在相同的密集沟槽关键尺寸的前提下,倾斜的金属硬掩膜层侧壁轮廓图形会导致稀疏线的关键尺寸偏差变小,且具有与密集沟槽类似的关键尺寸偏差,如图3.136所示。这是由于倾斜的金属硬掩膜层侧壁轮廓的蚀刻工艺的关键尺寸偏差的负载效应基本来自于抗反射层蚀刻的步骤,是为了补偿倾斜侧壁对沟槽关键尺寸的缩小,在抗反射层蚀刻步骤中刻意增加密集沟槽的关键尺寸引起的连锁反应。

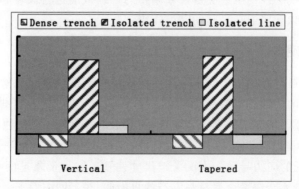

图 3.136 金属硬掩膜层蚀刻侧壁轮廓对关键尺寸负载效应的影响[66]

采取增大密集沟槽关键尺寸的特殊方法,尤其是在抗反射层蚀刻步骤中使用增加 O_2 用量和降低偏置功率的方法时,会导致稀疏线图形区域关键尺寸偏差的大幅降低,实际应用中可以通过修改和完善稀疏线图形的光学临近修正技术来解决这种不利的影响结果。

3.13 介电材料沟槽的蚀刻

介电材料沟槽的蚀刻,即沟槽蚀刻,是形成同层金属连线布局、实现金属层间连接的重要步骤。介电材料沟槽蚀刻工艺的发展经历了从先通孔的沟槽蚀刻到先沟槽的蚀刻发展历程,在先进技术中使用的先沟槽蚀刻工艺又引入了金属材料作为硬掩膜层;而集成度的提高和先进技术中器件关键尺寸的不断缩小,沟槽蚀刻从单一光刻胶为掩膜,发展到三明治结构的多层掩膜(Tri-Layer)技术。其具体的发展历程及结构示意图如后段互连工艺流程章节所述,在此不再赘述。

3.13.1 工艺整合对介电材料沟槽蚀刻工艺的要求

随着先进技术的发展,集成度大幅提高,关键尺寸不断缩小,同样对沟槽蚀刻技术提出了诸多挑战,工艺整合对沟槽蚀刻工艺提出了严格要求。具体要求如下:

(1)优良的金属填充工艺窗口,要求沟槽蚀刻后的侧壁轮廓应连续、无凹陷,保持单一的侧壁轮廓角度处于一定的安全范围,以方便后续金属的填充。在先进技术较小的关键尺寸、使用金属硬掩膜层的情况下,这一要求更加严格。

(2)沟槽蚀刻后的关键尺寸、沟槽深度、线边缘粗糙度以及优良的均匀性。沟槽的关键尺寸和深度决定了金属连线的电阻、金属线间电容、金属线间击穿电压等电性能;而其均匀性是对这些电性能均匀性的保障。

(3)沟槽蚀刻对(超)低介电常数材料的破坏、损伤要低,这不但是对降低延迟效应的保证,而且由于被损伤的侧壁经常是优先出现缺陷的源头,对低介电常数材料损伤的控制也是提高可靠性的保障。

(4)双大马士革结构中通孔和沟槽连接位置的侧壁轮廓应平滑、连续,不能有垂直沟槽底部的小斜面、篱笆状的突出、台阶或平台,否则将严重影响金属互连的可靠性能,如对电迁移性能、应力迁移性能的影响。

(5)为降低生产缺陷、保证良率而必须具有一定的金属线断路、金属线间短路及金属连接通孔开通的安全工艺窗口。

3.13.2 先通孔工艺流程沟槽蚀刻工艺参数对关键尺寸、
轮廓图形及电性能的影响

先通孔工艺的沟槽蚀刻是最先开始使用三明治结构的多层掩膜技术的蚀刻工艺。其优点是在整个晶圆范围内可以平整化已经形成的通孔图形、可以使用厚度很薄的光阻进行图形曝光、提高了光刻技术对关键尺寸较小的图形的传递准确度。在三明治结构的多层掩膜技术中,硬掩膜层蚀刻和底部抗反射层蚀刻作为沟槽蚀刻工艺的重要组成部分,对图形的传递、关键尺寸的控制、关键尺寸的均匀性、双大马士革结构的轮廓图形等都有显著影响。

硬掩膜蚀刻步骤通常使用氟基蚀刻气体,通过调整蚀刻气体的[C]/[F]基气体比例来调节关键尺寸的大小。

为保持沟槽关键尺寸,底部抗反射层的蚀刻分为两步组成。①利用氟基蚀刻气体尽可能地实现各向异性蚀刻,实现蚀刻后关键尺寸偏差;②使用氧基气体作为蚀刻剂,也可以称为过蚀刻,保证曝光定义区域内所有的底部抗反射层材料,尤其是通孔内填充的抗反射层材料的蚀刻量。这两步使用的等离子体的功率对于最终的沟槽的线边缘粗糙度有直接影响,而沟槽的线边缘粗糙度决定了金属线间击穿电性能的可靠性。沟槽线边缘粗糙度的影响因素主要分为两部分,首先是曝光后的光阻图形边缘粗糙度,除了改进光阻和抗反射层的化学组成和性能外,在集成电路生产制造中可以通过降低光阻厚度,提高图形解析度来加以改善;其次是在等离子体蚀刻工艺中,为实现各向异性蚀刻,实现将富含[C]的反应副产物、聚合物在沟槽侧壁的堆积,这种堆积的均匀性、不连贯性对线边缘粗糙度起到主导作用。如图 3.137 所示,在不考虑蚀刻后关键尺寸、在同样的等离子体功率的前提下,使用富含[C]基的蚀刻气体与[C]基解离浓度较低的蚀刻气体作为蚀刻剂进行对比,结果表明[C]基等离子体的浓度,即蚀刻过程中产生的聚合物、副产物的多少与堆积行为对沟槽的线边缘粗糙度起决定性的作用。

[C]基解离浓度低的刻蚀气体　　　富含[C]基的刻蚀气体
线边缘粗糙度——优　　　　　　线边缘粗糙度——差

图 3.137　蚀刻气体[C]基解离浓度对线边缘粗糙度的影响[71]

图 3.138 总结了抗反射层蚀刻步骤使用的 2MHz 和 27MHz 频率的等离子体功率对沟槽线边缘粗糙度的影响。结果表明,仅使用高频功率的等离子体可以在保证一定的物理轰击效果的同时,提高了将反应副产物和聚合物进行解离的能力,因此沉积在沟槽侧壁的副产物和聚合物较少也更加均匀,具有最佳的线边缘粗糙度。而仅使用相同大小的低频功率等离子体,具有最强的物理轰击效果,可以从抗反射层轰击出来、产生较多的反应副产物和聚合物,并且有很大一部分沉积在沟槽的侧壁,容易产生不均匀的过度堆积,具有最差的线边缘粗糙度;随着使用功率的降低,粗糙度可以得到明显缓解。将高、低频率搭配使用的蚀刻工艺比较容易控制和改善,具有适中的沟槽线边缘粗糙度。

2MHz:0W　　　2MHz:400W　　　2MHz:800W　　　2MHz:400W　　　2MHz:200W
27MHz:800W　　27MHz:400W　　27MHz:0W　　　27MHz:0W　　　27MHz:0W
线边缘粗糙度:好　线边缘粗糙度:中　线边缘粗糙度:差　线边缘粗糙度:中　线边缘粗糙度:好

图 3.138　等离子体的频率和功率对沟槽线边缘粗糙度的影响[71]

介电材料的主蚀刻步骤,由于该蚀刻过程中存在掩膜种类的变化而更加复杂,即从硬掩膜层材料(通常为介电材料)过渡到抗反射层材料(通常为有机化合物材料)。因此,聚合物和副产物的行为存在从开始时的比较少、容易控制到后面的产生大量的副产物、聚合物较难控制的变化。介电材料蚀刻步骤所使用的功率对关键尺寸和沟槽深度均匀性有重要影响,如表 3.17 所列。表 3.17 表明在相同的等离子体功率下,低频的等离子体的使用可以显著改善关键尺寸和沟槽深度的均匀性;而在相同的等离子体高频率:低频率的比例下,总功率的增加则表现出可以提高沟槽深度的均匀性但同时降低关键尺寸的均匀性的不同趋势。

表 3.17　等离子体功率对关键尺寸和沟槽深度均匀性的影响[71]

条　　件	高频：低频的功率比例	关键尺寸的均匀性	沟槽深度的均匀性
1	300∶900	9%	1.5%
2	200∶600	7%	2.1%
3	900∶300	12%	2.7%
4	600∶200	10%	5.2%

　　此外,通过对介电材料主蚀刻步骤的功率、对底部抗反射层蚀刻选择比、沟槽深度的调节,可以得到不同的大马士革结构的侧壁轮廓图形,充分诠释了蚀刻技术某种程度上是一种艺术的行为。图 3.139 总结了 6 种不同侧壁轮廓图形的双大马士革结构。其中,图 3.139(e)和图 3.139(f)具有最高的通孔高度,在通孔关键尺寸相同的前提下,更高的通孔具有更大的深宽比,将显著降低金属填充的工艺窗口。图 3.139(c)、(d)具有不平滑的通孔-沟槽-通孔的过渡倒角,容易形成缺陷或者电子的异常堆积形成局部高电场,从而降低电迁移可靠性测试。而图 3.139(b)、(a)相比,具有较高的通孔高度及较长的通孔间过渡平台,有更多的金属铜的黏结层和阻止层沉积在此过渡倒角,因此具有更高的电阻。图 3.139(a)从金属填充、金属沟槽电阻、通孔电阻及可靠性测试等方面综合考量,是希望蚀刻形成的侧壁轮廓曲线。

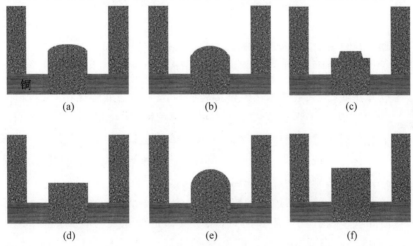

图 3.139　沟槽蚀刻步骤产生的 6 种不同侧壁轮廓图形的双大马士革结构[72]

　　原位灰化(in-situ ashing)是指在沟槽主蚀刻步骤后,去除底部抗反射层的灰化工艺。通常使用的气体有 O_2、CO_2、CO、N_2、H_2 等。灰化步骤的反应压力,对沟槽的侧壁轮廓图形以及通孔的接触电阻有明显影响。图 3.140 表明,高压灰化比低压灰化更容易使沟槽顶部形成圆弧形状。这是由于原位灰化步骤中,蚀刻反应腔中仍有残留的蚀刻剂基体,起到一些蚀刻的作用,而高压下等离子体碰撞较多,方向性变差,横向蚀刻增加导致更加圆弧形状顶部的沟槽。此外,低压灰化比高压灰化显示出更为收敛的通孔电阻。这是由于低压灰化加强了方向性,增加了对通孔底部的轰击能力,增强了去除通孔残余物的清洁能力,从而具有更加收敛的、均匀性更好的通孔电阻的分布。

　　图 3.141 所示为蚀刻终止层蚀刻步骤的不同蚀刻气体形成的完全不同的沟槽顶部和通孔底部的侧壁轮廓曲线图形。使用 NF_3 气体可以得到平滑的沟槽顶部和部分横向蚀刻的通孔底部的侧壁轮廓形状,这是由于 NF_3 比 CF_4 具有更高的蚀刻终止层材料对于层间介电材料的

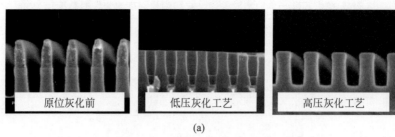

(a)

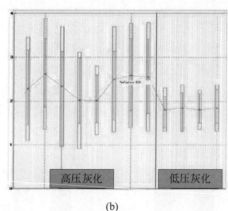

(b)

图 3.140　原位灰化步骤反应压力对沟槽轮廓及通孔接触电阻的影响[70]

(a) 不同灰化反应压力的沟槽轮廓图形；(b) 不同灰化反应压力对通孔接触电阻的影响

蚀刻选择比,高选择比使得 NF_3 气体在蚀刻过程中对沟槽顶部的消耗比 CF_4 气体工艺的消耗少,因此,CF_4 气体工艺倾向于形成圆弧状的沟槽顶部图形,从而减小了金属线间的有效距离;此外,CF_4 气体还会蚀刻沟槽侧壁,并且使得沟槽侧壁的粗糙度加剧变差,将不可避免地降低最终的时间相关介质击穿可靠性能。而 NF_3 气体工艺,由于蚀刻剂气体中无 C 元素,近似于无反应聚合物的工艺,它的副作用就是在通孔底部的蚀刻终止层进行蚀刻时,对通孔底部的侧壁保护不足,容易形成图示的横向蚀刻的侧壁轮廓,通孔底部的这一形状,由于具有更大的底部关键尺寸,反而降低了通孔的电阻。所以,NF_3 气体近似无聚合物副产物的特性使得通孔电阻的均匀性得到提高。所有这些都表明,蚀刻停止层蚀刻步骤对可靠性和电性能都有影响,尤其是其使用的蚀刻剂气体具有不同的聚合物和蚀刻选择比行为,对时间相关介质击穿的可靠性和通孔电阻都有显著影响,如图 3.142 所示。

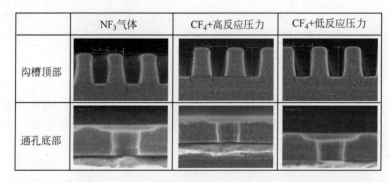

图 3.141　蚀刻终止层蚀刻步骤中不同蚀刻气体对沟槽顶部和通孔底部侧壁轮廓曲线的影响[70]

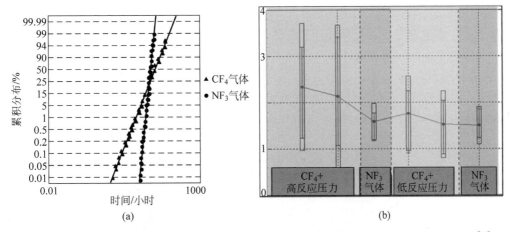

图 3.142　蚀刻终止层蚀刻步骤中蚀刻气体对时间相关介质击穿可靠性和通孔电阻的影响[70]

(a) 蚀刻气体对时间相关介质击穿可靠性的影响；(b) 蚀刻气体对通孔电阻的影响

由于沟槽的表面和侧壁均会暴露在灰化工艺的等离子体中，因此对低介电常数材料会产生破坏和损耗，尤其是对介电常数小于 2.6 的超低介电常数材料会产生严重的损害。

3.13.3　金属硬掩膜先沟槽工艺流程沟槽蚀刻工艺对关键尺寸、轮廓图形及电性能的影响

金属硬掩膜先沟槽工艺的沟槽蚀刻工艺如图 3.112 所示，包括通孔蚀刻、沟槽蚀刻和蚀刻终止层蚀刻 3 个主要步骤。

通孔蚀刻步骤对金属硬掩膜层的选择比直接决定了最终的通孔与沟槽、通孔和通孔之间的距离，通孔的表面形貌，而且对于通孔的接触电阻、时间相关介质击穿和电迁移的可靠性都有显著影响。

穿通方法通孔（Punch Through，PT）和自对准通孔（Self Aligned Via，SAV）是两个典型的结果，如图 3.143（等比例示意图）所示。穿通方法通孔蚀刻，是通过具有很低的或者基本没有对金属硬掩膜的蚀刻选择比的通孔蚀刻步骤把经过曝光显影定义的通孔图形传递到（超）低介电常数的层间材料，使得最终形成的通孔的尺寸、形状和层间对准均由曝光和显影决定，如图 3.143(a)所示。自对准通孔蚀刻则是通过具有很高的对金属硬掩膜选择比的通孔蚀刻步骤把曝光显影的通孔图形与金属硬掩膜层图形（沟槽）相重叠的图形部分传递到层间材料，形

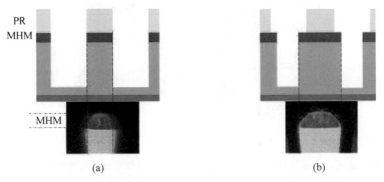

图 3.143　金属硬掩膜先沟槽工艺的通孔蚀刻步骤示意图[73]

(a) 穿通方法通孔蚀刻；(b) 自对准通孔蚀刻

成通孔的蚀刻方法,如图 3.143(b)所示。

图 3.144 是穿通方法通孔部分自对准通孔工艺(Partial SAV)、自对准通孔工艺方法在通孔蚀刻步骤(PV step)后、沟槽蚀刻全部完成后及金属铜填充、化学机械研磨后的俯视图,以及通孔、沟槽分别在 X 和 Y 方向的剖面图。显而易见,通孔蚀刻或沟槽蚀刻完成后,穿通方法通孔仍保持了圆形的形状及曝光显影后的关键尺寸;而自对准通孔则呈现出椭圆形的形状,其中,在沟槽垂直方向,具有与金属硬掩膜沟槽相同的关键尺寸,而在沟槽方向的关键尺寸由曝光显

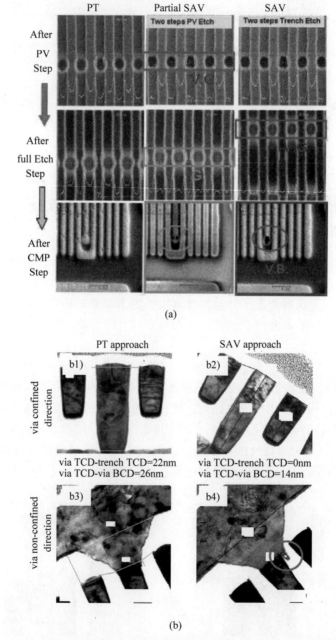

图 3.144　穿通方法通孔和自对准通孔方法蚀刻及金属铜填充后的俯视图及剖面图[73,74]
(a) 穿通方法通孔和自对准通孔方法蚀刻及金属铜填充后的俯视图;(b) 穿通方法通孔和自对准通孔方法蚀刻的通孔、沟槽分别在 X 和 Y 方向的剖面图

影后的关键尺寸决定。穿通方法通孔的关键尺寸较大，后续的铜金属的填充工艺窗口大，但通孔与沟槽之间的距离近，时间相关介质击穿的可靠性差。自对准通孔方法形成的通孔尺寸较小，铜金属的填充工艺窗口小，容易产生孔洞的金属填充缺陷，但通孔与沟槽之间的距离较远，具有优良的时间相关介质击穿的可靠性。自对准通孔工艺制备的通孔与沟槽间的有效距离与穿通方法相比，增加了11nm，从而显著改善了时间相关介质击穿可靠性，如图3.145所示。

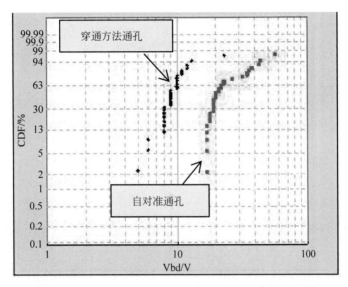

图 3.145　穿通方法通孔和自对准通孔方法的时间相关介质击穿可靠性对比[74,83~87]

　　因此，随着工艺整合技术的发展和关键尺寸的缩小，自对准通孔工艺展现出了优良的可靠性，并且能克服光刻图形技术对最小尺寸、图形对准的局限性，得到越来越多的青睐，但是自对准工艺的通孔接触电阻高以及不利于金属填充的弊端还有待工艺整合去改善安全工艺窗口。

　　典型的自对准通孔蚀刻形成的通孔为椭圆形，长轴关键尺寸由光刻图形曝光定义。由于后段工艺整合的版图设计规则通常规定，相邻的上、下金属连线层为垂直交叉分布，如图3.146所示，则椭圆形通孔的长轴，即未被金属硬掩膜层沟槽限制方向的关键尺寸会大于前层金属线的顶部关键尺寸，容易形成类似尖角的缺陷，使得前层金属线间介电材料的有效距离变小，从而大大降低前层金属线间的时间相关介质击穿可靠性，如图3.147所示。为改善这一缺陷，提高安全工艺窗口，在通孔蚀刻步骤中，要实现一定的尺寸收缩，搭配通孔的侧壁轮廓曲线，使得最终的通孔底部关键尺寸小于前层金属线的尺寸，并要预留出光刻图形对准的安全窗口，我们称实现这些目标的工艺为通孔尺寸缩小的金属硬掩膜沟槽蚀刻工艺。其中，通孔尺寸的

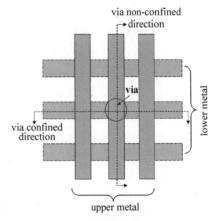

图 3.146　典型的通孔、沟槽相对位置示意图[73]

收缩可以通过优化等离子体高、低频功率的比例及蚀刻气体的比例来实现。

　　通孔蚀刻步骤时间的长短，即蚀刻量的多少，在金属硬掩膜的沟槽蚀刻中有显著的影响。当通孔蚀刻时间较长时，金属铜很早即暴露在后续的沟槽蚀刻步骤中，会过多地消耗等离子体中的氧离子，使得沟槽蚀刻步骤的等离子体氛围变成氧离子缺少、[CF]基聚合物增加的状态，

向下蚀刻的方向性变差,更多的聚合物、副产物沉积在沟槽侧壁,最终形成倾斜的沟槽侧壁轮廓曲线,通孔顶部的关键尺寸变大,从而影响到可靠性。通孔蚀刻时间较短,则最终的双大马士革结构中的通孔高度很高,并容易形成台阶状的过渡,大大降低电迁移可靠性,如图 3.148 所示。因此,要严格优化、控制通孔蚀刻步骤时间或者通孔步骤蚀刻量。通过大量的试验,得到的最佳结果是,通孔蚀刻步骤的蚀刻深度维持在 1/2~2/3 时,具有符合要求的关键尺寸,最佳的安全工艺窗口,最好的可靠性。

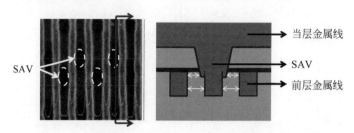

图 3.147 椭圆形自对准通孔对金属线间可靠性的影响[73]

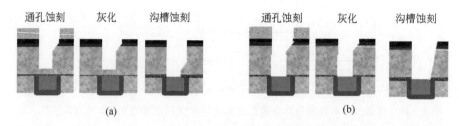

图 3.148 通孔蚀刻步骤时间对通孔的侧壁轮廓曲线和底部关键尺寸的影响的示意图[74]
(a)通孔蚀刻步骤时间短;(b)通孔蚀刻步骤时间长

由于金属硬掩膜的先沟槽蚀刻工艺的步骤顺序为通孔蚀刻后去除有机平坦化涂层再进行沟槽蚀刻,这样可以最大限度地减少(超)低介电常数材料的损伤。沟槽蚀刻后在铜金属表面有残留的[F]基聚合物,若没有类似灰化的步骤,当晶圆从蚀刻反应腔体传出,进入大气环境下之后,水汽可以和残留的[F]基聚合物继续反应,并且造成金属铜的进一步损耗,严重的时候金属铜的损失可以达到 10nm。由于金属铜的损耗及表面形态的破坏,不但影响通孔的接触电阻,而且会大大降低后续金属铜填充步骤中发生孔洞的安全工艺窗口。这表明等离子体蚀刻完成后,沟槽蚀刻与后续酸洗工艺之间等待时间的安全工艺窗口很小。为改善这一问题,引入蚀刻后的等离子体表面处理工艺、方法,如图 3.149 所示。等离子体表面处理可以大幅减少在金属铜及层间介电材料侧壁残留的反应聚合物,取而代之的是在金属铜及层间介电材料侧壁表面产生一层均匀的保护膜,隔绝大气中水汽的影响,并且可以达到显著降低 RC 延迟效应的效果,如图 3.150 所示。

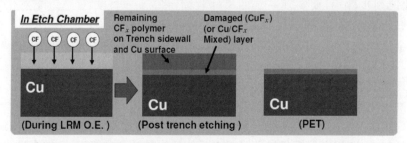

图 3.149 等离子体表面处理工艺对金属铜表面改性的示意图[74]

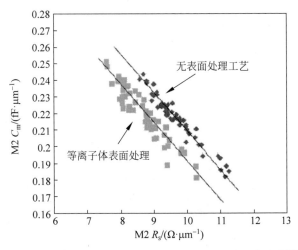

图 3.150　等离子体表面处理工艺对 RC 曲线的显著改善[74]

3.14　钝化层介电材料的蚀刻

　　钝化层是用于保护集成电路器件和金属连线结构,提供一定的应力缓冲,不被后续切割、清洗和封装等工艺破坏和腐蚀的保护层。钝化层使用的介电材料通常为氧化硅和氮化硅材料,其尺寸都是微米级的,对侧壁轮廓曲线没有特殊要求。钝化层介电材料蚀刻使用单一的光刻胶为掩膜,蚀刻剂气体为[F]基气体,通常是 CF_4 和 CHF_3 或 CH_2F_2 的组合并伴有一些稀释气体,通过优化蚀刻气体比例、等离子体的源功率和偏置功率以及温度的方式调节侧壁轮廓角度、尺寸和蚀刻深度的均匀性。由于工艺整合对其要求宽松,工艺比较简单。在此,不做过多叙述。

3.15　铝垫的金属蚀刻

　　铝金属蚀刻通常使用光刻胶为掩膜,在金属蚀刻反应腔体中进行。由于氟基气体蚀刻金属铝得到的生成物 AlF_3 是低蒸汽压非挥发性的产物,无法用来蚀刻铝,通常用氯基气体蚀刻金属铝。纯氯气蚀刻铝是各向同性的,为获得各向异性的蚀刻工艺以得到需要的轮廓曲线和尺寸,必须在蚀刻过程中使用聚合物来对侧壁进行钝化保护,除了用等离子体物理轰击光刻胶捕获碳来得到一些聚合物外,还要加入容易产生聚合物的气体作为蚀刻剂,如 CHF_3、N_2、CH_4 等;同时,在铝金属蚀刻中还大量使用到 BCl_3 气体,主要目的有:BCl_3 与[O]、[H]离子的反应性极优,优先反应后带走反应腔中及反应过程中产生的[O]、[H]离子以降低铝金属蚀刻终止及未来发生腐蚀的可能性;同时,BCl_3 气体在等离子体中分解为 BCl_x 原子团和 BCl_3^+ 正离子,$[BCl_3]^+$ 正离子具有很大的分子量,是形成物理轰击的重要离子来源,增强物理轰击效果;而 BCl_x 原子团可以与 Cl 原子发生如式(3-8)

$$BCl_x + Cl \rightarrow BCl_{x+1} \tag{3-8}$$

的"再结合"反应,这个反应通常会在没有暴露在粒子轰击下的侧壁表面上进行,这种再结合反应将消耗掉侧壁表面的氯原子,降低侧壁吸附的氯原子从而减少侧面的蚀刻,提高了蚀刻的各向异性,达到很好控制侧壁轮廓剖面的作用。蚀刻过程中加入可以迅速生成聚合物提供侧壁保护的气体如 CHF_3、N_2 或 CH_4,使金属铝的侧壁上较为优先吸附氟、氮或者碳氢化合物的方式,来进一步减少氯原子与铝侧壁接触发生反应,达到保护侧壁,使得氯基气体对金属铝的各向异性蚀刻能力更好。通过研究这 3 种不同气体对蚀刻后金属铝侧壁形貌的影响[75],结果表明,N_2 保护气体在蚀刻过程中产生太多的侧壁保护,容易形成梯形的侧壁形貌;CHF_3 对侧壁的保护则不够完善;CH_4 气体实现了均匀的侧壁保护,并能保持几近垂直的侧壁角度,可以提供最优的侧壁保护,如图 3.151 所示。

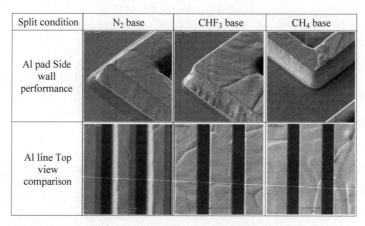

图 3.151　CHF_3、N_2、CH_4 气体对金属铝侧壁形貌的影响[75]

金属铝蚀刻中的一个难点是其多层金属复合膜的复杂性,在复合膜中常常使用作为图形曝光抗反射层的 TiN 或其他的抗反射材料,以及下面的黏附阻挡层如 Ti 或其他材料,这些都增加了蚀刻工艺的复杂性。为了蚀刻表面的抗反射材料层,可能使用到的化学气体是 Cl_2/SF_6/CF_4/CHF_3/BCl_3/Ar/O_2 其中的组合,而蚀刻 TiN 抗反射膜则用 Cl_2/BCl_3/N_2/CHF_3 其中的组合。此外,由于暴露于空气中的铝的氧化几乎是同时发生的,要抑制或者控制氧化铝的产生,否则会造成蚀刻终止。下面具体介绍蚀刻铝金属复合膜的典型步骤:

① 蚀刻抗反射层。

② 去除表面的自然氧化层的预蚀刻(亦可能与第①步结合)。

③ 金属铝的主蚀刻,通常是用反应产物探测器来侦测金属铝的蚀刻终止。

④ 去除铝残留物的过蚀刻,这一步骤也可能是主蚀刻步骤的延续。

⑤ 底部阻挡层蚀刻(亦可能与第④步结合)。

⑥ 为防止具有侵蚀性能的蚀刻残留物的去除(可选,亦可以和下一步骤结合)。

⑦ 去除光刻胶。

铝金属蚀刻后,需要很好地控制铝金属的侵蚀,任何在蚀刻工艺中残留的副产物都具有侵蚀性(主要是都含有氯成分,而氯离子在大气环境下会与空气中的水反应生成强腐蚀性的HCl,它们可以快速反应、腐蚀金属铝),必须很快对其中和或者从硅片表面去除。因此,在蚀刻和灰化工艺中控制水蒸气和氧气的含量很关键。典型的金属铝蚀刻的等离子体蚀刻和处理副产物、灰化处理光刻胶是在同一个蚀刻机台的真空环境下、不同反应腔体中连续完成,在光刻胶灰化过程中将腐蚀性的化合物去除后,再将晶片传出到大气环境。

作为芯片的连线材料和集成电路的封装衬垫,铝和铝合金已经广泛地用于以铜互连为逻辑集成电路后段的工艺中。在 65nm/90nm 节点逻辑技术的工艺开发期,特殊设计的产品的图形密度差异对铝垫蚀刻工艺提出了挑战,这主要来自于图形密度的变化引入了宏观和微观的蚀刻负载效应。具体来说,宏观的蚀刻负载效应是指不同产品图形密度之间的差异引起的铝垫蚀刻的腐蚀工艺窗口有相关问题,而微观的负载效应则是指同一产品版图内部铝线(密集分布)与铝垫(稀疏分布)之间的蚀刻形貌相关负载。低的图形密度在铝蚀刻中产生更多的聚合物,这些聚合物可以保护金属铝的侧壁,因而可以扩大铝垫之间腐蚀短路的工艺窗口。然而,较多的聚合物则加重了微观负载效应,导致不同产品的连接电阻的可靠性差。事实上,铝垫蚀刻是一种平衡这两种负载效应而折中的工艺,即在同一时间解决宏观负载和微观负载效应。

同样的铝垫蚀刻工艺在不同的图形密集度(产品光罩的透射率)的产品之间具有截然不同的腐蚀缺陷安全工艺窗口。表 3.18 研究了产品图形密集度对于蚀刻时间和腐蚀窗口的影响,结果表明蚀刻时间对光罩的透射率有着很强的线性依赖关系,透射率越高,需要的主蚀刻时间越长,腐蚀缺陷会更严重。这是因为当更多的铝薄膜暴露在等离子体中等待被蚀刻时,需要的主蚀刻时间会线性增加,而同时可用来提供铝垫侧壁保护、形成聚合物的光刻胶被减少,由此导致更差的宏观负载效应,产生更多的腐蚀缺陷。从表 3.18 中可以看出,透射率小的产品具有优良的腐蚀缺陷的安全工艺窗口。

表 3.18　产品图形密集度对铝垫蚀刻工艺及缺陷安全窗口的影响[76]

蚀刻条件	A	B	C	D	E	F
产品图形密集度/%	P	$P+6.5$	$P+14.5$	$P+24.9$	$P+32.5$	$P+41.2$
主蚀刻时间/s	t	$t+3$	$t+8$	$t+12$	$t+15$	$t+19$
腐蚀缺陷数量/个	0	0	0	9	65	>300

为扩大无腐蚀的安全窗口,使用透射率最高(在理论上具有最小的无腐蚀安全窗口)的产品做试验,主要采用不同的 CH_4(一种可以迅速生成聚合物以提供侧壁保护的气体)使用量,研究了蚀刻气体对腐蚀缺陷的影响,以及相应的蚀刻终点和腐蚀缺陷的状况,参见表 3.19。当 CH_4 的使用量达到 2.3T 时,得到了无腐蚀的安全窗口。然而当继续增大 CH_4 的使用量达到 3.3T 时,腐蚀缺陷再次出现,腐蚀缺陷的示意图如图 3.152 所示。可以明显地看到,已经在侧壁上积聚了很多的聚合物,也注意到这种腐蚀缺陷是从剥落的聚合物同铝垫侧壁的界面处产生出来的。这种现象归因于铝金属侧壁上的聚合物太多,其中有太多的氯基化合物被埋敷在侧壁保护层中,无法被完全去除,当铝垫接触大气环境后,这些氯基化合物就吸收空气中的水分,开始侵蚀金属铝。更高的 CH_4 气流对应更长的蚀刻终点时间。这表明,从聚合物沉积的观点来说,CH_4 起着与透射率类似的作用,即,CH_4 的增加可以补偿由于高透射率光阻面积少、缺少聚合物的不足。因此,无腐蚀缺陷的工艺安全窗口需要综合考虑透射率和 CH_4 的使用量,经过很多试验,结果表明 CH_4 使用量 T 对所有的透射率小于 70% 的情况为安全窗口,当透射率为 96.2% 时,CH_4 的使用量被优化为 $2.5T$[76]。

表 3.19　CH_4 气体使用量对铝垫蚀刻工艺及缺陷安全窗口的影响[76]

蚀刻条件	a	b	c	d	e	f
CH_4 气体用量/sccm	T	$1.3T$	$2.0T$	$2.3T$	$2.7T$	$3.3T$
主蚀刻时间/s	t	$t+2$	$t+6$	$t+9$	$t+13$	$t+20$
腐蚀缺陷数量/个	>300	>300	55	0	0	65

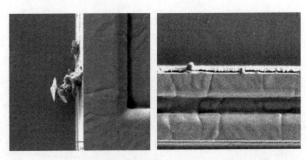

图 3.152　等离子体表面处理工艺对 RC 曲线的显著改善[76]

　　铝线和铝垫是铝蚀刻中需要特别考虑微负荷效应的两个极端的情况。在所述试验中,铝线的尺寸及线间距均为 $1\sim3.5\mu m$,其特征称为密集区;铝垫的尺寸则为 $50\mu m$ 以上,并且图形密度为稀疏区。如图 3.153 所示,铝线的形状比铝垫更显锥形,这主要是因为密集区的铝线图形在蚀刻过程中会产生更多的聚合物,这会降低金属铝的蚀刻速率,过蚀刻工艺窗口无法保证,从而得到锥形的侧壁轮廓。由于金属铝仍残留于铝线之间,因此会造成铝线之间的短路。这些残余物中也可能有来自无法被清洗掉的聚合物残留,这些残余物、残留物都会吸收大气中的水分,继而进一步侵蚀铝金属。铝垫图形的腐蚀缺陷通常发生在侧壁上,这主要是由于侧壁保护的聚合物未能达到最佳的平衡状态。图 3.154 所示为通过调节偏置功率和 BCl_3 的气体比例,得到优化的侧壁轮廓曲线和顶视图。从图中可以清楚地看到,在铝线区不仅没有铝的残余物,而且得到的铝线的侧壁轮廓角度更竖直。而通过对比偏置功率和 BCl_3 气体比例优化前后的铝线的俯视图,亦发现,当采用比较低的偏置功率和 BCl_3 蚀刻气体用量时,侧壁变得更加陡直,这主要是因为物理轰击作用的降低,使得从光阻中轰击出来的聚合物大幅减少,从而改善了锥形的侧壁轮廓。因此,偏置功率和 BCl_3 的用量,是平衡聚合物在铝线和铝垫区域沉积的有效方法。结果表明,铝线的侧壁轮廓角度对偏置功率和 BCl_3 敏感,而铝垫则相对较弱。

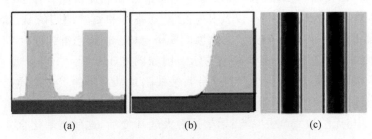

(a)　　　　　　　　(b)　　　　　　　　(c)

图 3.153　未经优化的铝垫蚀刻工艺的负载效应[76]

(a) 铝线;(b) 蚀刻开的铝垫;(c) 铝线顶视图

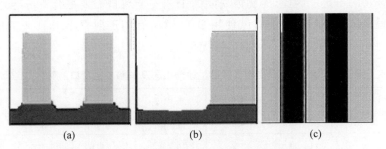

(a)　　　　　　　　(b)　　　　　　　　(c)

图 3.154　优化后的铝垫蚀刻工艺对负载效应的改善[76]

(a) 铝线;(b) 蚀刻开的铝垫;(c) 铝线顶视图

参 考 文 献

[1] 1960-Metal Oxide Semiconductor(MOS) Transistor Demonstrated: John Atalla and Dawon Kahng Fabricate Working Transistors and Demonstrate the First Successful MOS Field-effect Amplifier (U. S. Patent 3,102,230 Filed in 1960,Issued in 1963). Computer History Museum.

[2] Sah C T. A New Semiconductor Triode,the Surface Potential Controlled Transistor. Proceedings of the IRE,1961,47(11): 1623-1634.

[3] Hofstein S R,et al. The Silicon Insulated Gate Field Effect Transistor. Proceedings of the IEEE,1963, 51(9): 1190-1202.

[4] Faggin F,et al. A Faster Generation of MOS Devices with Low Thresholds is Riding the Crest of the New Wave Silicon-Gate IC's. Electronics,1969: 88-94.

[5] Faggin F,et al. The MCS-4-An LSI Microcomputer System. IEEE Region Six Conference. San Diego. Calif. ,1972.

[6] Birkner J. Reduce Random-logic Complexity. Electronic Design,1978,26 (17): 98-105.

[7] Moore G E. Cramming More Components onto Integrated Circuits. reprinted by Proceeding of IEEE, 1998,86(1): 82-85.

[8] http://www. intel. ua/content/www/ua/uk/silicon-innovations/moores-law-technology. html.

[9] http://img1. mydrivers. com/img/20141016/990d5cc2787d4d6c9fec97394e8d4525. png.

[10] Shanefelt M R,et al. Challenges in Hardening Technologies Using Shallow-trench Isolation. IEEE transactions on nuclear science,1998,45(6): 2584.

[11] Burton G,et al. New Techniques for Elimination of the Bird's Head and Bird's Beak. 1984 International Electron Devices Meeting,1984,30: 582-585.

[12] Nandakumar M,et al. Shallow Trench Isolation for Advanced ULSI CMOS Technologies. 1998 International Electron Devices Meeting. IEDM'98. Technical Digest,1998: 133-136.

[13] http://www. google. com/patents/US8501629.

[14] Abdallah D J,et al. Etching Spin-on Trilayer Masks. Proceeding of SPIE. The international society for optical engineering,2017,6923: 69230U.

[15] Wang Q F,et al. A New Test Structure for Shallow Trench Isolation (STI) Depth Monitor. IEEE International Conference on Microelectronic Test Structures,2007: 29-31.

[16] www. appliedmaterials. com/products/producer-eharp-cvd.

[17] www. appliedmaterials. com/products/producer-eterna-fcvd.

[18] Wang Y,et al. Process Loading Reduction on SADP FinFET Etch. 2015 China Semiconductor Technology International Conference.

[19] Victor H. Apple iPhone 6s and iPhone 6s Plus Rumor Round-up: Specs. Features. Price and Release Date. from www. phoneArea. com,2015.

[20] Lee Y H,et al. Silicon Doping Effects in Reactive Plasma Etching. Journal of Science and Technology B,1986,4(2): 468.

[21] Zhang T, et al. PEUG meeting,1999.

[22] Fukasawa M,et al. Journal of science and technology A,2011,29: 041301.

[23] Huang Y,et al. 65nm Poly Gate Etch Challenges and Solutions. 2008 9th International Conference on Solid-State and Integrated-Circuit Technology,2008: 1166-1169.

[24] Shen M H,et al. Active Area Width and Topography Effects on Sub 45nm Poly Gate CD. ECS Transactions,2011,34(1): 319-323.

[25] Available: http://www. sematech. org. The International Technology Roadmap for Semiconductor, Semiconductor Industry Association. San Jose. CA. [Online].

[26] Kim H W, et al. Experimental Investigation of the Impact of LWR on Sub-100-nm Device Performance. IEEE Transactions on Electron Devices,2004,51(12): 1984-1988.

[27] Han Q H,et al. The Critical Role of the Plasma Based Post Litho Treatment. ECS TRANS,2014, 60(1): 355-360.

[28] Brihoum M,et al. Revisiting the Mechanisms Involved in the Line Width Roughness Smoothing of 193nm Photoresist Patterns During HBr Plasma Treatment. Journal of Applied Physics,2013,113(1): 013302.

[29] VUV Photons and Synergistic Roughening Mechanisms of 193nm Photoresist in Inductively Coupled Plasmas. 2010 NCCAVS.

[30] Farys V, et al. Double Patterning Challenges for 20nm Technology. SEMICON Europa, 2011. unpublished.

[31] Ghani T,et al. A 90nm High Volume Manufacturing Logic Technology Featuring Novel 45nm Gate Length Strained Silicon CMOS Transistors. Electron Devices Meeting,2003,11(6): 1.

[32] Tamura N, et al. Embedded Silicon Germanium (eSiGe) Technologies for 45nm Nodes and Beyond. Junction Technology. 2008. IWJT'08. Extended Abstracts-2008 8th International workshop on,2008: 73-77.

[33] Thong J T L,et al. TMAH Etching of Silicon and the Interaction of Etching Parameters,Sensors and Actuators A. Physical,1997,63: 243.

[34] Sui Y Q,et al. A Study of Sigma-Shaped Silicon Trench Formation. ECS Trans,2013,52(1): 331-335.

[35] Meng X Y, et al. High H2 Ash Process Applications at Advanced Logic Process. 2015 China Semiconductor Technology International Conference,2015.

[36] Blanc R,et al. Patterning of Silicon Nitride for CMOS Gate Spacer Technology. III. Investigation of synchronously used $CH_3F/O_2/He$ plasmas. Journal of Vacuum Science & Technology B 32. 021806,2014.

[37] Lee B H,et al. Gate Stack Technology for Nanoscale Devices. materials today,2006,9(6): 32-40.

[38] Economou D J. Pulsed Plasma Etching for Semiconductor Manufacturing. Journal of Physics D: Applied Physics,2014,47(30): 303001.

[39] Bannaa S,et al. Pulsed High-density Plasmas for Advanced Dry Etch Processes. Journal of Vacuum Science & Technology A: Vacuum,Surfaces,and Films,2012,30(4): 040801.

[40] Huang R X,et al. Synchronous Pulsing Plasma Utilization in Dummy Poly Gate Removal Process. Proceedings of SPIE-The International Society for Optical Engineering,2015: 9428.

[41] Altamirano E,et al. Towards the Understanding of CH_3F/O_2 Chemistry. no published.

[42] Posseme N,et al. Alternative Process for Thin Layer Etching: Application to Nitride Spacer Etching Stopping on Silicon Germanium. Applied Physics Letters,2014,105(5): 051605.

[43] Adachi K,et al. S/D Extension Formation Utilizing Offset Spacer for 65 nn Node High Performance CMOS. Junction Technology. Extended Abstracts of the Third International Workshop on,2002: 103-104.

[44] Han B D,et al. Yield Enhancement with Optimized Offset Spacer Etch for 65nm Logic Low-leakage Process. ECS Transactions,2009,18(1): 659-662.

[45] Chen X, et al. Stress Proximity Technique for Performance Improvement with Dual Stress Liner at 45nm Technology and Beyond. 2006 Symposium on VLSI Technology. Digest of Technical Papers, 2006: 60-61.

[46] Fang S, et al. Process Induced Stress for CMOS Performance Improvement. 8th International Conference on Solid-State and Integrated Circuit Technology Proceedings,2006: 108-111.

[47] Tseng Y H, et al. High Density and Ultra Small Cell Size of Contact ReRAM (CR-RAM) in 90nm CMOS Logic Technology and Circuits. IEEE International Electron Devices Meeting (IEDM). 2009:

1-4,DOI：10. 1109/IEDM,2009,5424408.

[48] Liou S C,et al. The Physical Failure Analysis (PFA) of IDDQ and IDDQ_Delta Fail in 90nm Logic Products. Proceedings of the 12th International Symposium on the Physical and Failure Analysis of Integrated Circuits, 2005. IPFA 2005：47-51,DOI：10. 1109/IPFA. 2005. 1469129.

[49] Futase T,et al. Disconnection of NiSi Shared Contact and Its Correction Using NH₃ Soak Treatment in Ti/TiN Barrier Metallization. IEEE International Reliability Physics Symposium, 2010：995-1000, DOI：10. 1109/IRPS. 2010. 5488688.

[50] Funk K,et al. NiSi Contact Formation Process Integration Advantages With Partial Ni Conversion. 12th IEEE International Conference on Advanced Thermal Processing of Semiconductors，2004：94-98.

[51] Wang X P,et al. Dry Etching Solutions to Contact Etch for Advanced Logic Technologies. 2013 CSTIC. ECS Transactions,2013,52 (1)：343-348.

[52] Wang X P,et al. Impact of Etching Chemistry and Sidewall Profile on Contact CD and Open Performance in Advanced Logic Contact Etch. 2010 CSTIC. Ecs Transactions,2010,27(1)：737-741.

[53] Wang X P,et al. Dry Etching Solutions to Contact Hole Profile Optimization for Advanced Logic Technologies. ECS Transactions,2012,44(1)：351-355.

[54] Hu X W,et al. Improving Copper Interconnect Reliability via Ta/Ti Based Barrier. CSTIC2011. ECS Transactions，2011,34(1)：775-780.

[55] https://wenku. baidu. com/view/4f57021add36a32d72758121. html.

[56] 韩郑生,等译. 半导体制造技术. 北京：电子工业出版社,2004.

[57] Marangon M S,et al. Aluminum Thinning onto Blanket and Etched Back Tungsten Plugs：Simulation of Geometrical Effects. ESSDERC '92：22nd European Solid State Device Research conference,1992：499-502.

[58] Kinoshita K,et al. Via-Shape-Control for Copper Dual-Damascene Interconnects With Low-k Organic Film. IEEE Transactions on Semiconductor Manufacturing,2008,21(2)：256-262.

[59] Zhou J Q,et al. Applying Uniform Design of Experiment in Tri-layer-based Trench Etch for EM Lifetime Performance Enhancement CSTIC 2013. ECS Transactions,2013,52(1)：295-300.

[60] Gai C G,et al. Total Solutions for 40nm Metal Hard-mask All-In-One Etch Process. CSTIC2014. Ecs Transactions,2014,60(1)：413-424.

[61] Zhou J,et al. Reliability Comparison on Self-Aligned Via and Punch-Through Via Etch Methods of Hard-Mask Based Cu/ultra Low-k Interconnects， 2013： 221-223, DOI： 10. 1109/IPFA, 2013：6599157.

[62] Zhou J Q,et al. The Critical Role of Dielectric Trench Etch in Enhancing Cu/low-k Dielectric Reliability for Advanced CMOS Technologies. 2012 CSTIC. ECS Transactions,2012,44(1)：357-361.

[63] https://wenku. baidu. com/view/9d48962be2bd960590c677ae. html.

[64] https://wenku. baidu. com/view/30274dc39ec3d5bbfd0a742d. html.

[65] Chang C Y, et al. Etch process optimization and electrical improvement in TiN hard mask ultra-low k interconnection. 2011 e-Manufacturing & Design Collaboration Symposium & International Symposium on Semiconductor Manufacturing，2011：1-21.

[66] Wang D J,et al. CD Bias Loading Control in Metal Hard Mask Open Process. 2013 CSTIC. ECS Transactions，2013,52(1)：317-323.

[67] Han Q H,et al. Review of Plasma-Based Etch Treatment in Dielectric Etch Process. 2013 CSTIC. ECS Transactions,2013,52(1)：349-355.

[68] Sun W,et al. Mechanism of Via Etch Striation and Its Impact in 65nm Cu low-k Interconnects. ICSICT2008. International Conference on Solid-state & Integrated circuit technology. 2008 CSICT. 2008,4734771：1235-1237.

[69] 张汝京,等. 纳米集成电路制造工艺. 北京：清华大学出版社,2004.

[70] Sun W, et al. Etch Arts of Dual Damascus Structure and Their Impacts on WAT/VBD in 65nm Cu Interconnects. ECS Transactions? 18(1): 645-650.

[71] Ma C T, et al. Review of 65nm and Beyond Tri-layer Trench Etch Issues for Copper Dual Damascene in Low K Material. ISTC2006. Device Technology, 2006.

[72] Zhou J Q, et al. Dry Etch Process Effects on Cu/low-k Dielectric Reliability for Advanced CMOS Technologies. ECS Transactions, 2011, 34 (1): 335-341.

[73] Zhou J Q, et al. A Study of Self-Aligned-Via based All-in-one Etch. CSTIC2014. ECS Transactions. 2014, 60(1): 331-336.

[74] Hu M D, et al. All-in-one Etch Scheme to the Fabrication of Metal Hard-mask based Cu/Ultra Low-K Interconnects. 2013 CSTIC. ECS Transactions, 2013, 52(1): 311-316.

[75] Wang X P, et al. Influence of Polymeric Gas on Sidewall Profile and Defect Performance of Aluminum Metal Etch. ECS Transactions, 18 (1): 641-644.

[76] Fu Y L, et al. Pattern Density Effect in 65nm Logic BEOL Al-pad Etch. 2010 CSTIC. ECS Transactions, 2010, 27(1): 753-757.

[77] He Z B, et al. 40nm Contact Related Process Optimization for Defect Reduction. Semiconductor Technology International Conference, 2015: 1-2, OI: 10. 1109/CSTIC. 2015. 7153320.

[78] Zheng E H, et al. A Study of Self-Aligned Contact Etch of NOR Flash. Semiconductor Technology International Conference, 2015: 1-3, DOI: 10. 1109/CSTIC. 2015. 7153388.

[79] Chang R Y, et al. Challenges and Solutions in 2X Nand Contact Structure. Semiconductor Technology International Conference, 2016: 1-3, DOI: 10. 1109/CSTIC. 2016. 7463994.

[80] Huang J Y, et al. The Optimization of Post Etch Treatment for Contact Etch Process. Semiconductor Technology International Conference, 2015: 1-3, DOI: 10. 1109/CSTIC. 2015. 7153389.

[81] Chiu, Y C, et al. Novel Process Window and Product Yield Improvement by Eliminating Contact Shorts. Advanced Semiconductor Manufacturing Conference (ASMC), 2014 25th Annual SEMI, 2014: 11-14, DOI: 10. 1109/ASMC. 2014. 6846947.

[82] Ren H R, et al. Optimization of 28nm M1 Trench Etch Profile and ILD Loss Uniformity. Semiconductor Technology International Conference, 2015: 1-3, DOI: 10. 1109/CSTIC. 2015. 7153378.

[83] Zhou J Q, et al. The Impact of Metal Hard-mask AIO Etch on BEOL Electrical Performance. Semiconductor Technology International Conference, 2016: 1-3, DOI: 10. 1109/CSTIC. 2016. 7463992.

[84] Zhou J Q, et al. Metal Hard-Mask Based AIO Etch Challenges and Solutions. Semiconductor Technology International Conference, 2015: 1-3, DOI: 10. 1109/CSTIC. 2015. 7153386.

[85] Yao D L, et al. A Study of Pattern Transfer Fidelity During Metal Hard-Mask Open. Semiconductor Technology International Conference, 2015: 1-3, DOI: 10. 1109/CSTIC. 2015. 7153390.

[86] Zhang L Y, et al. 28nm Metal Hard Mask Etch Process Development. Semiconductor Technology International Conference, 2015: 1-5, DOI: 10. 1109/CSTIC. 2015. 7153376.

[87] Zhou J Q, et al. The Cu Exposure Effect in AIO Etch at Advanced CMOS Technologies. Interconnect Technology Conference/Advanced Metallization Conference (IITC/AMC), 2016 IEEE International, 2016: 147-149, DOI: 10. 1109/IITC-AMC. 2016. 7507713.

第4章

等离子体蚀刻在存储器集成电路
制造中的应用

摘 要

　　存储器是芯片领域除逻辑工艺之外的另一个制高点,是半导体元器件中用于信息存储的重要组成部分,半导体存储器种类繁多,不同产品之间的技术原理各有不同。本章将重点介绍等离子体蚀刻在存储器集成电路制造方面的应用,包括传统的闪存存储器、3D NAND闪存存储器及各种新型存储器。

　　本章首先介绍闪存的基本概念、发展历史、基本的工作原理、性能及主要厂商。对NAND闪存和NOR闪存这两大闪存器件进行全方位的对比。接着重点介绍等离子体在标准浮栅闪存中的应用,标准浮栅闪存与场效应晶体管一样是三端器件,不同之处在于前者是双栅极结构而后者是单栅极结构,由于栅极结构的不同,闪存和逻辑前段工艺相比有很大差异,薄膜组成的差别直接导致蚀刻工艺及要求的不同。本章就标准浮栅闪存在等离子体蚀刻中碰到的难点及挑战进行分析与探讨,对几道关键工艺提供不同的解决方案。随后还对特殊结构闪存:分栅闪存及纳米量子点存储结构的流程和蚀刻工艺进行简单介绍。随着线宽缩小到40nm节点以下,单次曝光蚀刻已经不能满足微缩的需要,这时就要引入双重图形工艺,而自对准双重图形工艺对NAND闪存这种高密度重复性的平行线条图形具有优异的线宽和节距控制效果。本章也对该工艺的流程及难点进行详细的分析探讨。平面的NAND闪存工艺随着几何尺寸的持续缩小,工艺的复杂性和成本都在急剧上升,而可靠性及性能却在下降。3D NAND将NAND闪存从二维平面结构向三维空间扩展,从缩小存储单元的关键尺寸转变为堆叠更多的层数,蚀刻的工艺与难度也较平面NAND闪存工艺有了很大的不同,高深宽比的结构给蚀刻带来了新的挑战,并且随着层数的增加,工艺的难度也随之增加。除了闪存工艺外,新型存储器因其易于集成现有CMOS逻辑电路及更佳的性能而得到了广泛的关注。本章最后介绍相变存储器PCRAM、磁性存储器MRAM和阻变式存储器RRAM几种新型存储器,这几种新型存储器都是非易失性双端子器件,在上下电极中间加入相应器件,为高低电阻双稳态器件。虽然新型存储器结构简单,但对等离子体蚀刻也提出了新的要求,包括一些特殊材料和特殊结构的蚀刻。

作 者 简 介

何其暘,2004 年 7 月获得复旦大学材料科学硕士学位,同年加入中芯国际集成电路制造(上海)有限公司技术研发中心并工作至今。广泛参与蚀刻工艺开发,相关产品包括逻辑芯片、DRAM、Flash Memory、Emerging Memory 以及 MEMS。其中逻辑器件技术节点包括 65nm、40nm、28nm 以及 14nm。现持有半导体技术相关专利 60 多项(包含 12 项美国专利),并于 2017 年 11 月获得第十九届中国专利优秀奖,2014 年所参选的"基于国产设备的 28 纳米刻蚀工艺技术"获得 2013 年度中国半导体创新产品和技术奖。

张翼英,2007 年 6 月获得浙江大学材料科学与工程专业博士学位,同年加入中芯国际蚀刻技术研发部门。全程参与了中芯国际分栅闪存存储器(Split Gate Flash)、NAND 闪存、NOR 闪存以及新型存储器中的相变存储器(PCRAM)、磁性存储器(MRAM)、阻变存储器(RRAM)等蚀刻工艺研发。目前在中芯国际集成电路制造(上海)有限公司技术研发中心任高级工程师。取得半导体技术专利授权 50 余项(包含 8 项美国专利),指导和发表国际会议论文 10 余篇。2017 年 11 月获得第十九届中国专利优秀奖。

郑二虎,2012 年获得日本东北大学电子工学硕士学位,2013 年加入中芯国际集成电路制造(上海)有限公司技术研发中心蚀刻部门并工作至今。从事各种闪存、嵌入式存储器及逻辑产品的蚀刻工艺开发,先后参与 45nm NOR 闪存接触、3X/2X 纳米 NAND 闪存接触、3D NAND 闪存超深宽比沟道通孔和狭缝、MRAM 接触、PCRAM 电极接触、RRAM 电极和 14nm 鳍蚀刻等关键蚀刻工艺研发。已完成 132 项专利申请,目前持有 11 项美国专利,4 项欧洲专利和 32 项中国专利,另有 85 项专利公示中。本章中负责 NAND、NOR 闪存接触蚀刻和等离子体蚀刻在 PCRAM、MRAM、RRAM 三种主流嵌入式存储器中的应用两部分的撰写。

4.1　闪存的基本介绍

4.1.1　基本概念

人们常说的闪存(Flash Memory)[1-2]其实只是一个笼统的称呼,准确地说它是非易失随机访问存储器(NVRAM)的俗称,特点是断电后数据不消失,因此可以作为外部存储器使用。储存内容可以是大量数据(如 U 盘、固态硬盘等)或者操作系统数据(如电脑 BIOS、手机操作系统等)。闪存是从 ROM、PROM、EPROM、EEPROM 一步步发展过来的,最终是电子可擦除只读存储器(EEPROM)的一个变种。与 EEPROM 不同的是,闪存能在字节水平上进行删除和重写而不是整个芯片擦写,这样闪存就比 EEPROM 的更新速度快。

市场上使用的绝大部分闪存,根据工作方式的差异可分为 NOR 闪存和 NAND 闪存。NOR 闪存的特点是应用简单、无须专门的接口电路、传输效率高,属于芯片内执行(eXecute in Place,XIP),这样应用程序可以直接在闪存内运行,不必再把代码读到系统 RAM 中。消费市场上大量应用于嵌入式系统代码存储领域,例如手机。NAND 结构能提供极高的单元密度,可以达到高存储密度,并且写入和擦除的速度也很快。应用 NAND 的困难在于 Flash 的管理和需要特殊的系统接口。NOR 闪存的容量一般为 MB 级别,而 NAND 闪存应用领域发展则经历了 MB 级别演进到现在主流的 GB 级别,正在向 TB 级别过渡。

4.1.2　发展历史

闪存器件(无论是 NOR 型或 NAND 型)是舛冈富士雄博士于 1984 年在东芝公司工作时发明的。据东芝公司表示,闪存的 Flash 命名是舛冈博士的同事所建议的,因为这种存储器的抹除流程让他想起了相机的闪光灯。舛冈博士于 1984 年在加州旧金山 IEEE 国际电子组件大会(International Electron Devices Meeting,IEDM)上发表了这项发明。Intel 公司看到了这项发明的巨大潜力,于 1988 年推出了一款 256Kb 闪存芯片。它如同鞋盒一样大小,并被内嵌于一个录音机里。后来,Intel 公司发明的这类闪存统称为 NOR 闪存,它结合 EPROM(可擦除可编程只读存储器)和 EEPROM(电可擦除可编程只读存储器)两项技术,并拥有一个 SRAM 接口。

NAND 闪存产品由日立公司于 1989 年研制,并被认为是 NOR 闪存的理想替代者。NAND 闪存的写周期是 NOR 闪存的 1/10,它的保存与删除处理的速度也相对较快。初代NAND 的存储单元只有 NOR 的一半,在更小的存储空间中 NAND 获得了更好的性能。NAND 凭借在大量数据存储方面出色的表现,被广泛应用于各类存储卡(现在主流为 CF、SD card)以及正在逐步取代机械硬盘的固态硬盘。为了追求更加高的数据存储密度,NAND 闪存从平面器件每个存储单元内存储 1 个信息位的单阶存储单元(Single-level Cell,SLC)演进到每个存储单元内存储多个信息位的多阶存储单元闪存(Multi-level Cell,MLC),近年来更进一步走向立体化器件,即三维闪存(3D Flash,或者立体闪存),单位面积存储信息位相比平面器件提升了数十倍。

4.1.3　工作原理

1. 存储数据的原理

两种闪存都是用三端器件作为存储单元,分别为源极、漏极和栅极,与场效应管的工作原理相同,主要是利用电场的效应来控制源极与漏极之间的通断,栅极的电流消耗极小,不同的是场效应管为单栅极结构,而 Flash 为双栅极结构,在栅极与硅衬底之间增加了一个浮置栅极。浮置栅极是由多晶硅夹在两层二氧化硅材料之间,形成可以存储电荷的电荷势阱。上下两层氧化物的厚度均大于 50Å,以避免发生击穿。

2. 浮栅的充放电

向数据单元内写入数据的过程就是向电荷势阱注入电荷的过程,写入数据有两种技术,热电子注入(Hot Electron Injection)和 F-N 隧道效应(Fowler Nordheim Tunneling),前一种是通过源极给浮栅充电,后一种是通过硅基层给浮栅充电。NOR 闪存通过热电子注入方式给浮栅充电,而 NAND 闪存则通过 F-N 隧道效应给浮栅充电。

在写入新数据之前,必须先将原来的数据擦除,就是将浮栅的电荷放掉。两种 Flash 都是通过 F-N 隧道效应进行放电。

3. 0 和 1

这方面两种 Flash 一样,向浮栅中注入电荷表示写入了 0,没有注入电荷表示 1,所以对 Flash 清除数据是写 1 的,这与硬盘正好相反。

对于浮栅中有电荷的单元来说,由于浮栅的感应作用,在源极和漏极之间将形成带正电的空间电荷区,这时无论控制极上是否有施加偏置电压,晶体管都将处于导通状态。而对于浮栅中没有电荷的晶体管来说只有当控制极上施加有适当的偏置电压,在硅基层上感应出电荷时,源极和漏极才能导通,也就是说,在没有给控制极施加偏置电压时,晶体管是截止的。

如果晶体管的源极接地而漏极接位线,在无偏置电压的情况下,检测晶体管的导通状态就可以获得存储单元中的数据,如果位线上的电平为低,说明晶体管处于导通状态,读取的数据为 0,如果位线上为高电平,则说明晶体管处于截止状态,读取的数据为 1。由于控制栅极在读取数据的过程中施加的电压较小或根本不施加电压,不足以改变浮置栅极中原有的电荷量,所以读取操作不会改变 Flash 中原有的数据。

4. 连接和编址方式

两种 Flash 具有相同的存储单元,工作原理也一样,为了缩短存取时间并不是对每个单元进行单独的存取操作,而是对一定数量的存取单元进行集体操作,NAND 闪存各存储单元之间是串联的,而 NOR 闪存各单元之间是并联的;为了对全部的存储单元进行有效管理,必须对存储单元进行统一编址。

NAND 闪存的全部存储单元分为若干块,每块又分为若干页,每页是 512Byte,就是 512 个 8 位数,就是说每页有 512 条位线,每条位线下有 8 个存储单元;那么每页存储的数据正好与硬盘的一个扇区存储的数据相同,这是设计时为了方便与磁盘进行数据交换而特意安排的,那么块就类似硬盘的簇;容量不同,块的数量不同,组成块的页的数量也不同。在读取数据时,当字线和位线锁定某个晶体管时,该晶体管的控制极不加偏置电压,其他的 7 个都加上偏置电压而导通,如果这个晶体管的浮栅中有电荷就会导通使位线为低电平,读出的数就是 0,反之就是 1。

NOR 闪存的每个存储单元以并联的方式连接到位线,方便对每一位进行随机存取;具有专用的地址线,可以实现一次性的直接寻址;缩短了 Flash 对处理器指令的执行时间。

4.1.4　性能

1. 速度

在写数据和擦除数据时,NAND 闪存由于支持整块擦写操作,所以速度比 NOR 闪存要快得多,两者相差近千倍;读取时,由于 NAND 闪存要先向芯片发送地址信息进行寻址才能开始读写数据,而它的地址信息包括块号、块内页号和页内字节号等部分,要顺序选择才能定位到要操作的字节;这样每进行一次数据访问需要经过 3 次寻址,至少要 3 个时钟周期;而 NOR 闪存的操作则是以字或字节为单位进行的,直接读取,所以读取数据时,NOR 闪存有明显优势。

2. 容量和成本

NOR 闪存的每个存储单元与位线相连,增加了芯片内位线的数量,不利于存储密度的提高。所以在面积和工艺相同的情况下,NAND 闪存的容量比 NOR 闪存要大得多,生产成本更低,也更容易生产大容量的芯片。

3. 易用性

NAND 闪存的 I/O 端口采用复用的数据线和地址线,必须先通过寄存器串行地进行数据存取,各个产品或厂商对信号的定义不同,增加了应用的难度;NOR 闪存有专用的地址引脚来寻址,较容易与其他芯片进行连接,另外还支持本地执行,应用程序可以直接在 Flash 内部运行,可以简化产品设计。

4. 可靠性

NAND 闪存相邻单元之间较易发生位翻转而导致坏块出现,而且是随机分布的,如果想在生产过程中消除坏块会导致成品率太低、性价比很差,所以在出厂前要在高温、高压条件下检测生产过程中产生的坏块,写入坏块标记,防止使用时向坏块写入数据;但在使用过程中还难免产生新的坏块,所以在使用的时候要配合 EDC/ECC(错误探测/错误更正)和 BBM(坏块管理)等软件措施来保障数据的可靠性。坏块管理软件能够发现并更换一个读写失败的区块,将数据复制到一个有效的区块。

5. 耐久性

Flash 由于写入和擦除数据时会导致介质的氧化降解,导致芯片老化,在这个方面 NOR 闪存尤甚,所以并不适合频繁地擦写,一般 NAND 闪存的擦写次数是 100 万次,而 NOR 闪存只有 10 万次。

4.1.5　主要厂商

NOR 和 NAND 闪存是闪存中最大宗产品,由东芝(TOSHIBA)公司分别在 1984 年和 1986 年发明。早期的应用场景中,对于数据存储的需求弱于可运行代码储存的需求,而这二者分别对应 NAND 闪存和 NOR 闪存的工作特性,因此在 2006 年前,NOR 闪存是主流储存器产品。随着智能手机以及大量电子化多媒体的出现,电子产品对于数据储存的需求呈现爆发式增长,特别是 3D NAND 技术的出现,使得大容量储存的成本急剧下降,进一步提升了 NAND 闪存的市场份额。2021 年,NAND 闪存(图 4.1)和 NOR 闪存(图 4.2)的市场总规模分别为 665.2 亿美元和 28.8 亿美元,后者仅占 4%,与 2004 年的 90 亿美元相比,NOR 闪存的市场总规模已下降超过 70%。不过,随着真无线耳机(TWS)以及可穿戴设备(如手环和手表)的市场持续增长,NOR 闪存市场规模有所提升。

1. 英特尔(Intel)公司

英特尔公司于 1968 年由罗伯特·诺伊斯、戈登·摩尔和安迪·格鲁夫创建于美国硅谷,经过五十多年的发展,英特尔公司在芯片创新、技术开发、产品与平台等领域奠定了全球领先的地位,并始终引领着相关行业的技术产品创新及产业与市场的发展。NOR 闪存器件虽是由

（单位：百万美元）

Company	Revenue		Market Share	
	4Q21	QoQ	4Q21	3Q21
Samsung	6110.0	−6.1%	33.1%	34.5%
Kioxia	3543.6	−2.6%	19.2%	19.3%
WDC	2620.0	5.2%	14.2%	13.2%
SK Hynix	2615.0	2.8%	14.1%	13.5%
Micron	1878.0	−4.7%	10.2%	10.4%
Solidigm	996.0	−9.9%	5.4%	5.9%
Others	718.4	15.8%	3.9%	3.3%
Total	18 480.9	−2.1%	100.0%	100.0%

注1：3Q21汇率均值：美元兑日元汇率：1∶110.1；美元兑韩元汇率：1∶1160.1
注2：4Q21汇率均值：美元兑日元汇率：1∶113.6；美元兑韩元汇率：1∶1183.3
注3：基于Intel的政策，自IQ21起排除Optane SSD相关产品的营收计算
Source：TrendForce,Feb. ,2022

图4.1　2021年第4季度NAND Flash品牌厂商营收以及市场占有率

Leading NOR Flash Suppliers（$ M）

2021 Rank	Company	Headquarters	2020	2021	21/20 %Chg	2021 Marketshare
1	Winbond	Taiwan	638	1003	57%	34.8%
2	Macronix	Taiwan	565	942	67%	32.7%
3	GigaDevice	China	335	670	100%	23.2%
—	Others	—	237	269	14%	9.3%
—	Total	—	1775	2884	63%	100.0%

Source：Company reports,IC Insights

图4.2　2020年和2021年NOR Flash市场规模以及主要品牌厂商营收与市场占有率

东芝公司发明的,但其发扬光大则是通过英特尔公司,后者在1988年发布了第一个商业化NOR闪存产品。

2. 三星电子(Samsung Electronics)公司

三星电子公司是韩国最大的电子工业企业,也是三星集团旗下最大的子公司。三星电子公司于1938年成立于朝鲜大邱,创始人是李秉喆。三星电子公司是全球最大的NAND闪存供应商,2021年第4季度其市场占有率为34.5%[3]。三星电子公司曾是NOR闪存的主要供应商,2013年其市场占有率为9%,但在2015年后已逐步退出。

3. 铠侠(Kioxia)公司

东芝半导旗下东芝储存公司于2019年10月改名铠侠公司,其主要投资人为东芝(40.2%)、豪雅(9.9%)和美国贝恩财团(49.9%)。东芝公司是日本最大的半导体制造商,也是第二大综合电机制造商,隶属于三井集团。20世纪80年代,东芝公司和NEC公司是世界上最大的两家半导体制造商,东芝公司还是闪存存储标准SD协会的董事会成员之一,是多项规格标准的制定者和推动者,拥有半导体闪存行业多项世界第一和生产专利。20世纪90年代,东芝公司已经成长为世界排名前5的芯片厂。2008年东芝公司世界排名第3,仅次于英特尔公司和三

星公司,排在德州仪器公司和意法半导体公司之前。直至今日,东芝公司依旧在世界半导体行业、芯片制造行业有着举足轻重的地位,衍生出的铠侠公司在 2021 年第 4 季度 NAND 闪存市场占有率为 19.2%。

4. 闪迪(SanDisc)公司以及西部数据(Western Digital Corp.)公司

闪迪公司是全球最大的闪存数据存储卡产品供应商。1988 年诞生于美国加利福尼亚州。该公司由非易失性存储技术领域的国际权威 Harari Eli 博士创立。闪迪公司作为全球唯一一家有权制造和销售所有主要格式闪存卡的公司,拥有 4900 多项关于存储、闪存颗粒等技术的专利,并在全球各地拥有多家闪存颗粒加工制造厂。早在 2005 年,其就与东芝公司合作,在日本四日市建立了使用 12 英寸硅片的 NAND Flash 闪存的制造厂,并于 2011 年正式投入生产。

2016 年 5 月,西部数据公司耗资 190 亿美元收购了闪迪公司。西部数据公司作为传统硬盘厂商,在市场向固态硬盘转移时完成了对传统闪存厂商的收购。2021 年第 4 季度,其 NAND 闪存市场占有率为 14.2%。

5. 海力士半导体(SK Hynix)公司

海力士半导体公司在 1983 年以现代电子产业有限公司之名成立,1996 年正式在韩国上市,1999 年收购 LG 半导体公司,2001 年改名为(株)海力士半导体公司,从现代集团分离出来。2004 年将系统 IC 业务出售给花旗集团,成为专业的存储器制造商。2012 年,韩国第三大财阀 SK 集团宣布收购海力士公司 21.05% 的股份从而入主这家内存大厂,公司更名为 SK Hynix。SK Hynix 公司是 NAND 闪存主要供应商之一,2021 年第 4 季度,其市场占有率为 14.1%。

6. 美光(Micron)公司

美光科技有限公司(以下简称美光公司)成立于 1978 年,是全球最大的半导体储存及影像产品制造商,其主要产品包括 DRAM、NAND 闪存、NOR 闪存、SSD 固态硬盘和 CMOS 影像传感器。总公司(Micron Technology, Inc.)设于美国爱达荷州,拥有完整先进的制造业和研发设备。美光公司的业务分布全球,2021 年第 4 季度,其市场占有率约为 10%。

7. Solidigm(截至 2022 年 5 月,该公司尚未确定正式中文名)公司

海力士公司于 2020 年 10 月完整收购英特尔 NAND 闪存业务,交由 SK 海力士美国子公司负责营运,并于 2021 年底将其定名为 Solidigm。

8. 长江储存公司

长江储存公司成立于 2016 年,总部位于武汉。其源自负责工艺技术和生产的武汉新芯公司和负责 3D NAND 设计的山东华芯公司,2015 年由紫光集团出资整合,由国家产业基金持续投入建立了长江储存公司。由于山东华芯公司的技术源自当时已经破产的德国奇梦达(Qimonda AG)公司,并且自主开发了特有的 Xtacking 构架,最终避免被列入美国实体名单。长江储存公司作为中国最先进的 3D NAND 闪存生产商,虽然起步较晚但进展神速,分别于 2018 年、2019 年和 2021 年实现 32、64 和 128 层 3D NAND 的量产,并在 2022 年初展示了 232 层这一业界最先进的 3D NAND 闪存,在技术上已经实现与三星电子公司等国际巨头同台竞技。

4.2　等离子体蚀刻在标准浮栅闪存中的应用

场效应晶体管为单栅极结构,而闪存存储器结构在栅极与硅衬底之间增加了一个浮置栅极,是双栅极结构。图 4.3 为浮栅闪存的基本结构[5~8],浮置栅极经由隧穿氧化层与基底隔离,又通过氧化层或氧化层-氮化层-氧化层(ONO)与控制栅极隔离,对 NAND 闪存而言,当控制栅极加上高电压之后,基底的电子通过隧穿效应而越过隧穿氧化层势垒进入浮置栅极中,由于隧穿氧化层和 ONO 的隔离作用进入浮置栅极的电子能够长时间地保留在浮置栅极中,从而实现了数据的存储。而 NOR 闪存则是通过热电子注入进行数据存储。正是由于有存储电荷的浮置栅极存在,闪存工艺中的几道关键工艺与逻辑的相关工艺相比由于结构的不同带来很大的差异。简单来说,闪存中与浮置栅极有关的关键工艺的深宽比都会比逻辑对应的相关工艺高,蚀刻的薄膜组成也比逻辑工艺的更复杂一些。如浅槽隔离(STI)工艺,可根据浮置栅极形成顺序的不同而有两种不同的蚀刻工艺;而双栅极结构(含浮置栅极、控制栅极)的蚀刻除了高深宽比的挑战还要兼顾不同位置薄膜组成的不同造成的形貌差异等。但闪存作为基本存储单元的图形设计基本上都是重复性的,所以不需要像逻辑工艺那样要兼顾不同尺寸之间的蚀刻性能差异。除了浅槽隔离和栅极蚀刻外,还有闪存特有的浅槽隔离氧化层回刻(COPEN)工艺[9,10],这道工艺是逻辑工艺中完全没有的蚀刻工艺,除此之外,还有一些特殊存储器的结构和工艺,后续章节中会提到。

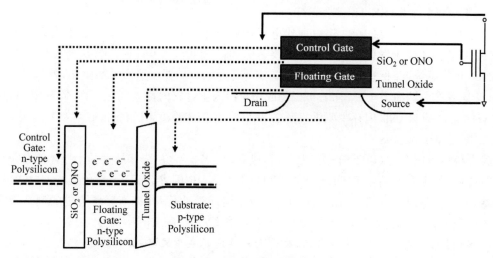

图 4.3 浮栅闪存的基本结构

4.2.1 标准浮栅闪存的浅槽隔离蚀刻工艺

对于浅槽隔离蚀刻来说,因为引入了浮置栅极的结构,闪存的浅槽隔离结构可以采用两种不同的方案形成,对应的浅槽隔离的蚀刻工艺也有所不同。图 4.4 所示分别为两种浅槽隔离的基本结构以及蚀刻工艺的示意图,图 4.4(a)为自对准浅槽隔离蚀刻工艺(Self-Aligned STI)[11-13],浅槽隔离蚀刻包含浮置栅极与衬底硅的蚀刻,而图 4.4(b)为另外一种可以称为自对准浮置栅极多晶硅工艺(Self-Aligned Poly)[14-16]的浅槽隔离蚀刻工艺,浅槽隔离蚀刻时并没有浮置栅极的存在,浮置栅极是在后续的步骤中通过填充及化学机械研磨工艺形成的。

图 4.4(a)自对准浅槽隔离形成工艺步骤如下:先在衬底硅上依次沉积隧穿氧化层,浮置栅极多晶硅和硬掩膜,随后进行光刻定义浅槽隔离的图形,接着依次对硬掩膜、浮置栅极多晶硅、隧穿氧化层及衬底硅进行蚀刻形成浅槽隔离图形,最后再进行浅槽隔离氧化物的填充和化学机械研磨。由于浮置栅极多晶硅通常选择的是高掺杂的多晶硅,在进行衬底硅的蚀刻过程当中,浮置栅极多晶硅会遭到侧向蚀刻从而造成浮置栅极的损伤。在闪存尺寸较大的技术节点中,常用的办法是在蚀刻隧穿氧化层的 BT(Breakthrough)步骤中引入保护性气体,在浮置

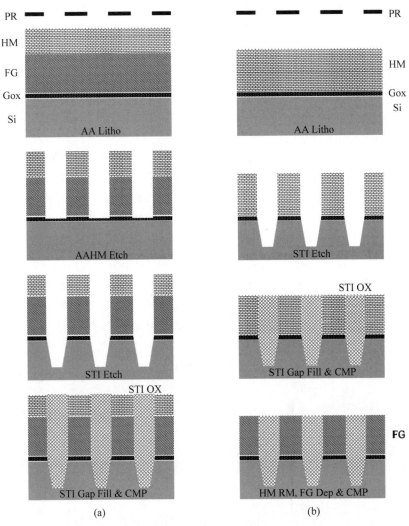

图 4.4　两种不同方案形成的浅槽隔离及蚀刻工艺对比

(a) Self-Aligned STI；(b) Self-Aligned Poly

栅极多晶硅表面形成一层保护层,这样在接下来的衬底硅蚀刻过程中浮置栅极多晶硅由于有保护层的存在而不会遭受侧向蚀刻,从而避免浮置栅极的损伤。而在闪存小尺寸的先进工艺中,通过在 BT 步骤中引入保护性气体来达到保护浮置栅极多晶硅的作用越来越小,于是引入了另外一种方法来解决这个问题,即在浮置栅极多晶硅蚀刻完成停止在隧穿氧化层之后,通过在浮置栅极多晶硅侧壁沉积一层薄膜来保护浮置栅极不受伤。这层薄膜在衬底硅蚀刻过程中也会有所消耗,最终可以通过湿法清洗步骤全部去除。但这种方法也有一定的副作用,如果薄膜偏薄则起不到保护的作用,如果偏厚则将导致浅槽隔离间隔减小而增加了衬底硅蚀刻的难度,浅槽隔离图形的形貌会受到影响。

图 4.4(b)自对准浮置栅极多晶硅工艺则是在衬底硅上直接沉积硬掩膜,然后进行光刻定义浅槽隔离的图形,这种方案的浅槽隔离蚀刻只需要进行硬掩膜、隧穿氧化层及衬底硅的蚀刻,与逻辑工艺中的浅槽隔离蚀刻的薄膜结构基本一致,只是硬掩膜的厚度会有所差异。这种厚度的差异主要是由于闪存需要在后续的工艺中将硬掩膜去除,而后填入浮置栅极多晶硅进行化学机械研磨从而形成浮置栅极结构,为保证浮置栅极与控制栅极的接触面积,浮置栅极的

厚度是有一定要求的,所以相应的硬掩膜厚度要比逻辑工艺的厚。但就蚀刻而言,这种方案的浅槽隔离蚀刻比图4.4(a)的方案更简单一些,因为此种方案不需要考虑衬底硅蚀刻过程中造成的浮置栅极多晶硅的侧向损伤。但是后续形成浮置栅极结构的工艺要更为复杂一些,额外多了硬掩膜的去除、浮置栅极多晶硅的填充和化学机械研磨3道工艺。多晶硅化学机械研磨以浅槽隔离氧化物为停止层,但由于化学机械研磨的均匀性和稳定性不如薄膜沉积,采用该种方案将直接导致浮置栅极多晶硅的厚度在不同的晶圆之间会有差异,这样会直接影响存储的性能及其稳定性。

图4.5为浅槽隔离蚀刻之后的剖视图,图4.5(a)为采用自对准浅槽隔离方案蚀刻之后的形貌图,图4.5(b)为采用自对准浮置栅极多晶硅方案进行浅槽蚀刻之后的形貌。图4.5(a)左边的浅槽隔离蚀刻是在浮置栅极被保护的情况下进行蚀刻的,即蚀刻浮置栅极多晶硅停在隧穿氧化层之后,沉积一层薄膜在浮置栅极侧壁来保护浮置栅极多晶硅在随后的衬底硅蚀刻中不受影响。由图中可以看出,使用这种方法浮置栅极多晶硅受到保护,没有被侧向蚀刻而造成损伤,但副作用也显而易见,沟槽的形貌不是最佳,容易形成弓形(bowing)的剖面形貌,沟槽顶角也不够平滑,这种形貌容易引起漏电的问题。图4.5(a)右边的浅槽隔离蚀刻并没有额外沉积一层薄膜来保护浮置栅极多晶硅,而只是在蚀刻隧穿氧化层的BT步骤中引入了保护性气体,但由于堆积的聚合物(polymer)保护层不够厚,还是能够观察到浮置栅极多晶硅的侧向蚀刻,特别是在浮置栅极多晶硅的底部尤为明显。而图4.5(b)自对准浮置栅极多晶硅工艺由于没有高掺杂的多晶硅的存在,浅槽隔离蚀刻之后的整体形貌更好,侧壁更加光滑且连贯。

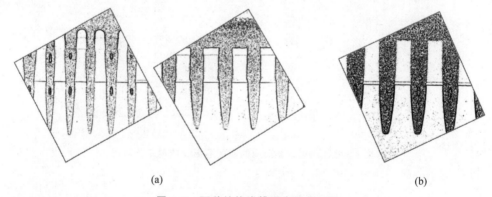

(a)　　　　　　　　　　　　　　　　　　　　(b)

图 4.5　两种结构浅槽隔离蚀刻形貌

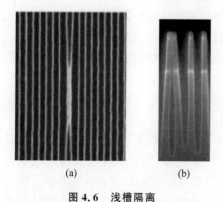

(a)　　　　(b)

图 4.6　浅槽隔离

(a) 顶视图;(b) 截面图[17]

随着关键工艺尺寸持续缩小,闪存浅槽隔离蚀刻的另外一个问题凸显出来,因为高深宽比(Aspect Ratio,AR)的影响,线状的图形很容易发生坍塌,如图4.6所示[17]。对闪存工艺来说,整体的深宽比随着工艺尺寸的缩小急剧地增加,线状图形发生坍塌的概率比逻辑工艺高很多,这种情况通常是由干法蚀刻之后的酸槽清洗工艺造成的,优化清洗工艺可以大大减小线状图形坍塌问题。此外,当关键尺寸缩小到40nm以下节点时,以目前的光刻条件进行单次曝光已经达到机台的极限,只能通过引入双重图形工艺来达到缩小尺寸的目的。而由于双重图形工艺的引入,相邻间隔(space)尺寸的差异不可避免,而间隔尺寸的差异将直接导致沟槽深度的差异,这也是引起图形坍塌的原因之一,所以必须优化相关工艺来缩小相邻间隔尺寸的差异。但由于双重图形工艺步骤的复杂性及均一性的高要求,要非常精确地控制关键尺寸非常困难,具体的双重图形的方法、难点及如何缩小相邻间隔尺寸的差异将在4.2.8节详细介绍。除了减小相邻间隔尺寸的差异,还需要尽可能减小相邻间隔尺寸的差异造成的沟槽深度的差异问题。

　　图 4.7 所示为浅槽隔离蚀刻深度与间隔尺寸的关系图,浅槽隔离蚀刻深度随着间隔尺寸的缩小而变浅,而当间隔变得更小时,浅槽隔离蚀刻深度变浅的程度更急剧。所以需要通过优化蚀刻工艺来减小间隔尺寸差异导致的浅槽隔离蚀刻深度的差异问题,其中偏压射频脉冲等离子体工艺能有效减小这种差异(图 4.8 所示),同时还可以增加对硬掩膜氧化硅薄膜的选择比。图 4.9 即为 Si 对 SiO_2 的选择比与占空比(Duty Cycle,DC)的关系图,由图中可以看出 Si/SiO_2 的选择比随着 DC 的减小而增加,当 DC 减小到 40% 以下时,选择比急剧增加[17]。选择比增加就可以相应减薄硬掩膜 SiO_2 的厚度,即减小了浅槽结构整体的深宽比,更加有利于改善图形坍塌的工艺窗口。

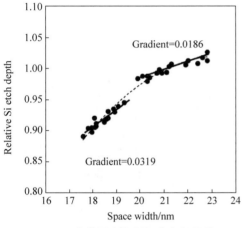

图 4.7　浅槽隔离蚀刻深度和间隔的
关系图[17]

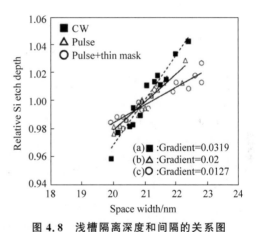

图 4.8　浅槽隔离深度和间隔的关系图
(a) CW;(b) Bias RF pulsing;(c) Bias RF pulsing +
thin mask[17]

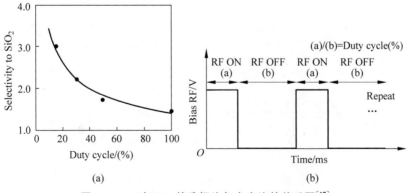

图 4.9　Si 对 SiO_2 的选择比与占空比的关系图[17]

　　而在实际的蚀刻过程中,不同占空比条件下的浅槽隔离形貌也有所不同,如图 4.10 所示,随着占空比减小,浅槽隔离的弓形形貌得到了显著改善,而且从图中也可以看出硬掩膜厚度的变化,占空比减小使得硬掩膜厚度增加,也验证了图 4.9 所示的 Si/SiO₂ 的选择比随着占空比的减小而增加的趋势。

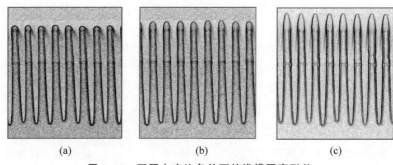

图 4.10　不同占空比条件下的浅槽隔离形貌

(a) 40%;(b) 25%;(c) 15%

4.2.2　标准浮栅闪存的浅槽隔离氧化层回刻工艺

浅槽隔离氧化层回刻工艺是闪存产品特有的一道工艺,这一道工艺的目的是为了增加控制栅极对浮置栅极的控制能力。在此先介绍闪存结构的一个关键参数栅极耦合比(Gate Coupling Ratio,GCR)[9-10,18],栅极耦合比与两栅极之间介质层 ONO 的电容值和隧穿氧化层电容值的比值成正比的,这个比值越大性能越好,说明控制栅极对浮置栅极的控制能力越强,存储在浮置栅极中的电荷保持力也就越强。由式(4-1)[19]可以知道,增大栅极耦合比有两种方式,一种方法是减小隧穿氧化层的电容值,另外一种方法就是增大浮置栅极与控制栅极之间的介质层 ONO 的电容值,可以通过增加控制栅极与浮置栅极的接触面积达到这个目的,而浅槽隔离氧化层回刻这道工艺就是为了获得最大的控制栅极与浮置栅极的接触面积,也就是栅极介质层 ONO 包住浮置栅极多晶硅的面积。

$$GCR(gate\ coupling\ ratio) \sim C\_ono/C\_tun \tag{4-1}$$

图 4.11 分别为两个方向的闪存结构剖面示意图,图上分别标示出了层间介质层 ONO 及隧穿氧化层的电容标识,而图 4.11(b)中控制栅极 CG 包裹浮置栅极 FG 的区域即是由浅槽隔离氧化层回刻工艺定义出来的,随后依次沉积层间介质层 ONO 及控制栅极多晶硅形成闪存的栅极结构。

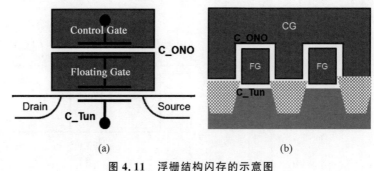

图 4.11　浮栅结构闪存的示意图

(a) Along BL;(b) Along WL

由图 4.11 可知,浅槽隔离氧化层回刻工艺是在浅槽隔离化学机械研磨之后,对浅槽隔离氧化层进行回刻的一道工艺。在实际的工艺过程中,浅槽隔离氧化层回刻深度是有一定要求的。随着关键尺寸的不断缩小,相邻的浮置栅极之间会有相互干扰,增加浅槽隔离氧化层回刻深度是减小浮置栅极相互干扰的一个有效方法,但是回刻深度过深又会引起可靠性问题。所以浅槽隔离氧化层回刻深度的设计既要保证控制栅极对浮置栅极的控制能力,还要最大程度减

小相邻浮置栅极之间的干扰。如图 4.12(a)所示[9],有 3 个主要参数会影响闪存存储单元的性能:① H_1:浮置栅极顶端到浅槽隔离氧化层回刻深度的最短距离,H_1 是影响栅极耦合比的主要参数。② H_2:浮置栅极顶端到浅槽隔离氧化层回刻深度的最远距离,H_2 是影响相邻浮置栅极相互干扰的主要参数。③ W:有源区至控制栅极的最短距离,这个参数主要影响存储单元的可靠性。H_1 越深,栅极耦合比的值就越大,控制栅极

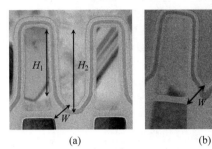

图 4.12　浅槽隔离氧化层回刻形貌
(a) 优化前;(b) 优化后[9]

对浮置栅极的控制能力强,那么存储单元的写入速度就快。H_2 越深,就能更显著地减小相邻浮置栅极之间的相互干扰。但显而易见,H_2 越深,有源区至控制栅极的最短距离 W 就越近,在控制栅极和有源区之间容易产生两个寄生晶体管,进而影响控制栅极对浮置栅极的控制力,最终导致数据保持力变差。既要保证控制栅极对浮置栅极的控制力,又要减小相邻浮置栅极之间的干扰,最优的浅槽隔离氧化层回刻轮廓设计如图 4.12(b)所示,浮置栅极顶端到浅槽隔离氧化层回刻深度的最远距离 H_2 足够深几乎接近浮置栅极的底端,而浅槽隔离氧化层回刻底部的弧形形貌有利于拉大有源区至控制栅极的距离 W,最大程度避免寄生晶体管的产生。

　　虽然浅槽隔离氧化层回刻这道工艺对闪存产品的存储性能有着很重要的影响,但这道蚀刻工艺相比较闪存的其他关键工艺而言是比较简单的,简单来说就是在浅槽隔离氧化层化学机械研磨之后,将浅槽隔离氧化层回刻到设计的深度,同时需要确保最少的浮置栅极多晶硅的消耗,如图 4.13(a)所示。如果要保证浮置栅极多晶硅完全没有消耗,则需在浅槽隔离氧化层回刻这道工艺完成之后再去除浮置栅极多晶硅上面的硬掩膜,如图 4.13(b)所示。这道硬掩膜是作为浅槽隔离氧化层化学机械研磨工艺的停止层氮化硅,通常是用湿法蚀刻去除这层氮化硅层,但湿法去除氮化硅所用的热磷酸会对高掺杂的浮置栅极多晶硅造成损伤。为避免浮置栅极多晶硅的损伤,可以考虑先用湿法蚀刻去除氮化硅硬掩膜,然后再进行浅槽隔离氧化层回刻这道干法蚀刻工艺,如图 4.13(c)所示,这样就能保证浮置栅极多晶硅不被热磷酸破坏,但由于其表面没有硬掩膜的保护,在沟槽隔离氧化层回刻的过程中不可避免地会造成浮置栅极多晶硅的消耗,消耗的多少取决于干法蚀刻中浅槽隔离氧化层和浮置栅极多晶硅之间的选择比。选择比高则浮置栅极多晶硅消耗少,通常选用 C_4F_8、C_4F_6 这种高碳氟比的气体来获得高选择比,但相应产生的聚合物副产物比较重,需要引入后蚀刻处理(Post Etch Treatment,PET)来清除这些副产物。除了对选择比有比较高的要求之外,这道工艺对均匀性的要求也很高,不仅是整片晶圆的均匀性,不同晶圆之间的均匀性也要达到一定要求,才能满足存储性能的稳定性要求。而在实际工艺过程中还要考虑密集与稀疏区域交界处的台阶高度(Step Height)问题,这个台阶高度的差异来自于浅槽隔离氧化层化学机械研磨、湿法蚀刻等工艺,要最终消除这个台阶高度差,获得如图 4.12(b)这种理想的形貌,整个工艺流程要更为复杂一些,就不单单是干法蚀刻可以解决的问题了。通过引入湿法蚀刻方法,利用不同氧化层之间湿法蚀刻速率的不同可以比较容易地获得这种形貌。

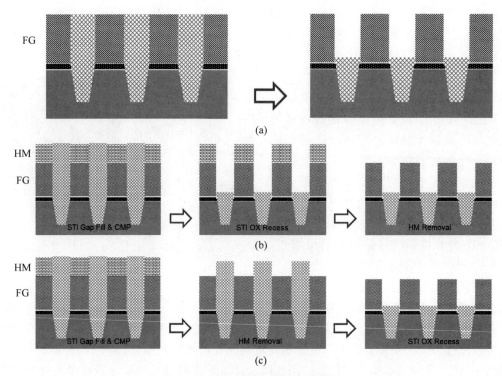

图 4.13　COPEN 蚀刻工艺示意图

4.2.3　标准浮栅闪存的浮栅蚀刻工艺

　　4.2.1节提到闪存浅槽隔离蚀刻工艺有两种设计方案,其中自对准浮置栅极多晶硅工艺使用了两道化学机械研磨工艺,第一道是浅槽隔离氧化层化学机械研磨,之后去除硬掩膜氮化硅,然后填入浮置栅极多晶硅再进行浮置栅极多晶硅的化学机械研磨,最终形成带有浮置栅极的浅槽隔离结构。通常来说化学机械研磨工艺在大块稀疏区域的研磨速率比密集区域快,所以在经过两次化学机械研磨之后,密集与稀疏区域不可避免地会出现高度差异,为了减小不同区域的这种高度差,需要使用浮置栅极多晶硅回刻工艺。除此之外,在某些特定的器件结构里,密集核心区域和稀疏外围电路区域的浮置栅极多晶硅的厚度要求不一样的情况下,同样需要使用密集核心区域浮置栅极多晶硅回刻工艺来达到设计的厚度要求。如图 4.14 所示,在浮置栅极多晶硅化学机械研磨之后,通过一道光刻工艺用光刻胶将稀疏外围电路区域保护起来,然后对密集核心区域的浮置栅极多晶硅进行回刻,同时浅槽隔离氧化层也会被蚀刻。之后仍需要一道浅槽隔离氧化层回刻工艺露出浮置栅极多晶硅后再沉积层间介质层及控制栅极多晶硅以形成闪存栅极结构。

　　从蚀刻的角度来看,浮置栅极多晶硅回刻这道工艺与浅槽隔离氧化层回刻工艺一样也是比较简单的一道工艺,前者回刻浮置栅极多晶硅而后者是回刻氧化硅。这两道工艺对于均一性的要求都很高,都关系到后续控制栅极对浮置栅极的控制力及数据保持力。与浅槽隔离氧化层回刻工艺一样,由于没有蚀刻停止层,浮置栅极多晶硅回刻也只能通过蚀刻时间来控制浮置栅极多晶硅的蚀刻量达到设计的浮置栅极多晶硅厚度,但是浮置栅极多晶硅最终的厚度不仅仅受到蚀刻工艺的影响。在实际的工艺过程中,由于有浅槽隔离氧化层和浮置栅极多晶硅两道化学机械研磨工艺的存在,浮置栅极多晶硅的起始厚度在很大程度上受到化学机械研磨

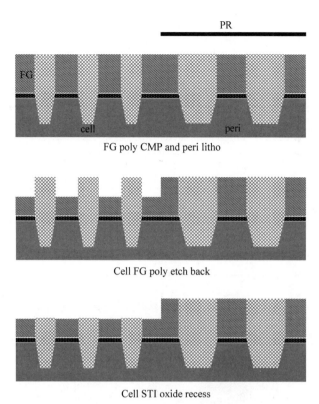

图 4.14　浮置栅极多晶硅回刻工艺

工艺稳定性的影响,不同晶圆之间浮置栅极多晶硅厚度的差异亦不可避免。为了解决起始厚度稳定性差这个问题,我们引入了先进工艺控制(Advanced Process Control,APC),根据蚀刻速率针对不同的起始厚度选择不同的蚀刻时间,这样就可以在不同晶圆之间最终获得厚度均一的浮置栅极多晶硅。APC 的具体做法如下,首先借助 OCD 机台来收集浮置栅极多晶硅化学机械研磨之后的多晶硅厚度,反馈到蚀刻机台,蚀刻机台根据事先定好的多晶硅蚀刻速率数值及所要求的最终多晶硅厚度计算出所需使用的时间来进行蚀刻,如此便能得到不同晶圆之间厚度稳定的浮置栅极多晶硅。如图 4.15(a)所示为浮置栅极多晶硅化学机械研磨之后的多晶硅厚度值,不同晶圆之间厚度差异很大,经过 APC 进行多晶硅回刻之后,不同晶圆之间多晶硅厚度的均一性得到了很大的改善,如图 4.15(b)所示。

　　通过 APC 可以将化学机械研磨工艺造成的不同晶圆之间的差异缩小,但是在晶圆内的均一性问题需要更复杂的 APC 才能得到解决。在浮置栅极多晶硅回刻工艺之后,同样会有一道浅槽隔离氧化层回刻工艺,但由于化学机械研磨工艺的限制,两道化学机械研磨之后晶圆内的浮置栅极多晶硅厚度不均一,浮置栅极多晶硅回刻之后晶圆内多晶硅的厚度非均一性一直延续下来。之后的浅槽隔离氧化层回刻的位置相对于有源区来说就是有深有浅的,这个差异将直接导致控制栅极对浮置栅极的控制力及写入数据能力的差异,所以还要考虑如何通过蚀刻来消除化学机械研磨工艺造成的晶圆内的厚度不均一性。图 4.16 即为通过调节蚀刻速率的分布来补偿化学机械研磨之后多晶硅厚度不均匀的设想。通过收集化学机械研磨之后浮置栅极多晶硅厚度分布图(图 4.17),可以看到晶圆内多晶硅厚度差异非常明显且呈 M 形分布。为此我们收集了各种蚀刻速率,如图 4.18 所示,调节干法蚀刻的进气模式及 ESC 温度等可以获得晶圆内不同的蚀刻速率分布图,通过组合可最终获得匹配蚀刻之前浮置栅极多晶硅厚度分布的蚀刻速率分布图,从而实现晶圆内多晶硅厚度均一(见图4.19)[20]。

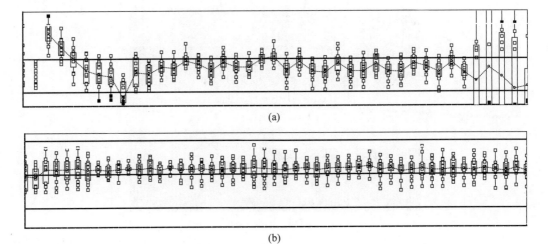

(a)

(b)

图4.15　通过先进蚀刻工艺控制获得均一的浮置栅极多晶硅厚度

(a) 起始厚度；(b) 最终厚度

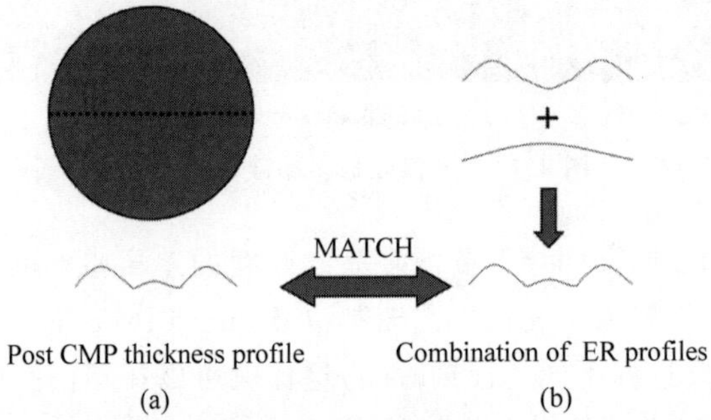

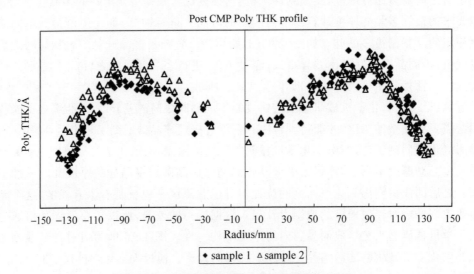

图4.16　(a) 化学机械研磨之后厚度分布图和(b) 设计的蚀刻速率分布图

Post CMP Poly THK profile

图4.17　化学机械研磨之后多晶硅厚度分布图

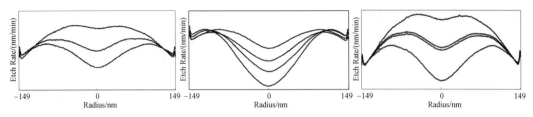

图 4.18　蚀刻速率分布图

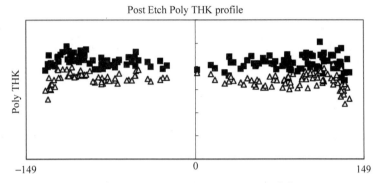

图 4.19　蚀刻之后多晶硅厚度分布图[20]

4.2.4　标准浮栅闪存的控制栅极蚀刻工艺

标准浮栅闪存的控制栅极形成是闪存中至关重要的一道工艺,直接影响闪存的存储性能。与逻辑工艺的栅极相比,闪存的栅极需要蚀刻的薄膜更为复杂,深宽比也更高。以 24nm NAND 闪存为例,栅极的 pitch 为 48nm,深宽比超过 8,就 pitch 而言,24nm NAND 闪存栅极尺寸对应于 14nm 逻辑工艺的 Fin 结构或 7nm 的栅极结构[21]。

闪存控制栅极的形成需要蚀刻硬掩膜层、控制栅极多晶硅、栅极介质层氧化硅-氮化硅-氧化硅(ONO)及浮置栅极多晶硅,并且在有源区(AA)上方和在浅槽隔离(STI)上方所蚀刻的薄膜是有差异的,如图 4.20 所示(图中并未标示出硬掩膜层及光阻层),在有源区 AA 上方的薄膜依次是浮置栅极多晶硅 FG、栅极介质层 ONO 和控制栅极 CG 多晶硅,而在浅槽隔离上方并没有浮置栅极多晶硅,仅有 ONO 和控制栅极多晶硅,只是控制栅极多晶硅的厚度会比有源区上方的控制栅极更厚一些,这个厚度差异取决于 4.2.2 节所描述的浅槽隔离氧化层回刻的

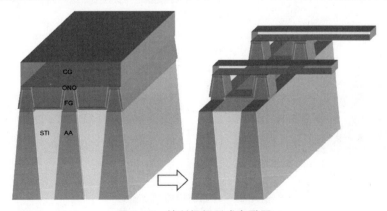

图 4.20　控制栅极形成鸟瞰图

深度。另外,虽然栅极介质层 ONO 很薄,厚度共计 100 多 Å,但是在有源区 AA 和浅槽隔离 STI 交界的位置,因为浅槽隔离氧化层回刻工艺,ONO 在这个位置是沿着浮置栅极多晶硅侧壁生长的,也就是说在进行 ONO 蚀刻的步骤中需要足够的过蚀刻才能将浮置栅极多晶硅侧壁上的 ONO 全部去除,这将会导致浅槽隔离氧化层的损耗。闪存的栅极蚀刻类似于逻辑工艺中 Fin 结构的栅极蚀刻,但闪存的栅极为双栅极结构,与逻辑工艺的单栅极结构相比所蚀刻的薄膜及相关蚀刻工艺更为复杂。而且与逻辑工艺相比,额外的 ONO 蚀刻也将导致浅槽隔离氧化层的损耗更难控制。

如图 4.21 所示,在不同的技术节点及不同的要求之下,控制栅极的蚀刻工艺有两种设计方案。图 4.21(a)为俯视图,有源区 AA 与控制栅极 CG 成正交分布,其中有源区为平行于位线方向,栅极为平行于字线方向;图 4.21(b)为平行于位线的位于有源区上方的剖面图(图 4.21(a)竖直虚线方向),首先蚀刻控制栅极 CG 多晶硅停在栅极介质层 ONO 上,然后蚀刻 ONO 和浮置栅极 FG 多晶硅停在栅极氧化层 GOX 上;图 4.21(c)和图 4.21(d)为平行于字线的位于浅槽隔离上方的剖面图(图 4.21(a)水平虚线方向),图 4.21(c)和图 4.21(d)是两种不同的蚀刻设计方案。图 4.21(c)所示方案一,首先蚀刻控制栅极多晶硅,采用高选择比的步骤去除控制栅极多晶硅并停在介质层 ONO 表面,再用足够的过蚀刻将浅槽隔离区域上方的控制栅多晶硅全部去除露出底部的介质层 ONO;接着是介质层 ONO 蚀刻步骤,在此步骤中需要将浮置栅极多晶硅侧壁上的 ONO 全部去除干净,这就需要足够的过蚀刻,也因此导致浅槽隔离氧化物的损耗增多,如果浮置栅极多晶硅不是完全垂直的,而是类似梯形的形状,则过蚀刻的量可以相应减少一些,这样浅槽隔离氧化层的损耗也可以得到一定的控制;最后就是蚀刻浮置栅极多晶硅,所选用的蚀刻气体组成对氧化硅有高选择比,这样可以很好地停在隧穿氧化层上,也能保证较少的浅槽隔离氧化层的损耗。但是在闪存工艺持续缩小尺寸到

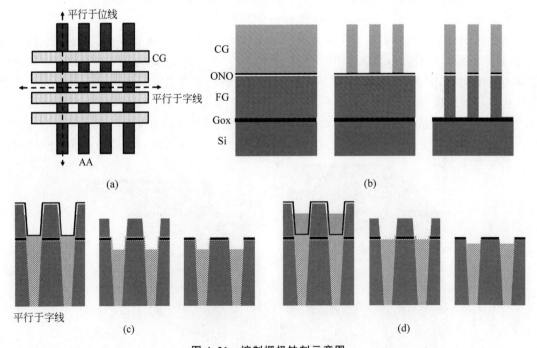

图 4.21　控制栅极蚀刻示意图

(a)俯视图;(b)平行于位线;(c)方案一;(d)方案二

40nm 及以下工艺节点时,上述方案的局限性就显露出来,尺寸缩小之后,为了存储足够的电荷,浮置栅极多晶硅的厚度也就相应增加,这样浮置栅极侧壁上介质层 ONO 的高度也相应增加,而且浮置栅极的形貌因尺寸的限制也不能太倾斜,所以采用上述方案的直接后果就是沟槽隔离氧化层的损耗显著增加,如图 4.22(a)所示。

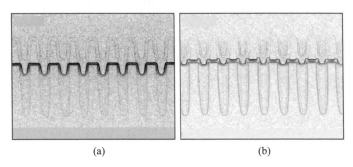

(a)　　　　　　　　　　(b)

图 4.22　形成控制栅极 fence

　　为了解决过多的浅槽隔离氧化层损耗的问题,我们提出了第二种控制栅极蚀刻方案。如图 4.21(d)方案二所示,控制栅极多晶硅的蚀刻量被严格控制,有源区上方控制栅极多晶硅蚀刻停止在介质层 ONO 上,而浅槽隔离上方的控制栅极多晶硅并不完全去除,特意保留一定厚度的多晶硅剩余,随后在蚀刻介质层 ONO 的步骤中,选用低选择比的气体可以同时蚀刻浅槽隔离上方保留下来的控制栅极多晶硅和 ONO 薄膜,并且要蚀刻一部分的浅槽隔离氧化层,最后用一步多晶硅对氧化硅高选择比的步骤作为过蚀刻去除剩下的浮置栅极多晶硅并停止在隧穿氧化层上。采用这种方案只要严格控制浅槽隔离上方的控制栅多晶硅保留下来的厚度,再加上合适的 ONO 蚀刻量,就能实现最少的浅槽隔离氧化层损耗。但采用此种方案也有弊端,如果控制栅极多晶硅蚀刻之后浅槽隔离上方的控制栅极多晶硅保留的量太多,就容易在浮置栅极与有源区的交界处形成侧壁 ONO 及氧化硅的残余,如图 4.22(b)所示,在侧壁 ONO 及氧化物残余的影响下容易导致浮置栅极多晶硅的残留。而控制栅极多晶硅保留的量太少则又会导致浅槽隔离氧化层损耗增加。所以需要严格控制栅极多晶硅的保留量以及 ONO 的蚀刻量,对浅槽隔离氧化层损耗和浮置栅极多晶硅残留的工艺窗口进行平衡。

　　为了实现更高密度的闪存存储,需要持续缩小核心区域线宽尺寸,在现有光刻条件下通过自对准双重图形工艺或自对准多重图形工艺可以实现线宽的缩小,自对准双重图形工艺在后续 4.2.8 节会有详细介绍。但是随着关键尺寸的持续缩小和深宽比的增加,控制栅的形成还遇到一些挑战,包括倾斜的浮置栅极多晶硅形貌,自对准双重图形工艺引入的奇偶性问题,高掺杂多晶硅的侧向蚀刻问题,密集稀疏区域的负载效应以及栅极线宽粗糙度(LWR)及栅极扭曲(Wiggling)的控制等都变得更具挑战性。

　　通过蚀刻形成垂直的栅极形貌,这样可以分别控制每个核心区块而不会影响到相邻的区域。但是,实际获得的栅极形貌并非完全垂直,尤其随着技术节点不断缩小,AR 不断增加,要想获得垂直的控制栅变得越来越困难。而倾斜的栅极形貌容易导致相邻的两根栅极之间发生短路[22]。图 4.23(a)为有源区和栅极俯视图,标记出了最有可能发生栅极短路的位置,图 4.23(b)为相应的 TEM 俯视照片,图中可以看到相邻的栅极因有多晶硅残留并没有完全隔离开从而造成字线之间的短路。图 4.23(c)为栅极的 SEM 剖面照片,可见在浮置栅极底部形貌非常倾斜,使得在底部多晶硅不容易蚀刻干净。浮置栅极突出脚(footing)导致的栅极短路问题 3D 立体图如图 4.23(d)所示,因高深宽比的原因等离子体很难到达浮置栅极底部,包裹住浮置栅极的栅极介质层 ONO 呈倾斜状,导致 ONO 所覆盖的底部容易有多晶硅的残留,从而导致字线短路。

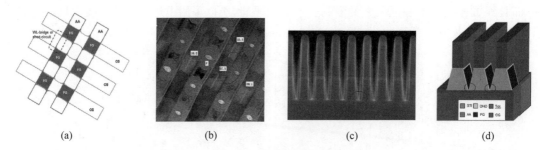

(a)   (b)   (c)   (d)

图 4.23　栅极短路问题

(a) AA 和 CG 俯视图;(b) TEM 俯视图;(c) 栅极 SEM 剖面图;(d) 浮置栅极突出脚导致的栅极短路问题 3D 立体图[22]

闪存栅极的形成需要兼顾呈十字交错的字线和位线两个方向的要求,要想获得理想的栅极形状必须考虑环绕浮置栅极多晶硅的栅极介质层的影响。为了获得垂直的栅极形貌,栅极介质层和浮置栅极多晶硅蚀刻过程中的主蚀刻(ME)步骤是其中的关键步骤,通常情况下采用对多晶硅和介质层蚀刻速率接近的,含 F 量高的气体作为主蚀刻气体,例如 CF_4、NF_3、SF_6 等。在实验过程中发现,高的偏置电压及高压强有利于形成垂直的形貌,如图 4.24 所示,

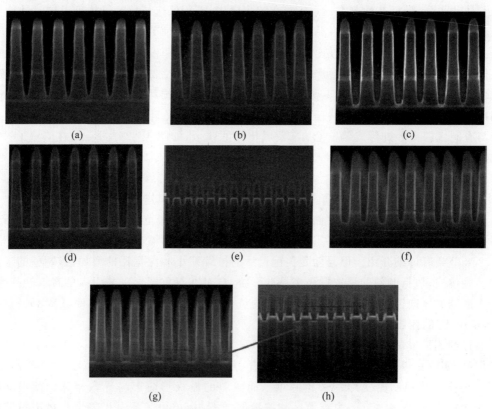

(a)   (b)   (c)

(d)   (e)   (f)

(g)   (h)

图 4.24　栅极剖面图

(a) 起始条件主蚀刻(BL);(b) 主蚀刻:TCP/Bias=0.4;(c) 主蚀刻:TCP/Bias=0.4with 3P BL;(d) 主蚀刻件(c)基础上的完整蚀刻字线方向形貌图;(e) 主蚀刻条件(c)基础上的完整蚀刻位线方向形貌图;(f) 主蚀刻:TCP/Bias=0.4with 5P BL;(g) 主蚀刻条件(f)基础上的完整蚀刻形貌图,字线方向有 ONO 残留;(h) 主蚀刻条件(f)基础上的完整蚀刻形貌图,位线方向有 fence[22]

图 4.24(a)为起始条件,图 4.24(b)为高偏置电压条件,图 4.24(c)为高压强、高偏置电压条件,图 4.24(f)为更高压强的条件,随着偏置电压的增加以及压强的增加,浮置栅极多晶硅的形貌变得越来越直。如图 4.24(d)、(e)所示的完整蚀刻是在部分蚀刻图 4.24(c)条件基础上获得的,最终的栅极形貌垂直(如图 4.24(d)所示),而沿位线方向的浅槽隔离氧化层回刻深度均一(如图 4.24(e)所示),没有 fence。而图 4.24(g)、(h)所示的完整蚀刻是在图 4.24(f)条件基础上获得的,虽然部分蚀刻所获得的形貌更直,但是最终的栅极形成之后出现了较多的栅极介质层的残留,导致位线方向有严重的 fence 出现(如图 4.24(h)所示),而 fence 的存在很容易引起浮置栅极多晶硅的残留。

优化之后的栅极形貌相较于起始条件不容易有栅极多晶硅的残留,不会引起栅极之间的短路,在良率方面也有很大的提升。如图 4.25 所示,优化条件的良率相较于起始条件提升了 20% 以上。

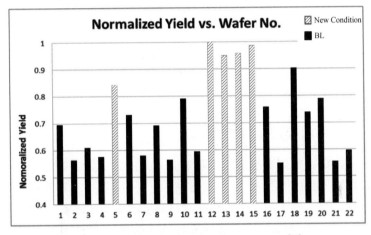

图 4.25　优化条件与起始条件的良率对比[22]

通过增加气压及偏置电压,可以获得更直的栅极形貌,但由此带来的问题是等离子的分布不均,这使得在晶圆的极端边缘区域图案的形状变得不对称,如图 4.26 所示。极端边缘区域的控制对良率的提升有直接的影响。但是这种极端边缘区域图案的不对称形状很难通过工艺的优化去克服,只有通过优化机台设计来改善。某国产设备厂商针对机台聚焦环的设计提出了更先进的想法,可以极大改善等离子的分布,从而解决极端边缘区域不对称图案的问题。

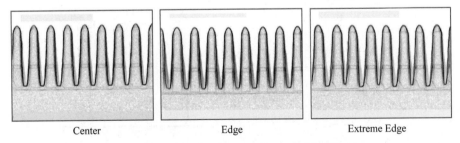

图 4.26　闪存存储单元在晶圆不同区域的剖面图

由于控制栅多晶硅和浮置栅极多晶硅都是高掺杂的多晶硅,所以在蚀刻的过程中如果对侧壁的保护不足就容易对多晶硅造成侧向蚀刻从而导致多晶硅的损耗,而保护太多聚合物不能及时去除,聚合物和高掺杂多晶硅会发生反应,也将对多晶硅造成损伤。因此,主蚀刻步骤中可以选用以 CF_4/SF_6 为主的气体,因为氟基气体对于多晶硅是否掺杂不敏感,这样可以获得比较直的栅极形状,如图 4.27(a)所示。但是氟基气体通常选择比不高,要停在 ONO 介质层或者栅极氧化层就必须选用高选择比的工艺,这就需要用到 HBr 为主的气体,而 HBr 气体又不可避免地会造成高掺多晶硅的侧向蚀刻(图 4.27(b))。为此需要引入一些保护性气体在多晶硅侧壁形成一层保护层以避免 HBr 蚀刻过程中对多晶硅造成的侧向蚀刻,但副作用也显而易见,如图 4.27(c)所示,多晶硅的形状有明显的双重斜面(double slope),而且栅极的整体形状变倾斜了。

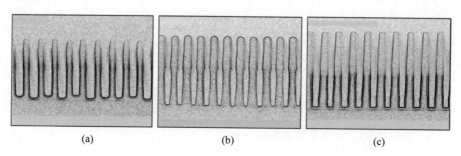

(a)   (b)   (c)

图 4.27 蚀刻过程中的栅极形貌

(a) 主蚀刻后的栅极形貌;(b) 主蚀刻与过蚀刻后的栅极形貌;(c) 引入保护性气体后的栅极形貌

4.2.5 标准浮栅闪存的侧墙蚀刻工艺

与逻辑电路一样,闪存的侧墙也是用来限定 LDD 结和源/漏结宽度的自对准技术,通常也是由氮化硅或者氧化硅组成的,呈 O-N 模式,或者 O-N-O 模式,或者直接用氧化硅来形成侧墙。不同于逻辑电路的是,由于闪存同时存在着核心区的重复性图案以及外围逻辑电路,侧墙也分为核心区侧墙及外围区侧墙。在尺寸较大时,核心区侧墙和外围区侧墙可以同时形成,但当工艺节点发展到 50nm 以下时,侧墙沉积会直接填充满核心密集区域,如图 4.28(b)所示。在此情况下核心区侧墙需要单独形成,并且是在外围区侧墙之前形成,以避免外围侧墙沉积直接填满核心密集区域。外围侧墙材料的不同对核心区域相邻栅极之间的干扰也会产生不同的影响[23],如图 4.28(a)所示,栅极侧墙材料为氮化硅时,核心区域的干扰最强,其次为氧化硅侧墙,而且都随着尺寸的缩小干扰急剧加强,当尺寸小到一定程度时,就需要引入气隙(air-gap)来减轻核心区域的干扰现象,但即使引入 air-gap,当尺寸持续缩小时干扰会呈现指数级增长。

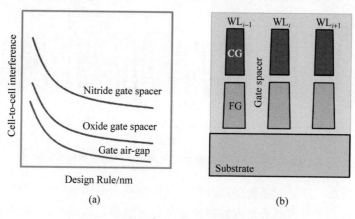

(a)   (b)

图 4.28 不同侧墙材料对闪存干扰的影响[23]

在尺寸较大的闪存结构中,例如在 90nm NAND 闪存和 65nm NOR 闪存中,核心区侧墙和外围区侧墙是同时形成的,其侧墙结构为 O-N-O 的结构,如图 4.29 所示,该示意图中左侧为核心区域栅极和侧墙,右侧为外围区域栅极和侧墙。也就是说,在核心区和外围区的栅极都形成之后,依次沉积侧墙材料氧化硅、氮化硅和氧化硅,然后进行侧墙氧化硅和氮化硅的蚀刻停在最底下的氧化硅上。为确保侧墙蚀刻能停止在最底下那层薄薄的氧化硅上,且不造成基底 Si 的损伤,蚀刻工艺需要进行精确设计。首先蚀刻顶层氧化硅停在中间层氮化硅上,通常是用含 CF_4、CHF_3 的气体来进行主蚀刻,而后换成 C_4F_6、C_4F_8 或 C_5F_8 等含碳量比较高的气体进行过蚀刻,获得较高的氧化物对氮化物的选择比而很好地停止在中间氮化硅上,随后氮化硅的蚀刻是用含氢的碳氟化合物气体来进行的,包括 CHF_3、CH_2F_2 和 CH_3F,在引入最大的氢浓度和适量的氧浓度下,能获得氮化物对氧化物较高的选择比从而停在底层的氧化硅上[24]。

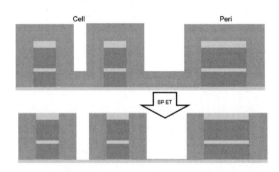

图 4.29　ONO 侧墙示意图:左为核心区域,右为外围电路区域

而当技术节点发展到 50nm 节点以下时,核心区域相邻两个栅极之间的距离已经不足以和外围区同时形成侧墙了。如果外围区的侧墙还采用 O-N 或 O-N-O 结构的侧墙,薄膜填充满核心区域两个栅极中间的空间,如上文所述核心区域相邻两栅极间的干扰就会变得非常严重,所以外围区域侧墙薄膜会直接选用氧化物,而侧墙蚀刻就是进行氧化硅薄膜蚀刻,停在衬底 Si 上,图 4.30(a)、(b)分别为外围区侧墙沉积及蚀刻之后的示意图。由于衬底 Si 上方只有单一的氧化硅薄膜,所以只能尽可能优化蚀刻工艺,选用氧化硅对 Si 具有高选择比的工艺配方,尽可能地控制衬底 Si 的损耗。

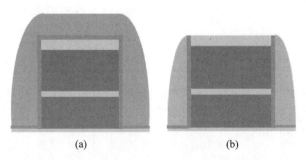

(a)　　　　　　　　　　(b)

图 4.30　外围区氧化物侧墙的形成示意图

(a) 侧墙沉积;(b) 侧墙蚀刻

4.2.6　标准浮栅闪存的接触孔蚀刻工艺

对 NAND 闪存和 NOR 闪存而言,字线(word Line,WL)和接触孔的密度与 SRAM 逻辑

器件十分不同。NAND 存储器单元阵列、NOR 存储器单元阵列如图 4.31 所示。一般情况下,接触孔密度:NOR 存储器>SRAM>NAND 存储器[25]。从图 4.31 可以看出,NAND 存储器并不需要字线之间的接触孔,只需要一个接触孔连接 32 位或 64 位字线的位线;而 NOR 存储器和 SRAM 需要每个字线之间连接。对 NOR 闪存来说,相同的技术节点下,其栅极或字线之间的间距明显比逻辑器件小,所以接触孔的尺寸很小。为了避免在如此高密度栅极的位线(Bit Line,BL)接触孔之间的短接,发展了自对准接触孔(Self-aligned Contact,SAC)蚀刻工艺。

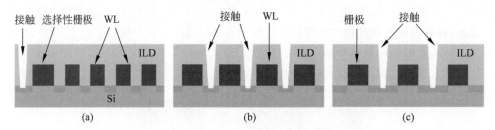

图 4.31　不同存储器的字线和接触孔的密度

(a) NAND 存储器；(b) NOR 存储器；(c) SRAM

1. NAND 闪存的接触孔蚀刻

NAND 闪存的接触孔蚀刻工艺是标准的接触孔工艺,主要的挑战之一在于高深宽比。当 NAND 闪存的电路尺寸缩小到 40nm 附近时,深宽比已经达到了 10:1,要求蚀刻后 CD 比蚀刻前 CD 缩小 40nm 以上;而迈入 28nm 以下节点后,深宽比也随之达到 20:1 以上。CD 的缩小一般利用 CH_2F_2 或 CHF_3 这种重聚合物气体来实现。急剧增加的深宽比带来的副作用就是对接触孔蚀刻的选择比提出了更高的要求,因此进入 40nm 技术节点后,C_4F_8、C_4F_6 等对掩膜材料高选择比的碳氟气体被逐步引入并搭配较高的偏置功率(bias power)来同时满足接触孔开通保证、高深宽比接触孔的蚀刻形貌控制和良好的 CD 均匀性等多重要求。在 20nm 节点以下(包括 3D NAND),介电层深宽比急剧上升,蚀刻所需的硬掩膜也随之成倍增厚,导致整体接触孔结构的超高深宽比,这意味着对介电层顶部的硬掩膜蚀刻剖面形状的控制也提出了要求,COS、N_2、H_2 等新气体和气体脉冲等新技术也得以引入,COS 的效果可参考本书第 6 章,图 4.32 列出了 2X NAND 接触孔蚀刻中不同气体组合对无定型碳(amorphous carbon, a-C)硬掩膜蚀刻剖面的影响,Ar/O_2 和 CO_2/N_2 的蚀刻速率快但剖面形状呈凹陷(bowing),N_2/H_2 蚀刻的中下部剖面形状较好但极倾斜的顶部形貌不利于接触孔整体 CD 缩小,最终通过不同气体的多步蚀刻组合,实现了图 4.32(d)所示的比较理想的无定型碳蚀刻剖面形状[26]。

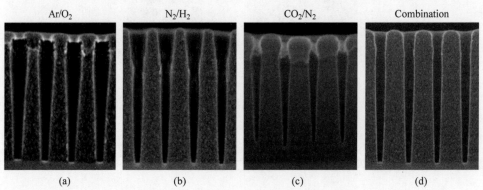

图 4.32　2X NAND 接触孔蚀刻中不同气体组合对无定型碳硬掩膜侧壁形状的影响[26]

实际量产中的 NAND 闪存接触孔蚀刻中,在硬掩膜蚀刻后的主蚀刻步骤(以介电材料为对象)除高深宽比外面临的另一挑战就是要求实现如图 4.33 所示的多种图形一站式(all-in-one)蚀刻以节省光罩(mask)数量和造价。这种多图形的一站式显影会牺牲光刻胶曝光的工艺窗口,导致曝光后的 CD(即预蚀刻 CD)的可调性变差,从而增加了对蚀刻工艺窗口要求。从图 4.33 可以看出,在一站式蚀刻中,主要的挑战来源于在有源区(AA)上的接触孔、在栅极上的接触孔和接触沟槽之间的平衡,而在接触孔蚀刻中使用的富聚合物蚀刻气体在接触孔和接触沟槽之间的表现非常不同。漏极接触孔的深宽比最高,需要高选择比蚀刻剂,会产生大量的副产物堆积,易导致接触孔蚀刻停止(etch stop)的问题,所以一般需要搭配适量的 Ar 或 O_2 和足够高的偏置功率来形成持续的化学反应和物理轰击。该蚀刻工艺的优化是较为繁复的:蚀刻剂产生的聚合物或副产物在沟槽中堆积和清除都较接触孔更快,碳氟气体和 Ar、O_2 的比例需要精细调整来最小化两种图形的差异;过高的偏置功率除了会造成更多的硬掩膜损失,也会引起对栅极顶部封装的金属硅化物(如图 4.33(b)所示蚀刻剖面图)的贯穿。

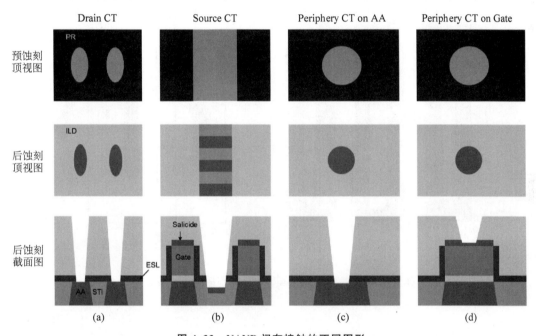

图 4.33 NAND 闪存接触的不同图形

(a) 漏极接触孔,底部 CD 最小且蚀刻深宽比和图形密度最高;(b) 源极接触沟槽,截面图中 AA 和 STI 属于不同平面且 STI 消耗量较 AA 更显著;(c) 外围电路区位于 AA 上的接触孔;(d) 外围电路区位于栅极上的接触孔,该栅极顶部有硅化金属层

图形负载(loading)在蚀刻工艺中的一种典型解决方法就是把主蚀刻步骤拆分。①使用高碳氟比例的重聚合物碳氟气体,与略低的偏置功率配合,以产生大量副产物或聚合物堆积在图形顶部和侧壁。后续比较柔和的副产物冲刷(Flush)步骤用来减小沟槽和孔蚀刻的差异(沟槽中副产物堆积得更多,但冲刷速率也更快)。②使用的碳氟气体碳氟比例可以降低,同时搭配更高的偏置功率,反应生成的副产物更少,各向异性蚀刻更强。在步骤①和步骤②产生的附着在侧壁的副产物的保护下,整个侧壁的轮廓也得以受到保护,而高碳氟比气体对蚀刻阻挡层(Etch Stop Layer,ESL)的选择比较高,从而确保了足够的过蚀刻窗口。特别注意的是,步骤①冲洗步骤以及步骤②的时间分配需要大量实验数据进行优化,过长时间的高偏置功率的步骤②同样易引起在栅极上的接触孔的贯穿问题。

脉冲技术可以对高深宽比和图形负载同时加以优化,其包括源功率脉冲、偏置功率脉冲、源-偏置功率同步脉冲、异步脉冲或者蚀刻剂气体的气体脉冲,具体的原理可参见本书第2章。图 4.34 介绍了功率脉冲技术对介电层接触孔蚀刻主要使用的电容耦合等离子体(Capacitively Coupled Plasma,CCP)的影响[27]。从图 4.34(b)中可以看到,高偏置功率脉冲技术可以实现更高的离子能量以避免高深宽比蚀刻的蚀刻停止问题和更窄的离子能量角分布(Ion Energy Angular Distribution,IEAD)以减少对接触孔侧壁轮廓的影响。通过对功率、脉冲频率和占空比 3 种关键参数的优化,图形负载可在保持良好蚀刻剖面形状的同时得到进一步改善,图 4.35 给出了偏置功率脉冲蚀刻在 3D NAND 位线超高深宽比结构蚀刻中的应用示例,最优条件可以实现趋近于 1 的开阔区(open area)、密集区(dense area)蚀刻深度比[28]。

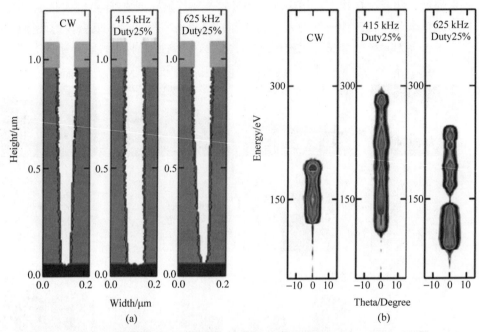

图 4.34 功率脉冲技术对电容耦合等离子体蚀刻的影响,以 $CF_4/Ar/O_2$ 为例

(a) 不同功率条件下的蚀刻形貌;(b) 不同功率条件下的离子能量角分布[27]

NAND 闪存技术进一步发展,走向了三维。3D NAND 的堆叠式架构造就了位于"阶梯"上的多重接触孔结构,示意图可参考图 4.36。这种接触孔蚀刻工艺需在一次蚀刻中打开深宽比从 30∶1~80∶1(甚至更高)的接触孔,且要求轮廓一致(无扭曲、垂直),同时保证所有接触孔的阻挡层不被贯穿以免侵蚀阶梯中填充的金属钨[29]。下面将介绍目前比较成熟的解决方案之一的直流同步脉冲技术。

如图 4.37 所示,直流电源引入电容耦合等离子体的出发点就是为了改善高深宽比硅氧化物蚀刻中典型的翘曲问题[30]。当深宽比增加时,离子和电子轰击产生的充电效应甚至会呈现统计上的随机性。因为离子具有更窄的能量角分布可以被加速通过鞘层到达接触孔底部而电子只能积累在接触孔边缘,从而形成一个局域的微区电场,导致离子轨迹偏转引起图 4.37(a)、(c)显示的蚀刻剖面底部的翘曲。接地的直流电极置于晶圆上方,通入负电压后,部分正离子被向上加速并轰击直流电极(一般由硅制成)从而产生二次电子,被上电极加速后形成向下的高能电子束(electron beam)。这些高能电子束也具备较窄的能量角分布,可以到

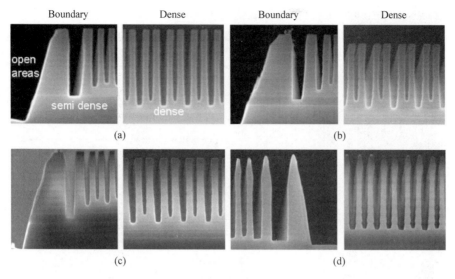

The comparison of etch loading in different pulsed plasma conditions

BL manufacturing method	Parameter	Open-to-dense depth ratio
Continuous Wave(CW)Plasma	450W	1.82
Bias Power Pulsed Plasma	450W; 5kHz; 70%	2.11
Bias Power Pulsed Plasma	765W; 5kHz; 70%	2.30
Bias Power Pulsed Plasma	875W; 1kHz; 70%	1.14

(e)

图 4.35　偏置功率脉冲蚀刻在 3D NAND 位线超高深宽比结构蚀刻中的应用

(a) 连续波(continuous wave,CW)等离子体蚀刻;(b)、(c)、(d) 为不同条件的偏置功率脉冲等离子体蚀刻;功率参数以及开阔区/密集区蚀刻深度比例总结于(e)[28]

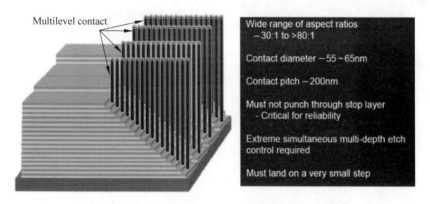

图 4.36　3D NAND 接触孔蚀刻示意图及工艺需求[29]

达接触孔底部从而抑制充电效应以降低翘曲发生率(图 4.37(d)、(g))。直流增强型电容耦合等离子体的一大特性就在于同样射频功率下直流电压的变化只引起很小的离子能量角分布变化(图 4.37(e)),而同样的直流电压下更高的射频功率的变化会明显缩窄离子能量角分布(图 4.37(f))[30]。这对于需要高射频功率的高深宽比接触孔蚀刻的大规模量产具有重要意义。

直流电源在电感耦合等离子体中也有应用,并很快发展出了图 4.38 所示的直流脉冲技术。与偏置功率脉冲机制类似,通过开关状态切换在蚀刻图形表面堆积大量易挥发性聚合物(这种蚀刻副产物在连续波等离子体蚀刻中被持续轰击很难留存)来实现更高的掩膜选择比和更垂直的蚀刻剖面。直流脉冲的优势在于恒定的直流电压产生的入射离子稳定且方向性更

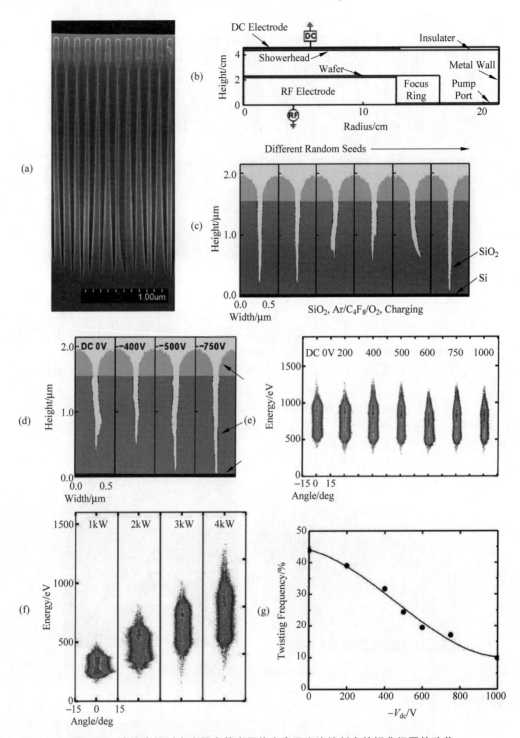

图 4.37　直流电源对电容耦合等离子体在高深宽比蚀刻中的翘曲问题的改善

(a) 高深宽比硅氧化物蚀刻截面图,以碳氟气体为主蚀刻剂,可以观察到明显的随机翘曲现象;(b) 含直流电极的电容耦合等离子发生器示意图;(c) 不使用直流电源时的高深宽比二氧化硅蚀刻的剖面形状模拟结果,射频功率为 4kW,以 $C_4F_8/Ar/O_2$ 为蚀刻剂并考虑了充电效应,翘曲发生率达到 49%;(d) 同样条件下使用不同电压的直流电源时的蚀刻剖面形状的模拟结果,高压直流条件的改善效果明显;(e) 相同射频功率在不同直流电压条件下的离子能量角分布;(f) 相同直流电压在不同射频功率条件下的离子能量角分布;(g) 翘曲发生率和直流电压的对应关系[30]

好,对侧壁形貌影响更少[31]。

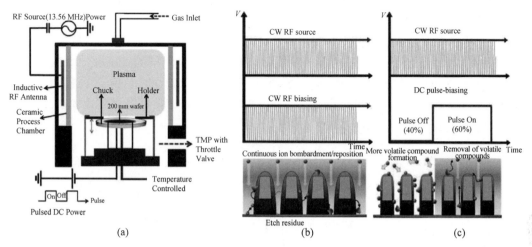

图 4.38　直流脉冲电感耦合等离子体

(a) 蚀刻机台示意图;(b) 连续波蚀刻机制;(c) 脉冲蚀刻机制[31]

　　直流同步脉冲电容耦合等离子体蚀刻是上述技术的集大成者,其机制可参考图 4.39。连续波等离子体蚀刻中,从直流电极产生的部分高能电子束会被晶圆上方的射频鞘层所阻挡;这一效应在射频功率脉冲等离子体蚀刻中得以改善(射频功率关闭状态下无鞘层形成,如图 4.39(b)所示);而在直流同步脉冲等离子体中,在射频功率关闭状态下直流电极切换为高电压状态,此时更多的正离子会被向上加速轰击上电极,产生更多的高能电子束进入接触孔底

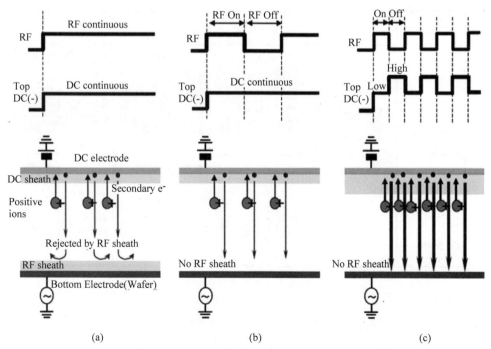

图 4.39　直流同步脉冲电感耦合等离子体蚀刻机制示意图

(a) 连续波等离子体;(b) 射频功率脉冲等离子体;(c) 直流同步脉冲等离子体

部,更进一步改善蚀刻翘曲问题。该技术相对于其他异步脉冲的优点在于直流电压变化在射频功率恒定时对离子能量角分布影响较小,也就是对蚀刻侧壁形状影响小,因此极适用于超高深宽比的 3D NAND 多重接触孔蚀刻。

　　脉冲技术的一个显著缺陷在于其较长的蚀刻时间,影响大规模量产效率。除了蚀刻参数优化外,潜在的解决方案之一就是可实现对精确控制离子能量分布的直流脉冲方波(Pulsed-Direct Current Square-Wave-Superimpose,P-DCS)电容耦合等离子。从图 4.40 可以看出,直流脉冲方波可以使大部分离子流分布在某一最大离子能量,从而在提高对硬掩膜更高的选择比的同时实现高蚀刻速率[32]。

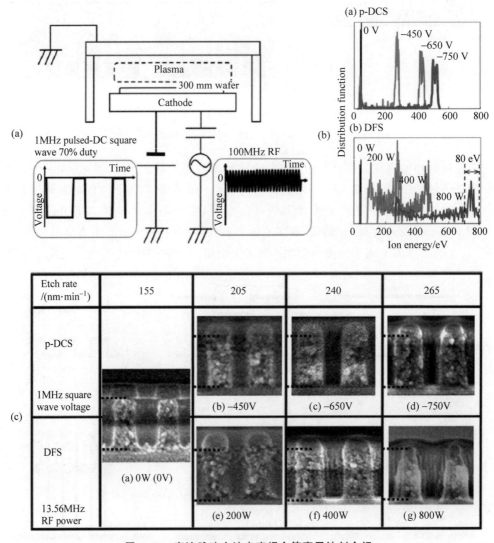

图 4.40　直流脉冲方波电容耦合等离子蚀刻介绍

(a) 离子发生器结构示意图,插图为各个功率源输出的电压波形;(b) 离子能量分布函数(ion energy distribution function,IEDF)对比,下方为双射频(dual-RF-superimposed,DFS)电容耦合等离子;(c) 蚀刻剖面图,以双射频电容耦合等离子蚀刻为对照,其中主蚀刻剂为 H_2,蚀刻介质为无定型碳[32]

　　总的来看,更高的等离子体能量并保持更精确的离子能量控制是目前等离子体蚀刻在解决超高深宽比及其引发的一系列(如选择比、掩膜损失、蚀刻形貌等)问题的主要手段。

2. NOR 闪存的接触孔蚀刻

如图 4.41 所示,传统的 45nm 节点以前的 NOR 闪存的接触孔蚀刻也属于标准的接触孔蚀刻工艺,其主要特征体现在位于字线带(WL strap)的源极接触孔。这种设计的前提是随着离子注入技术的研究和进展而在 NOR 闪存芯片制造普遍使用的自对准源极(Self-aligned Source,SAS)工艺。图 4.42 是自对准源极工艺的示意图。该工艺是在源、漏及栅极形成后,将漏极用光刻胶保护,对露出的源极区域的浅槽隔离氧化物进行自对准蚀刻。工艺主要挑战在于寻找足够的工艺窗口和尽量少的对栅极材料的损失(包含顶部和侧壁)以及对有源区的硅损失的平衡。一般会使用重聚合物碳氟气体来实现高的对硅选择比。自对准源极蚀刻后会进行源极离子注入以改善读写性能,再通过后续的源极接触孔蚀刻与后段连接起来。

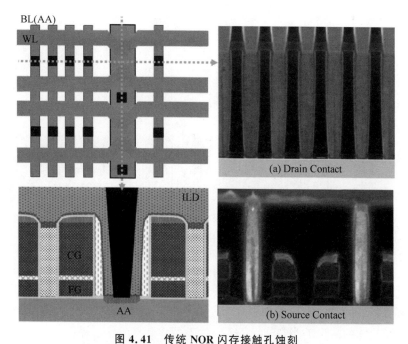

图 4.41　传统 NOR 闪存接触孔蚀刻
(a) 沿字线方向的漏极接触孔；(b) 沿位线方向的源极接触孔[83]

摩尔定律的驱动要求 NOR 闪存在保持功率的同时必须缩减芯片的核心区面积以满足日趋增长的存储容量需求。从图 4.41(a)可以看出,缩减核心区面积的关键限制因素是占据了一大半核心区的漏极接触孔。减小漏极接触孔间距的方案因为单一维度光刻胶曝光的物理极限以及接触孔和字线之间的套刻(overlay,OVL)限制,并不适用于大规模量产。因此,Intel 的 A. Blosse 等针对 45nm 节点后的 NOR 闪存提出了一种对称分布的源、漏布局,其源极接触从孔变为沟槽以增强光刻工艺窗口,同时为避免高密度字线的位线接触之间短接和降低对套刻的要求,引入了自对准接触(self-aligned contact,SAC)蚀刻工艺。图 4.43 即为采用这种架构的 NOR 闪存的接触孔蚀刻示意图,图中的 W1 由 SAC 工艺形成,沿位线方向的 W1 同时包含漏极接触孔和源极接触沟槽[33,34]。

一般而言,自对准蚀刻工艺同样采用碳氟比例较高的重聚合物气体(C_5F_8、C_4F_6 等)实现对硬掩膜(氮化硅)高的选择比从而蚀刻介电材料(二氧化硅),要求在蚀刻完成后留有足够的硬掩膜以支持高电压下的擦除操作并避免栅极肩部位置的电流泄漏[35]。对覆盖栅极的侧墙

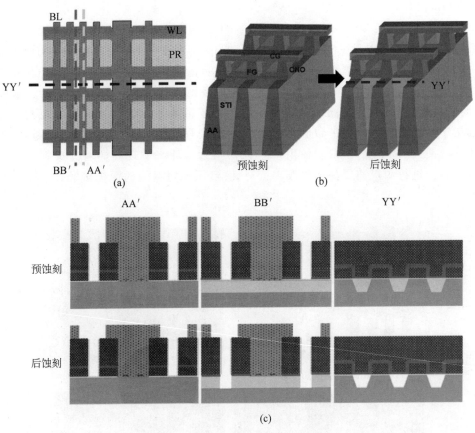

图 4.42　自对准源极蚀刻工艺示意图

(a) 布局图；(b) 透视图；(c) 截面图

也要求足够高的选择比和各向异性蚀刻以避免过多的损失。不过过高的选择比带来的丰富的聚合物或者副产物容易导致随机的接触孔未开通问题。该工艺的主要挑战之一在于实现适当的选择比和足够的蚀刻窗口的平衡。

　　45nm 节点以后，NOR 闪存的自对准接触孔蚀刻的深宽比已经超过了 10∶1，且独特的高密度、相邻的接触孔、接触沟槽的一站式蚀刻使工艺愈加复杂，在减少硬掩膜损失量外，最有代表性的工艺需求就是对漏极接触孔沿字线方向蚀刻剖面的控制。如图 4.43 所示，漏极接触孔蚀刻在沿字线方向受栅极限制，蚀刻剖面形状由栅极定义，蚀刻时会同时接触二氧化硅、栅极硬掩膜(氮化硅)和侧墙最外层的氮化硅；而在沿字线方向则是非受限的，蚀刻反应物只有二氧化硅。在这样的类似于方形的接触孔中，非受限方向的蚀刻剖面形状必然会受到另一方向的影响，如蚀刻剂在沿位线方向从接触二氧化硅到接触栅极硬掩膜氮化硅产生的聚合物或副产物的量会急剧增加，沿字线方向的蚀刻剖面形状也因此极容易变得较倾斜；图 4.43(b)中所示的浮栅的剖面一般是略倾斜的，在该位置的单位体积内的蚀刻副产物随之增加，导致接触底部的坡面形状很难保持垂直。因此，此处的高深宽比自对准蚀刻选择比的实现必须同时考虑栅极肩部硬掩膜的剩余量、蚀刻剖面形状的控制和工艺窗口之间的平衡。

　　目前 NOR 闪存的自对准蚀刻工艺主要有两种，标准自对准接触孔蚀刻和逆序自对准接触孔蚀刻，两种工艺的总体差异总结于表 4.1 和图 4.51。

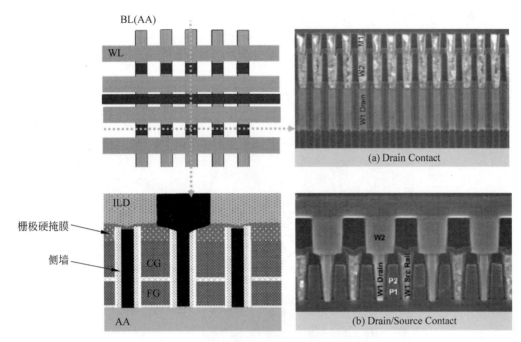

图 4.43 45nm NOR 闪存的自对准接触孔蚀刻

(a) 沿字线方向的漏极接触孔；(b) 沿位线方向的漏极接触孔和源极接触沟槽[34]

表 4.1 标准、逆序自对准接触孔蚀刻特性对比

	标准自对准接触孔蚀刻	逆序自对准接触孔蚀刻
整合工艺流程	简洁	复杂
光刻图形	岛状	圆孔
套刻规格	正常	严格
图形负载	沟槽、孔	孔
硬掩膜损失要求	低	高
蚀刻剖面形状	连续、略倾斜	连续且垂直
后续填充工艺	一次，钨工艺	两次，分别为氮化硅、钨

标准自对准接触孔蚀刻工艺的流程直观简洁，如图 4.44 所示，通过一次一站式蚀刻来定义出所有的接触图形，与普通接触孔蚀刻工艺有两处不同：①图 4.44(a)所示的高密度的岛状光刻图形。岛状光刻胶不仅会限制光刻工艺的窗口，而且其在蚀刻过程中的消耗也明显快于普通接触孔光刻胶。图 4.45 说明了两种形状的光刻胶在蚀刻过程中消耗机制的差异，岛状光刻胶会受到各方向等离子体的轰击从而消耗增多。②同时进行如图 4.44(b)所示的呈高密度且相邻分布的接触孔、沟槽的蚀刻。孔和沟槽蚀刻之间的差异是该工艺的关键问题。高深宽比的接触孔图形一般需要高选择比蚀刻，通过在栅极硬掩膜肩部堆积大量的碳氟聚合物或副产物来减少通孔处栅极硬掩膜的损失，但过高的选择比会引起图 4.46(b)所示的沟槽未开通问题。这种现象可以归因于蚀刻等离子体与硬掩膜接触时通孔和沟槽不同的硬掩膜暴露面积。如图 4.47 所示，自对准接触孔蚀刻中硬掩膜(氮化硅)的暴露面积会影响边界附近的碳氟聚合物的产生和耗尽速率，导致不同接触孔甚至同一接触孔沿字线两侧的不同蚀刻选择

比[37]。在 NOR 闪存的标准自对准接触孔蚀刻中,沟槽远大于通孔的硬掩膜暴露面积则必然会产生过多的聚合物沉积,导致通孔正常而沟槽未开通。降低选择比可以避免该问题,显而易见的副作用就是图 4.46(a)所示的通孔处栅极肩部硬掩膜损失过多,导致接触孔和栅极之间短路[36]。

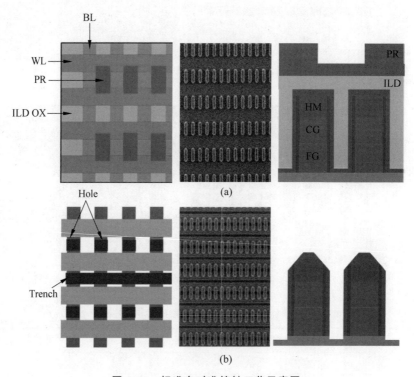

图 4.44　标准自对准接触工艺示意图

(a) 预蚀刻;(b) 后蚀刻。从左到右分别为布局图、顶视图和截面图(沿位线方向)[36]

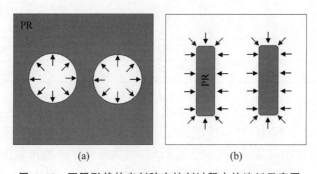

图 4.45　不同形状的光刻胶在蚀刻过程中的消耗示意图

(a) 普通接触孔;(b) 岛状。箭头表征蚀刻方向,岛状光刻胶的四角会同时被各方向的等离子体消耗

　　表 4.2 总结了标准自对准接触孔蚀刻的二氧化硅蚀刻速率、选择比、工艺窗口和一定范围内主要蚀刻参数的大致关系,如偏置功率增加会引起更快的二氧化硅蚀刻速率但也会引起更多的氮化硅硬掩膜损失,因此虽然蚀刻停止边界得以提高但选择比降低了。实际工艺优化中的情况会更加复杂,大部分参数和自对准蚀刻选择比呈非线性关系的,且各参数之间存在交互影响,如压强和碳氟气体、O_2 流量、功率和 Ar 流量等。

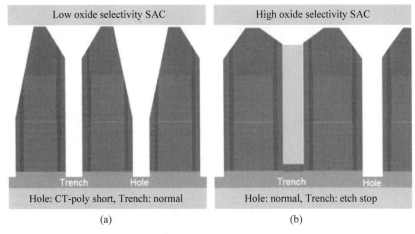

图 4.46　标准自对准接触孔蚀刻选择比和工艺窗口之间的平衡

（a）低选择比，接触沟槽满足工艺需求但接触孔的硬掩膜损失过多引起接触-栅极短路；

（b）高选择比，接触孔满足工艺需求而接触沟槽遭遇蚀刻停止问题[36]

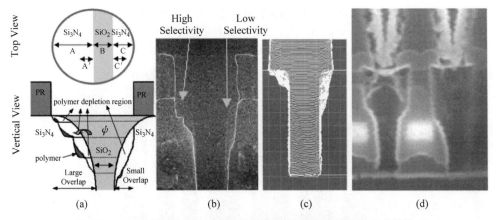

图 4.47　自对准接触孔蚀刻中选择比和氮化硅硬掩膜暴露面积的关系

（a）机制图，二氧化硅（B 区域）产生的氧原子团与边界附近的氮化硅（A、C 区域）迅速反应，氮化硅暴露面积对碳氟聚合物的产生和耗尽速率有着显著影响；（b）同一接触孔中不同氮化硅暴露面积引起的不同蚀刻选择比的 SEM 图；（c）图（b）对应的蚀刻模型预测结果；（d）相邻接触孔不同暴露面积引起的不同蚀刻选择比的 SEM 图[37]

表 4.2　标准自对准接触孔蚀刻的选择比和蚀刻参数的关系

	趋势	偏置功率	碳氟气体	CO	Ar	压强	温度
二氧化硅蚀刻速率	+	+	+	−	−	+	−
氮化硅/二氧化硅选择比	+	−	+	−	+	+	+
蚀刻停止边界	+	+	−	+	+	−	−

高温是提高自对准蚀刻选择比的有效途径。晶圆温度主要通过电极温度和静电吸附卡盘背面的冷却用氦气压强调节，图 4.48 分别给出了两个参数对选择比的影响。一般而言，随着温度升高，氮化硅的蚀刻速率降低幅度远大于二氧化硅的蚀刻速率；同时高温可加速蚀刻副产物的去除，会产生大量副产物的标准自对准接触孔蚀刻工艺，因此得以兼顾高选择比和工艺

窗口。需要注意的是,如图 4.48(b)所示,过高的温度会引起过低的二氧化硅蚀刻速率从而导致蚀刻停止发生[38]。高温的另一个严重副作用是会增加光刻胶的消耗,这在 NOR 闪存的标准自对准接触图形使用的岛状光刻胶上表现得更加明显,也因此必须引入变温功能。通过蚀刻配方中光阻打开步骤使用低温而自对准接触孔蚀刻步骤使用高温的方法可实现如图 4.49(b)所示的更少的氮化硅硬掩膜损失。这种方法的副作用就是使接触沿位线方向的剖面形状更加弯曲。其机制会在后续的逆序自对准接触孔蚀刻详细讨论。目前最成熟的解决方案仍然是使用射频功率脉冲技术。标准自对准接触孔蚀刻对选择比、剖面形状和工艺窗口的工艺需求可以通过两种技术的结合同时得到满足(如图 4.49(c)所示)。

He pressure	Nt Sel	Oxide ER
Torr		Å/min
10	23	5600
12	23	5900
14	22	6000
18	20	6300

(a)

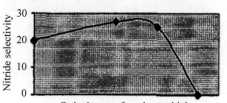

(b)

图 4.48　自对准接触孔蚀刻选择比和温度的关系

(a) 静电吸附卡盘背面的氦气压强对氮化硅选择比和二氧化硅蚀刻速率的影响;

(b) 氮化硅选择比和电极温度的变化趋势图[38]

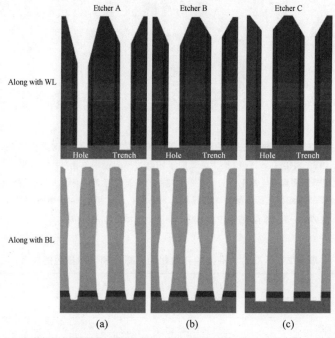

(a)　(b)　(c)

**图 4.49　标准自对准接触孔蚀刻不同 CCP 蚀刻机台的对比,上下分别为沿字线、
　　　　位线的蚀刻剖面示意图**

(a) 基础型;(b) 搭配变温功能的升级型;(c) 搭配变温和射频功率脉冲功能的高级型[36]

　　为了规避标准自对准接触孔蚀刻中接触孔、沟槽一站式蚀刻带来的对工艺窗口的限制,如图 4.50 所示的逆序自对准接触(Reversed Self-aligned Contact,R-SAC)工艺被提出。该工艺

的光刻相对简单,在浅槽隔离上曝出类椭圆图形后,接下来的逆序自对准蚀刻停在浅槽隔离的阻挡层(氮化硅)上,形成的孔会填入氮化硅并平坦化以露出介电层二氧化硅。这时接触孔(有源区上)、沟槽内的介电层二氧化硅的侧面和底部都是氮化硅,因此可以用二氧化硅/氮化硅选择比高的湿法工艺(或各向同性的遥控等离子体蚀刻)完全去除。最后打开接触沟槽和有源区上接触孔的阻挡层并填入金属钨,完成接触图形化[36]。

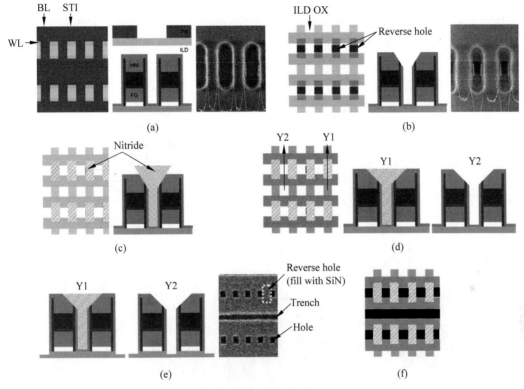

图 4.50　逆序自对准接触工艺流程

(a) 预蚀刻,从左至右分别为布局图、沿字线剖面图和顶视图;(b) 后蚀刻,从左至右分别为布局图、沿字线剖面图和顶视图,自对准蚀刻停在浅槽隔离阻挡层上;(c) 氮化硅填充于逆序自对准蚀刻孔并平坦化,从左至右分别为布局图、沿字线剖面图;(d) 湿法去除接触孔、沟槽内的二氧化硅,从左到右分别为布局图、在浅槽隔离上沿字线剖面图(Y1)、在有源区上沿字线剖面图(Y2);(e) 打开接触孔、沟槽的阻挡层,最右为顶视图;(f) 钨填充[36]

这种工艺中,由于湿法蚀刻的选择比极高,接触孔、沟槽的差异可以忽略;而且由于硬掩膜和逆序自对准蚀刻孔填充的都是氮化硅,该自对准蚀刻对栅极硬掩膜损失的要求也不高。相对于标准自对准接触孔蚀刻,这种特性对工艺窗口的提升非常有帮助。

实际上,逆序自对准接触工艺的主要问题在于逆序自对准蚀刻孔沿位线方向的剖面形状。标准自对准接触孔蚀刻中,后续的钨填充工艺要求剖面形状(沿位线方向)呈连续且略倾斜,这与高深宽比蚀刻的副产物堆积的物理特性也是相符的;而在自对准接触工艺流程中,氮化硅、钨先后填充于相邻的有源区、浅槽隔离,导致逆序自对准蚀刻的最优剖面形状(沿位线方向)为严格的垂直($88°\sim90°$)[39]。

对于 NOR 闪存的自对准接触结构而言,如图 4.51 所示,高选择比的接触孔蚀刻会在蚀刻剂接触字线方向上的氮化硅后反应生成大量副产物,形成接触孔顶部的斜面(第一刻面);

此后字线方向上离子撞击顶斜面会被反弹与位线方向上的二氧化硅反应形成第二刻面,导致颈缩(Necking)的出现,颈缩的最终位置和字线方向氮化硅硬掩膜肩部是一致的;颈缩形成后,更多的离子会撞击并反弹从而形成底部的弯曲剖面形状。高深宽比接触孔蚀刻中,离子能量的逐步衰减以及中性粒子的黏附效应会使弯曲现象更严重。一般的做法是增加偏置功率或载气流量,牺牲部分选择比来避免瓶颈和弯曲形状的出现,相应的副作用就是硬掩膜损失变多且顶部 CD 变大、剖面形状更倾斜。标准自对准接触孔蚀刻就是通过高偏置功率搭配源功率脉冲技术在维持高选择比的同时实现连续且略倾斜的剖面形状。这种解决方案无法满足逆序自对准蚀刻对顶部形状的要求。

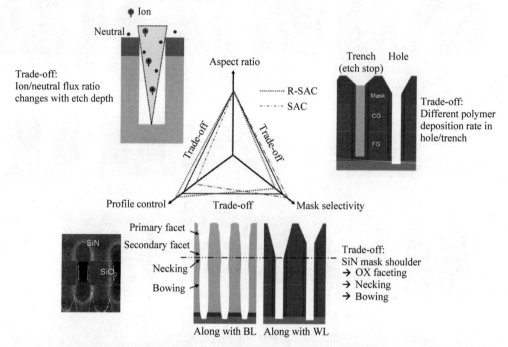

图 4.51 NOR 闪存自对准接触孔蚀刻工艺在深宽比、剖面形状控制、掩膜选择比 3 方面面临的挑战和平衡(点画线代表标准自对准接触孔蚀刻,适当的介电层对掩膜的蚀刻选择比至为关键,剖面形状次之;虚线代表逆序自对准接触孔蚀刻,连续且垂直的剖面形状的实现至为关键,选择比次之;两种工艺都受到深宽比的制约。深宽比对离子/中性离子流量比的影响参考文献[40])

不同蚀刻参数对逆序自对准蚀刻的弯曲剖面形状的影响总结于图 4.52。几乎所有的参数对剖面形状的影响都是非线性的,彼此的交互作用也通过统计学方法得以证实[39]。对照表 4.2 可以证实选择比和剖面形状的平衡非常复杂,譬如高温可以同时提升选择比和改善弯曲的剖面形状而高偏置功率能改善剖面形状却会降低选择比。

目前逆序自对准蚀刻最佳的解决方案为双射频同步脉冲技术。图 4.53 对比了电感耦合等离子体的连续波和不同射频脉冲技术在离子能量、离子能量角分布上的差异。同步脉冲是唯一可以在脉冲关闭状态下实现极低离子能量(1eV)的宽角分布的模式。这意味着使用低射频功率在高深宽比蚀刻的可行性,而低偏置功率就可以改善逆序自对准蚀刻的顶部剖面形状的倾斜度。在电容耦合等离子体中,如图 4.40(b)所示,源功率和偏置功率同时关闭而维持直流负电压,可以进一步缓解正离子反弹导致的第二刻面现象(图解见图 4.39(c))。图 4.54 即逆序自对准蚀刻沿位线剖面形状分别在连续波和同步脉冲电容耦合等离子体中的结果。

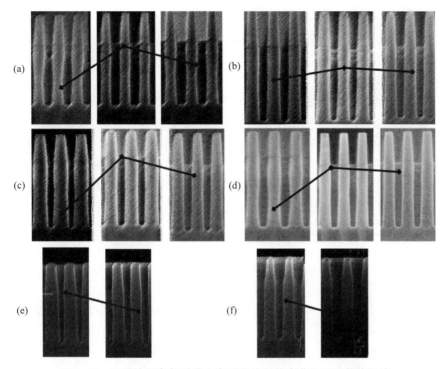

图 4.52　不同蚀刻参数对逆序自对准蚀刻的弯曲剖面形状的影响

（a）温度；（b）源功率；（c）偏置功率；（d）Ar 流量；（e）氧气流量；（f）过蚀刻量。所有参数沿横轴从左往右增大，黑色实线表征弯曲剖面形状的改善程度，沿纵轴从下往上增大[39]

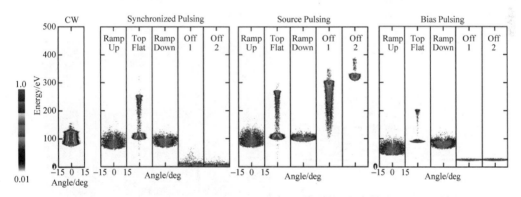

图 4.53　连续波和不同射频脉冲技术电感耦合等离子体的离子能量、角分布。同步脉冲是唯一可以在脉冲关闭状态下实现极低离子能量（1eV）的宽角分布的模式[41]

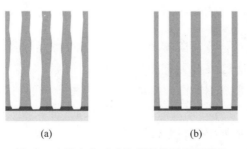

图 4.54　逆序自对准蚀刻沿位线剖面形状

（a）连续波；（b）同步脉冲电容耦合等离子体[39]

总结以上,可以看出两种自对准蚀刻方案各有优劣,如图 4.51 所示,不同方案在深宽比、蚀刻剖面形状控制、掩膜选择比这 3 个主要指标上面也各有侧重,变温和功率脉冲都是比较有效的解决方法。不过如果进一步微缩化,NOR 闪存的特有设计带来的接触蚀刻的工艺复杂度和挑战性将呈指数上升。

与 NAND 闪存的接触蚀刻相比,NOR 闪存的接触蚀刻既面临着同样的超高深宽比、一站式蚀刻等问题,还需要克服超高密度接触分布(会导致局部蚀刻负载,如极差的局部 CD 均匀性、蚀刻过量和蚀刻不足同时出现等问题)、限制和非限制方向上不同介电材料(会使等离子体分布愈加难以控制)等特征引起的复杂问题。新的掩膜或侧墙材料的引入、原子层蚀刻、中性粒子蚀刻等先进技术的应用对于这些问题的解决是必不可少的;而超越目前这种源漏对称分布的自对准接触布局的设计也对 NOR 闪存的进一步发展有重要意义。

4.2.7 特殊结构闪存的蚀刻工艺

除了上述的标准浮栅闪存结构,还有一些特殊的闪存结构,接下来的章节会简单介绍分栅闪存结构及纳米量子点存储结构。

分栅闪存存储器最初是超捷半导体技术公司(SST)提出的,具有功耗低,写入效率高,不容易过擦除等特点[42-45]。如图 4.55(a)所示,分栅闪存结构由控制栅极(CG)、浮置栅极(FG)、字线(WL)以及擦除栅极(EG)组成[45]。分栅闪存是通过热电子注入的方式对浮置栅极进行充电来写入数据,而通过 F-N 隧道效应进行放电来擦除数据,在 F-N 隧穿效应的作用下电子由浮置栅极进入擦除栅,其写入擦除的方式与 NOR 闪存是一样的。不同的是传统 NOR 闪存结构以栅极氧化层作为隧穿氧化层,而分栅闪存隧穿氧化层为浮置栅极侧墙氧化层,与浮置栅极氧化层完全分离。图 4.55(b)为分栅闪存结构的 TEM 形貌图[44]。

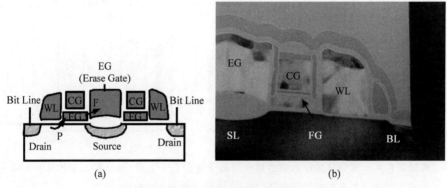

(a)   (b)

图 4.55　分栅闪存结构示意图[45]

(a) 分栅闪存结构;(b) 分栅闪存结构的 TEM 形貌图

分栅闪存中首先形成的是控制栅极,光刻定义好图形之后蚀刻硬掩膜、控制栅极多晶硅及 ONO 停在浮置栅极多晶硅上,在控制栅极侧墙形成之后,再对浮置栅极多晶硅进行蚀刻,此时是以控制栅硬掩膜及控制栅侧墙作为掩膜来定义浮置栅极的关键尺寸,在浮置栅极侧墙形成之后,沉积多晶硅将控制栅极和浮置栅极之间的间隙全部填满,然后通过化学机械研磨平坦化沉积的多晶硅停在控制栅极硬掩膜上,这样通过控制栅极浮置栅极侧墙及硬掩膜隔离即可形成字线及擦除栅极。具体的流程示意图如图 4.56 所示。

控制栅极蚀刻包括以下几个步骤:硬掩膜蚀刻、多晶硅蚀刻及 ONO 蚀刻。硬掩膜蚀刻

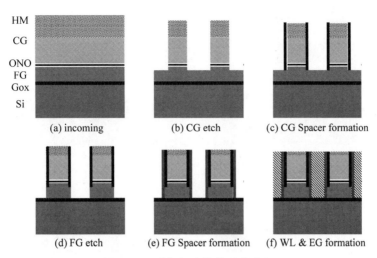

图 4.56　分栅闪存结构形成流程

主要采用氟基气体如 CF_4、CHF_3 等；多晶硅蚀刻气体主要是卤族元素气体，如 Cl_2、HBr 等；采用高压强低功率的蚀刻配方可以很好地停在 ONO 上，随后进行 ONO 蚀刻停在浮置栅极多晶硅上。浮置栅极蚀刻多晶硅之前会有一步 BT(break through)去除本征氧化层(native oxide)，浮置栅极多晶硅及后续的字线多晶硅蚀刻气体基本和控制栅极多晶硅蚀刻气体相同。蚀刻字线多晶硅可以引入 EPD 模式消除前层的影响。

　　另一种特殊结构的闪存纳米量子点存储结构如图 4.57 所示，纳米 Si(Nc-Si)替代了标准浮栅闪存中的浮置栅极多晶硅[46-48]。在传统的标准浮栅闪存结构中，隧穿氧化层的均一性非常重要，若有些位置的隧穿氧化层厚度偏薄，则该位置的漏电电流会增加，存储在浮置栅极中的电子容易流失，直接影响数据保持能力。如果改用纳米量子点存储结构，则量子点的大小仅仅影响对应量子点位置的数据存储，不会影响周边电荷存储，大大提高了可靠性。

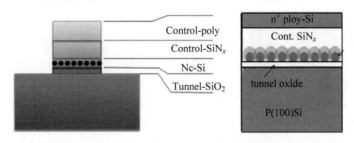

图 4.57　纳米量子点闪存结构示意图

　　虽然纳米量子点存储结构从可靠性来讲相比传统浮栅闪存有很大的优势，但该种结构对工艺要求很高，不管是纳米 Si(Nc-Si)的形成还是控制栅的蚀刻。纳米 Si 的均匀性直接影响后续的控制栅极形成，即使纳米 Si 的均一性做得非常好，控制栅的形成也对蚀刻提出了新的挑战。纳米 Si 周围包裹了一层氮化硅，在进行控制栅蚀刻时需要蚀刻纳米 Si 及包裹的氮化硅而停在隧穿氧化层上，这需要对蚀刻工艺进行精确地控制。可行的做法是对包裹在纳米 Si 顶部的氮化硅进行蚀刻，露出纳米硅，然后用高选择比的工艺去除纳米硅而保留氮化硅，最后去除氮化硅停在隧穿氧化层。蚀刻氮化硅的气体通常选用含 C、H、F 的气体，对纳米 Si 及隧穿氧化层都具有一定的选择比，第二步蚀刻纳米 Si 的气体通常选用卤族元素气体，如 Cl_2、HBr 等，采用高压强低功率的工艺可以很好地停在氮化硅或隧穿氧化层上。图 4.58 所示即为形成纳米 Si 控制栅的蚀刻工艺示意图。

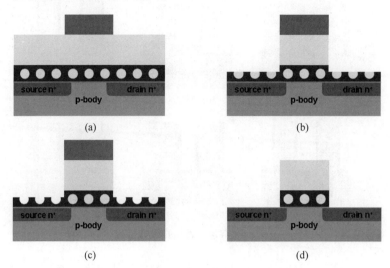

图 4.58　纳米 Si 控制栅的蚀刻工艺示意图

4.2.8　标准浮栅闪存的 SADP 蚀刻工艺

自对准双重图形(Self-Aligned Double Patterning,SADP)工艺,是一种侧壁间隔层转移图形技术(Sidewall Spacer Transfer Patterning Technology),其优势在于对于任意给定的用光刻方法定义的线条,可以在每个心轴侧边沉积间隔层,间隔层蚀刻之后去除最初的心轴模板材料,就可以有效实现线条密度的翻倍。这种方法对高密度的平行线条具有优异的线宽和节距控制效果。而闪存特别是 NAND 闪存其核心区域结构都是重复性的平行线条图形,自对准双重图形工艺可以用于有源区、栅极以及后段连接导线的形成。

自对准双重图形工艺的基础是心轴图形层的形成,心轴图形层的材料选择有很多,用光阻来做心轴模板材料的优势在于光阻能很容易地去除,但缺点也同样显而易见,在底部抗反射层(BARC)的蚀刻过程中光阻形貌的控制具有极大的挑战。其他材料例如无定型碳(a-C)和有机材料层(OUL)因容易去除也是心轴模板材料的选择之一,但这两种材料上面通常会沉积一层硬掩膜层来传递图形。图 4.59 所示即为自对准双重图形工艺的示意图[49],首先,蚀刻硬掩膜和心轴模板材料以形成心轴图形层,之后在心轴图形层上沉积一层薄膜作为侧壁间隔层,侧壁间隔层的沉积方法一般采用原子层沉积以获得良好的阶梯覆盖,在蚀刻侧壁间隔层之后去除心轴模板材料,这样在每个心轴侧边就形成了间隔层,最后以形成的侧壁间隔层为掩膜层对其下的目标层进行蚀刻,形成最终的图形层。

不同的心轴模板材料对侧壁间隔层的形成及底部停止层的形貌会有很大的影响。图 4.60

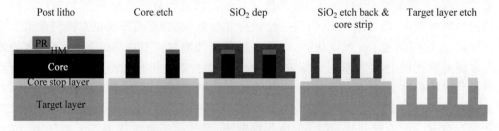

图 4.59　自对准双重图形工艺示意图[49]

即为两种不同心轴模板材料的自对准双重图形工艺比较,第一种工艺在目标层上依次沉积电介质停止层、无定形碳心轴材料层、硬掩膜电介质抗反射层以及光阻,而第二种工艺在目标层上依次沉积金属停止层、心轴材料旋涂有机层、硬掩膜低温氧化层以及光阻。在第一种工艺中,心轴层的停止层通常是电介质,如二氧化硅、氮化硅或者以上两种薄膜的组合,而侧壁间隔层也是电介质,如二氧化硅或氮化硅,蚀刻侧壁间隔层时就不能很好地停在电介质停止层上,从而造成停止层明显的奇偶深度差异。而在第二种工艺中,心轴层的停止层是金属材料,蚀刻电介质侧壁间隔层对金属可以有很高的选择比,从而能很好地停在金属停止层上,这样停止层的深度差异可以控制在较小的范围内。

SaDP Scheme 1: CVD a-C core with dielectric under layer

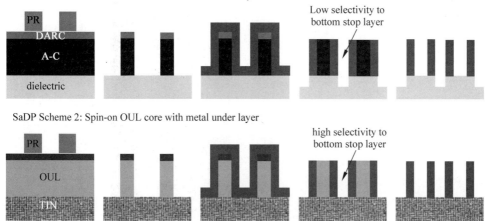

SaDP Scheme 2: Spin-on OUL core with metal under layer

图 4.60　自对准双重图形工艺比较(1:心轴材料为无定形碳　2:心轴材料为旋涂有机层[49])

在上述两种工艺中,蚀刻侧壁间隔层时需要足够多的过蚀刻以去除心轴层上方的硬掩膜层,但因为侧壁间隔层与停止层选择比的不同,只有第一种工艺会造成较大的停止层深度差异,而这种深度差异将会直接影响后续目标层的奇偶性,造成关键尺寸以及形貌的差异。为了减小这种深度差异,可以考虑在沉积侧壁间隔层之前就去除硬掩膜层,基于这种考虑,我们提出了新的心轴图形层形成工艺,如图 4.61 所示。首先,无定形碳主蚀刻,保留一部分的无定形碳,然后去除无定形碳上方的硬掩膜,而保留下来的无定形碳作为底部停止层的保护层,最后通过过蚀刻把剩余的无定形碳全部去除。采用了这种新的工艺,在后续的侧壁间隔层蚀刻时就不需要额外的过蚀刻去除心轴层上方的硬掩膜,如此底部停止层的奇偶深度差异得到显著改善。

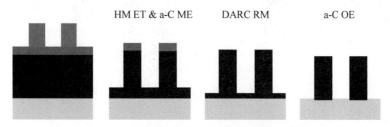

图 4.61　自对准双重图形心轴层新工艺[49]

一般来说,传统的心轴层蚀刻更容易获得垂直的形貌,但随后的侧壁间隔层蚀刻需要足够的过蚀刻去除心轴层上方的硬掩膜,这样就会引入各种问题,如图 4.62 所示,侧壁间隔层高度以及停止层的损耗都不可避免。图 4.62(a)为间隔层沉积之后的形貌图,在心轴图形层上方所需蚀刻的薄膜 H1 包括间隔层以及心轴层硬掩膜,而在停止层上面所需蚀刻的薄膜 H2 仅为间隔层,两者厚度的差异接近40%,间隔层主蚀刻之后停在停止层上,但心轴图形层上方的硬掩膜层还没有去除(图4.62(b)),当加上足够的过蚀刻去除心轴层上方的硬掩膜时,间隔层的高度和宽度会大幅度缩减,另外,停止层的损耗也达到了50%,这将会直接影响后续的图形传递。

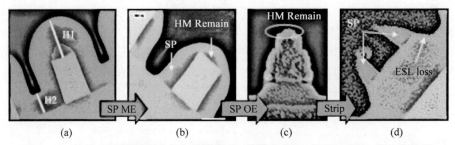

图4.62 传统心轴图形层形成工艺的问题:间隔层高度,间隔层宽度,停止层损耗

(a) Spacer deposition;(b) Spacer ME;(c) Spacer OE;(d) Strip

采用图4.61所示的新工艺之后,由于不需要额外的过蚀刻,侧壁间隔层蚀刻之后的形貌会比传统工艺的好很多。但新工艺也暴露出其他的问题,例如心轴层的高度、心轴层的形貌,还有底层的 sub-trench。心轴层高度降低是由硬掩膜去除和过蚀刻造成的,可以通过增加心轴层薄膜厚度来改善。但是另外两个问题就比较难解决,如图4.63(b)所示,晶圆的中心和边缘 TEM 形貌有明显的差异,晶圆中心样品基本没有 sub-trench 但 profile 比较倾斜,晶圆边缘样品有严重的 sub-trench 而 profile 就比较直。上述问题是这种新工艺的硬伤,很难避免,除了对蚀刻有均一性的要求外,还需要前层薄膜沉积的均匀性非常好。图4.64的部分蚀刻结果显示 sub-trench 的源于心轴层 a-C 主蚀刻,部分蚀刻晶圆边缘的 sub-trench 较晶圆中心更为严重,再加上晶圆边缘的 a-C 厚度比中心的薄,导致最终晶圆边缘的 sub-trench 更严重。对新工艺来说,主蚀刻之后要保留足够的 a-C 来保护停止层不在硬掩膜去除步骤中暴露出来,如图4.64所示,主蚀刻之后晶圆中心剩余的 a-C 比晶圆边缘的要多,所以图4.63(b)中晶圆中心没有观察到 sub-trench,而晶圆边缘的 sub-trench 严重很多。蚀刻需要恶化当步的均一性去弥补前层带来的非均一性问题,这样才能保证主蚀刻之后 a-C 剩余量一样,才可获得如图4.65所示的心轴图形层没有 sub-trench 且心轴层角度在85°以上的完美形貌。

图4.63 新心轴图形层形成工艺的问题:心轴层高度,心轴层形貌,停止层的 sub-trench

(a) Spacer profile check;(b) Core profile check

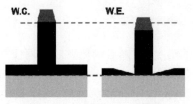

图4.64 心轴层 a-C 主蚀刻

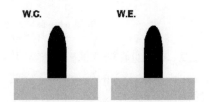

图4.65 新工艺的心轴图形层形貌

上述新工艺虽然解决了部分问题,但是其工艺窗口小,不利于大规模量产,笔者认为比较理想的一种解决方案如图 4.66 所示,在 a-C 主蚀刻之后,去除部分硬掩膜,最后过蚀刻去除剩下的 a-C。采用此种方案的优势在于心轴图形层的角度可以接近 90°,且因有硬掩膜的保护上半部分形貌是方正的,心轴层不会出现圆弧形的形貌,且不会出现 sub-trench 的问题,极大地增加了工艺窗口。唯一不足之处在于随后的间隔层蚀刻需要一些过蚀刻来去除心轴层上方的剩余硬掩膜,但相对于传统的心轴层蚀刻已经有了很大改善。图 4.67 即为优化后新工艺的心轴图形层的形貌图,心轴图形层的角度为 88°,剩余硬掩膜保护心轴图形层的顶部没有受到破坏,停止层没有损耗也就没有老工艺存在的 sub-trench 的问题。图 4.68 为两种工艺间隔层薄膜沉积之后的形貌图,图 4.68(a)为优化新工艺,因为顶部有硬掩膜的保护,间隔层沉积时 a-C 不会受到挤压,所以形貌还保持心轴层形成时的形貌,而在图 4.68(b)未优化的工艺中,由于顶部没有硬掩膜的保护,心轴层顶部受到间隔层沉积的挤压,导致形貌发生了很大改变,心轴图形层的角度由 85°左右变为小于 80°,这对后续的图形传递会有一定的影响。

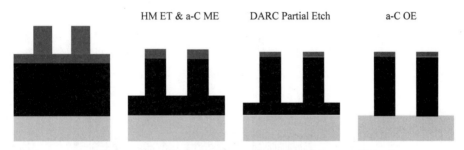

图 4.66　优化后的自对准双重图形心轴图形层新工艺[49]

图 4.67　优化新工艺心轴图形层的形貌

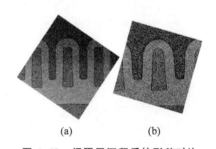

(a)　　　　(b)

图 4.68　间隔层沉积后的形貌对比

在心轴图形层的形貌确定之后,需要确定心轴图形层的关键尺寸,这将会直接影响目标层图形的奇偶性。目标层图形的奇偶性可以通过相邻 space 的差值来表征,所以只需找到心轴图形层 CD 和目标层相邻 space 差值的关系即可,图 4.69 即为不同心轴图形层 CD 对应的目标层 space 差值的关系图,在差值为 0 的位置即为所需的心轴图形层关键尺寸。但该关系图的前提条件是间隔层薄膜的厚度都是一致的,如果不同晶圆之间间隔层厚度有差异,那么心轴图形层 CD 与目标层 space 差值的关系就会受到影响[49]。

在自对准双重图形工艺中,必须有一道工艺将线条末端截断,让两条相邻的线分开,如图 4.70(a)所示[49]。此截断工艺需要仔细设计才能避免一些不必要的问题出现。如图 4.70(b)所示,此截断工艺可以在侧壁间隔层蚀刻 A 之后进行,也可以在目标层蚀刻 B 完成之后进行或者在后续的某一工艺后 C 进行。对控制栅结构来说,在后续工艺后进行截断工艺是最优选择。如果在 A 间隔层形成之后进行,在后续的控制栅多晶硅蚀刻时线条末端的形状会倾斜,

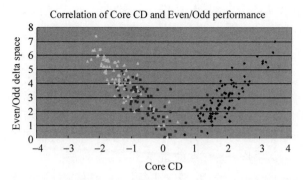

图 4.69 心轴图形层 CD 与目标层 Space 差值的关系图[49]

造成较大的底部 CD,如图 4.70(c)所示。如果在控制栅蚀刻完成后进行截断工艺,线条末端的 CD 不会增加,但衬底硅和浅槽隔离氧化层损耗会增加,如图 4.70(d)所示。第三种选择就是在后续的栅侧墙形成之后进行截断工艺,栅侧墙薄膜能填满 cell 密集区域,如此在进行截断工艺时底部的硅衬底和浅槽隔离氧化层会受到保护,不会有损耗,而只在大块区域会有衬底硅和浅槽隔离氧化层的损耗。综上比较,C 是目前最佳选择,能避免另外两种方案造成的一些问题。

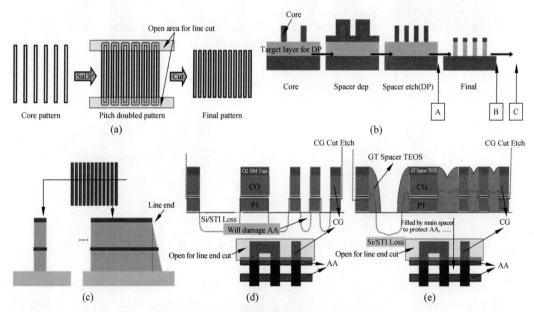

图 4.70 自对准双重图形线末端截断工艺[49]

(a) SaDP end cut process top-down;(b) SaDP end cut procedure;(c) A location;(d) B location;(e) C location

4.3 3D NAND 关键工艺介绍

4.3.1 为何开发 3D NAND 闪存

要了解为什么开发 3D NAND 闪存(图 4.71 显示了其立体堆叠的存储单元),我们先要了解现有的 NAND 闪存器件遇到了什么问题。为了降低成本,提高单位面积 NAND 闪存的容量,现有 NAND 闪存开发出 SLC、MLC(Multi-Level Cell 多层单元)等类型。SLC 的特点是成本高、容量小、速度快,而 MLC 的特点是容量大、成本低,但是速度慢。MLC 的每个单元是 2bit 的,相对 SLC 来说整整多了一倍。不过,由于每个 MLC 存储单元中存放的资料较多,结构相对复杂,出错的概率会增加,必须进行错误修正,这个动作导致其性能大幅落后于结构简单的 SLC 闪存。同时 MLC 的擦写寿命也远短于 SLC,一般只有 1/10。后续更开发出 TLC 结构闪存(Triple-Level Cell),每个存储单元可存储 3bit,是 MLC 的 1.5 倍。然而 SLC 和 MLC 在容量与速度、寿命方面的矛盾则更为严重。

为了进一步提高容量、降低成本,NAND 的工艺也在不断进步,从早期的 50nm 一路演进到目前的 15/16nm。与处理器在小尺寸工艺遇到的问题类似,先进工艺虽然带来了更大的容量,但 NAND 闪存的工艺是双刃剑,容量提升的同时,工艺的复杂程度以及成本都在急剧上升。简单缩小几何尺寸,可靠性及性能也都在下降,需要采取额外的手段包括额外工艺或者更新结构来弥补。最终导致单位存储单元的成本随着技术节点的缩小,在经过一个谷底后反而会上升,如图 4.72 所示。而目前主流的平面 NAND 闪存工艺已经处于或非常接近这个谷底[50]。

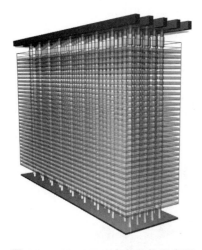

图 4.71　3D NAND 存储结构示意图

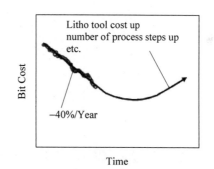

图 4.72　闪存单个存储单元成本随时间变动趋势

将平面 NAND 闪存的存储单元串从沿平面水平分布转置 90°变成垂直分布,再形成阵列,即成为垂直栅极(vertical channel)型 3D NAND 器件。由于器件从二维平面扩展变成三维空间扩展,且在垂直方向上层数可以达到数十甚至上百,3D NAND 在单位面积上的存储单元数量要高出十倍甚至数十倍。2013 年三星公司推出了第一个商业化的 3D NAND 闪存,其堆叠层数达到 24 层,单颗芯片容量达到 128G,如图 4.73 所示。2017 年,主要厂商均计划在年内推出 64 层 3D NAND 闪存,SK Hynix 公司甚至计划下半年量产 72 层 3D NAND 闪存。

将 NAND 闪存器件从平面转为立体以后,解决前文提到的闪存容量与成本之间的矛盾的思路就不一样了。为了提高 NAND 的容量、降低成本,厂商不需要费尽心思去缩小存储单元的关键尺寸,转而堆叠更多的层数就可以了,如图 4.74 所示。

4.3.2　3D NAND 的成本优势

经过测算,在同一技术节点上在一定堆叠层数范围内,单位存储单元成本随堆叠层数的上

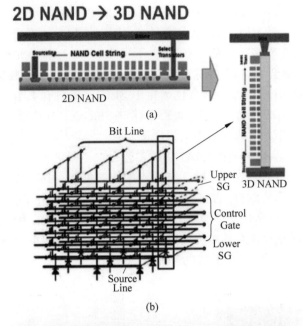

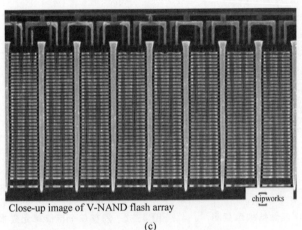

图 4.73　将平面 NAND 从水平转向垂直(a)再进行密排列(b),形成了 3D NAND(c)

(a) 2D NAND 向 3D NAND 的转变；(b) 3D NAND 器件图；(c) 三星公司第一代 V-NAND 产品

升而持续下降。图 4.75 显示出简单堆叠(指沿用原有平面 NAND 闪存结构进行堆叠从而提升单位面积上存储单元密度,属于平面 NAND 技术的延伸)与 3D NAND 在单位存储单元成本上的差异[51]。当单位芯片存储容量相对较小时(小于 256Gb),两种结构的成本相差约 30%,但随着容量提升,由于 3D NAND 可以通过简单增加控制栅层的数量提高存储容量,其工艺复杂性增加与成本上升相对堆叠结构 NAND 的优势越来越明显。当 3D NAND 控制栅层数达到 64 层,或单颗芯片存储容量为 1Tb 时,3D NAND 结构的单位存储单元成本只有堆叠结构的 1/10。主流生产厂商都规划了超过 100 层堆叠的技术路线图。

　　图 4.76 能更清晰反映平面与 3D NAND 在工艺的关键尺寸方面的差异。尽管在一段时间内 3D NAND 的实际物理设计规则(Design Rule)相对稳定,处于 50~70nm 阶段,通过存储单元密度所计算的等效设计规则尺寸,平面 NAND 器件在到达 15/16nm 的工艺极限后,呈现继续以指数形式缩减的趋势[52]。

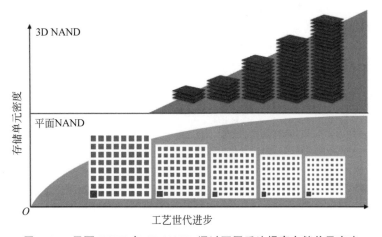

图 4.74　平面 NAND 与 3D NAND 通过不同手法提高存储单元密度

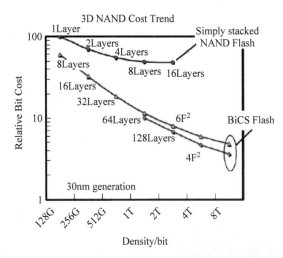

图 4.75　3D NAND 与简单堆叠 NAND 的单位存储单元成本趋势

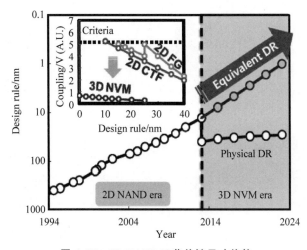

图 4.76　3D NAND 工艺关键尺寸趋势

传统的平面NAND闪存现在还谈不上末路,主流工艺是15/16nm,但10/9nm节点很可能是平面NAND最后的机会了,3D NAND闪存渐渐成为主流发展方向。表4.3列举了主要3D NAND生产厂商已经商业化生产的产品及其特征。目前的堆叠层数为24~48层,厂商们还在研发64层甚至更高层数的堆栈技术。

表4.3 品牌厂商已商业化3D NAND产品特征

特征	Samsung	Toshiba	SK Hynix	Micron/Intel
	三星公司	东芝公司	海力士公司	美光-英特尔公司
工艺技术	V-NAND	BiCS		Floating Gate
核心容量	86/128Gb(MLC) 256Gb(TLC)	128Gb(MLC)	Gen2:128Gb(MLC) Gen3:256Gb(MLC)	256Gb(MLC) 385Gb(TLC)
堆叠层数	Gen1:24 Gen2:32 Gen3:48	48	Gen2:36 Gen3:48	32
量产时间	2013年	2015年	2015年	2015年
代表产品	840/850/950			DCP3320/3520

注:V-NAND:垂直闪存(Vertical NAND)。

4.3.3 3D NAND中的蚀刻工艺

相比平面NAND闪存工艺,3D NAND由于器件结构发生巨大变化,相应的蚀刻工艺也与以往大不相同。最主要的新增特色工艺都是围绕3D结构制备,包括①台阶蚀刻;②沟道通孔蚀刻;③切口蚀刻;④接触孔蚀刻。对应图4.77中步骤3~6。

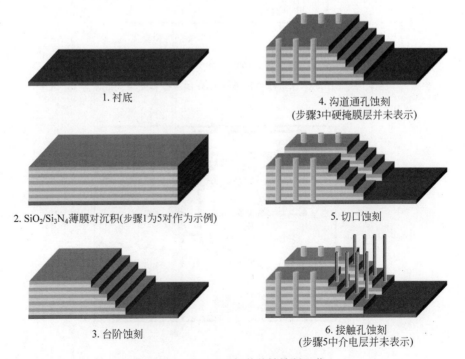

1. 衬底

2. SiO₂/Si₃N₄薄膜对沉积(步骤1与5对作为示例)

3. 台阶蚀刻

4. 沟道通孔蚀刻
(步骤3中硬掩膜层并未表示)

5. 切口蚀刻

6. 接触孔蚀刻
(步骤5中介电层并未表示)

图4.77 3D NAND相关关键蚀刻工艺

1. 台阶蚀刻

台阶蚀刻是为了后续工艺单独连接每一层控制栅层。由于控制栅层处于堆叠状态,需要在水平方向上做不同程度的延伸,而后续工艺制备的接触孔结构分别将不同的控制栅层连接出去,接通后段互连电路而进行分别控制。

台阶蚀刻的目标材料为 SiO_2 和 Si_3N_4 的堆叠结构,每个台阶蚀刻停止在下层 SiO_2 表面。台阶延展结构则由掩膜层(一般为光阻)缩减工艺形成,缩减尺寸通过 SiO_2/Si_3N_4 蚀刻过程传递到目标材料商。该蚀刻工艺为循环蚀刻工艺,如图 4.78 所示。

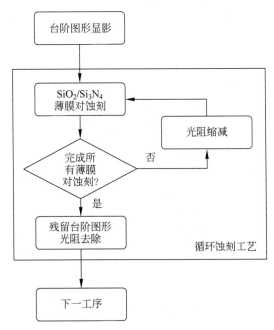

图 4.78　台阶蚀刻所应用的循环蚀刻工艺

图 4.79 以 5 对 SiO_2/Si_3N_4 结构作为示例。

通常使用感应耦合等离子蚀刻(ICP)机型完成此工艺。其主要控制要求为光阻缩减工艺过程中的每个循环缩减尺寸的一致性,边缘粗糙度控制,整片晶圆上缩减尺寸的均一度,以及 SiO_2/Si_3N_4 蚀刻过程对光阻的选择性。台阶宽度的准确性决定了后续接触孔是否能正确连接到指定的控制栅层,如图 4.80 所示。

由于最终要求每个台阶宽度(即每层控制栅层延展尺寸)为数百纳米级别以便后续接触孔能安全准确落在所需要的控制栅层上,循环工艺中每次光阻掩膜层缩减工艺都需要单边缩减数百纳米。一般使用蚀刻气体以 O_2 为主以达到足够高的缩减速率。

循环蚀刻过程中单次蚀刻 SiO_2 与 Si_3N_4,并停止在下层 SiO_2 表面,由于选择比的需要,一般分解为 SiO_2 蚀刻(相对低选择比)步骤和 Si_3N_4 蚀刻,后者需要对 SiO_2 有较高的选择比以便停止在下层 SiO_2 表面。通常 SiO_2 蚀刻采用 CF_4/CHF_3 等碳氟比例相对较低的蚀刻气体,而 Si_3N_4 蚀刻则采用 CH_2F_2 等碳氟比例较高的蚀刻气体。且后者偏压相对较低以提供对 SiO_2 足够的选择比。

业界主流的一对 SiO_2/Si_3N_4 层的总厚度不超过 15nm,远小于数百纳米的台阶宽度。SiO_2/Si_3N_4 蚀刻对于侧墙角度要求相对较为宽松,无须接近垂直。这有利于蚀刻工艺调整以有限满足对于 SiO_2 以及光阻的选择比要求。

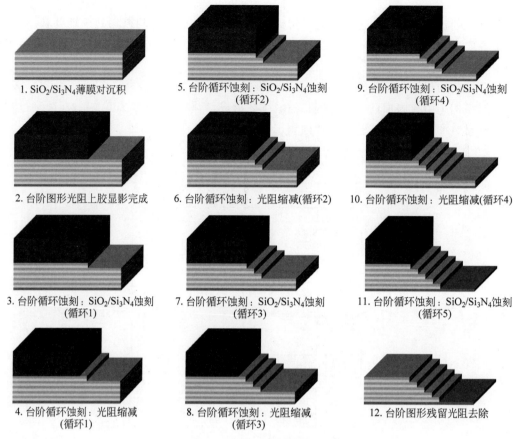

1. SiO₂/Si₃N₄薄膜对沉积

5. 台阶循环蚀刻：SiO₂/Si₃N₄蚀刻
(循环2)

9. 台阶循环蚀刻：SiO₂/Si₃N₄蚀刻
(循环4)

2. 台阶图形光阻上胶显影完成

6. 台阶循环蚀刻：光阻缩减(循环2)

10. 台阶循环蚀刻：光阻缩减(循环4)

3. 台阶循环蚀刻：SiO₂/Si₃N₄蚀刻
(循环1)

7. 台阶循环蚀刻：SiO₂/Si₃N₄蚀刻
(循环3)

11. 台阶循环蚀刻：SiO₂/Si₃N₄蚀刻
(循环5)

4. 台阶循环蚀刻：光阻缩减
(循环1)

8. 台阶循环蚀刻：光阻缩减
(循环3)

12. 台阶图形残留光阻去除

图 4.79　5 层展开的台阶蚀刻工艺

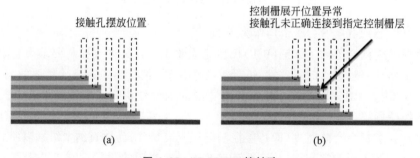

接触孔摆放位置

控制栅展开位置异常
接触孔未正确连接到指定控制栅层

(a)

(b)

图 4.80　3D NAND 接触孔

(a) 工艺设计需求；(b) 异常状况(某一循环中光阻缩减量有异常；缩减过程边缘粗糙度差)

2. 沟道通孔蚀刻

沟道通孔结构制备由掩膜层蚀刻与沟道通孔蚀刻两道工艺组成，如图 4.81 和图 4.82 所示。

1) 沟道通孔硬掩膜蚀刻

随着容量的提升，控制栅层数由最初的 24 层逐步提升到 48 层，更多层数的器件仍在开发过程中。而沟道通孔蚀刻需要一次性蚀刻穿所有的 SiO₂/Si₃O₄ 薄膜对。相对标准逻辑工艺的小于 200nm 的接触孔深度(45nm 工艺节点)，3D NAND 中沟道通孔深度在 400nm 以上(早

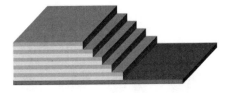 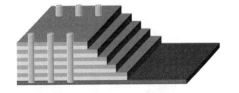

1. 台阶蚀刻完成 ——→ 2. 硬掩膜沉积 ——→ 4. 沟道通孔蚀刻
3. 硬掩膜蚀刻

图 4.81　沟道通孔蚀刻示意图

   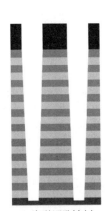

1. 台阶蚀刻完成　　　 2. 硬掩膜沉积　　　 3. 硬掩膜蚀刻　　　 4. 沟道通孔蚀刻

图 4.82　沟道通孔蚀刻剖面图

期 24 层 3D NAND 结构)。如果要实现 128 层控制栅层,则沟道通孔则超过 $1\mu m$。所以沟道通孔蚀刻普遍采用硬掩膜工艺蚀刻。

通常使用感应耦合等离子蚀刻(ICP)机型完成此工艺。根据 3D NAND 结构差异(主要为控制栅层数的差别),硬掩膜材料主要为无定形碳。蚀刻气体以 O_2 为主或者 N_2/H_2 组合气体为主。

掩膜蚀刻的控制需求主要包括:

① 图形传递准确度。避免蚀刻过程中产生图形变形导致沟道通孔图形的不准确。

② 硬掩膜侧墙需要连贯并且尽量垂直。后续数十对 SiO_2/Si_3N_4 薄膜对的蚀刻都以硬掩膜为阻挡层进行蚀刻,硬掩膜侧墙中的缺陷会在后续蚀刻过程中传递到 SiO_2/Si_3N_4 薄膜对中。

③ 关键尺寸均一度。

2) 沟道通孔蚀刻

数十对 SiO_2/Si_3N_4 薄膜对的沟道通孔蚀刻由于其超高的深宽比对蚀刻产生巨大的挑战。作为参照的标准逻辑工艺中接触孔深宽比一般为 4～7,而 3D NAND 的接触孔深宽比普遍在 10 以上,且随着控制栅层数上升而上升。相应地,蚀刻机生产厂商开发了高深宽比蚀刻(HAR Etch)机型以满足 3D NAND 的工艺需求。

通常使用电容耦合等离子体蚀刻(CCP)机型完成此工艺。

高深宽比对蚀刻工艺主要带来 3 方面挑战,包括由于等离子体在通孔底部分布不均而造成通孔底部侧墙变形,见图 4.83(a);对硬掩膜层高选择比导致蚀刻保护层分布不均引起通孔上部侧墙变形,见图 4.83(b);以及在蚀刻过程中,随着通孔深度越来越深,等离子体难以到达通孔底部引起蚀刻停止,如图 4.83 中 2、3、4 所示。

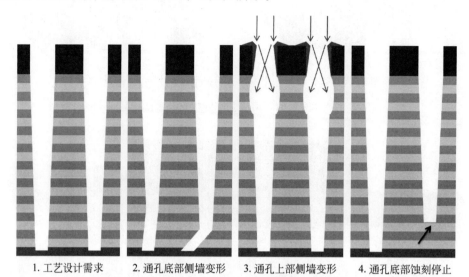

1. 工艺设计需求　　2. 通孔底部侧墙变形　　3. 通孔上部侧墙变形　　4. 通孔底部蚀刻停止

图 4.83　沟道通孔蚀刻的需求与可能遇到的问题

在蚀刻工艺使用多步骤重复进行"蚀刻-排气"的循环工艺使得蚀刻保护层分布更加均匀,同时提升偏置功率至通常逻辑工艺使用范围的 5~10 倍,以提高等离子体到达通孔底部的能力,同时扩展工艺窗口使用更低压力与更高气体流量以排除通孔底部蚀刻生成物,从而解决上述问题。

蚀刻气体选取为经典的 CCP 腔体中 SiO_2 蚀刻工艺,以不同碳氟比例(如 CH_2F_2、C_4F_6、C_4F_8)的混合气体实现侧墙角度、选择比等考量。

沟道通孔蚀刻的控制需求主要包括:

① 硬掩膜层选择性;

② 通孔侧墙连贯性;

③ 通孔侧墙的角度。

3. 切口蚀刻

沟道通孔蚀刻与切口蚀刻的目标材料一样,区别在于前者为孔洞而后者为沟槽。具体实施过程中由于图形差异使得蚀刻-保护平衡具有差异。同时也导致蚀刻机腔体工作环境的差异。由于沟道通孔蚀刻和切口蚀刻对工艺精度要求极高,为避免两种工艺引起蚀刻腔体工作环境不稳定,主流生产厂商一般使用单独蚀刻机分别完成相应的工艺。

切口蚀刻的控制需求与沟道通孔蚀刻类似。

4. 接触孔蚀刻

3D NAND 的接触孔蚀刻同样属于高深宽比蚀刻工艺。与沟道通孔工艺的不同点在接触孔蚀刻材料为单一的 SiO_2,但由于停止在高低不同的各个控制栅层上,每个接触孔的深度都不相同。不同深度的接触孔蚀刻过程中对于蚀刻停止层的过蚀刻量差异巨大,如图 4.84 所示。除了沟道通孔工艺中高深宽比引起的 3 个主要挑战外,接触孔蚀刻需要提供更高的蚀刻停止层的选择比。

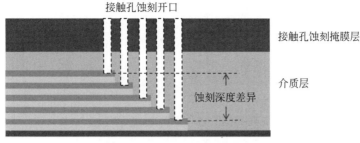

图 4.84 3D NAND 接触孔蚀刻

通常使用电容耦合等离子体蚀刻(CCP)机型完成此工艺。

类似沟道通孔蚀刻对工艺的要求,接触孔蚀刻同样需要相对逻辑蚀刻工艺更强的偏置功率,通常需要提升三倍或更高。同时使用更低频率的偏置功率,提供更长的离子自由程,以提升蚀刻等离子体到达接触孔底部的能力,从而避免接触孔底部侧墙变形,同时降低蚀刻停止的可能性。

同时,市场上先进机型提供更多变的脉冲等离子产生方法,包括单独的高频、低频以及直流脉冲,或者高低频同步脉冲。

4.4 新型存储器与系统集成芯片

存储器芯片作为集成电路芯片的一个主要分类由来已久,2021 年数据显示,DRAM 和 NAND 芯片占集成电路总市场的近 30%,二者占存储器芯片市场的 97%。新型存储器在市场中占有率相对较低,但其开发历史并不短,例如,早在 1970 年,Intel 公司与 ECD 公司(美国能源转换器件公司)就发布了 256 位的半导体相变存储器;而 2005 年,Spansion 公司发布了 64Kb 的阻变存储器测试芯片;2007 年,IBM 公司与 TDK 公司合作开发了最早的磁阻存储器。在过去的时间中,NAND 和 NOR 闪存稳稳地占据了非易失性存储芯片的主流地位。

然而近年来新型存储器重要性日益高涨,大量资金投入到新型存储器器件研究及相应制造工艺的开发。这与越来越广泛应用的移动系统(如手机、汽车电子等领域所应用的系统)集成芯片密不可分。

随着设计与制造技术的发展,集成电路设计从晶体管的集成发展到逻辑门的集成,现在又发展到 IP 的集成,即 SoC(System-on-Chip)设计技术。SoC 可以有效地降低电子/信息系统产品的开发成本,缩短开发周期,提高产品的竞争力,是未来工业界将采用的最主要的产品开发方式。SoC 芯片上集成了逻辑运算核心部分、嵌入式存储器部分(包括作为高速缓存的易失存储器如 SRAM、非易失存储器如 NOR、NAND 等)、逻辑接口电路以及模拟电路(包括 ADC、DAC、PLL 等)。从广义角度讲,SoC 是一个微小型系统。

相对于以往的非系统集成电路,上述 4 大主要模块分别处于单独集成电路中(高速缓存除外,早期就嵌入到逻辑运算核心芯片中),通过 PCB 主板进行相互之间的通信以及协同工作。由于主板互联的带宽远小于集成电路芯片内部的总线结构,其运算速度以及信息处理能力远不如 SoC 芯片。同时,将多个电路功能整合在一个 SoC 芯片中完成,其总体功耗也大幅下降,而这一点满足了移动设备对于低功耗的要求。在智能手机以及移动电子设备爆炸式增长的时代,SoC 芯片的市场也急速扩大。

图 4.85 为 2009 年推出的三星猎户座系列 SoC 移动芯片第一代产品,Exynos-3110 芯片(原始代号 S5PC110)内部功能模块以及接口模组,采用 45nm 工艺制造。可以看到在当时高端 SoC 芯片中已经整合 CPU、GPU、Cache 以及各种功能模组,包括基带,LCD 控制器,视频、图像、音频编码解码芯片,DRAM 接口,外部闪存控制器,USB 控制器,HDMI 接口,蓝牙,WIFI 等超过 30 个功能模块。

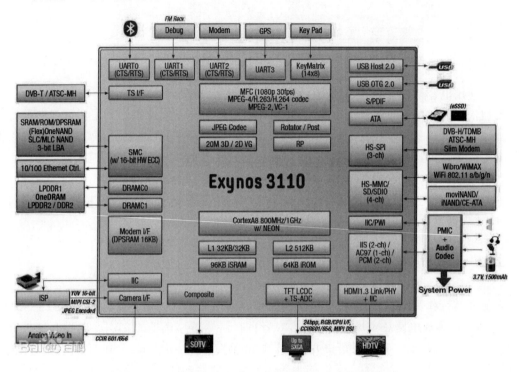

图 4.85 三星猎户座 3110 芯片所整合的功能模块及接口

近年来随着 SoC 芯片逻辑核运算能力的提升,在功能越来越强大的同时,可处理的数据量也随之增长,相应的存储器需求也不断上升。Semico Research 2013 年发布数据显示,大多数 SoC(同时还包括 ASIC)设计中,各式嵌入式存储器占用的芯片空间已超过 50%,如图 4.86 所示。由于传统闪存器件与逻辑运算核使用的标准 CMOS 工艺相差较大,在关键尺寸不断缩小的背景下,使用一套工艺同时完成逻辑核和嵌入式存储器的难度越来越高。而随着逻辑半导

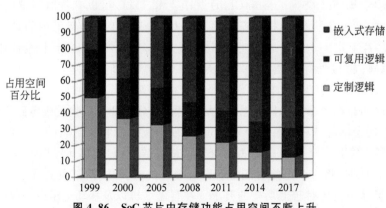

图 4.86 SoC 芯片中存储功能占用空间不断上升

体进入鳍式晶体管(FinFET MOS)世代,基于多晶硅的 NAND 和 NOR 闪存工艺完全无法与之兼容。

现有一些解决方案是使用芯片级整合封装技术,即使用不同工艺流水线分别制造嵌入式存储器和逻辑运算接口等部分,通过立体封装整合成整块 SoC 芯片。其工艺复杂且难度较大,一般用于高端 SoC 产品。

除了生产工艺的冲突外,用作代码存储的普通闪存器件在读取速度上越来越难满足速度日益上升的逻辑运算核对于大量数据快速操作的需求。同时,上述芯片级整合封装技术对于调用存储芯片的带宽有着极大限制,无法跟上飞速发展的运算芯片的需求。速度更快、工艺兼容度更好的新型存储器件应运而生。

4.4.1　SoC 芯片市场主要厂商

1. 高通(Qualcomm)公司

美国高通公司是全球无线通信技术的领军企业,是 SoC 市场最大厂商。高通公司创立于 1985 年,总部设于美国加利福尼亚州。2021 年总营收约 293 亿美元,在纯设计公司(Fabless)中排名第一,超过第二名的英伟达(NVIDIA)近 45 亿美元。其骁龙 SoC 移动智能处理器是业界领先的全合一、全系列移动处理器。最新旗舰芯片为骁龙 8 Gen2,集成了 8 个内核,使用 1 个 X3 大核、2 个 A720 核、2 个 A710 核和 3 个 A510 小核的 1+2+2+3 的四簇架构,采用台积电公司 4nm 工艺制造。

2. 苹果(Apple Inc.)公司

苹果公司是美国的一家高科技公司,由史蒂夫·乔布斯、斯蒂夫·沃兹尼亚克和罗·韦恩(Ron Wayne)等于 1976 年创立,并命名为美国苹果电脑公司(Apple Computer Inc.),2007 年更名为苹果公司,总部位于加利福尼亚州。M 系列是其为 PC 应用所设计的芯片,性能比用于 iPhone 等移动设备的 A 系列芯片更为强大。除用于 iMac、Macbook 外,移动设备 iPad 在部分型号上也开始使用 M 系列芯片。配备在 2022 款 Macbook Pro 中的 M2 芯片为其最新产品,集成了 8 个 CPU 内核、10 个 GPU 内核和神经网络引擎,晶体管总数超过 200 亿个,采用台积电公司第二代 5nm 工艺制造。

3. 三星电子公司

三星电子公司是 NAND 闪存芯片最大制造商,同时也为自家手机生产代号为猎户座(Exynos)的高阶 SoC 芯片。最新一代猎户座 2300 芯片将使用自家的 3nm GAA 工艺制造,但芯片具体规格仍未公布。

4. 联发科公司

联发科公司是中国台湾省的一家芯片设计公司,成立于 1997 年,主要产品集中在网络相关应用,在智能手机时代得到极大发展。初期使用曦力(Helio)芯片主攻低端手机,后推出天玑系列芯片主攻高端手机,最新的天玑 9000 SOC 芯片的目标竞争对手为高通骁龙 8 系列芯片,其集成 8 个 CPU 内核和 10 个 GPU 内核,采用台积电公司 4nm 工艺制造。

4.4.2　SoC 芯片中嵌入式存储器的要求与器件种类

SoC 芯片中同时包含逻辑运算核和嵌入式存储器,一方面器件运算速度越来越快,另一方面对于存储数据量的需求也越来越大。传统非挥发性存储器件如 NOR 和 NAND 闪存在读写速度上跟不上器件运算速度。更快且具有更高密度的新型存储器件应运而生,业界主要研究方向集中在磁性存储器(Magnetic Random Access Memory,MRAM),相变存储器(Phase Change Random Access Memory,PCRAM)以及阻变存储器(RRAM)。下面简述其原理并在后续章节中分别描述等离子体蚀刻在这 3 种存储器中的应用。

(1) MRAM。是指以磁电阻性质来存储数据的随机存储器,它采用磁化的方向不同所导致的磁电阻不同来记录 0 和 1,只要外部磁场不改变,磁化的方向就不会变化[53]。MRAM 的数据写入方式有两种:磁场写入模式与全电流写入模式。前者主要利用字线与位线在 MRAM 记录单元上所产生的磁场,使 MRAM 的自由层在磁场的作用下实现与固定层平行与反平行方向的翻转,来完成/0/1 数据的写入。后者利用自旋转移矩效应(Spin Transfer Torque,STT),使写入数据线直接通过 MRAM 记录单元,利用自旋转移矩效应实现磁隧道结(Magnetic Tunneling Junction,MTJ)中自由层磁场方向的翻转。全电流写入数据的方式有助于记录密度的提高和半导体线路集成工艺的简化,因而更受研发人员看好,几乎所有主要半导体公司(包括英特尔、三星电子等)都有 MRAM 产品的研发。台积电公司于 2021 年推出业界第一个规模化生产的整合了 MRAM 技术的消费类芯片,并用于华为、OPPO 公司的部分智能手表和手环。

按照磁场方向不同,MRAM 大致上分为水平型和垂直型,如图 4.87 所示。

(2) PCRAM。此类存储器利用材料晶态和非晶态之间转化后导电性的差异来存储信息[54-55],过程主要可以分为 SET 和 RESET 两步。当材料处于非晶态时,升高温度至高于再结晶温度但低于熔点温度,然后缓慢冷却(这一过程是制约 PCM 速度的关键因素),材料会转变为晶态(这一步骤称为 SET),此时材料具有长距离的原子能级和较高的自由电子密度,故电阻率较低。当材料处于晶态时,升高温度至略高于熔点温度,然后进行淬火迅速冷却,材料就会转变为非晶态(这一步骤称为 RESET),此时材料具有短距离的原子能级和较低的自由电子密度,故电阻率很高。相变材料在晶态和非晶态时电阻率差距相差几个数量级,使得其具有较高的噪声容限,足以区分"0"态和"1"态。目前各机构用得比较多的相变材料是硫属化物(以英特尔公司为代表)和含锗、锑、碲的合成材料(GST),如 Ge2Sb2Te5(以意法半导体为代表)。

PCRAM 按照相变材料形貌分为蘑菇型和柱型。由于相变是由通过器件的电流产生的热量驱动的,因此当相变材料被局限在较小的空间中时,较小的电流在 RESET 过程即可产生足够热量使材料从晶态转为非晶态。图 4.88 显示了其结构差异。

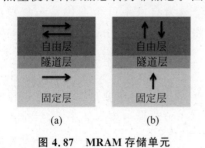

图 4.87 MRAM 存储单元

(a) 水平型 MRAM;(b) 垂直型 MRAM

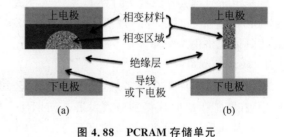

图 4.88 PCRAM 存储单元

(a) 蘑菇型 PCRAM;(b) 柱型 PCRAM

(3) RRAM。典型的 RRAM 由两个金属电极夹一个薄介电层组成,介电层作为离子传输和存储介质。选用材料的不同会对实际作用机制带来较大差别,但本质都是经由外部刺激(如电压)引起存储介质离子运动和局部结构变化,进而造成电阻变化,并利用这种电阻差异来存储数据。目前最被接受的 RRAM 机理是导电细丝理论[56-57],基于细丝导电的器件将不依赖于器件的面积,故其微缩潜力很大。主流开发方向为 CBRAM (Conductive-Bridging RAM),其结构如图 4.89 所示。

3 种主要新型存储器具有一定的共性,都是非挥发性双端子器件,结构上都是上下电极中间加入相应器件,都是高低电阻双稳态器件(高阻态为 off,低阻态为 on),从高阻态切换到低阻态为 SET 过程,反之为 RESET 过程。但 3 种新型存储器组态切换中的物理过程是完全不同的。

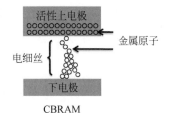

图 4.89 CBRAM 存储单元

3 种器件由于其物理原理以及相应的器件设计差异,其性能、密度、寿命等有一定差异,归纳于表 4.4 中。MRAM 操作电压相对较低,RRAM 密度较高且工艺相对简单,而 PCRAM 则在读写寿命上占优势,但 PCRAM 的写入(RESET)过程,及相变材料从晶态淬火成非晶态的过程较慢,一般为 30～50ns,在新型存储器件中相对较慢。

表 4.4 主要传统存储器件与新型存储器件电学特征对比

电学特征	传统存储器件				新型存储器(均匀非易失性)		
	动态存储器(易失性)		闪存(非易失性)		MRAM	PCRAM	RRAM
	SRAM	DRAM	NOR	NAND			
存储单元尺寸/F2	>100	6	10	<4(3D)	6～50	4～30	4～12
单个存储单元可存储比特数/bit	1	1	2	3	1	2	2
操作电压/V	<1	<1	>10	>10	<1.5	<3	<3
读取时间/ns	~1	~10	~50	~1E4	<10	<10	<10
写入时间/ns	~1	~10	1E4～1E6	1E5～1E6	<10	~50	<10
保存时间/年	—	—	>10	>10	>10	>10	>10
读写次数寿命/次	>1E16	>1E16	>1E5	>1E4	>1E5	>1E9	>1E6～1E12

反观传统存储器件,SRAM 尽管速度最快但空间占用远大于其他所有存储器件,作为非挥发性存储器 NOR 和 NAND 闪存占用空间小,但其读写速度相比 SRAM 要慢 1～6 个数量级。而新型存储器很好地在空间和速度方面重新进行了平衡,填补了 SRAM 与传统闪存之间的空白。不过由于 SRAM 仍然是最快的存储器件,且与逻辑运算核同为纯粹的 CMOS 器件,器件设计与制造工艺完全共享,可以与逻辑运算核以同样工作频率协同工作,所以一级高速缓存仍然是 SRAM。其他存储器读写速度慢于 SRAM 以及逻辑运算核,一般作为代码存储(必须是非挥发性存储器),大量数据存储,以及部分缓存。

最后特别说明一下 DRAM。DRAM 主要市场为内存条,三星为最主要生产厂商。尽管 DRAM 的读写速度仅次于 SRAM,由于 DRAM 的制造工艺与 CMOS 差异巨大,且 DRAM 存储电荷的电容在纵向上占用空间也异常巨大,两者共同决定了 DRAM 非常难于整合进 SoC 芯片。业界比较成功的例子较少,如 IBM 的 Power 7 CPU,采用 45nm 工艺,共有 8 个核心、12 亿晶体管,在 3 级缓存上使用 IBM 命名为 eDRAM(嵌入式 DRAM)器件。另外 DRAM 属于非稳态器件,不及时对存储单元进行操作,其存储的电荷也在毫秒级别的时间内流走。由于 DRAM 存储器需要不断刷新,功耗上的限制也决定了其在移动 SoC 芯片领域难有发展。

4.5 新型相变存储器的介绍及等离子体蚀刻的应用

相变存储器的发展已经比较成熟,其原理是某些相变材料的结晶相(低电阻)和无定型相(高电阻)之间明显的电阻差异。SET 和 RESET 操作分别对应相变材料的低阻状态和高阻状态,这意味着相变存储器在"0""1"之间的切换不需要进行闪存存储器的擦写操作。如图 4.90 所示,这两种状态可以利用电流的焦耳热效应对相变材料进行加热,从而迅速切换和循环。逻辑后段工艺的高温决定了相变材料的初始状态多为结晶相(低阻)。转换为无定型相需要让很大的电流脉冲在极短时间内通过下电极接触(Bottom Electrode Contact,BEC)以融化部分相变材料并进行退火。这部分经过熔态退火转换为无定型相的区域即程控区域(programmable region)。该区域与结晶相区域相变材料串联,有效提高了顶电极和下电极接触之间的阻抗。再转化为结晶相则需要让中等的电流脉冲通过下电极接触加热程控区域,温度介于结晶化临界温度和融化临界温度之间并维持较长时间。程控区域的状态可以通过量测存储单元的阻抗来读取。这种读取要求通过存储单元的电流足够小以避免影响器件当前状态[58]。相变材料的性质直接决定了相变存储器的性能,目前多采用硫属化物(chalcogenide),如被广泛研究的 $Ge_2Sb_2Te_5$(GST),其结晶时间少于 100ns[59]。

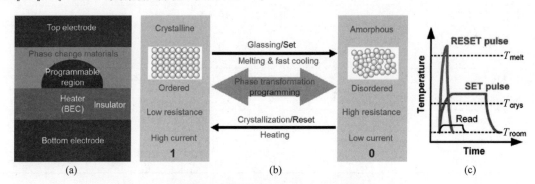

图 4.90 相变存储器的结构图及原理图

(a) 经典相变存储器存储单元的结构图[电流通过下电极、相变材料、"加热器"和顶电极进入逻辑后段电路;写入时,电流聚集于"加热器"(下电极接触)并作用于相变材料,形成蘑菇状的程控区域];(b) 外加电压对相变材料晶向、电阻的影响;(c) 读取、SET(结晶相)、RESET(无定型相)3 种状态转换的示意图。T_{melt}、T_{crys}、T_{room} 分别代表融化临界温度、结晶临界温度和室温[58]

等离子体蚀刻在相变存储器存储单元图形化中比较重要的应用有:下电极接触孔蚀刻和相变材料(本文中为 GST)蚀刻。

4.5.1 相变存储器的下电极接触孔蚀刻工艺

相变存储器的存储单元中"加热器"(即下电极接触)的尺寸对器件的性能至关重要,更小的尺寸意味着下电极接触中更高的电流密度、更高的加热效率且相变材料面积也可以随之缩小。图 4.91 是以 GST 为相变材料的刀锋形氮化硅下电极接触的结构示意图和工艺流程图。这种工艺可以形成沿位线方向尺寸小于 20nm 的下电极接触[60]。

根据 U 型沟槽中氮化钛的切割顺序,下电极接触孔蚀刻有光刻分割和蚀刻后刻两种工艺流程。光刻分割工艺(图 4.92(a))利用光阻两端间距来定义分割区域,其后依次去除掉下层薄膜,去除 U 型沟槽上表面、侧壁的氮化钛,底部氮化钛也随之被切割。该工艺流程简单,光罩成本低,但光刻技术的限制可能导致直线端末紧缩(Line End Shortening,LES),引起侧壁氮化钛损伤。在图形的进一步微缩时,该效应愈加显著,甚至会引起图形失效。蚀刻后割工艺(图4.92(b))的光刻图形是完整的直线,底部氮化钛并不会被切割,需要在下电极接触孔蚀刻后增加额外的氮化硅切割工艺。这种方法需要至少两张光罩,成本较高,优势在于光刻工艺窗口较大,且对下电极接触沿字线方向尺寸的控制能力强,便于下电极接触尺寸进一步微缩。

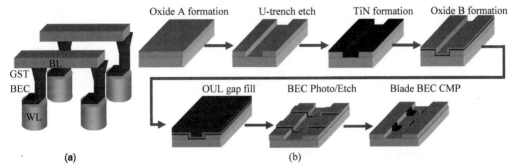

图 4.91　以 GST 为相变材料的刀锋形氮化硅下电极接触的结构示意图和工艺流程图

(a) 采用刀锋形氮化钛下电极接触和 GST 的相变存储器结构示意图;(b) U 型沟槽结构的刀锋形氮化钛下电极接触的形成过程:在衬底上生长一层氮化硅 A,简单的沟槽蚀刻后,沿 U 型沟槽表面生长一层氮化钛和氧化硅 B 并用有机物衬底(organic under layer,OUL)填平;然后通过下电极接触光刻、蚀刻流程完成图形化;最后用 CMP 去除氧化硅 A 表面剩下的氮化钛和氧化硅 B 形成刀锋型氮化钛下电极接触[60]

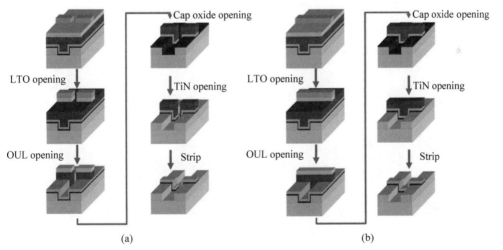

图 4.92　下电极接触孔蚀刻步骤示意图

(a) 光刻分割工艺;(b) 蚀刻后割工艺,后续需额外的切割工艺以切开沟槽底部的氮化钛(额外切割工艺未画出)[60]

　　两种工艺对下电极接触孔蚀刻的要求都是合适的接触尺寸、垂直的氮化钛剖面形状且 U 形沟槽底部无氮化钛残留。在用含氧等离子体去掉沟槽中的有机物衬底后,对于下层的氧化硅、氮化钛蚀刻有各向同性、各向异性等离子体蚀刻两种方案。如果采用各向同性蚀刻(如高压强、低射频功率搭配高比例 CF_4 用于氧化硅蚀刻或高比例 Cl_2 用于氮化钛蚀刻),在光刻分割工艺中(图 4.93(a)所示)可以有效确保沟槽侧壁、底部无氮化钛残留但也带来了倾斜的剖面形状以及严重 CD 损失(图中未画出)等副作用;在蚀刻后割法中(图 4.93(b)所示)除了上述问题外还表现为侧壁有氮化钛甚至氧化硅残留,延长蚀刻时间后上述残留被去除但氮化钛顶部被严重损伤(图 4.93(c)所示);如果采用各向异性蚀刻(如低压强、高偏置功率搭配 C_4F_8/Ar 用于氧化硅蚀刻或 Cl_2/N_2 用于氮化钛蚀刻),两种工艺的 CD 损失、氮化钛剖面形状

都更好,副作用是严重的衬底材料损失(图 4.93(d)、(e)所示)。其机理说明可参考图 4.93
(f):有机物衬底材料取出后,各向异性的氧化硅蚀刻会去除沟槽顶部、底部的薄膜但在侧壁
特别是角落有残留,如果氧化硅/氮化钛选择比低于 15∶1,增加蚀刻时间反而会打开底部氮
化钛引起严重的衬底材料损失[60]。可是过高选择比的等离子体蚀刻工艺会引起较倾斜的坡
面形状,均匀性也比较难以控制。

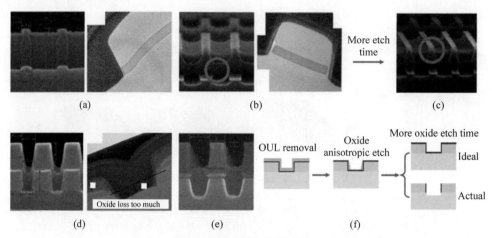

图 4.93　两种下电极接触工艺流程面临的蚀刻问题

(a)、(b) 分别为光刻分割工艺和蚀刻后割工艺采用各向同性蚀刻工艺时沿字线(左图)、位线(右图)截面
图;(c) 在图(b)基础上增加蚀刻时间后沿字线截面图,圈出位置为被损伤的沟槽顶部的氮化钛;(d) 从
左到右依次为光刻分割工艺中采用各向异性蚀刻工艺时沿字线、位线截面图;(e) 蚀刻后割工艺中采用
各向异同性蚀刻工艺时沿字线截面图;(f) 各向异性蚀刻引起衬底材料严重损失问题的机制示意图[60]

　　两种蚀刻方案各有利弊,由于 CD 控制能力对于图形的进一步微缩和大规模量产比较重
要,业界多倾向采用各向异性蚀刻方案。因此,为解决氮化钛残留和选择比的冲突,如图 4.94

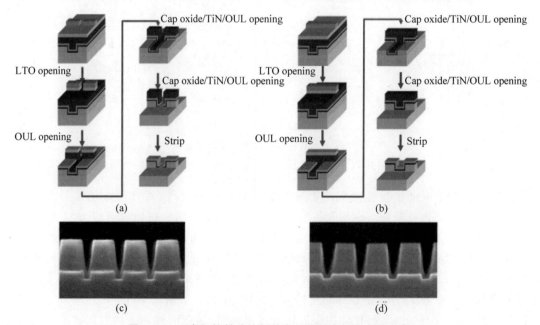

图 4.94　下电极接触孔蚀刻的有机物衬底部分去除方案

(a)、(c) 分别为光刻分割工艺采用该方案的流程示意图和沿字线截面图;
(b)、(d) 分别为对应蚀刻后割工艺的流程示意图和沿字线截面图[60]

所示的有机物衬底部分去除方案被提出。该方案中,通过控制有机物衬底打开这一步的时间,使沟槽内留有足够的有机物以保护底部氮化钛,从而避开蚀刻方向性和选择比两大需求之间的冲突。因此,之后可以使用 CF_4/CHF_3 这种低选择比的蚀刻配方在光阻未覆盖区域内同时向下蚀刻氧化硅、侧壁的氮化钛和沟槽内的有机物,再继以 Cl_2 为主蚀刻气体的过蚀刻步骤以去除可能残留的氮化钛。从图 4.94(c)、(d)的截面图来看,该优化方案实现了较少的底部衬底材料和 CD 损失、较直的剖面形状且在 U 型沟槽内无氮化钛残留。该方案与前述两种方案的显著区别是去除了沟槽两侧的未被光阻覆盖区域的氧化硅。这一副作用可以通过氧化硅的再次填充得以解决[60]。

4.5.2　相变存储器的 GST 蚀刻工艺

GST 是目前最广泛使用的一种相变材料,其蚀刻工艺为相变存储器所独有。

1. GST 蚀刻气体筛选

GST 作为相变存储器的核心材料,其体积直接影响器件电学性能,因此 GST 薄膜的完整性(integrity)极为重要。图 4.95 列出了 3 种不同的卤素气体作为主蚀刻剂对 GST 蚀刻剖面的影响,以含溴气体为主蚀刻剂表现出比含氯气体或含氟气体对 GST 形貌更少的损害。图 4.96 则表明 Ar、He 作为稀释气体(dilute gas)对 GST 形貌影响较少,但在 4 根线为一组的图形中,使用 He 时边缘和中央图形的负载较小;使用 Ar 时负载较为显著,这一差异可能起源自 Ar 和 He 显著的质量区别[61]。

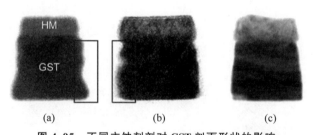

图 4.95　不同主蚀刻剂对 GST 剖面形状的影响

(a) 含 Cl 气体;(b) 含 F 气体;(c) 含 Br 气体[61]

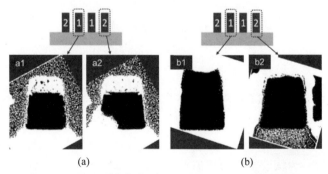

图 4.96　不同稀释气体对 GST 剖面形状和负载的影响

(a) 使用 Ar,左为中间图形截面图,右为边缘图形截面图;(b) 使用 He,左为中间图形截面图,右为边缘图形截面图[61]

2. 硬掩膜(氮化钛)剖面形状控制

氮化钛一般用作 GST 蚀刻的硬掩膜,其剖面形状会直接影响下层 GST 的最终轮廓。氯气(Cl_2)多用于氮化钛蚀刻,图 4.97 分别给出了在氯气中添加 BCl_3 和 He 对氮化钛剖面形状的影响,可以看出,加入 He 虽然可以带来更高的对光阻选择比,其氮化钛的蚀刻剖面比添加

BCl_3 明显更倾斜[61]。

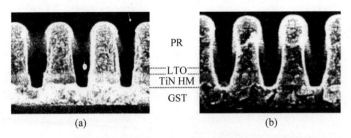

(a)   (b)

图 4.97　不同蚀刻气体组合对氮化钛硬掩膜剖面形状的影响

(a) Cl_2/BCl_3；(b) Cl_2/He[61]

3. 后蚀刻处理

一般来说,在等离子体干法蚀刻完成后,会引入一步酸性或碱性的湿法清洗以彻底去除等离子体蚀刻在晶圆上形成的副产物从而避免二次反应。GST 是一种金属合金,任意一种酸或碱都会造成严重腐蚀,因此 GST 等离子体蚀刻只能使用浓度较低的酸(或碱)性湿法清洗剂,对 GST 蚀刻生成的含金属元素的副产物的清洗效果较差。因此,一种后蚀刻处理(Post Etch Treatment)技术被引入：在完成 GST 蚀刻并去除光阻后,加入一步时间较短的以含氟气体为蚀刻剂(CF_4、SF_6、NF_3 等)的蚀刻配方,利用含氟气体可活化 GST 蚀刻副产物的特性,可明显改善湿法清洗的效果,如图 4.98 所示。

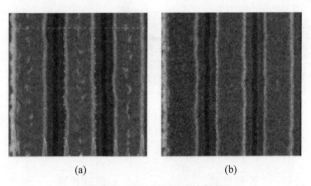

(a)   (b)

图 4.98　后蚀刻处理的效果

(a) 不使用后蚀刻处理；(b) 使用后蚀刻处理[61]

4.6　新型磁性存储器的介绍及等离子体蚀刻的应用

磁性存储器(Magnetic Random Access Memory,MRAM)是一种以磁隧道结(Magnetic Tunnel Junction,MTJ)为核心组件的存储器。如图 4.99 所示,磁隧道结呈铁磁层/隧道势垒层(金属氧化物,如 MgO)/铁磁层的三明治结构,其中一层铁磁材料称为固定层(Reference Layer),其磁化方向固定不变,而另外一层铁磁材料则称为自由层(Free Layer),其磁化方向可被外部磁场或极化电流(Polarized Current)改变。当固定层和自由层内的磁化方向相同时,磁隧道结呈低电阻;当磁化方向不同时,磁隧道结呈高电阻,这种现象称为隧穿磁电阻效应[62]。

通过外部电流产生环形磁场来改变自由层磁化方向的传统磁性存储器的存储单元体积大,且读写速度相比其他存储器无优势,目前已被自旋转移矩(Spin Transfer Torque,STT)磁性存储器所替代。所谓自旋转移矩,是指当自旋极化电流通过纳米尺寸的铁磁层时,可使铁磁层中的原子磁矩发生变化[63]。这意味着可以直接用电流驱动磁隧道结,电子自旋极化后,对铁磁原子产生力矩以改变铁磁层内磁化方向来实现电阻的变化。因此存储器的面积和性能都可以得到改善。1T1M(One Transistor One MTJ)自旋转移矩磁性存储器存储单元结构如图 4.99(c)所示,在用字线和晶体管选中磁隧道结后,通过位线进行写入操作。

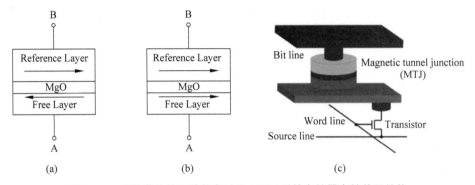

图 4.99　磁隧道结的两种状态以及 1T1M 磁性存储器存储单元结构

(a) 磁隧道结的反向平行状态(高电阻),代表"1";(b) 磁隧道结的平行状态(低电阻),代表"0"[62];(c) 利用自旋转移矩效应的 1T1M 磁性存储器存储单元结构示意图,通过字线和晶体管选择磁隧道结,通过位线操作磁隧道结[64]

　　自旋转移矩磁性存储器的制造也是通过在标准 CMOS 逻辑电路的后段金属连接层中间嵌入存储单元(磁隧道结)来实现,图 4.100 给出了集成了自旋转移矩磁隧道结的逻辑后段电路截面图和磁隧道结的大致工艺过程,显而易见,磁隧道结蚀刻对器件性能极为重要。目前主要用到的蚀刻技术包括离子束蚀刻(Ion Beam Etching,IBE)、电感耦合等离子体蚀刻(ICP)、反应离子蚀刻(RIE)及其他系统。值得注意的是,磁隧道结的形状除了影响器件性能外[65],也会显著影响蚀刻工艺,如圆柱或圆环图形的蚀刻就会相对简单。

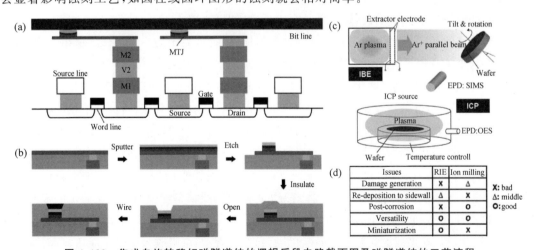

图 4.100　集成自旋转移矩磁隧道结的逻辑后段电路截面图及磁隧道结的工艺流程

(a) 集成自旋转移矩磁隧道结的 CMOS 逻辑电路后段截面图。M1、M2、V1 分别为逻辑电路后段的金属连接层及通孔;(b) 磁隧道结的大致工艺流程;(c) IBE 和 ICP 蚀刻的工作示意图,其终点监测器(End Point Detector,EPD)通过二次离子质谱法(Secondary Ion Mass Spectroscopy,SIMS)和放射光谱法(Optical Emission Spectroscopy,OES)测定[64];(d) RIE(或 ICP)和离子铣削(如 IBE)工艺在磁隧道结蚀刻中面临的不同问题[66]

目前已被报道的磁隧道结使用的材料含 Fe、Co、Ni、Pt、Ir、Mn、Mg 等多种金属元素且一般由 5~10 层的以 1nm 为量级的单层材料(合金或金属氧化物)堆叠而成[65]。因此磁性存储器的等离子体蚀刻面临的挑战有:

① 传统反应等离子体(RIE)面临金属蚀刻副产物的非挥发性问题;

② 超薄单层材料堆叠的结构对蚀刻选择比和方向性的要求极高;

③ 金属蚀刻常用的卤素气体极易腐蚀超薄的金属材料层,尤其是隧道势垒多为金属氧化物,在垂直磁隧道结中的厚度多小于 3nm,极易被腐蚀从而影响固定层和自由层的电气隔离(Electrically Isolated);

④ 工艺温度的限制,如大部分金属材料的磁性在超过 200℃ 后会下降。这种温度上的限制不仅表现在相应材料的蚀刻配方的温度窗口缩小,还表现在低温形成的硬掩膜材料的蚀刻抗性一般较低[65]。

因此,磁隧道结蚀刻中以 IBE 为代表的无腐蚀副作用的离子铣削工艺始终占有一席之地,其结构示意图可参考图 4.100(c)。其面临的问题在于蚀刻过程中被剥离的金属材料可能会重新沉积在侧壁,后续清洗工艺很难去除的情况下,器件性能会大受影响(如图 4.100(d)所示);如果沉积在隧道势垒层侧壁,会直接引起短路。此外,二次沉积物的阴影效应会导致蚀刻形状随时间越来越斜。晶圆的整体倾斜和旋转可以改善该问题,但也严重制约了其产能。离子束在 300mm 晶圆级别的均匀性和方向性也仍待解决[64]。

RIE、ICP 蚀刻相较之下可以更有效地控制侧壁沉积物的形成,不同材料之间的蚀刻选择比对于图形传递精度和蚀刻形状控制都有重要意义。金属蚀刻通常使用卤素气体(以含 Br、Cl、F 气体为主),如果应用于磁性存储器的图形化,带来的副作用就是非挥发性蚀刻副产物残留引起的金属腐蚀问题,在磁性存储器核心单元的超薄单层材料蚀刻中表现更为明显。虽然可以通过超 350℃ 的高温来活化蚀刻副产物,相关磁学性质也会显著退化[67]。一般通过后蚀刻处理(如 He/H$_2$ 后蚀刻处理[68])、湿法清洗工艺的优化和多工艺一体化机台(将薄膜沉积、蚀刻和清洗模块置于同一平台,始终维持真空环境)加以改善。

卤素气体的替代方案为选用非腐蚀性蚀刻气体,以物理轰击为主进行磁隧道结蚀刻,一般多使用等离子体密度更高的电感耦合等离子体。目前研究较多的有 CO/NH$_3$ 混合物,其在等离子体蚀刻中形成的蚀刻副产物 Fe(CO)$_5$、Ni(CO)$_4$ 呈易失性[69,70],可有效缓解对蚀刻后腐蚀处理的需要。然而,该混合物等离子体解离率远低于卤素,蚀刻速率较低,对蚀刻形状的控制能力也较弱。CH$_3$OH (methano,也写作 Me-OH)等离子体克服了该问题(图 4.101(b)中可以看到 Me-OH 等离子体的蚀刻速率调节范围甚至超过了卤素等离子体),同时由于具备对硬掩膜(通常为钽(Ta))极高的选择比,通过足够的过蚀刻就可以实现较直的蚀刻形状(如图 4.101(a)所示)[71]。图 4.101(c)中的 Ar/Cl 等离子体的偏大的磁滞回线偏移量表明其下层固定层被严重腐蚀,而 CH$_3$OH 比 Ar ICP 更小的磁滞回线偏移量也表明了 CH$_3$OH 等离子体蚀刻中化学反应的存在。这种化学反应形成的含碳薄膜层(如图 4.101(d)所示)可吸收入射离子能量,从而减少等离子体损伤(PID)。研究进一步发现,反应式离子蚀刻引起的不可避免的材料磁性退化导致的磁阻率下降问题可以通过优化 CH$_3$OH/Ar 比例来加以改善(如图 4.101(e)所示)[72]。

磁隧道结蚀刻形状的控制除了通过气体选择来优化外,脉冲功率技术的引入也带来了进一步的改善(图 4.102)[31,73]。

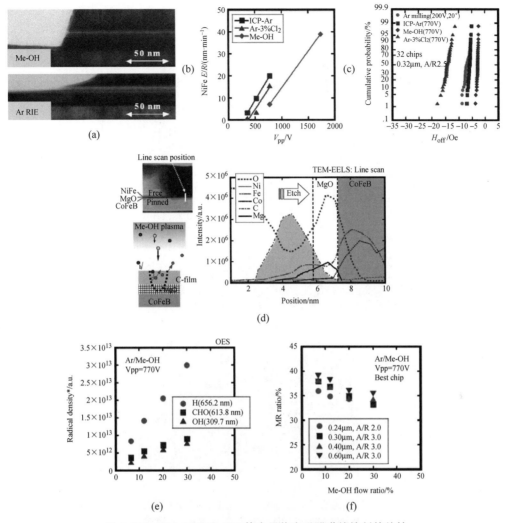

图 4.101　CH$_3$OH(Me-OH)等离子体在磁隧道结蚀刻的特性

(a) RIE 蚀刻分别使用 CH$_3$OH 和 Ar 形成的剖面形状图(TEM)[71];(b) ICP 蚀刻分别使用 Ar、Ar/Cl 和 Me-OH 时,NiFe 蚀刻速率和 V_{pp} 的变化趋势,可见 Me-OH 的蚀刻速率窗口较大(此处 V_{pp} 主要表征使用低频偏置功率时的入射离子能量);(c) 不同蚀刻气体在相同 V_{pp} 下对磁隧道结性能的影响,Me-OH ICP 蚀刻的磁滞回线偏移量(hysteresis loop offset,H$_{off}$)甚至优于同样 V_{pp} 下的 Ar ICP 蚀刻;(d) Me-OH 蚀刻机制,右侧的 TEM-EELS 结果证实 Me-OH 蚀刻会在 MgO 表面形成厚约 2.5nm 的含碳副产物堆积层,部分离子能量因此被吸收;(e) 在 Me-OH 中添加稀释气体 Ar 对中性粒子密度(左图)、磁阻率(右图)的影响[72];图(a)中磁隧道结材料为 Ta(5)/CuN(20)/Ta(10)/PtMn(15)/CoFe(2.5)/Ru(0.8)/CoFeB(3)/Mg(0.4)+MgO(0.6)/CoFeB(3)/cap(单位为 nm),(b)~(e) 中则为 Ta/PtMn/CoFeB/MgO/NiFe/Ru/Ta

　　除 IBE 和 ICP 两种各有利弊的方案外,中性束蚀刻(NBE,Neutral Beam Etch)也是重要的候选技术之一。如图 4.103 所示 NBE 方案中,首先通过低温(−30℃)O$_2$ NBE 在过渡金属元素(Ru、Pt 等)表面形成金属氧化层,再利用 EtOH/Ar/O$_2$ NBE 以化学反应的方式去除该氧化层。由于没有物理轰击和腐蚀性蚀刻副产物生成的特性,侧壁二次堆积和等离子体损伤的问题得以规避,Ru 蚀刻的形状甚至接近垂直。最终测出的磁滞曲线也表明 NBE 在解决磁性材料损伤上的能力[66]。

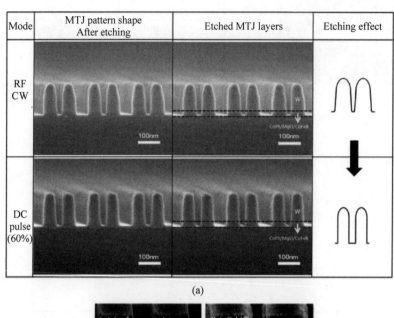

(a)

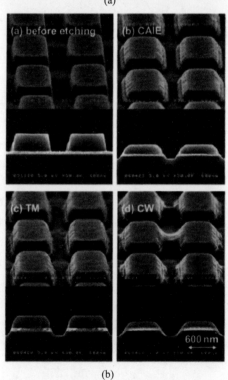

(b)

图 4.102 脉冲功率等离子体技术在磁隧道结蚀刻形状的改善

(a) CO/NH_3 直流脉冲 ICP 蚀刻[31]; (b) Cl_2/Ar 脉冲电子回旋共振(electron cyclotron resonance,ECR)蚀刻[73]

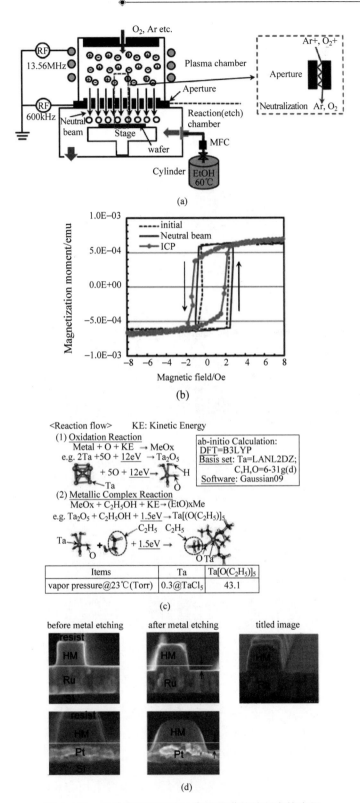

图 4.103　中性束蚀刻（NBE）在磁隧道结蚀刻中的应用

（a）机台示意图，EtOH 即 C_2H_5OH；（b）同样采用 EtOH/Ar/O_2 气体组合的 ICP、NBE 对应的磁滞回线对比，ICP 蚀刻的偏移表明其底层固定层已被损伤；（c）NBE 反应机制；（d）磁隧道结常用材料 Ru、Pt 的 NBE 蚀刻 SEM 图[66]

4.7 新型阻变存储器的介绍及等离子体蚀刻的应用

阻变存储器(Resistive Random Access Memory,RRAM)是目前发展最迅速的非挥发性存储器,其存储机制和材料比较多元(如图4.104所示)。金属及金属氧化物的大量使用意味着在阻变存储器图形化过程中会同样面临前面提及的磁隧道结金属材料蚀刻问题。图4.105(a)所示的这种存储单元结构和材料的蚀刻和磁隧道结蚀刻的工艺比较类似。

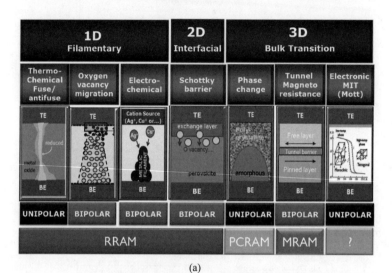

(a)

(b)

图4.104 RRAM的存储机制和材料

(a) 利用阻抗变化记录数据的存储器的机制总结表,其中RRAM的工作原理和材料都相对多元[74];

(b) 金属氧化物类RRAM可使用到的电极、转变层元素一览[75]

不过,阻变存储器多样的存储机制决定了其上下电极可采用与逻辑工艺相兼容甚至同样的材料,从而大幅降低研发、量产的复杂度和成本。如图4.105(b)上下电极(BE、Metal C、Metal D)和阻变层都是在逻辑后段工艺中会使用到的材料;图4.105(c)中的阻变层的HfO_2、电极材料TiN、Ti和W都是逻辑工艺常用材料,无交叉污染问题。

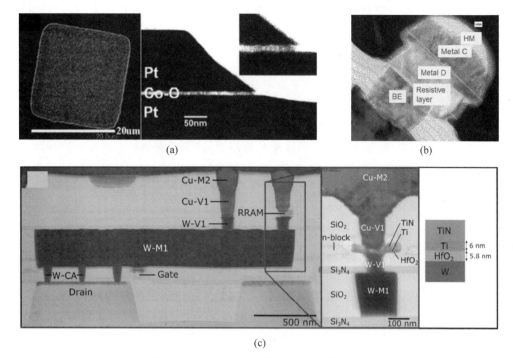

图 4.105　RIE/ICP 蚀刻在 RRAM 上的应用

(a) CHF$_3$ ICP 蚀刻在阻变层为过渡金属氧化物的 RRAM 上的应用,从左到右依次为顶视图和截面图[77];

(b) BCl$_3$/Cl$_2$ ICP 蚀刻在 1T1R RRAM 上的应用,侧向腐蚀现象较明显,导致下电极暴露风险较大[78];

(c) BCl$_3$/O$_2$ RIE 在 HfO$_2$ RRAM 上的应用[79]

目前阻变存储器仍多使用 RIE/ICP 蚀刻,面临着存储单元蚀刻剖面过于倾斜(如图 4.105(a)所示)、金属电极蚀刻后严重的侧向腐蚀(如图 4.105(b)所示)等问题。后续的工艺优化(功率脉冲等)或新反应气体的引入应该可以取得更多的进步。在磁隧道结蚀刻中独树一帜的中性束蚀刻(NBE)在目前 RRAM 中的应用更偏向于形成阻变层的金属氧化物(如图 4.106 所示)。

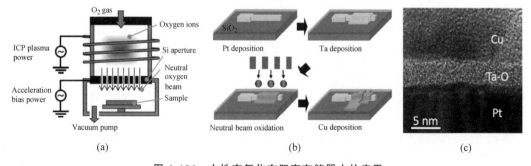

图 4.106　中性束氧化在阻变存储器中的应用

(a) 机台示意图;(b) 工艺流程简图[80];(c) 结果[81]

4.8 新型存储器存储单元为何多嵌入在后段互连结构中

(1) 简化工艺,最大程度利用逻辑工艺平台。

传统的平面 NAND 以及 NOR Flash,芯片上存储器件与逻辑器件同时位于衬底以及与之相连的栅极结构。由于此二者的结构以及对应的工艺要求的差异较大,使用一次蚀刻工艺同时完成两种结构的难度很高。

除了侧墙等辅助性结构外,仅有小部分关键结构可以实现一次蚀刻同时制备存储器件和逻辑器件相对应的结构,例如 STI。由于蚀刻对象都是衬底 Si,在部分产品中可以一次蚀刻完成。但在一些情况下由于电学性能要求的差异,存储器件与逻辑器件的 STI 的形貌要求有所差异,这种情况下必须通过掩膜版设计,通过两次显影蚀刻清洗分别完成存储器件与逻辑器件的 STI。特别的,在第二次 STI 蚀刻之前,第一次蚀刻形成的 STI 需要被保护以避免二次蚀刻。通常简单地使用上述掩膜版设计利用光阻实现保护,但随着器件尺寸越来越小,第二次 STI 蚀刻完成后,第一 STI 微小结构中填充的保护性光阻的去除困难程度也在上升。而与存储器件与逻辑器件的栅极结构差异巨大,闪存栅极包含浮栅与控制栅以及中间的电荷存储层,而逻辑栅极只含有一层多晶硅,几无可能使用一次蚀刻同时形成满足器件要求的两种结构。

而将存储器结构放置到后段互连结构中可以大幅度简化器件层工艺流程,且可以根据控制运算电路的性能需求,直接使用对应的通用型逻辑工艺平台。

(2) 后段互连结构的空间远大于器件层,便于新型存储器件嵌入。

先进通用逻辑工艺使用多层金属互连工艺,例如 28nm 量产型 GPU 通常使用 8 层(低功耗移动处理器)到 11 层以上(高性能处理器)金属互连。为了减少不同层次间金属线电容电感相互干扰效应,金属层间距离有着严格要求。通常金属层间最小间距几乎与器件层总高度相当。芯片中金属互连结构占据了大量空间。而新型存储器件相对传统 Flash 器件体积减小了很多,使得将其嵌入互连结构成为可能。

(3) 器件密度最大化。

在同一金属互连层位置将新型存储器阵列嵌入,可以实现类似传统 Flash 器件阵列的平面分布。通过金属互连线设计,可以在新型存储器阵位置下方的衬底位置放置逻辑器件,形成类 3D 芯片的结构,总体上提高了器件密度,缩小芯片尺寸。由于金属互连层次很多,在更多层次的金属互连层面进行新型存储器件的嵌入,可以进一步提高器件密度。

4.8.1 新型存储器存储单元在后段互连结构中的嵌入形式

存储器单元一般以阵列形式放置。如前所述,3 种新型存储器单元在结构上较为类似,都是上下电极中间加上存储器件。这种双端子结构使得通过相邻层级正交分布的铜线,在垂直方向的交叉点上插入新型存储器单元成为可能(如图 4.107 所示)。如英特尔-美光公司于2016 年推出的 XPoint 相变存储器[82],其技术特征如图 4.108 所示。

在铜互连层级的选择上,新型存储器插入点一般会放置在第 3 铜互连层以上,或者更高。这是由于第①~③铜互连层的主要功能为 SRAM 的近程互连,图形密度以及工艺窗口要求很高,且大量图形以短距离为主,与存储器阵列所涉及的长距离导线相差较大。为了避免存储器与 SRAM 在同一层面争抢空间,以及简化图形种类以增大工艺窗口,新型存储器一般会规避这 3 层铜互连层,如图 4.109 所示。

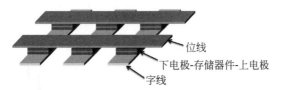

位线

下电极-存储器件-上电极

字线

图 4.107 新型存储器单元一般放置在相邻层级正交分布铜线的交叉点上

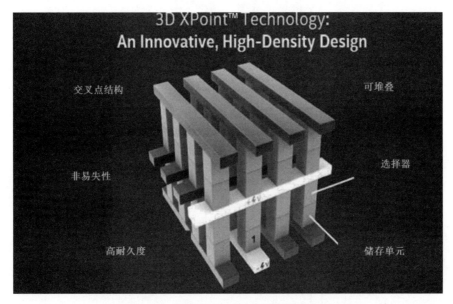

图 4.108 英特尔 XPoint 存储器结构单元

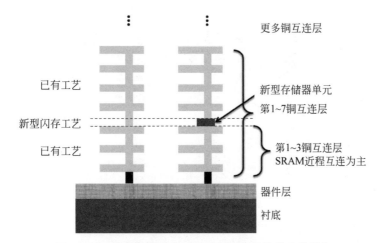

更多铜互连层

已有工艺

新型存储器单元
第1~7铜互连层

新型闪存工艺

已有工艺

第1~3铜互连层
SRAM近程互连为主

器件层

衬底

图 4.109 新型存储器单元在后段铜互连结构中的嵌入

4.8.2 存储单元连接工艺与标准逻辑工艺的异同及影响

新型存储器结构的上下电极通过标准互连结构接入芯片。通常新型存储器下电极直接沉积或生长在下层互连的导线的表面,从而实现连接。而上电极则是通过连接孔工艺接入上层导线。该连接孔工艺通常与新型存储器以外的同层次互连的连接孔通过一步蚀刻完成。由于嵌入的新型存储器在互连结构中占用一部分空间,同时引入了新材料,对于标准逻辑互连蚀刻工艺主要有以下两方面影响,如图 4.110 所示。

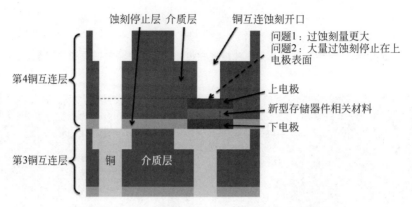

图 4.110　新型存储器嵌入对后段互连工艺的影响

1. 连接孔深度差异导致新型存储器上面连接孔过蚀刻量更大

如上所述,连接新型存储器上电极的连接孔蚀刻是与标准逻辑结构的连接孔蚀刻同时完成的。但由于新型存储器连接孔比较浅,差值即为新型存储器器件高度,如图 4.111 所示。以通常 40nm 工艺节点计算,逻辑部分与新型存储器部分连接孔深度差异可高达 50% 以上。连接孔蚀刻通常为 CCP 腔体中以 C_xF_y 气体为主的介质层蚀刻,其对上电极金属层的蚀刻率非常缓慢。一旦在连接孔蚀刻过程中暴露出上电极金属层,蚀刻反应气体趋向与连接孔底部侧墙介质层材料进行反应,导致连接孔孔径偏大,或者底部侧墙形态变差。

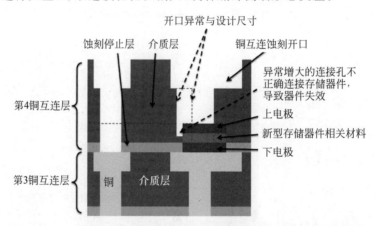

图 4.111　由于蚀刻深度差异造成新型存储器单元连接孔过蚀刻量偏高

除了在版图设计时进行相应的补偿,也可通过对蚀刻过程工艺步骤的调整,包括保护性气体使用量以及脉冲等立体激发参数优化减少由于过蚀刻量差异造成的影响。

2. 上电极新材料引起的缺陷

新型存储器连接孔最终停止在上电极金属材料上,前文所述 CCP 腔体中以 C_xF_y 气体为主的介质层蚀刻对于金属的蚀刻率非常缓慢,容易在金属表面形成钝化层或者合金层,同时在这些暴露的上电极金属位置附近,产生含有此类金属的蚀刻生成物,如不妥善处理则易形成缺陷。

图 4.112 示例中孔洞暴露部分为上电极使用的
TiN 材料,由于等离子长时间轰击 TiN 表面,在孔洞
附近形成了以 TiF$_x$ 为主要成分的固态生成物。该
种缺陷残留会导致此处介质层表面后续沉积的铜阻
挡层质量,影响电迁移性能。如果残留更多,则会直
接导致在铜电镀工艺中不能将铜填满附近的小尺寸
导线,从而引起断路以及芯片失效。

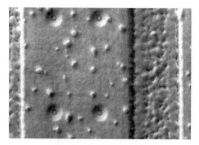

图 4.112　大量过蚀刻在 TiN 表面形成缺陷

　　应对措施为在蚀刻最后过程控制蚀刻生成物残
留,包括使用含 F 气体进行表面灰化处理(主要针对
含 Ti 的蚀刻生成物),以及使用惰性气体进行后蚀刻处理(Post Etch Treatment,PET),如用
Ar 进行表面处理,以便后续清洗工艺清除掉此类生成物。

参 考 文 献

[1] Kim K,et al. The Future of Nonvolatile Memory. VLSI Technology. Systems and Applications (VLSI-TSA),2005:88-94.

[2] Lu C,et al. Non-Volatile Memory Technology-Today and Tomorrow. IFPA,2006:18-23.

[3] https://www.trendforce.com.

[4] https://www.ihs.com/index.html.

[5] Masuoka F,et al. New Ultra High Density EPROM and Flash EEPROM with NAND Structure Cell. International Electron Devices Meeting,1987,33:552-555.

[6] Mori S,et al. High Speed Sub-Halfmicron Flash Memory Technology with Simple Stacked Gate Structure Cell. Proceedings of VLSI Technology Symposium,1994:53-54.

[7] Momodomi M,et al. An Experimental 4-Mbit CMOS EEPROM with a NAND-Structure Cell. IEEE Journal of Solid-State Circuits,1989,24(5):1238-1243.

[8] Kirisawa R,et al. A NAND Structure Cell with a New Programming Technology for Highly Reliable 5 V-Oly Flash EEPROM. Symposium on VLSI Technology,1990:129-130.

[9] Liu C,et al. Self-Aligned Shallow Trench Isolation Recess Effect on Cell Performance and Reliability of 42nm NAND Flash Memory. Proceedings of International Symposium on VLSI Technology. System and Application,2010:46-47.

[10] Wang Z,et al. A New Recess Method for SA-STI NAND Flash Memory. IEEE Electron Device Letters,2012,33(6):896-898.

[11] Aritome S,et al. A 0.67μm^2 Self-aligned Shallow Trench Isolation Cell (SA-STI Cell) for 3V-Only 256 Mbit NAND EEPROMs. Proceedings of IEEE International Electron Devices Meeting,1994:61-64.

[12] Aritome S. Advanced Flash Memory Technology and Trends for File Storage Application. International Electron Devices Meeting,2000:763-766.

[13] Aritome S,et al. Novel Negative V_t Shift Phenomenon of Program-inhibit Cell in 2X-3X-Nm Self-Aligned STI NAND Flash Memory. IEEE Transactions on Electron Devices,2012,59(11):2950-2955.

[14] Keeney S N. A 130nm Generation High Density ETOX^{TM} Flash Memory Technology. International Electron Devices Meeting,2001:2.5.1-2.5.4.

[15] Park C,et al. A 70nm NOR Flash Technology with 0.049μm^2 Cell Size. Digest of Technical Papers. Symposium on VLSI Technology,2004:238-239.

[16] Lee W,et al. New Floating Gate Self-aligning Technology for Multilevel NOR Flash Memory. European Solid-State Device Research Conference,2006:218-221.

[17] Matsushita T,et al. Dry Etch Challenges for CD Shrinkage in Memory Process. Proceedings of SPIE, 2015,9428: 942807-942807-7.

[18] Park M,et al. The Effect of Field Oxide Recess on Cell V^{TH} Distribution of NAND Flash Cell Arrays. IEEE electron Device Lett,2008,29(9): 1050-1052.

[19] Lee J D,et al. Effects of Floating-Gate Interference on NAND Flash Memory Cell Operation. IEEE Electron Device Lett,2002,23(5): 264-266.

[20] 张翼英.待蚀刻层的蚀刻速率分布曲线的数据库,形成及使用方法,2010: 201010509280.0.

[21] Bardon M G,et al. Dimensioning for Power and Performance under 10nm: The Limits of FINFETs Scaling. International Conference on IC Design & Technology (ICICDT),2015: 1-4.

[22] Chen Z,et al. Floating Gate Etch Profile Control for NAND Flash Memory. 2016 China Semiconductor Technology International Conference (CSTIC),2016: 1-3.

[23] Park Y,et al. Scaling and Reliability of NAND Flash Devices. IEEE International Reliability Physics Symposium,2014: 2E1.1-2E1.4.

[24] 张汝京.纳米集成电路制造工艺.北京:清华大学出版社,2014.

[25] 萧宏.半导体制造技术导论.杨银堂,段宝兴,译.2版.北京:电子工业出版社,2013.

[26] Chang R,et al. Challenges and Solutions in 2X NAND Contact Structure. China Semiconductor Technology International Conference (CSTIC),2016: 1-3.

[27] Song S,Kushner M,et al. SiO_2 Etch Rate and Profile Control Using Pulse Power in Capacitively Coupled Plasmas. International Symposium on Plasma Chemistry (ISPC) 20,2011: 393-396.

[28] Hsu F,et al. Etched Profile Control of the Multi-Layer Oxide/Poly-Si Stack Using Pulsed Plasma for 3D VG NAND Application. ECS Transactions,2013,52(1): 357-363.

[29] Howard B. Applied Centura® Avatar™ Etch: Enabling New Dimensions in High Aspect Ratio Etching. http://www. appliedmaterials. com/files/Applied％20Avatar％20Etch％20Level％200_062712_L. pdf,2012: 1-20.

[30] Wang M,et al. High Energy Electron Fluxes in DC-augmented Capacitively Coupled Plasmas. II. Effects on Twisting in High Aspect Ratio Etching of Dielectrics. Journal of Applied Physics,2010,107. 023309: 1-11.

[31] Yang K,et al. A Study on the Etching Characteristics of Magnetic Tunneling Junction Materials Using DC Pulse-biased Inductively Coupled Plasmas. Japanese Journal of Applied Physics,2015,54. 01AE01: 1-6.

[32] Ui A,Hayashi H,et al. Ion Energy Control in Reactive Ion Etching Using 1-MHz Pulsed-DC Square-Wave-Superimposed 100-MHz RF Capacitively Coupled Plasma. J. Vac. Sci. Technol. A,2016,34 (3). 031301: 1-6.

[33] Blosse A,et al. A Self-aligned Contact Architecture with W-Gate for NOR Flash Technology Scaling. VLSI Technology. Systems and Applications (VLSI-TSA),2007: 1-2.

[34] Fastow R,et al. A 45nm NOR Flash Technology with Self-Aligned Contacts and 0.024μm^2 Cell Size for Multi-level Applications. VLSI Technology,Systems and Applications (VLSI-TSA),2008: 81-82.

[35] Wei M,et al. A Scalable Self-aligned Contact NOR Flash Technology. IEEE Symposium on VLSI Technology,2007: 226-227.

[36] Zheng E,et al. A Study of Self-aligned Contact Etch of NOR Flash. China Semiconductor Technology International Conference (CSTIC),2015: 1-3.

[37] Kim J,et al. Exposed Area Ratio Dependent Etching in a Submicron Self-aligned Contact Etching. J. Vac. Sci. Technol. B,2002,20(5): 2065-2070.

[38] Wang J,et al. Enhanced Self Aligned Contact(SAC) Etch Stop Window by Using C_4F_6 Chemistry. IEEE/SEMI Advanced Semiconductor Manufacturing Conference,2001: 101-105.

[39] Zheng E,et al. Applying Optimal Experiment Design in Reversed Self-aligned Contact Etch of NOR

Flash for Profile Performance Improvement. China Semiconductor Technology International Conference (CSTIC),2016：1-3.

[40] Vahedi V,et al. Etch Challenges and Solutions for 3D NAND. SEMICON China,2016：1-15.

[41] Banna S,et al. Pulsed High-Density Plasmas for Advanced Dry Etching Processes. J. Vac. Sci. Technol. A,2012,30(4). 040801：1-29.

[42] Fang L,et al. A Highly Reliable 2-bits per Cell Split-gate Flash Memory Cell with a New Program-Disturbs Immune Array Configuration. IEEE Transactions on Electron Devices, 2014, 61 (7)：2350-2356.

[43] Chu Y S, et al. Split-Gate Flash Memory for Automotive Embedded Applications. International Reliability Physics Symposium,2011：6B. 1. 1-6B. 1. 5.

[44] Om'mani H,et al. A Novel Test Structure to Implement a Programmable Logic Array Using Split-Gate Flash Memory Cells. IEEE International Conference on Microelectronic Test Structures (ICMTS),2013：192-194.

[45] Wang H,et al. A Novel Program Disturb Mechanism through Erase Gate in An 110nm Sidewall Split-Gate Flash Memory Cell. Proceedings of International Symposium on VLSI Technology,Systems and Applications,2011：1-2.

[46] Dhavse R, et al. Simulation of Quantum Dot Flash Gate Stack with Lower Tunneling Voltages. International Conference on Devices. Circuits and Communications (ICDCCom), 2014：1-6.

[47] Han K, et al. Comparison of the Characteristics of Tunneling Oxide and Tunneling ON for P-Channel Nano-Crystal Memory. VLSI and CAD. ICVC '99. 6th International Conference, 1999：233-236.

[48] Yu J, et al. Improvement of Retention and Endurance Characteristics of Si Nanocrystal Nonvolatile Memory Device. 2014 12th IEEE International Conference on Solid-State and Integrated Circuit Technology (ICSICT), 2014：1-3.

[49] Zhang Y,et al. SaDP Process Challenges and Solutions on NAND Flash Cell. ECS Transactions,2014, 60(1)：395-400.

[50] Tanaka H,et al. Bit Cost Scalable Technology with Punch and Plug Process for Ultra High Density Flash Memory. VLSI,2007：14-15.

[51] Fukuzumi Y,et al. Optimal Integration and Characteristics of Vertical Array Devices for Ultra-High Density. Bit-Cost Scalable Flash Memory. IEDM,2007：449-452.

[52] Choi J,et al. 3D Approaches for Non-Volatile Memory. VLSI,2011：178-179.

[53] Ikeda S,et al. Recent advances in MRAM technology. VLSI,2005：72.

[54] Raoux S, et al. Phase-Change Random Access Memory：a Scalable Technology. IBM Journal of Research and Development,2008,52：465-479.

[55] Dong X,et al. PCRAMsim：System-Level Performance,Energy and Area Modeling for Phase-Change RAM. IEEE/ACM International Conference on Computer-Aided Design-Digest of Technical Papers, 2009：269-275.

[56] Inoue I H,et al. Strong Electron Correlation Effects in Non-Volatile electronic Memory Devices. IEEE Technology Symp. NVM,2005：131.

[57] Russo U,et al. Conduction-Filament Switching Analysis and Self-Accelerated Thermal Dissolution Model for Reset in NiO-based RRAM. IEDM,2007：775.

[58] Wong H,et al. Phase-Change Memory. Proceedings of the IEEE,2010,98(12)：2201-2227.

[59] Raoux S,et al. Phase-Change Random Access Memory：a Scalable Technology. IBM J. Res. & Dev. , 2008,52(4/5)：465-479.

[60] Wang D,et al. Fabrication of TiN Blade Bottom Electrical Contact for PC-RAM. ECS Trans. ,2013, 52(1)：365-370.

[61] Song Y,et al. A Study of GST Etching Process for Phase Change Memory Application. China

Semiconductor Technology International Conference (CSTIC),2016: 1-3.

[62] Yong X,et al. Circuit and Microarchitecture Evaluation of 3D Stacking Magnetic RAM (MRAM) as a Universal Memory Replacement. 45th ACM/IEEE Design Automation Conference,2008: 554-559.

[63] Slonczewski, et al. Current-driven Excitation of Magnetic Multilayers. J. Magn. Magn. Mater. ,1996, 159: L1-L7.

[64] Wang M,et al. Tunnel Junction with Perpendicular Magnetic Anisotropy: Status and Challenges. Micromachines,2015,6: 1023-1045.

[65] Ditizaio R,et al. Cell Shape and Patterning Considerations for Magnetic Random Access Memory (MRAM) Fabrication. Semiconductor Manufacturing Magazine,2004: 90-96.

[66] Gu X,et al. A Novel Metallic Complex Reaction Etching for Transition Metal and Magnetic Material by Low-temperature and Damage-free Neutral Beam Process for Non-volatile MRAM Device Applications. Symposium on VLSI Technology Digest of Technical Papers,2014: 1-2.

[67] Kinoshita K,et al. Reactive Ion Etching of Fe-Si-Al Alloy for Thin Film Head. IEEE Trans. Magn. , 1991,27: 4888-4890.

[68] Kinoshita K,et al. Process-Induced Damage and Its Recovery for a CoFeB-MgO Magnetic Tunnel Junction with Perpendicular Magnetic Easy Axis. Jpn. J. Appl. Phys. ,2014,53. 103001: 1-6.

[69] Nakatani I. Ultramicro Fabrications on Fe-Ni Alloys using Electron-Beam Writing and Reactive-Ion Etching. IEEE Transactions on Magnetics,1996,32(5): 4448-4451.

[70] Jung K,et al. Patterning of NiFe and NiFeCo in CO/NH_3 High Density Plasmas. J. Vac. Sci. Technol. A,1999,17(2): 535-539.

[71] Otani Y, et al. Microfabrication of Magnetic Tunnel Junctions Using CH_3OH Etching. IEEE Transactions on Magnetics,2007,43(6): 2776-2778.

[72] Kinoshita K,et al. Etching Magnetic Tunnel Junction with Metal Etchers. Japanese Journal of Applied Physics,2010,49. 08JB02: 1-7.

[73] Mukai T,et al. Reactive and Anisotropic Etching of Magnetic Tunnel Junction Films Using Pulse-Time-Modulated Plasma. J. Vac. Sci. Technol. A,2007,25(3): 432-436.

[74] Wouters D. Resistive Switching Materials and Devices for Future Memory Applications. 43rd IEEE Semiconductor Interface Specialists Conference,2012: 1-160.

[75] Wong H,et al. Metal-Oxide RRAM. Proceedings of the IEEE,2012,100(6): 1951-1970.

[76] Jo S. Recent Progress in RRAM Materials and Devices. SEMICON Korea,2015: 1-46.

[77] Takano F,et al. Reactive Ion Etching Process of Transition-Metal Oxide for Resistance Random Access Memory Device. Japanese Journal of Applied Physics,2008,47(8): 6931-6933.

[78] Liu P,et al. Etch Process Optimization of Top Electrode of 1T1R RRAM. China Semiconductor Technology International Conference (CSTIC),2016: 1-3.

[79] Beckmann K,et al. Impact of Etch Process on Hafnium Dioxide Based Nanoscale RRAM Devices. ECS Transactions,2016,75 (13): 93-99.

[80] Ohno T,et al. Ta_2O_5-based Redox Memory Formed by Neutral Beam Oxidation. Japanese Journal of Applied Physics,2016,55. 06GJ01.

[81] Samukawa S. Neutral Beam Technology for Future Nano-device. China Semiconductor Technology International Conference (CSTIC),2017: 1-3.

[82] http://www. intel. com/content/www/us/en/architecture-and-technology/intel-micron-3d-xpoint-webc ast. html?wapkw=xpoint.

[83] Servalli,G,et al. A 65nm NOR Flash Technology with $0.042\mu m^2$ Cell Size for High Performance Multilevel Application. IEDM Technical Digest,2015,849-852.

第5章

等离子体蚀刻工艺中的经典缺陷介绍

摘 要

良率是半导体工艺中评估量产能力的重要指标之一,良率的提升更是所有工艺优化的终极目的,归根结底,一切的工艺研发都是为了能有良率更高、可靠性更强、性能更佳的产品。随着工艺的发展,晶圆制造的过程越来越复杂,步骤越来越多,从数百到数千道繁复的步骤,工艺流程就如同搭积木一般层层叠叠,步步为营,牵一发而动全身,每一环节环环相扣,任何一个步骤的缺陷都会导致最终的良率下降,更可能导致相关步骤的缺陷出现并进一步降低良率。

良率的改善是业界每天都在为之奋斗的目标之一,但要做到良率百分之百是一个理想化的任务,然而如何将缺陷降到最低,使得良率尽可能地提高,却考验着所有工程技术人员的职业素养和专业能力。尤其是伴随着摩尔定律的脚步,半导体器件关键尺寸的逐步减小及器件密度的日趋上升,如何在工艺流程变得越来越复杂,工艺窗口也逐渐减小的大趋势下降低缺陷,一直考验着晶圆代工的能力。

在半导体工艺中,与等离子体蚀刻工艺相关的缺陷有很多,因为半导体器件物理结构的最终定义几乎全都依赖于等离子体蚀刻工艺,所以等离子体蚀刻工艺中的任何细微异常都有可能导致致命的缺陷,同时其他工艺的异常导致的缺陷也经常在等离子体蚀刻之后才会暴露出来。所以与等离子体蚀刻工艺相关的缺陷,一直是半导体制造中的重中之重。而根据缺陷的成因,等离子体蚀刻相关缺陷一般可以分为以下3大类:

- 蚀刻机台问题引起的缺陷;
- 蚀刻工艺不够优化而导致的缺陷;
- 半导体工艺中多道工艺的互相影响所引起的缺陷。

基本概述这些缺陷机理看似浅显,解决方案看似简单,但是这是各位奋战在工业界第一线的工程技术人员根据自己的血泪史总结概括出来的核心信息。

在半导体工艺的研发过程中,攻陷一个个缺陷往往就意味着良率提升过程中的一座座里程碑。很多时候,一个微小的缺陷需要良率工程师、各工艺的工程技术人员核对无数的工艺参数,进行大量的恶化实验,分析各种影响因素才能找到真正的原因并解决。

作者简介

黄瑞轩,2013 年秋获得美国罗切斯特工业大学(RIT)微电子系硕士学位,研究方向为半导体制造工艺。现就职于中芯国际集成电路制造(上海)有限公司技术研发中心蚀刻部门,参与及负责过逻辑器件的前后段以及各种存储器件(NAND、PCRAM、MRAM)的各种等离子体蚀刻工艺研发以及国产蚀刻机台在高层铜互连制程中的验证。已获授权和受理半导体制造领域专利数十项,参与发表国际会议文章十余篇。全球首次成功在半导体蚀刻制程中运用等离子体同步脉冲技术。

姚达林,2014 年春获得同济大学物理系凝聚态物理专业理学博士学位,研究方向为闪烁材料纳米微结构制备方法。2014年 5 月加入中芯国际集成电路制造(上海)有限公司技术研发中心蚀刻部门,2015 年 12 月转入中芯国际集成电路新技术研发(上海)有限公司技术研发中心蚀刻部门,任资深工程师。从事过 28nm 逻辑后段相关蚀刻工艺研发工作,主要负责金属硬掩膜蚀刻工艺研发,专注于氮化钛金属硬掩膜蚀刻工艺的开发与持续改善。现从事 14nm 及以下逻辑后段采用多次曝光的金属硬掩膜蚀刻工艺研发。

5.1 缺陷的基本介绍

良率(yield)是半导体制造业的一大核心指标,即一片晶圆上能通过电性及可靠性测试的芯片在所有完整芯片中占的比例。尽管良率主要是表征半导体工艺最终有效程度的指标,在半导体的制造过程中,良率检查的滞后性和总体性却导致其不能及时且准确地用来衡量工艺的完善程度,于是我们通常会用另一个指标来衡量制造工艺的品质,那就是缺陷。

半导体制造业中的缺陷多指一些结构性的物理缺陷即物理结构异常,或者是一些不可见的物理或化学性质异常即器件工作或性能异常。缺陷对于半导体器件来说,通常会导致最终的器件性能测试失败,例如 MOS 管断路或短路、工作电压异常、MOS 管漏电、可靠性测试失败等。因此,缺陷在半导体工艺的研发和生产过程中非常重要,是制约良率的一个重要因素[1-3]。

在用缺陷来衡量工艺的品质时,引入了一个缺陷密度的概念作为一个衡量指标。缺陷密度是指通过电子束扫描或电学特性测试,单位面积上发现的缺陷个数。在半导体器件的制造过程中,通过对制造工艺所引起的缺陷的缺陷密度的监测,我们可以预估出其对产品最终良率的影响。但是由于不同产品其晶圆上的芯片密度本身就会有差异,所以不同产品间的缺陷密度不能直接平行比较。这时候就需要良率工程师(Yield Enhancement Engineer)来进行专业的分析和计算,预估出缺陷对良率的最终影响程度[2]。

同时,不同类型或不同位置的缺陷对于最终良率的影响也会有极大区别。复杂度越高的工艺,对良率的影响就越高,例如有源区、源极、漏极、栅极、接触孔、铜互连等关键区域一旦有缺陷,对良率的影响都会非常严重。

如图 5.1 所示,同样的缺陷由于位置不同,对于良率的影响也会有很大区别。图 5.1(a)中的通孔短路对于最终良率的影响相对较小,因为对于铜互连的电路没有实质影响,线路的连接没有任何变化,而图 5.1(b)中的通孔短路将导致两个铜线导通,改变了铜互连的布局,导致器件的连接发生了变化,对最终的良率将会有较大影响。然而,图 5.1(a)中的缺陷虽然对良率的影响较小,但是对于可靠性和电学性能方面还是会有影响的。

除了图 5.1 所示的微观位置不同带来的区别外,宏观上不同位置的缺陷带来的影响也会有所不同。由于缺陷是一种工艺中的异常现象,它的发生具有时间上的随机性,但是又存在物理上的规律性,例如根据缺陷的成因,缺陷会出现在某些特定的区域。晶圆边缘区域是通常众多半导体工艺的薄弱点:薄膜厚度较薄、湿法

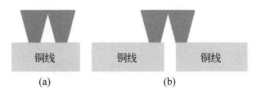

图 5.1 通孔短路的不同情况

蚀刻清洗能力较弱、等离子体浓度较低、化学机械研磨速率较慢、晶边薄膜结构复杂等,很多工艺相关的缺陷都会发生在晶圆的边缘区域。正因为很多缺陷的发生有了一定的区域性,在分析缺陷时,研究其区域性能够更快地找到其产生的原因和解决办法。久而久之,缺陷的区域性也成为缺陷的一个重要的表征参数。如图 5.2 所示,图中黑点为缺陷,由于晶圆边缘的芯片数量大于晶圆中心区域,所以分布于晶圆边缘的缺陷对于最终良率的影响将比中心区域的大很多,正如前面提到的,晶圆边缘区域本身就是诸多工艺的薄弱点,所以边缘区域一直是半导体制造工艺中的缺陷重灾区。毫不夸张地说,良率最后 15% 的提升,极大程度上依赖于边缘区

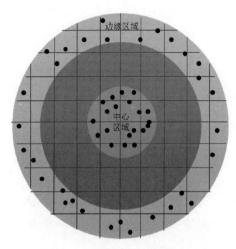

图 5.2　缺陷分布对良率的影响

域的缺陷是否能够被很好地解决。

在半导体工艺中,因为器件物理结构的最终定义几乎全都依赖于等离子体蚀刻工艺,所以等离子体蚀刻工艺中的任何细微异常都有可能导致致命的缺陷。同时,其他工艺的异常导致的缺陷也经常在等离子体蚀刻之后才会暴露出来。综上所述,与等离子体蚀刻工艺相关的缺陷,一般可以分为以下 3 大类:

- 蚀刻机台问题引起的缺陷;
- 蚀刻工艺不够优化而导致的缺陷;
- 半导体工艺中多道工艺的互相影响所引起的缺陷。

下面将针对这 3 大类来详细介绍蚀刻工艺中的经典缺陷及其解决方法。

5.2　等离子体蚀刻工艺相关的经典缺陷及解决方法

5.2.1　蚀刻机台引起的缺陷

1. 机台反应腔内壁附着物异常掉落

在蚀刻过程中,机台的反应腔侧壁会不断地接触等离子体,不可避免地会在蚀刻过程中与等离子体发生反应或吸附一些副产物。于是便有了蚀刻工艺中最常见的一类经典缺陷:杂质残留和蚀刻材料残留。

这类缺陷的产生主要是由于反应腔侧壁吸附了一些等离子体蚀刻过程中产生的副产物。在后续的蚀刻过程中,反应腔侧壁受到等离子体的轰击,导致吸附在表面的这些副产物、反应腔侧壁上的一些杂质掉落到晶圆表面并阻止蚀刻,导致图形无法被正确传递到目标材料层上[4],如图 5.3(a)所示。

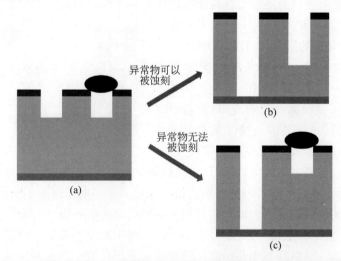

图 5.3　机台反应腔内壁聚合物异常掉落导致杂质残留或蚀刻材料残留

(a) 吸附在腔体侧壁的聚合物在蚀刻过程中掉落;(b) 阻挡蚀刻的聚合物消耗一定的反应气体,导致被阻挡区域蚀刻不完全;(c) 阻挡蚀刻的聚合物无法被去除,完全阻挡蚀刻

如果这些掉落的异常物可以和当前反应腔中的等离子体反应并形成气态副产物被带走，那么最终的结果就是由于掉落的异常物消耗了一定量的反应气体，抑制了一段时间的蚀刻，导致被其覆盖的蚀刻目标材料无法被蚀刻完全，这种缺陷称为蚀刻材料残留（Residue），如图 5.3(b)所示。

然而，如果掉落的异常物无法被蚀刻掉，那么其覆盖的蚀刻目标材料将完全不会被去除，并且聚合物本身也会残留在晶圆表面，这种缺陷称为杂质残留或阻挡蚀刻，如图 5.3(c)所示。为了防止此类缺陷，在先进的蚀刻工艺中，每片晶圆的蚀刻工艺前后，通常会进行一次无晶圆自动干蚀刻清机（Waferless Auto Clean，WAC）。

对应不同的工艺，无晶圆自动干蚀刻清机会有两种不同的做法。第一种是用一些活性气体对反应腔侧壁堆积的聚合物进行蚀刻，以达到每次晶圆蚀刻前，反应腔侧壁都没有任何聚合物附着，并保证每次晶圆都在相同的反应腔环境中进行蚀刻。第二种是在第一种清机方式的基础上，在清除完蚀刻侧壁堆积的聚合物之后再刻意通过等离子体反应向反应腔侧壁镀上一层一定厚度的保护层，这样做既可以让每次晶圆蚀刻都在相同的环境下进行，同时在蚀刻过程中，这个保护层也可以保护侧壁不被等离子体侵蚀，或是积聚反应副产物。

然而，有时即使有了足够优化的腔壁保护，如果腔体某些部件的材质不够好，仍然会在蚀刻过程中引入缺陷。

例如某工艺中，蚀刻机台上电极的保护涂层材质如果不够致密，其在蚀刻过程中受到高能量离子的持续轰击时有可能会掉落含 X 元素的小颗粒并阻挡蚀刻。X 元素很难与蚀刻气体反应并产生气态的副产物，其颗粒导致蚀刻目标材料残留。由于 X 元素所引起的材料残留缺陷如图 5.4 所示，缺陷的形貌通常会是棱角分明的颗粒，而元素分析也可以清晰地检测到 X元素。

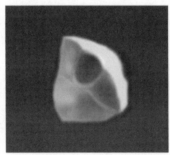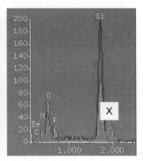

图 5.4　栅极残留缺陷、掉落的含 X 元素的小颗粒和元素分析图

用第二种做法的无晶圆自动干蚀刻清机，即每次都去除干净腔壁表面的聚合物，再沉积上一层致密的保护层，可以在一定程度上保护上电极的原有涂层不受到等离子体的直接轰击。但是通过等离子反应刻意镀上的保护层如果不够厚，松动的氧化涂层在蚀刻过程中被高能等离子体轰击时将有可能出现杂质颗粒连带表面的保护层一起掉落的情况。所以，如果要完全杜绝上电极的杂质颗粒掉落的问题，附加的表面保护层就必须要厚。但是通过等离子体反应在腔体表面产生的保护层的致密度也并不那么完美，太厚的保护层其本身可能也会变成掉落杂质颗粒的来源。表 5.1 总结了不同蚀刻工艺以及清机工艺对减少杂质掉落的影响，可以看到各种条件都无法在没有任何负面影响的情况下完全根除残留缺陷[5]。

在经过大量的尝试后，事实证明，很难通过蚀刻工艺的优化来完全杜绝这种缺陷，而栅极残留对于良率来说是一大杀手，必须要完全去除。针对此类缺陷，目前仍然不断在设备端各种材料的改善方面进行探索。

表 5.1　清机及蚀刻工艺优化对蚀刻材料残留缺陷的影响

清 机 工 艺		蚀 刻 工 艺	缺　陷
附着物清除能力	保护层厚度		
BSL	No coating	BSL	>10 000
BSL	BSL	BSL	>1000
BSL	Coating　+	BSL	>500
BSL	Coating　++	BSL	>1000
Long burn	Coating　+	BSL	~50
Long burn	Coating　++	BSL	>500
Long burn	Coating　+	Soft plasma	~30
Long burn	Coating　++	Soft plasma	>500

2. 首片效应

在蚀刻过程中，反应腔内的环境温度一直都是一个非常敏感的参数，因为等离子体的化学活性会随着温度的变化而变化。在大多数的蚀刻工艺中，提高温度都会使得蚀刻速率增加，因为温度提升之后等离子体的活性增强，更容易与目标材料发生反应，然而有些特殊的工艺中，温度的提高可能会导致蚀刻速率的下降，最根本的差异主要在于蚀刻反应是吸热反应还是放热反应。除此之外，有些蚀刻反应中，产生的副产物有大量的固态聚合物不会被抽走，当温度提高，反应速率变快后，产生的副产物会更多，这些副产物会积聚在目标材料的表面阻止反应，所以当温度提高后，这类工艺的蚀刻速率反而会下降。

温度作为如此关键的一个工艺参数，其控制系统也是越来越完善。早期蚀刻机台只有静电吸附卡盘(Electrostatic Chuck，ESC)可以调整温度，腔体内的温度是通过静电吸附卡盘的温度来被动调整的，并且只能监控静电吸附卡盘表面的温度，这样的控制方式会导致腔体内部温度的响应速率太慢，均匀性和稳定性都不尽如人意，并由此产生了一种蚀刻工艺中的经典缺陷：首片效应。

在进行蚀刻程序前，蚀刻机台一般都会执行一个暖机程序(season)。暖机程序会使用无图形的薄膜控片(有特定薄膜的晶圆)进行蚀刻，该蚀刻工艺会和后续要进行的蚀刻工艺一样或者类似。暖机程序的主要目的是为了反应腔内的温度能够达到后续蚀刻配方所需的温度，以及模拟蚀刻工艺的稳定性和重复性，以此检测机台状况。

当暖机程序与正式的蚀刻程序之间的闲置时间(idle time)超过一定的范围，由于静电吸附卡盘已经停止加热，反应腔内部的温度就会开始逐渐下降。当一批晶圆中的第一片进行等离子体蚀刻时，虽然静电吸附卡盘会被加热到预期的温度，但是这个时候反应腔内的整体温度其实是低于预期值的，因为通过静电吸附卡盘加热来提高腔体内部整体温度需要一定响应时间，这一现象就会导致最终蚀刻的尺寸、深度或形貌异常。

这种现象会在连续蚀刻多片晶圆时变得更加明显，因为第一片晶圆会由于开始时的温度偏低导致最终的蚀刻结果异常，而后面的多片晶圆由于是连续进行蚀刻的，反应腔内部的温度已经在第一片的蚀刻过程中被提升到了预期值，并且它们中间并没有闲置时间，温度可以一直保持在预期值上，所以最终第一片晶圆的结果会和其他晶圆不一样，如图 5.5 所示。这就是我们常说的首片效应。

针对首片效应这种缺陷，一种解决方法是限定暖机程序之后必须在指定时间内立即进行蚀刻工艺，否则就必须重新执行暖机程序。

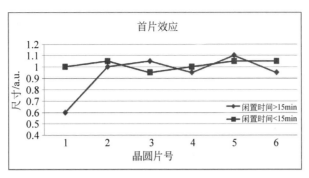

图 5.5 不同闲置时间下的晶圆尺寸变化

如图 5.5 所示,在进行等离子体蚀刻前,通过暖机程序做一个预加热的动作并通过限定闲置时间以确保首片在真正开始蚀刻时反应腔的温度已经达到了预期值,这样就可以有效地解决首片效应。具体的闲置时间限制,是根据要进行的蚀刻反应需要的温度与室温的温差大小来决定的,图 5.5 中的 15min 只是某一工艺所使用的闲置时间限制。但是运用这种方法就意味着一旦闲置时间超过上限,就必须重新进行暖机程序,一定程度上降低了蚀刻机台的工作效率,并且制造助理的工作压力也会增加,所以这种方法在工业界并没有被广泛运用[6]。

首片效应的另一种解决方法是工业界普遍使用的一种手段,即在蚀刻机台方面进行优化设计。现在在工业界使用的大多数蚀刻机台都已经针对这方面进行了改进:增加反应腔壁的温度控制系统,并开始监控腔壁的温度。独立的腔壁温度控制系统,就是增加了独立的腔壁加热部件和温度测试传感器,如此便能够直接对反应腔侧壁进行温度调节,反应腔内部温度的控制、调节效率将得到极大提高。腔壁温度的监控也能及时有效地反映出反应腔内部等离子体蚀刻反应的实际环境温度。

此类温度控制系统使得反应腔内温度的稳定性以及响应速率都得到了极大的提升,并能够在暖机程序之后继续给反应腔壁加热,保持对反应腔内温度的良好控制,换言之,暖机之后反应腔内部的温度将不会像以往那样急剧下降而是能够一直保持在需要的温度,这就使得闲置时间的限制得以放宽。

最终在工业界的实际操作是两种方法相结合,通过先进的蚀刻机台来有效地控制、维持反应腔内部的温度,同时限定一个具有实际操作性的暖机程序后的闲置时间限制。这样能在消除首片效应的同时使得等离子体蚀刻机台的工作效率得到保障,暖机程序后可接受的闲置时间也得到了有效的延长,如图 5.6 所示。

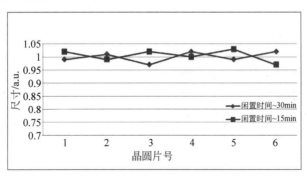

图 5.6 腔壁控温后首片效应消失

3. 反应气体残留

在等离子体蚀刻工艺中,等离子体都是在毫托级别的气压下进行反应。为了保持反应腔的稳定性及提高工作效率,蚀刻反应腔一直处于超低压环境。晶圆从大气压环境中进入真空的反应腔的示意图如图 5.7 所示,这也是一个简单的蚀刻机台示意图。

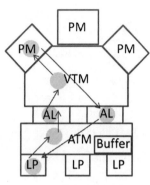

图 5.7　晶圆在蚀刻机台内的
路径示意图[21]

如图 5.7 中的路径图所示,装有晶圆的晶盒(FOUP)在大气环境下置于机台的装载台(Load Port,LP)上。机台的机械手臂抓取晶圆进入大气传送腔(Atmosphere Transfer Module,ATM),经过晶圆对准检测之后,机械手臂会将晶圆送入指定的气压过渡腔(Air Lock or Load Lock,AL/LL)。气压过渡腔的体积相较于传送腔小很多,所以压力变换速率非常快,用于作为不同压力环境的中转渠道。当气压过渡腔的压力被气泵抽至真空级别后,面向真空传送腔(Vacuum Transfer Module,VTM)一侧的腔门将打开,真空传送腔内的机械手臂抓取晶圆,并将其送入反应腔(Process Module,PM)进行蚀刻。蚀刻完成后,机械手臂抓取晶圆,通过真空传送腔进入真空环境的气压过渡腔。这一次,气压过渡腔会将压力逐步提升到等同于大气压级别,之后打开大气传送腔一侧的腔门,并把晶圆传送回晶盒中。然而,虽然已经通过气压过渡腔来平缓地过渡气压转换,以避免反应气体因为压力差的问题进入大气传送腔,甚至是到机台外的无尘室环境中,但是这样的流程,仍然会遇到一个与反应气体相关的非常棘手的缺陷:反应气体残留(Out-gassing)。

晶圆在反应腔中进行等离子体蚀刻后,不可避免地会在晶圆表面吸附或残留一些反应气体,在完成蚀刻工艺被传出反应腔后,这些残留在晶圆表面的反应气体会随着晶圆一起通过真空传送腔、气压过渡腔、大气传送腔,进入晶盒中。但是这些残留在晶圆表面的反应气体,会慢慢地自然挥发,然而在晶盒中还有很多未进行蚀刻的晶圆。当这些随着晶圆一起进入的表面残留物挥发出来后,就会有可能在晶盒中与这些未进行蚀刻的晶圆进行反应。随着蚀刻工艺的进行,越来越多的晶圆结束蚀刻反应并进入晶盒,挥发出来的反应气体会越来越多,对于未蚀刻晶圆的影响就会随着蚀刻的进行而越来越剧烈。所以由于这种反应气体残留所导致的缺陷会有一个累积效应,同一个晶盒里的晶圆出现这种缺陷的程度会逐片增加[7,8]。

图 5.8 所示的马拉松实验中使用了很多薄膜控片,在图中表示为 W(D),这是缺陷验证实验中常用的手法:用薄膜控片替代真正带有图形的产品晶圆,并通过重复蚀刻来模拟多次蚀刻的影响。因为用来做缺陷验证实验的晶圆大多数都会产生很多缺陷,如果完全用真正的产品晶圆进行实验,那牺牲就过于巨大了,而且薄膜控片可以重复多次使用,使得实验效率得到了极大的提高。在图 5.8 所示的马拉松实验中,通过薄膜控片的重复模拟蚀刻,真正的产品晶圆,在图中表示为 W(P),可反映出类似累积蚀刻 6、19、32、37 片晶圆后的缺陷情况,而实验结

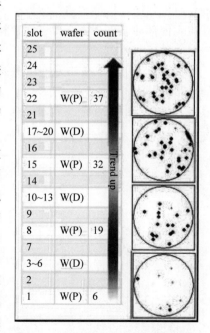

slot	wafer	count
25		
24		
23		
22	W(P)	37
21		
17~20	W(D)	
16		
15	W(P)	32
14		
10~13	W(D)	
9		
8	W(P)	19
7		
3~6	W(D)	
2		
1	W(P)	6

图 5.8　马拉松实验验证累积效应[7]

果清晰地反映出了气体残留缺陷的累积效应。

　　对缺陷的成因进行分析可以看出，如果可以避免完成蚀刻的晶圆表面有残留，或隔离挥发的反应气体与未完成的晶圆，就可以有效地避免此类缺陷。具体的实现方法就需要依赖蚀刻机台方面进行一些优化处理。图 5.7 中有一个部分是前面的流程介绍中没有提及的，那就是晶圆缓存区(Buffer)。部分蚀刻机台中还会有一个类似晶圆缓存区的设备组件——冷却台(cooling station)。

　　晶圆缓存区，顾名思义是用来暂时存放晶圆的，工作流程大致是，一般情况下，蚀刻结束后的晶圆在回到大气传送腔之后，不会立即回到晶盒中去，而是会被传送进入晶圆缓存区。晶圆在晶圆缓存区中会停留一定的时间，而由于晶圆缓存区中会持续地通气与抽气(多采用不活跃气体，如氮气、氩气等)形成气流通路，晶圆表面残留的反应气体会慢慢地挥发、稀释并被抽出晶圆缓存区。一定时间之后，反应气体基本挥发完全并被排出晶圆缓存区，当晶圆被传送回晶盒时反应气体的挥发已大大降低，对未蚀刻晶圆的影响将得到极大降低。

　　对于晶圆缓存区的常见运用有两种不同的方法，一般称为前置晶圆缓存区和后置晶圆缓存区。

　　前置晶圆缓存区是指：一盒晶圆放置在机台上并准备开始蚀刻时，传送手臂会把第一片晶圆按指定路径传送入反应腔，之后会把所有未反应的晶圆全部传送进晶圆缓存区。每当一片晶圆完成反应之后就会被传送回晶盒中。这样就可以有效避免完成蚀刻与未完成蚀刻的晶圆互相影响。但是前置晶圆缓存区也存在一些弊端：在实际的工业生产中，经常会出现一个晶盒内装着需要进行不同工艺的晶圆。如果进行等离子体蚀刻时，晶盒内有不需要蚀刻的晶圆，它们依然会被传送入前置晶圆缓存区，但是由于没有进行等离子体蚀刻，这些晶圆将被留在晶圆缓存区，必须由工程师人为传送回晶盒内。这种情况无形中增加了制造助理的工作负担，为了避免此类问题，制造助理必须在进行蚀刻工艺前检查晶盒内是否有不需要进行当前蚀刻工艺的晶圆，如果有，则必须将这些晶圆传送到其他的晶盒内。

　　后置晶圆缓存区是指：所有的晶圆保留在原晶盒内，当晶圆完成反应之后会先被传送进晶圆缓存区，等到所有的晶圆都完成反应后才会再把晶圆缓存区里面的晶圆传送回晶盒。而前文中提到的冷却台与后置晶圆缓存区的工作模式非常相似，唯一区别是完成的晶圆在冷却台放置一定的时间之后就会被传送回晶盒，不需要等到所有晶圆都完成蚀刻。但是无论是使用后置晶圆缓存区还是冷却台，都有一个不可避免的问题，那就是机台的产能会受到一定的影响。因为当所有晶圆完成蚀刻后，还需要等待机台把后置晶圆缓存区内所有的晶圆传送回晶盒内，或者是需要等待最后完成蚀刻的晶圆在冷却台内放置指定的时间并传送回晶盒之后才算是结束了当前的等离子体蚀刻工艺。

4. 花状缺陷

　　在大多数的等离子体蚀刻工艺之后，通常会有一道单独的去除光刻胶以及蚀刻副产物的工艺，而这种工艺一般会在去胶机中进行。使用去胶机的原因是：首先，如果用一般的等离子体蚀刻机台通过蚀刻的方式去除这些光刻胶和副产物，会有难以去除干净的问题，同时由于等离子体的穿透性极强，在去除底部副产物时，很有可能会伤害到前层器件，或者是引起等离子体充电损伤(Plasma Induced Damage，PID)。此类去胶机中的等离子体在经过内部的等离子体隔离板之后，高能粒子会被过滤，剩下一些低能量的活性基团(远程等离子体)，对晶圆表面的轰击会变得很弱，可以避免产生等离子体充电损伤；最后，去胶机的工作温度会比一般的蚀刻机台高很多：温度可以达到 200℃ 以上，而一般的蚀刻机台工作温度在 100℃ 以内，这样可以大大提高去胶能力和生产效率。

去胶机的特点之一就是高温高效,然而这一特性也附带了一个隐患:导致了一种去胶机特有的缺陷:进气管炸裂。去胶工艺本身是在高温下进行的,而等离子体激发过程中也会产生热量,于是对各部件的耐热性就存在极大的考验。承受热辐射和热传导最大的部件就是进气管,因为进气管本体是处于室温大气环境中,通入的气体也是常温的,而进气管连接的反应腔在蚀刻过程中是处于高温状态,同时等离子体的解离过程会释放出大量的热能,在高低温的对流冲击下就导致了进气管容易破裂的问题。

图 5.9　等离子体隔离板

一旦进气管破裂,即使是极小的裂纹,也会产生很多的杂质颗粒并被带入反应腔中。等离子体隔离板一般是一个布满了细小孔洞的金属过滤板,如图 5.9 所示。这些用来过滤高能离子的孔洞会被进气管碎裂带来的杂质隔离堵塞,并在后续的过程中慢慢被冲击,最终掉落在晶圆表面,阻挡蚀刻并形成缺陷。而这种缺陷由于其形成的过程,决定了其在晶圆上会呈现出非常规律性的分布,那就是分布与隔离板孔洞的分布非常相似。正因为此类缺陷有了这样的分布特点,也经常称为花状缺陷,因为缺陷在晶圆上的分布很像花瓣。

对于这种缺陷,通过对进气管的控温手段能起到一定的作用:在进气管外包裹的冷凝管能有效控制进气管的温度,使其温度不会出现骤冷骤热的急剧变化。蚀刻气体的筛选和优化也成为一个比较有效的手段,类似 H_2 的会在反应中释放大量热能的气体就很少在这类去胶机中单独使用,即使使用也只会使用极小的流量,在反应气体中的占比会非常低,以避免反应过程中产生过高的热能。

当然,进气管本身材质上的优化才是最根本的解决方法,现在普遍使用的是一种石英材料,这种材料是蚀刻机台比较常用的,因为其抗蚀刻能力比较强,制备难度也不高。但是现阶段,除了进气管外部温控优化和蚀刻反应气体控制外,对于材质方面的优化还在实验阶段。在半导体制造业的一些领先企业中,正在对新型材质的进气管进行技术评估,相信在不久的将来新型材质的进气管将替代现有的石英进气管。

在花状缺陷还无法根除的情况下,如何及早地发现就成为一个非常重要的问题。目前根据此类缺陷的特性,预防手段是:频繁地用镀有光刻胶的控片进行模拟蚀刻并检测其表面的杂质颗粒以监控去胶机的状况。一旦杂质出现花状分布,就说明去胶机状况堪忧,此时蚀刻生产线上的晶圆会有花状缺陷,必须马上做机台维护,并更换进气管。可惜这种监控手段也有一定的局限性,监控的频率和机台的产能是一对矛盾体,频率过高,机台就基本没有时间进行生产;频率过低,即使发现了,可能已经很多的产品产生了花状缺陷。所以目前只能是在产能和安全性之间取一个平衡,监控的频率一般会在 1～2 天,具体的情况会根据各工厂不同的产能需求进行调节。

5. 湿法蚀刻管路清洗液残留

在等离子体蚀刻中,对沟槽形貌的控制主要是通过在蚀刻过程中产生副产物附着在沟槽的侧壁来完成的。侧壁附着的副产物的行为可以有效地调控沟槽的形貌:侧壁附着的副产物较多时会保护侧壁不被蚀刻,并且由于副产物的累积容易形成倒梯形的沟槽。反之,则由于侧壁的保护不够,容易导致蚀刻过程中横向刻蚀过多,最终形成梯形或凹陷型沟槽。

在大多数情况下,为保证等离子体蚀刻的各向异性,通常会在蚀刻过程中产生很多副产物附着在侧壁作为保护。然而,这些副产物在图形最终形成后的去除也成为缺陷的一个源头。

目前的普遍做法是在最终图形定义完成后,用等离子体蚀刻的方式,对表面进行处理,去除掉一些易去除的副产物,剩余的部分则由湿法蚀刻来去除。这里搭配湿法蚀刻是因为其各向同性的特性和液态填充性,比较容易去除复杂三维结构中积附在角落处的副产物。

但是,湿法蚀刻的机台也同样有可能带来一些意想不到的缺陷问题。首先,湿法蚀刻工艺主要有两种类型,一种是浸泡式,一种是旋喷式。这里要介绍的是旋喷式湿法蚀刻比较容易遇到的一个缺陷问题。

旋喷式的湿法蚀刻类似于光刻胶的旋涂工艺:卡盘固定并以一定转速旋转晶圆,在晶圆上方喷洒湿法蚀刻的反应液进行蚀刻。喷嘴可固定位置喷洒反应液,也可按一定速率从晶圆中心到边缘循环扫描并喷洒反应液。

此类湿法蚀刻的一大弊端在于,一般只会安装一个反应液喷嘴,也就意味着不同的湿法蚀刻所用的不同反应液都是通过同一个管路和喷嘴喷洒,如何避免管路中或喷嘴内反应液残留就成为一大难题。

目前运用最广泛的方法是:在每次湿法蚀刻完成之后或闲置一定时间后,会用特定液体对管路进行冲洗,确保没有之前的反应液残留。当然,对于不同的湿法刻蚀工艺,管路的清洗液也是不一样的。如图 5.10 所示,就是伪栅去除工艺的湿法蚀刻由于清洗液的选择不当所导致的缺陷(金属栅极被腐蚀)。

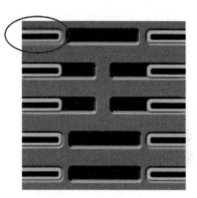

图 5.10　金属栅极被腐蚀

产生这种缺陷的根本原因是,最初伪栅去除工艺的湿法蚀刻选择的管路清洗液为含氟的清洗液,虽然此清洗液很好地把工艺残留的反应液全部清除了,但是最终管路中却有清洗液的残留。当进行伪栅去除工艺的湿法蚀刻时,酸性清洗液和晶圆表面暴露出来的栅极金属反应,最终形成了图 5.10 中的缺陷。

对于此类缺陷,解决的方法其实很简单,就是更换管路清洗液,然而其难点在于:首先,清洗液必须能确保可以带出各处残留的反应液,这就要求其与反应液的相溶性必须非常高,否则无法去除干净;其次,清洗液不可避免地会有些微残留,需要确保不会对后续的湿法蚀刻产生影响,最好是后续湿法蚀刻使用的反应液中的一种。所以现在运用比较广泛的是在进行湿法蚀刻前,先用将要在后续湿法蚀刻中使用的反应液进行管路预清洗,这样就可以确保管路中没有清洗液的残留。

5.2.2　工艺间的互相影响

1. 气泡效应

随着半导体技术的发展,半导体制造过程中的图形结构越来越复杂,精度控制的要求越来越高。为了持续提高集成度,关键尺寸的缩小已经达到了光刻工艺的物理极限,随之诞生了各种新技术以达到继续缩小尺寸的目的。其中,通过多次图形定义来形成小尺寸或高密度图形的方法得到了广泛的运用,但是新技术总是会伴随着各种各样的新问题。

在两次光刻加等离子体蚀刻(Litho-Etch-Litho-Etch,LELE)的方式来做二次图形定义的工艺中,在第一次等离子体蚀刻工艺完成后,由于已经完成了一部分图形的定义,所以晶圆表面已经形成了部分沟槽,如果再进行第二次的光刻工艺,就需要先用一些填充性和流动性好的材料来把这些沟槽填平。

在这类工艺中,经常会用旋涂工艺在晶圆表面的图形间隙(沟槽)中填充一些流动性较好的有机材料,用以改善晶圆表面原有的高低差。此后再进行一些对表面平坦性要求较高的薄膜生长和光刻工艺,当然最后这些材料还是会被去除的。

在鳍式晶体管制造中,栅极的形成就运用了这类技术。如图 5.11 所示,在形成了栅极硬掩膜图形定义之后,会用旋涂工艺在凹槽内填充有机材料来保证表面平坦性,之后会通过旋涂工艺和光刻工艺进行栅极图形的二次定义。

然而,旋涂的有机材料和衬底或硬掩膜材料之间的表面张力如果差异太大,在衬底或硬掩膜表面会因表面特性导致两者无法完全贴合,在交界面处会留有如图 5.12(a)所示的气泡,后续光刻以及蚀刻定义图形时会因此出现图形异常的缺陷,主要表现为如图 5.12(b)所示的局部图形缺失(圆形)。

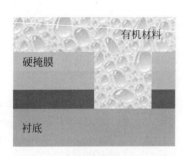

图 5.11 旋涂有机材料以达到表面平整

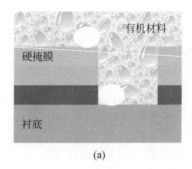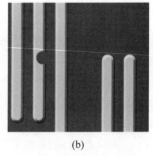

(a) (b)

图 5.12 (a)有机材料内残留气泡以及(b)等离子体蚀刻后观察到的气泡效应缺陷

此类缺陷的解决方法是改善旋涂的有机材料、衬底及掩膜材料的表面张力,使其能够契合并完美贴合。然而,在一个成熟的工艺中,各种薄膜材料都是有一定的工艺上的特性要求的,都是经过了反复推敲,对比,实验之后才决定下来的。所以想要改变这些薄膜材料的表面张力,一般都不会直接选择改变材料,而是通过其他的手段来进行微处理。

目前运用比较广泛的处理方法主要有两种,一种是调节薄膜生长的方式:类似生长温度、元素配比、镀膜机台工作模式改变等方法来调控材料的表面张力。这种方法主要是针对上述缺陷情况中的衬底或硬掩膜材料的表面性调节。但是,由于这种方法改变了薄膜的整体性质,可能会带来一些其他的影响。相应的等离子体蚀刻工艺可能也需要根据新的薄膜特性进行一些调节,所以这种方法更多地被处于研发中前期的工艺所采用。

第二种方法则是在旋涂有机材料之前,对衬底或硬掩膜材料的表面进行预处理,使得其表面性质发生改变,这种处理方式的好处是对其他工艺的影响小到可以忽略。这种表面的处理也有两种主流方式:一种是额外旋涂一层非常薄的过渡层作为黏合剂,使得后续旋涂的有机材料和衬底或硬掩膜材料能够紧密贴合,而这种黏合剂非常薄,而且化学性质和后续旋涂的有机材料非常相近,所以对于其他工艺来说,可以完全被忽略。而另一种处理方式是用等离子体进行表面态处理,改变衬底或硬掩膜材料最表层的化学键,使得其表面性质发生改变,这种方法的变化是微观级别的,对于后续的其他工艺的影响可以忽略不计。其根本的工作原理是通过等离子体与材料表面层反应,改变表层键态,使得其表面特性改变,能够很好地和后续旋涂的有机材料相结合。所以此类表面预处理的方法无论是在工艺研发的前、中、后期都得到了广泛的运用。

2. 鼓包缺陷

在半导体制造工艺中,薄膜生长可以说是使用最频繁的工艺之一,因为图形的传递总是需要堆叠多层不同的薄膜才能很好地通过光刻和等离子体蚀刻的方式准确地传递到目标材料上。

薄膜生长方法也是多种多样,最常见的有电化学沉积、物理气相沉积、化学气相沉积、外延生长等。

既然薄膜生长的最终目的是服务光刻以及等离子体蚀刻工艺,自然对于不同的工艺会有不同的需求。对于光刻工艺而言,最主要的需求就是薄膜的平整性;而对于等离子体蚀刻工艺而言,在不同的制程中会有不同的用途及对应需求,如有的薄膜作为过渡层,需求并不高;有的薄膜要作为掩膜存在,那就会对致密度、抗蚀刻性、硬度等有需求。同时,对于等离子体蚀刻来说,需要蚀刻数层不同薄膜时,为了达到蚀刻量,蚀刻图形形貌的控制,薄膜之间的蚀刻选择比(不同薄膜间蚀刻速率的比值)也会是一个重要的需求。

由此可见,薄膜生长并不是只需要生长出一层达到目标厚度的薄膜即可,对于薄膜的特性也需要有极强的控制力。这就意味着,一旦薄膜生长工艺如果有异常,很多时候都会对后续的光刻以及等离子体蚀刻工艺产生影响。有一种非常常见的缺陷就是由于薄膜生长异常所引起的:鼓包缺陷。

在薄膜生长过程中,如果掉落一些杂质在薄膜中,那最后就会在等离子体蚀刻之后残留下一个鼓包,如图 5.13 所示。

由于缺陷的最终表现形式是在等离子体蚀刻之后有残留物,所以此类缺陷很容易和等离子体蚀刻过程中掉落的异常物所导致的材料残留缺陷所混淆。那么,如何才能区分这是薄膜中的鼓包导致的残留物,还是等离子体蚀刻过程中掉落的异常物呢?

仔细观察图 5.13,就可以发现缺陷区域除了有一个鼓包残留之外,鼓包附近的图形也有一定的变形,这就是因为薄膜中的杂质影响了薄膜的平整性,在后续的光刻工艺中引起失焦的问题,从而导致局部图形失真。所以一般情况下,都可以通过残留物边缘的图形是否有失真现象来判断残留物的成因。但是一旦薄膜中的鼓包过于

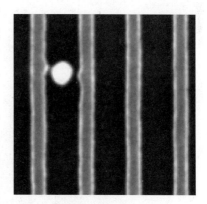

图 5.13 鼓包缺陷

微小,以至于对光刻工艺的影响可以忽略不计时,就很难通过俯视图的观察来判断了。此类情况只能通过定点切割缺陷,依靠剖面图来分析成因。

此类缺陷通过工艺优化能够在一定程度上减少发生的频率,但是机台内部各部件的材质也是一个非常重要的影响因素,因为机台部件是薄膜生长过程中掉落异常物的来源之一。所以现在对于此类缺陷,目前采取的方法是:

(1)工艺优化。薄膜生长前进行清机工艺,薄膜生长过程中减少或减弱容易产生杂质的步骤。

(2)机台部件材质加强品质监控。提高机台维护频率,严格管控每一个维护周期内的薄膜生长程序的工作次数,使得机台长期处于最优状态。

(3) 加强缺陷监控。通过长期观察,在关键的薄膜生长工艺后进行缺陷检测,确保一旦发生此类缺陷就能发现,并进行补救(通过化学机械研磨去除薄膜及杂质,重新生长)。

目前,鼓包缺陷还没有办法完全根除,偶尔还是会发生,但是在严格的管控下,能够在一定程度上减少影响。工作在研发工艺第一线的工艺、设备工程师们也仍然在为此类缺陷的根除而奋斗。

3. 光刻胶显影不完全

半导体制造流程中,光刻和等离子体蚀刻是两个息息相关的工艺,因为整个半导体制造流程中,主要就是依靠这两个工艺的配合使得光罩上的图形能够精确有效地传递到目标材料上并最终形成半导体器件。光刻胶的尺寸和形貌决定了等离子体蚀刻后传递到目标材料的关键尺寸的大小。而等离子体蚀刻通过多层薄膜对于尺寸的可控缩放能力也使得光刻工艺的曝光尺寸有了一定的调控空间,可尽量选择工艺窗口(Process Window)较大的尺寸。

由于光刻工艺和等离子体蚀刻工艺结合得十分紧密,互相间的影响因素繁复多样,因此工艺异常带来的缺陷也很多。

由于光刻工艺是半导体中少数可多次重复操作的工艺,所以一般的工艺异常,如曝光尺寸过大或过小,对准偏差大,对焦异常等,都可以直接洗去光刻胶重新再进行一次光刻工艺。所以光刻工艺的异常一旦被检测到,就可以推倒重来。但是并不是所有的工艺异常都能够被及时并准确地发现。如果光刻胶的品质或者是曝光工艺出现异常,导致光刻胶形貌发生细微的变化,目前并没有太好的监控手段能够及时并准确地检测到。

一旦光刻工艺中发生一些无法被及时检测到的异常,那就很可能会在等离子体蚀刻之后才反应出来并被检测到,因为光刻工艺的异常一定会影响等离子体蚀刻工艺的最终结果。其中较常见的一种就是光刻胶显影不完全,导致最终等离子体蚀刻后的图形失真或缺失,如图 5.14(b)所示。因为光刻胶的光敏性,不可能进行全晶圆的电子扫描检测缺陷,光刻胶显影不完全是很难在曝光工艺之后就被发现的。而到了等离子体蚀刻工艺之后,如果电镜扫描发现了图形异常,就需要通过针对异常图形的分析,以及工艺相关性的验证,才能较好地定位缺陷的成因是光刻胶显影不完全,或者是等离子体蚀刻工艺异常导致的图形失真。

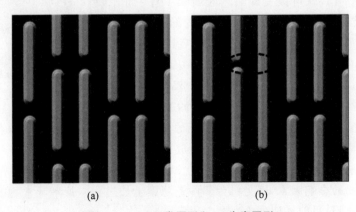

(a)   (b)

图 5.14 (a)正常图形和(b)失真图形

如图 5.14 所示,对比正常图形和异常图形,我们可以看出线条并未被完全切断,甚至完全未被切割。这种现象一般不是等离子体蚀刻工艺自身造成的,因为等离子体蚀刻要导致如此微小的局部图形异常很大概率是有异常物掉落阻止了后续等离子体蚀刻的正常进行,但是图形失真的边缘非常平整,上表面也没有任何杂质残留的痕迹,所以这种图形异常很有可能是因为光刻工艺的光刻胶显影不完全所导致的。

光刻胶显影不完全这种缺陷由于缺少比较有效的检测手段,所以无法做到完全避免,更多是通过光刻工艺的优化来解决。从根本上来说,此类光刻胶显影不完全的问题主要是因为光刻胶中有细小杂质残留导致光刻胶显影异常。针对光刻胶内的杂质去除,有一种专用的过滤器件如图 5.15 所示,其原理与滤网类似,用细小孔洞来过滤杂质,而光刻胶是流体不会堵塞在细小孔洞中。在图 5.15 中,我们可以看见此类滤网内的细小空洞非常多,并且大小不一,这是为了分批次把不同大小的杂质全部去除,以提高通过效率,可以看作多层不同规格的滤网,而其中最小尺寸的空洞决定了可过滤的杂质大小。光刻工艺方面为了解决此类光刻胶显影不完全的问题,对于滤网品质的挑选也是非常严格的,毕竟在半导体工艺中的细小杂质的

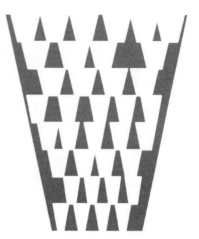

图 5.15 光刻胶杂质滤网

尺寸都是微米级别以下的,滤网的孔洞要做到这种大小也非常困难。同时,孔洞大小和分布的安排还会影响光刻胶流速、滤网的清洗频率等生产效率的问题,这些都是需要考量的因素。

除了光刻工艺的优化之外,等离子体蚀刻也能在一定程度上改善光刻胶显影不完全的问题。在图 5.14(b) 中可见即使光刻胶显影不完全,也有程度上的差异:左边的小沟槽已经成型只是尺寸偏小,而右边则完全没有沟槽形成。像左边这种程度略轻的光刻胶显影不完全问题,在等离子体蚀刻工艺中可以通过一些特殊的光刻胶处理方式来解决。等离子体蚀刻的处理方式一般是在蚀刻目标材料前,先用较柔和的等离子体进行时间较短的光刻胶形貌预处理,这个过程会消耗少量光刻胶并对其形貌产生小幅度的修正。由于此类光刻胶预处理工艺具备物理轰击特性,可以把光刻胶底部的一些残留杂质去除,使得原本显影不完全的部分被完全打开。然而如果轰击过强可能会导致另一种缺陷:光刻胶厚度不够导致的图形侧壁有条形凹痕(后文会有介绍)。同时由于光刻胶横向也会有消耗,对于图形尺寸也会有一定的影响,需要在后续的等离子体蚀刻过程中进行补偿,以确保图形尺寸可以达到预期的大小,这会导致整体等离子体蚀刻工艺窗口的缩小。

4. 表面材料损伤

在前文中介绍过,在等离子体蚀刻后有很多手段都是为了去除残留杂质和避免其带来的负面影响,如使用晶圆缓存区避免完成蚀刻的晶圆影响未蚀刻晶圆,去胶机去除光刻胶和杂质,湿法蚀刻去除杂质等。然而除了晶圆缓存区是在蚀刻机台内的,可以在等离子体蚀刻后立即进行,其他的方法都是需要进入别的机台进行处理,所以就引入了一个新的问题,那就是等离子体蚀刻之后到后续的去胶工艺以及湿法蚀刻的间隔时间。

当晶圆表面还残留有杂质的时候,如果保持这种状态闲置很久,由于晶圆表面的这些杂质中会吸附、包裹一些反应离子,如果在大气环境中暴露过长时间,这些反应离子会与大气中的水汽等发生反应,其中最典型的就是在等离子体蚀刻中运用最多的蚀刻剂:氟离子(F^-)。如果吸附在晶圆表面的反应离子 F^- 和水汽形成酸性物质($F^- + H_2O \rightarrow HF + O_2$),将会腐蚀晶圆表面的材料,导致一种常见的缺陷:表面材料损伤。

如图 5.16 所示,晶圆表面的硬掩膜有一定的损伤,这就是由于等离子体蚀刻之后残留在

杂质中的反应离子与水汽反应后被产生的酸性物质腐蚀了表面硬掩膜。针对这种缺陷,一般的处理方法是:严格管控等离子体蚀刻到后续湿法蚀刻的等待时间(Queue-time)。

图 5.16　表面材料损伤

然而,这种管控看似简单,即在等离子体蚀刻完成后尽快进行后续的湿法蚀刻,然而在大规模生产中,实际情形要复杂得多。首先,在半导体制造业内,产量永远是重中之重,一个制造工厂中,每天都有大量的晶圆在里面进行流片,进行着不同的工艺流程。在等离子体蚀刻完成之后,对应的湿法蚀刻机台一般也会有晶圆正处于湿法蚀刻过程中,这种情况下,等待时间就会被迫延长。要避免这种情况就需要提前进行统筹调配,在进行等离子体蚀刻前,就需要考虑后续灰化及湿法蚀刻机台的状况。在成熟的半导体制造流程中,这种需要提前考虑后续几步工艺的机台工作状态称为队列时间工艺段(Queue-time loop)。在各个制造工厂中,排货系统都会把这种队列时间工艺段作为一个整体,统筹调配,确保生产效率最大化的同时兼顾各工艺间的等待时间[6]。

在半导体制造这种高精密制造中,等待时间的量化是必不可少的。通常的做法是,不同的工艺通过相应的恶化实验来评估可承受的等待时间,并确定合理的等待时间范围。制造工厂中的排货系统就会根据不同晶圆的重要性和不同的最大等待时间来决定排货顺序。

除了系统层面的排货调控之外,还有一种手段是用来延长最大等待时间的,那就是目前渐渐运用越来越广泛的氮气或干燥空气存储设备,其目的就是让晶圆处于一个氮气或干燥空气的环境中,避免水汽和杂质中的反应离子发生反应。

5. 锯齿缺陷

等离子体蚀刻工艺用于定义与传递图形,然而蚀刻工艺所传递的图形首先是由光刻工艺来进行初步定义的。蚀刻过程中通过对不同材料的蚀刻速率的差异,来达到有选择性的蚀刻,把光刻胶没有覆盖的区域蚀刻掉,将光刻胶图形传递到目标材料上。

在等离子体蚀刻工艺中,光刻胶的消耗是不可避免的,为确保光刻胶可以一直覆盖保护住不需要被蚀刻的区域,就对光刻胶的厚度有了一定的要求。但是在光刻工艺中,光刻胶的厚度并不是一个可以随心所欲决定的参数,根据目标尺寸和光刻胶的特性曲线,光刻胶的厚度会有一个范围局限,同时因为光刻胶是旋涂到晶圆表面的,光刻胶的实际厚度主要由旋涂工艺的转速以及光刻胶本身的黏度(Viscosity)决定:黏度越低,光刻胶的厚度越薄,旋涂的转速越快,光刻胶的厚度越薄。同时,旋涂的旋转加速度还决定了光刻胶的均匀性,加速度越高,均匀性越好。由此可见,光刻胶的厚度会受光刻胶本身及光刻工艺的限制,当光刻胶的厚度不够充裕时,就会导致在等离子体蚀刻过程中图形传递失真的缺陷,最常见的现象是图形出现锯齿状边缘,一般称为锯齿缺陷。

等离子体蚀刻中都会有一定的物理轰击作用,所以当光刻胶残留比较薄时,在物理轰击的作用下,等离子体已经可以打穿光刻胶并对下层材料进行轰击、发生蚀刻反应。然而,光刻胶在图形边缘的消耗是最快的,因为图形边缘的光刻胶会受到上表面和侧面的等离子体蚀刻消耗,于是,当光刻胶厚度不够充裕时,图形边缘区域会最先发生光刻胶有效厚度不够无法阻挡等离子体的问题。于是光刻胶的边缘就会由于这种原因出现锯齿状,并且传递到下层材料上,导致最终的图形侧壁出现图 5.17 中的剖面图所示的条形凹痕,形成锯齿缺陷。

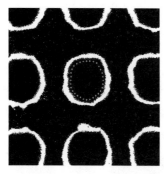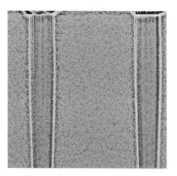

图 5.17 锯齿缺陷

此类锯齿缺陷的最有效解决方式是增加光刻胶的有效厚度,然而就像前文中提到的,光刻胶厚度受本身材料特性及光刻工艺限制,很难无限增加,所以当光刻胶进行过工艺评估并定下厚度之后,想要再增加厚度,基本上已不会有太多的调整空间,所以只能通过其他方法来解决这个问题。

等离子体蚀刻工艺的优化自然成为首选方案之一,通过调节等离子体蚀刻工艺的蚀刻气体配比、提高蚀刻反应腔压力,降低偏压以减弱物理轰击强度等方法提高蚀刻材料对于光刻胶的蚀刻选择比能够有效地改善此类缺陷,因为这等于减少了刻蚀等量目标材料所需要消耗的光刻胶。

当等离子体蚀刻工艺的优化也不能够完全补偿光刻胶不够的问题时,就需要从整体上考虑优化方案了。这个时候会考虑改变薄膜堆叠的方案,通过调整薄膜,从根本上提高材料与光刻胶的选择比,或者是增加中间过渡用的掩膜,使得光刻胶需要保护的材料厚度减薄,把图形传递到过渡掩膜上,然后用掩膜作为图形传递的基础,此时光刻胶即使被消耗完也没有关系,这就是前面章节中提到过的三明治薄膜结构。目前这种用中间掩膜替代光刻胶的方法得到广泛的应用,成为很多关键器件蚀刻工艺的标配。

6. 空洞、裂缝缺陷

等离子体蚀刻与湿法蚀刻的一大区别就在于等离子体蚀刻是各向异性的反应,能够有效地控制纵向与横向的刻蚀速率比,这也是等离子体蚀刻能作为图形传递的关键工艺的主要特性。要想把光刻工艺定义在光刻胶上的图形有效、准确地传递到晶圆上,最理想的情况是等离子体蚀刻能够做到没有横向刻蚀,仅仅是笔直地把光刻胶上的图形印在晶圆表面的目标薄膜上。

但是理想化的结果并不一定是最合适的,所以在不同的工艺中,对等离子体蚀刻会有不同的需求,如图 5.18 所示,可能会希望要非常笔直的圆柱形孔洞,也可能会需要倒梯形的沟槽,或者是 U 形的沟槽,甚至会需要双重斜率的沟槽,例如上半截垂直而下半截呈 U 形或 V 形。

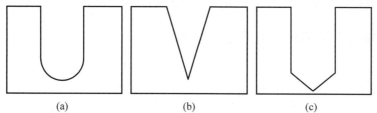

(a)　　　　　　　　　(b)　　　　　　　　　(c)

图 5.18 (a)U 形沟槽、(b)V 形沟槽和(c)双重斜率沟槽

这些对于形貌的要求一般是由蚀刻的前后工艺的需求决定的。与等离子体蚀刻紧密相关的除了光刻工艺之外还有薄膜生长工艺。而这些形貌的需求很大一部分都是为了增加薄膜生长工艺的工艺窗口,特别是填充能力有限的金属填充工艺。

当等离子体蚀刻完成或接近完美的垂直蚀刻后,对后续的薄膜生长,特别是其中的金属填充工艺,那简直就是噩梦,如图 5.19 所示。图 5.19(a)是通孔的金属填充因为通孔过于笔直形成了空洞,而图 5.19(b)则是铜互连的金属连线填充因为沟槽形貌过于笔直的关系导致了金属连线有裂缝。这两种金属填充异常分别称为空洞和裂缝缺陷。

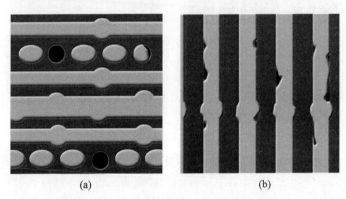

(a)   (b)

图 5.19　(a)通孔空洞和(b)金属连线裂缝

随着深宽比的提高,金属填充的难度就会越来越高,空洞、裂缝缺陷发生的概率也会随之增加。对于这种缺陷的预防方式也是比较直观的,那就是通过等离子体蚀刻工艺的优化来调整通孔或沟槽的形貌,来提高金属填充的工艺窗口。因此,不同等离子体蚀刻的形貌需求是各不相同的,但是通过形貌来改善金属填充能力也有一定局限性。

随着半导体技术的发展,半导体器件的集成度越来越高,各个器件的尺寸都在不断地缩小。当我们为了金属填充能力而把沟槽或通孔做成倒梯形时,就意味着上开口的尺寸会大于下开口,这时候,由于器件密度越来越高,通孔或沟槽的上开口尺寸偏大就有可能导致相邻通孔或沟槽间有短路或击穿的危险。另一种情况是即使保证了上开口尺寸在合理范围内,然后缩小下开口以实现倒梯形的形貌,并且不会有短路等问题,但是这个时候较小的下开口就会提高光刻工艺层间对准的要求,会有通孔无法落在目标器件上导致断路的可能。

所以,随着半导体工艺的发展,各工艺的要求都越来越高,互相间的影响使得各工艺要考虑的因素越来越多。对于空洞、裂缝缺陷最根本的方法是从金属填充工艺本身出发,提高自身的填充能力。于是,各种新的金属填充方法或者工艺都登上了半导体工艺的舞台:如多次镀膜法、原子层镀膜工艺(Atomic Layer Deposition,ALD)、金属回流[12]等。

5.2.3　蚀刻工艺不完善所导致的缺陷

1. 负载效应

在等离子体蚀刻中,均匀性一直都是一个至关重要的指标,也一直是等离子蚀刻工艺中无法完全规避的问题。在等离子体蚀刻工艺中,有的时候会有蚀刻停止层(Stop Layer or Liner),而有的时候,是需要蚀刻一定深度的目标薄膜,那么这时就不会有蚀刻停止层了,而对于这种工艺,蚀刻深度的负载效应就会变得非常显著。

如图 5.20 所示,左边相对稀疏(Isolate)的沟槽的深度比右边区域相对密集(Dense)的沟槽深度要深。这是由于在相对稀疏的区域中,所有的反应离子只能与稀疏的几个沟槽内的材料发生反应,而在相对密集的区域,同样数量的反应离子却需要蚀刻数个沟槽内的材料,反应速率比稀疏区域要低,导致最终的蚀刻深度会较浅。

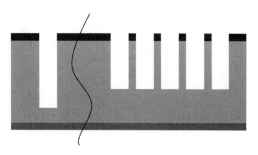

当然,众所周知,等离子体蚀刻是可以媲美魔术的一道工艺,堪称艺术也不为过,所以一切皆有可能。上述分析,其实忽略了很多其他的因素,是建立在反应离子浓度主导反应速率的情况下。

图 5.20 深度不均匀缺陷

在等离子体主导的蚀刻反应中,决定反应速率的因素会根据不同的情况而变化。如图 5.21 所示,随着等离子体通量的逐步增加,反应速率的变化并不是线性的,变化曲线可以分成两个区间。在这两个区间内,蚀刻速率的决定因素有所不同。

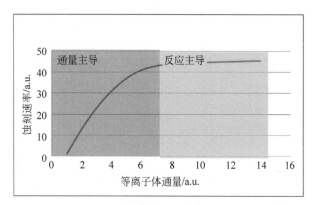

图 5.21 蚀刻速率 vs 等离子体通量

(1) 在反应区域内反应离子体不够充足时,等离子体通量是决定性因素(通量主导,Transfer limit);

(2) 当通量足够大时,反应区域内反应离子充足甚至富裕,此时化学反应速率起决定性作用(反应主导,Reaction limit)。

图 5.20 就是处于通量主导阶段,所以稀疏区域的蚀刻速率会更快。然而如果提高通量,将其拉入反应主导区域,那么此时化学反应的速率就决定了真实的蚀刻速率。等离子体蚀刻过程中,温度自然是影响化学反应速率的一个重要参数,同时在反应中生成的副产物以及光刻胶中被轰击出的碳离子形成的聚合物会附着在材料表面并影响化学反应速率。在这种情况下,图 5.20 的负载效应就有可能完全颠倒过来了,因为在副产物方面,两边是同比例产出的,但是光刻胶所带来的影响在稀疏区域就会被放大,因为稀疏区域光刻胶所占面积极大,轰击出的聚合物更多,但是可以吸附的却只有那稀疏的几个沟槽而已,所以此处的化学反应速率就会急剧减慢,最终导致沟槽深度比密集区域浅。

除了稀疏、密集区域之间会有蚀刻深度的负载效应外,在不同尺寸的沟槽间也会有深度负载,如图 5.22 所示,在沟槽尺寸较小的区域,由于深宽比较高,反应离子不容易到达沟槽底部进行蚀刻,同时产生的副产物相对也较难被抽离,使得这里的局部等离子体通量会低于大尺寸区域,所以沟槽的深度会比大尺寸区域的浅一些。

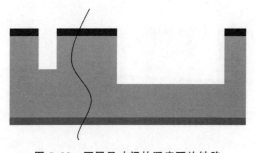

图 5.22 不同尺寸间的深度不均缺陷

从上述分析可以得出,对于负载效应,主要的解决方法就是通过改变反应腔压力、等离子体解离度、蚀刻气体流速等调节离子体通量来调整蚀刻反应落于哪个反应区间,之后再通过调节蚀刻气体配比来改变阻碍反应的副产物的多少,以及通过调节温度等参数来平衡不同区域的化学反应速率[13]。

目前除了使用一般的蚀刻工艺配方优化之外,在蚀刻机台方面也有一些新的功能可以改善负载效应。如图 5.23 所示,目前蚀刻机台都在逐渐引入的脉冲功能可以有效地改善负载效应,而不同的脉冲模式对于负载效应的影响有所不同[13]。图中的脉冲等离子体运用的是偏置电压脉冲模式,如图 5.23 所示,采用高频脉冲(High Frequency,HF),低频脉冲(Low Frequency,LF),开启占空比高或低,都能有效地改善负载效应,不过对于深度负载和角度负载的改善效果有所不同。

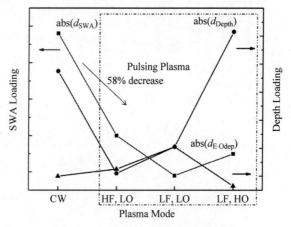

图 5.23 脉冲对负载效应的影响[13]

2. 过量蚀刻不当

在前文中介绍过,等离子体蚀刻中,有的时候没有蚀刻停止层,有的时候会有蚀刻停止层。当存在蚀刻停止层时就意味着没有被光刻胶保护的区域中的目标材料需要被完全去除,直到露出蚀刻停止层为止。

不过露出了蚀刻停止层并不意味着停止蚀刻。在量产级别的等离子体蚀刻工艺中,有一个非常重要的指标是:过蚀刻(Over Etch,OE)。过蚀刻只存在于需要完全去除目标材料的工艺中,在对蚀刻深度有精确要求的工艺中,过蚀刻的存在显然是不可接受的。

过蚀刻本质上是对于工艺窗口的一个保证。由于所有的半导体工艺都不是那么理想化地可以做到完美的稳定性和重复性,每一道工艺都会有一定波动,过蚀刻的存在可以弥补薄膜生长、化学机械掩膜等工艺的波动带来的影响,同时也可以弥补等离子体蚀刻本身的不均匀性和波动性。

由此可见,过蚀刻的标准就是能够补偿相关工艺导致的薄膜厚度波动,一般在10%左右,毕竟大于10%的厚度波动已经不能认为是工艺的正常波动了,那是不可接受的。同时,如上一节中提到的,由于蚀刻深度负载的问题,只以单一区域的情况来决定蚀刻量并不能保证晶圆上所有区域都没有目标材料残留,所有需要一定量的过蚀刻来保证所有区域都将目标材料蚀刻完全了。

一旦过量蚀刻不够充足,将很可能产生图5.24所示的另一种缺陷:材料残留。

材料残留缺陷的成因是过量蚀刻不足,直接的解决方法当然就是提高过量蚀刻。但是过量蚀刻也不是越多越好,因为当拥有蚀刻停止层时,无限量的增加过量蚀刻之后,会有两种不好的结果:一种就是由于蚀刻不了蚀刻停止层,于是就开始横向地蚀刻材料侧壁,导致沟槽或者孔洞的形貌变成凹陷形或尺寸偏大;而另一种可能就是蚀刻停止层并不是完全不会被蚀刻,只是速率相较蚀刻目标材料慢很多,此时蚀刻停止层就有可能被刻穿,这又有可能会引入一种新的缺陷。如图5.25所示,就是过量蚀刻过多所导致的缺陷,铜扩散缺陷。

图5.24　材料残留缺陷

图5.25　铜扩散缺陷

在铜互连制备工艺中,会有多层铜连线与铜通孔组合形成复杂的铜互连结构,把晶圆上的各半导体原件按希望的方式连接起来形成各种功能不同的器件和回路。正因为铜互连是一个多层堆叠的结构,那就意味着,每次沟槽或通孔的等离子体蚀刻时,在蚀刻停止层的下面就会有前面一层的铜连线,一旦蚀刻停止层被打开,铜线就会暴露在等离子体中。

众所周知,铜是一种抗蚀刻性很强的金属,所以在铜互连制备工艺中都是先形成连线沟槽,然后通过电化学镀膜把铜镀到沟槽中。表面上看来,似乎铜线暴露在等离子体中不会有什么严重的副作用。但实际上,铜作为目前后段连线的首选材料,除了导电性好之外,还有一点就是相对其他金属来说硬度也不高。虽然现在镀铜的方式几乎都是用电化学镀膜工艺,但是铜还有另外一种镀膜方式,那就是溅射镀膜(sputtering)。溅射镀膜就是通过轰击加热的铜靶材,溅射出铜微粒,然后使其落在旋转中的晶圆表面并形成铜薄膜[15]。当铜线暴露在等离子体时,铜的确不会与等离子体发生反应,但在等离子体蚀刻中的物理轰击会对其产生影响,并且晶圆表面的温度也不低,一般都会在100℃左右,所以当前层的铜连线暴露在等离子体中后,在物理轰击的作用下,将会被轰击出铜微粒,并落在晶圆表面及反应腔内。图5.25中可以看到被打出的铜微粒覆盖在了一片通孔的上表面,堵塞了一部分通孔。后续的电化学镀铜工艺就没办法把铜填入这些被堵塞的通孔,最后就会形成断路,这就是最典型的铜扩散缺陷。

铜线暴露在等离子体中,除了会导致铜扩散缺陷外,对于蚀刻机台也会有影响,如图5.26所示,铜暴露在等离子体中后,随着时间的增加,蚀刻机台的蚀刻速率急剧降低。

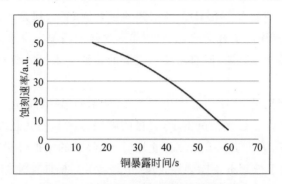

图 5.26　铜暴露时间对蚀刻速率的影响

铜线暴露在等离子体中对蚀刻速率产生影响的机理与铜扩散缺陷类似,铜微粒被物理轰击溅射出来后,除了会落在晶圆的表面,还有可能会吸附在上电极上。上电极是控制电场强度的,是激发产生等离子体的重要部件,一旦被大量的铜附着在上电极上,其产生的电场强度将会下降,对等离子体的形成将会产生极大的影响,导致等离子体浓度直线下降,这也是蚀刻速率会急剧下降的原因[16,17]。

由此可见,过蚀刻的管控其实是非常重要的,材料残留缺陷和铜扩散缺陷都可以通过合理地调节过蚀刻的量来解决。值得注意的是,一旦发生了铜扩散缺陷,会直接对蚀刻机台产生严重的影响,蚀刻速率的改变将影响其后进行的蚀刻工艺,导致蚀刻不完全或者关键尺寸变化等。而且由于此类缺陷,无法在蚀刻过程中被监测到,也就意味着不能够一发生就马上把蚀刻机台停下来进行恢复操作。

所以在会有潜在风险产生铜扩散缺陷的等离子体蚀刻工艺,在最初的研发阶段就会对此类问题非常关注,一般的操作手法是进行完第一次以及改变过蚀刻总量后的等离子体蚀刻,就需要测试一次机台的蚀刻速率。当蚀刻程序初步成型之后就做一次工艺窗口的安全测试:增加和减少10%左右的过量蚀刻,看看是否会发生材料残留,或者铜扩散缺陷。

对于材料残留缺陷和铜扩散缺陷,优化过量蚀刻是目前最有效的手段,但是只能起到预防作用,一旦薄膜生长的厚度偏差过大,还是有可能会发生,只是频率相对较低。

对于铜扩散这种潜在风险非常大的缺陷,蚀刻工艺的优化也能起到一定的预防作用。根据铜扩散缺陷的成因进行分析,减弱蚀刻工艺中可能接触铜材料的步骤的偏置电压能有效地降低铜材料被轰击出微粒的可能性。同时,在可能接触铜材料的蚀刻步骤中添加一些氧化气体也可在铜材料表面形成保护层,使得其不直接暴露在等离子体中,避免铜扩散缺陷。

3. 锗硅异常生长

随着半导体工艺的发展,尺寸越来越小,集成度越来越高,对于提高沟道中载流子迁移率的方法也越来越多。其中生长锗硅,通过应力的方法加强载流子迁移率是目前广泛应用的一种新工艺。

但是新工艺总是会引入各种各样的新问题,锗硅是通过外延生长工艺长到晶圆上的,其基本特征是锗硅会在所有硅暴露区域生长,同时一些硅表面只有非常薄的薄膜时,反应离子也可能穿透这层薄膜,进而生长出锗硅。而图5.27中的情况就是在栅极与其上表面的硬掩膜交界处生长出了多余的锗硅。

正常情况下,栅极和其上的硬掩膜外还会包裹着一层保护侧墙,锗硅外延生长工艺时,栅极是不会暴露在外的,但是从图 5.27 来看,应该是侧墙保护层不够完美,导致局部的栅极暴露在外,或是侧墙保护层非常薄,无法继续保护硅材料。

针对这类缺陷,解决的方法就会比较多样化,如图 5.28 所示,这是可能的缺陷区域的剖面图,栅极顶端与硬掩膜交界的区域侧墙保护层有薄弱点,解决这个问题就要从此结构薄弱点的相关工艺优化作为出发点。

图 5.27　锗硅异常生长缺陷

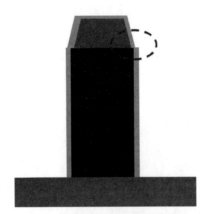

图 5.28　栅极外隔离层薄弱点

针对图 5.28 中的栅极侧墙保护层薄弱点,栅极蚀刻工艺可以通过两种方法进行优化。首先我们可以看到侧墙保护层的形貌是随着栅极及其上的掩膜形貌而变化的,在栅极蚀刻过程中,调节栅极对硬掩膜的蚀刻速率选择比,可以更有效地保护硬掩膜,使得硬掩膜和栅极的交界处不会向里收缩,甚至可以做到向外突出一些,这样就可以保证原来的隔离层薄弱点不会再是距离栅极最近的部分,栅极就不容易在锗硅生长过程中暴露在外了。而另外一个方法就是增加硬掩膜的厚度,硬掩膜在交界处会向内收缩就是因为硬掩膜厚度不够,在栅极蚀刻过程中消耗过多,导致整体向内收缩,所以增加硬掩膜厚度也是一个有效的方法。

除了在栅极蚀刻工艺方面进行优化,在锗硅生长预蚀刻工艺中进行优化也能有一定的改善效果。锗硅生长预蚀刻工艺是在希望生长锗硅的区域,先蚀刻出一个沟槽,然后在其内部生长出锗硅,这样才能有效地控制锗硅的具体位置和形貌。

而锗硅生长的预蚀刻工艺,在蚀刻硅衬底表面的自然氧化层时也会对栅极外的侧墙保护层有一定的消耗,这将放大侧墙保护层的薄弱点,所以减少锗硅生长预蚀刻工艺对栅极侧墙保护层的消耗也能够有效地改善锗硅异常生长的缺陷。

目前,还有一种新颖的解决方式,能很好地解决此类缺陷。这种方法也是在栅极蚀刻过程中的一种优化手段:在栅极蚀刻完成后,用等离子体对栅极表面进行处理,使栅极表面形成一层额外的保护层。因为栅极的侧壁在后续的工艺中并不需要做任何的连接工作,所以在栅极侧壁形成一层额外的保护层对于整个器件不会带来任何负面影响,然而其避免锗硅生长异常的效果却是非常明显的,可以根除此类缺陷。因为栅极的表面在进行处理后已经变成了一种硅的化合物,即使侧壁保护层不完美甚至无法包裹栅极,也能有效地抑制锗硅的生长。

4. 金属腐蚀

在后段的铜互连工艺中,蚀刻工艺主要的刻蚀薄膜还是介电材料,而金属铝蚀刻和氮化钛硬掩膜蚀刻是其中为数不多的金属蚀刻工艺。而铝作为一种活性较强的金属,对于等离子蚀刻工艺而言,带来了一些与介电材料蚀刻有所不同的工艺限制以及缺陷。

因为金属铝的活性太强,在大气中就会形成自氧化层,在蚀刻过程中,都会需要先用一步刻蚀氧化物的蚀刻步骤,之后才开始真正地刻蚀金属铝。然而,正是因为铝的活性较强,对于铝蚀刻工艺后的队列等待时间需要严格管控,金属铝的刻蚀气体也需要认真挑选。不然很容易就会产生一种金属蚀刻中最常见的缺陷——金属腐蚀缺陷。

在等离子体蚀刻中,由于要有效地管控蚀刻的形貌,需要有效地控制反应副产物,使之附着在图形侧壁,用于调节沟槽形貌。这类气体的选择很多,在大多数等离子体蚀刻中都会使用某种氟利昂($C_xH_yF_z$)气体,而不同的工艺会根据需求不同而使用不同 C/F 比例的氟利昂气体。

在铝蚀刻工艺中,因为氟基气体没有办法与金属铝反应生成可气化的副产物,所以主蚀刻气体从一般的氟基气体变成了氯基气体,运用氯气和氯化硼气体来蚀刻金属铝。其中氯气是

图 5.29 金属腐蚀

主要的蚀刻气体,而氯化硼气体能够提供一定的物理轰击,同时还能对侧壁提供一定的保护。不过,为了确保蚀刻的各向异性,仅仅依靠氯化硼的侧壁保护能力并不足够,蚀刻气体中还会夹杂一些侧壁保护气体如 CH_4 或 CHF_3 等。

然而,CH_4 或 CHF_3 等气体,在图形侧壁形成保护层抑制侧向蚀刻的同时,反应中解离出的氯离子也会有一部分被包裹在保护层中。被包裹在保护层中的氯离子很难在后续的工艺中被完全去除,其很容易与大气中的水汽反应形成酸性物质并开始腐蚀铝,最终导致图 5.29 中的金属腐蚀缺陷。

针对这类缺陷,通过对各工艺参数进行工艺窗口研究,发现 CH_4 或 CHF_3 等用来形成侧壁保护层的气体用量成为解决问题的关键参数之一。如表 5.2 所列,不同的 CH_4 用量,金属腐蚀缺陷数量的差异非常明显,其中的主蚀刻时间的变化是由于 CH_4 用量变化会影响蚀刻速率所进行的补偿调整。从中可以看出金属腐蚀相关的安全工艺窗口处于条件 d 到 e 之间[21]。

表 5.2 CH_4 气体使用量对金属腐蚀缺陷安全窗口的影响

蚀 刻 条 件	a	b	c	d	e	f
CH_4 气体用量/sccm	T	$1.3T$	$2.0T$	$2.3T$	$2.7T$	$3.3T$
主蚀刻时间/s	t	$t+2$	$t+6$	$t+9$	$t+13$	$t+20$
金属腐蚀缺陷数量/个	>300	>300	55	0	0	65

在表 5.2 中,CH_4 气体用量对于金属腐蚀的影响看起来似乎并非完全线性,随着用量到 $3.3T$,时间增加到 $t+20$,金属腐蚀缺陷又开始出现。通过基于条件 f 的进一步工艺窗口研究,发现金属腐蚀再次出现的主要影响因素是蚀刻时间的增加导致吸附的氯离子变多,并无法很好地去除干净,导致了金属腐蚀缺陷的再次出现。

由于不同的工艺对于形貌的要求会有所不同,侧壁保护气体的选择也会有所变化。一般情况下,同一个机台内,不同工艺使用不同的气体并不会产生任何负面影响,然而铝蚀刻机台

由于其工艺的特殊性,铝金属过于敏感,不同工艺使用的蚀刻气体差异也会有一定的互相影响。如表 5.3 所列,同型号的蚀刻机台 a、b、c,全部都是用于进行金属铝蚀刻的,但是针对不同的产品,金属铝蚀刻工艺所使用的侧壁保护气体会有所不同,用以达到不同的形貌或工艺要求。在机台中使用的侧壁保护气体不同时,金属腐蚀缺陷的数量非常高,当统一了所有工艺所使用的侧壁保护气体时,金属腐蚀缺陷得到了很大的改善。

表 5.3 不同工艺侧壁保护气体对金属铝缺陷的影响

蚀 刻 机 台	a	b	c
所有工艺使用的侧壁保护气体	CH_4	CH_4 和 CHF_3	CHF_3
金属腐蚀缺陷数量/个	25	>500	35

由此可见,针对金属腐蚀缺陷,需要进行统筹的工艺优化,同一机台上的所有蚀刻工艺需要统一侧壁保护气体。当首次发现这种影响因素时,需要改动的蚀刻工艺非常多,这对于工业界来说是一个非常重要的发现,发现得越晚,需要改动的工艺就会越多。而侧壁保护气体和蚀刻工艺的时间也需要进行优化,每个不同的金属铝蚀刻工艺都需要进行类似表 5.2 的工艺安全窗口测试,找出最佳的侧壁保护气体和蚀刻工艺时间配比。

除了蚀刻工艺的优化之外,结合队列时间的管控和加强等离子体蚀刻后的去胶工艺对于反应副产物的去除能力也能进一步增大金属腐蚀缺陷的工艺安全窗口[19,20]。

参 考 文 献

[1] 张汝京.纳米集成电路制造工艺.北京:清华大学出版社,2014.

[2] 萧宏.半导体制造技术导论.2 版.杨银堂,段宝兴,译.北京:电子工业出版社,2013.

[3] Samer Banna,Ankur Agarwal,Vac J. Sci. Technol. A 30(4). Jul/Aug (2012).

[4] Huang Y,Du S,Zhang H,et al. 65nm Poly Gate Etch Challenges and Solutions. ICSICT,BJ,China,2008.

[5] Kosa Hirota,et al. Evolution of Titanium Residue on the Walls of a Plasma-etching Reactor and Its Effect on the Polysilicon Etching Rate. Journal of Vacuum Science & Technology A 32,2014.

[6] Zhang Xu,et al. Optimization of PET(Post Etch Treatment) Steps to Enlarge Queue Time and Decrease Defect Counts in Ultra Low-k Material AIO (All in One) Etch Processes. CSTIC,2015.

[7] Ji Shi-liang,et al. The Improvement of the 2nd Dummy Poly Gate Removal with the Optimized WAC Condition. CSTIC,2016.

[8] Wang Chih-Chien,et al. Using Post Etch Treatment (PET) to Resolve Poly Residue Defect Issue of Dummy Poly Removal (DPR) in hi-K Metal Gate Processing. AVS,2014.

[9] Zhou Jun-Qing,et al. Metal Hard-Mask Based AIO Etch Challenges and Solutions. CSTIC,2015.

[10] Lee Y-H,et al. Implant Damage and Gate-Oxide-Edge Effects on Product Reliability. IEEE IEDM 2004:481.

[11] Yu-Kun Lv,et al. Study of Solving the Outgas Induced Defect in Metal Hard Mask All-In-One Etch Process. ECS Transactions,2014,60 (1):323-329.

[12] Motoyamal K,et al. Novel Cu Reflow Seed Process for Cu/Low-k 64nm Pitch Dual Damascene Interconnects and Beyond. IEEE,2012.

[13] Wang Yan,et al. Process Loading Reduction on SADP FinFET Etch. CSTIC,2015.

[14] Krishnan S,et al. Inductively Coupled Plasma (ICP) Metal Etch Damage to 35-60Å gate oxide. IEDM,1996.

[15] Zhou J Q, et al. The Study of Dry Etching Process on Plasma Induced Damage in Cu Interconnects Technology. CSTIC,2011.

[16] Zhou Jun-Qing, et al. The Cu Exposure Effect in AlO· Etch at Advanced CMOS Technologies. IITC,2016.

[17] Tsung-Kuei Kang, et al. Avoiding Cu Hillocks during the Plasma Process. Journal of The Electrochemical Society,2004.

[18] Ruixuan Huang,Xiao-Ying Meng,Qiu-Hua Han,et al. SPIE,2015.

[19] Hong Shih. A Systematic Study and Characterization of Advanced Corrosion Resistance Materials and Their Applications for Plasma Etching Processes in Semiconductor Silicon Wafer Fabrication. Corrosion Resistance. Dr Shih (Ed.). ISBN: 978-953-51-0467-4,InTech,2012.

[20] Chen Xingjian,et al. Metal Contamination Control and Reduction in Plasma Etching. CSTIC,2016.

[21] Wang X P,et al. Influence of Polymeric Gas on Sidewall Profile and Defect Performance of Aluminum Metal Etch. ECS Transactions,2009,18(1): 641-644.

[22] Zhou J Q,et al. Dry Etch Process Effects on Cu/low-k Dielectric Reliability for Advanced CMOS Technologies. ECS Transactions,2011,34(1): 335-341.

[23] Besling W F A, et al. /Microelectronic Engineering 82,2005: 254-260.

[24] http://www.lamresearch.com/products/etch-products.

第6章

特殊气体及低温工艺
在等离子体蚀刻中的应用

摘　　要

　　按照摩尔定律所描述的技术发展规律,集成电路中半导体器件的特征尺寸每18个月缩小一半,这使得蚀刻工艺对图形的尺寸及形貌的控制要求更加严格。随着现代先进等离子体蚀刻生产工艺的进步,若采用传统气体作为离子源并在常温和高温条件下进行等离子体蚀刻,其蚀刻后图形结构特性已经不能完全满足工艺需要。现阶段,除了引入新的半导体蚀刻机理(如原子层蚀刻(Atomic Layer Etch,ALE))及更精细控制的等离子体蚀刻(如脉冲蚀刻)之外,利用特殊气体作为等离子体源以及降低蚀刻时的反应温度来获得对某些材料的优良蚀刻特性的特殊等离子体蚀刻方法也将会在未来的半导体蚀刻工艺中占据一席之地。

　　本章的第一部分中主要列举了现代等离子体蚀刻过程中采用的各种气体等离子体源,并就它们的分类、应用实例以及其化学物理特性进行了简单介绍。其中,着重介绍了几种特殊气体,如羰基硫又名硫化羰(Carbonyl Sulfide,COS)、$C_xH_yF_z$和三氟碘甲烷(CF_3I)等,在半导体等离子体刻蚀过程中的化学及物理反应机理和特性,并探讨了其具体的蚀刻工艺条件以及不同条件下对蚀刻后图形结构的影响。而采用这些特殊气体作为等离子体源的蚀刻工艺,在合适的条件下可以取代传统等离子体蚀刻工艺,并获得对某些材料及结构来说更加优良的蚀刻特性。

　　本章的第二部分主要介绍了超低温(发生在-100℃及以下温度)等离子蚀刻的反应机理、适用范围以及相应的优缺点,并详细分析了以液氮或者液氦为冷却源,以六氟化硫气体及氧气(SF_6/O_2)等气体等离子体为蚀刻源的等离子体蚀刻过程。同时,这一部分也介绍了在低温下(发生在室温25℃及以下温度)使用氢气作为等离子体源气体进行金属铜(Cu)、金(Au)和银(Ag)材料的蚀刻,并分析了其反应机理。在本章最后,对于这几种特殊蚀刻过程在未来半导体工艺中的应用提出了展望。

作者简介

郑喆,2003 年于复旦大学化学系获得理学学士学位,2010 年于新加坡南洋理工大学物理及应用物理系获得哲学博士学位。2010—2012 年在中国台湾联华电子有限公司(新加坡分部)任资深工程师。2012—2016 年在中芯国际集成电路制造有限公司技术研发中心蚀刻部任资深工程师及主任工程师。期间主持上海市先进技术带头人项目中的特殊气体潜在应用的研究,主要集中在 10nm 以下鳍式晶体管制造工艺中的硅材料蚀刻以及介电材料蚀刻,着眼于等离子体损失降低以及图形的精确传递。现任上海尼康精机有限公司客户应用工程师。目前研究方向为浸润式光刻机在先进工艺中的应用。已受理半导体制造领域相关专利 24 项,其中国际专利 4 项,并发表 3 篇期刊及国际会议论文。

6.1 特殊气体在等离子体蚀刻中的应用

6.1.1 气体材料在半导体工业中的应用及分类

先进逻辑芯片成套制造工艺包括上千道独立工艺,使用了近百种不同类型的气体材料。随着半导体器件尺寸越来越接近物理极限,为了让摩尔定律继续延续使器件达到更小的尺寸,不断有新的材料、新的器件结构和新的工艺被引入集成电路制造过程中,其中包括高介电常数材料、锗硅载流子传输增强材料及金属栅极材料,SiCoNi™ 预清工艺以及分子束外延生长工艺等,而其中气体材料的种类和数量也随之不断变化和增加。通常,气体材料根据用量,生产工艺的难易程度以及安全性分为通用气体和特殊气体两大类。通用气体一般包括氧气(O_2)、氮气(N_2)、氢气(H_2)、氦气(He)和氩气(Ar)等。而特殊气体(Special Gas,特气)是指那些在特定工艺中应用的一些不常见的、较难生产的以及高危险性的工业合成气体,可以是纯气、高纯气或由高纯单质气体配制的二元或多元混合气。它们主要应用于薄膜、蚀刻、掺杂、气相沉积、扩散等工艺,在半导体集成电路的制造工艺中非常重要,经常是关键工艺步骤的决定性因素,是电子工业生产不可缺少的原材料。

半导体集成电路制造工艺中,所有气体都要求有极高的纯度:通用气体一般要控制在 7 个 9 以上的纯度(>99.99999%),特种气体的单独组分则至少要控制在 4 个 9 以上的纯度(>99.99%)。气体中的杂质微粒大小要控制在颗粒直径 $0.1\mu m$ 以内,其他需要控制的是氧气、水分以及其他痕量杂质,例如金属等。许多特种气体都具有毒性、腐蚀性和自燃性(常温下在特定条件下燃烧)。因此,在半导体代工厂内特种气体的使用和存储有别于普通的工业气体,是通过独立的闭环配送系统,以安全、清洁和精确的方式输送到不同的工艺站点。

1. 通用气体

通用气体的存储和运输对于气体供应商来说相对简单。它们被存储在半导体代工厂的大型存储罐里或者大型增压管式拖车内。这些气体通过批量气体配送系统输送到超净工作间里面。批量气体配送系统集中控制气体存储及输送的优点在于:一是可靠且稳定的气体供应,二是减少杂质微粒的污染源,最后是减少日常气体供应中的人为因素干扰。通用气体常分成惰性、还原性和氧化性气体,如表 6.1 所列。

表 6.1 通用气体分类及基本特性

气体种类	中文名称	英文名称	英文简写	用 途	特 性
惰性气体	氮气	Nitrogen	N_2	稀释	稳定
	氩气	Argon	Ar		
	氦气	Helium	He		
还原性气体	氢气	Hydrogen	H_2	还原	易燃易爆
氧化性气体	氧气	Oxygen	O_2	氧化	助燃

2. 特种气体

特种气体是指那些供应量相对较少而且不易取得的气体。这些气体通常活性比较强,有较高的毒性和腐蚀性。但由于它们是某些集成电路制造工艺步骤的必须材料来源,所以使用这些特种气体需要非常小心。特种气体通常使用独立加压钢瓶运送到半导体工厂,一般存储在独立的储藏室内。然后气体通过一系列控制、稳压、开关以及清洗系统连接入工艺反应腔内,例如等离子体蚀刻腔体。这个储藏室内还应配有过滤系统用于检测气体纯度以及相应的安全设备,例如泄漏报警器和火灾报警器。

3. 特种气体的主要分类及特性

1) 气相沉积及外延生长气体

化学气相沉积(Chemical Vapor Deposition,CVD)是指把含有构成薄膜元素的气态反应剂或反应剂的蒸气及反应所需其他气体引入反应室,在衬底表面发生化学反应生成薄膜的过程。其中需要大量的非通用气体材料作为原料。CVD 具有沉积温度低,薄膜成分易控,膜厚与沉积时间成正比,均匀性、重复性好,台阶覆盖性优良等优点,被广泛应用于集成电路制造工艺中。而常见的气相外延生长,则是利用基体材料的气态化合物(如硅烷(SiH_4)等)在加热的硅衬底表面与氢气发生化学反应或自身发生热分解还原成硅,并以单晶形式生长出晶体取向与衬底相同的硅单晶外延层淀积在衬底表面。它具有以下特点:生长温度高,生长时间长,因而可以获得较厚的外延层;在生长过程中可以任意改变杂质的浓度和导电类型。常用的气相沉积及外延生长气体如下:

(1) 硅烷(SiH_4)。有毒,有非常低的自燃温度(<21℃)和极强的燃烧能量。这些特性决定了硅烷是一种高危险性的气体。硅烷又是一系列化合物的总称,包括甲硅烷(SiH_4)、乙硅烷(Si_2H_6)和一些更高级的硅氢化合物。目前应用最多的是甲硅烷。硅烷在集成电路工业生产中主要用于通过气相淀积或外延生长获得高纯多晶硅薄膜层、多晶硅隔离层、多晶硅欧姆接触层、二氧化硅薄膜层、氮化硅薄膜层和异质或同质硅外延生长层以及离子注入源等。

(2) 甲锗烷(GeH_4)。剧毒,可燃。甲锗烷在大于 327℃时可分解为锗元素和氢气,而金属锗是一种与硅元素同主族、性能与硅类似的良好半导体材料。其载流子迁移率在相同条件下可为硅材料的 2~5 倍,因此在集成电路生产过程中,甲锗烷主要用作金属有机物化学气相沉积法(Metal-Organic Chemical Vapor Deposition,MOCVD)的原材料,形成各种不同的硅锗合金。由于甲锗烷毒性较大,某些有机锗化合物(如异丁基锗)可以替代甲锗烷。

(3) 六氟化钨(WF_6)。是目前钨氟化物中唯一稳定的产品,常温常压下为气体,沸点为 17.5℃。主要用作半导体工业中金属钨化学气相沉积工艺的原材料,用它制成的 WSi_2 可用作大规模集成电路(Large Scale Integration,LSI)中的配线材料,另外还可以作为半导体电极的原材料、氟化剂、聚合催化剂及光学材料的原料等。

2) 离子注入扩散及掺杂气体

在半导体器件和集成电路生产中,为了形成 PN 结或者不同的电阻以及电容,会将某些可以提供空穴或者电子的杂质材料掺入半导体材料内,通过之后的激活工艺可以使材料具有所需要的导电类型和一定的电阻率。掺杂工艺所用的气体掺杂源称为掺杂气体(Doping Gases)。其中最为常用的掺杂气体有:

(1) 磷烷(PH_3)。磷烷是硅基集成电路制造中重要的 N 型掺杂源,主要用作 N 型半导体外延片掺杂以及磷离子扩散的杂质源。其在半导体生产过程中应用量较大。

(2) 砷烷(AsH_3)。砷烷是一种溶血性剧毒化合物,可导致神经中毒。其在集成电路制造中,主要用作外延生长工艺和离子注入工艺中的 N 型掺杂剂,以及在先进逻辑集成电路生产过程中砷化镓(GaAs)、磷砷化镓(GaAsP)以及与Ⅲ/Ⅴ族元素形成的化合物半导体材料的原材料。

(3) 锑化氢(SbH_3)。用作制造 N 型硅半导体时的气相掺杂剂。锑能与金属形成锑化物,例如锑化铟(InSb)和锑化银(Ag_3Sb),这类化合物通常视作锑的衍生物。

（4）乙硼烷（B_2H_6）。窒息臭味的剧毒气体，室温下在潮湿空气中极易自燃自爆。硼烷是半导体制造工艺中的气态 P 型掺杂源，可用于参与硼掺杂的硅和锗外延生长、钝化、扩散和离子注入。

（5）三氟化硼（BF_3）。有毒，极强刺激性。主要用作半导体器件和集成电路生产的 P 型掺杂剂、离子注入源和等离子体蚀刻的氟离子源。

（6）三氟化磷（PF_3）/五氟化磷（PF_5）。毒性极强。作用与 PH_3 类似，可以作为 N 型掺杂的气态磷离子注入源。

3）等离子体蚀刻气体

蚀刻等离子体气体是等离子体蚀刻的气体源，主要用于在电场激发下产生不同类型的分子、离子团以及自由基基团，从而与基体表面发生化学反应或者物理轰击反应，进而改变基体表面形貌。蚀刻气体根据其组分主要可以分为：含氟等离子体蚀刻气体；不含氟等离子体蚀刻气体。

（1）含氟等离子体蚀刻气体。

① 三氟化氮（NF_3）。毒性较强。三氟化氮可以单独或与其他气体组合，用作等离子体工艺的蚀刻气体，例如，NF_3、NF_3/Ar、NF_3/He 与 CF_4 和 O_2 相比，具有更高的硅蚀刻速率，以及更高的硅对光刻胶的蚀刻选择比。另外，NF_3、NF_3/Ar 和 NF_3/He 还可以用于硅化合物 $MoSi_2$ 的蚀刻，而 NF_3/CCl_4、NF_3/HCl 既可用于 $MoSi_2$ 的蚀刻，也可用于 $NbSi_2$ 的蚀刻。

② 四氟化硅（SiF_4）。又称为氟化硅，遇水生成腐蚀性极强的硅氟酸。主要用于氮化硅（Si_3N_4）和硅化钽（$TaSi_2$）的等离子体蚀刻、P 型掺杂、离子注入和外延沉积扩散的硅单质源以及光导纤维用高纯石英玻璃的原料。

③ 六氟化硫（SF_6）。一般和 O_2 一起作为硅等离子体蚀刻的工作气体，其特性是在室温下具有各向同性的蚀刻速率，而在低温（$-100℃$）和氧气等离子体条件下可以产生副产物侧墙保护层，具有一定的各向异性蚀刻特性。

④ 碳氢氟烃等离子体蚀刻气体。

- 四氟化碳（CF_4）。作为等离子体蚀刻工艺中常用的工作气体，是二氧化硅、氮化硅的等离子体蚀刻剂。

- 氟甲烷（CH_3F）、三氟甲烷（CHF_3）和二氟甲烷（CH_2F_2）。除了作为 SiO_2 以及 Si_3N_4 的主蚀刻剂外，还可用作 CF_4 蚀刻气体的补充气体，用于等离子体中的 C/F 比例调节，进而调节蚀刻过程中高分子量副产物的总量和种类，从而达到不同的各向异性蚀刻特性以及不同基体材料高选择性蚀刻特性。

- 六氟化碳（C_4F_6）和八氟环戊烯（C_5F_8）。C_4F_6 和 C_5F_8 作为新一代蚀刻气体，被认为具有竞争优势，尤其是 C_4F_6。C_4F_6 具有较高的 SiO_2 的蚀刻速率以及较高的 SiO_2 薄膜对光刻胶层蚀刻选择比，这样可以扩大蚀刻的工艺窗口，提高蚀刻的工艺稳定性。蚀刻速率的提高可以减少蚀刻所用的时间，从而提高生产效率。蚀刻均匀度和关键尺寸偏差（CD bias）的提高会扩大前层光刻工艺窗口，从而提高产品良率。另一方面，在先进蚀刻工艺的研发过程中，环境方面的影响也是一个非常重要的因素。温室效应系数低，即有利于环境保护的气体蚀刻设备和工艺技术将会更加适用于未来的半导体制造工艺。而 C_4F_6 的全球变暖潜势（Global Warming Potential，GWP）值为传统蚀刻气体的 1/10。这使得 C_4F_6 取代在氧化膜蚀刻工艺中使用的 C_4F_8 和 C_5F_8，从而降低温室气体的排放，满足未来的环保要求。

- 六氟乙烷(C_2H_6)和全氟丙烷(C_3F_8)。在等离子体工艺中作为二氧化硅和硅磷玻璃的等离子体蚀刻气体。

(2) 不含氟等离子体蚀刻气体。

① 氯基等离子体蚀刻气体。

- 三氯化硼(BCl_3)。三氯化硼可作为半导体工艺中硅外延沉积时的掺杂气体源,同时,又是某些金属或金属复合物,例如铝或铝合金等的蚀刻气体源。

- 氯气(Cl_2)。蚀刻硅基体材料需要同时获得各向异性和对掩膜层(光刻胶或者硅的氧、氮化物)的高选择性,可采用氯化物气体作为蚀刻等离子体的气体源。

相比于含氟基团副产物,硅基体材料与 Cl^- 或 $Cl \cdot$ 相互结合生成的副产物 $SiCl_n$/$SiCl_4$ 分子或基团具有略低的挥发性,较难清除,但在普通蚀刻工艺中仍可被接受。与碳氢氟烃等离子体蚀刻相比,等离子体蚀刻时产生的含氯自由基及离子较难与硅材料基体发生化学反应,并且在其他副产物的保护下,其对沟槽侧墙的硅材料蚀刻会相应减少。同时由于在高频电场作用下,含氯基材料较含氟基材料易解离,其等离子体中带电粒子含量高于碳氢氟烃等离子体。在电磁加速下氯基离子轰击多晶硅表面,其纵向蚀刻速率显著增高,各向异性蚀刻特性得到增强。从这点可以看出,采用含氯等离子体蚀刻硅基体材料,即使没有抗蚀层存在,也可以达到相当好的各向异性多晶硅蚀刻,并且其化学蚀刻特性要远小于物理蚀刻特性。等离子体蚀刻如采用氯化物为离子源,极易在硅基体表面形成聚合物副产物抗蚀刻层,并且在碳含量较低的环境中,氯化物蚀刻 SiO_2 的速率会进一步降低,这使得采用氯基气体作为主蚀刻气体的蚀刻过程对 Si/SiO_2 的蚀刻选择比可以达到较高的水平(一般情况下选择比大于100)。同时,如果在蚀刻环境中加入少量 O_2,可以有效降低光刻胶掩膜被蚀刻所生成的含碳副产物,有利于增强蚀刻硅基材料时对氧化物的选择性。采用含氯气体源刻蚀多晶硅材料的主要缺点在于极易在沟槽底部边缘产生额外而且不受控的微沟槽(Micro Trench),所以当进入更先进的半导体工艺节点之后,多采用溴基蚀刻气体源来代替氯基气体源进行多晶硅蚀刻。

② 溴基等离子体蚀刻气体。

- 溴气(Br_2)与溴化氢(HBr)。溴是元素周期表中继氟和氯之后的另一个卤族元素。常用的含溴化合物为 HBr 和 Br_2。与氯化物气体蚀刻剂相似,溴化物等离子体蚀刻极易形成聚合物抗蚀刻层,蚀刻更具各向异性,对 Si/SiO_2 的选择比更高。但与含氯化合物相比,溴化物蚀刻剂对硅材料基体的蚀刻速率较低,因此在现行的蚀刻工艺中常在其中加入一定含量的 Cl_2 以增加蚀刻速率。与氯化物蚀刻类似,在这些不含碳的气体中加入 O_2 可以促使抗蚀层生成,增强各向异性蚀刻。使用氯基和溴基等离子体蚀刻气体的缺点是它们的毒性很高,这就对设备和气体处理系统提出了更严格的要求。

③ 氨气(NH_3)。氨气与 NF_3 等气体反应,产生氨基负离子,可与衬底表面的硅氧化物发生反应,产生可挥发性的硅氟副产物。NH_3 被应用于新一代预清工艺——$SiConi^{TM}$ 预清洗当中。与传统的硅氧化膜去除工艺不同,$SiConi^{TM}$ 预清工艺是一种低强度无物理轰击的等离子体化学蚀刻方法,主要用于硅基材料表面的氧化膜去除,同时降低了对基底材料的破坏。由于没有 Ar 等离子体轰击和传统氢氟酸湿法蚀刻工艺中出现的"尖峰缺陷",$SiConi^{TM}$ 预清洗具有以下优点:良好的 SiO_2/Si 选择性,硅基底的低损失和轮廓的无变化;无传统氢氟酸湿法蚀刻工艺中的"尖峰缺陷";在高真空环境下,无重新氧化风险。由于使用了这种新颖的预清洗工艺,半导体集成电路制造中硅与锗或金属之间的界面缺陷明显减少了,从而带来器件测试中更低的漏电流和分布更集中的接触电阻,有利于器件良率以及可靠性的提高。其主要化学反

应如下所示：

蚀刻剂生成：$NF_3(g) + NH_3(g) \rightarrow NH_4F \cdot + NH_4F.HF \cdot$ (6-1)

蚀刻过程：NH_4F or $NH_4F.HF \cdot + SiO_2 \rightarrow (NH_4)_2SiF_6(s) + H_2O(g)$ (6-2)

升华过程：$(NH_4)_2SiF_6(s) \rightarrow SiF_4(g) + NH_3(g) + HF(g)$ (6-3)

6.1.2　气体材料在等离子体蚀刻中的应用及解离原理

1. 硅氧化物（SiO_2）等离子体蚀刻气体

在 SiO_2 的等离子体蚀刻中，通常采用氟碳烃化合物化学合成气体作为主蚀刻气体。许多化学气体都含有氟，如 CF_4、C_3F_8、C_4F_8、CHF_3、NF_3 和 SiF_4。而氟碳烃化合物气体在它们的非等离子体状态下是化学稳定的，并由于 C-F 的键能要比 Si-F 键能大，因而不会与硅或硅的氧化物发生反应。氟碳烃化合物气体中最常用的气体是 CF_4，其可在高频高压电场下，解离为自由基基团（Radical Group）和带电离子基团，其中包括 $CF \cdot$、$CF_2 \cdot$、$CF_3 \cdot$ 等自由基，然后这些自由基基团可与 SiO_2 反应生成可挥发的副产物，随真空系统排出蚀刻腔体。而等离子体中的带电基团则可以在电场的加速下轰击基体表面，从而加快蚀刻速率。在反应中，包含 C 和 F 的自由基基团是最关键的反应因子，其中 F 主要起蚀刻作用，而 C 则在蚀刻过程中与反应的基体以及光刻胶掩膜材料反应产生大量的聚合物副产物。在同等条件下，含 F 自由基基团和 SiO_2 以及 Si_3N_4 反应的速率相差不大，所以蚀刻选择比较低，而含 C 自由基基团加入反应之后，有利于提高蚀刻选择比，但缺点是过多的副产物会在蚀刻过程中遮蔽反应基体，从而造成蚀刻终止（Etch Stop），影响最终蚀刻后形貌。所以不同蚀刻工艺中需要不同 C/F 比例的等离子体气体源。一般来说，可以通过加入 O_2 的方式来降低等离子体中的 C/F 比例，此时，SiO_2 的蚀刻速率就会增加；相反，如果通过加入 H_2 或者 CHF_3，CH_2F_2 等气体，可以提高等离子体中的 C/F 比例，这样就可以降低 SiO_2 的蚀刻速率。当 C/F 比例高于某临界值时，聚合物沉积将会取代等离子体蚀刻。另外，还可采用 CHF_3，它有较高的副产物聚合物生成概率和生成速率。也有一些缓冲稀释气体，如 Ar 和 He 在等离子体蚀刻时被加入氟碳烃化合物气体中。Ar 具有用于物理轰击蚀刻的相对大分子质量，有利于各向异性蚀刻的引入。He 质量小，用于减小蚀刻等离子体的有效浓度（相当于稀释剂）从而增加蚀刻的均匀性。

2. 氮化硅（Si_3N_4）等离子体蚀刻气体

可用不同的化学气体来蚀刻氮化硅。常用的主要气体也是含氢碳氟基气体，并与 O_2 和 N_2 混合使用。通过增加 O_2/N_2 的总体含量来稀释氟基的浓度并降低对光刻胶以及下层氧化物的蚀刻速率。对于用低压化学气相沉积（Low-Pressure Chemical Vapor Deposition, LPCVD）生长的氮化硅可以获得高达每分钟 100nm 以上的蚀刻速率以及对氧化物的高选择比。对氧化物的高选择性有利于选择采用厚度较薄的氧化物薄膜来做蚀刻掩膜层或者停止层，要求蚀刻过程在刻至氧化物时很快地慢下来，另外可能用于氮化硅蚀刻的主要气体有 SiF_4、NF_3、CHF_3 和 C_2F_6。

3. 硅材料（Si）等离子体蚀刻气体

传统上用来蚀刻多晶硅的化学气体是氟基气体，包括 CF_4、SF_6、C_2F_6 和 NF_3，氟原子能与硅原子产生很快的化学反应，但含氟蚀刻是各向同性的并且对光刻胶的选择比一般。侧墙剖面可以通过减少氟原子数和增加离子轰击能量来改善，但这也降低了 Si/SiO_2 蚀刻速率和选择比。为了解决这些问题，多晶硅等离子体蚀刻用的化学气体通常为较复杂的混合气体。溴基气体（如 Br_2 或者 HBr）能够产生各向异性的硅蚀刻性能并且对氧化硅有较好的选择比；

氯气(Cl_2)对光刻胶有较好的选择比。蚀刻同时会产生 SiF_4、$SiCl_4$ 或者 $SiBr_4$ 易挥发性副产物。

4. 含碳材料等离子体蚀刻气体

摩尔定律指出了在半导体工业中每 18 个月集成电路的器件密度增加一倍,关键尺寸减小一半。为了适应这种要求,光刻技术的分辨率也随之相应提高。为了在进一步减小最高分辨率的基础上获得更大的光刻工艺窗口,旋涂所得的光刻胶厚度则需要不断减薄,从而其作为后道蚀刻工艺掩膜层的阻挡能力也会不断下降。为了减轻蚀刻工艺负担和获得更大的蚀刻工艺窗口,三层或多层硬掩膜工艺被引入分辨率要求较高的关键层半导体制造工艺中。其中,无定型碳层(Amorphous Carbon Layer,ACL)通常被用作表面形貌填充或软掩膜层,以取代一部分光刻胶作用。这种材料工艺比较稳定并且能够很好地与现有工艺匹配,现已广泛应用在先进半导体集成电路生产中。另外,有机电介质层(Organic Dielectric Layer,ODL)材料作为填充层和含硅的有机底部抗反射硬掩膜层组合与上述的 ACL 和不含硅的有机底部抗反射层组合是最为常见的两种多层硬掩膜工艺。常用的有机电介质和无定型碳材料等离子体蚀刻气体源通常与硅材料蚀刻气体相同,氟基材料包括 CF_4、CH_3F 等,还有氧化性气体如 O_2、SO_2 等,在蚀刻过程中可以通过调节蚀刻等离子体中 H 的含量来调整蚀刻结构的形貌,关键尺寸的均匀性以及对下层材料的蚀刻选择性。另外新型的羰基硫(Carbonyl Sulfide,COS)气体也可以作为氧化性气体的 O_2 的添加剂来改善无定型碳硬掩膜层蚀刻过程中的问题。添加 COS 的无定形碳蚀刻可以提升连通层蚀刻的开孔连通良率,同时可以进一步改善高深宽比图形蚀刻时的蚀刻选择性。

5. 金属材料等离子体蚀刻气体

金属蚀刻可分为金属铝蚀刻、金属钨蚀刻和金属铜蚀刻等。以金属铝为例,其作为后段连线材料,仍然广泛用于动态随机存取存储器(Dynamic Random Access Memory,DRAM)和快闪存储器(Flash Memory)等存储器,以及 $0.13\mu m$ 以上的逻辑产品中。金属铝蚀刻通常用到以下气体:Cl_2、BCl_3、Ar、N_2、CHF_3 和 C_2H_4 等。Cl_2 作为金属铝的主要蚀刻气体,与铝发生化学反应,生成的可挥发的副产物 $AlCl_3$ 被稀释气流带出反应腔。BCl_3 一方面提供 BCl_2^+,垂直轰击硅片表面,达到各向异性的蚀刻。另一方面,由于铝表面极易氧化成氧化铝(Al_2O_3),这层原生 Al_2O_3 在蚀刻初期阻隔了 Cl_2 和铝的接触,阻碍了蚀刻的进一步进行。添加 BCl_3 则利于将这层氧化层去除,促进蚀刻过程的继续进行,如反应式如下:

$$Al_2O_3(s) + 2Cl_3^+ \longrightarrow 2AlCl_3(g) + CO(g) + CO_2(g) \tag{6-4}$$

Ar 电离时生成 Ar^+,主要用于对硅片表面垂直物理性轰击。N_2、CHF_3 和 C_2H_4 是主要的钝化气体,其中 N_2 与金属侧墙氮化产生的 Al_xN_y、CHF_3 和 C_2H_4 与光刻胶反应生成的聚合物会沉积在金属侧墙,形成阻止进一步反应的钝化层。

6.1.3　特殊气体等离子体蚀刻及其应用

1. 羰基硫又名硫化羰

三星电子公司以及成均馆大学的 Jong Kyu Kim 研究组于 2013 年公开报道了 COS 气体添加入 O_2 等蚀刻气体中,可以有效改善 ACL 硬掩膜版的等离子体蚀刻性能[1]。在通常的采用 O_2 为离子源的等离子体蚀刻过程中,由于不带电的 O_2 自由基存在于等离子体中,无法用电场有效控制其方向性,从而无法控制它所造成的 ACL 侧向蚀刻,结果会形成两端收口的桶状通孔蚀刻轮廓或者形成顶部开口增大的无定形碳通孔,这样就会导致之后由硬掩膜板层至目标层的图形传递失真。为了改善这种失真现象,人们采用了不同的替代气体来代替 O_2 产生等离子体,例如采用 N_2 和 H_2 等离子体蚀刻 ACL[2-4],但也会随之产生另外的问题,例如蚀刻速率变慢从而影响生产效率等。而使用 N_2、HBr 以及 SO_2 等作为添加剂添加入 O_2 等离子体中,可以有效地改善蚀刻形貌,但是会产生侧墙蚀刻保护不均匀、蚀刻速率降低和通孔底部尺寸减小等副作用。

在具体的等离子体蚀刻实验中,COS 气体作为 O_2 的添加剂产生等离子体,从而与 ACL 层发生反应,产生蚀刻效应。COS 气体分解出的离子和自由基在产生有效侧墙钝化层的同时又不会明显改变 O_2 等离子体的 ACL 蚀刻速率。在此实验中,应用了 60nm 厚度的氧化硅硬抗反射涂层(Hard Anti-Reflect Coating,HARC)作为 500nm 厚度 ACL 层的预掩膜层,以及采用 50nm 孔径的圆形通孔图形作为蚀刻图形。与此同时,报道中也应用传统的 HBr 气体作为 O_2 等离子体的添加剂来蚀刻相同的通孔结构,并与 COS 气体的结果相对比。

如图 6.1(a)纯 O_2 等离子体蚀刻 ACL 层扫描电镜横截面图所示,当使用纯 O_2 等离子体蚀刻 ACL 层时,只可以获得这种具有外扩的顶部通孔和内收的底部通孔的锥形通孔形貌。并且,在靠近顶部通孔的开口部分,会产生一个弯曲的通孔结构。在活性离子蚀刻的过程中,由于在基层材料附近形成了鞘层电势,所以 O_2 离子会垂直地轰击基层材料,从而有取向性地蚀刻 ACL 层。但是,由于在 O_2 等离子体和离子中的氧自由基会被 HARC 掩膜散射,从而倾向于增加顶部附近的侧墙蚀刻程度,这样就会在顶部附近形成弯曲的结构。这种散射效应随着蚀刻深度的增加而减少,所以远离顶部的通孔区域,侧墙没有发生弯曲,如图 6.2 所示。同时,从扫描电镜的俯视图 6.1(b)可以看出,由上层硅氧氮硬掩膜层传递至 ACL 层的圆孔图形发生了扭曲,孔洞的圆整程度遭到了氧气等离子体的破坏。而 COS 添加气体的作用机理则是在伴随 O_2 等离子体蚀刻过程中,形成了 COS 自由基团和 COS 离子,而这些 COS 离子和基团

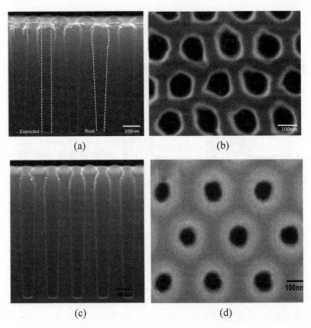

图 6.1 纯 O_2 等离子体、掺有 5%COS 气体的 O_2 等离子体蚀刻 ACL 层扫描电镜横截面图和俯视图

(a) 纯 O_2 等离子体蚀刻 ACL 层扫描电镜横截面图;(b) 俯视图;(c) 掺有 5%COS 气体的 O_2 等离子体蚀刻 ACL 层扫描电镜横截面图;(d) 俯视图[1]

可以在蚀刻的过程当中保护图形侧墙,从而使通孔更加圆整,沟槽结构形貌更加笔直,从而进一步改善后续工艺步骤当中的金属填充性能,减少金属空洞缺陷,最终改善器件性能和良率。而在 O_2 中添加入 5% COS 气体之后,由于蚀刻过程中通孔侧墙的保护增加,各向同性蚀刻均匀程度的增加,通孔的底部尺寸相应增大,所以 ACL 层蚀刻通孔的形貌更加均匀和笔直,如图 6.1(c)所示,同时蚀刻速率没有明显减慢。从扫描电镜俯视图 6.1(d)中也可以看出,由于添加了 COS,改善了无定形碳蚀刻时侧墙保护层的均匀性,进而减少了圆形通孔的扭曲程度,改善了圆整度。

因此,ACL 层的蚀刻速率在 COS 添加入 O_2 等离子体中时没有受到明显的影响,但是当在 O_2 等离子体中添加体积百分比超过 15% 的 HBr 时,ACL 层的蚀刻速率明显降低,如图 6.3 所示。

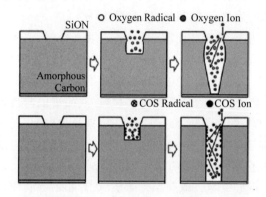

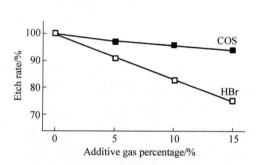

图 6.2 添加 COS 和未添加 COS 气体时 O_2 等离子体蚀刻 ACL 层时的蚀刻机理描述[1]

图 6.3 ACL 层蚀刻速率随着 COS 和 HBr 添加量的变化发生改变

由于 COS 作为 O_2 等离子体气体源添加剂后,对 ACL 层拥有优良的蚀刻特性,中芯国际公司技术研发中心等离子体蚀刻部门与东京电子公司(Tokyo Electron Limited,TEL)合作,尝试在 14nm FinFET 中段工艺通孔层蚀刻过程中采用此项特殊气体工艺,以期改善高长宽比通孔图形(如图 6.4(b)所示)的曝光后图形与蚀刻后图形在不同方向上的关键尺寸偏差不同,取得了良好的实验结果。

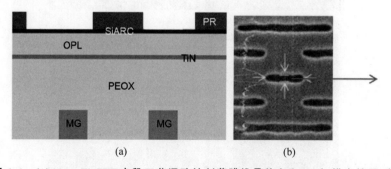

图 6.4 (a)14nm FinFET 中段工艺通孔蚀刻薄膜堆叠信息和(b)扫描电镜图(箭头所示图形长宽比约为 5:1)

在实验中所采用的具体薄膜堆叠信息如图 6.4(a)所示,为经典的多层硬掩膜蚀刻图形传递结构。其中,含硅抗反射层(Silicon Anti-Reflect Coating,SiARC)之下的第二层同样含碳的有机平坦化层(Organic Planarization Layer,OPL)蚀刻等离子体蚀刻采用的就是含有COS气体的 O_2 等离子体蚀刻。实验中采用 N_2/H_2 等离子体蚀刻作为 O_2 等离子体蚀刻的对照。其中 O_2 气体中COS的含量从 $0\sim15\%$ 不断变化。

在OPL蚀刻步骤之后,通过测量扫描电镜俯视照片发现(如图6.5所示),相比于采用 N_2/H_2 等离子体蚀刻的对照组,采用 COS/O_2 混合气体蚀刻后,300mm硅片中央和边缘位置,沿图形的不同方向其蚀刻后关键尺寸偏差都有明显减小,同时沿不同方向的关键尺寸偏差的比例更加接近 $1:1$。其中,采用 COS/O_2 混合气体等离子体蚀刻以及采用 N_2/H_2 等离子体蚀刻采用了相同的OPL材料过量蚀刻。

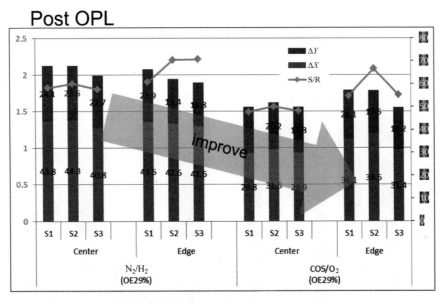

图 6.5 采用 N_2/H_2 等离子体蚀刻以及采用 COS/O_2 混合气体蚀刻后,300mm 硅片中央和边缘位置沿图形的不同方向其蚀刻后关键尺寸偏差

对于特定图形蚀刻后的线宽粗糙程度(Line Width Roughness,LWR)来说,通过测量扫描电镜俯视照片发现,相比于采用 N_2/H_2 等离子体蚀刻的对照实验,采用 COS/O_2 混合气体蚀刻后,无论是对于OPL蚀刻后的测量结果还是对于完成整个通孔蚀刻过程之后的测量结果来说,300mm硅片中央位置没有发生明显变化,而在硅片边缘位置图形的LWR值有接近50%的提高(此结果需要后续实验验证,如图6.6所示)。

同时在试验中,对于采用 COS/O_2 混合气体蚀刻,还对同步脉冲等离子体蚀刻技术与传统的连续等离子体技术进行了比较。研究发现,其特定图形的LWR值与采用 N_2/H_2 等离子体蚀刻相比有较为明显的改善,但是对于同步脉冲等离子体蚀刻和传统的连续等离子体蚀刻技术结果相比较,没有发生明显的变化。此结果仍需要后续实验验证,如图6.7所示。

2. $C_xH_yF_z$

与有光刻胶作为前掩膜板的其他等离子体蚀刻过程相比,在晶体管栅极侧墙等离子体蚀刻过程中,晶圆上所有的图形和结构都会暴露于气体等离子体当中,所以栅极侧墙氮化硅绝缘体蚀刻被认为是最具挑战性的等离子体蚀刻工艺之一。因为在某些较脆弱的晶圆区域发生等离子体损伤,所以此项工艺需要非常精确的等离子体损伤管控。在传统栅极绝缘侧墙等离子体蚀刻工艺中,经常采用添加 O_2 等气体产生含有硅、氟和氧的高分子材料保护层,从而实现

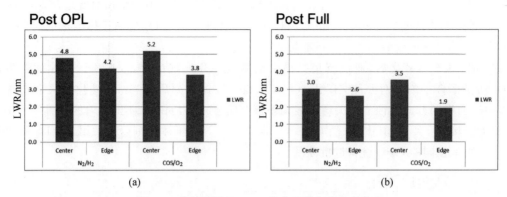

图 6.6 特定图形的 LWR 值在不同条件下的变化

（a）OPL 蚀刻后测量的结果；（b）完整通孔蚀刻之后的测量结果

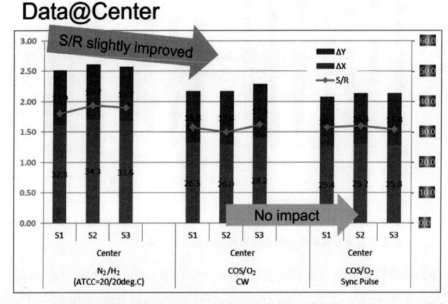

图 6.7 特定图形的线宽粗糙程度值在不同条件下的变化（其中对于采用 COS/O₂ 混合
气体蚀刻条件下，同步脉冲等离子体蚀刻技术与传统的连续波等离子体技术的
LWR 值没有发生明显的变化）

侧墙保护需要。在使用传统的电感耦合等离子体(Inductively Coupled Plasma，ICP)导体材料
蚀刻方式的情况下，ZEON 气体公司的 Joseph 研究组在和 IBM 公司的合作中，研究出以大分
子量的 $C_x H_y F_z$ 为基本成分的特殊气体作为 O_2 等离子体的添加剂，用于栅极侧墙氮化硅绝
缘体蚀刻[5]。这种新的栅极绝缘侧墙蚀刻过程使用了这种新型的氢氟烃气体(SSY525：由
ZEON CORPORATION 开发的原型高分子，其分子量比 CH_3F 的高数倍)。应用此种化学物
质，形成了一种新颖的侧墙氮化硅体蚀刻机理，相比于传统的氧化机理，此种化学物质可以在
蚀刻过程中形成一层含有碳氟的保护层。具体机理如图 6.8 所示。

　　如图 6.8 所示，传统蚀刻工艺中，缺乏对硅基底材料源漏极位置的等离子体损伤保护，并
且在蚀刻过程中栅极侧墙绝缘体的轮廓形貌会形成上窄下宽的形貌，从而影响器件的电学性
能。而新的蚀刻过程可以在蚀刻工艺过程中通过含碳氟保护层的形成更好地保护栅极底部源

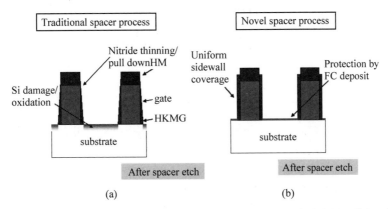

图 6.8　(a)传统氮化硅栅极侧墙绝缘体蚀刻机理和(b)新氮化硅蚀刻工艺机理[5]

漏极位置,同时可以形成上下均匀的栅极侧墙绝缘体。

　　众所周知,采用含有碳氟元素的气体材料作为蚀刻气体被广泛研究和应用于中段(Middle End of Line,MEOL)和后段(Back End of Line,BEOL)蚀刻中。氧化硅的蚀刻速率一般比氮化硅蚀刻速率大,仅次于硅材料的蚀刻速率。根据不同的蚀刻条件,蚀刻速率是与所产生的含碳氟材料副产物层膜厚直接相关的。最优先的反应是碳氟原子和氧化硅基底材料中的氧发生反应,形成可挥发的产物,这样会导致含碳氟副产物层变得更薄和拥有更快的材料蚀刻速率。通过对这些氮化硅等离子体蚀刻时采用的典型碳氟等离子体气体源的重新设计,以下所提到的类似蚀刻机理可以在蚀刻过程中出现。例如,氮化物基底上的氮可以优先发生反应,在基底表面形成薄的含碳氟的副产物薄膜,而在氧化物以及硅材料上形成比较厚的含碳氟的副产物薄膜。这样就可以有效改善氮化硅材料与氧化硅及硅材料的蚀刻选择比[6],如图 6.9所示。

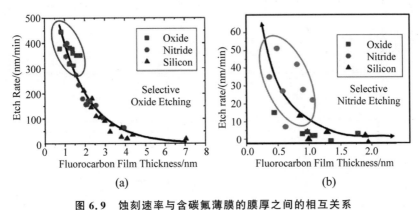

图 6.9　蚀刻速率与含碳氟薄膜的膜厚之间的相互关系

(a) 在高选择比氧化物蚀刻过程中；(b) 在高选择比氮化物蚀刻过程中[6]

　　表 6.2 表明,新的氮化硅栅极侧墙绝缘体蚀刻气体的蚀刻表现类似或者优于传统 CH_3F 气体的平面蚀刻表现。精确的测量发现,栅极顶部硬掩膜板的蚀刻损失可以通过改变栅极侧墙氮化硅绝缘体的底部形貌来挽回。但是通过研究发现,很多硬掩膜材料的损失是由于采用新的氮化硅绝缘体蚀刻气体之后,旧有后续硅片等离子体或者湿法清洁步骤没有优化所造成的。随着工艺及技术的进步,这些蚀刻后的清洁步骤正在逐步改善,但改善的速度与实际应用的需要还有一定的差距。

表 6.2   应用传统的 CH_3F 和新型 ZEON 气体等离子体蚀刻及湿法清洁之后的工艺参数比较[6]

	硬掩膜损失/nm	侧壁间隔损失/nm	氮化硅底部拖尾/nm	底部硅层损失/nm
CH_3F/O_2	6.8	0.2	4.4	1.5
ZEON I	4.3	0	2.5	1.3
ZEON II	4.5	0	0	1.7

在进一步的实验中,日本东北大学的中尾研究组和 ZEON 公司合作,采用新一代径向线缝隙天线蚀刻机台(Radial Line Slot Antenna,RLSA)产生具有低电子温度的微波激发高密度等离子体与新的 SSY525 蚀刻气体相结合的方法,进一步优化氮化硅材料对硅材料的蚀刻选择比[7]。在此实验中,研究人员采用与传统的 CH_3F 蚀刻气体对比的方式分析 SSY525 的特性。这两种对比气体都作为添加气体加入相同流量的稀释氩气流中作为蚀刻等离子气体源。

图 6.10 所示为不同生长方式的氮化硅对比多晶硅在不同条件下的蚀刻速率选择比。对于新蚀刻气体 SSY525,在没有 O_2 参与以及 O_2 流量大于 30 标况立方厘米每分钟(Standard-state Cubic Centimeter per Minute,SCCM)时选择比较高,其最低的蚀刻选择比~7.3 出现在氧气流量为 10sccm 时。而对于 CH_3F 来说,最高的蚀刻选择比~3.9 出现在氧气流量为 20sccm 时。总体来说,对于不同的氧气流量,新蚀刻气体 SSY525 的蚀刻选择比总是高于相同条件下的传统气体 CH_3F。而在没有氧气参与蚀刻过程的条件下,随着腔体压强的增加,新蚀刻气体 SSY525 的蚀刻选择比不断增大。而对传统气体 CH_3F,由于其多晶硅的蚀刻速率基本保持不变,氮化硅的蚀刻速率随着腔体压强的增加而变快,随之而来其蚀刻选择比也相应减小。

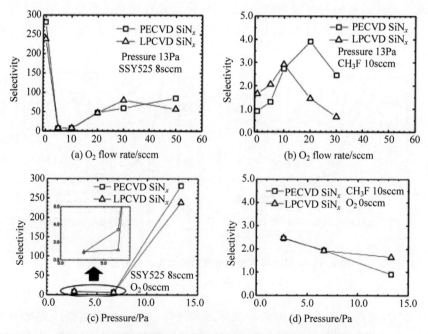

图 6.10   氮化硅对比多晶硅在不同条件下的蚀刻速率选择比

(a) 新蚀刻气体 SSY525 在 13Pa 压强下流量为 8sccm 时的蚀刻选择比随着 O_2 流量增加的变化关系图;(b) 传统蚀刻气体 CH_3F 在 13Pa 压强下流量为 10sccm 时的蚀刻选择比随着 O_2 流量增加的变化关系图;(c) 新蚀刻气体 SSY525 在流量为 8sccm 时的蚀刻选择比随着腔体压强增加的变化关系图;(d) 传统蚀刻气体 CH_3F 在流量为 10sccm 时的蚀刻选择比随着腔体压强增加的变化关系图[7]

进入 14nm FinFET 工艺节点之后，栅极侧墙绝缘体蚀刻要求更高的氮化物对硅以及氧化硅的蚀刻选择比，目的是保持栅极侧墙的氮化硅形貌以及显著减少其形貌底部的拖尾现象，从而避免影响离子注入效率及位置。而采用此种 SSY525 气体作为蚀刻等离子体气体源，氮化硅的蚀刻过程不再仅仅依赖于氧化反应机理，而是更加依赖于聚合反应的蚀刻机理，这样就可以获得更高的蚀刻选择比。图 6.11(a) 展示了 FinFET 结构晶体管的立体示意图，图 6.11(b) 展示了图 6.11(a) 中从 A 至 B 沿着鳍延伸方向横截面的扫描电子显微镜照片。蚀刻反应腔室的压力和 SSY525 流量分别为 5.3Pa 以及 8sccm。在蚀刻之前，一层 40nm 厚的氮化硅薄膜被沉积在晶体管表面，作为栅极侧墙绝缘体层。蚀刻程序中的过蚀刻量均被设定为 100%（等效过蚀刻厚度为 40nm 氮化硅）。如图所示，在 SSY525 流量为 8sccm 时，氮化硅侧墙旁的鳍状硅材料上表面被蚀刻出了一个台阶状形貌。这就意味着在距离氮化硅侧墙绝缘体附近较近的氮化硅对硅材料的蚀刻选择比要低于其他位置的蚀刻选择比，这主要是由于在不断蚀刻氮化硅侧墙体的同时，会一直产生一定量的含氮副产物，这些副产物会与硅的表面反应生成氮化硅，从而降低氮化硅对硅的蚀刻选择比。如图 6.11(c)、(d) 所示，SSY525 的流量超过 12sccm 之后，氮化硅侧墙旁的鳍状硅材料上表面的台阶状形貌将会消失。这就意味着在 SSY525 的流量增加之后，由于硅表面的含碳和氢的副产物层的沉积速率增加，这样可以明显增加氮化硅对硅的蚀刻选择比。如图 6.11(d) 所示，有一层约 5nm 厚的含碳和氢的副产物层沉积在鳍状硅表面[7]。

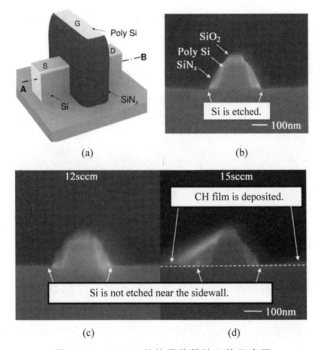

图 6.11　FinFET 结构晶体管的立体示意图

(a) 相同蚀刻腔体压强下，不同流量的 SSY525 气体蚀刻氮化硅栅极绝缘侧墙层之后，从 A 至 B 沿着鳍延伸方向横截面的扫描电子显微镜照片；(b) SSY525 气体流量为 8sccm；(c) 12sccm；(d) 15sccm[7]

3. 三氟碘甲烷(CF_3I)

根据联合国和我国的相关法律法规，全球暖化潜势（GWP）是衡量温室气体对全球暖化的影响因子之一。二氧化碳的全球暖化潜势被定义为 1[8]。传统的含氟等离子体蚀刻气体源，

如 CF_4、C_4F_8 和 C_4F_6 的 GWP 分别为 6500、8700 和 290[9,10]。而三氟碘甲烷(CF_3I)是一种对环境友好,产生的温室效应非常低的等离子体蚀刻气体源,其 GWP 为 1.8,是传统含氟等离子体蚀刻气体源的 1% 左右。它是未来半导体工艺中含碳材料以及低介电常数材料蚀刻气体的优选替代品之一。日本东北大学的寒川研究组详细报道了使用 CF_3I 气体作为等离子体蚀刻的主气体源,应用于各种类型的蚀刻腔体,例如电容耦合等离子体(Capacitive Coupled Plasma,CCP)腔体,(图 6.12(a))电感耦合等离子体(Inductively Coupled Plasma,ICP)腔体(图 6.12(b))和中性粒子束电感耦合等离子体(Neutral Beam ICP)腔体(图 6.12(d))蚀刻中,辅之以连续波(Continuous Wave,CW)等离子体源和脉冲(Pulsing)等离子体源,在半导体生产过程的后段蚀刻工艺中实现低介电常数材料的蚀刻及图形的有效传递[11-17]。

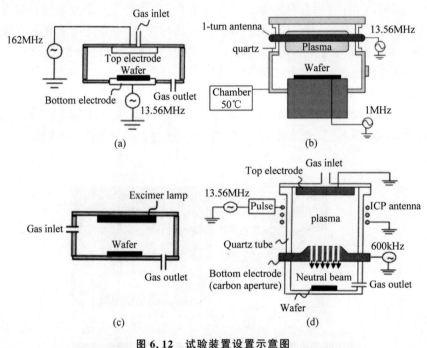

图 6.12 试验装置设置示意图

(a) 电容耦合等离子体蚀刻腔体;(b) 电感耦合等离子体蚀刻腔体;

(c) UV 线灯光源;(d) 中性粒子束蚀刻腔体[12,13]

现阶段存在很多种优秀的低介电常数材料,其中 SiOCH 薄膜是应用最广泛的,主要是由于这种薄膜材料非常容易从 SiO_2 材料转化而来,并且具有优越的热稳定性和高杨氏模量[18]。当微孔结构引入这种薄膜材料之后,在 SiOCH 层等离子体蚀刻过程中产生的等离子体激发紫外(Ultraviolet,UV)光子的损伤变成非常大的问题。有报道称等离子体 UV 激发光子可以加速多微孔结构低介电常数 SiOCH 薄膜中的甲基基团的流失,从而增加材料的介电常数[19-21]。

CF_3I 的最高已占有轨道(Highest Occupied Molecular Orbital,HOMO)主要是由拥有非键原子轨道的碘原子构成,而最低未占有轨道(Lowest Unoccupied Molecular Orbital,LUMO)主要是由 C-I 反键轨道贡献。根据分子的电子附着研究情况可知,CF_3I 拥有很宽的 UV 能量吸收范围,其中最小波长可达 267nm(4.6eV(Electron Voltage))[22]。但是,CF_3I 极易在 UV 辐射的作用下分解。有实验表明,在应用 CF_3I 蚀刻 SiO_2 过程中,会产生很多的 CF_3^+ 离子和较少的含氟自由基。含氟自由基和碘离子反应也可生成 FI 基团[22]。CF$_3$I 在电场激发下可以选择性地产生 CF$_3$ 自由基基团[16]，因为 C-I 键能为 2.4eV，要比 C-F 键能 5.6eV 小得多。通过控制 CF$_3$I 的流量，可以实现良好的 SiO$_2$ 与 Si 或者 Si$_3$N$_4$ 的蚀刻选择比。而 CF$_4$ 气体在 ICP 腔体中的 UV 吸收光谱根据蚀刻参数的设置与 CF$_3$I 气体相比有较大的不同。

图 6.13(a)、(b)所示的是在不同的连续波等离子体激发功率下 CF$_3$I 气体和 CF$_4$ 气体在 ICP 腔体中的 UV 发射光谱。虽然 CF$_3$I 气体在比较低的波长范围之内（例如 206nm 波长）有一些比较尖锐的发射峰，但是在波长 250~400nm 范围内，其发射峰要远低于 CF$_4$ 气体所产生的发射峰。研究表明，这主要是因为 CF$_3$I 气体等离子体中拥有更少的高分子量自由基基团，例如 C$_x$F$_y$ 基团[14,15]。当激发功率不断提高的情况下，与 CF$_4$ 气体等离子体 UV 发射谱相比，在 250~400nm 波长范围内，CF$_3$I 的 UV 发射谱没有明显变化。这也表明 CF$_3$I 气体等离子体没有产生大量的高分子量的氟碳基团。图 6.13(c)、(d)显示了在脉冲等离子体激发功率下 CF$_3$I 气体和 CF$_4$ 气体的 UV 发射光谱。等离子体脉冲的开启时间被固定为 50μs。随着等离子体脉冲关闭时间的增加，CF$_3$I 气体等离子体 UV 发射强度几乎消失，而 CF$_4$ 的 UV 发射强度在等离子体脉冲关闭的情况下还是非常明显。这主要是因为在相同激发条件下，CF$_4$ 相比

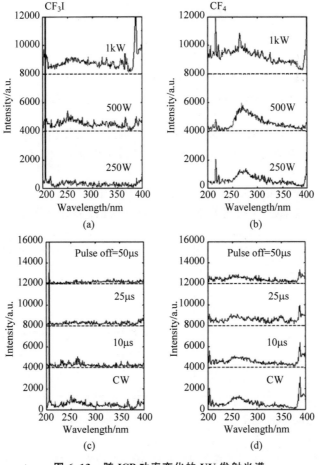

图 6.13 随 ICP 功率变化的 UV 发射光谱

(a) CF$_3$I 等离子体；(b) CF$_4$ 等离子体随脉冲停止时间变化的 UV 发射光谱；
(c) CF$_3$I 等离子体；(d) CF$_4$ 等离子体[14,15]

于 CF$_3$I 更加容易解离,并且更加容易形成 CF$_2$·自由基基团。

相应地,寒川研究组的研究人员推断了 CF$_3$I 等离子体和 CF$_4$ 等离子体蚀刻低介电常数微孔 SiOCH 薄膜的具体机理。如图 6.14 所示,对于 CF$_4$ 等离子体来说,SiOCH 薄膜表面的大量甲基基团会被等离子体激发的能量为 3~4eV 的 UV 辐射所去除,从而产生较多的悬挂键(Dangling Bonds,DB)。氟原子或者水分子将会被吸附在这些空出的悬挂键上。结果就是 SiOCH 薄膜的介电常数上升,导电性增强。但是由于 CF$_3$I 等离子体所产生的 UV 辐射较少,所以去除的甲基基团较少,从而不会影响 SiOCH 薄膜蚀刻后的介电常数。

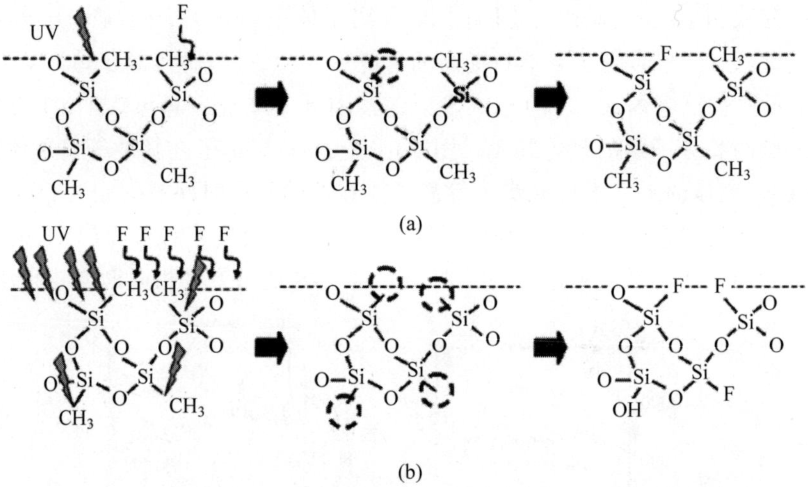

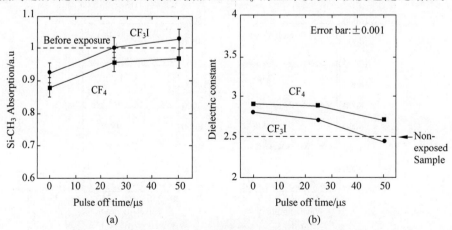

图 6.14 (a) CF$_3$I 和(b) CF$_4$ 等离子体蚀刻条件下低介电常数微孔 SiOCH 薄膜的 UV 损伤机理[14,15]

为了表征蚀刻过程之后的低介电常数材料损伤,研究人员采用了介电常数测量以及红外吸收的方法。此实验中应用均匀生长的多孔 SiOCH 材料晶片来测量蚀刻速率[23]。图 6.15(a)显示 Si-CH$_3$ 的红外吸收峰的强度随着脉冲关闭时间发生变化。样品在经过 CF$_3$I 的等离子体蚀刻后剩余 CH$_3$ 基团的数量要远多于经过 CF$_4$ 等离子体蚀刻所产生的数量。在经过这两种等离子体蚀刻之后,随着脉冲关闭时间的增加,Si-CH$_3$ 的红外吸收峰强度也随之增加。当 CF$_3$I

图 6.15 红外吸收强度和介电常数随着脉冲关闭时间发生变化

(a) Si-CH$_3$ 甲基红外吸收强度随着脉冲等离子体蚀刻停止时间改变产生的变化;(b) 微孔低介电常数氧化硅薄膜的介电常数随着脉冲等离子体蚀刻停止时间改变产生的变化[23]

等离子体蚀刻的脉冲关闭时间为 $50\mu m$ 时,其 Si-CH$_3$ 的红外吸收峰强度几乎与未经等离子体蚀刻的样品相同。同时,如图 6.15(a)、(b)所示,Si-CH$_3$ 的红外吸收峰强度直接与甲基基团的数量相关,这样也验证了之前关于低介电常数材料损伤机理的猜想。图 6.15(b)所示为介电常数变化随着脉冲关闭时间的示意图。而曝露在 CF$_3$I 连续波等离子体下的低介电常数材料的介电常数要比曝露在 CF$_4$ 连续波等离子体下的介电常数低 0.1 左右。

图 6.16 显示了对于不同的气体等离子体源材料(CF$_3$I 和 CF$_4$)在不同的等离子体激发条件下(连续波及脉冲激发),其对于不同材料的蚀刻速率会随着腔体条件的改变发生不同的变化,从而改变材料之间的蚀刻选择比。对于微孔 SiOCH 和光刻胶的蚀刻选择比来说,CF$_3$I 连续波等离子体的数值要远高于 CF$_4$ 连续波等离子体(图 6.16(c)、(d))。我们同样可以假设这个差别的主要来源是 CF$_4$ 等离子体在蚀刻时产生的含氟自由基基团和同时产生的 UV 辐射要远多于 CF$_3$I 等离子体,这样对于光刻胶的蚀刻速率会相应加快[24]。同样在脉冲等离子体蚀刻过程当中,如图 6.16(c)、(d)所示,在脉冲开启时间相同的情况下,随着单一脉冲开启时间间隔的增加,对于 CF$_4$ 等离子体,微孔 SiOCH 的蚀刻速率会明显降低;对于 CF$_3$I 等离子体,这个微孔 SiOCH 的蚀刻速率会有明显增加。在脉冲关闭时间为 $50\mu s$ 的条件下,其蚀刻速

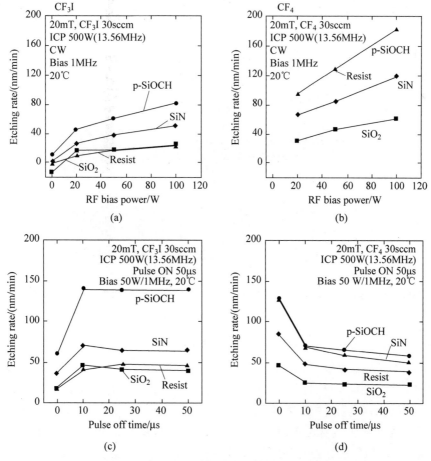

图 6.16 均匀生长无图形、全覆盖晶片测得不同材料的蚀刻速率随着偏压功率改变以及
脉冲开启关闭时间的改变而产生的变化

(a) CF$_3$I 等离子体;(b) CF$_4$ 等离子体;(c) CF$_3$I 等离子体;(d) CF$_4$ 等离子体

率约为 CF_3I 连续波等离子体蚀刻的2倍。更进一步的,对于时间调制脉冲等离子体蚀刻的腔体条件来说,由于脉冲的时间调制影响,蚀刻过程中会产生更多的负离子基团,可以有效减少基体表面的电荷积聚效应损伤和 UV 辐照损伤[25]。在整个蚀刻过程中,输入功率在 $10\sim100\mu s$ 的区间内开关,在输入功率为零(关闭)的情况下不产生 UV 辐照损伤。另外,之前的研究发现在脉冲等离子体中,负离子对蚀刻过程起到了积极作用[26~30]。这主要是由于含 F 及含 Cl 负离子的聚集可以有效改善硅氧化物蚀刻时发生的反应程度,从而有效增加蚀刻速率[30]。

随着后段铜互连关键尺寸以及线间距尺寸的减小,蚀刻后图形轮廓退化效应,例如线边缘粗糙程度(Line Edge Roughness,LER)和沟槽底部粗糙程度,对电学性能的影响随之增加。LER 可能会导致器件更高的漏电流和时间相关的介质击穿[31]。同时,铜互连线的电阻也会在电子散射效应之下,随着边缘粗糙程度的增加而增大。因此,当关键尺寸减小到 40nm 以下时,必须致力于减少图形传递过程中产生的边缘粗糙程度。

首先,为了探索 ArF 光刻胶表面受等离子体蚀刻时产生的 UV 辐照影响发生改变的机理,研究人员评估了曝露于 UV 光源(图 6.12(c))条件下光刻胶薄膜表面的性质。首先通过观察扫描电镜照片(图 6.17),UV 曝露时间从 $0\sim180s$ 变化,可以发现,随着时间的推移,光刻胶聚集颗粒将会逐渐出现在薄膜表面,而薄膜厚度从 30s 开始减少。可以假设光刻胶中接近薄膜表面的高分子会在 UV 光照射下聚集,从而引发薄膜表面性质的改变。但是观察发现即使 UV 光照射时间延长至 180s,光刻胶表面的形貌和粗糙程度依然保持不变,所以可以得知聚集的颗粒不会影响薄膜表面的平整程度[31]。

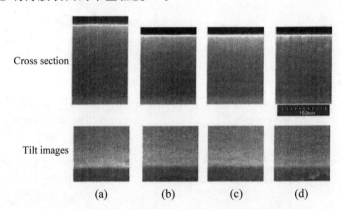

图 6.17 横截面(Cross section)和倾斜(Tilt)扫描电镜照片,曝露 UV 光源下时间

(a) 0s; (b) 30s; (c) 60s; (d) 180s[31]

为了进一步分析 LER 受蚀刻过程影响而发生改变的机理,研究人员采用 CCP 腔体以及 CF_3I 等离子体蚀刻了旋涂材料(Spin-On Glass,SOG)和低介电常数微孔 SiOCH 材料,使用 CF_4 等离子体蚀刻了 SOG 材料作为对比。(图 6.12(b))这些蚀刻过程都采用 193nm ArF 液浸式曝光机所形成的多层光刻胶材料作为掩膜层。如图 6.18 所示,首先量测了 CD 大小为 $45\sim80nm$ 的不同光刻胶线宽的 LER。在图中可以看出,初始光刻胶的 LER 和线宽大小无关,无论是低频 LER 还是高频 LER 都非常稳定。在等离子体蚀刻和光刻胶灰化之后测量 LER。蚀刻前的 LER 非常小,而且不受线宽大小影响。CF_3I 等离子体蚀刻之后的 LER 数值和蚀刻前的光刻胶 LER 非常类似。然而,经过 CF_4 等离子体蚀刻之后,图形的 LER 会变得很差,特别是间距周期小于 50nm 的密集图形。如下图中的扫描电镜表面照片所示,CF_4 等离子体蚀刻后图形的 LER 分为两种频率,其中低频率的表现要差于高频率的表现,特别是间距周期小于 50nm 的密集图形。

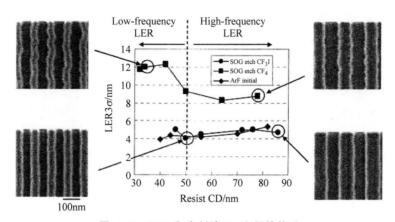

图 6.18 LER 和光刻胶 CD 之间的关系

(●) CF₃I 等离子体蚀刻 SOG;(■) CF₄ 离子体蚀刻 SOG;(◆) 初始 ArF 光刻胶[32]

两种不同频率的 LER 产生的原因主要是:①光刻胶高分子的聚集颗粒产生高频率 LER;②蚀刻图形的扭曲产生低频 LER。由于光刻胶材料中的高分子颗粒聚集状态受等离子体蚀刻中 UV 辐照影响,所以为了减少高频 LER,必须改善光刻胶高分子的种类和减少光刻胶高分子的分子量分布。这里我们关心的是低频 LER 产生的机理,因为图形扭曲对于狭窄的铜互连线来说会严重影响器件的电学性质。

如图 6.19 所示,经过 CF₃I 和 CF₄ 等离子体蚀刻之后的 50nm 线宽光刻胶图形的原子力显微镜(Atomic Force Microscope,AFM)图像的轮廓。由于 AFM 使用的是倾斜的探针,所以蚀刻后的 ArF 光刻胶图形顶部轮廓和侧墙都可以观察到。ArF 的光刻胶图形不会因为 CF₃I 等离子体蚀刻而产生扭曲,但是如果使用 CF₄ 蚀刻,就会产生明显的扭曲现象。研究人员证实这种光刻胶退化现象是由等离子体中的 UV 光子和含 F 自由基引起的。在 CF₃I 等离子体蚀刻中,由于 C-I 键能较小,可以在比较低的等离子体功率下产生主要的蚀刻反应基团 CF₃+,从而有利于半导体工艺的后段低介电常数材料的蚀刻以及后续的材料损伤的修复。同时实验证实,CF₃I 在蚀刻过程中可以帮助获得更加优异的线图形边缘平整度,从而获得更好的图形传递均匀性。

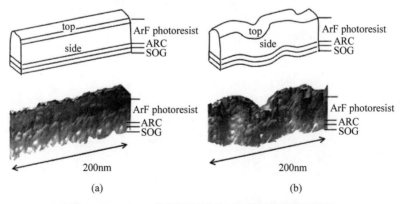

图 6.19 100nm 线间隔尺寸的 SOG 蚀刻后图形形貌

(a) CF₃I;(b) CF₄[31]

6.2 超低温工艺在等离子体蚀刻中的应用

6.2.1 超低温等离子体蚀刻技术简介

低温等离子体蚀刻被定义为发生在−100℃及以下温度的,以液氮或者液氦为冷却源,以六氟化硫气体及氧气(SF_6/O_2)等气体等离子体为蚀刻源的等离子体蚀刻过程。这种低温蚀刻方法起源于大长宽比硅结构蚀刻的要求,主要用于形成极大长宽比硅材料结构。这种结构被广泛应用在微机电系统(Micro-Electro-Mechanical System,MEMS)前段工艺以及后段封装的硅通孔技术(Through Silicon Vias,TSV)中[32]。近年来,研究发现低温等离子体蚀刻不但可以形成所需的特殊材料结构,同时也可以在蚀刻的过程当中减少等离子体所产生的损伤(Plasma Induced Damage,PID),进而可以相应地减少半导体后段蚀刻过程中产生的低介电常数材料损伤(Low-k Damage)[33]。

6.2.2 超低温等离子体蚀刻技术原理分析

大深宽比硅结构,如硅沟槽、硅通孔、硅椎体阵列以及氧化硅沟槽主要由以下两种蚀刻方法来实现:①博斯克(Bosch)蚀刻工艺;②超低温蚀刻工艺。

Bosch 深度反应离子蚀刻(Bosch Deep Reactive Ion Etching,Bosch DRIE)工艺是在室温下发生的,利用 C_4F_8 气体等离子体产生保护层和 SF_6 各向同性蚀刻交替作用,最终产生各向异性的极大长宽比结构图形,在此工艺过程中产生的结构侧墙会有扇形皱褶。这种扇形皱褶就是由于在室温下 SF_6 等离子体蚀刻所产生的横向蚀刻分量造成的,如图 6.20(a)所示。

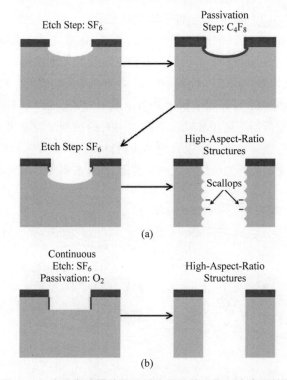

图 6.20 应用在硅器件及硅衬底晶元的深度反应离子蚀刻

(a) 运用交替产生的 C_4F_8 等离子保护步骤和 SF_6 等离子体各向同性蚀刻步骤的博斯克蚀刻工艺示意图;(b) 运用连续的 O_2 等离子体保护和 SF_6 等离子体蚀刻步骤的低温工艺示意图[34]

在超低温深度反应离子蚀刻工艺中,运用连续的 O_2 等离子体蚀刻所产生的副产物保护层以及 $-100℃$ 以下的 SF_6 等离子体蚀刻来形成平整的大深宽比结构图形间隔。整个蚀刻流程及基本原理如图 6.20(b)所示。低温蚀刻工艺的主要机理是分别独立控制发生在硅沟槽底部和沟槽侧墙的蚀刻反应,并且通过改变阴极电压和降低硅材料晶圆衬底的温度,实现更高的硅蚀刻速率和更高的硅对光刻胶蚀刻选择比[34]。

常温等离子体蚀刻过程中,存在着副产物以及高分子残留物附着在图形的侧墙上,从而阻挠进一步蚀刻的过程,同时这些副产物沉积在蚀刻腔体的内表面,影响了进一步反应的周边环境,从而使蚀刻速率随着反应时间发生改变,导致整个蚀刻过程极不稳定,甚至有可能产生蚀刻终止现象。所以在常温蚀刻过程中,不得不加入额外的等离子体清洁步骤。一般是用 O_2 等离子体清洁,目的是把副产物以及高分子残余物从蚀刻环境中去除。而对于超低温等离子体蚀刻来说,从根本原理上就克服了这个问题。在超低温蚀刻过程中,硅片或者图形化的硅衬底将会被冷却到约 $-100℃$,然后应用 SF_6/O_2 等离子体蚀刻。一些含有 SiO_xF_y 的无机副产物残留吸附并构成了图形侧墙的保护层,当反应升温至常温下之后,这些副产物会在离子轰击的条件下解除吸附。因此在蚀刻结束之后,图形侧墙和蚀刻腔侧壁会自清洁干净。另外,由于蚀刻和侧墙吸附保护的步骤同时进行,特征图形的侧墙会变得相当光滑。这种同时进行的蚀刻和保护步骤也会加快蚀刻进程。所以,这种在超低温条件下运用 SF_6/O_2 连续等离子体蚀刻硅基材的过程被称作标准超低温过程,如图 6.21 所示[35]。

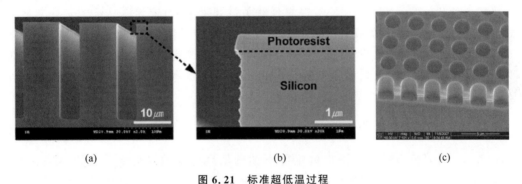

(a)　　　　　　　　　　　　(b)　　　　　　　　　　　　(c)

图 6.21　标准超低温过程

(a) 博斯克蚀刻工艺深沟槽结构的电子扫描显微镜照片;(b) 扇形皱褶(Scallops)的放大电子扫描显微镜照片;

(c) 低温蚀刻工艺的深硅通孔的扫描电子显微镜照片[34]

精确控制含 SiO_xF_y 无机副产物构成图形侧墙的保护层将会是标准超低温蚀刻工艺中的关键步骤。首先是需要控制 O_2 在 SF_6/O_2 连续等离子体中的含量,从而使副产物保护层既可以保护到图形侧墙,同时也可以使进一步的等离子体蚀刻发生在沟槽底部。

图 6.22 所示的蚀刻速率比较显示,光刻胶以及氧化硅的蚀刻速率随着温度的降低而降低,特别是低于 $-100℃$ 之后。但是硅的蚀刻速率在温度低于 $-100℃$ 时反而有一定增加,从而显著增加了硅蚀刻对于氧化硅以及光刻胶的蚀刻选择比,进而在温度低于 $-100℃$ 的条件下实现更加明显的各向异性的蚀刻特性[33]。

因此可把等离子体蚀刻反应阴极温度低于 $-100℃$ 作为超低温蚀刻的标准,并且可以作为后续工艺研发及优化的起始点。但是仅有低温工艺并不能保证完美的各向异性蚀刻特性,甚至在低于 $-120℃$ 的等离子体蚀刻过程中,各向同性的现象也时有发生。所以侧墙保护在减少横向蚀刻方面起到了重要的作用。只有在加入侧墙保护层生成气体——氧气之后,真正完美的各向异性蚀刻才可以达成。另外,有报道说在很多低温等离子体蚀刻过程中,离子轰击才是

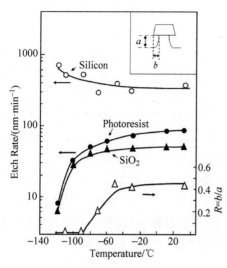

图 6.22 低温工艺中材料蚀刻速率随温度变化程度比较[33]

决定性因素,这主要是因为降低反应温度可以有效减慢表面化学反应。

低温反应中应用 SF_6/O_2 连续等离子体蚀刻硅基材的过程称作标准超低温过程,从而实现蚀刻和保护并行进行。保护层的大分子薄膜中主要含有 SiO_xF_y 无机化合物。在等离子体蚀刻的工艺中,和含氟的高分子化合物保护层相比,SiO_xF_y 无机化合物薄膜更加难以蚀刻,从而在蚀刻过程中需要更高的离子轰击能量来清除硅沟槽底部的保护层,进而避免明显的横向蚀刻,最终可以形成更加垂直的蚀刻侧墙结构。虽然更高的离子轰击能量将会进一步增加光刻胶的蚀刻速率,但是在极低温度下(低于－100℃),光刻胶的蚀刻速率可以降低至几乎可以忽略不计,从而抵消增加轰击能量所带来的影响。对于低温蚀刻来说,一个很重要的优点就是蚀刻后结构拥有非常低的侧墙表面粗糙度。

除改善蚀刻各向异性控制临界尺寸外,研究还发现超低温蚀刻工艺可有效改善微观均匀性并减小负载效应[34]。在高温下,观测到对关键尺寸(CD)较大样品的蚀刻比对较小的蚀刻要慢(Loading Effect,负载效应)。此时,蚀刻速率将受蚀刻反应物向晶片表面传输能力的限制。在这种状态下,微观均匀性和宏观均匀性都很差。随着温度的下降,由于表面上形成含有半导体元素、蚀刻气体和剩余本底气体等残留物,结果蚀刻速率受到表面环境的限制。

6.2.3 超低温等离子体蚀刻技术应用

Baklanov 研究组报道了在极低的温度下蚀刻低介电常数材料多孔有机硅酸盐(OSG porous organosilicate)[36]。这种材料常用作半导体后段大马士革工艺中的绝缘及填充材料。研究发现,当等离子体蚀刻温度低于－100℃时,这种材料在蚀刻过程中产生的 Low-k Damage 会急剧降低,其介电常数没有明显升高,从而使材料特性没有发生很明显的变化。同时,在研究中对比了不同偏压下蚀刻过程对介电材料的损伤。图 6.23 所示,低偏压或零偏压超低温刻蚀可以明显减少低介电常数材料的 PID,同时可以使材料的介电特性与蚀刻前相比没有发生很明显的变化。

佐治亚理工的 Hess 研究组在 2015 年报道了在低温下运用气体等离子体蚀刻的方法对金属铜、金和银材料进行蚀刻[37]。传统的金属 Cu 蚀刻采用的 Cl_2 气体等离子体在高温下与其发生反应生成 $CuCl_2$,并在后续工艺中清除。而 Hess 研究组首次报道了在低温下(10℃)采用 H_2 气体等离子体蚀刻的方法,成功在 ICP 的蚀刻腔体中实现了 Cu 蚀刻。如图 6.24 扫描电子显微照片所示,蚀刻过程采用 SiO_2 作为硬掩膜材料形成图形,采用 H_2 气体等离子体蚀刻的 100nm 厚 Cu 薄膜明显形成台阶状结构,并且曝露出 Cu 薄膜之下的 Si 衬底(图 6.24(a))。与之对比的 Ar 气体等离子体蚀刻过程,Cu 薄膜在蚀刻之后的损失并不明显(图 6.24(b))。这说明了与 Ar 气体等离子体蚀刻依靠物理轰击 Cu 薄膜的原理不同,H_2 气体等离子体蚀刻主要依靠的是化学蚀刻,在反应过程中形成了铜的氢化物,破坏了 Cu-Cu 的金属键,从而降低了反

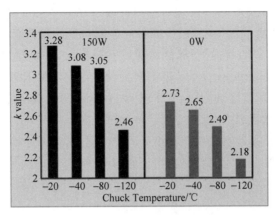

图 6.23　材料的介电常数随着 SF$_6$ 等离子体蚀刻过程的反应温度降低而降低,随着蚀刻偏压的
降低而减小。黑色的图形显示在高偏压(功率 150W)下材料特性的变化。灰色的图
形显示在零偏压(功率 0W)下材料特性的变化(刻蚀前材料介电常数为 2.0)[36]

应势能。而形成的铜的氢化物极易从材料及反应腔体表面去除。而使用 H$_2$ 气体等离子体或
其他含 H 等离子体蚀刻 Au 和 Ag 的原理与之类似,都是形成了可以减低反应势能的金属氢
化物(图 6.25)。

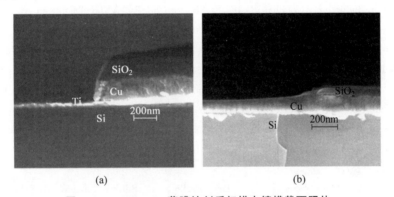

图 6.24　100nm Cu 薄膜蚀刻后扫描电镜横截面照片

(a) 50sccm H$_2$;(b) 50sccm Ar。反应条件 100W 平板电极/500W 线圈,20mTorr 反应腔内气压,10℃ 电极温度[37]

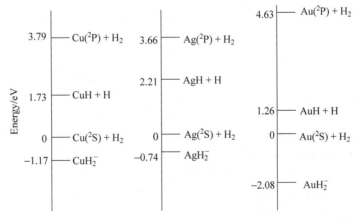

图 6.25　相应的金属 Cu、Ag 和 Au 与 H$_2$ 反应的产物以及其键能[37]

超低温蚀刻工艺所需要的硬件设置与普通的感应耦合等离子体(ICP)蚀刻装置非常类似,只是需要加装液氦或者液氮冷却装置,使得硅晶圆衬底温度降低至 $-100℃$。在使用 SF_6 和 O_2 作为等离子体气体源的前提下,深硅沟槽或者高深宽比的硅结构也可以由电子回旋共振(Electron Cyclotron Resonance,ECR)蚀刻来实现。当在低温 ECR 蚀刻过程中增加 O_2 的相对流量,硅蚀刻速率会明显增加,并且 F 含量和 O_2 含量的比值在蚀刻过程中起到了很重要的作用。而在今日生产过程当中,低温等离子体蚀刻工艺不能广泛应用的主要难点在于在实际生产过程当中非常难把晶圆衬底保持在很低的反应温度,整个蚀刻反应腔体将会非常复杂,并且在工艺中改变硅晶圆温度需要耗费相当长的时间,从而使得这种有效的高长宽比蚀刻工艺不能进入工业应用。

参 考 文 献

[1] Jong K K. Study on the Etching Characteristics of Amorphous Carbon Layer in Oxygen Plasma with Carbonyl Sulfide. J. Vac. Sci. Technol. A,2013,31(2): 021301.

[2] Pears K A. A New Etching Chemistry for Carbon Hard Mask Structures. Microelectronic Eng. ,2005, 77(3-4): 255-262.

[3] Lee H J,et al. Inductively Coupled Plasma Etching of Chemical-Vapor-Deposited Amorphous Carbon in $N_2/O_2/Ar$ Chemistries. Jpn. J. Appl. Phys. ,2009,48(8S1): 8HD05.

[4] Braginsky O V, et al. Removal of Amorphous C and Sn on Mo: Si Multilayer Mirror Surface in Hydrogen Plasma and Afterglow. J. Appl. Phys. ,2012,111(9): 093304.

[5] Joseph E A,et al. Advanced Plasma Etch for the 10nm Node and Beyond. Advanced Etch Technology for Nano Patterning II. Proc. SPIE,2013,8685: 86850A.

[6] Schaepkens M,et al. Study of the SiO_2-to-Si_3N_4 Etch Selectivity Mechanism in Inductively Coupled Fluorocarbon Plasmas and a Comparison with the SiO_2-to-Si Mechanism. J. Vac. Sci. Technol. A, 1999,17(1): 26-37.

[7] Nakaoa Y, et al. High Selectivity in Dry Etching of Silicon Nitride over Si Using a Novel Hydrofluorocarbon Etch Gas in a Microwave Excited Plasma for FinFET. Advanced Processes for Front-End-of-Line/Back-End-of-Line Applications. ECS Trans. ,2014,61(3): 29-37.

[8] 胡耀祖. 环境治理与永续发展. 研习论坛精选第三辑——愿景、治理与变革."台湾人事行政部门",2010.

[9] Misra A,et al. Plasma Etching of Dielectric Films Using the Non-global-warming Gas CF_3I. Mater. Lett. ,1998,34(3-6): 415-419.

[10] Krishnan N, et al. Alternatives to Reduce Perfluorinated Compound (PFC) Emissions from Semiconductor Dielectric Etch Processes. Proceedings of the 2003 IEEE International Symposium on Electronics and the Environment,2003 unpublished.

[11] Soda E,et al. Low-damage Low-k Etching with an Environmentally Friendly CF_3I Plasma. J. Vac. Sci. Technol. A,2008,26(4): 875-880.

[12] Samukawa S,et al. Environmentally Harmonized CF_3I Plasma for Low-damage and Highly Selective Low-k Etching. Journal of Applied Physics,2008,103: 053310.

[13] Soda E,et al. Mechanism of reducing line edge roughness in ArF photoresist by using CF_3I plasma. J. Vac. Sci. Technol. B,2009,27(5): 2117-2123.

[14] Samukawa S, et al. New Radical-Control Method for SiO_2 Etching with Non-Perfluorocompound Gas

Chemistries. Jpn. J. Appl. Phys. ,1998,37(10A Part 2): L1095-L1097.

[15] Samukawa S, et al. New Radical Control Method for High-performance Dielectric Etching with Nonperfluorocompound Gas Chemistries in Ultrahigh-frequency Plasma. J. Vac. Sci. Technol. A, 1999,17(5): 2551-2556.

[16] Samukawa S. et al. Differences in Radical Generation Due to Chemical Bonding of Gas Molecules in a High-density Fluorocarbon Plasma: Effects of the $C = C$ bond in Fluorocarbon Gases. J. Vac. Sci. Technol. A,1999,17(5): 2463-2466.

[17] Samukawa S, et al. High-performance Silicon Dioxide Etching for Less than 0. 1-μm-High-aspect Contact Holes. J. Vac. Sci. Technol. B,2000,18(1): 166-171.

[18] Hoofman R J O M, et al. Challenges in the Implementation of Low-k Dielectrics in the Back-end of Line,Microelectron. Eng. ,2005,80: 337-344.

[19] Furusawa T, et al. UV-hardened High Modulus CVD -ULK Material for 45nm Node Cu/Low-k Interconnects with Homogeneous Dielectric Structures. Proceedings of the 2005 International Interconnect Technology Conference,2005 unpublished.

[20] Ohtake H,et al. Highly Selective Low-damage Processes Using Advanced Neutral Beams for Porous Low-k Films. J. Vac. Sci. Technol. B,2005,23(1): 210-216.

[21] Yonekura K,et al. Investigation of Ash Damage to Ultra Low-k Inorganic Materials. J. Vac. Sci. Technol. B,2004,22(2): 548-553.

[22] Christphorou L G,et al. Electron Interactions with $CF_3 I$. J. Phys. Chem. Ref,2000,29(4): 553-570.

[23] Hayashi T,et al. Proceedings of the AVS 53rd International Symposium. PS1＋ MS＋ NM＋TuM3, 2006 unpublished.

[24] Fracassi F,et al. Evaluation of Trifluoroiodomethane as SiO_2 Etchant for Global Warming Reduction. J. Vac. Sci. Technol. B,1998,16(4): 1867-1872.

[25] Samukawa S,et al. Pulse-time-modulated Electron Cyclotron Resonance Plasma Discharge for Highly Selective,Highly Anisotropic, and Charge-free Etching. J. Vac. Sci. Technol. A, 1996, 14 (6): 3049-3058.

[26] Ohtake H,et al. Enhancement of Reactivity in Au Etching by Pulse-Time-Modulated Cl_2 Plasma. Jpn. J. Appl. Phys. ,1998,37(4B Part 1): 2311-2313.

[27] Samukawa S,et al. Highly Anisotropic and Corrosionless PtMn Etching Using Pulse-Time-Modulated Chlorine Plasma. Jpn. J. Appl. Phys. ,2003,42(10B Part 2): L1272-L1274.

[28] Mukai T, et al. High-Performance and Damage-Free Magnetic Film Etching using Pulse-Time-Modulated Cl_2 Plasma. Jpn. J. Appl. Phys. ,2006,45(6B Part 1): 5542-5544.

[29] Mukai T,et al. Reactive and Anisotropic Etching of Magnetic Tunnel Junction Films Using Pulse-time-modulated Plasma. J. Vac. Sci. Technol. A,2007,25(3): 432-436.

[30] Ohtake H,et al. Charging-damage-free and Precise Dielectric Etching in Pulsed $C_2 F_4$/CF_3I Plasma. J. Vac. Sci. Technol. B,2002,20(3): 1026-1030.

[31] Chen F, et al. Proceedings of the 46th International Reliability Physics Symposium. IEEE, 2008, 132-137.

[32] Hon R, et al. ASME International Mechanical Engineering Congress and Exposition. Anaheim,CA, USA,2004,13-20: 243-248.

[33] Wu B,et al. High Aspect Ratio Silicon Etch: A Review. J. Appl. Phys. ,2010,108(5): 051101.

[34] Michael S G, et al. Etching Process Effects on Surface Structure,Fracture Strength,and Reliability of

Single-Crystal Silicon Theta-Like Specimens,J Microelectromech. S. ,2013,22(3): 589-602.

[35] Kweku A A,et al. Cryogenic Etching of Silicon: an Alternative Method for Fabrication of Vertical Microcantilever Master Molds. J. Microelectromech. S. ,2010,19(1): 64-74.

[36] Baklanov M R,et al. Damage Free Cryogenic Etching of Ultra Low-k Materials. Interconnect Technology Conference(IITC),2013 IEEE International.

[37] Choi T S,et al. Chemical Etching and Patterning of Copper, Silver, and Gold Films at Low Temperatures. ECS J. Solid State Sci. Technol. ,2015,4(1): N3084-N3093.

第7章

等离子体蚀刻对逻辑集成电路良率及可靠性的影响

摘　　要

在集成电路制造中,从最开始的有源区蚀刻到最后的钝化层蚀刻,等离子体蚀刻工艺贯穿始终。以28nm逻辑工艺为例,有近百道等离子体蚀刻步骤。等离子体蚀刻工艺的重要性主要体现在以下3方面:①在光刻工艺定义出图形的基础上,等离子体蚀刻工艺将光刻胶上的图形传递到硅片上形成器件最终的图形;②器件大部分的形貌控制由等离子体蚀刻决定;③很多材料在作用完成后的去除,例如离子注入后的光刻胶去除。本章讲述的是等离子体蚀刻工艺对逻辑集成电路的良率(yield)以及可靠性(reliability)的影响。

每一代集成电路成套工艺开发,从开始到量产一般会经历以下几个阶段:决定用什么技术;确定工艺流程;初步测出电学数据;优化工艺使电学性能基本达到目标;继续优化工艺使整个器件有初步功能;优化工艺提升器件成品率,即良率;优化工艺提高器件可靠性。可以看出良率和可靠性是成套工艺开发的终极目标,工艺的优化一直围绕这两点来进行。器件有了规定的功能,就认为是有了良率,但有可能在工作条件下只使用了很短时间就丧失功能,这属于可靠性的问题。等离子体蚀刻工艺在良率和可靠性的提升中扮演了非常重要的角色。技术开发初期,一些明显的问题将导致良率和可靠性损失,例如明显的蚀刻深度不够,明显的关键尺寸控制不力等,本章将不做主要描述,本章主要讲述技术开发后期等离子体蚀刻工艺与良率以及可靠性之间错综复杂的关系。

作 者 简 介

周俊卿,1983 年出生于湖北,2003 年于中国科学技术大学获理学学士学位,2008 年于上海交通大学微电子学院获工学硕士学位。2009 年加入中芯国际集成电路制造(上海)有限公司技术研发中心蚀刻部门并工作至今,负责从 45nm、28nm 平面 MOSFET 一直到 14nm FinFET 逻辑芯片的蚀刻工艺开发。国际上首次在半导体蚀刻工艺优化中采用均匀试验设计优选技术,并在改善铜互连可靠性方面取得突破性成果。以第一作者发表国际会议论文 9 篇,持有发明专利 40 余项。2013 年获得上海市人才发展资金资助。2016 年度上海市科委青年科技启明星(B 类)项目负责人。

7.1　等离子体蚀刻对逻辑集成电路良率的影响

芯片要达成所需功能，从设计、制造到封装的每一步都很关键。随着集成电路尺寸不断微缩，晶体管的时序窗口不断缩小。先进工艺逻辑集成电路制造中，工艺波动对晶体管工作时序窗口造成的影响越来越大，因此芯片在设计时就必须要考虑芯片的可制造性。设计完成的版图进入工厂首先要进行检查，查找会对生产带来困难或者根本不可能制造出来的图形，并进行合理调整。进入制造阶段，对成熟成套工艺来说，芯片的良率会很快上升，甚至可能一次流片良率就能达标。但对处于开发阶段的工艺来说，良率上升会是一个漫长的过程，时间跨度可能达数个季度，甚至更久。本节将介绍逻辑集成电路制造中良率的概念，以及良率提高的过程，并讨论等离子体蚀刻工艺对良率提升的关键作用。

7.1.1　逻辑集成电路良率简介

半导体生产制造的每个环节，都有可能引起最终产品的失效。在制造厂从晶圆下线到制造完成，一般会经历几百道工艺，制造厂最关心的是在一片晶圆上最终有多少个晶粒符合出货要求，良率就是量化这个能力的指标。例如一片晶圆上有 1000 个晶粒，最终有 900 个晶粒通过了最终的电学性能测试，那么这片晶圆的良率就是 90%。同一个批次(lot)中的 25 片晶圆，由于位置、顺序等细微的区别，最终的良率也会不一样，但一般不会有大的差异。良率也会随着生产线上机台参数随时间的漂移而产生波动，有时一个大的偏差(variation)或异常(excursion)会导致良率骤降。长期稳定在高水平的良率是一条生产线成熟的标志。

对于工艺引起的器件失效，按照失效特征可以分为参数性(parametric)和功能性(functional)失效。参数性失效指器件电参数不优化而达不到设计要求，例如额定工作电压下芯片工作频率过低，静态时功耗超出额定范围等，习惯上称为软失效(soft fail)。功能性失效指器件功能丧失，某些电学参数根本无法测出，如存储器读写失败，逻辑电路的运算结果错误等，习惯上称为硬失效(hard fail)。参数性失效主要与器件的各项物理参数有关，例如栅极尺寸、有源区尺寸、有源区掺杂浓度等。蚀刻是定义器件尺寸、厚度、形貌的关键工艺，对参数性失效影响很大，例如由于机台维护不当而导致栅极尺寸出现大的偏差，就会产生良率损失。功能性失效往往是由晶圆上的缺陷引起的，缺陷包括晶圆上的物理性异物、化学性污染、图形缺陷、晶格缺陷等。等离子体蚀刻作为半导体制造中的关键工艺对功能性失效也有很大影响，例如反应腔室掉落颗粒物在晶圆表面导致蚀刻被阻挡，蚀刻时间不够导致通孔与下层金属断路等。从这里可以看出，逻辑集成电路良率提升基本可以分为两部分，一部分是器件部门通过实验选择合理的器件参数，另一部分是工艺部门优化解决整个流程上各种缺陷，而工艺整合部门将上面两部分的工作整合在一起而达到最终目标。

缺陷分为随机(random)缺陷和系统性(systematic)缺陷。随机缺陷在时间上和空间上都随机出现，一般保持在很低的水平，并且很难改善。系统性缺陷有很强的条件相关性，即在某种条件下一定发生或者高概率发生，常常与版图特征相关，也可能与产品的特殊设计相关。以蚀刻反应腔室掉落颗粒物为例，如果颗粒物数量保持在很低的范围内随机掉落就属于随机缺陷，如果在较高的水平就属于系统性缺陷，可以通过改进腔室内材料或涂层来消除，同时要注意维护，定期清理腔室，去除工艺过程在腔室内留下的残留物。与工艺相关的一般为系统性缺陷,工艺优化就是尽量消除这些缺陷跟工艺的相关性,例如在图形密集区和疏松区,通孔的深度要尽量接近,以保证两种通孔都有足够的过蚀刻量,再例如整片晶圆中间和边缘的接触孔尺寸要尽量一致,以避免接触孔和栅极桥接到一起。

良率提升的实质是通过一次又一次的实验来解决所碰到的问题,是一个不断学习的过程。图 7.1 显示每个学习周期(learning cycle)的主要环节。良率要快速提升,学习周期就要缩短,尽量快速地将实验结果反馈到生产线上,以进行下一轮的工艺改善。

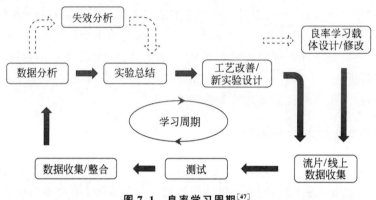

图 7.1　良率学习周期[47]

制造厂开发新一代的成套工艺时,一般会使用包含有大量晶体管(例如 16MB、64MB)的静态随机存储器(SRAM)作为良率学习载体。图 7.2 为 SRAM 的阵列示意图。相比于一般的逻辑产品,SRAM 的密度更高有更好的缺陷覆盖能力,另外阵列化和地址化的布局能够快速并精准地将缺陷定位到某个晶体管,易于进行失效分析,快速找到失效机制,更快地对工艺改变做出反馈。SRAM 对功能性失效能快速地反馈,但对参数性失效缺乏有效的追溯手段。为了有效分析良率数据,确认影响良率的原因,可以将良率分解为各种因素单独起作用时的良率。一般将只有缺陷这一种机理起作用时产品能达到的最高良率称为缺陷有限良率(Defect Limited Yield,DLY),通过 SRAM 的 DLY 就能更准确地监控工艺上的缺陷。较高的 SRAM 良率,并不代表该成套工艺符合逻辑电路制造的要求,因为逻辑电路版图和 SRAM 版图千差万别,SRAM 并不能完全覆盖逻辑电路版图中的各种难点。因此在真正逻辑产品上也需要进行良率学习,SRAM 良率学习的经验会大大加快逻辑产品良率的提升。

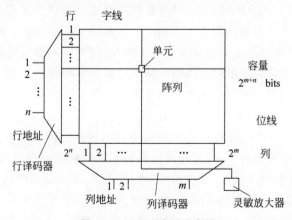

图 7.2　SRAM 阵列示意图

要使用 SRAM 阵列来分析工艺缺陷,首先必须了解 SRAM 单元的结构。图 7.3(a)为典型 6T SRAM 的电路图,6T 指每个单元由 6 个 MOSFET 构成,图中 M2/M3 和 M4/M5 分别为两个 CMOS 反相器,反相器循环相连而成的存储结构可以处于两种稳定状态 0 和 1,再加上两个选通晶体管 M1 和 M6 就组成了一个完整单元。其中 M2 和 M4 为 PMOSFET,导通时漏极输出高电位,称为上拉(Pull Up)晶体管。M3 和 M5 为 NMOSFET,导通时漏极输出低电位,称为下拉(Pull Down)晶体管。M1 和 M6 也是 NMOSFET,用来控制存储单元,称为 Pass Gate 晶体管。V_{CC} 和 V_{SS} 分别为输入高电位和低电位,WL 为字线,BL 为位线。图 7.3(b)显示先进技术节点所使用的 6T SRAM 版图,图上纵向点填充条为有源区(AA),横向实心条为栅极(gate),带叉方块为接触孔(contact,CT),每个 AA 和 gate 的交叉就组成一个 MOSFET,与电路图中一一对应的 6 个 MOSFET 标于图上。图 7.3(c)为实际制造器件的 SEM 俯视图,图中已将 SiO_2 介质层通过氢氟酸去除,只剩下了 AA、gate 和 CT,结构与图 7.3(b)非常相似,很方便辨认,图上不仅标出 6 个 MOSFET,也标记了图 7.1(a)所示各节点,以大写英文字母表示。每个单元重复排列就组成了存储阵列,常说的 SRAM 16MB、64MB 存储大小就是指这种单元的总数量。

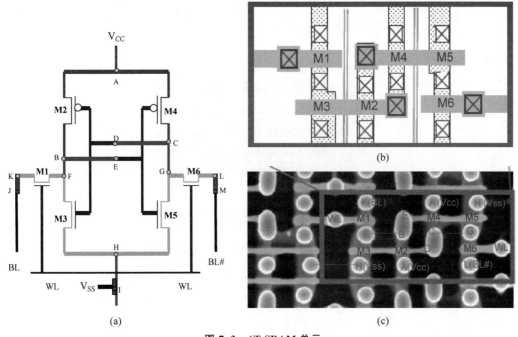

图 7.3　6T SRAM 单元

(a) 电路图;(b) 版图;(c) 实际器件 SEM 俯视图

6 个 MOSFET 的互连通过接触孔和各层金属层完成。单元内部互连 B 和 E、C 和 D 通过接触孔完成,如图 7.3(c)所示;B 和 F、C 和 G、H 和相邻单元的 H 互连通过第 1 金属层完成,如图 7.4(a)所示;之后纵向所有单元的 BL、BL♯、V_{CC} 互连通过第 2 金属层完成,如图 7.4(c)所示;横向所有单元的 WL、V_{SS} 互连通过第 3 金属层完成,如图 7.4(e)所示。图 7.4(b)、(d)分别显示金属层 1 和金属层 2 之间的 V1 通孔,金属层 2 和金属层 3 之间的 V2 通孔的图形。当集成电路微缩到 20nm 节点以下时,CT 和 M1 的图形密度太高,已经达到光刻工艺的极限,就需要将 CT 和 M1 上的图形拆分,以降低图形密度,增大可制造性。一般会将这两张掩膜版的图形拆分成 3 张掩膜版来完成,显然使用 3 层掩膜版时每层的图形与两层掩膜版时会有区别,但最终达到功能是相同的。目前铜互连一般采用双大士革工艺,蚀刻通孔和沟槽有多种方案可供选择,相关内容详见本书第 3 章。

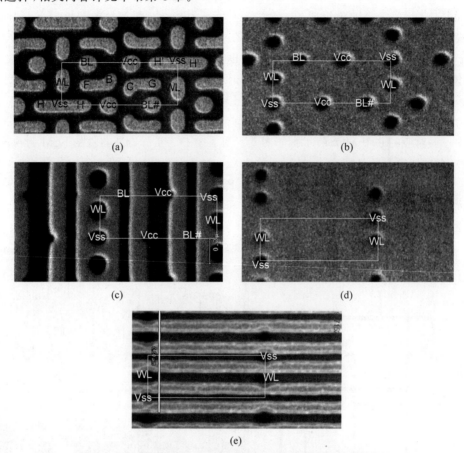

图 7.4 6T SRAM 单一单元中各层互连的沟槽和通孔的图形

(a) M1 互连(CMP 之后);(b) V1 通孔(蚀刻之后);
(c) M2 互连(蚀刻之后);(d) V2 通孔(蚀刻之后);(e) M3 互连(蚀刻之后)

6T SRAM 良率测试完成后,如要确定失效原因,需要进行失效定位(Failure Isolation)和失效分析(Failure Analysis,FA)。典型 FA 方法有 EFA(Electrical Failure Analysis)和 PFA (Physical Failure Analysis)。一些常用的 EFA 工具和方法包括 Memory 的测试,VC(Voltage Contrast),LCD(Liquid Crystal Detection),OBIRCH(Optical Beam Induced Resistance Change), EMMI(Emission Microscopy);一些常用的 PFA 工具和方法包括 FIB(Focused Ion Beam),SEM (Scanning Electron Microscope),TEM(Transmission Electron Microscope),EDS (Energy Dispersive Spectrometer)等。EFA 能将阵列中所有失效单元找出,并根据失效模式(Failure Mode)分类。图 7.5 为 SRAM 阵列中各种可能的失效模式,SB (Single Bit)表示一块区域内只有 1 个单元失效; DBC(Dual Bit Column)表示一块区域内纵向相邻

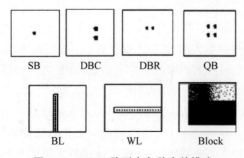

图 7.5 SRAM 阵列中各种失效模式

2 个单元失效；DBR(Dual Bit Row)表示一块区域内横向相邻 2 个单元失效；QB(Quadruple Bit)表示一块区域内成正方形排列的 4 个单元失效，BL(Bit Line)表示纵向一列单元失效；WL(Word Line)表示横向一排单元失效；Block 即为块状区域单元失效。以图 7.4(b)中 V1 为例，V_{cc} 通孔如果断路会导致上下 2 个单元失效，即 DBC；WL 通孔如果断路会导致左右 2 个单元失效，即 DBR；V_{ss} 通孔如果断路会导致周围 4 个单元失效，即 QB。其他栅极、接触孔、通孔、沟槽有可能导致的失效模式可以此类推。注意 CT 断路不会导致 QB 以上的失效，通孔不会导致 SB 失效除非断路的通孔处于阵列边缘，如果一列或者一行失效基本是金属线断路，SRAM 周边电路里的问题一定导致条状或块状的失效等。

可以将失效模式按严重性排序，比较不同晶圆间失效模式的差异，如图 7.6(a)所示，可以看出第 2 个和第 3 个条件的 DBC/DBR/QB 比第 1 个条件明显升高，基本可以判断是通孔断路导致。作出每种失效模式在晶圆上的分布图 7.6(b)，可以看出这几种失效基本处于晶圆上靠中间的一圈，这种特殊图形可以作为怀疑某些特定工艺与失效存在关联性的证据。

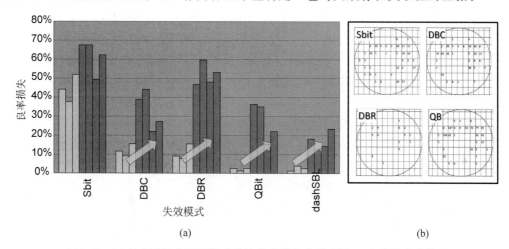

图 7.6　(a)按良率损失严重程度排序的分类失效模式及(b)失效模式分布图

EFA 定位失效位置后，再使用 PFA 方法来找出失效的根源，图 7.7 展示了一个失效分析的典型案例。Bit map 显示在晶圆边缘位置有 DBC 失效，将该区域从晶圆上切下，打磨到 M1 金属层，再用电压衬度(VC)方法发现某一块金属(BL 位置)在电压下发暗，与周围类似区域表现不一样，切开后剖面显示 CT 填充出现问题，失效原因一目了然[47]。

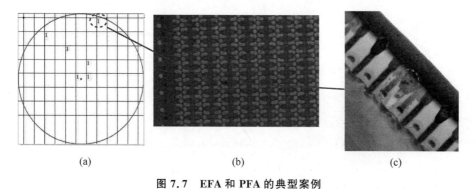

图 7.7　EFA 和 PFA 的典型案例

(a) DBC Bit map；(b) 电压衬度；(c) TEM

7.1.2 逻辑前段蚀刻工艺对逻辑集成电路良率的影响

前段工艺指晶体管源、漏、栅极的制作工艺,它的作用是形成最基础的器件,在逻辑集成电路中主要为 MOSFET 器件。相关的蚀刻工艺主要包括有源区(Active Area,AA)蚀刻、多晶硅栅极(Poly Gate)蚀刻、侧墙(spacer)蚀刻、灰化(ashing)等,在最新的 45nm 和 28nm 工艺中还涌现出伪栅去除(Dummy Poly Gate Removal,DPGR)和源漏硅凹槽蚀刻(Si recess)等工艺。

芯片直流性能主要由前段工艺决定,相关关键参数包括晶体管阈值电压 V_T、饱和区电流 I_{dsat}、关断电流 I_{off} 等;交流性能主要由 RC 延迟决定,其中电阻 R 包括前段接触孔与源漏的接触电阻和后段的导线电阻、通孔接触电阻,电容 C 包括前段的各种叠加电容(overlap capacitance),如栅漏电容 C_{gd} 等,以及后段电介质电容。芯片参数性失效大部分是由前段工艺导致的。以 NMOS 为例,I_{dsat} 可表达为式(7-1),其中 μ_n 为沟道里载流子(此处为电子)迁移率,C_{ox} 为氧化层电容,W 为器件沟道宽度,L 为沟道长度,V_G 为栅极电压,V_T 为阈值电压。

$$I_{dsat} = \frac{1}{2}\mu_n C_{ox} \frac{W}{L}(V_G - V_T)^2 \tag{7-1}$$

饱和区电流体现了器件驱动能力,一般需要尽量提高。从式(7-1)可得出提高 I_{dsat} 的方法主要有 3 种:①增大载流子迁移率,在先进技术节点所用手段为应变硅技术,例如在 PMOS 和 NMOS 上分别使用 SiGe 和 SiC 的源漏;②增大氧化层电容,主要手段为减薄栅极电介质厚度或增大介电常数,例如引入基于氧化铪的高 k 材料代替 SiO_2 作为栅极介电材料;③增大器件的宽长比,例如 3D 晶体管 FinFET。关断电流 I_{off} 作为 $V_G = 0$ 时的漏电流,通过器件尺寸变化来提高 I_{dsat} 的动作都会导致 I_{off} 相应幅度的上升,而通过应力来增大载流子迁移率和引入高 k 材料的方式来提高 I_{dsat},I_{off} 增大幅度很小,由此可以改善器件性能。阈值电压的公式为式(7-2a),其中 V_{FB} 为平带电压,ϕ_S 为表面势,N_{sub} 为衬底掺杂浓度,W_{dep} 为耗尽层宽度,C_{ox} 为氧化层电容。阈值电压公式中的 W_{dep} 与蚀刻定义的关键尺寸 L 和 W 强相关。式(7-2b)表明,随着晶体管微缩,L 和 W 越来越小,V_T 的方差即波动性越来越明显。图 7.8(a)为 V_T 波动因素的示意图。图 7.8(b)的模拟结果[1]表明随着 W 缩短,V_T 的偏差增大并趋近饱和;随着 L 缩短,V_T 的偏差急剧增大,而且实际测量得到的 V_T 偏差更大。

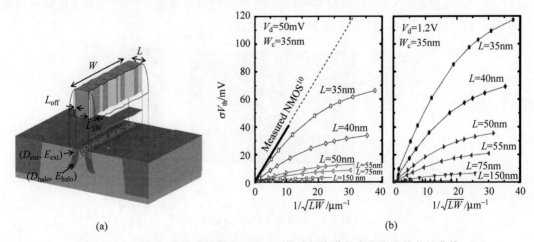

图 7.8 (a)导致 V_T 波动的因素及(b)V_T 偏差与沟道长度和宽度的关系曲线

$$V_T = V_{FB} + \phi_S + \frac{q N_{sub} W_{dep}}{C_{ox}} \tag{7-2a}$$

$$\sigma V_T = \frac{q}{C_{ox}} \sqrt{\frac{N_{sub} W_{dep}}{3LW}} \tag{7-2b}$$

1. 有源区蚀刻

有源区蚀刻对参数性失效的影响体现在式(7-1)和式(7-2)中的有源区宽度 W。根据式(7-1)，有源区蚀刻定义的沟道宽度 W 与 I_{dsat} 成正比关系，3D 结构的 FinFET 能极大地增大 W，是提高晶体管驱动电流的有效手段。根据式(7-2b)，阈值电压的方差随 W 减小而增大，减小 W 尺寸的偏差能降低阈值电压的波动。

有源区蚀刻相关的缺陷能引起功能性失效。有源区蚀刻的首要目标是定义有源区宽度 W，然后在蚀刻后的沟槽中填充 SiO_2 来隔绝各个器件，以避免相邻器件之间的漏电流，即所谓的浅沟槽隔离(STI)技术。由于器件尺寸不断微缩，该隔离槽的深宽比越来越大，如表 7.1 所列，相应的填充难度也越来越大，因此蚀刻后的沟槽形貌控制就非常关键。由于蚀刻深度和上开口大小的限制，一般最新技术节点要求沟槽侧壁角度为 $87° \sim 88°$[3]，而且要有很好的均匀性。图 7.9 显示了非优化的有源区蚀刻导致隔离槽电介质填充产生空洞，而优化后的有源区蚀刻能很好地改善填充结果。

表 7.1 各个技术节点有源区填充的深宽比[2]

	Trench width	Trench depth+pad stack	Aspect Ratio(AR)
65nm CMOS	70nm	400~500nm	~7
45nm CMOS	55nm	400~500nm	>9
32nm CMOS	40nm	400~500nm	>12

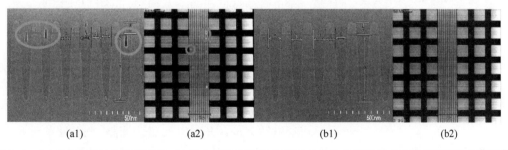

(a1)　　　　　(a2)　　　　　(b1)　　　　　(b2)

图 7.9 （a）非优化的有源区蚀刻和（b）优化过的有源区蚀刻所对应的介质层填充后的截面图和俯视图[4]

有源区制造工艺流程如果处理不当会产生一种 STI 凹槽缺陷，其对良率的杀伤很大，其机理如图 7.10 所示。有源区蚀刻后沟槽侧壁会残留大量聚合物，如果清洗不干净，后续填孔和清洗工艺会在 STI 的边缘留下凹坑，然后经过栅极沉积和蚀刻就会在 STI 边缘留下多晶硅残留物，该残留物会导致漏电流增加或者短路。在不同的工艺步骤后都能观察到该缺陷，如图 7.11 所示，栅极形成后在 STI 边缘发现填满多晶硅的凹坑，在自对准金属硅化物形成后也发现了多余的金属硅化物。该缺陷的解决主要依靠增强蚀刻后清洗对聚合物的清洗能力和通过工艺整合的优化来减小 STI 边缘小凹槽的深度。

2. 栅极蚀刻

根据式(7-1)，栅极蚀刻定义的沟道长度 L 与饱和区电流成反比关系，在短沟道效应显现

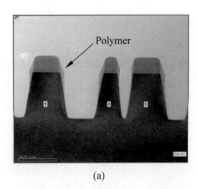
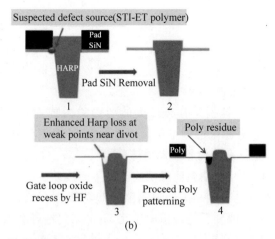

图 7.10　STI 凹槽缺陷的机理

(a) 有源区蚀刻后侧壁附着聚合物；(b) 该聚合物残留会导致栅极蚀刻后的多晶硅残留物[5]

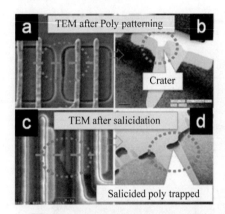

图 7.11　STI 凹坑缺陷的 TEM 图

(a) 栅极图形形成后的缺陷俯视图；(b) 凹坑缺陷 TEM 图；(c) 自对准金属硅化物形成后缺陷俯视图；(d) TEM 显示凹槽内多出来的金属硅化物[5]

之前,缩小栅极尺寸是改善器件性能的有效手段。下面以栅极尺寸来说明良好控制关键尺寸(CD)与关键尺寸均匀性(CDU)对提高良率的重要性。图 7.12(a) 中 PMOSFET 的栅极尺寸在晶圆边缘较小其对应的 I_{dsat} 较大,晶圆中央的栅极尺寸较大其对应的 I_{dsat} 就较小。由于良率是对整片晶圆而言,晶圆上每个晶粒 I_{dsat} 的均匀性对良率有直接影响,因此对整片晶圆上栅极尺寸的均匀性提出了很高要求,一般在 28nm 技术节点栅极尺寸的全晶圆 3-sigma 要达到 2nm 以下。表 7.2 列出了世界主流栅极蚀刻机台 Lam Kiyo 为了改善均匀性而做出的改进,主要体现在增加进气方式的选择,反应腔室边缘额外增加一管或几管调节气体,还有增加能独立控温的 ESC(electrostatic chuck)加热区域个数来控制晶圆表面的温度。图 7.12(b) 显示了通过蚀刻机台升级以及工艺调整,全晶圆关键尺寸的 3-sigma 从 2.9nm 改善到 1.8nm,均匀性得到明显改善[6]。

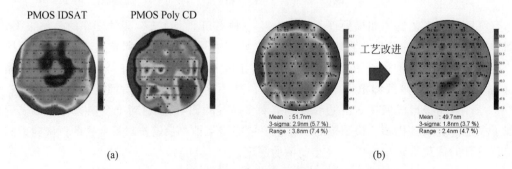

图 7.12　(a)PMOSFET 饱和区电流与栅极尺寸分布强相关,
(b)调整蚀刻工艺能明显改进栅极尺寸均匀性

表 7.2　主流有源区和栅极蚀刻机台的改进以提高均匀性[45]

	Lam Kiyo 45	Lam Kiyo CX	Lam Kiyo EX
Gas injection mode	Center/Edge/Equal	Center/Edge/Equal	Center/Edge/Equal
Edge Tuning gas	NA	NA	CH$_3$F
ESC temperature	2 Zone ESC	4 Zone ESC	4 Zone ESC

栅极蚀刻的另一个重要概念是 TPEB(Through Pitch Etch Bias),其定义为不同节距(pitch)下栅极蚀刻后相对于光刻后线条 CD 的变化量,反映了不同节距下栅极 CD 的一致性。芯片设计时要求在图形密集区和空旷区的蚀刻后栅极 CD 相同,因此需要 TPEB 在随节距变化时尽量稳定。图 7.13(a)中蚀刻工艺优化使得栅极尺寸的 TPEB 变得差异更小,因此其对应的阈值电压分布也更收敛,如图 7.13(b)所示。改变 TPEB 主要通过对光阻的处理来实现,例如光阻在等离子体作用下的硬化、回流(reflow)等。通过优化栅极 CDU 和 TPEB,晶圆良率能得到明显改善。

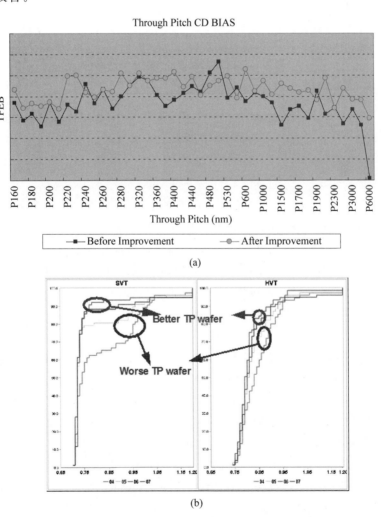

图 7.13　(a) 调整蚀刻工艺改善栅极 TPEB,(b) 相应的阈值电压分布也得到改善[6]

栅极线条的粗糙程度反映了更微观的均匀性,其决定了相邻两个或几个晶体管性能的相似程度,粗糙度大小可以通过 LER(Line Edge Roughness)或 LWR(Line Width Roughness)来表征。图 7.14 形象地解释了 LER 对晶体管性能波动的影响。由于栅极尺寸的波动,离子注入时衬底掺杂的轮廓由栅极的粗糙边缘传递下来,进而造成晶体管 V_T 的波动,因此栅极尺寸的 LER 对邻近晶体管性能的匹配非常关键。只有晶体管匹配,整个电路功能才能实现。图 7.14(c)显示随着栅极尺寸减小,LER 对 I_{dsat} 的影响较小,但对 I_{off}(即晶体管关断电流)的影响越来越大,因此栅极 LWR/LER 是影响器件性能的关键参数,一般在先进技术节点,栅极线条的 LER 要小于 2.5nm,LWR 要小于 3.5nm[46]。

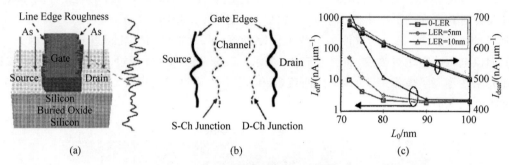

图 7.14　LER 对晶体管性能波动的影响

(a)衬底掺杂的轮廓由栅极粗糙度传递下来;(b)局域区域沟道长度由栅极 LER 决定;(c)LER 对 I_{dsat} 与 I_{off} 的影响[7]

简而言之,CDU 反映整片晶圆宏观均匀性,TPEB 反映不同特征图形的一致性,LER 和 LWR 反映局部图形的均匀性,通过蚀刻工艺调整使上述各指标都能满足要求,全晶圆的良率才有保证。

3. 侧墙蚀刻

侧墙(spacer)作为抑制短沟道效应的一种有效手段,其蚀刻工艺也对器件参数有重要影响。侧墙尺寸与形貌决定离子注入后衬底掺杂分布的轮廓,进而影响 I_{dsat} 的分布,侧墙尺寸还决定了栅漏电容 C_{gd} 的大小,其均匀程度同样能决定器件性能的波动程度。Han[8]等发现,通过更换不同供应商提供的蚀刻机台,改良后的低蚀刻速率版本侧墙蚀刻工艺能带来 40% 的良率改进,Ring-OSC 损失的分布在新的工艺下也更加收敛,如图 7.15 所示。这些都归结于更好的侧墙尺寸与形貌均匀性。

4. 灰化工艺

灰化工艺的作用为离子注入或蚀刻后的光阻清除,工艺后表面残留物的多少直接影响到良率。Meng[9]等的研究显示在多次的 LDD 离子注入后灰化中使用 H_2 含量更高的 N_2/H_2 混合气体能带来 10%~20% 的良率提升。主要机理为 C-H 键键能 3.5eV 低于 C-C 键键能 6.3eV,H_2 与光阻反应能避免光阻表面硬化,进而避免形成板结状的难以去除的残留物。灰化不可避免带来源漏区的硅损失。实验表明在全部 10 次 LDD 离子注入后光阻灰化中,使用更高 H_2 含量的 N_2/H_2 混合气体能减少 2.3% 的硅损失,因此对器件性能提高也有帮助。

源漏硅凹槽蚀刻(Si Recess)后灰化对后续步骤锗硅(SiGe)的外延生长非常关键,SiGe 生长的好坏、缺陷多少直接影响其施加于沟道内的应力,从而影响晶体管性能,严重的缺陷可导致功能性失效。研究表明表面 Si-C 键的形成是 SiGe 生长缺陷的主要原因,简单的加长 $N_2/$ H_2 灰化时间能有效地减少表面残留物,但却会导致 SiGe 生长缺陷增多,因为其不能有效地去

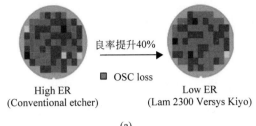

(a)

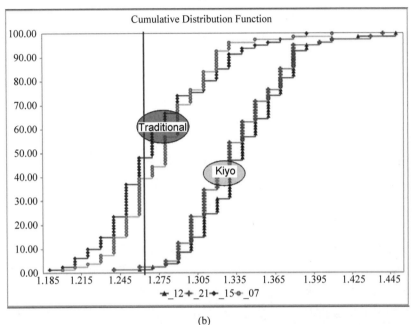

(b)

图 7.15　(a)新侧墙蚀刻工艺提高良率并使(b)Ring-OSC 分布更加收敛

除光阻和蚀刻气体中的 C 在 Si 表面形成的 Si-C 键。O_2 灰化能去除 Si-C 键,但其氧化 Si 表面,而使用氢氟酸去除该氧化硅会导致有源区损失,带来其他问题。高 H_2 含量的 N_2/H_2 灰化可以更好地解决这个问题,不仅能有效去除 Si-C 键,而且不会带来 Si 氧化问题。

5. 伪栅去除工艺

伪栅去除工艺使用等离子体去除多晶硅栅,不可避免地会损伤下面的功函数调节金属,影响到器件的金属半导体功函数,进而影响阈值电压,因此伪栅去除工艺对参数性失效引起的良率损失也有较大影响。伪栅去除时 PMOS 和 NMOS 界面处形貌如果控制不力,会导致金属栅填充问题,进而引起功能性失效。

Ji[10]等发现,使用特定等离子体来清除第二次伪栅去除后的聚合物残留,能减小功函数调节金属表面界面层厚度,进而改善阈值电压 18%。但由于之前形成的 PMOS 金属栅极表面 Al 暴露在该特定等离子体下,这种方法会带来 Al 损伤。如果使用同步脉冲方式的等离子体,就能同时达到消除 Al 损伤和改善阈值电压的效果。

Wang[44]等研究了伪栅去除时的多晶硅残留问题。他们使用的伪栅去除工艺流程先是干法蚀刻去除部分多晶硅栅,然后用湿法蚀刻,如 TMAH 来去除剩下的多晶硅,尽量减少等离子体对栅极高 k 层的损伤,而干法蚀刻后形成的 Si-O 薄层会阻挡后续的湿法蚀刻,进而留下难以去除的多晶硅残留。通过引入干法蚀刻后处理工艺,将 Si-O 薄层转变为 TMAH 能够去除的材料,成功解决了多晶硅残留问题。而且该处理能够激活蚀刻后栅极沟槽中残留的 F、Cl、Br 等原子,增强多晶硅去除能力。

7.1.3 逻辑后段蚀刻工艺对逻辑集成电路良率的影响

后段工艺是指接触孔、互连线、通孔和绝缘层的制作工艺,它的作用是将有源器件连接到特定的电路结构中。相应的蚀刻工艺包括接触孔(contact)蚀刻、金属硬掩膜(Metal Hard Mask)蚀刻、第一金属层(metal 1)蚀刻、一站式(All-in-one)蚀刻等。对后段来说能连通是第一要务,在不能有任何断路的基础上,还要各连接线和孔之间不产生短路。后段引起的良率损失主要是断路或短路导致的功能性失效,而参数性失效主要为 RC 延迟太高引起的芯片频率降低。

1. 接触孔蚀刻

长期以来,接触孔制作使用镶嵌工艺,先蚀刻出孔洞,然后填充金属(一般为钨),最后经过 CMP 平坦化。接触孔对良率的影响非常显著,接触孔蚀刻作为形成孔洞的重要步骤,对良率提升非常关键,一是要保证连通,二是要保证接触孔和栅极之间不要短路。接触孔最接近有源区,图形密度非常高,其主要承担将 MOSFET 的源漏栅极引出的任务,不仅要作为过渡层将某些电极与后面金属层相连,而且还要完成一部分的局部互连任务。以 SRAM 区为例,图 7.16(a)显示 SRAM 区里按功能区分的 6 种接触孔,其中 V_{ss}、Node、BL 和 V_{cc} 是落在源漏区的接触孔,WL 落在栅极上,SCT(share CT)一半落在源漏,一半落在栅极。由此可以看出不同接触孔所需蚀刻深度不同,例如 WL 比落在源漏区的接触孔蚀刻深度浅,这就对蚀刻选择比提出了很高的要求,既要保证源漏区接触孔能连通,又要保证栅极上接触孔不要过蚀刻太多。V_{cc} 作为落在 PMOS 源漏上的接触孔,由于 PMOS 的 AA 比 NMOS 的 AA 尺寸小,V_{cc} 的尺寸在 4 种源漏上接触孔中最小,因此其深宽比最高,对蚀刻、清洗和填孔带来了很大困难,

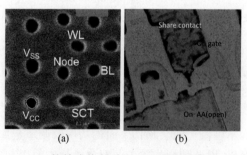

图 7.16 (a)接触孔蚀刻后 SRAM 区俯视图和(b)典型的 share CT 断路

其尺寸和形貌控制是接触孔蚀刻的一大难点。SCT 作为局部互连线,在蚀刻中途,一半的区域停在栅极上的蚀刻阻挡层上从而产生大量的聚合物,而另一半区域还要继续蚀刻到源漏上,因此为了避免聚合物阻挡蚀刻,对聚合物的控制和清除就非常关键。图 7.16(b)显示由于聚合物阻挡导致的接触孔断路[47]。接触孔尺寸、尺寸均匀性和圆整度的控制非常关键,如控制不力,会导致接触孔和栅极短路,这种失效在技术开发初期非常常见。一般先进技术节点需要全晶圆接触孔尺寸 3-sigma 控制在 3nm 以下,孔的圆整度控制在 2nm 以下[46]。

2. 金属硬掩膜蚀刻与第一金属层沟槽蚀刻

第一金属层为紧挨着接触孔的互连线,其图形密度与接触孔不相上下,而且同时具有孔状和槽状图形,对图形形成例如 OPC 和光刻工艺提出很大挑战。由于采用大马士革工艺,第一金属层蚀刻要保证下面的接触孔充分暴露,以连通接触孔并降低接触电阻。在金属硬掩膜技术下,金属硬掩膜蚀刻所定义图形的保真度和沟槽蚀刻中侧墙角度控制是保证连接的关键。如图 7.17 所示,图(a)为光刻后图形,图(b)显示在金属硬掩膜蚀刻后图形失真,有明显后退,

图(c)显示在沟槽蚀刻后由于侧壁不够垂直,蚀刻下面接触孔暴露出来的面积进一步缩小。硬掩膜图形保真度与光阻厚度、蚀刻时对光阻选择比以及类似栅极的 TPEB 有关,全晶圆尺寸均匀性对整片晶圆上图形保真度非常关键,这些要求是硬掩膜蚀刻中必须要解决的挑战。沟槽蚀刻时在图 7.17(c)中区域需要侧壁尽量垂直,但在最小尺寸区域需要侧壁有一定角度以利于铜填充。不同区域不同的要求是沟槽蚀刻时所需要解决的问题,通过系统性的研究,最终会选择的是两边都能有一定工艺窗口的折中方案。

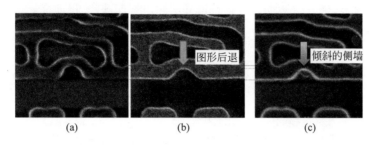

图 7.17　第一金属层的(a)光刻后图形、(b)硬掩膜蚀刻后图形、(c)沟槽蚀刻后图形

3. 一站式蚀刻

第一金属层之后的互连线和通孔作为中间层互连结构,其局部图形密度相对要低,先进技术节点一般采用通孔和互连线一次成型的一站式蚀刻技术。由于通孔和互连线的互相影响,其蚀刻复杂性和难度相比接触孔蚀刻有过之而无不及。不同于 SRAM 区的重复单元设计,逻辑电路中有各式各样的特殊图形,通过 SRAM 区良率考验的工艺不一定适合逻辑区。图 7.18为逻辑电路中一站式蚀刻的难点区域。从图 7.18(a)的版图来看,V1 的底部尺寸受纵向的M1 限制,太大会与其短路;同时 V1 的顶部受横向 M2 硬掩膜限制,如太大有与纵向 M2 短路的风险,但太小的话会有跟下面 M1 断路或者接触电阻太高的风险。所有这些风险都要靠合适的一站式蚀刻工艺窗口来控制。与下层 M1 的短路风险由合适的通孔尺寸和斜面形貌来控制,与下层 M1 的良好接触需要通孔蚀刻时对金属硬掩膜相对较低的选择比和尽量垂直的通孔侧壁,与上层 M2 的短路风险需要合适的通孔尺寸和相对较高的通孔蚀刻对金属硬掩膜选择比来控制。这些限制构成了一站式蚀刻工艺开发中的挑战,选择合适的通孔蚀刻对金属硬掩膜选择比是其中关键。图 7.18(b)是满足这些要求,并通过最终良率考验的一站式蚀刻工艺下该结构的剖面图。

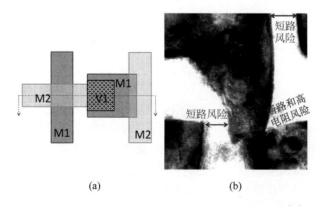

图 7.18　(a)典型的逻辑电路版图和(b)TEM 截面图[11]

一站式蚀刻过程中的聚合物控制以及之后的湿法去除工艺都对良率有关键影响。图 7.19 显示了湿法清洗不能有效去除一站式蚀刻后残留的聚合物,进而导致铜填充出现空洞。Zhou[12] 等发现该缺陷倾向于分布在芯片边缘密封环(Seal Ring)区域,在蚀刻和清洗后通过 CDSEM 在该区域发现了大量聚合物残留,进而证明了这一观点。进一步研究发现聚合物残留的多少与蚀刻过程中下层金属 Cu 暴露于等离子体中时间长短有关,越早暴露产生越多的聚合物。依靠一站式蚀刻中通孔蚀刻步骤的优化,降低孔状区域和槽状区域也就是 Seal Ring 区域蚀刻深度的差异,能有效减少聚合物残留并消除该空洞缺陷,进而提高良率。

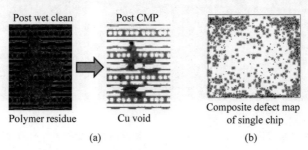

图 7.19 (a)聚合物残留导致铜填充空洞及(b)该空洞缺陷的叠加分布图[12]

后段 RC 延迟大部分来源于小尺寸的低层金属层,其电阻和电容都大大高于大尺寸的高层金属。根据电路复杂程度,一般逻辑芯片有 5~10 层低层金属。先进技术节点依靠引入超低 k 值介电材料来降低 RC,而一站式蚀刻定义的沟槽形貌和造成的不可避免的材料 k 值上升(即所谓的低 k 材料损伤)也能一定程度上影响 RC 延迟。图 7.20 显示沟槽蚀刻工艺对 RC 延迟的影响。可以看出沟槽越垂直,铜的厚度越厚,其 RC 延迟越低。但沟槽太直太深会导致铜填充困难而形成空洞,一般来说,避免空洞缺陷引起的功能性失效是第一要务,因此在 RC 延迟上往往会做出适当的牺牲。

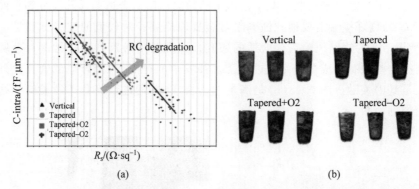

图 7.20 (a)不同沟槽蚀刻工艺所对应的 RC 曲线和(b)相应沟槽蚀刻工艺的剖面图[13]

后段互连线组成了整个芯片至少 90% 的体积,层数众多,各层薄膜之间如果黏附力不够或者应力不匹配会导致金属层分层,造成封装时的良率损失,蚀刻工艺如果处理不当会恶化这个问题。图 7.21(a)显示典型的金属层分层后剖面图[47],图 7.21(b)说明了其机理。一站式蚀刻打开蚀刻阻挡层(也是电介质材料的铜扩散阻挡层)后,一般会随即用等离子体清理表面残留的聚合物,如果等离子体改变了材料表面性质,使之变得亲水(水接触角变小),则在后续的湿法清洗中,湿气就会侵入金属和电介质界面并沿其扩散,降低界面黏附力,严重时引起上下金属层分层。研究表明 H_2 等离子体处理过的表面会变得亲水,因此一站式蚀刻后聚合物清理所用等离子体的种类和相关工艺也会影响到良率。

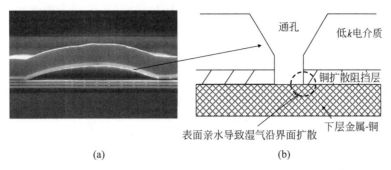

（a）　　　　　　　　　　　　　　　（b）

图 7.21　（a）金属分层的截面图及（b）分层的机理

7.2　等离子体蚀刻对逻辑集成电路可靠性的影响

芯片制造过程中会经历几十上百道等离子体蚀刻工艺,这些工艺对集成电路可靠性有广泛甚至决定性的影响。例如等离子体中由于局部电荷积累导致的栅氧化层损伤会带来各种各样的器件性能漂移,而且一些潜在的损伤在器件长时间运行下才能体现出来。本节将介绍集成电路可靠性的相关概念,重点关注晶圆制造阶段的可靠性问题,给出每个可靠性问题的评价方法,列出被业界认可的机理和模型,并讨论等离子体蚀刻工艺对每个可靠性问题的影响。

7.2.1　半导体集成电路可靠性简介

半导体器件是由各种材料所组成的精细结构,所有材料的性能都会随时间慢慢退化,当退化到器件的某个重要参数达不到完成规定功能所需要的值时,意味该器件失效了。器件失效一般归因于在一定应力(stress)条件下的材料性能退化,集成电路相关的应力一般为电压、电流、温度、湿度等,而退化几乎是自然界所有事物的基本特性,通常被认为是热力学第二定律的表现之一,即孤立系统的熵(无序程度)会随着时间增加。

可靠性的定义是系统或元器件在规定的条件下和规定的时间内,完成规定功能的能力。这是 1957 年 AGREE 研究报告给出的可靠性定义。所谓规定的时间即常说的寿命(life time),根据国际通用标准,电子产品的寿命必须大于 10 年,而组成产品的各个集成电路模块的寿命也必须大于 10 年,才能保证最终产品的寿命达到要求。通常而言,工作时间越长,可靠性越低,即产品的可靠性是随时间递减的函数。规定的条件指产品的工作条件,如环境条件、维护条件和操作方法等,同一产品在不同工作条件下工作而表现出来的可靠性水平和寿命是不同的。需要指出的是,器件的可靠性与器件的质量是两个不同的概念,质量是器件与时间无关的属性,而可靠性则与器件随时间的退化相关。

当器件的重要参数退化到不能正常工作时,器件失效,此时对应的时间称为失效时间(Time to Failure)。失效时间的概念与寿命不同,寿命强调是在规定条件,一般为工作条件下,而失效时间不是,有时为了器件能快速失效以缩短测试时间,我们会使用比较极端的外在条件,例如高温、高压。器件的最终失效时间不仅与器件的材料性能和微结构有关,也取决于器件承受的电场、温度、化学环境等应力的大小。对失效时间和应力的建模非常关键,模型直接决定了从高应力水平下的失效时间外推到低应力水平下的失效时间长短。一般很可能有多个模型都能很好地拟合高应力水平下有限的测试数据,这种情况下,除非有确切的证据证明此模型比彼模型更有效,否则我们一般希望选择一个更加保守的、偏安全的模型,即选择预测的失效时间较短的模型。保守意味着为了保证性能而牺牲成本,所以关键要了解导致器件失效的物理机制,从而选择更精确的失效时间模型。一般失效时间与应力的关系有指数模型(exponential model)与幂率模型(power law model),指数模型比幂率模型更保守。

将采用完全相同的工艺制造的器件置于相同的应力条件下,它们的失效时间也不相同。原因是虽然制造工艺相同,但材料内部的微观结构会存在一些随机性差异。因此器件失效是一个概率问题,失效时间满足一定的概率分布。常用的失效时间分布有对数正态分布和威布尔分布。

对数正态分布是在正态分布的基础上,假定失效与时间是对数关系,而不是与时间直接相关,它广泛地运用于描述由一般性自然规律导致的器件退化和失效,集成电路领域的电迁移(Electro Migration,EM)、应力迁移(Stress Migration,SM)、热载流子注入(Hot Carrier Injection,HCI)、负偏压温度不稳定性(Negative Bias Temperature Instability,NBTI)的失效时间就符合对数正态分布。对数正态分布的概率密度函数定义为

$$f(t) = \frac{1}{\sigma t \sqrt{2\pi}} \exp\left[-\left(\frac{\ln t - \ln t_{50}}{\sigma\sqrt{2}}\right)^2\right] \tag{7-3}$$

其中,t_{50} 是失效时间的中值;σ 是对数标准差。对数正态分布的累积失效分布函数 $F(t)$ 为

$$F(t) = \frac{1}{2}\mathrm{erfc}\left(\frac{\ln t_{50} - \ln t}{\sigma\sqrt{2}}\right), \quad t \leqslant t_{50} \tag{7-4a}$$

$$F(t) = 1 - \frac{1}{2}\mathrm{erfc}\left(\frac{\ln t - \ln t_{50}}{\sigma\sqrt{2}}\right), \quad t \geqslant t_{50} \tag{7-4b}$$

威布尔分布用来描述链式结构的失效时间分布,一个链式结构的整体失效往往取决于最薄弱的那个环节。半导体器件的经时电介质击穿(Time Dependent Dielectric Breakdown,TDDB)可以用威布尔分布描述。当电容中电介质的一小部分区域发生渗漏时,该区域会退化得比其他区域快,成为整个电容的最弱环节,该区域的击穿最终导致整个电容失效。威布尔分布与 TDDB 观测数据吻合极好。威布尔分布的概率密度函数定义为

$$f(t) = \frac{\beta}{\alpha}\left(\frac{t}{\alpha}\right)^{\beta-1}\exp\left[-\left(\frac{t}{\alpha}\right)^\beta\right] \tag{7-5}$$

其中,α 表示特征失效时间;β 为形状参数或称为威布尔斜率。威布尔分布的累积失效分布函数存在解析解

$$F(t) = \int_0^t f(t)\mathrm{d}t = 1 - \exp\left[-\left(\frac{t}{\alpha}\right)^\beta\right] \tag{7-6}$$

将上式移项并取对数,得到

$$\ln[-\ln(1-F)] = \beta\left[\ln\left(\frac{t}{\alpha}\right)\right] \tag{7-7}$$

可以看出,当 $F = 1 - 1/e = 0.63212$ 时,等式左侧趋向于 0,因此器件的特征失效时间 α 等于 63.212% 的器件失效时的时间。通常,威布尔分布的特征失效时间可简单地记为 t_{63}。

所谓失效率(Failure Rate)是指工作到某一时刻尚未失效的产品,在该时刻后,单位时间内发生失效的概率。一般记为 λ,它是时间 t 的函数,故也记为 $\lambda(t)$,称为失效率函数。由计算可得,器件的失效率 $\lambda(t)$ 可表示为

$$\lambda(t) = \frac{f(t)}{1 - F(t)} \tag{7-8}$$

失效率的基本单位是 FIT,它定义为 $1FIT = 10^{-9}/h$,含义为每十亿个器件工时里发生了一个失效,器件工时为总器件数和工时的乘积。

将威布尔分布的概率密度函数和累积分布函数代入上式可得威布尔分布的即时失效率

$$\lambda(t) = \frac{\beta}{t_{63}}\left(\frac{t}{t_{63}}\right)^{\beta-1} \tag{7-9}$$

上式表明,当 $\beta = 1$ 时,威布尔失效率是常数,与时间无关;当 $\beta < 1$ 时,威布尔失效率随时间减小;当 $\beta > 1$ 时,威布尔失效率随时间增大。

如果以失效率来描述电子产品失效的发展过程,其失效率与工作(使用)时间 t 之间的关系可描述为如图 7.22 所示的典型失效率曲线。因为该曲线的形状与浴缸相似,故称为浴缸曲线(bathtub curve)。图中有 3 个明显不同的阶段。在器件的使用初期,失效率相对较高,这个时间段称为早期失效阶段,对应的失效率称为早期失效率(Early Failure Rate,EFR),该阶段的失效主要是由于器件生产中的严重缺陷造成的,如硅片表面的划痕、玷污、划片应力、光刻缺陷等,这一阶段对集成电路平均寿命影响很大。为了避免"浴缸曲线"初期的不合格品出厂,往往加高电场和高温进行筛选,进行旨在剔除这类缺陷的"熟化"(burn-in)过程,去掉不合格品,那么在产品以后的使用时,从一开始便可使失效率大体保持恒定值,即进入所谓的本征失效或随机失效阶段。本征失效阶段的失效率极低且很稳定,其对应的失效率称为本征失效率(Intrinsic Failure Rate,IFR),该阶段发生的失效往往是由于器件内部存在微小缺陷造成的。经过本征失效阶段后,器件工作时间基本达到设计寿命值,于是失效率开始急剧增加,该阶段称为磨损(wear-out)阶段。器件磨损阶段的失效是由器件的正常退化导致,并与应力的大小密切相关。

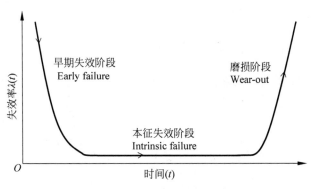

图 7.22 失效率的浴缸曲线

器件的寿命往往以 10 年作为标准,但显然不能将一个器件放在正常工作条件下运行 10 年后再来判断这个产品是否有可靠性问题。可靠性评估常采用加速寿命试验(accelerated life test)的方式,即把样品放在高电压、大电流、高湿度、高温、较大的气压等条件下测试,使样品加速退化,在可接受的时间内失效,然后根据样品的失效机理和模型来推算产品在正常工作条件下的寿命。加速因子(Accelerating Factor)定义为工作条件下的失效时间与加速条件下失效时间的比值。加速测试不能改变失效发生的物理机理,因此加速因子与器件制造工艺过程应没有关系,只与引起失效的物理机制有关,更确切地说是与描述失效物理机制的失效动力学参数有关,即描述失效时间模型的幂律或者指数参数以及激活能(Activation Energy)。

集成电路可靠性的评价包括工艺可靠性、产品可靠性和封装可靠性。产品可靠性和封装可靠性针对封装后的真实产品或者特殊设计的具有产品功能的芯片进行可靠性评估,是对从产品设计、工艺开发、制造到封装整个流程的评估。所谓封装是指安装半导体集成电路芯片所用的外壳,它不仅起着安放、固定、密封、保护芯片和增强电热性能的作用,而且还是沟通芯片内部世界与外部电路的桥梁,因此封装可靠性对集成电路非常重要。一般制造工厂在工艺开发和生产阶段会做工艺可靠性评估,即所谓的晶圆级可靠性(Wafer Level Reliability,WLR),它直接在晶圆上或者对没经封装的晶粒,采用特殊设计的可靠性测试结构对集成电路中与工艺相关的失效机理进行研究,并针对特定的失效机理提出预防和改善方案,消除在工艺开发和生产阶段的可靠性问题,包括电迁移、经时电介质击穿、热载流子注入、负偏压温度不稳定性等。晶圆级可靠性测试的最大特征就是快速,工艺工程师在调节了工艺后,可以马上利用WLR测试的反馈结果,实时了解工艺调节后对可靠性的影响,为工艺的进一步优化确定方向。随着芯片尺寸进一步微缩,业界从45nm技术节点开始在后段互连中引入超低k介电材料,其机械强度和稳定性相比以前所用SiO_2明显降低,如果在生产阶段不能很好地处理,就会引起封装阶段的可靠性问题,因此需要制造工厂和封装厂紧密联系,进行封装级测试的CPI(Chip Packaging Interaction)研究,防患于未然,典型的CPI测试包括热循环(Thermal Cycle,TC)、热冲击(Thermal Shock,TS)和高温存储能力(High Temperature Storage,HTS)等。

通过设计上的改善来优化可靠性也非常重要。随着集成电路特征尺寸缩小,在芯片开发和生产中的工艺窗口越来越小,要兼顾可靠性,可谓难上加难,经常需要在工艺开发和可靠性间做出权衡。而在设计领域,一个小的设计改进就会对器件的可靠性产生很大的影响,例如通过降低器件功率、减少自生热效应来降低器件的温度。假设激活能为1eV,器件的工作温度每下降10℃,器件的寿命能增加一倍。在超大规模集成电路时代,可靠性设计必须建立在IC开发的每个过程中,包括设计、工艺开发、制造和封装的各个阶段。如此,新技术运用时的可靠性才能得到一定保证。

7.2.2 等离子体蚀刻对 HCI 的影响

工艺可靠性中的 HCI 是指高能量的电子和空穴注入栅氧化层而引起器件性能退化。注入时会产生界面态和氧化层陷阱电荷,造成氧化层的损伤,随着损伤程度的加深,器件的电流电压特性发生变化,当器件参数的变化超过一定限度后,器件就会失效。图7.23所示为 MOSFET 器件的热载流子注入效应示意图。热载流子效应的抑制主要依靠选择合适的源漏离子注入浓度和衬底注入浓度,使用轻掺杂漏区(Lightly Doped Drain,LDD)方法能很好地抑制热载流子效应。Li[14] 等研究了等离子体相关工艺损伤后的栅极氧化层,其 HCI 性能明显恶化,这是因为在等离

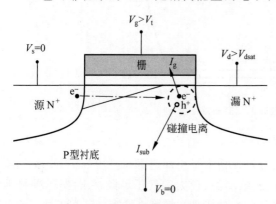

图 7.23 MOS 器件热载流子注入效应

子体工艺过程中,栅氧中会流过一定的电流,这个充电电流会造成新的氧化层陷阱和界面态,当热载流子注入其中时更容易造成氧化层损伤。等离子体蚀刻工艺对栅氧化层的损伤将在后续章节详细讨论。

7.2.3　等离子体蚀刻对 GOI/TDDB 的影响

栅氧化层完整性(Gate Oxide Integrity,GOI)一般是指对栅极氧化硅电容在恒定电压下的经时击穿(TDDB)测试。随着 MOS 电路尺寸的不断缩小,栅氧化层越来越薄,而电源电压的降低并不能和栅氧减薄同步,这使得栅氧化层需要工作在较高的电场强度下。栅氧化层的击穿是影响 MOS 器件可靠性的重要模式。通常氧化层的绝缘击穿是在高电压下瞬时发生的,而实际上,即使所加电压低于临界击穿电场,经过一段时间后也会发生击穿,这就是氧化层的经时击穿。大量实验表明,这类击穿与外加应力和时间有密切关系。在 HKMG 技术中,栅极电介质由高 k 材料氧化铪代替原先的氧化硅,GOI 就改称为 GDI(Gate Dielectric Integrity)。

实际 CMOS 器件栅氧化层中会有各种缺陷,包括氧化层沉积时产生或后续工艺引入的陷阱电荷、可移动离子、针孔、硅微粒、粗糙界面、局部厚度变薄等,如图 7.24 所示,这些物理缺陷是氧化层的薄弱处,在一定电和热应力作用下将导致电介质击穿,是 TDDB 产生的主要原因。而通过改进工艺、原材料,可以减小随机缺陷的影响,使氧化层击穿主要由材料性质决定,这时的失效属于本征失效,是各类研究的重点。一般认为在恒定电压下,介电材料与栅极或硅基底之间界面上的键断裂,生成陷阱,随即发生空穴俘获和电子俘获。在经历相对较长时间的退化后,电子俘获持续进行直到局部的焦耳热在介电材料中形成导电熔丝,使得栅电极与硅基底之间发生短路,即阴极与阳极短路,最终导致电介质层被击穿。

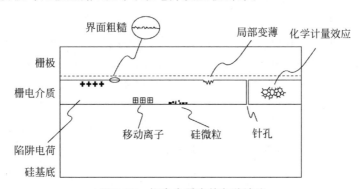

图 7.24　栅电介质中的各种缺陷

精确描述栅氧化层击穿的完整统一模型至今未能得到,但有两个经验模型被广泛用于描述氧化物电介质层的 TDDB 失效机制,一个是基于电场驱动理论的 E 模型,另一个是基于电流驱动理论的 1/E 模型。

E 模型又称为热化学模型。该模型认为低场强、高温度下发生 TDDB 的原因是电场增强了介电材料原子键的热断裂,所加电场使极性分子键伸长,从而使键变弱,在标准玻尔兹曼热过程中更容易破坏。由于电场的存在减小了分子键断裂的激活能,所以退化率以电场的指数形式增长。当断裂键或渗流点的局部密度足够高时,便形成从阳极到阴极的导电通路,这时发生失效,对应的时间即为失效时间。失效时间与退化率为逆关系,因此是随电场强度指数减小的,具体表达形式为

$$\text{TF} = A_0 \exp(-\gamma E_{\text{ox}}) \exp\left(\frac{E_{\text{a}}}{k_{\text{B}}T}\right) \tag{7-10}$$

其中,γ 为电场加速因子;E_{ox} 为氧化物电介质层内电场强度;E_a 为激活能;k_B 为玻尔兹曼常数;A_0 为与材料和工艺相关的系数,不同的器件其值不一样,A_0 的性质使 TF 成为一个分布,一般为威布尔分布。

1/E 模型又称为阳极空穴注入模型。该模型认为在外加电场下,由 Fowler-Nordheim (FN)隧穿效应注入的电子从阴极向阳极做加速运动,穿过电介质层,使电介质层受到损伤。而且,当被加速电子到达阳极,在阳极界面的硅中通过碰撞电离产生电子空穴对,其中一些高能量空穴又注入氧化层的价带,在电场的作用下,这些空穴迁移回阴极界面,从而导致氧化层的退化,并被击穿。电子与热空穴都是 FN 隧穿效应的结果,失效时间与电场强度的倒数之间的指数关系为

$$TF = A_0 \exp\left(\frac{G}{E_{ox}}\right) \exp\left(\frac{E_a}{k_B T}\right) \tag{7-11}$$

其中,G 为温度相关参数,其余参数同式(7-10)。

对于超薄($<40\text{Å}$)SiO_2 电介质层的 TDDB 失效,可采用幂律电压模型,该模型认为,由于电介质层很薄,缺陷的产生正比于直接隧穿栅氧化层的电子导致的氢释放,从而测量到的缺陷产生率是加在栅氧化层上电压的幂函数。因而失效时间与电压的关系为

$$TF = B_0 V^{-n} \tag{7-12}$$

当氧化层足够薄时,缺陷的产生率和氧化层的厚度无关,但导致氧化层击穿的临界缺陷密度强烈依赖于氧化层的厚度。

对于低 k 材料 TDDB,还有相应的 $\sqrt{E}$ 模型,将在后面章节详细介绍。图 7.25 比较了各种模型对同一组加速 TDDB 测试数据的拟合曲线。在高电场强度范围内的数据点,所有模型都很好的拟合,然而,当外推到低电场强度时,4 个模型相差很大,其中 E 模型外推的失效时间最短,而 1/E 模型最长,这说明 E 模型最保守,1/E 模型最激进。

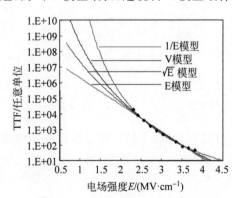

图 7.25　TDDB 失效时间模型比较

在 CMOS 工艺流程中,与栅氧化层相关的等离子体蚀刻工艺有有源区蚀刻、栅极蚀刻、侧墙蚀刻等,在 HKMG 技术中还有伪栅蚀刻。这些步骤最有可能对栅氧化层 TDDB 产生影响。图 7.26(a)为测量所得栅氧化层击穿电压分布图,其中几片晶圆明显有拖尾现象,显示出很差的全晶圆分布,图 7.26(b)为该晶圆相应测试的 IV 曲线,显示某一个测试结构在很低的外加电压下漏电流快速上升,图 7.26(c)通过失效分析发现异常的 AA 转角形貌导致了该结构早期击穿[47]。文献[15]也报道了圆滑的 AA 上部转角对改善栅氧化层 TDDB 有非常大的帮助,其通过在 SiN 硬掩膜蚀刻步骤后引入额外一步顶部圆滑工艺步骤来达到此目的,示意图如图 7.27 所示,最终得到的 AA 转角呈完美的弧形。

栅极蚀刻中,如果等离子体不均匀就会导致局部区域电子流或离子流从栅极侧面损伤栅氧化层,降低栅氧化层质量,进而影响 TDDB 性能,如图 7.28(a)所示。Lee[16] 等发现栅极形貌对 TDDB 也有影响,带突出脚(foot)的栅极形貌比笔直的栅极或者内凹的栅极在栅氧化层

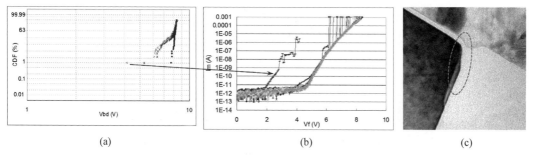

图 7.26　（a）栅氧化层击穿电压分布、（b）击穿测试中的 **IV** 曲线以及（c）**AA** 转角形貌异常导致的早期击穿

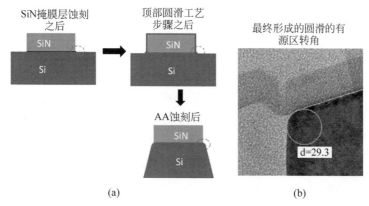

图 7.27　圆滑 **AA** 转角的（a）工艺步骤和（b）**TEM** 剖面图

TDDB 性能上要差,原因为高能离子注入时离子会透过栅极突出脚进入栅氧化层,导致氧化层损伤,具体结果如图 7.28(b)所示。

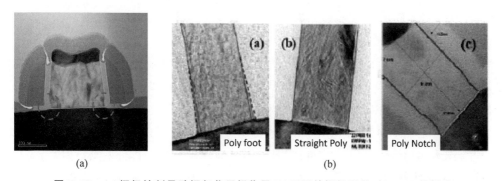

图 7.28　（a）栅极蚀刻导致栅氧化层损伤及（b）不同的栅极形貌对 **TDDB** 的影响

Li[17]等发现由于侧墙尺寸太小导致栅氧化层击穿,而这是由侧墙蚀刻尺寸的不均匀性造成,如图 7.29 所示,图 7.29(a)是 TDDB 正常的样品,而图 7.29(b)为 TDDB 异常的样品,明显看到较小的侧墙尺寸。Mahesh[18]等发现在侧墙蚀刻后去除聚合物残留的工艺步骤中,相比于 H_2/N_2 气体组合的等离子体,O_2/N_2 的等离子体能明显改善 TDDB。他们认为 O_2/N_2 有更强的聚合物去除能力,因而给后续的湿法清洗留出了足够的工艺窗口来减少侧墙损耗。

7.2.4　等离子体蚀刻对 NBTI 的影响

负偏压温度不稳定性(NBTI)指 PMOS 在栅极负偏压和较高温度工作时,其器件参数如

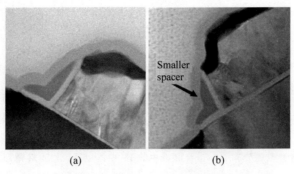

(a)   (b)

图 7.29 (a)TDDB 正常样品和(b)TDDB 异常样品(侧墙尺寸较小)

V_{th}、g_m 和 I_{dsat} 等的不稳定性。如果是 NMOS 器件,就对应 PBTI,正偏压温度不稳定性。NBTI 效应发现于 1961 年,图 7.30[19] 显示了该退化现象。NBTI 效应的主要产生原因是,

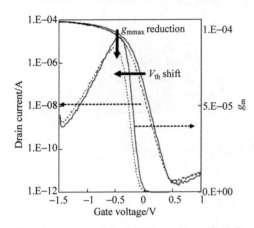

图 7.30 **PMOS 施加应力后,V_{th} 与 g_m 都退化**
(实线到虚线)

PMOS 上加负的栅极偏压,在经过一定时间的负栅偏压和温度应力后,PMOS 在 Si/SiO₂ 界面处产生新的界面态,界面电势增加,由于空穴俘获产生的界面态和固定电荷都带正电,使得阈值电压向负方向漂移。相比之下,NMOS 受 PBTI 的影响要小得多,这是由于其界面态和固定电荷极性相反,互相抵消。在最新技术节点,随着集成电路特征尺寸缩小,栅电场增加,集成电路工作温度升高,NBTI 成为集成电路器件可靠性的关键失效现象之一。

反应-扩散模型很好地解释了 NBTI 效应的界面态增加导致的 V_{th} 漂移和 NBTI 可恢复现象。PMOS 为负栅偏压,SiO₂ 层中的电场方向为离开界面方向,器件运行过程中如果 Si-H 键断裂,就会释放一个 H⁺ 离子,留下带正电的界面态。H⁺ 漂移的方向是离开 Si/SiO₂ 界面的方向,SiO₂ 中 H⁺ 离子的浓度开始增加,造成了氧化层陷阱,这些界面态与陷阱导致半导体器件参数的改变。随着 SiO₂ 电介质层中 H⁺ 离子浓度增加,H⁺ 将会朝向界面扩散。事实上,如果停止应力作用,即电场降为 0,H⁺ 将产生回流,从而使器件发生部分恢复。但是,完全恢复是不可能的,因为部分 H⁺ 离子会在 SiO₂ 栅电介质层内发生还原反应,而不能回流。根据该模型,NBTI 失效时间可表达为

$$TF = A_0 \exp(-\gamma E) \exp\left(\frac{E_a}{k_B T}\right) \quad\quad (7\text{-}13)$$

式中,

$$A_0 = \left[\frac{1}{C_0}\left(\frac{\Delta V_{th}}{(V_{th})_0}\right)_{crit}\right]^{1/m} \qu\quad (7\text{-}14)$$

其中,C_0 为与 Si/SiO₂ 界面上 Si-H 键浓度成正比的常数;m 为时间 t 的幂律指数,一般情况下,$m=0.15\sim0.35$。从式(7-14)可以看出,失效时间前因子 A_0 正向依赖于参数退化临界值,而反向依赖于 Si/SiO₂ 界面上 Si-H 键浓度。如果 C_0 趋于 0,那么 NBTI 失效时间为无限大。

NBTI 退化的饱和现象也可以用反应扩散模型解释,因为 Si-H 键的数量是有限的,随时间增加,未断的 Si-H 数目减少,Si-H 断裂引起的退化率也不断减小,最后趋近于零。

Si-SiO$_2$ 界面态的形成是产生 NBTI 效应的主要因素,而氢气和水汽是引起 NBTI 的两种主要物质,它们在界面上发生的电化学反应,形成施主型界面态 N_{it} 引起阈值电压漂移,另外在器件操作过程中产生的氧化物陷阱电荷 N_{ot},也会使阈值电压漂移。为了减小 NBTI 效应,必须减低 Si-SiO$_2$ 界面处的初始缺陷密度并且使水不出现在氧化层中。将氘注入 Si-SiO$_2$ 界面来形成 Si-D 键是一个改善 NBTI 的有效方法。

经过等离子体损伤(PID)后的器件其 NBTI 性能发生退化[20,21],因为电荷损伤导致了更高的界面态密度,尽管后续的退火过程有可能将其钝化,但这些高的初始界面态密度导致了更高的 NBTI 退化。NBTI 可以作为检测潜在等离子体损伤(PID)的有效手段,PID 将在下一节中详细讨论。

Jin[22] 等研究了各种退火工艺对 NBTI 的影响,发现纯 H$_2$ 退火比 N$_2$/H$_2$ 混合气体对改善 NBTI 帮助更大,其解释为纯 H$_2$ 有更高的 H$_2$ 含量,其到达 Si-SiO$_2$ 界面的 H 更多,对悬挂键的钝化作用更明显。而退火时间有明显的饱和效应,如图 7.31 所示,当退火时间大于 0.5h 后,延长退火时间并不能进一步增加 NBTI 失效时间。根据 Lee[23] 等的结论,过量的 H 和界面态形成有紧密联系,所以 Jin 认为当太多的 H 漂移到达 Si-SiO$_2$ 界面时,会与已钝化后的 Si-H 键中的 H 结合形成 H$_2$,而遗留下新的悬挂键,从而 NBTI 性能退化。所以 H 由何种途径引入,引入 H 的量的多少都非常关键。

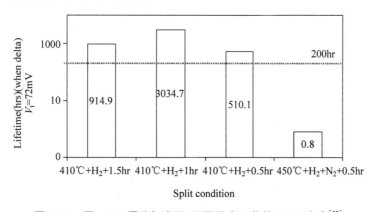

图 7.31 同一 V_{th} 漂移标准下,不同退火工艺的 NBTI 寿命[22]

在伪栅去除工艺中一般需使用 HBr 气体来达到对功函数金属的蚀刻高选择比,其解离生成的 H 活性离子会损伤栅电介质,影响 NBTI。而使用同步脉冲等离子体可以降低 HBr 的解离率,明显改善 NBTI,且不影响其他性能。在伪栅去除后的光阻去除工艺中,相比于低 H$_2$ 含量的 N$_2$/H$_2$ 灰化工艺,更高 H$_2$ 含量的 N$_2$/H$_2$ 能使 NBTI 失效时间增加一个数量级[9]。

7.2.5 等离子体蚀刻对 PID 的影响

等离子体诱发损伤(Plasma Induced Damage,PID)是指集成电路制造中,各式各样的等离子体工艺对 MOSFET 器件的损伤导致器件性能偏移。在等离子体环境中,由于放电产生大量的离子和电子,离子由于电极电势或等离子体自偏压的作用而被加速并向晶圆表面运动,它们对衬底产生物理轰击并促进了表面的化学反应。这些离子和电子电流被暴露于等离子体中的金属收集,聚集在多晶硅或铝的栅电极,这时金属层的功能就是一个"天线",栅氧化层可以看作一个电容,当栅上收集的电荷越来越多时,栅压越来越高,最终会引起栅氧化层产生 FN 隧穿。在 FN 电流的作用下,栅氧化层和界面都会产生缺陷,产生的损伤会引起 IC 成品率降低,并会加速热载流子退化和 TDDB 效应,引起器件长期可靠性问题。在集成电路制造技术中,充电效应引起的栅氧化层退化是一个严重的问题。

引起 PID 的机理主要有以下几种。

(1) 等离子体密度。高的等离子体密度意味着更大的电流,在充电导致损伤的模型下,更高的等离子体密度更容易引起 PID 问题。Krishnan[24]等发现将 ICP 金属蚀刻反应腔室高度从 8cm 减少到 5cm,晶圆表面电场强度显著增强。等离子体密度的增加导致电荷充电,引起了严重的器件损伤。

(2) 等离子体局部不均匀性。在均匀等离子体中,离子和电子电流在一个 RF 周期中局部平衡,此时栅氧化层电势很小,但在非均匀等离子体中,局部范围内的电势不均衡会在晶圆表面产生电流路径,从而引起栅氧化层损伤。

(3) 电子遮蔽效应(Electron Shading Effect)。等离子体中电子比离子的方向性更差,即电子的入射角度分布比离子要大,更容易被光阻遮蔽,最终正离子聚集在蚀刻前端形成对器件的正电势,其示意图如图 7.32(a)所示[27]。

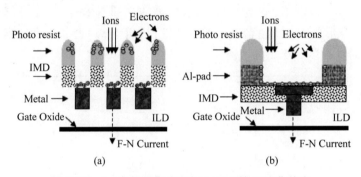

图 7.32　(a)电子遮蔽效应和(b)反向电子遮蔽效应

(4) 反向电子遮蔽效应(Reverse Electron Shading Effect)。ESE 发生在图形密集区域,如图形间隔小于 $0.5\mu m$。相反地,在图形空旷区域,例如图形间隔大于 $2\mu m$ 时,由于电子的各向同性,部分电子被要蚀刻的金属侧壁收集,而离子不会,导致负电荷聚集在金属侧壁形成对器件的负电势[25],其示意图如图 7.32(b)所示。

(5) 真空紫外线辐射(VUV Radiation)。等离子体放电时产生大量的 VUV 光子,其在栅氧化层中产生光电流而损伤器件。在栅极顶部覆盖一层带隙比氧化硅窄的氮化硅能有效地吸收和阻挡高能 VUV,从而保护栅氧化层免于 VUV 辐射损伤[26]。

已有研究表明,当接收天线面积与器件大小的比值(Antenna Ratio)越大时,器件受到的损伤越严重,可以设计不同大小的天线比来衡量比较不同等离子体工艺对器件损伤的程度。一般利用栅极漏电流来表征 PID。以 NMOS 为例,漏电流越大表明正电荷引起的 PID 越严重。图 7.33(a)为 NMOS PID 的测试电路,图 7.33(b)为某一测试结果,图中 CT-20 比 CT-10 条件的漏电流更大,两者都比参考条件的分布更发散,显示了较差的均匀性。

电路设计时避免过高的天线比、采用金属跳层或者使用保护二极管将电荷引入衬底能有效抑制 PID 影响,通过工艺优化能够提高器件能容忍的天线比。Zhou[27]等将各层金属制造工艺中引入的 PID 独立测试分析,以研究各种后段蚀刻工艺对 PID 的影响。第一金属层的电

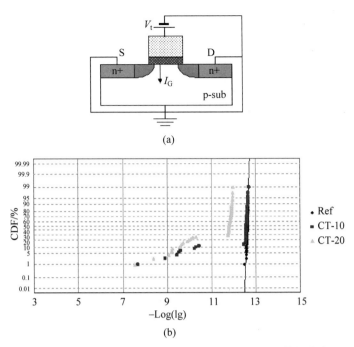

图 7.33　(a) PID 的测试方法：栅极漏电流和 (b) PID 的测试结果

介质蚀刻对接触孔的金属天线充电，其在很小的接触孔天线比（如 20）时就产生了 PID 问题，而高层金属要到几千的天线比时才产生 PID 问题。第一金属层蚀刻的过蚀刻时间越长 PID 越差，高频功率与低频功率的比率更高时 PID 也变差，当更换电源为频率更高的电源时 PID 问题会更严重，因为电源频率越高，等离子体密度越大，相应的电荷聚集现象越严重，因此 PID 越差。但高频功率对蚀刻中聚合物副产物的控制至关重要，因此在频率的选择上要仔细权衡。对第一钝化层蚀刻，过蚀刻时间却对 PID 的影响不显著，可能因为其接收天线是铜，而第一金属层蚀刻时是钨，敏感性不同，同时距离前段器件距离太远。在第二钝化层蚀刻中，同样对过蚀刻时间不敏感，但使用磁场会带来严重的 PID 问题，相比于没有磁场的工艺，使用磁场能改善蚀刻均匀性，但其带来的过高的等离子体密度对 PID 有很大影响。不同于以上工艺由于正电荷聚集而产生的 PMOS PID 问题，铝衬垫蚀刻却会引起 NMOS 的 PID 问题，这可以用 RESE 模型和超薄金属层的电荷收集效应来解释，铝衬垫图形间距一般较大，而且是金属蚀刻，符合 RESE 模型，另外，当金属蚀刻接近尾声，超薄的 Al 薄膜容易收集负电荷，如图 7.32(b) 所示，聚集的负电荷使 NMOS 栅氧化层中产生从基底指向栅极的 FN 电流，损伤栅氧化层。

先进技术节点采用的 HKMG 技术为 PID 带来更大的挑战。在等离子体伪栅去除工艺中，要完全清除角落里的多晶硅，需要施加较长时间的基于 NF_3/H_2 气体的过蚀刻，但由于等离子体直接接触高 k 栅介质层上的功函数金属，等离子体中的氢离子对栅介质层的损伤大大增加，Ji[10] 等推测同步脉冲等离子体能够在保证角落没有多晶硅残留的情况下，通过降低电子温度来缓解对栅电介质层的损伤。正是由于这些挑战，最近业界开发出了在伪栅去除后再沉积高 k 栅介质层的工艺，并且伪栅去除使用先用等离子体蚀刻一部分再用化学溶剂去除剩余部分的方法，有效避免了等离子体蚀刻引起的栅介质层损伤。

7.2.6　等离子体蚀刻对 EM 的影响

前面章节讨论了器件的可靠性，下面将介绍几个互连线的可靠性问题，如电迁移（EM）、应力迁移(SM)和低 k TDDB。当器件工作时,金属互连线内有电流通过,由于电子与金属点阵之间存在动量交换,金属离子会在电子风(electron wind)的影响下产生漂移,其结果是使导线的某些部位出现空洞或者小丘,这就是电迁移现象。当空洞成长导致导线电阻增大到某一个临界值或形成断路,这时便发生电迁移失效。块状金属中,其电流密度较低($<10^4 \text{A/cm}^2$),电迁移现象只在接近材料熔点的高温时才发生。薄膜材料则不然,如沉积的铝合金导线,由于截面积很小和具有良好的散热条件,电流密度高达 10^7A/cm^2,所以在较低温度下就会发生电迁移。电子风作用在金属离子上的力为

$$F_{EM} = \rho Z^* e J \tag{7-15}$$

其中,ρ 为金属电阻率;Z^* 为金属的有效电荷数,表 7.3 列出了一些金属材料的 Z^* 值。Z^* 值为负表示金属离子向正极移动;Z^* 值为正表示金属离子向负极移动。Z^* 的绝对值越小,则抗电迁移的能力越强。表中 Al 和 Cu 的 Z^* 值为负,Al 离子和 Cu 离子都向正极移动,而 Cu 的 Z^* 值只有 Al 的 1/6,说明 Cu 的抗电迁移能力远大于 Al。

表 7.3　各种金属材料的有效电荷数

材料	Pt	Co	W	Li	Cd	Cu	Au	Ag	Al
Z^* 值	0.3	1.6	20	−1.4	−3.2～−0.15	−5	−8	−26	−30

电迁移是一个质量守恒的运输过程,当金属离子聚集会引起金属和周围电介质层的局部机械应力增大,这种局部应力增大致使金属离子回流(Blech 效应)。对于较短金属线,Blech 效应会很强,强到足以抵消漂移的离子,以致电迁移被抑制。电迁移主要是由动量传递与扩散效应而产生的,而动量传递与金属中流通的电流密度成正比,扩散效应与金属中的温度成正比。目前描述电迁移失效最常用的是 Black 模型,其失效时间模型为

$$\text{TF} = A_0 (J - J_{crit})^{-n} \exp\left(\frac{E_a}{k_B T}\right) \tag{7-16}$$

其中,A_0 为工艺、材料相关的系数,A_0 的不同使失效时间为一个分布,EM 一般采用对数正态失效时间分布;J 为电流密度;J_{crit} 为临界电流密度,只有当 J 大于 J_{crit} 时才会发生电迁移;n 是电流密度指数;E_a 是激活能;T 是温度;k_B 是玻尔兹曼常数。

EM 的迁移路径取决于金属导线结构和实际工艺。对一般的逻辑产品,$0.13\mu\text{m}$ 以上采用铝合金互连,$0.13\mu\text{m}$ 以下采用铜互连,两种导线的结构和制造工艺不一样,其机理也有所不同。图 7.34 为两种互连结构的示意图,铝合金互连结构中铝导线由沉积加蚀刻来成形,是二维结构,晶粒较大,当导线的线宽小于其晶粒的平均尺寸时,导线呈竹节状结构;铜互连结构中的铜导线和通孔是由双大马士革工艺加 CMP 来成形,是三维结构,晶粒较小,而且由于铜扩散阻挡层的引入,在通孔底部和下层金属的结合处会有金属阻挡层 TaN 隔开。一般而言,铝互连线表面覆盖着一层氧化物薄膜 Al_2O_3,其与铝本体之间具有很强的结合键能,所以铝中电迁移主要沿晶界(grain boundary)进行,当线宽变小呈现竹节状结构后,晶格(lattice)迁移成为主要机理。而 Cu 表面的氧化物 CuO 与 Cu 本体之间的结合相对较差,该界面给铜离子的迁移提供了高流动性通道。在目前典型铜互连工艺中,铜的上表面会有一层电介质阻挡层 SiCON 来阻挡 Cu 扩散和作为蚀刻停止层,所以铜结构中电迁移主要沿 Cu 与电介质阻挡层 SiCON 的界面进行。在电介质阻挡层沉积之前使用等离子体清理铜的自氧化层并将铜表面硅化能有效地改善 EM,在铜表面覆盖能固定铜离子抑制其扩散的合金是另一种大幅度改善

EM 的方式,例如沉积一层很薄的 Co 或者 CoWP[28]。

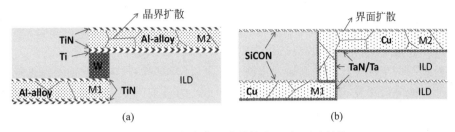

图 7.34　(a)铝合金互连结构和(b)铜互连结构

图 7.35 是电迁移的两种测试结构,分别为上行电迁移和下行电迁移结构。双大马士革铜互连工艺中通孔与上下金属层的连接是一个复杂结构,对于上行电迁移结构,由于上层金属尺寸较小,通孔深宽比较大,上行结构的通孔填充是一个挑战,如果铜填充时通孔侧壁上金属阻挡层覆盖不连续或不均匀,就会造成上行 EM 失效;而下层电迁移结构由于上层金属尺寸很大,没有通孔填充问题,其失效主要来源于通孔底部金属阻挡层与下层金属铜的复杂界面[29]。Zhao[30] 等研究了通孔底部的裂缝状空洞对下行 EM 的影响,如图 7.36 所示,合适的蚀刻后清洗工艺能有效去除通孔底部的氧化铜和蚀刻残留物,减小裂缝状空洞,进而显著改善下行电迁移性能。

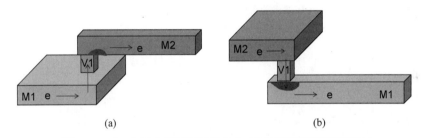

图 7.35　(a)上行电迁移测试结构和(b)下行电迁移测试结构

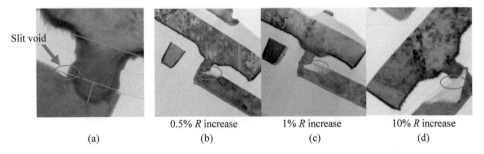

图 7.36　(a)初始时通孔底部的裂缝状空洞和(b)、(c)、(d)在 EM 测试中不同的
电阻变化时通孔底部空洞的演变

铜互连中一般下行电迁移失效比上行电迁移失效更快发生,但是如果上行结构的通孔中有空洞缺陷会使上行电迁移失效很快发生,导致早期失效。随着集成电路特征尺寸缩小,双大马士革工艺的铜填充问题是一个很大的挑战,蚀刻定义的沟槽和通孔的尺寸和形貌对良好的铜填充非常关键。Liu[31] 等系统地研究了双大马士革结构的关键尺寸与 EM 早期失效的关系。图 7.37(a)为蚀刻后双大马士革结构,定义此结构的关键参数标于图上,M_H 为沟槽深度,V_H 为通孔深度,D_1 为通孔在斜面处的上开口尺寸,D_2 为通孔底部尺寸。根据这些参数进一

步可以定义两个关键的深宽比,分别是通孔深宽比 Via AR$=V_H/D_2$,斜面深宽比 Chamfer AR$=M_H/D_1$。图 7.37(b)、(c)为上行 EM 早期失效后样品的 TEM 图片,样品 A 的失效时间最短,引起 EM 失效的空洞出现在通孔中,称为通孔失效模式;样品 B 的失效时间次之,引起 EM 失效的空洞出现在通孔上部的斜面部位,称为斜面失效模式。表 7.4 清楚地显示了 EM 的两种早期失效模式与两个深宽比的关系。通过降低介电材料厚度和减少沟槽蚀刻深度或者增大通孔关键尺寸都能降低深宽比,从而有效减少上行 EM 的早期失效。需要指出的是,减薄层间介电材料和金属导线厚度都会增大 RC 延迟,增大通孔关键尺寸会引起通孔相关的电介质TDDB 问题,因此需要在 EM、电性参数和 TDDB 之间找到平衡点。

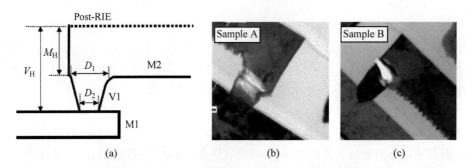

图 7.37 (a)定义蚀刻后 DD 结构的关键参数、(b)通孔中空洞导致 EM 失效的 TEM 和(c)斜面上空洞导致 EM 失效的 TEM

表 7.4 EM 早期失效模式与两种关键深宽比的关系

晶圆	通孔深宽比		斜面深宽比		早期失效模式	
	值	等级	值	等级	通孔	斜面
W1	5.6	高	2.11	高	有	有
W2	4.84	中等	2.16	高	有	有
W3	4.57	低	1.96	中等	无	有
W4	4.57	低	1.75	低	无	无

在保持通孔底部尺寸一样的情况下,通过调节蚀刻工艺,增大通孔斜面处开口大小并呈现圆滑的形貌,能改善上行 EM 而且不带来其他副作用。图 7.38(a)中圆滑且较大的斜面开口比图 7.38(b)中的直角且较小的开口更有利于通孔中金属阻挡层覆盖并使电流密度分布更均匀,减小了斜面处电流密度梯度,因此具有更优异的上行 EM 性能。

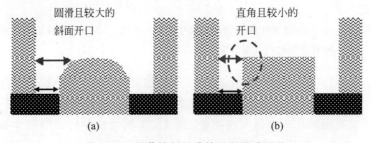

图 7.38 调节蚀刻形成的不同通孔形貌

Zhou[32]等研究了通孔形貌与上行 EM 早期失效的关系。在两种蚀刻机台的 DD 蚀刻工艺下,都观察到了上行 EM 早期失效,在分布图上体现为数不多的飞点,通过切片发现这些样品早期失效都来源于通孔内部斜面处的金属阻挡层覆盖不够均匀。DD 蚀刻中沟槽蚀刻工艺和沟槽蚀刻前通孔中有机物栓塞的高度决定了最终的通孔形貌,而且通孔形貌要与金属阻挡层沉积工艺均匀性相适应,才能达到整片晶圆均匀的斜面处金属阻挡层覆盖。在工艺开发后期,沟槽蚀刻工艺固定下来,能改变的只有调节栓塞高度的步骤。利用均匀实验设计,通过为数不多的实验次数就找到了最佳工艺,虽然其蚀刻速率的全晶圆均匀性有所下降,但其与阻挡层沉积工艺完美配合,从而消除了上行 EM 早期失效。

7.2.7 等离子体蚀刻对 SM 的影响

把集成电路芯片在一定温度下放置一定时间,但并不施加电流,在有些情况下,我们也可以观察到金属导线上出现了缺口或者空洞,甚至完全断开,这种现象一般是在应力迁移(SM)作用下发生。当金属所受的机械应力大于其屈服应力,金属会发生与时间相关的塑性形变。在固定机械应力条件下,随时间发生的持续变形现象称为蠕变(creep),蠕变变形会持续进行直到应力水平回到屈服应力之下或者直到发生破坏。IC 中应力迁移其实就是机械应力作用引起的金属原子输运过程,其失效通常由蠕变驱动,本质是芯片金属互连层中的应力释放,应力释放的结果之一是在金属层中形成空洞。

机械应力的产生是因为在集成电路的金属互连和保护绝缘层工艺中会有不少高温过程,由于金属材料和绝缘材料的热膨胀系数不一样,这些高温过程会在金属层铝或铜中引入较大的应力,机械应力的大小与温度成反比。应力所造成的金属层中空洞的成核或生长是一种扩散过程,其与温度成正比。如图 7.39(a)所示,在机械应力与扩散两种效应的综合作用下,应力迁移诱发的空洞成核速率在某一温度下达到峰值。这个温度依赖于导体和周围绝缘体的性质,一般为 150~200℃。图 7.39(b)显示了铜晶界上的空位在应力梯度作用下移动、聚集而形成空洞。铜互连通孔底部为由多种金属材料组成的不连续结构,其应力相对较小,因此空位倾向于向通孔底部移动和聚集,周围铜晶界以及铜与电介质阻挡层界面提供了空位来源。当单一通孔置于很宽的铜线上时,这种效应最严重,因为宽的铜线内可提供的空位非常充足,可以使空洞不断长大而形成断路。

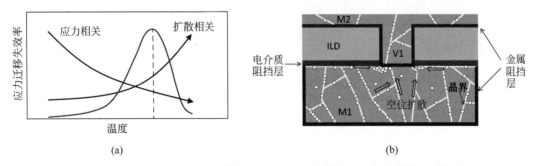

(a) (b)

图 7.39 (a)应力迁移和温度的关系以及(b)空位在应力下移动、聚集形成空洞

应力迁移现象可以由 McPherson 和 Dunn 提出的蠕变率(creep rate)模型来描述,其失效时间模型为

$$\mathrm{TF} = B_0 (T_0 - T)^{-n} \exp\left(\frac{E_a}{k_B T}\right) \tag{7-17}$$

其中,T_0 为金属无应力时的温度,对 Cu 来说近似为沉积时的温度;n 为温差指数因子;E_a 为金属扩散相关的激活能。

工程上一般将样品置于特定温度下烘烤特定时间,根据烘烤前后电阻的变化比值来评价SM。如图 7.40 所示,分别为烘烤后通孔接触电阻上升 85% 和 200% 的样品的 TEM 图片,可以看出当空洞正好位于通孔正下方时,电阻上升幅度更大。

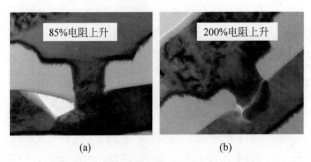

图 7.40 通孔底部空洞导致接触电阻上升

根据 SM 的原理,对 SM 影响最大的一般是薄膜沉积工艺,如 Cu 沉积时的微结构控制,金属阻挡层沉积时对下层金属的溅射量,电介质热膨胀系数控制,铜中合金的影响等。蚀刻对SM 的影响主要有两个方面。第一是蚀刻后通孔的形貌,如果沟槽和通孔连接处出现小栅栏状形貌,铜填充后在通孔内会出现空洞,导致 SM 很早失效[33]。第二是通孔底部的聚合物残留多少以及对底部铜表面处理工艺,Zhou[34] 等探讨了不同的蚀刻后处理(Post Etch Treatment,PET)工艺对 SM 的影响,使用 N_2/H_2 气体的 PET 比 CO_2 能更好地清除通孔底部的聚合物残留,并且对通孔底部铜进行还原,明显地提高了 SM 性能,如图 7.41 所示。

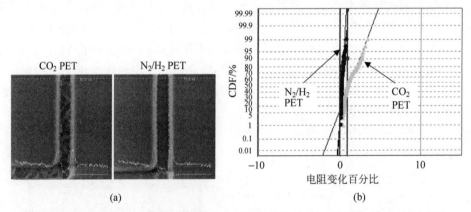

图 7.41 (a)不同 PET 对通孔底部聚合物的清理能力以及(b)相对应的 SM 测试结果

7.2.8 等离子体蚀刻对低 k TDDB 的影响

在先进技术节点,后段金属层的电介质间隔缩小到 100nm 以下,而且为了降低 RC 延迟而引入的低 k 材料使得电介质的机械性能大大降低且缺陷增多,这些不利因素导致金属互连线间电介质的经时击穿问题越来越严重。前面章节我们讨论过栅极氧化层的 TDDB 问题,低k 的 TDDB 与其类似,但也有很大的不同。首先,栅极氧化层是纵向击穿,图形化工艺步骤对其影响有限,但后段低 k 一般是横向击穿,图形化工艺决定的 CD、形貌、LWR 等对其有决定性影响。其次,铜互连中引入的 Cu 化学机械研磨工艺会带来金属离子残留和水汽侵入,这些是栅极氧化层所没有的。还有蚀刻和金属阻挡层溅射沉积时等离子体对低 k 的损伤,也是

低 k TDDB 所独有。虽然后段电介质间距比同节点的栅极氧化层厚度厚很多,例如先进技术节点的栅氧化层只有 2nm 左右,后段电介质间距能达到 35nm 左右,但因为前述的材料性质和工艺复杂的原因,低 k 击穿问题面临的挑战不亚于栅氧化层击穿。

低 k 材料 SiCOH 在高温高压应力下的漏电流随时间的变化如图 7.42(a)所示[35],初始阶段可观察到明显的电流下降,一般归因于电荷被限制于电介质中,随着持续施加应力,陷阱电荷诱发的漏电流开始缓慢增加,这个阶段会持续较长时间,直到出现电流急剧增加,也就是击穿。典型的 Cu/低 k 击穿模式如图 7.42(b)所示,一般为沿着低 k 和上覆盖层的界面击穿,而且有明显的 Cu 离子扩散。

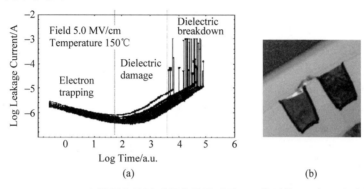

图 7.42　(a)SiCOH 中的漏电流随时间变化图以及(b)典型的 Cu/低 k 击穿模式

　　击穿可能是电介质内部键断裂,也可能是金属扩散到绝缘体内。要将高压下的测试结果外推到低压即工作电压下,就需要借助于失效时间模型。关于金属层电介质击穿有两个广为人知的模型,一个是热化学击穿模型,即 Si-O 键在高压下断裂,为本征失效,在 GOI 章节有讨论;另一个是电荷注入模型,即认为铜离子扩散进入电介质导致击穿,为非本征击穿。对于后段 Cu/低 k 结构的 TDDB,由于 Cu 的高扩散性以及氧化铜的不稳定性,Cu 电极的影响非常显著,目前业界大多数人接受的是后一模型,也称为电流驱动和铜离子催化下的界面击穿模型[36]。该模型下,阴极的加速电子通过 Schottky 发射或者 Poole-Frenkel 发射来注入阳极。Schottky 发射对应低电场条件(<1.4MV/cm),为金属与电介质界面的电子热激发越过势垒;而 Poole-Frenkel 发射对应高电场条件(>1.4MV/cm),为电介质中陷阱电子在电场增强的热激发作用下进入电介质导带,如图 7.43 所示。这些高能电子达到阳极后,一部分会与阳极表面的 CuO 发生电化学反应产生铜离子,接着 Cu 离子会扩散或者在电场作用下漂移进入电介质,一般 Cu 离子的运动路径为低 k 和顶部覆盖层的界面。如果铜电极表面没有 CuO,只有 Cu 原子,基本不会观测到铜进入电介质,所以 CMP 时研磨液的选择、CMP 后铜表面清洗、在 H_2 环

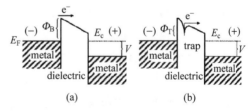

图 7.43　(a)Schottky 发射和(b)Poole-Frenkel 发射的示意图[35]

境下还原 CuO、隔绝水汽以避免水氧化 Cu 都对低 k TDDB 非常关键[37]。

　　根据 SE 和 PF 传导电流公式,以及电荷注入模型关于电介质的损伤程度与电介质中注入的电荷数成正比的假设,当电介质损伤达到临界点时的失效时间可以表示为

$$TF = A \exp(-\gamma \sqrt{E}) \exp\left(\frac{E_a}{k_B T}\right) \tag{7-18}$$

其中,γ 为电场加速因子。式(7-18)也称为 TDDB 的 $\sqrt{E}$ 模型,而电化学击穿模型的失效时间见式(7-10),为 E 模型,从图 7.25 可以看出,$\sqrt{E}$ 模型比 E 模型外推出的失效时间要长。低电场下的 TDDB 失效时间能达到数年之久,最近有更多的实验结果表明 Cu/低 k 结构在低电场下的失效时间与 $\sqrt{E}$ 模型外推出的失效时间更接近,通过实验确定了 $\sqrt{E}$ 模型的正确性[48]。

通过增大低 k 材料中的孔隙率,能够有效降低 k 值,但会导致材料中缺陷增多。电介质间隔缩小到 30nm 以下时,多孔低 k 材料在高电压下的失效时间急剧下降,如图 7.44(a)所示,即使使用 $\sqrt{E}$ 模型外推出的失效时间可能也达不到消费电子所需寿命。Oates[38] 等建议使用两阶段的缺陷成核和缺陷生长模型代替现有的只考虑缺陷成核的模型来延长外推出的失效时间。因为在高压下缺陷生长非常迅速,测得的失效时间只表征了缺陷成核过程,但是在低电压下缺陷生长却慢得多,这个时间在模型中没有反应。通过两阶段应力的测试技术就能分别表征出缺陷成核和生长的过程,如图 7.44(b)所示。根据该方法外推出的低 k TDDB 失效时间能延长数个数量级。该方法目前还处于讨论阶段,需要工业界更多实验数据来验证。

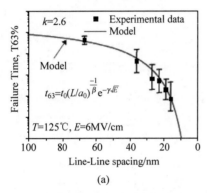
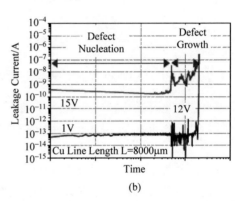

(a)   (b)

图 7.44   **(a)多孔低 k 电介质间隔缩小到 30nm 以下时其失效时间急剧下降,(b)两阶段应力的测试技术能分别表征出缺陷成核和生长的过程**

等离子体蚀刻对低 k TDDB 的影响主要体现在两个方面,一是蚀刻中等离子体造成低 k 损伤,二是蚀刻所定义图形的尺寸大小和均匀性。

低 k 材料 SiCOH 沉积完成后,材料分子的网状结构稳固且有规律的排列,但蚀刻过程打断了这个结构,在沟槽侧壁形成大量不完整结构,即缺陷。同时等离子体中的氧离子能钻入多孔状低 k,与其分子结构末端的甲基中的 C 结合,将其带走,造成表面碳耗尽,进一步破坏低 k 的结构。等离子体还会发射真空紫外线(VUV),低 k 吸收这些高能光子后导致化学键断裂,可能在表面形成低能量的导电通道。等离子体造成的这些缺陷在 TDDB 测试时都会成为电荷陷阱,其在应力作用下诱捕电荷,造成电介质表面势垒降低,从而加速电介质击穿。Nichols[39] 等的研究表明,经过 ECR 等离子体处理或 VUV 照射的低 k 材料,其在各个电场强度下的 TDDB 失效时间明显缩短,如图 7.45(a)所示。

氢氟酸对低 k 材料 SiCOH 基本没有蚀刻能力,但对碳耗尽之后产生的 SiO_2 却能轻易去除。在工程上一般将等离子体蚀刻过后的 SiCOH 用低浓度氢氟酸(DHF)处理,通过观察碳耗尽层的厚度来表征等离子体对 SiCOH 的损伤程度。IBM 公司[40] 提出的 P4(Post Porosity Plasma Protection)方法能有效降低多孔低 k 材料在等离子体蚀刻时的损伤,如图 7.45(b)所

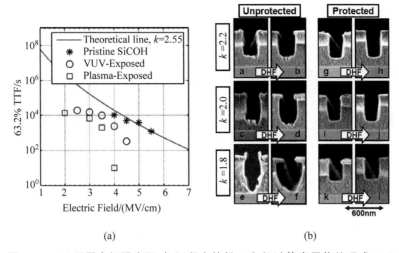

(a)   (b)

图7.45 (a)不同电场强度下,初沉积完的低 k 和经过等离子体处理或 VUV 照射完的低 k TDDB 失效时间,实线为 $\sqrt{E}$ 模型,(b)经过和没经过 P4 方法保护的碳耗尽层对比

示,经过 P4 方法保护的低 k 在蚀刻后的碳耗尽层大大减少,孔隙率越高效果越明显。其具体方法为在多孔低 k 沉积完成后旋涂聚合物于其上,然后加热使聚合物通过毛细管作用渗透进小孔,接下来做常规的图形化和金属化工艺,最后加热使小孔中有机聚合物分解释放,重新形成多孔结构的低 k 电介质。另一方面,IMEC[41] 发现温度低到 $-70℃$ 的超低温蚀刻基本没有碳耗尽层产生,超低温下侧壁上含 C、H、O 的反应副产物液化并渗入低 k 薄膜孔隙中,阻止了等离子体损伤。

增大金属导线间的间距和改善间距的均匀性都可以有效提升 TDDB。碳耗尽层由于 k 值较高,需要尽量去除,因此减少等离子体损伤带来的碳耗尽层厚度能有效增加电介质宽度。在一定节距下,导线间距增大意味着导线变细,会带来导线电阻变大、电容升高、填孔更困难等问题,因此在某一技术节点导线间距可调空间很小,而改善主要集中在均匀性,包括局部的和整片晶圆的均匀性,这与前面讨论的栅极尺寸均匀性类似。局部均匀性的表征方式为 LER,其对 TDDB 的影响如图 7.46(a)所示,图中 Cu 突出部位的电场强度大大高于其他区域,更容易出现电介质击穿[42]。通过图形化方法的优化,例如沟槽蚀刻中使用金属硬掩膜能大幅度改善 LER,如图 7.46(b)所示。随着图形尺寸缩小,LER 的影响越来越显著,如何通过精细图形化手段来改善 LER 是个永恒的主题。由于蚀刻后的沟槽总是有一定倾斜角度,例如 85°,最终的电介质上表面宽度不仅取决于蚀刻定义的尺寸,也与化学机械研磨的深度有关,良好的蚀刻和化学机械研磨工艺均匀性对全晶圆均匀性至关重要。不同于互连金属间电介质宽度的低可调性,通过改变通孔蚀刻工艺可以大幅度地调整通孔与互连金属线间的电介质宽度[43]。如图 7.47 所示,通孔蚀刻时对金属硬掩膜高选择比的 SAV(self-aligned via)工艺比低选择比的 PT(punch through)工艺得到了更宽的电介质宽度,不管是在通孔蚀刻后,还是在一站式蚀刻或者化学机械研磨后都看到了明显的区别。但是 SAV 工艺的通孔底部尺寸相对较小,对应较高的通孔接触电阻,一般工程上需要在两种工艺之间选择一个折中方案。

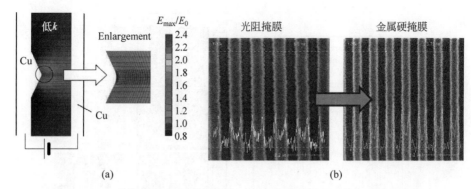

图 7.46 （a）LER 对电场强度的影响，（b）改变图形化方法能大幅改善 LER

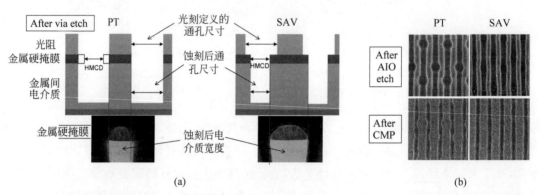

图 7.47 （a）通孔蚀刻时 PT 工艺和 SAV 工艺分别对应的蚀刻后电介质宽度，（b）PT 和 SAV 工艺分别对应的一站式蚀刻和化学机械研磨后俯视图

参 考 文 献

［1］ Putra A T, et al. Random Threshold Voltage Variability Induced by Gate-Edge Fluctuations in Nanoscale Metal-Oxide-Semiconductor Field-Effect Transistors. Applied Physics Express, 2009, 2(2).

［2］ Tilke A T, et al. STI Gap-Fill Technology with High Aspect Ratio Process for 45nm CMOS and beyond ASMC, 2006.

［3］ Tilke A T, et al. Shallow Trench Isolation for the 45-nm CMOS Node and Geometry Dependence of STI Stress on CMOS Device Performance. IEEE Transactions on Semiconductor Manufacturing, 2007, 20 (2): 59-67.

［4］ Zhao L L, et al. A Study of 65nm Silicon Etch. CSTIC2009.

［5］ Li L, et al. STI Crater Defect Reduction for Semiconductor Device Yield Improvement. IEEE Transactions on Semiconductor Manufacturing, 2013, 26(3).

［6］ Huang Y, et al. 65nm Poly Gate Etch Challenges and Solutions. ICSICT. BJ. China, 2008.

［7］ Diaz, et al. IEEE Electron Dev. Lett, 2001, 22(6): 287.

［8］ Han B, et al. Yield Enhancement with Optimized Offset Spacer Etch for 65nm Logic Low-Leakage Process. ISTC. SH, China, 2009.

［9］ Meng X Y, et al. HIGH H2 Ash Process Applications at Advanced Logic Process. CSTIC, 2015.

［10］ Ji S L, et al. Dummy Poly Gate Removal Process Optimization with Pulsing Plasma Application. ECS, 2015.

[11] Zhou J Q, et al. Metal Hard-Mask Based AIO Etch Challenges and Solutions. CSTIC, 2015.

[12] Zhou J Q, et al. The Cu Exposure Effect in AIO Etch at Advanced CMOS Technologies. IITC, 2016.

[13] Zhou J Q, et al. The Impact of Metal Hard-mask AIO Etch on BEOL Electrical Performance. CSTIC, 2016.

[14] Li X Y, et al. Plasma-Damaged Oxide Reliability Study Correlating Both Hot-Carrier Injection and Time-Dependent Dielectric Breakdown. IEEE Electron Device Letters, 1993, 14(2).

[15] Chan Y M, et al. Localized TDDB Failures Related to STI Corner Profile in Advanced Embedded High Voltage CMOS Technologies for Power Management Units. IEEE, 2007.

[16] Lee Y-H, et al. Implant Damage and Gate-Oxide-Edge Effects on Product Reliability. IEEE IEDM 2004: 481.

[17] Li Y G, et al. CMOS Gate Oxide Integrity Failure Structure Analysis Using Transmission Electron Microscopy. IEEE, 2006.

[18] Mahesh S, et al. Improvement of Gate Oxide Reliability with O_2 Gas Ash Process in Post Poly Resist Strip and Spacer Etch Asher Process in 45nm CMOS Technology. IEEE Proceedings of 16th IPFA, 2009.

[19] Huard V, et al. NBTI degradation: From Physical Mechanisms to Modelling. Microelectronics Reliability 2006, 46: 1-23.

[20] Krishnan A T, et al. Impact of Charging Damage on Negative Bias Temperature Instability. IEDM, 2001.

[21] Cellere G, et al. Effect of Channel Width, Length, and Latent Damage on NBTI. IEEE International Conference on Integrated Circuit Design and Technology, 2004.

[22] Jin L J, et al. Influence of Hydrogen Annealing on NBTI Performance. 15th International Symposium on the Physical and Failure Analysis of Integrated Circuits, 2008.

[23] Lee Y-H, et al. Role of Hydrogen Anneal in Thin Gate Oxide for Multi-Metal-Layer CMOS Process. 2000 IEEE International Reliability Physics Symposium Proceedings. 38th Annual.

[24] Krishnan S, et al. Inductively Coupled Plasma (ICP) Metal Etch Damage to 35-60A gate oxide. IEDM, 1996.

[25] Reimblod G, et al. Plasma Charging Damage Mechanisms and Impact on New Technologies. Microelectronics Reliability, 2000, 141: 959-965.

[26] Shuto S, et al. UV-blocking Technology to Reduce Plasma-induced Transistor Damage in Ferroelectric Devices with Low Hydrogen Resistance. IEEE International Reliability Physics Symposium Proceedings. 37th Annual, 1999: 356-361.

[27] Zhou J Q, et al. The Study of Dry Etching Process on Plasma Induced Damage in Cu Interconnects Technology. CSTIC, 2011.

[28] Aubel O, et al. Process Options for Improving Electromigration Performance in 32nm Technology and Beyond. 47th Annual International Reliability Physics Symposium. Montreal, 2009.

[29] Lee K D, et al. Via Processing Effects on Electron-migration in 65nm Technology. 44th IRPS. San Jose, 2004.

[30] Zhao Y H, et al. Downstream Electromigration Improvement in 45nm Technology. IIRW, 2010.

[31] Liu W, et al. Study of Upstream Electro-migration Bimodality and Its Improvement in CU Low-k Interconnects. IRPS 2010.

[32] Zhou J Q, et al. Applying Uniform Design of Experiment in Tri-layer-based Trench Etch for EM Lifetime Performance Enhancement. CSTIC, 2013.

[33] Kawano M, et al. Stress Relaxation in Dual-damascene Cu Interconnects to Suppress Stress-induced Voiding. IITC, 2003.

[34] Zhou J Q, et al. Dry Etch Process Effects on Cu/low-k Dielectric Reliability for Advanced CMOS

Technologies. CSTIC,2011.

[35] Gambino J P,et al. Reliability Challenges for Advanced Copper Interconnects：Electromigration and Time-Dependent Dielectric Breakdown (TDDB). IEEE Proceedings of 16th IPFA-2009. China.

[36] Chen F, et al. Experimental Confirmation of Electron Fluence Driven, Cu Catalyzed Interface Breakdown Model For Low-k TDDB. IEEE,2012.

[37] Zhang W Y,et al. An Investigation of Process Dependence of Porous IMD TDDB. IEEE,2015.

[38] Lee S C,Oates A S. A New Model for TDDB Reliability of Porous Low-k Dielectrics：Percolation Defect Nucleation and Growth. IITC 2016.

[39] Nichols M T,et al. Time-dependent Dielectric Breakdown of Plasma-exposed Porous Organosilicate Glass. Applied Physics Letters,2012,100：112905.

[40] Frot T,et al. Post Porosity Plasma Protection Applied to a Wide Range of Ultra Low-k Materials. IITC,2012.

[41] Baklanov M R,et al. Damage Free Cryogenic Etching of Ultra Low-k Materials. IITC,2013.

[42] Yamaguchi A,et al. Evaluation of Line-Edge Roughness in Cu/low-k Interconnect Patterns with CD-SEM. IITC,2009.

[43] Zhou J Q,et al. A Study of Self-Aligned-Via based All-in-one Etch. CSTIC,2014.

[44] Wang C C,et al. Using Post Etch Treatment (PET) to Resolve Poly Residue Defect Issue of Dummy Poly Removal (DPR) in hi-K Metal Gate Processing. AVS,2014.

[45] http://www.lamresearch.com/products/etch-products♯Tab1.

[46] http://www.itrs2.net/itrs-reports.html.

[47] 张汝京,等. 纳米集成电路制造工艺.北京：清华大学出版社,2014.

[48] Yiang K Y,et al. New Perspectives of Dielectric Breakdown in Low-k Interconnects. 47th Annual International Reliability Physics Symposium. Montreal,2009.

第8章

等离子体蚀刻在新材料蚀刻中的展望

摘　要

为了追赶摩尔定律的脚步,5nm 之后集成电路制造很可能将会放弃传统的硅芯片工艺,而引入新的材料作为替代品。现在看来,5nm 有可能将会成为硅芯片工艺的最后一站。事实上,随着硅芯片极限的逐渐逼近,人们也越来越担心摩尔定律是否会最终失效。为了跟上摩尔定律的节奏,必须不断缩小晶体管的尺寸。但是随着晶体管尺寸的缩小,源极和栅极之间的沟道也在不断缩短,当沟道缩短到一定程度时,量子隧穿效应就会变得极为容易,换言之,就算没有加电压,源极和漏极都可以认为是互通的,那么晶体管就失去了本身开关的作用,因此也没法实现逻辑电路。从现在来看,7nm 工艺是能够实现的,5nm 工艺也有了一定的技术支撑,而3nm 则是硅半导体工艺的物理极限。因此,对于 5nm 后工艺硅的取代材料在很早就引起各商业巨头和研究机构的关注。

目前看来,III-V 族化合物半导体、石墨烯、碳纳米管这几种材料的呼声最高,当下业界普遍的看法是在 PMOS 用锗,纳米 NMOS 用磷化铟。本章将着重介绍后 5nm 时代可能会涌现出的新材料的蚀刻方法和规律。以 III-V 族化合物半导体、石墨烯、碳纳米管、黑磷、硫化钼等明星材料为主,旨在前瞻性探讨。

对于 III-V 化合物,IMEC(微电子研究中心,成员包括 Intel 公司、IBM 公司、台积电公司、三星公司等半导体业界巨头)已经宣布成功在 300mm(22nm)晶圆上整合磷化铟和砷化铟镓,开发出 FinFET 化合物半导体。比起其他替代材料,III-V 族化合物半导体没有明显的物理缺陷,而且与目前的硅芯片工艺相似,很多现有的技术都可以应用到新材料上,因此也被视为在 5nm 之后继续取代硅的理想材料。石墨烯被视为另一种梦幻材料,它具有很强的导电性、可弯折、强度高,这些特性可以被应用于各个领域中,甚至具有改变未来世界的潜力,也有不少人把它当成是取代硅的未来的半导体材料,石墨烯被誉为后硅时代的"神奇材料",预计将于2028 年加入国际半导体技术发展路线图(ITRS)。碳纳米管可以提高单位面积下晶体管的集成数量(例如 2.5D、3D 堆叠等方案,在 NAND、DRAM 等存储产品中已有不少应用,不过对于IC 芯片来说,发热问题不好解决),在未来甚至还可能有光子计算、量子计算等颠覆摩尔定律的超级计算机出现,有机会我们可以再继续展开讨论。

作者简介

纪世良,中芯国际集成电路制造有限公司技术研究发展中心蚀刻部资深工程师。2013 年在中国科学院长春应用化学研究所获得博士学位。主要研究方向为有机半导体器件。对薄膜晶体管、光伏电池、电阻式气体传感器、有源矩阵显示等进行深入研究。随后进入香港城市大学进一步从事氧化物等无机半导体器件方面的研究。2014 年 7 月加入中芯国际,参与研发 28 PS、28 HK、FinFET 等工艺。在 FinFET 伪栅极去除工艺方面的研究,入选 2016 年度上海市飞翔计划。已申请相关专利 50 余项,发表国际会议论文 3 篇。

8.1 硅作为半导体材料在集成电路应用中面临的挑战

硅材料自从 20 世纪 60 年代被广泛应用于各类电子元器件以来,其用量以平均每年百分之十几的速度增长。硅材料以丰富的资源、优质的特性、日臻完善的工艺以及广泛的用途等综合优势而成为当代电子工业中应用最多的半导体材料。从目前电子工业的发展来看,尽管有各种新型的半导体材料不断出现,但 95% 以上的半导体器件是用硅材料制作的,90% 以上的大规模集成电路(LSI)、超大规模集成电路(VLSI)、极大规模集成电路(ULSI)都是制作在高纯优质的硅抛光片和外延片上的[1],故而,硅被称作集成电路的核心材料,是集成电路产业的基础。

究其原因是因为硅材料具有以下优点:①硅的地球储量很大,原料成本低廉;②硅的提纯工艺经过几十年的发展,能够非常完美地制造出所需的各类型晶体结构,并且单晶硅的面积有了大规模提升;③Si/SiO_2 的界面可以通过氧化获得,通过后退火工艺可以获得极其完美的界面。而集成电路中的核心器件如晶体管、电容等都需要金属、半导体、绝缘体的结合;这类易制备且完美的金半界面为工业制造提供了基础;④硅的掺杂和扩散工艺,已经研究得十分深入,积累了丰富的经验,在工业制造中可以满足器件要求。综合以上诸多优势,硅半导体材料得以称霸集成电路制造业半个世纪以上。如果不是受到物理极限的限制,我们有理由相信硅在集成电路制造中的霸主地位仍将持续下去。

科技的发展要求金属氧化物半导体场效应晶体管(MOSFET)的尺寸越小越好。这是因为:①小尺寸的 MOSFET,其沟道长度也小,沟道的等效电阻也较小,可以让更多电流通过。虽然沟道宽度也可能随着尺寸变小而让沟道等效电阻增大,但是通过降低单位电阻的大小,这个问题就可以迎刃而解。②MOSFET 的尺寸变小意味着栅极面积减少,可以降低等效的栅极电容。同时,越小的栅极通常伴随有更薄的栅极氧化层,这可以显著降低通道单位电阻值。不过这样的改变会让栅极电容增加,但是与减少的通道电阻相比,获得的好处仍然多过缺点,而 MOSFET 在尺寸缩小后的切换速度也会因为上面两个变化而变快。③MOSFET 的面积越小,制造芯片的成本就越低,在同样的封装尺寸内可以装下更高密度的芯片。当集成电路工艺使用的晶圆尺寸是固定的,现阶段主流为 12 英寸晶圆,芯片面积越小,同样大小的晶圆就可以产出更多的芯片,于是成本就变得更低廉。

但是,随着器件特征尺寸的不断缩小,特别是在进入纳米尺度的范围后,硅集成电路技术的一维发展模式面临着一系列的挑战,有的来自基本物理规律的物理极限,有的来自材料、技术、器件和系统方面的物理限制。正因此,硅芯片迟早有一天会因为尺寸无法继续缩小而不得不与其他新型技术相结合或被完全替代。

从工艺角度来说,我们希望 CPU 的速度越快越好,尺寸越小越好,阈值电压越低越好,饱和电流不断增大,漏电流逐渐降低,寄生电容持续下降。这就要求载流子迁移率增加,介电材料的介电常数增加,栅极的导电系数增加,同时层间的介电常数降低。我们知道迁移率取决于材料本身的特性和掺杂水平,当这两方面达到理论极限时,就必须使用辅助工艺来提高迁移率,如应力工程。随着对高迁移率进一步追求,最根本的方法就是更换硅基材料。正如介电材料 SiO_2 一样,在 45nm 技术以前 SiO_2 作为绝缘材料只需要降低厚度即可满足器件的需求,但随着尺寸的减小,短沟道效应变得十分明显,必须更换高介电常数材料来做介电层;而鳍式场效应晶体管(FinFET)的结构无疑可以增大饱和电流;低介电常数的介质材料可以降低寄生电容。这都说明当受到材料物理性质限制时,更换新的材料才是最彻底的解决方法。

另一方面,硅材料本身也具有一定极限,1nm 是研究的极限,因为 1nm 相当于 13 个硅原子并排放在一起的尺度,再小尺寸就没有理论研究的意义了;1～4nm 则是物理极限,这时量子效应已经很明显,会使器件无法工作,即使有新型器件结构出现,也无法用于超大规模集成电路;而 4nm 可能是制造极限,现阶段工艺水平无法实现更小的尺寸需求,在这个极限以下,现阶段就只能做理论研究,而无法制作样品。

图 8.1 为对芯片材料发展的认知示意图。以往的材料基石是硅及其衍生品,随着不断发展,在高性能、小尺寸的重压下,硅基石已经摇摇欲坠了,需要新工艺、新技术、新材料作为新的支撑点进一步维持摩尔定律的延续。

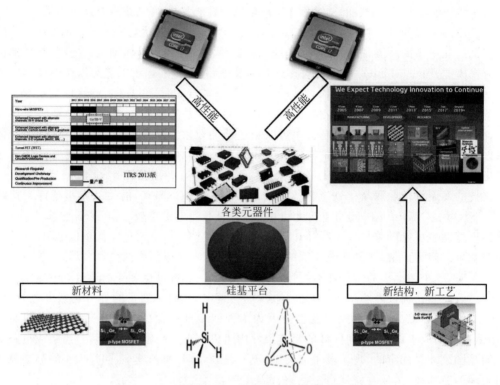

图 8.1 硅在集成电路中的核心位置和面临的新挑战

那么哪种材料能替代硅呢?随着关键尺寸向物理极限的逼近,这已经成为我们亟须解决的问题。可以说:我们正站在半导体产业岔路点上,睿智的选择势必会带来新一轮的技术革命。其实整个半导体行业一直在进行这方面的努力,某些行业巨头早在 20 世纪就开始从事硅代替材料芯片的研究,许多极富智慧的从业者们一方面恐惧硅极限时代的到来,另一方面又非常积极地期待这一天的到来,以便把自己的智慧付诸现实。使用高介电常数的氧化铪或氧化铝作为介电层,栅极使用金属铝或钨已经在 28nm 工艺中得到广泛应用,应变硅技术也全面引入。而用锗或硅锗代替硅作为空穴型金属氧化物半导体晶体管(PMOS)的沟道材料,三五族元素作为电子型金属氧化物半导体晶体管(纳米 NMOS)沟道材料有望在 7nm 以下工艺中实现。大量研究者认为 7nm 以下前段工艺的主要材料如表 8.1 所示。

以 IBM 公司为例。IBM 公司一直是材料科学、化学、物理学和纳米技术等高科技产业的领导者。它在芯片处理器方面的专利比大部分竞争对手都多。当行业巨头如台积电公司和英特尔公司(Intel)还在 10nm 上苦心孤诣、探索打磨时,IBM 公司研究实验室已宣布与三星公司、格罗方德(GlobalFoundries)公司和纽约州立大学纳米理工学院联合研制开发的全球首款

7nm 原型芯片已经制作完成。据其研发部负责人介绍,这款测试芯片首度在 7nm 晶体管内加入一种称为"硅锗"(silicon germanium,SiGe)的材料,替代原有的纯硅,并采用了极紫外光(Extreme Ultraviolet,EUV)微影技术。据悉,相较 10nm,使用 7nm 工艺后的面积将缩小近一半,而同时因为能容纳更多的晶体管(200 亿+),性能会提升 50%,从而制造出世界上最强大的芯片。实际上,IBM 公司早在 2014 年 7 月就宣布,将在未来五年里投资 30 亿美元用于研发 7nm 芯片和碳纳米管等多项技术,以推动计算机处理器行业的发展。这个五年计划的第一个目标是开发晶体管尺寸仅为 7nm 的芯片;第二个目标则是在当今一系列前沿芯片技术中进行有选择性的研发,其中包括碳纳米管、石墨烯、硅光子、量子计算、类大脑结构和硅替代品等,可见其已经开始为后硅时代布局。

表 8.1　7nm 前段工艺的新材料使用(预测)(中国半导体科技论坛)[1]

	旧　材　料	新　材　料	目　　　的
栅氧	SiO₂/SiON	高 k/HfOAl	降低漏电
栅极	Poly Si	Metal/TiN	Poly Dep,Vth 控制
源漏	Si	SiGe/SiC	在沟道中引入应力
沟道	Si	s-Si/Ge/III-V	提高载流子迁移率

当然完全不用硅材料,包括衬底,显然对整个工艺的挑战很大。因此也有很多公司和研究单位致力于硅技术与非硅技术的集成。例如将 III-V 的工艺技术与硅技术结合,实现硅基光电集成是延长摩尔定律的一个可能的办法。同样是 IBM 公司,在 2015 年 6 月展示了一种将三五族(III-V)铟镓砷化合物放到绝缘上覆硅(SOI)晶圆的技术,同时,该公司有另一个研究团队则声称发现了更好的方法,采用标准块状硅晶圆并制造出硅上砷化铟镓证实其可行性。另有报道称法国 Riber 分子束外延设备公司加入了位于比利时的国际微电子中心的 III-V/Si 开发计划,准备建造一台串接式的分子束外延(MBE)设备,用于在 8in(英寸)锗(Ge)衬底上生长 III-V 族化合物半导体材料,同时还可用于生长硅基高 k 介质和金属电极材料。另外,Intel 公司也曾报道了混合硅激光器研制成功的消息,这种激光器是由"熔"合在硅片上的 InP 基材料作为光源和光放大介质,用硅材料作为波导而构成的可控激光器。制造混合硅激光器的关键是在低温下使用,氧等离子体在硅和 InP 两者材料表面上生长一层约 25 个原子厚度的氧化层,这个薄的氧化层在加热和加压时就像玻璃胶一样能将两种材料"熔"合在一起,形成一个单一的芯片。新材料方面,新加坡国立大学对在硅基底上如何大面积生长石墨烯提出了一种较好的方法。利用石墨烯可以较好地形成在金属铜表面的特点,首先在硅/二氧化硅基底上溅射生长 600nm 的金属铜,然后化学气相沉积生长石墨烯薄膜,完成后旋涂一层聚甲基丙烯酸甲酯(PMMA)保护石墨烯。完成后浸入 0.1mmol 的硫酸铵溶液中去除金属铜,再使用去离子水充分清洗、烘焙,石墨烯会很好地附着在二氧化硅表面。最后去除 PMMA。这样就得到了硅片水平的大面积石墨烯。该方法如图 8.2 所示。这些研究进展使人们看到了后硅材料时代的曙光。

同时,后段互连材料也迎来新的挑战。在以往的工艺技术中,芯片制造的后段工艺和前段一样,关键尺寸不断缩小,互连材料已经由金属铜取代了金属铝以及铝铜合金,这是因为铜具有更低的电阻率($1.7 \times 10^{-6}\Omega \cdot$ cm),更高的电流密度($\sim$9G/cm³),更大的热传导系数($\sim$1W/(m²·K)),层间填充的绝缘材料也由超低绝缘常数材料取代了以往的 SiO₂。而随着技术进一步发展,尤其进入 14nm 以下工艺,后段对互连的要求会更高,更高电导率的互连材料和更低绝缘常数的绝缘材料将被开发和应用。高通公司就认为从设计业角度首要关注的问题是瞬时和移动处理中持续的创新。在晶体管方面,10nm 制造工艺与 14nm 十分相似。而到

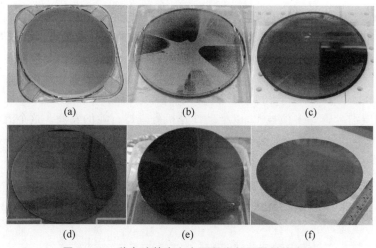

图8.2 一种在硅基底上大面积生长石墨烯的方法

(a) 8in PMMA/石墨烯/6000Å铜/二氧化硅/硅晶圆; (b) 浸入铜溶解液中30min后; (c) 50min后铜被完全剥离; (d) 浸入去离子水中清洗; (e) 从去离子水中取出, 石墨烯完全附着在硅片上; (f) 烘焙完全去除水分, 获得大面积石墨烯薄膜[2]

7nm节点时,将有更多创新的转折点,包括在水平阵列中采用环栅(GAA)纳米线,以及到5nm时不可避免要采用隧道FET和III-V族元素沟道材料和垂直纳米线。显然,未来器件的自发热问题(self-heating)将是很大的挑战。不管如何,在形成晶体管结构的前段工艺中产业界已经有多个选项,情况相对比较乐观,然而在后段工艺中的金属互连等,未来将一定是工艺瓶颈。从当前的研究结果来看,具有高导电性的石墨烯、碳纳米管有望取代金属铜作为新型的互连材料;虽然以硅、氧、碳、氢等元素为主的超低绝缘常数材料已经被广泛应用于28nm后段工艺,但其种类一直在不断被开发以适应不同工艺的需要,同时随着电性要求的不断提高,利用空气填充金属间的空隙也有望被引入实际工艺,后段互连的猜想图如图8.3所示。需要说明的是除了开发高性能材料来完成互连外,利用光互连也一直是集成电路从业者的努力方向,并且有望成为芯片制造互连的终极方案。

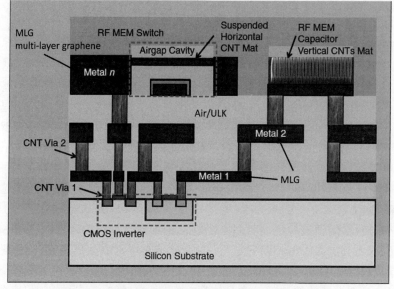

图8.3 未来集成电路后段互连猜想简图(半导体快报)

事实上，早在芯片制造发展伊始，就已经有大量替换硅沟道材料的研究。例如三五族材料、拓扑半导体、石墨烯、纳米管线、黑磷、量子点等。作为探索和展望，我们将在本章简单介绍这些材料在芯片制造中给蚀刻技术带来的新挑战。

8.2　三五族半导体材料在集成电路中的潜在应用及其蚀刻方法

所谓 III-V 族化合物半导体，是指元素周期表中的 III 族与 V 族元素相结合生成的化合物半导体，从半导体的发展历史来看，硅基和锗基半导体为第一代半导体材料，其中以硅基半导体技术较成熟，应用也较广。而第二代半导体材料是化合物半导体，是以砷化镓（GaAs）、磷化铟（InP）和氮化镓（GaN）等为代表，包括许多其他 III-V 族化合物半导体。

其中，商业半导体器件中用得最多的是砷化镓（GaAs）、磷砷化镓（GaAsP）、磷化铟（InP）、砷铝化镓（GaAlAs）和磷镓化铟（InGaP）。其中以砷化镓技术较成熟，应用也较广。化合物半导体主要有两点不同于硅半导体：①化合物半导体的电子迁移率较硅半导体快许多，因此更适用于高频传输，在无线电通信如手机、基地台、无线区域网络、卫星通信、卫星定位等皆有应用；②化合物半导体具有直接带隙，这是与硅半导体不同的，因此化合物半导体可适用于发光领域，如发光二极管（LED）、激光二极管（LD）、光接收器（PIN）及太阳能电池等产品，可用于制造超高速集成电路、微波器件、激光器、光电以及抗辐射、耐高温等器件。

III-V 族化合物半导体材料大都具有闪锌矿结构。键合方式以共价键为主。由于五价原子比三价原子具有更高的负电性，因此有少许离子键成分。正因为如此，III-V 族材料置于电场中时，晶格容易被极化，离子位移有助于介电系数的增加。GaAs 材料的 n 型半导体中，电子迁移率远大于硅的电子迁移率，因此速度快，在高速数字集成电路上的应用，比硅半导体优越。但是，由于 GaAs 材料的集成电路工艺极为复杂，成本也较昂贵，且成品的不良率高，单晶缺陷比硅多，因此 GaAs 要如同硅半导体得到普及应用，仍有待研发技术的努力。但另一方面，其优点是具备能够发出激光等目前硅所没有的特性。

早有专家预言，GaAs 很快就会取代硅，成为高性能晶片的材料选择。相较于硅，GaAs 能在提升电性能的同时，整合光学电路的功能；这些特质能带来更高的性能以及创新的晶片架构，并因此让摩尔定律寿命无限延长。数位逻辑硅晶片在 4GHz 就会遇到瓶颈，但我们今日已经能制造小型的 GaAs 类比电路，切换频率达到 100GHz，而且在不远的将来还能进一步达到几百甚至上千 GHz；在频率提高的同时，加上光学发射器以及探测器作为晶片上光学互连，在同一颗晶片上结合标准逻辑单元以及光学元件，实现出光电混合元件；举例来说，光学回路能实现超低抖动振荡器，且频宽高于硅材料。

其他砷化镓类三五族（III-V）半导体材料超越硅的优势，包括较低的操作电压，高的电子迁移率（$12\,000\mathrm{cm}^2/(\mathrm{V}\cdot\mathrm{s})$）——据推算这可以将三五族晶片功耗降低为 1/10 以下。不过目前砷化镓晶圆片比硅晶圆的成本高出许多。大多数三五族元素，包括铟（In）、镓（Ga）、砷（As）以及磷（P），都有比硅更高的电子迁移率，但在制造上也有特定的问题使得目前它们无法取代硅材料。

其实，以砷化镓为基底，在其上堆叠一层又一层 $1\mu\mathrm{m}$ 厚的砷化铟镓应变层，直到产生与磷化铟（InP）晶格常数相对应的天然量子阱的电子器件已经在 $0.1\mu\mathrm{m}$ 工艺得到验证，并即将迈向 40nm 工艺节点；这听起来似乎落后已经量产的 14nm 节点甚至 7nm 节点的硅技术许多。

不过这种比较是不公平的,其40nm工艺元件的性能与14nm或10nm硅晶片比较,由于40nm砷化镓元件在速度上领先硅晶片3个工艺代,在功耗上则领先4个工艺代,且整合密度是差不多的;因此40nm工艺的砷化镓元件,在速度上与14nm硅晶片相当,在功耗上则是与10nm硅晶片接近。

典型的两类使用铟镓砷作为沟道材料的流程在2014年被提出,分别为先高介电层和伪栅极以及后高介电层和伪栅极技术,这两类工艺流程也是28nm以下技术节点主要的工艺流程。通过器件实现表明,铟镓砷作为沟道材料完全可以集成到这两类工艺中。从图8.4中可以看到,无论先高介电层和伪栅极还是后高介电层和伪栅极,铟镓砷都需要外延生长在磷化铟上,因为它们的晶格失配率较低,能够实现较完美的外延生长。因此,如果使用铟镓砷作为新型沟道材料,铟镓砷和磷化铟材料的蚀刻工艺必不可少。尽管早在20世纪八九十年代已经有人开始着力研究它们的蚀刻技术及图案化工艺,但随着等离子体蚀刻的飞速发展,过去的许多技术已经很难胜任先进的工艺,这就需要深入研究新的工艺方法,利用合适的等离子体蚀刻机台来进行完美的高性能沟道材料图案成型。我们在这里对一些已有或可能出现的高性能材料蚀刻工艺进行总结和预测,首先从磷化铟开始。

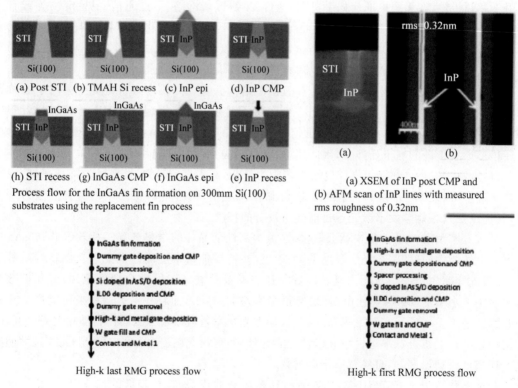

图8.4 两类InGaAs FinFET工艺流程及电镜剖面图[3]

8.2.1 磷化铟的蚀刻

磷化铟不但可以作为外延层的基底材料,而且本身还可以作为沟道材料或电极材料使用,因此相对其他三五族材料,对磷化铟材料的等离子体蚀刻的研究也多一些。

利用CH_4和H_2蚀刻磷化铟是较早出现的一类方法。这种方法可以应用在大面积、大尺寸的磷化铟蚀刻中。蚀刻率比较可观,但在图形复杂且密集区域中由于产生的副产物难挥发,而本身的等离子体蚀刻气体的聚合物非常重,很容易在蚀刻图形底部发生蚀刻终止现象,或图形形貌变差等现象,故 CH_4 和 H_2 的气体组合需要进一步改善才能成为工业上可应用的磷化铟蚀刻方法。

有文献表明,以氯气为主要蚀刻气体的磷化铟的低温蚀刻在低温条件下存在蚀刻速率很低且副产物很难去除的问题。从图 8.5(b)中可以看到,使用氯气对 InP 的蚀刻对温度非常敏感,且温度越高其蚀刻速率越快。而温度低时由于副产物较多且挥发困难,当蚀刻总量过多时,副产物的富集效应就会引起蚀刻终止(产物 $InCl_x$ 很难挥发)。而以 CH_4 和 H_2 为主的低温蚀刻又面临着蚀刻速率低引起蚀刻停止的现象。因此如何在低温下实现 InP 材料的蚀刻成为大家普遍研究的热点。较常见的方法是在常规磷化铟蚀刻气体中混入其他气体,较早的这方面研究来自新西兰的卡洛塔的报道。使用 $Cl_2/Ar/H_2$ 的混合气体,在 150℃ 下虽能获得较好的磷化铟图形,如图 8.6 所示,高温度下可以获得光滑连续的图形形貌,但 150℃ 的温度毕竟已经不能算是低温。

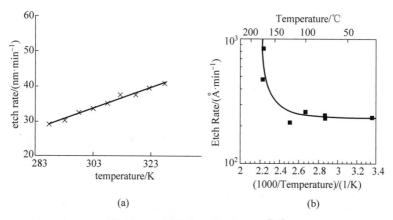

(a)　　　　　　　　　　　(b)

图 8.5　不同温度下的 InP 蚀刻[4,5]

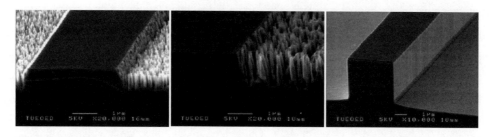

图 8.6　不同温度下的以 $Cl_2/Ar/H_2$ 的 InP 蚀刻 SEM 图形,从左至右为 60℃,100℃,150℃[6]

2007 年清华大学报道了进一步优化气体配比并改善其他条件的方法来克服这些难题[6],该蚀刻方法可以在室温条件下克服副产物难挥发的难题,如图 8.7 所示。因为合适的 CH_4 和氯气的气体配比会形成 $In(CH)_x$ 的副产物,这类副产物较 $InCl_x$ 更容易挥发去除。从剖面图中也可以看到磷化铟的表面粗糙度较低并无副产物的残余保留。蚀刻条件为:Cl_2:CH_4:Ar=12:12:3;4mT;TCP 为 1000W;偏压 300V。经计算蚀刻速率为 8600Å/min,对 SiN 的选择比为 10:1,已经能够满足当前工艺的选择比要求。

但这种方法的缺点也很明显:副产物完全挥发,图形侧壁保护不够,导致整体的形状会凹进去,如图 8.7 所示。而这种形貌无论作为栅极,外延层,还是掩膜都很难达到器件性能上的要求。因此作者又开发了另一种混合气体 $Cl_2/N_2/Ar$，利用不同的蚀刻机理，加入 N_2 以更好地利用物理轰击去除磷化铟。这类方法可以实现垂直的磷化铟图形，如图 8.8 所示。

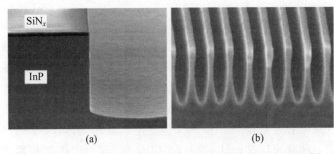

图 8.7　(a)$Cl_2/CH_4/Ar$ 蚀刻后的 InP 形貌和(b)碗状形态[7]

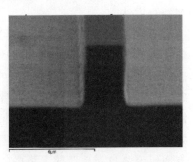

图 8.8　$Cl_2/CH_4/N_2/Ar$ 蚀刻后的 InP 形貌[7]

而对不同流量配比的蚀刻速率和选择比研究总结到表 8.2 中。我们可以看到没有 N_2 时，选择比最高，但表面粗糙度最差；而随着 N_2 量的不断增加，粗糙度得到不断改善，但会牺牲很多选择比。依据现有的蚀刻机台，我们应该可以更好地利用不同蚀刻步骤，使用不同的蚀刻气体比例和其他条件，同步改善这些矛盾问题，以获得完美的图形。

表 8.2　不同流量配比的 $Cl_2/CH_4/N_2/Ar$ 蚀刻结果[7]

Run No.	Cl_2/sccm	N_2/sccm	Ar/sccm	Etch Rate/($\mu m \cdot min^{-1}$)	Selectivity InP：SiO_2	RMS/nm
1	5	0	10	1.113	28.7：1	＞25
2	5	3	7	0.493	11.5：1	18.22
3	5	5	5	0.407	13.0：1	15.88
4	5	7	3	0.322	9.35：1	1.07
5	8	3	5	0.768	17.0：1	＞25
6	8	5	3	0.673	17.2：1	6.30

以上几类方法都是在 ICP 机台中实现的，而早期在 RIE 的机台中也有过相关研究，去探寻压力对蚀刻磷化铟的影响。如图 8.9 所示，随着压力的增大，副产物不断堆积使选择比不断下降，最终蚀刻终止。在 5Pa 的条件下，有没有氮化硅硬掩膜环境的蚀刻图案基本一致，但在 10Pa 下，没有氮化硅硬掩膜的情况下，在图形密度较大区域，产生的副产物或聚合物较多，蚀刻率急剧下降，从而看到了不同图形环境蚀刻的深度之间存在较大差异；当压力为 20Pa 时，无论图形周围密集度环境如何，蚀刻都会终止，这是因为聚合物的量太大，以至于覆盖了全部图形，蚀刻无法进行。

而对图形形貌的控制较为细致的研究来自于 2012 年的一篇报道。从模拟的结果看，深沟或深孔的形貌和等离子体吸附率和吸附规律有关，而是否存在二次或多次吸附也将直接影响顶部的图形形貌，如图 8.10 所示。

我们可以看到不同的等离子体吸附对深孔或深沟的开口附近形态影响巨大，而模拟和实验的实际结果也较符合，说明了模拟的结果的可信度很高，如图 8.11 所示。而根源是不同等离子体在深孔中的吸附位置不同导致了蚀刻分成两个不同阶段，在接近出口处含氯较多的 $InCl_2$ 和 InCl 副产物较多，故顶部以化学蚀刻为主；而底部含氯的等离子体和副产物较少，以物理蚀刻为主。所以形成了不同的形貌，如图 8.12 所示。

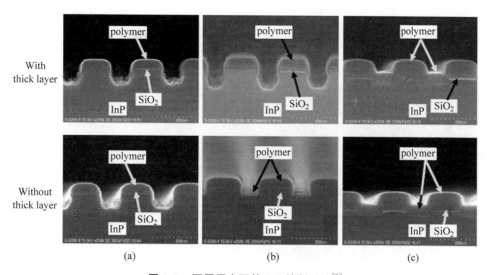

图 8.9　不同压力下的 InP 蚀刻形貌[8]

（a）5Pa；（b）10Pa；（c）20Pa

由于现有的等离子蚀刻体机台都有控制解离率，过滤不需要的等离子体的功能，我们可以通过先进的蚀刻机台配置，精确定义我们需要的图形，蚀刻出示意图 8.10 中的不同形态。达到精确控制图案化的目的。随着蚀刻机台的不断更新换代，相信可以控制更加完美图形的功能会被不断开发，对于单一或连续的图形形貌变化的控制能力会不断加强，图形形态之间的转换也会更加连续自然。

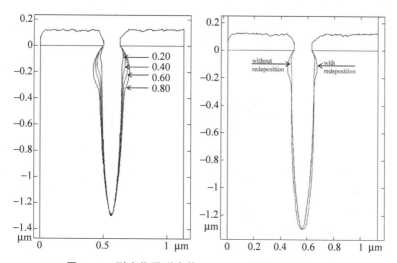

图 8.10　副产物吸附率从 0.2～0.8 的模拟图形结果

模拟条件：100W/1mT/(Cl₂ ∶ Ar)＝2 ∶ 6sccm/Bias voltage ∶ 100V[9]

8.2.2　铟镓砷的蚀刻

铟镓砷的主要用途是作为沟道材料，且被视为将来纳米 NMOS 的沟道材料的不二之选。一般来说，铟镓砷在沟道内会形成一层或多层量子阱传输，其迁移率可以达到单晶水平，主要的制约将出现在各接触界面位置。这对蚀刻来说的好处是目的单一，就是定义沟道材料的图形。较早期利用 CCl_2F_2 气体来蚀刻，但是由于选择比和等离子体损伤底层薄膜的原因，又有

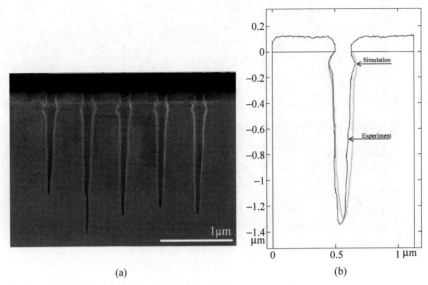

图 8.11 使用模拟条件:吸附率为 0.4,100W/1mT/(Cl$_2$: Ar)＝

2 : 6sccm/偏压为 100V 的蚀刻 SEM 结果[9]

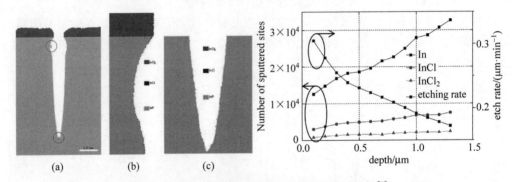

图 8.12 不同区域的副产物富集分布和模拟结果[9]

人开发出来了 CHF$_3$＋BCl$_3$ 和 CF$_4$＋BCl$_3$ 两种组合气体等离子体蚀刻方案。从效果上看两种方案都可达到较快的蚀刻速率,以及对 InAlAs 的高选择比,而且在低压高射频功率时更容易实现。其对两种相近材料的蚀刻率不同是由于反应产物的挥发性差异。GaCl$_3$ 和 AsCl$_3$ 都较易挥发,而 AlCl$_3$ 挥发较困难,会影响进一步蚀刻。

从图 8.13 中我们可以看到,氟的使用量会影响 InAlAs 的蚀刻率。而含氟气体流量的加大会显著改变铟铝砷和铟镓砷的选择比。使用 CHF$_3$ 和 BCl$_3$ 的气体组合或者 CF$_4$ 和 BCl$_3$,选择比都会提高一倍以上。对两类气体组合的压力和射频功率对蚀刻率的影响如图 8.14 所示。两种组合都是压力越大蚀刻率越低,这与一般的蚀刻规律一致,因为压力增大会增加等离子体的碰撞和湮灭概率,降低等离子体能量,使得蚀刻率下降。而一般来说,射频功率越高蚀刻率则越快,这是因为等离子体的解离率会变高。

这几种蚀刻的方式较为常见,研究得也较透彻,报道也很多。相比之下,在鳍式场效应晶体管的制作中,尽管有过铟镓砷的报道,但相关的蚀刻细节却不曾被披露。从使用的气体看应该是化学反应和高速轰击相结合的方式,BCl$_3$ 会很容易与铟镓砷中的各元素反应,而 Ar 可能为轰击源。从定义出的图形看,如图 8.15 所示,有倾斜的侧壁形貌,但总体的高度较高。

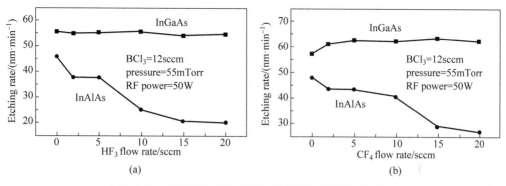

图 8.13 不同蚀刻气体蚀刻铟铝砷和铟镓砷的蚀刻率

(a) CHF$_3$ and BCl$_3$; (b) CF$_4$ and BCl$_3$[10]

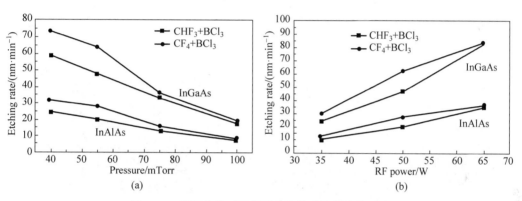

图 8.14 不同条件对铟铝砷和铟镓砷蚀刻率的影响

(a) 压力; (b) 射频功率[10]

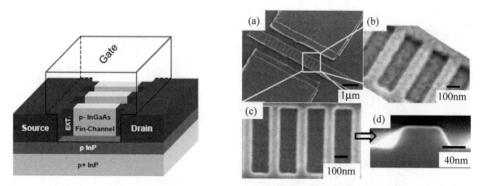

图 8.15 BCl$_3$/Ar 高密度等离子体蚀刻被使用铟镓砷的 FinFET 加工(未披露具体细节)。去除含氟的气体加入惰性气体氩气无疑会改善等离子蚀刻对底层薄膜的损伤增加蚀刻率[11]

新近崛起的中性粒子蚀刻也被应用于铟镓砷的蚀刻当中。日本的研究组[12]对中性粒子蚀刻三五族化合物的研究较多。他们不但采用了这种极其先进的蚀刻技术而且利用有机材料作为蚀刻的掩膜。本来有机掩膜材质酥软很容易在等离子体的轰击下变形、塌缩、产生缺陷,从而导致图形定义偏差,这也是为什么集成电路的加工逐渐从软的、单一的掩膜材料变为硬的、多层的掩膜材料的原因。但搭配中性粒子蚀刻技术,较软的有机掩膜又有了用武之地。因为中性粒子主要依靠干法化学蚀刻,电子温度极低,可以有效保护掩膜材料。图 8.16 为加工的工艺流程和俯视电镜图片。铟镓砷和镓砷反复经过分子束外延技术形成多层结构后,一种含有铁化合物的聚乙烯乙二醇被旋涂在多层结构表面(一种含水氧化铁)。含铁的化合物作为有机材料的"核"存在,可以有效控制不同核的距离,完成后利用氢气等离子体去除核的外围保护壳层,再去除氧化物中的氧,形成孤立的铁纳米粒子,均匀等距地分布在表面作为蚀刻的掩膜。为防止蚀刻前的二次氧化,可在蚀刻前再经过氢等离子体处理,最后用氯中性粒子定义图形,完成深孔蚀刻。该方法同样可以用于铟镓砷和镓砷化合物半导体,形成较高深宽比的孔或沟槽图形,如图 8.17 所示。

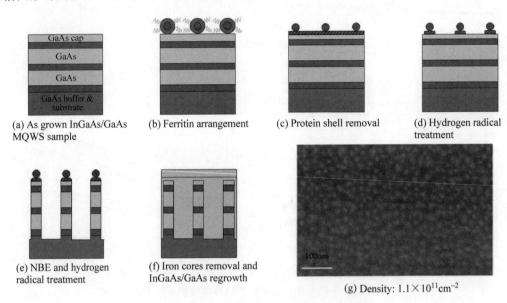

(a) As grown InGaAs/GaAs MQWS sample

(b) Ferritin arrangement

(c) Protein shell removal

(d) Hydrogen radical treatment

(e) NBE and hydrogen radical treatment

(f) Iron cores removal and InGaAs/GaAs regrowth

(g) Density: $1.1 \times 10^{11} cm^{-2}$

图 8.16 铟镓砷和镓砷 nanodisk 的加工流程

(a) MOVPE 反复生长的铟镓砷和镓砷的量子阱;(b) 含铁元素的"核"的生长;(c) 去除"核"的保护壳层;(d) 表面氧化去除氢的自由基;(e) 中性粒子蚀刻和氢自由基处理;(f) 含铁的"核"移除和铟镓砷和镓砷的再生长;(g) 扫描电镜俯视图[12]

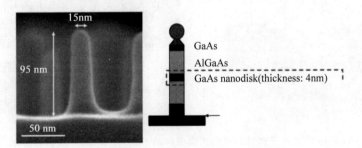

图 8.17 铟镓砷和镓砷纳米盘的剖面和示意图[13]

该方法对于温度的依赖性较强,由于温度能够直接影响化学反应的速率,可以利用温度来实现蚀刻中的蚀刻速率和形貌控制。从图 8.18 可以看到,低温高温都存在问题,低温很难获得足够多的纳米结构,高温的形貌会严重退化,只有在 50℃时才能平衡两方面的不足。

而偏压对定义图形的形貌也很关键(图 8.19),偏压可以有效平衡不同材料之间的蚀刻速率,这对多层高深宽比的图形定义极为重要,否则会形成多曲率图形甚至变形。低的偏压无法获得足够高度的纳米结构,也就是说,在图形底部会有很大倾斜侧壁甚至发生蚀刻终止,但高

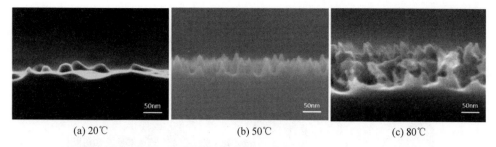

图 8.18　不同基底温度下的铟镓砷和镓砷纳米结构图,条件:偏压 13W (a)20℃,(b)50℃,(c)80℃[12]

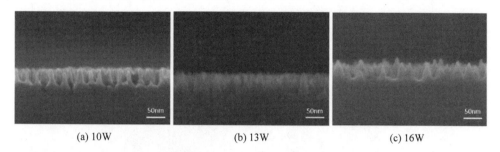

图 8.19　不同偏压下的铟镓砷和镓砷纳米结构,温度 50℃ (a)10W,(b)13W,(c)16W[12]

的偏压会消耗作为掩膜的含铁的"核",同样难以获得理想的图形。图 8.20 显示的是利用中性粒子蚀刻方法对镓砷半导体进行蚀刻的损伤情况的比较,光强越大损伤越严重。在狭窄的缝隙定义中,中性粒子的损伤力不到连续等离子体的 1/10,尽管实际的实验结果并不像理论上的绝对零损伤,但这种低的损伤力对图形的定义已经起到至关重要的作用,尤其是在新的半导体蚀刻工艺中,普遍具有活性高,且保护薄膜的特性。因此中性粒子蚀刻的研究十分必要。

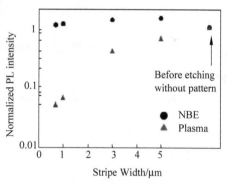

图 8.20　不同宽度的铟镓砷和镓砷纳米结构光致发光结果比较[14]

8.2.3　镓砷的蚀刻

除了铟镓砷外,镓砷也是大家广泛期待的半导体材料,而两者也往往一起使用来构建高性能器件,如前所述。因此我们有必要探讨和展望这类半导体的蚀刻技术。图 8.21 显示的是利用 Cl_2 和 BCl_3 混合气体对镓砷半导体材料的深孔蚀刻,蚀刻速率为 $6\sim8\mu m/min$,光阻作为掩膜材料,选择比为 8:1。尽管笔者称孔的形貌平滑作为互连没有任何问题,但显然 $70°\sim80°$ 的角度很难胜任 14nm 以下工艺技术,需要更多的新型技术和细致的研究才能更好地完成图形定义。

镓砷除了本身可以作为半导体材料,与磷化铟、铟镓砷配合使用外,还可以与铝镓砷、铝镓砷磷配合使用。这类蚀刻也一般具有大的深宽比特点。这类蚀刻一般采用较高温度的激光蚀刻,故而图形定义精准,但粗糙度较大,尤其对蚀刻气体组分和温度比较敏感,考虑到实际情况,最好加入蚀刻的后处理工艺来改善表面粗糙度。

从图 8.22 中可以看到这类蚀刻的线边缘粗糙度需要改进,但近 90°的直角度有很大优势,

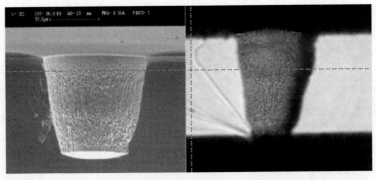

图 8.21 （a）100μm 深的镓砷蚀刻后孔状图形和（b）200μm 深的孔状剖面图[15]

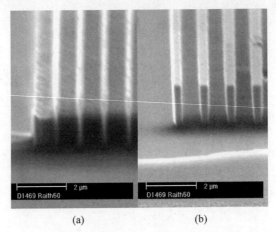

(a)   (b)

图 8.22 GaAs/AlGaAs 蚀刻图形扫描电镜图，蚀刻气体为 $BCl_3/Cl_2/Ar$，其中 Ar 占 82.5%

(a) 180℃；(b) 25℃[15]

尤其在深宽比达到 20 以上的情况下仍能够精确传递图形。

8.3 锗在集成电路中的潜在应用及其蚀刻方法

使用锗代替硅元素似乎是个讽刺性的转折。1947 年于贝尔实验室发明的首个晶体管就是由锗板制成的，锗是元素周期表中硅元素下方的元素。选择锗的原因是电流能快速通过锗材料，这正是晶体管必备的特征。但是，工程师们在考虑大规模制作集成电路时，又将锗抛之脑后，因为硅材料更容易处理。现在，由于生产商们面临着硅材料无法进一步微型化的问题，锗元素得以重新应用。普渡大学叶培德（Peide Ye）教授及其同事所展示的锗电路表明，锗材料在随后几年将被商品化。当前生产的微型晶体管直径仅 14nm，且极其紧密连在一起。若进一步减小晶体管的尺寸，半导体产业将面临严峻的挑战。2016 年国际电子器件会议小组会议期间，Intel 公司的高级研究员马克·波尔（Mark Bohr）表示，10 年之后，将不可能进一步缩小硅晶体管的尺寸。波尔说："我通常更倾向于新创意。"锗具备良好的电气性能，从而电路传输速度始终优于硅元素。但是，根据当前行业内所使用的生产技术，即互补金属氧化物半导体技术（CMOS）或互补金氧半导体技术，工程师们无法利用锗材料制造出紧凑却节能的电路。利用互补金氧半导体制成的电路同时采用传输负电荷的晶体管，即负电场效应晶体管；传输正电荷的晶体管,即正电场效应晶体管。"但是负电场效应锗晶体管技术正遭遇瓶颈"。叶培德提出了新的负电场效应锗晶体管设计方案以显著提高其性能。锗元素能再次引起广泛关注,萨拉斯沃特功不可没。2002 年,他首次发表论文,说明锗晶体管具有高性能,是硅晶体管的 2～3 倍。萨拉斯沃特说:"我们已经完成基本科学工作,现在我们重点关注基础工程。"其他可用材料如碳纳米管或由多种元素组成的复合半导体也有望取代硅材料,但是其使用方式更为复杂,难为芯片行业所用。相比之下,芯片制造商已将锗元素用于正场效应硅晶体管。

　　锗作为新一代半导体材料,应用于集成电路制造产业的可能性非常大。在国际半导体产业规划上也把锗作为将来集成电路 PMOS 管的首选材料。使用锗来加工集成电路,其瓶颈在于如何获得高质量的多层薄膜,这在很多专著中都有深入探讨,如何外延生长高质量无缺陷的大面积锗或锗的合金薄膜是当下横亘在产业之路上的一大障碍。受本书内容所限,这部分不在讨论范围内,我们仍将视角置于锗及其合金的蚀刻方面。

　　对于锗的蚀刻,常见的蚀刻方法有两类。一为以氯气为主的蚀刻,这类蚀刻较容易实现并且不会引入电性方面的变化。其缺点是对整体形态的控制较难。一般来说,锗的蚀刻都具有较高深宽比,或多层结构,在蚀刻中要想保持完美的图形转移需要采用很多手段。

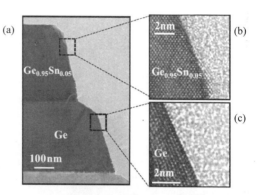

　　从图 8.23 中可见,氯气(400W、200sccm,ER～200Å/s)为主的蚀刻不会损伤锗的边界界面(侧面边界晶格保持完整),这在高性能器件中至关重要,会省去后续修复损伤晶格缺陷的工艺,降低成本,也给蚀刻本身降低了难度。但从中我们也可以看到,对侧壁图形的控制不够完美,得到的图形角度在 75°左右,这很难满足实

图 8.23　(a)氯气蚀刻后锗侧面透射电镜图、(b)高分辨透射电镜图、(c)锗侧剖面和晶格图[17]

际需要。对于侧壁轮廓形态的控制一般做法是加入聚合物的蚀刻气体,多步蚀刻控制整体形态。

　　而图 8.24 中讨论的是氩气和氯气为主通过加入聚合物蚀刻气体或改变偏压的做法来实现对图形形态的控制,分别获得不同侧壁形貌的图形。这其中 CH_3F 和氯气对形态的控制非常有效。而偏压和流量的调节则对底部形态控制起至关重要的作用。通过这些方法,锗的形

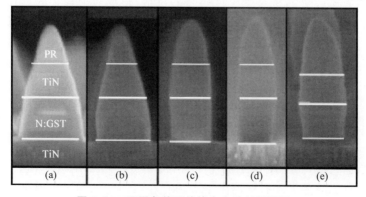

图 8.24　不同条件下的锗合金蚀刻剖面图
　　(a) Ar 气体;(b) Ar/CHF_3 气体;(c) 高偏压 Ar/CHF_3/Cl_2 气体;(d) 低偏压 Ar/CHF_3/Cl_2
气体;(e) 低偏压和大的氯气流量 Ar/CHF_3/Cl_2 气体[18]

态控制和关键尺寸调节可以被完成。文中给出了部分解析[18]。其中,图8.24(a)和图8.24 (b)的结果都是直接将倾斜的图形形貌传递给锗的合金(N:GST是$Ge_2Sb_2Te_5$的简写)。这是因为纯的氯气轰击过于猛烈,导致光阻形成尖头的三角形貌。尽管加入CHF_3会使锗的合金形貌发生改变,但顶部的形态却仍会保持。从图8.24(c)~图8.24(e)加入更多的氯气或增加偏压加强轰击,可以使掩膜层TiN的形貌变得垂直。

但从笔者的认知来看,这里面高活性蚀刻气体的使用似乎更为关键,无论是氯气的增加还是CHF_3的使用都会使金属成分的蚀刻加快。而轰击偏压的影响却并非关键,从图8.24(c)和图8.24(d)的对比也可以看到,除了关键尺寸的差异外,高低偏压下的形貌差异并不明显。而从图8.24(e)中可见进一步加大氯气流量,会使锗的合金侧向蚀刻加快形成底部内收的形貌,这也表明高活性化学蚀刻气体对锗的蚀刻更加有效同时不会损失过多的光阻,以达到保证侧壁轮廓曲线的效果。

另一类是以含氟气体为主的蚀刻,主要蚀刻剂是CF_4,产物为GeF_4,较易挥发。我们可以得到非常平滑的图形形貌。加入氧气可以调节锗对其合金的选择比,最高达到434,如图8.25所示。这很重要,因为锗的多层结构一般都是外延生成,而期间的诱导层和层间结构一般都为锗的合金材料,选择比高的工艺可以更好地对这类多层结构蚀刻进行控制。

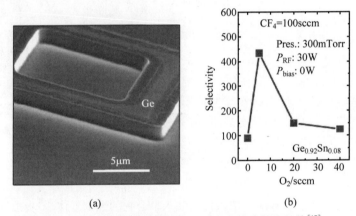

(a)　　　　　　　　(b)

图8.25　CF_4蚀刻锗的形貌和对锗合金的选择比规律[17]

我们知道CF_4也是一类高活性的化学蚀刻气体。从效果看,在CF_4中加入氧气的蚀刻选择比更高,这是因为氧会更容易与下层材料(Sn)反应,形成表面保护膜,阻止蚀刻进一步发生,提高选择比。而似乎利用CF_4蚀刻的形貌也更好,但氯气蚀刻的优点是损伤低,对界面层和沟道层有好处。以氯为主或以氟为主的锗的蚀刻,都是目前常见的工艺,也获得了不错的效果,分别在器件制造中得以应用。另一类并不多见的锗的蚀刻是利用XeF_2气体,这部分已在本书第6章中有过讨论,这里不再重复。

8.4　石墨烯在集成电路中的潜在应用及其蚀刻方法

毫不夸张地说,石墨烯是21世纪的明星材料。2004年,二维结构石墨烯的发现推翻了"热力学涨落不允许二维晶体在有限温度下自由存在"的认知,震撼了整个物理界,它的发现者——英国曼彻斯特大学物理和天文学系Geim和Novoselov也因此获得了2008年诺贝尔物理学奖的提名,并最终获得2010年诺贝尔物理学奖。与硅相比,石墨烯具有独特优势:硅基的微计算机处理器在室温条件下每秒只能执行一定数量的操作,然而电子穿过石墨烯几乎没有任何阻力,所产生的热量也极少。此外,石墨烯本身就是一个良好的导热体,可以很快地散发热量。由于具有优异的性能,因此如果用石墨烯制造电子产品,则运行的速度可以得到大幅提高。速度还不是石墨烯的唯一优点。硅不能分割成小于 10nm 的小片,否则其将失去诱人的电子性能;与硅相比,石墨烯被分割时其基本物理性能并不改变,而且其电子性能还有可能异常发挥。因而,当硅无法再分割更小时,比硅还小的石墨烯可继续维持摩尔定律,从而极有可能成为硅的替代品推动微电子技术继续向前发展。因此,石墨烯奇特的物理、化学性质,也激起了物理、化学、材料等领域科学家极大的兴趣。

自 2004 年之后,关于石墨烯的研究报道层出不穷,在 *Science*、*Nature* 上的相关报道就有几百篇。关于石墨烯的研究最早可追溯到 20 世纪 70 年代,Clar 等利用化学方法合成了一系列具有大共轭体系的化合物,即石墨烯片。此后,Schmidt 等科学家对其方法进行改进,合成了许多含不同边缘修饰基团的石墨烯衍生物,但这种方法不能得到较大平面结构的石墨烯。2004 年,Geim 等以石墨为原料,通过微机械力剥离法得到一系列称为二维原子晶体(two-dimensional atomic crystals)的新材料——"石墨烯"(graphene)。"石墨烯"又名"单层石墨片",是指一层密集的、包裹在蜂巢晶体点阵上的碳原子,碳原子排列成二维结构,与石墨的单原子层类似(图 8.26)。Geim 等利用纳米尺寸的金制"鹰架",制造出悬挂于其上的单层石墨烯薄膜,发现悬挂的石墨烯薄膜并非"二维扁平结构",而是"微波状的单层结构",并将石墨烯单层结构的稳定性归结于其在"纳米尺度上的微观扭曲"。[19]

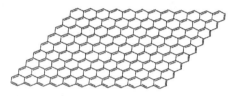

图 8.26　石墨烯的结构示意图

石墨烯是一种零带隙材料,即使在室温条件下,电子和空穴都可以连续存在。载流子浓度可以高达 $10^{13}\,cm^{-2}$,迁移率可以超过 $20\,000\,cm^2/V\cdot s$。石墨烯的理论比表面积高达 $2600\,m^2/g$,具有突出的导热性能($3000\,W/m\cdot K$)和力学性能($1060\,GPa$)。此外,它的特殊结构,使其具有半整数的量子霍尔效应、永不消失的电导率等。由于具有完美的二维传输特性和高的导电率,石墨烯既可以用作沟道材料又可以用来进行后段互连。当然不同的使用对蚀刻工艺的要求也不同。而石墨烯在芯片制造应用中面临着两个难题:一是如何大面积连续生长高质量薄膜;二是如何图案化。其中第二方面更是与蚀刻工艺息息相关。相比之下,大面积生长方面已有大量研究,但在图案化方面的工作却并不是很多。这是因为本身生长大面积石墨烯就比较困难,而兼具两方面研发能力的就更寥寥无几。

总的来看,对石墨烯一般有氧气、氢气、氩气等几种等离子体的蚀刻方法。这其中又以氧气和氢气等离子体蚀刻较多。它们利用石墨烯的高活性与之进行反应,一般会沿 60°或 120°将大面积层状石墨烯分割开来,如图 8.27 所示。

氧气和氢气等离子体都可以用来蚀刻石墨烯。这两种气体等离子体蚀刻石墨烯的基本原理都是通过化学反应沿着石墨烯的晶面进行蚀刻。不同之处在于氧等离子体攻击碳碳键之后会形成一氧化碳、二氧化碳等挥发性气体;而氢等离子体会与之形成甲烷气体和碳氢键合。2010 年,中国科学院物理所 Guangyu Zhang 发表了以氢气作为主要气体蚀刻单层、双层石墨烯的文章。文中指出射频频率的功率是个关键参数,过大容易将石墨烯蚀刻出很深的沟

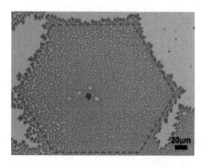

图 8.27　沿 60°或 120°蚀刻石墨烯的 SEM 图示[2]

并形成大量缺陷。更强的等离子体蚀刻将引入更宽的沟壑和更深的孔,如图 8.28(b)、(c)所示,它们分别为 50W、100W、150W 的射频功率蚀刻 20min、120min 的情况。

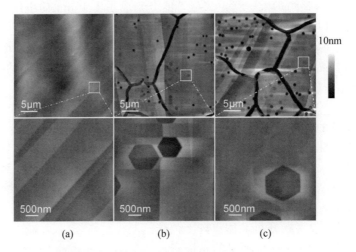

图 8.28　不同条件下石墨烯的蚀刻原子力图像[20]

(a) 50W;(b) 100W;(c) 150W

从图 8.28 中我们可以分析得知,当氢的等离子体功率过大或是时间过长,就会使石墨烯表面本已断裂的键受到进一步攻击,使宽度不断加大,形成深的沟壑,同时又会攻击其他部分的石墨烯形成六角形的深孔。对于这两种情况,都是具体加工过程中应避免的情况。除了精确控制射频功率和蚀刻时间等条件,还应注意蚀刻中对不需要蚀刻区域的保护。这是一个较严峻的课题,因为石墨烯活性很高,极容易受到损伤。好在现在许多等离子体蚀刻设备厂商都已经注意到在蚀刻过程中需要对非蚀刻区域或是特定功能层的保护,已经有许多厂商推出或即将推出这类机型,以适应 14nm 以下节点的蚀刻需求。

与当下主流的蚀刻工艺一样,蚀刻温度是另一个重要参数。有趣的是石墨的蚀刻速率并不是随温度线性变化,而是有一个峰值,在 450℃ 左右,如图 8.29 所示。

更加有趣的是,不同厚度的石墨烯蚀刻速率也是不一样的,图 8.30 显示了单层或双层石墨烯在不同温度下的蚀刻速率,我们可以发现,单层的石墨烯蚀刻速率比双层快很多。作者认

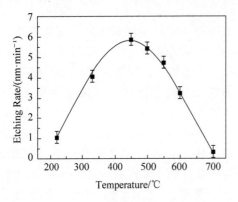

图 8.29　不同温度下石墨烯的蚀刻
速率(100W)[20]

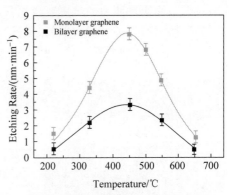

图 8.30　不同温度下石墨烯的蚀刻
速率(50W)[20]

为这是由于层数的减少意味着暴露面积的增加,也就意味着更多的碳碳键暴露,而双层或多层石墨烯总会有相互交叠,上层的碳碳键断裂后暴露的下层不一定是同样的晶向,也就增加了蚀刻的难度,故而蚀刻速率会有显著不同。

　　经过多种尝试和工艺优化,最终实现了 8nm、12nm、22nm 等不同宽度的石墨烯纳米级线,并最终制备成器件,尽管电性并不好,电流开关比只有 10^2,阈值电压、饱和电流都无法满足芯片级的要求,但文中提到的加工方法及蚀刻的研究细节还是很值得研究的,如图 8.31 所示。尤其在第一步蚀刻中首先用氧的等离子体进行蚀刻,形成 120nm 的石墨烯线,而后再用氢的等离子体进行蚀刻,形成更细的线。一方面,氧的石墨烯蚀刻在常温下即可进行,成本很低而且速率可观,而精确到几纳米到几十纳米的级别,不需要蚀刻速率太快,这就使氢等离子体有了被采用的可能。

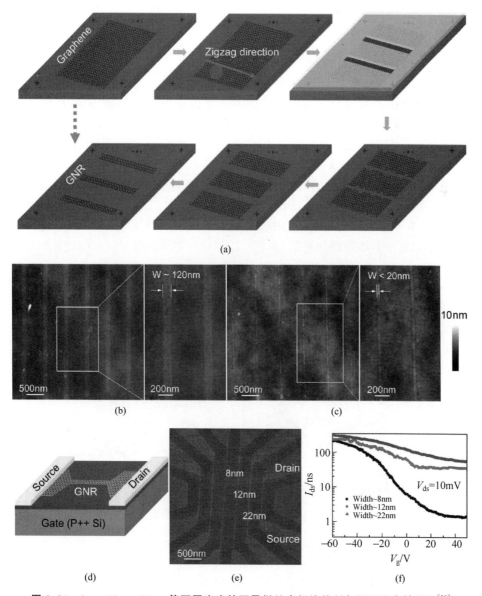

图 8.31　8nm、12nm、22nm 等不同宽度的石墨烯纳米级线的制备图示及电性结果[20]

另一方面,我们也应看到,石墨烯线的边界缺陷目前还没有很好的控制方法,这是因为石墨烯的键断裂总是沿着 60°或 120°的方向,使线的边界很难整齐,这会使石墨烯线在不同区段形成不同的宽度,显然这对芯片级制造极其不利。对蚀刻来讲这需要一步更加猛烈而不会损伤石墨烯细线的终点蚀刻或后处理工艺。

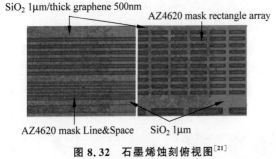

图 8.32 石墨烯蚀刻俯视图[21]

而其他的研究表明氧气的等离子体对厚的石墨烯蚀刻更加有效,氧气等离子体对石墨烯的蚀刻速率很快且对厚度较厚的多层石墨烯更为有效。线和空隙均为 $20\mu m$ 的图形被用来检测蚀刻效果。文中使用的石墨烯是 50nm 厚、生长在二氧化硅上的。蚀刻条件为:70sccm 的氧气和 30sccm 的氩气混合气体,偏压为 150W,压力为 55mTorr,所使用的光阻为通过两次旋涂而成的 $20\mu m$ 厚的 AZ4620 获得的图形如图 8.32 所示。

该条件对石墨烯的蚀刻速率约为 100nm/min,而对光阻 AZ4620 的蚀刻速率为 330nm/min,这也要求更厚的光阻或使用 3 层光罩结构,好在该条件对无定型碳的蚀刻速率约为 20nm/min,可以用来作为石墨烯蚀刻的阻挡层。

而进一步研究表明,石墨烯的蚀刻常会留下一些残留不易去除,图 8.33 中为同样条件下蚀刻 10min 后的扫描电镜图,从放大的图 8.33(c)、图 8.33(d)两图中我们可以看见黑色的残留物,为没有蚀刻干净的石墨烯。而图 8.34 中显示的 20min 后的蚀刻扫面电镜图像显示,残留物基本被去除,但石墨烯线的末端已经不再是方方正正的直角,而是变成圆弧形,这显然会成为整体图形的弱点。也许后续的工艺中我们应该引入硬掩膜技术来解决这一难题。同时也提示我们,为了更好地解决残留物问题,必须在蚀刻过程中保证相对较多的过蚀刻量。

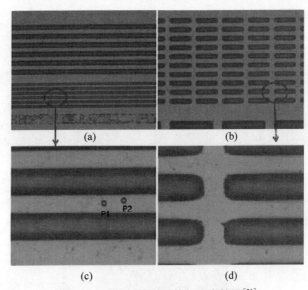

图 8.33 10min 蚀刻后的扫面电镜图[21]

文中并没有给出蚀刻原理的解释,从现有的蚀刻原理及经验分析,氧等离子体中掺入氩等离子体既保证了化学蚀刻的强度也可通过较高的偏压加速,利用较重的氩气等离子体轰击石墨烯,保证对相对较厚的石墨烯薄膜进行物理攻击,达到蚀刻目的,但显然要清除残留物,物理

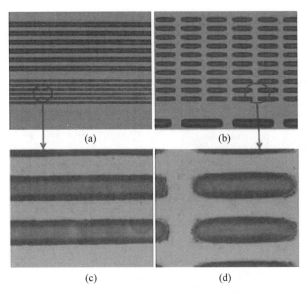

图 8.34 20min 蚀刻后的扫描电镜图[21]

蚀刻作用就不大了,而且会对下层的薄膜产生轰击、损伤。也就是说要用低的偏压的氧等离子去完成过蚀刻,这样既能有效去除残留物也可以很好地保护下层薄膜。这种方案应该比使用主蚀刻程式完成过蚀刻更加有效,且获得的图形效果更好。

8.5 其他二维材料在集成电路中的潜在应用及其蚀刻方法

近些年,被发现和研究的与石墨烯类似的二维材料还有很多,由于其超高的迁移率被广泛关注,像硫化钼、黑磷、硅烯、硒化钨等。这类二维材料的共同特点是:①为层状结构,全部原子位于一个或两个平面内,图 8.35 列出一些常见的二维材料分子结构。这些材料在二维方向上可以形成类二维电子气传输,这使其在非掺杂状态下就会具有极高的迁移率,并且阈值电压很小,器件也无须使用反型区工作,并且也可不使用深阱限制漏电和电迁移。这些好处会为芯片加工省去很多等离子掺杂工艺,大大节省成本。当然难度也就是如何找到与之匹配的介电层和金属电极;可以预见,一旦这类材料被用于芯片制造,如何改善接触电阻就会成为全新的难题。②现阶段,这类材料都无法大面积获得。这类二维材料的活性较高,且具刚性,极易断裂。研究之初都是通过等离子体超声体材料来得到分散在良性溶剂中的单层或多层结构,这种方法得到的材料面积都不会太大,但随着深入研究和工业的需求,这类材料还是有望大面积生长的,只不过衬底材料和生长条件需要深入探索。③这类材料往往不具有能带结构或能带极为狭窄,这会导致其活性很高,易于捕捉或释放电荷。工业中这会加大各工艺步骤的难度。④导热性和硬度也较好,且经常会具有热传导的优势方向与电传输的优势方向不同的特点;⑤在垂直二维面方向的电导率很低,甚至绝缘。以上的特点是这类材料兼具高性能和低实用性的特点,但毫无疑问,每克服一个缺点就会使其在使用之路上前进一步,也会带来巨大的商业价值。

这类材料的蚀刻一般较困难,它们都具有活性强而目标材料体积较小,厚度极薄的特点。使用化学蚀刻较强的等离子体蚀刻会很难控制蚀刻参数;用高能等离子体又显然不行,那会

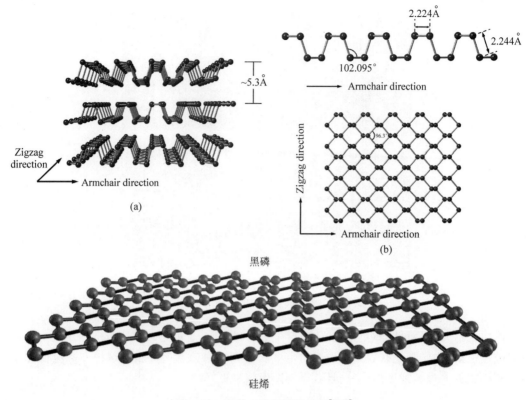

图 8.35　其他二维材料结构图[22,23]

把薄膜损坏。现阶段还没有成熟的蚀刻工艺来对其进行图案化。根据近年蚀刻工艺的发展情况看,日趋成熟的原子层蚀刻或远端等离子体蚀刻技术有望解决这类材料的蚀刻难题。原子层蚀刻具有精确定位蚀刻量的特点,远端等离子体蚀刻是低损伤蚀刻技术的代表。从原理上看二维材料的等离子体蚀刻有望被其解决,当然也希望其他新型蚀刻工艺出现。

　　当前这些二维材料的半导体器件加工多处于实验室阶段。主要的成膜方法就是在体材料上剥离层状结构。而剥离好的这些二维材料大多活性极强且具有遇水和空气不稳定的特性。图 8.36 中显示的是层状黑磷的不稳定性。黑磷剥离好在空气中随着时间的加长形貌上不断变化,厚度也会增加。这是和空气中的水、氧相互反应形成的,这种材料特性会极大地影响器件的稳定性(图 8.37)。大面积加工困难和稳定条件苛刻是当前二维材料工业化的两大难题!

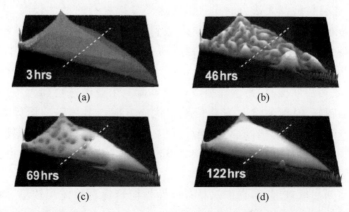

图 8.36　黑磷的不稳定性,不同时间下的层状黑磷的高度和体积的变化[24]

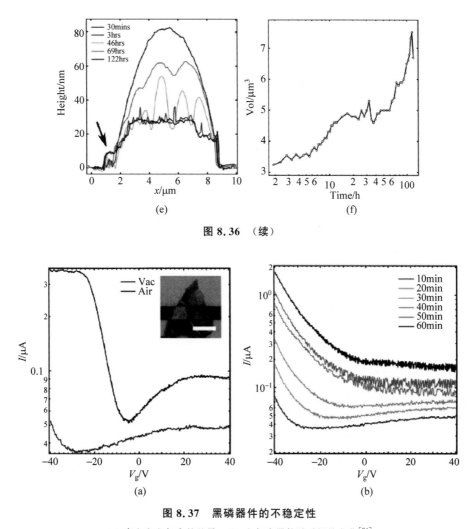

图 8.36 （续）

图 8.37 黑磷器件的不稳定性

（a）真空和空气中的差异；（b）空气中器件随时间的变化[24]

8.6 定向自组装材料蚀刻

在 22nm 以下的工艺中，缩小周期性间距成为一种必须手段[25]，一般的做法是通过二次曝光的方式[26-31]，就是反复光刻蚀刻来实现小尺寸、小直径的图案定义，这种方式已在鳍式场效应晶体管中成功量产，但无疑其成本会成指数形式增加。许多微图形定义方面的专家很早就在探寻其他的微小尺寸的图形定义方法[32-34]，实现超出当前光刻机物理极限的图形定义。其中利用聚苯乙烯(PS)，聚甲基丙烯酸甲酯(PMMA)及其嵌段共聚物进行定向自组装是一种讨论较多的方式。该方法是利用嵌段共聚物中不同组分之间的相转变条件不同去除部分组分实现图案定义。较为成功的案例是利用聚苯乙烯及聚甲基丙烯酸甲酯的嵌段共聚物来缩小周期性间距以及通过先图形定义来实现极小直径的接触孔。其中极小接触孔的定义是通过先进行图形定义，而后填充嵌段共聚物，这样嵌段共聚物就会填满之前定义的图形，而相转变先发生在图形边界而后逐步向体内蔓延，这一特点正好为我们所用。如果前面先定义成接触孔直径为 68nm,那么通过这种方式二次定义后的接触孔可以缩小到 20nm。同时利用前一步图案的不同形貌和调控嵌段共聚物的形态可以实现不同形状、大小,甚至不同密集度的接触孔。该方法的流程如图 8.38 所示,实际的线状及孔状图形如图 8.39 和图 8.40 所示。从实际效果看,该方法对未来更小尺寸的图形定义有深远意义。

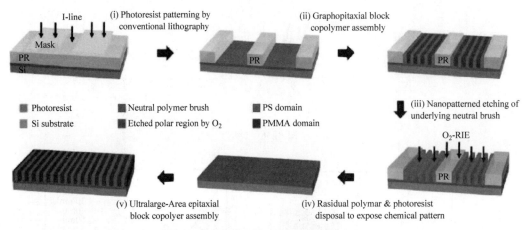

图 8.38　自组装材料图案化的流程[35]

图 8.39　片状自组装材料图案化[35]

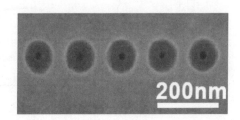

图 8.40　定向自组装方法定义小直径接触孔[36]

　　如果这种定向自组装的图形定义方式得以用于量产,如何清除这些不需要的嵌段共聚物就成为必须深入研究的问题。现在的一般方法是通过湿法蚀刻去除或干法蚀刻去除两种。一般来讲湿法去除的选择比极高,但是对图形的定义不够完美,会带来较差的线宽粗糙度并可能使密集而狭窄的线塌缩,这是因为溶液具有浸润效应。而干法蚀刻去除一般选择比会低一些但不会有这些问题。表 8.3 中列出了常见的干法蚀刻方法和实际性能。从中可以看到,Ar 和氧气的混合蚀刻效果最好,尽管对嵌段共聚物的选择比不是最高,但是对下层材料的选择比、线宽粗糙度和关键尺寸定义都是很优秀的。

表 8.3　不同气体配比的嵌段共聚物蚀刻结果[37]

	Ar	O_2	Ar/O_2	CF_4	O_2/CHF_3
PMMA/PS etch selectivity	3.63	1.50	2.04	1.85	1.82
Etch sel. to underlying material (Si or SiO_x)	Good	Good	Better	Poor	Poor
Edge roughness	Poor	Poor	Good	Good	Good
CD(original CD: ~25nm)	Deformed	21.58nm	24.24nm	26.50nm	25.92nm

　　从图 8.41 可知,Xe 和 H_2 对 PMMA 和 PS 都有较高的蚀刻速率,生长在控片上的较厚

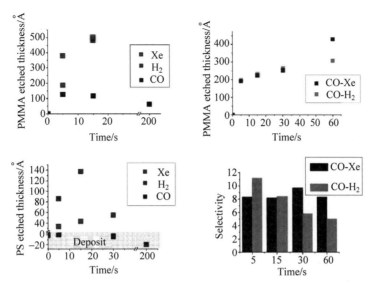

图 8.41　Xe、H$_2$、CO 及其混合气体对 PMMA 和 PS 的不同蚀刻速率及选择比[38]

PMMA/PS 膜都会较快地被蚀刻完成,而用 CO 来蚀刻这两类材料都会发生蚀刻终止现象,气体饱和现象发生在蚀刻一开始阶段。相比较 H$_2$ 对 PS 的蚀刻速率会更快,选择比会降低。而 CO 会沉积在 PS 表面可以用来调节蚀刻的选择比。利用这 3 种气体的混合我们可以看到选择比都在 5 以上,可以应用于工业生产。但是 Xe-CO 的混合气体会引入更多的碳化物沉积在 PMMA 表面,破坏本来的图案。相比之下,CO-H$_2$ 的组合对图案化的影响很小,利于实际控制。在 10nm 工艺中已经利用 CO-H$_2$ 成功地形成了光刻蚀刻关键尺寸差异小于 1nm,直径 15nm 的接触孔,如图 8.42 所示。

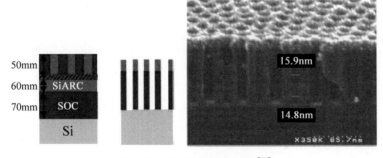

图 8.42　Xe-H$_2$ 形成接触孔[38]

　　本章所探讨的各类新材料的蚀刻都属于比较简单的蚀刻规律讨论,受限于引文的披露程度,对于产业而言该领域尚处于探索和研发阶段,许多细节信息报道并不完整,许多机理和现象的解释为作者分析,也许并不正确。但不可否认,越来越接近硅半导体的极限,新材料不断地涌现,且实现的器件也越来越多,并更接近量产。这些即将出现在半导体集成电路里面的新材料,对于蚀刻很有挑战。这类材料一般都具有更好的导电性和化学活性,偏向于化学蚀刻更多一点。总的要求是要图形定义精准,对关键层和接触层的损伤小,在此基础上,再追求对掩膜层和下层材料的高选择比。当然对于越来越精细的器件加工,对特殊图形的定义的情况也越来越多,对于这两类情况,新的蚀刻机台和新的蚀刻方式是有效的途径。

参 考 文 献

[1]　http://img1.mydrivers.com/img/20141016/990d5cc2787d4d629fec97394e8d4525.png.

[2]　Geng D,et al. Direct Top-Down Fabrication of Large-Area Graphene Arrays by an In Situ Etching Method. Adv,2015,27:4195-4199.

[3]　Waldron N. An InGaAs/InP Quantum Well FinFET Using the Replacement Fin Process Integrated in an RMG Flow on 300mm Si Substrates. 2014 Symposium on VLSI Technology Digest of Technical Papers, 2014.

[4]　Carter A J,et al. Dry Etching of GaAs and InP for Optoelectronic Devices. IEE Proceedings,1989,136 (1).

[5]　David G,et al. Remote Plasma Etching of InP in Cl_2 and HCl. International Conference on Indium Phosphide and Related Materials,1990:393-396.

[6]　Karouta F,et al. Role of Temperature and Gas-chemistry in Micro-masking of InP by ICP Etching. 2005 IEEE LEOS Annual Meeting Conference Proceedings,2005:987-988.

[7]　Sun C Z,et al. Room Temperature Inductively Coupled Plasma Etching of InP-Based Semiconductors Using Cl_2 N_2 and Cl_2 N_2 Ar Mixtures. 2007 International Conference on Indium Phosphide and Related Materials,2007.

[8]　Yamamoto N. Selective Etching and Polymer Deposition on InP Surface in CH_4 H_2-RIE. 2010 22nd International Conference on Indium Phosphide and Related Materials (IPRM),2010:1-4.

[9]　Chanson R,et al. Global Model of Cl_2/Ar High-Density Plasma Discharge and 2-D Monte-Carlo Etching Model of InP. IEEE Transactions on Plasma Science,2012,40(4):959-971.

[10]　Lai L S,et al. Low Damage and Selective Gate Recess Etching of InAlAs InGaAs HEMTs Using Fluorine and Chlorine Gas Mixtures. Conference Proceedings. 1998 International Conference on Indium Phosphide and Related Materials,1998:179-182.

[11]　Wu Y Q,et al. First Experimental Demonstration of 100nm Inversion-mode InGaAs FinFET Through Damage-free Sidewall Etching. 2009 IEEE International Electron Devices Meeting (IEDM),2009:1-4.

[12]　Yoshikawal K,et al. Fabrication of InGaAs Quantum Nanodisks Array by Using Bio-template and Top-down Etching Processes. Proceedings of the 14th IEEE International Conference on Nanotechnology Toronto,Canada. 18-21,2014.

[13]　Tamural Y,et al. High-density and Sub-20-nm GaAs Nanodisk Array Fabricated Using Neutral Beam Etching Process for High Performance QDs Devices. 2012 12th IEEE International Conference on Nanotechnology (IEEE-NANO),2012.

[14]　Yamashita I,et al. Damage-free Top-down Processes for Fabricating Two-dimensional Array of Sub-10-nanometer GaAs Nanodisks Using Bio-template and Neutral Beam Etching for Intermediate Band Solar Cell Applications. 2011 37th IEEE Photovoltaic Specialists Conference,2011:002675-002678.

[15]　Mudholkar M N,et al. Etching Of 200 um Deep Gaas Via Holes With Near Vertical Wall Profile Using Photoresist Mask with Inductively Coupled Plasma. 2007 International Workshop On Physics Of Semiconductor Devices,2007:466-468.

[16]　Edwards G T,et al. Dry Etching of Anisotropic Microstructures for Distributed Bragg Reflectors in AlGaInP GaAs Laser Structures. IEEE Journal of Selected Topics in Quantum Electronics,2008,14 (4):1098-1103.

[17]　Dong Y,et al. Chlorine and Fluorine-Based Dry Etching of Germanium-Tin. 2014 7th International Silicon-Germanium Technology And Device Meeting (ISTDM),2014:99-100.

[18] Josepht E A，et al. Patterning of NGe$_2$Sb$_2$Te$_5$ Films and the Characterization of Etch Induced Modification for Non-Volatile Phase Change Memory Applications. 2008 International Symposium on VLSI Technology. Systems and Applications (VLSI-TSA)，2008：142-143.

[19] 材料人新闻网.

[20] Yang R，et al. An Anisotropic Etching Effect in the Graphene Basal Plane. DOI：10. 1002/ Adma. 201000618.

[21] Choi W，et al. Thick Graphene Transfer and RIE Etching for Chip Cooling. 2013 IEEE International Conference of IEEE Region 10 (TENCON 2013)，2013：1-4.

[22] Du H W，et al. Recent Developments in Black-Phosphorus Transistors. J. Mater. Chem. C，2015，3，8760.

[23] Li T，et al. Silicene Field-Effect Transistors Operating at Room Temperature. DOI：10. 1038/ NNANO，2014：325.

[24] Island J O，et al. Environmental Instability of Few-Layer Black Phosphorus. IOP，2D Mater. 2 (2015) 011002，2015.

[25] Shah K，et al. Metal Wiring Critical Dimension Shrink Using ALD Spacer in BEOL Sub-50nm Pitch. 2016 27th Annual SEMI Advanced Semiconductor Manufacturing Conference (ASMC)，2016：316-319.

[26] Ding Y X，et al. Self-Aligned Double Patterning Lithography Aware Detailed Routing with Color Pre-Assignment. IEEE Transactions on Computer-Aided Design of Integrated Circuits and Systems，2016.

[27] Koch A T，et al. Self-Aligned Double Patterning for Vacuum Electronic Device Fabrication. 2016 29th International Vacuum Nanoelectronics Conference (IVNC)，2016：1-2.

[28] Ding Y X，et al. Self-Aligned Double Patterning-Aware Detailed Routing with Double Via Insertion and Via Manufacturability Consideration. 2016 53nd ACM/EDAC/IEEE Design Automation Conference (DAC)，2016：1-6.

[29] Liu I J，et al. Overlay-Aware Detailed Routing for Self-Aligned Double Patterning Lithography Using the Cut Process. IEEE Transactions on Computer-Aided Design of Integrated Circuits and Systems，2016：1519-1531.

[30] Hu H Y，et al. Self-Aligned Double Patterning (SADP) Process Even-Odd Uniformity Improvement. 2016 China Semiconductor Technology International Conference (CSTIC)，2016：1-4.

[31] Yao S Y，et al. A Study Of BEOL Resistance Mismatch in Double Patterning Process. 2015 IEEE International Interconnect Technology Conference and 2015 IEEE Materials for Advanced Metallization Conference (IITC/MAM)，2015：147-150.

[32] Kim H，et al. Selective MOCVD Growth of Strained (In)Gaas Quantum Dot Active Region Laser Diode on Gaas Substrates Employing Diblock Copolymer Lithography. 2016 IEEE Photonics Conference (IPC)，2016：67-68.

[33] Su Y H，et al. DSA-Compliant Routing for Two-Dimensional Patterns Using Block Copolymer Lithography. 2016 IEEE/ACM International Conference on Computer-Aided Design (ICCAD)，2016：1-8.

[34] Lundy R，et al. Nanoporous Membrane Production via Block Copolymer Lithography for High Heat Dissipation Systems. 2016 15th IEEE Intersociety Conference on Thermal and Thermomechanical Phenomena In Electronic Systems，2016：1267-1272.

[35] Jin H M，et al. Ultralarge-Area Block Copolymer Lithography Using Self-Assembly Assisted Photoresist Pre-Pattern. 2011 IEEE Nanotechnology Materials and Devices Conference，2011：527-533.

[36] Chang L W，et al. Experimental Demonstration of Aperiodic Patterns of Directed Self-Assembly By Block Copolymer Lithography for Random Logic Circuit Layout. 2010 International Electron Devices

Meeting,2010：33. 2. 1-33. 2. 4.

［37］ Ting Y. Plasma Etch Removal of Poly（Methyl Methacrylate）In Block Copolymer Lithograph. J. Vac. Sci. Technology,2008.

［38］ Sarrazin A,et al. PMMA Removal Selectivity To PS Using Dry Etch Approach for Sub-10nm Node Applications. 2015 China Semiconductor Technology International Conference,2015：1-3.

第9章

先进蚀刻过程控制及其在集成电路制造中的应用

摘　　要

先进控制技术(模型预测控制)在工业领域的应用始于 20 世纪 60 年代,而集成电路制造作为目前已知的最复杂且更新换代最频繁的工业过程,其先进控制技术的应用却起步于 20 世纪 90 年代中期。过去的几十年中,集成电路制造工艺过程的控制依然倚重于精密的半导体生产设备(先进机台控制)、鲁棒性强的工艺配方和工艺窗口宽的整合技术,而这些方法在集成电路制造技术节点推进到 28nm 时已经显得力不从心。等离子体蚀刻工艺本身具有高度非线性及多工艺目标性。此外,在摩尔定律的推动下,新材料以及新型蚀刻气体不断引入,也使得本就捉襟见肘的等离子体蚀刻的基础研究雪上加霜。基于机理建模只是对定性的等离子体蚀刻机台开发有战略指导意义,而先进控制技术中的蚀刻过程模型则依靠黑匣子模型。基于对具体工艺的深入了解,选择其中对目标参数敏感的一步或两步工艺,进行试验设计来完成模型识别和验证。等离子体蚀刻工艺总体有批次生产、混合工艺、重复、单片晶圆处理时间短以及工艺目标参数无法实时监测的问题,因此批次间控制成为等离子体蚀刻工艺的主要先进控制技术。已报道的先进蚀刻过程控制技术对于前馈和反馈过程控制技术均有涉及,不同工艺单元间相互作用的深刻理解对于鲁棒性强的蚀刻工艺控制技术设计至关重要。2014 年国际半导体技术蓝图认为基于大数据的解决方案将会使包括各级诊断、调度、控制的全厂控制的理念得以实现,为实现工业 4.0 所期望的工业物联网及智能制造打下坚实的基础。而作为集成电路制造重要工艺单元之一的等离子体蚀刻,除了现有的各种批次间控制技术,其未来的实时控制技术可引入虚拟量测,实现深入到离子通量、离子能量、离子角度、粒子密度及脉冲频率等领域的先进控制,从而为实现基于大数据的全厂控制提供可能性。

作 者 简 介

张海洋,1997 年秋获得天津大学化工研究所工学博士学位,2002 年夏获得美国休斯敦大学化工系哲学博士学位,研究方向为等离子体蚀刻先进过程控制。目前供职于中芯国际集成电路制造(上海)有限公司技术研发中心,教授级高级工程师,国务院政府特殊津贴专家。在过去追赶摩尔定律的十几年中,专注于大规模先进集成电路制造技术中成套等离子体蚀刻工艺研发(90nm、65nm、45nm、28nm 和 14nm)、各种先进存储器中特种蚀刻工艺研发以及国产蚀刻机台在高端逻辑工艺中的验证。已获授权和受理半导体制造领域国际专利百余项,指导发表国际会议文章 80 余篇。国家"万人计划"科技创新领军人才、2015 年度上海市先进技术带头人、科技部中青年科技创新领军人才。

9.1　自动控制技术

自动控制技术是指使装置、机器、过程按照设计或者程序自动化地操作或运行的技术。自动控制技术来源于人类对世界不断深入的认识和创新,随着未来人类文明卡尔达舍夫指数般的爆炸性进步,自动控制技术将是推动新技术革命和产业革命的关键技术之一。在漫长的人类历史长河中可以粗略地把自动控制技术发展划分成 3 个阶段,如图 9.1 所示,早期控制技术(17 世纪前)、经典控制技术(20 世纪中叶前)和现代控制技术。

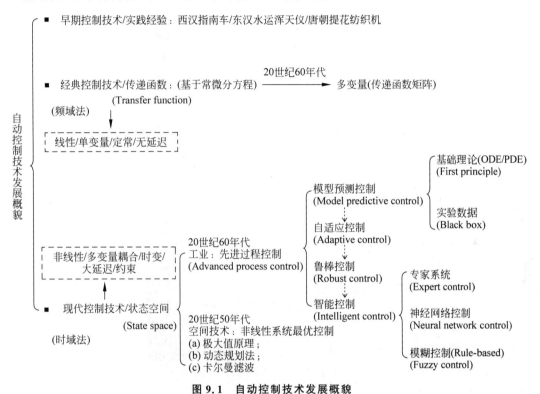

图 9.1　自动控制技术发展概貌

早期控制技术:最早应用实例可以追溯到公元前上千年,在中国、埃及和巴比伦出现的自动计时水漏壶。这种设计在后续的代表性的早期控制技术应用中多有借鉴。东汉天文学家张衡设计的水运浑天仪,就是利用漏壶流水冲动机轮驱动传动装置来使直径四尺的铜球浑象与天球同步转动,以显示星空的周日视运动。此外,他还使用两级漏壶推动其"瑞轮冥荚"装置来首次实现机械日历。北宋天文学家苏颂在此基础上开发出水运仪象台,高 12m 的 3 层木结构建筑,也是利用漏壶流水冲动机轮驱动传动装置,加上首创的擒纵器机构来实现集观测天象、演示天象、计量时间和报告时刻于一体的负反馈闭环非线性自动控制系统,该水运仪象台是世界上最古老的天文钟,其擒纵器机构也是世界钟表机构的鼻祖。为了避免水因气温变化而影响计时精度,在元代出现了沙漏,通过流沙推动齿轮组,使指针在时刻盘上指示时刻。其他早期控制技术应用还有西汉的指南车,利用车轮转动带动齿轮转动,然后利用齿轮传动系统和离合装置的配合带动车上木人手指方向始终指南。唐代相当普及的花楼提花纺织机带有存储提花程序(编程)功能,在宋代画家楼璹的《耕织图》上首次绘有这种提花纺织机,明代科学家宋应星编撰的《天工开物》中对这种提花纺织机的结构有详细介绍。这些早期控制技术巧夺天工的杰作源于丰富的实践经验,但都未涉及数学领域控制论研究。

1765 年出现的珍妮纺纱机是第一次工业革命开始的重要标志。自动控制技术在 18 世纪工业领域的起步无疑加速了第一次工业革命的发展。1765 年,俄罗斯银矿工程师波尔祖诺夫(И. И. Ползунов)发明了蒸汽锅炉反馈式水位调节器。1788 年,英国人瓦特(J. Watt)在蒸汽机的改进中引入离心调速器来控制机车的速度,经过一系列改良的蒸汽机从采矿业推广到其他行业,使其他行业从手工式转变成机械自动式。因此被誉为第一次工业革命最伟大的发明。1802 年,英国人希明顿(W. Symington)利用瓦特改良的蒸汽机成功制造出世界第一艘蒸汽动力自动木壳轮船"夏洛蒂·邓达斯"号。1868 年,英国物理学家麦克斯韦尔(J. C. Maxwell)首次通过提出对调速系统建立线性常微分方程来分析蒸汽机速度控制系统中稳定性问题,并给出了稳定性代数判据。这也是首次使用数学方法研究自动控制系统。之后,英国数学家劳斯(E. J. Routh)和德国数学家赫尔维茨(A. Hurwitz)分别提出了在高阶微分方程描述的系统中的系统稳定性判定准则——劳斯判据和胡尔维茨判据,从而奠定了经典控制技术理论萌芽阶段时域分析法的基础。经典控制技术公认的核心是传递函数,是以频域法为基础的经典控制理论的基石。传递函数是一种对应于系统常微分方程的数学模型,是初始条件为零时,线性连续系统输出的拉氏变换和输入的拉氏变换的比。第二次世界大战中大炮、雷达、飞机及通信系统的控制研究直接推动了经典控制技术的飞速发展。由于军用控制系统需要准确跟踪和补偿能力,1932 年,美国物理学家奈奎斯特(H. Nyquist)提出了频域内研究控制系统的频率响应法。

与经典控制技术类似,现代控制技术的出现和发展也应运而生。二战后的 20 世纪 50 年代中期,随着科学技术和生产力发展,迫切需求对于多变量耦合、非线性、时变的复杂系统实现优化控制,如空间技术中涉及的航天飞行器、火箭和导弹等。最优控制理论和最优估值理论是现代控制理论的基石。前者最早出现在 1956 年,包括苏联科学家庞特里亚金(Pontryagin)的极大值原理以及美国数学家贝尔曼(R. Bellman)的离散多阶段决策的动态规划,后者是为解决复杂系统的随机干扰和控制问题,由美国数学家卡尔曼(R. Kalman)1959 年提出的适用于多输入、多输出线性系统,平稳或非平稳随机过程的卡尔曼滤波器概念。此外,卡尔曼还首次引入状态空间法证明控制系统的可识别性和可控性。

现代控制技术是以状态空间变量为特征,基于现代控制理论和计算机分析实现复杂带约束的非线性时变系统的高精度控制。现代控制理论从经典控制理论的频域分析回归到时域分析,使实时控制和最优控制得以实现。同时,控制的基调也从经典控制技术的稳定性控制提升到达成系统某项指标在有随机干扰及约束的情况下的最优控制规律,例如最优航迹控制、导弹的空中拦截等。20 世纪 60 年代阿波罗号飞船登月,20 世纪 70 年代阿波罗号飞船与联盟号飞船对接,21 世纪初东风 41 洲际导弹小于百米打击精度,这些都是现代控制技术成功应用的实例。

9.2　传统工业先进过程控制技术

除了航天技术和军事技术,自动控制技术在工业生产领域也获得了广泛应用。20 世纪 40 年代,工业生产领域盛行的是基于经典控制技术的比例积分微分(PID)控制器,一种单输入单输出的反馈控制器。21 世纪的今天,这种控制器,虽然属于经典控制技术范畴,依然被改进和广泛使用中,主要是它能满足一般工业过程的平稳运行。但是对于工业过程中为了提高产品质量、降低运行成本、增强运行安全性、减少环境污染等实际需求而产生的多变量、强耦合、大延迟、带约束、非线性等复杂的问题,则需要求助于先进过程控制(Advanced Process Control,APC)技术。先进过程控制技术,如图 9.1 所示,源于现代控制技术,其核心是对于特定控制对象建立模型,并以此模型为基础实现特定目标的最优控制。最早见于报道的先进过程控制技术的雏形是在 20 世纪 50 年代末,在美国得克萨斯州亚瑟港 Texaco 炼油厂中的一个催化过程反应器上,与航空公司 T-RW 合作,首次实现以计算机为基础的在线优化。通过最优控制 5 个反应器的进料,从而实现反应器的最低压力控制[1]。随后基于卡门滤波器的线性二次型控制器在工业生产领域也有一些应用,但是因为控制对象多伴有非线性、带约束等问题以及现代控制技术在工业界不被熟知而没有广泛推广。

直到 20 世纪 70 年代中期,随着计算机速度和存储能力的飞速发展,先进控制技术的核心技术——模型预测控制(Model-based Process Control,MPC)技术开始在工业生产领域出现。法国的理查莱(Richalet)在 1976 年针对流化床催化裂化装置的分馏塔应用了一种线性 MPC 控制技术,依托的算法软件为 IDCOM(Identification & Command),美国壳牌(Shell)石油公司的卡特勒(Cutler)在 1979 年提出了一种无约束多变量控制算法——动态矩阵控制(Dynamic Matric Control,DMC)技术,1980 年,该技术也被应用到流化床催化裂化装置的控制。IDCOM 和 DMC 是 MPC 在工业生产领域里第一代的代表性控制技术,对于后续 40 多年 MPC 技术在工业生产领域的发展产生了深远的影响。20 世纪 80 年代,MPC 在工业领域应用广泛,主要着眼于控制技术的不断更新以便处理更复杂的工业过程控制问题。MPC 控制技术的发展到 20 世纪 90 年代末期达到顶峰。第四代两大主流的工业过程控制技术有美国的艾斯本技术有限公司(Aspen Tech)的 DMC plus 和霍尼韦尔国际公司(Honeywell)的鲁棒多变量预估控制器(Robust Multivariable Predictive Control Technology,RMPCT)。前者基于 DMC,融入 Setpoint 的 SMCA(Single Multivariable Control Architecture,是 IDCOM 的改进版)概念。目前广泛应用于能源、化工、制药等生产制造领域。后者是霍尼韦尔国际公司的 RPC 和 Profimatics(炼油反应装置模拟优化)公司的 PCT 相融合。两者都可以解决有约束多变量过程的不可行解问题,并具有容错和多目标优化等功能。如图 9.1 所示,在模型预测控制技术基础上,为提高模型参数的准确度以及模型及时掌握控制对象状态改变(渐变、突变),发展出了自适应控制技术。为确保控制系统在控制模型发生不确定性时依然正常工作,发展出了鲁棒控制技术。智能控制概念由美国普渡大学的傅京孙教授于 1965 年首先提出。第一届智能控制国际会议于 1987 年在美国费城召开。智能控制是控制理论在深度上的延展,是人工智能等多学科与自动控制技术结合的产物。与经典控制技术和其他现代控制技术不同,智能控制并不推崇依赖精确数学模型来实现对系统的最优控制,而是以模仿人类智能为最高目标。主要分为 3 大类:专家系统、神经网络和模糊控制。

9.3　先进过程控制技术在集成电路制造中的应用

集成电路就是将传统的印制电路板(Printed Circuit Board)及其上的由各种独立晶体管构成的电路设计,高密度地集中呈现在一块硅片上。集成电路制造是目前已知的最复杂且更新换代最频繁的工业生产过程。一个先进半导体生产线上的产品往往要经历上千道生产工序的锤炼,而且随着三维鳍式晶体管量产时代的到来,为弥补光刻机的定义最小图形的局限性,双图形和自对准双图形技术已被广泛采用。此外,n/p-MOS 金属栅极应力强化技术的差异化以及金属互连层数的增加都使生产工序数目进一步增多。因此,生产工序任何单元工序瑕疵的累积都有可能影响产品的最终良率。如图 9.2(a)所示,2004—2013 年的 10 年中硅片使用量上升了一倍,这个用量涵盖了研发、机台维护和产品。同期集成电路的技术节点从 DRAM 半节距 90nm 缩小到 30nm。半节距是最小光刻间距的一半。由于 DRAM 在芯片制造领域追赶摩尔定律方面一直领跑,所以技术节点更迭趋势一般以 DRAM 半间距的变化来表征。

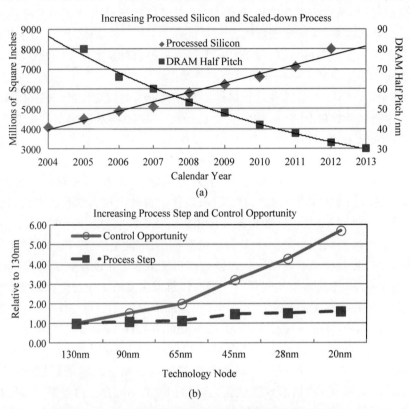

图 9.2　集成电路制造对于先进控制技术需要的迫切性

如图 9.2(b)所示,虽然从 130nm 到 20nm 工艺的总工序步骤增加了不到一倍,可是由于工艺精度要求的大幅度提高,相应需要先进过程控制的步骤多了近 6 倍之多。这表明,离开先进过程控制的大规模集成电路制造将成为无源之水、无本之木。特别对于最小物理尺寸只有十几纳米的三维晶体管制造。先进过程控制技术在集成电路制造中的应用约 20 年[2-3],相对于传统工业领域,先进过程控制技术在集成电路制造中的应用滞后明显。20 世纪半导体制造的控制多是依赖于精密的半导体生产设备[可以归结为先进机台控制(Advanced Equipment Control,AEC)]和开发鲁棒性强的过程配方(Recipe)或者工艺窗口宽的整合技术。而这些方法,随着半导体技术节点行进到 28nm 工艺,已经捉襟见肘。基于半导体生产单元深刻理解的先进过程控制技术的开发势在必行。

在过去半个世纪里,集成电路制造一直在追赶着半导体行业的传奇定律:摩尔定律。2015 年其发明人戈登·摩尔(Intel 公司联合创始人)在此定律提出 50 周年之际表示,摩尔定律还能够有效 5~10 年。此外,目前全球数据量每两年会翻一倍,2020 年会达到 40 万亿千兆字节[4]。因此大数据(Big Data)的概念越来越受到重视,已经出现在 2014 年国际半导体技术蓝图中[5]。基于大数据的解决方案将会使包括各级诊断、调度、控制的全厂控制[6]（Fab-wide Control，也就是基本生产工序单元间的互连）的理念得以实现，是未来追赶和实现摩尔定律预期的重要保证，也是实现工业4.0所期望的工业物联网及智能制造打下坚实的基础。同时芯片工艺能力大幅度精进也会显著提升计算机能力，反过来为先进过程控制技术在集成电路制造中的应用增加助力。全厂控制的终极目标大约在第5次工业革命期间会实现，就是设备自动制作芯片的黑灯工厂（Lights-out）。

　　集成电路制造从最开始的光片（硅晶棒经过切段、滚磨、切片、倒角、抛光、激光刻、包装而成）到最终待售的产品主要由4部分组成：晶圆生产、晶圆测试、产品封装和测试。其中晶圆生产因为其要经历预先编排的上千道生产工序而成为半导体生产中最具挑战性的一部分。晶圆生产中的典型半导体生产工艺单元包括光刻（Litho）/等离子体蚀刻（Etch）/湿法蚀刻（WET）/化学气相沉积（Chemical Vapor Deposition，CVD）/物理气相沉积（Physical Vapor Deposition，PVD）/化学机械研磨（Chemical Mechanical Planarization，CMP）/离子注入（Implant）/快速热处理（Rapid Thermal Processing，RTP）/炉管（Diffusion Furnace）。图9.3是经典逻辑工艺前段的部分示意图，包括了以上9种典型半导体生产工艺单元。图中的应力记忆技术（Stress Memorization，SM）在逻辑65nm工艺被最先导入。利用具有拉应力的薄膜在RTP的作用下来提升n-MOS的电子迁移率，同时不影响p-MOS的功效。虽然这些生产单元千差万别，但是总体都有批次生产、混合工艺、重复、单片晶圆生产时间短（最短的不到30s，例如蚀刻过程中的灰化工艺；最长大于60min，例如外延生长的炉管工艺）等特点。其中每小时内处理晶圆的数量与最终产品成本强相关。简单讲，数量越多成本越低，但是这无形中给先进过程控制的成功实施提高了门槛。例如先进过程控制目前还是晶圆间的（Wafer-to-wafer）控制，还无法实现在单片晶圆在某道生产工序中的过程控制，其中较短的生产时间是原因之一。因为半导体工序一般都是高度非线性的，其过程模型的最优操作条件求解可能需要耗费时间。

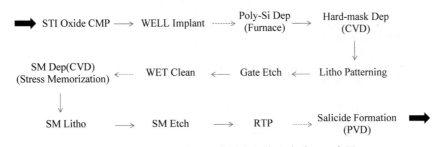

图9.3　逻辑工艺片断中典型半导体生产单元示意图

　　表9.1列举了各主要工艺在过去十几年里发表的一些先进过程控制应用。大致有以下特点：①针对单个工艺模块或者几个工艺模块间（CMP/Litho/Etch）已采用传统石油、化工工业中常见的前馈/反馈及其混合技术；在各个工艺模块中，相对来讲，CMP工艺模块由于其PAD/Disk易损耗，不同反应室PAD/Disk的寿命不尽相同，以及不同产品间的差异，其先进控制技术的应用更为复杂，特别对于产品高度混合（High Mix）的生产线上。早在2002年[7]就已经实现对于整个晶圆CMP后均匀度的控制。②批次间控制（R-t-R包括Wafer-to-wafer，Lot-to-lot，Batch-to-batch）主导。原因还是前面提到过的，半导体生产模式大部分工艺模块是针对单片晶圆的加工（目前传统的批处理WET清洗也在向单片晶圆操作模式转进中），而单位小时内加工晶圆的数量与最终产品的成本密切相关。此外，由于破真空、污染、缺

表 9.1 已报道典型半导体生产单元过程控制案例

	Published Control Applications	Note
CMP	a.Process model incorporates tool state information such as pad life, pad conditioning disk life. A feedback control was used to improve wafer-to-wafer thickness and within wafer uniformity at contact ILD CMP[7]. b.A multiple-resolution APC was implemented with polishing time as the major knob and chamber down force as the minor knob to control the depth and chamber downforce as the major knob and polishing time as the minor knob to control the depth profile[8].	a.Joint APC for CVD and CMP [2002] b.TSMC [2013].
CVD	a.Identified one model btw deposition time/gap spacing and deposited film thickness/uniformity/stress, implemented a feedback wafer-to-wafer control to improve the Cpk of thickness at contact ILD[7].	a.[2002].
Etch	a.A feedforward wafer-to-wafer control was used for via etch process to improve via-chain resistance, ending up with 5-8% improvement of via chain yield. The incoming film thickness was controlled by feedback mode[7]. b.Two feedback wafer-to-wafer control schemes were used to adjust etch depth and SiGe thickness. Etch depth was fed forward to SiGe furnace[9]. c.Hybrid wafer-to-wafer control to reduce the variation of post CMP gate height via GCIB. Feedforward part leverages LSP (location specific processing) algorithm to generate the specific etch rate map. Integrated metrology was used in feedback mode to cover tool variaiton. Cpk improved from 0.3 to 1.33[10].	a.Joint APC for CVD and Etch [2002]. b.Joint APC for Etch and Furnace [2010]. c.FinFET/IBM [2015]
Furnace	a.Based on a detailed heat transfer model of furnace, a multivariable feedback controller is designed to control the wafer-to-wafer temperature uniformity. In this model, both complex radiation properties and dynamic geometry are considered[11].	a.Model based process control with virtual sensing/batch-to-batch. [2008]
Implant	a.SuperScan™ technology was employed with the tailored implant dose map (feedforward) to correct non-implanted-related across-wafer process non-uniformities right after SiGe formation. Results has demonstrated the across-wafer variation of both overlap capacitance Cov and threshold voltage Vtsat has been greatly reduced[12].	a.Global (cross-wafer) Cov and Vtsat optimization/45nm SOI CMOS platform [2011].
Litho	a.Developed one hybrid control scheme including i) feedforward control:leveraged Coherent Gradient Sensing (CGS) interferometer to correct the process-induced overlay error; ii) feedback control: traditional image placement error.Measurement with full-wafer interferometer could be completed in a few seconds with more than 3M data points[13].	a.Being implemented in leading memory foundry[2015].
RTP	a.Developed a Multi-Input Multi-Output feed forward control with the reduced nonlinear model of RTP system. Besides, a feedback controller was designed to deal with integrator anti-windup due to lamp saturation nonlinearities[14]. b.Wafer-to-wafer feedback is used to improve gate oxide thickness and within-wafer uniformity. Besides, the subsequent feedforward control based on implant dosage was implemented[15].	a.Global (cross-wafer) temperature optimization [2008]. b.Global Foundries [2012].
PVD	a.The PVD process model is not only theoretically designed but also experimentally identified and validated. The adapative APC scheme based on a virtual metrology system is implemented[16]. b.APC RGA approach was used to check either leakage or contamination of one Aluminum PVD deposition process in real time and automatically shut a processing tool down if nitrogen peak is detected[17].	a.[2012]. b.[2013].
WET	a.A feedback wafer-to-wafer control was implemented to overcome the variations from WET clean cycles on STI trench depth. Look-ahead wafers coupled with EWMA filter were used to update the process gain. Two filters (trench depth and goodness of fit were used to prevent bogus data from controller[18]. b.DOE was used to identify the process model. Run-to-run feedforward scheme was implemented to control the STI step height by tuning WET process time[19].	a.TI/130nm [2005]. b.STMicroelectronics [2011].

乏有效加工过程中实时检测(In-situ)手段等问题,对于各工艺模块加工的质量检测无法在加工过程中实施,不得不在加工完毕后进行。③属于模型预测控制:模型建立有基于试验设计(Design of Experiement)的,例如 STM(2011)[19]针对 WET 工艺模块采用实验数据建模,有基于机理模型(First Principle)或者两种方式混合的。2012 年[16]报道的 PVD 先进控制应用不但采用了混合建模而且基于虚拟量测(Virtual Metrology)自动更新模型参数。④模型本身有单输入单输出(Single-input Single-output)和多输入多输出(Multiple-input Multiple-output)。例如 TSMC[8](2013)报道的 CMP 先进控制应用中分别采用研磨时间来控制研磨深度,外加压力来控制整个晶圆表面的研磨形貌均匀度。例如 2008 年[15]报道的 RTP 先进控制应用,采用主正交分解技术(Principal Orthogonal Decomposition)来简化基于热传导机理建立的非线性模型,来前馈实现对 400 多个加热卤钨灯同步控制来完成对晶圆表面温度均匀度的控制。类似地,2015 年[10] IBM 公司在 FinFET 技术中利用东京电子(TEL)的气体团簇离子束(Gas Cluster Ion Beam,GCIB)蚀刻技术进一步降低 CMP 后多晶硅层厚度在整个晶圆的均匀度。其中,TEL 自行开发的 LSP(Location Specific Processing)算法可根据 CMP 后多晶硅层厚度均匀度自动调整晶圆上相应区域的离子束能量,从而实现理想的多晶硅层厚度均匀度,也使得相应的前馈过程控制技术更加便捷。2008 年,阿斯麦(ASML)公司开发的 DOMA(Dosemapper)技术也可根据蚀刻关键尺寸均匀度来自动调整相应区域的曝光剂量来实现更均匀的蚀刻后关键尺寸分布。相较而言 DOMA 应用更为广泛而 GCIB 应用更为直观(前馈)。

虽然第 4 代两大主流传统工业过程控制技术在 20 世纪 90 年代末期达到顶峰,先进过程控制技术在集成电路制造中的应用起步于 20 世纪 90 年代中后期,可目前在集成电路制造中先进过程控制技术中主流的 R-t-R 商用软件有 ProcessWORKS,来自美国的鲁道夫科技(Rudoplph Technologies)和 E3™ R2R 来自美国的应用材料(Applied Materials),均不是传统工业中的王者:美国的艾斯本技术有限公司和霍尼韦尔国际公司。当然也有些主流集成电路制造公司在自行开发先进控制技术软件,内在的核心模块工艺模型基本都是线性的。这种内部开发除了确保信息安全外,其开发周期、系统性、兼容性以及维护成本均值得商榷。不论是 ProcessWORKS 还是 E3™ 都可以实现多变量、非线性、有约束、目标优化的模型预测控制并支持客户化定制。商用控制软件王者易主主要源自集成电路制造业和传统工业过程自身的巨大差异。相对于集成电路制造业上千道串联的工艺而言,传统工业过程可定义"连续"过程,生产过程中很多目标参数多可实时监测例如温度、浓度等,并启动模型预测控制器实施控制动作。而集成电路制造业中晶圆单个工艺模块加工时间短,加之目标参数大多无法实时监测,属于"离散"过程,因此演变成模型预测控制技术的一个分支 R-t-R 控制技术。

图 9.4 是预期的工业 4.0 阶段集成电路制造业中控制系统的分类[21-23]。最基础的设备端控制技术(经典控制技术的比例积分控制器)控制设备在生产过程中的温度、压力、气体或者化学制剂的流量等。图中的 4 个工艺流程只是举例来说明第 2 层单个工艺模块过程控制和第 3 层工艺模块间过程控制的差异。如前文所述,由于工艺过程中目标参数无法实时监测,基于线形过程模型的 R-t-R 的模式是目前制造业沿用了约 20 年的高等过程控制技术。未来如果可以开发出实时监测技术或者借助于虚拟量测间接实时监测目标参数,在某些 WPH(Wafer-per-hour)低的工艺模块或可实现实时过程控制(Real Time)。这种实时过程控制对于改善晶圆内关键尺寸和厚度等会有所帮助。因为经典工艺模块多半无法对晶圆局部做出控制动作,都是以点带面。在蚀刻过程中如果能根据实时目标参数的变化反馈调整蚀刻工艺参数,可以

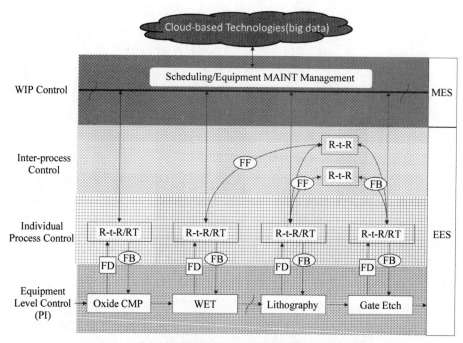

Fab-wide Hierarchical Control in "Industrie 4.0"

图 9.4 集成电路制造"工业 4.0"递阶级控制系统示意图

更好地改善晶圆内目标参数的均匀度。在各个经典工艺模块中 FF(前馈)和 FB(反馈)过程控制技术或多或少地均有涉及。前馈过程控制属于开环控制,会涉及前后两个工艺模块,作用关系明确单一。反馈过程控制可以在单个工艺模块上独自完成。相对于前馈控制而言,反馈控制中影响因素复杂,有时候可能不是来自工艺模块设备本身或者紧邻的上游工艺模块。如图 9.4 所示,对于栅极蚀刻(Gate Etch)而言,不但紧邻的光刻工艺,远在上游的湿法蚀刻过程也会影响栅极蚀刻最终的关键尺寸,并且两者影响的解决手法则大相径庭。若没有其他技术手段如故障监测(Fault Diagnosis,FD)协助易引起误判,APC 结果反而恶化。FD 通常是 R-t-R 控制器是否正常工作的晴雨表。此外就是需要对于具体的工艺模块深入了解,从而建立的核心模型才会更有效,更鲁棒。前 3 层控制部分为集成电路制造业中常见的 APC 系统,通常由设备工程系统(Equipment Engineering System,EES)来支持实现。第 4 层控制技术[WIP (work in process)Control]包括工艺设备/晶圆批次调度(Scheduling)和设备维护方面的管理[预测维护(PdM)、视情维护(CBM)和预防维护(PM)]。调度需要考虑设备的维护状态和晶圆批次的排队时间(Queue Time)。生产工程系统(Manufacturing Engineering System,MES)可自动完成晶圆批次派送。早在 2007 年 ITRS 就提到:预计未来在"FD + R-t-R Control + Scheduling/Dispatch"和"FD + Maintenance Management"协作领域开发出创新方案是进一步提高大规模集成电路制造业整体生产效率的主攻方向。第 4 层控制的重要性与日俱增也是源于集成电路制造业产品工艺步骤已经增长至上千道以上,并且有单机台重复及多工序工艺、多种产品等特点。如何提高机台产能、降低生产周期、减少晶圆报废和充分发挥已有的先进过程控制技术是引入第 4 层控制技术的内在动力。迄今为止,关于 APC 和 WIP Control 有机结合的报道并不多见。欧贝德[24](Obeid)从调度的角度整合了 APC 和调度,并讨论了因此而产生的优势、问题及相应的解决办法。Yugma[25]回顾了已公开的关于 APC 和调度的文献,并指出主要问题是缺乏 APC 信息来实行调度。为此基于 APC 数据提出设备健康指数(Equipment Health Index)概念以实现调度。此外,随着大数据时代的来临,云计算在处理大数据方面可以有力地支持 APC 系统和相关的预测分析体系的运行。例如快速全面的大数据分析可以使预测维护更加精准,从而减少意外设备停机。不过对于专利保护重重的集成电路制造业而言,云计算的实际应用仍尚需时日。

图 9.5 是针对单个工艺模块全自动控制预期的示意图。初始核心模型可以离线完成识别(Identification),源于机理模型、试验设计、量产数据或者几种方法的结合。一般来讲,基于试验设计的模型因为全方位地考虑到各种参数的影响而更加精准,量产数据虽然数据量大,但因为所含单元模块有效信息有限,通常不是最佳模型识别的数据源。所识别模型多为线性模型或者线性化的非线性模型。模型本身的参数也可以设计成自动更新的(Adaptive)[16],以及时捕捉晶圆间工艺过程状态的漂移。数据挖掘[26](Data Mining)是一种借助分类、聚类、预测和关联规则等手段在海量应用数据中揭示未知的内在联系和提取关键性数据和模型的技术。集成电路制造业中具体的数据挖掘应用包括统计过程控制(SPC)、故障监测与分类(FDC)和设备维护等。最早的 SPC 在工业界的应用可以追溯到 20 世纪二三十年代的美国西电公司。集成电路制造业中的 SPC 是通过 SPC 管制图来实现对于产品经历各个工艺模块后(R-t-R)单变量质量指标的动态监测,以确保产品质量的一致性及控制在设计目标可接受的波动范围内。但 SPC 并不能实时对于"发现异常"做出工艺模块参数的对应修正,"发现异常"的处理往往取决于工程师的人工检查频率及所具备的相关工艺模块经验。因此无法满足全厂(Fab-wide)自动控制需求。而 FDC 则是在各个工艺模块运行过程之中(Within-run)实时监测重要设备参数和过程参数的状态,并且在发现故障后自动预报可能的原因。因此可以减少测试晶圆,提高设备利用效率,增加产能。SPC 和 FDC 相辅相成实现了全厂的监测和预警。设备维护的数据挖掘则是从调度的角度来根据设备的状态来安排晶圆组,从而进一步提高设备利用率。特别

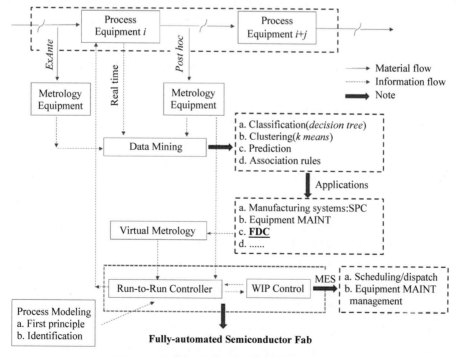

图 9.5 集成电路制造业先进过程控制示意图

对于产品高度混合的大规模集成电路制造厂,调度优化至关重要。例如多个产品共用数个一站式(All-in-one)蚀刻反应室。设备自身的蚀刻速率会随着处理晶圆数量的增加而缓慢增加,不同产品增加的程度又有差异,因此不同反应室的预防维护会不同。虚拟量测是指根据量测机台(Metrology Equipment)的历史数据和设备 FDC 数据通过模型来预测工艺模块运行结束时产品质量指标的状态。虚拟量测的概念在 2009 年被半导体国际技术发展蓝图定义为工厂信息系统和先进过程控制的重要部分。由于成本和生产周期的考虑,量测机台能处理的晶圆数量只是产品中极小的一部分。而虚拟量测则是可以在几乎不增加成本的前提下,推测每一片晶圆的量测结果,当然前提是 FDC 数据要可靠。开发虚拟量测的目的不是取代量测机台,而是监测可能的设备状态漂移,从而使全厂自动控制的实现成为可能。此外目前集成电路制造业中采用的批次间控制在某种程度上也是因为在单个工艺模块进行中缺乏实时的监测手段。虚拟量测的不断提高和完善为实时过程控制(Real time/within-run)的实现提供了可能性,特别是对于 WPH 较低的工艺。

为了确保先进控制技术正常运转以及线上产品经过每个工艺模块后的正常状态,数据采集技术(Sampling Technique)[27]的选择至关重要,不仅需要平衡量测机台的成本还要考虑对产品出货周期(Cycle Time)的影响。数据采集包括缺陷监测、关键尺寸量测、厚度、套刻等。可以分为 3 大类:①缺陷监测与机理识别:采集频率要满足及时的机理分析、识别和问题解决;②过程集成及良率改进:主要针对新产品初期监测晶圆组的数量选择;③过程异常(Excursion)监测及控制,与降低采集频率、尽早发现异常同时达到对产品的有效监测密切相关。这种采集技术由静态、自适应、动态 3 类组成。静态方法就是在量产过程中采集法则固定不变。自适应方法则是在量产初期定义自适应法则,该法则在量产过程中借助于前馈/反馈及统计过程控制等手段自动更新来改变监测晶圆、晶圆组数目的选取等。静态方法过渡到自适应方法起源于 20 世纪 90 年代中期。自适应方法的工业实际应用在 2000 年前后。动态方法在量产初期不定义具体法则,而是在量产过程中根据量测机台能力和晶圆组位置等挑选最佳晶圆或者晶圆组进行量测。动态方法考虑了工厂的动态特性、变化以及充分利用已有量测机台的产能,对于产品高度混合的现代集成电路制造厂是必备的提高良率同时不影响出货周期的技术之一。动态方法的相关数学算法有 MILP(Mixed Integer Linear Programming)、GSI(Risk Scoring Algorithm and Global Sampling Indicator)算法。未来的预测采集技术可以预测晶圆组到位的时间点,晶圆组可以被加速/减速。

9.4 先进过程控制技术在等离子体蚀刻工艺中的应用

9.4.1 等离子体蚀刻建模

过去约 20 年中,先进过程控制技术在等离子体蚀刻工艺中的应用主要是基于模型预测控制的批次间控制。理论上核心模型可以来自于机理模拟或者实验数据识别。等离子体蚀刻工艺本身具有高度复杂及非线性。例如同样是氢气参与的蚀刻,在不同工艺条件下的表现是千差万别的。例如氢气可以作为蚀刻后处理的一种有效方式,在电容耦合机台去除聚合物以及起到实现还原氧化的作用。在合适的工艺条件下引入氢气,在电容耦合机台上可以有助于实现后段自对准的一站式蚀刻,也就是提高对于金属硬掩膜的选择比。在电感耦合机台上,纯氢气在低温条件下(10℃),可以实现 130Å/min 的铜蚀刻。类似地,多晶硅蚀刻也可以由氢气参与的等离子体来完成。而在化学扩散蚀刻中,氢气比例的优化不但提高聚合物的去除能力,同时在合适温度的匹配下降低基板材料的损耗。此外,蚀刻工艺步骤纷繁复杂,既要考虑光刻胶定义的图形传递中可能的显影残渣(Scumming)以及侧壁粗糙度的修复、疏密关键尺寸及侧壁角度的差异、各种材料选择比的平衡,还要考虑等离子体对材料的损伤(硅、栅氧化层、超低介电材料的侧壁)等。而且在摩尔定律的推动下,新材料以及新型蚀刻气体在未来 10nm 以下逻辑工艺中会不断引入。而相应的等离子体蚀刻的基础研究难以同步到位,这些都进一步加大了等离子体蚀刻工艺基于机理建模的难度。

目前蚀刻批次间控制的核心模型一般是基于对具体工艺的深刻了解的基础上,选择其中某一步或两步,基于试验设计的方式来完成模型识别以及验证。不过在半导体晶圆从 4in(英寸)发展到 12in,以及未来可能的 18in 过程中,等离子体机理模拟在腔室结构、海量的工艺参数优选方面功不可没,在腔室尺寸效应(趋附效应、驻波效应)、特种蚀刻技术开发(脉冲蚀刻、中性粒子束蚀刻、原子层蚀刻)等方面依然具有重要的战略指导意义。

等离子体反应器二维机理建模始于 20 世纪 80 年代,在电容耦合反应器中只考虑了中性粒子(Neutral)的传递和反应,类似于传统的流体动力学计算。20 世纪 90 年代初期美国伊利诺伊大学的库什纳教授[28]、休斯敦大学的伊科诺谋教授[29]和加州大学伯克利分校吴汉明博士[30]分别在电感耦合反应器上提出自洽性的二维机理建模,其中大多没有考虑 Neutral 传递和反应性气体。20 世纪 90 年代中期,与业界同步,高密度等离子体反应器的二维机理建模开始出现,可以划分成 3 种类型:流体模拟(Fluid)、动力学模拟(Kinetics)和混合模拟(Hybrid)。相比较流体模拟而言,动力学模拟属于计算密集型而可能更为精准。而混合模拟则意在保留动力学模拟的精准前提下减少计算负担。伊科诺谋教授专注于流体模拟和动力学模拟中的 DSMC(Direct Simulation Monte Carlo)和 DMC(Dynamic Monte Carlo)方向。与 DSMC 相比,DMC 在处理粒子碰撞方面更加宽泛而有效。同期吴汉明博士把流体力学模拟[31]和 DSMC 模拟延展到 ECR 和钟形上电极电感耦合反应器上。库什纳教授则致力于混合模拟的研究,于 1994 年开发出二维混合等离子设备模型(HPEM)。二维机理模拟可以展示各参数在晶圆径向的均匀度,而三维机理模拟则揭示反应器本身不对称性造成的影响。例如电感线圈自身的不对称,非轴对称的气体入口以及抽气泵位置不对称等。20 世纪 90 年代中后期,库什纳教授[28]和伊科诺谋教授[32]分别推出了三维等离子体电感耦合蚀刻机理建模(如图 9.6 所示),也是连续等离子体蚀刻机理建模方面的顶峰。

两种机理建模的第一个模块均是电磁模块,这个模块也是电感耦合反应器模拟和电容耦合反应器模拟的主要差异之所在。该模块通过麦克斯韦方程求解电感线圈产生的电磁场和等离子体获得的能量沉积分布。然后求解电子能量模块获得电子温度以及电子碰撞反应速率系数。两种机理建模差异点体现在,前者借助蒙特卡洛方法求解玻尔兹曼方程来获得电子传递和反应速率系数,而后者是采用流体力学的方法。FKS 模块的功效类似于带电粒子模块和中性粒子模块之合,即求解出带电粒子密度和中性气体组成,然后输入电磁模块或者电子能量模块循环往复直到收敛。后者还有后处理模式的半解析的鞘模块可以计算底部电极上的直流偏置以及离子轰击晶圆表面的能量。此外,在从二维模型到三维模型的改进中,前者在电子能量模块中用玻尔兹曼电子能量方程代替了电子蒙特卡洛模拟,FKS 模块中用 Simple Circuit 取代了解析的鞘模块部分,省略了后处理模式的 PCMCS(Plasma Chemistry Monte Carlo Simulation)模块等,主要旨在降低计算负载。MPRES-3D 是基于商用软件包 FEMAP 开发,适用于任意形状的等离子体蚀刻反应器模拟。

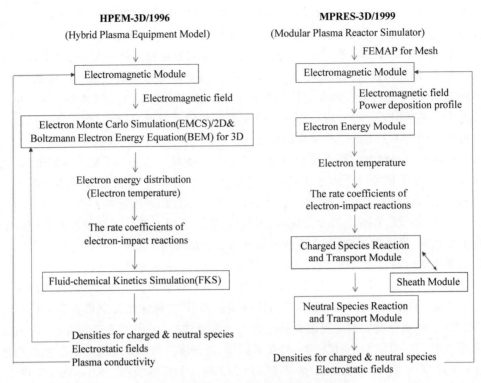

图 9.6 三维电感耦合等离子体模拟对比

在过去二十九年里,等离子体机理建模在先进等离子体技术方面均来自于 HPEM。其中库什纳教授和伊科诺谋教授在 2012 年[33]合作,在电感耦合等离子体反应器中引入直流脉冲概念来调整离子能量分布,理论模拟由 HPEM-2D 完成,在休斯敦大学完成实验验证。该技术理论上可实现不同蚀刻材料间的超高选择比,实现原子层蚀刻。2015 年两位教授再次联手[34],在串联式(Tandem)电感耦合等离子体反应器上完成这种新型结构对于电子能量分布的理论模拟(HPEM-2D)和实验验证,其中主线圈脉冲模式,附属线圈连续模式。数据表明附属线圈可以提高脉冲等离子体关闭阶段的电子温度。库什纳教授组的张博士[35]在 2015 年利用 HPEM 研究在电感耦合反应器中离子能量和角度分布对于氧化硅通孔蚀刻三维形貌的影响。蚀刻条件:$Ar/Cl_2 = 80/20$;总流量:200sccm;气压:20mTorr;15MHz coil power:800W,和不同的 15MHz 偏置功率。HPEM-2D 模拟中反应机理考虑的粒子包括:Ar,$Ar(1s_5$,$1s_3)/$亚稳态,$Ar(1s_2,1s_4)/$辐射态,$Ar(4p,5d)$,Ar^+,Cl^2,Cl_2^*,Cl_2^+,Cl,Cl^+,Cl^-,Cl^* 和 e。

张博士[35]借助于 HPEM-2D 中的 PCMCM 模块获得 Neutral 和带电粒子的能量和角度分布,然后采用三维蒙特卡洛特征形貌模块(Monte Carlo Feature Profile Model,MCFPM)来模拟蚀刻工艺对于三维结构的效果。MCFPM 是实验验证过的蚀刻形貌模拟方法,不过在精准预测弓形(Bowing)侧壁位置方面还需要进一步改进。图 9.7(a)是硅通孔蚀刻在偏置功率为 600V 时随着蚀刻时间的增加硅通孔侧壁形貌的变化。由于 Cl_2^+ 的通量比 Ar^+、Cl^+ 的通量高 5 倍以上,所以总的离子能量分布接近 Cl_2^+ 能量分布。蚀刻时间的增加导致硬掩膜粗糙,硅通孔顶部侧壁弓形加剧。氯气蚀刻与离子角度强相关,在 60° 方向上蚀刻速率最快。因此通孔顶部区域在 Cl 蚀刻累积下易产生弓形或者底切(Undercut)。这种弓形会对后续金属填充工艺造成困难。图 9.7(b)表明初始硬掩膜越厚或者硬掩膜材料越耐离子轰击,顶部弓形现

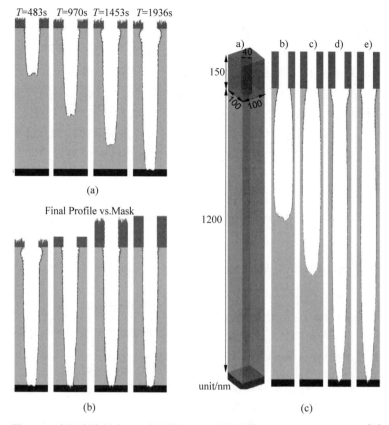

图 9.7　硅通孔蚀刻中(a)时间效应、(b)硬掩膜效应以及(c)深宽比效应[35]

象会明显改善。这也是入射粒子反射轨迹发生改变的效应。图 9.7(c)是不同偏置功率下(b：100V；c：300V；d：600V；e：600V/25% Cl 通量降低)深宽比为 30 的硅通孔形貌变化。通常情况下,离子能量分布和离子角度分布是相反的。也就是说在高偏置功率下,离子角度分布会收敛而其能量分布会发散。另外,在高偏置功率下,Cl_2 的解离会增加,从而 Cl 的通量会增加 60%(100~600V)。在这个区间内,3 种离子的通量变化可以忽略。图 9.7(b)、(c)表明,在低离子能量情况下无法完成超高深宽比的硅通孔蚀刻。当偏置功率增加到 600V 时,虽然完成了硅通孔的形成,可是在孔顶部出现硬掩膜底切,在孔中部出现弓形现象。在降低 Cl 通量 25% 的情况下,上述两种现象均有明显改观。蚀刻速率相应增加是来自于离子和 Neutral 通量比值的提高。所以理论上可以通过离子能量分布来改善通孔的整体形貌,特别是对超高深宽比的通孔,高能量、窄角度分布的离子可以在较短的过蚀刻情况下达到工艺要求。高能量窄角度分布的离子会降低侧壁离子反射,进而降低孔中部弓形现象。一般来讲关键尺寸与通孔侧壁的角度是相关的,而角度的量测也可以通过在线检测完成,因此通过离子能量峰分布的精准调整来实现先进蚀刻过程控制是可行的。

9.4.2　等离子体蚀刻过程识别

图 9.8 是等离子体蚀刻过程黑匣子模型识别从目标选取,常用数据源到识别方法的现况概貌[36-44]。与机理建模方式相比较,黑匣子建模方式更注重精准性和实战性,并不讲究模型的具体物理意义。其适用范围以量产蚀刻过程参数为中心,与模型识别数据源密切相关。一

般来讲适用范围远小于机理模型,但是因其简单实用且具备自动更新模型参数的可能,以及等离子体蚀刻日益增加的复杂程度(蚀刻机台、蚀刻气体、蚀刻材料、蚀刻要求),都使得黑匣子模型成为等离子体蚀刻先进过程控制首选的建模手段。等离子体蚀刻过程目前还是以批次间控制为主,实时控制技术还有待于深度开发。现阶段等离子体蚀刻过程中实时量测还是通过虚拟量测来实现的。虚拟量测 2009 年即被半导体国际技术发展蓝图定为先进过程控制的重要部分。虚拟量测本身既可以适用于批次间控制技术也可以开发实时控制技术,传统的蚀刻过程中的终点检测(Endpoint)就是一种特殊的虚拟量测。可靠的故障检测和分类技术是虚拟量测的基础。虚拟量测本身可以根据蚀刻设备的硬件/过程信息实现高频的蚀刻过程的诊断以及为实时控制的达成提供可行性。

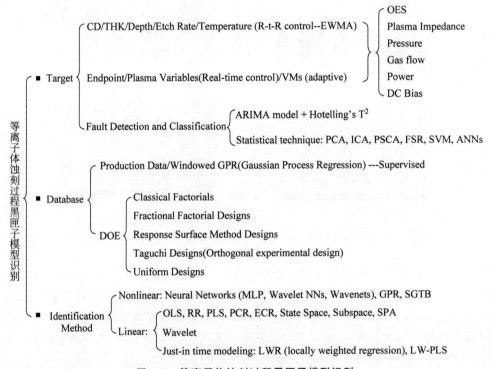

图 9.8　等离子体蚀刻过程黑匣子模型识别

具体地,某道蚀刻工艺都是由至少两步多则十余步组成。每步中过程参数(反应室压力、气体流量、激励功率、静电吸盘温度、进气位置比例、时间等)一般是固定的。所识别的黑匣子模型一般只是针对具体蚀刻工艺的其中一步来识别,从而实现基于该模型的先进控制后,经过这道蚀刻工艺后晶圆的控制指标达成。如果对于最终控制指标有多于一个的影响因素,可能会在不同的步骤识别出不同的模型,所以模型识别的前提是对于工艺要有深刻了解,从而在相应步骤建立模型。在批次间控制模型中,模型的输入变量(或者说控制变量)一般以时间和气体流量为主,这也是从控制的实用性来考虑的(在控制范围内呈线性关系)。蚀刻控制对象(模型输出)一般是关键尺寸、蚀刻量(深度)、蚀刻速率等的平均值。如果要实现整个晶圆上各处监测点的局部控制,从模型简化角度讲,需要引入降维的数学方法。在实时控制模型中,不得不引入虚拟量测,从等离子体自身的特征变量监测入手,量产阶段等离子体蚀刻状态的实时检测的可行对象有 OES(Optical Emission Spectrum)和 PIM(Plasma Impedance Monitor)。这种虚拟量测由于其数据量庞大,也使得在线实时更新所识别的模型成为可能。目前的虚拟量测基本上还在前馈控制的范畴。未来的虚拟量测有可能会深入离子通量、离子能量、离子角度、粒子密度及脉冲频率等领域的先进控制。

在蚀刻过程中应用的故障检测和分类技术处理对象是时序数据。方法包括两大类，一种是基于模型的特征提取，例如ARIMA(Autoregressive Integrated Moving Average)模型，是20世纪70年代初由博克思(Box)和詹金斯(Jenkins)提出的。另外一种是基于变换的特征提取，线性的主要有主成分分析(PCA)、独立成分分析(ICA)、偏最小二乘(PLS)、递进主成分分析(FSCA)、递进回归(FSR)等。非线性的主要有Support Vector Machine (SVM，一种核主成分分析)和人工神经网络(Artificial Neural Network,ANNs)。PCA是一种广泛应用的非监督性的高维数据降维的方法，将分散在一组变量的信息集中到几个不相关的主要成分上，利用这些主要成分表征数据集的特征。ICA是PCA的一个变种，是把信息集中到几个相互独立的主要成分上。当时序数据符合正态分布时，二者是一致的。ICA在盲源信号分离应用比较广泛，在蚀刻应用中优于PCA。FSCA和FSR在OES数据源特征提取方面也优于PCA和PLS。

为确保模型参数在识别过程中收敛到真值，一般要求数据源中的输入变量涉及的范围要能激励被控制过程的所有模式。这种输入变量的特性称为持续激励(Persistently Exciting)。为此传统的试验设计(Classical Factorials/Fractional Factorial Designs)是常见的获得识别模型的可靠数据源。试验设计概念由英国学者费希尔(F. A. Fisher)在20世纪20年代为农业试验合理化提出。在中国20世纪80年代大学课本中出现的正交设计(Taguchi Designs)则是由日本学者田口玄一于20世纪40年代提出并应用于工业方面。均匀设计(Uniform Design)是20世纪70年代末应航天部第三研究院飞航导弹火控系统建立数学模型，并研究其诸多影响因素的需要，由中国科学院应用数学所方开泰教授和王元教授提出的将数论与多元统计相结合的一种试验设计方法。应用均匀设计表U31(3130)安排了31次试验，就成功地解决了巡航导弹控制系统的参数设计难题，使得"海鹰一号"巡航导弹的首发命中率达到100%。传统的正交试验设计技术的试验次数是水平数平方的整数倍。当因素的水平数大于5时，往往因试验次数太多而不适用了，因此传统的试验设计一般不多于3个水平。由于批次间或多或少的差异性，通常试验设计会局限在同批次的晶圆上，而一个批次最多可以容纳25片晶圆，这意味着传统试验设计不能容纳多于5个变量的实验。而均匀设计则可以在一个批次里扩展到8个变量。一般来讲，量产数据量虽然庞大但不满足持续激励的要求，不过Windowed GPR方法[38]在一个沟槽蚀刻工艺虚拟量测模型识别中，无论在整体(Global)还是局部(Local)模型中均明显优于PLS和ANNs。所采用数据源包括6个月内12 133片晶圆上的187个变量(其中159个PIM变量)的量产数据。

等离子体蚀刻的黑匣子模型识别方法分线性和非线性两大类。线性方法中普通最小二乘法(OLS)无法克服多重共线性所造成的信息重叠的作用。而岭回归分析(RR，是一种修正的最小二乘估计法)和主成分回归法(PCR)，均可以消除多重共线性对回归建模的影响。PLS方法借鉴了PCR提取成分的思想，与PCR只从自变量中去寻找主成分，PLS方法则是从因变量出发，提取的成分不但要概括自变量系统中的信息，而且对因变量也有较好的解释性。ECR(弹性主成分回归法)中的两个极值对应着PCR和PLR。与传统的状态空间模型相比较，只要具有足够多的过程输入输出数据，子空间(Subspace)识别方法就可以针对复杂过程如蚀刻[45]识别出较为准确的状态空间模型，且对模型、结构先验知识需求较少。统计量模式分析[37]在利用OES数据预测方块阻值时，与PCR、PLS等相比，无论静态还是递归模型，其平均绝对比例误差(MAPE)可以降低大约 50%。子波(Wavelet)识别方法[45]在蚀刻过程椭圆偏光法参数识别中优于 OLS,RR,PCR,PLS,ECR,Subspace 和 ANNs。LW-PLS[42]证明了在蚀刻过程中优于 ANNs 的自适应模型的实时识别,可以捕捉到监测过程的突变和渐变。非线性模型中神经网络方法可以很好地模拟已有的过程数据,可模型预测的效果有时候因为过度拟合的问题,其预测性还不如线性模型。Wavenets 则是神经网络和子波技术的结合,适合低维动态故障识别。GPR 方法在蚀刻过程基于量产数据的虚拟量测上有成功的案例[38]。随机梯度提升决策树(SGTB)可以降低训练时间,同时能够有效地缓解过度拟合的问题。已成功应用于在不同机台、不同产品上两个蚀刻深度的虚拟量测模型识别[41]。

1. 均匀设计在蚀刻过程优化中的应用

均匀设计最早在蚀刻领域里的成功引用是 2012 年[47]铜互连中沟槽蚀刻(Trench Etch,TE)对于电迁移可靠性的改善。影响电迁移失效的因素有许多:①布线几何尺寸;②热效应;③晶粒大小;④电介质膜;⑤合金效应等方面的影响。这个实例中利用均匀设计优化蚀刻条件,从改善布线几何尺寸分布这个角度达到最终有效提高电迁移可靠性。如图 9.9 所示,铜互连先蚀刻形成垂直通孔,然后再填入光学底层(OUL),生长硬掩膜、底部抗反射层及光阻,曝光定义出沟槽尺寸。一般来讲图 9.9(c)中大马士革斜面与图 9.9(b)中 OUL 的高度密切相关。实例中在两种等离子体蚀刻机台上得到截然不同的斜面,可是均发生早期失效现象。相应的透射电镜照片显示可靠性有问题的晶片斜面异常。因此整个晶圆的斜面均匀度成为重点改进的对象。

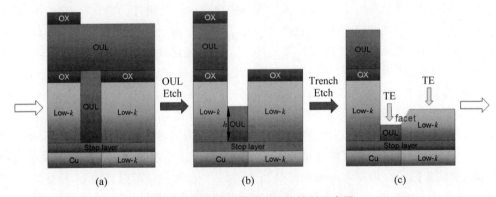

图 9.9 铜互连沟槽等离子体蚀刻示意图

如图 9.10(a)所示,沟槽蚀刻深度变深,电迁移可靠性特征寿命有所提高,但依然伴有早期失效现象。这说明斜面的降低可以改善电迁移可靠性但是斜面自身在整个晶圆均匀度尚待改进。图 9.10(b)中 OUL 这步蚀刻均匀度改进后(从 17.1% 到 11.1%)可靠性却变差。这也说明 OUL 这步蚀刻对于可靠性改善至关重要,且并非直观的该步均匀度改善这么简单。为此求助于混合水平的超饱和响应曲面均匀设计法,试验次数按 3X 规则($3\times 6 = 18$)设计出仅仅 18 个试验次数的 U18($4\times 5\times 4\times 6\times 4\times 6$)[饱和曲面的均匀设计需要 29 个试验次数,正交试验的响应曲面设计至少需要 46 个试验次数(中心复合设计)]。实验表格由均匀设计软件生成(如表 9.2 所示)。表中倒数第 2 列和第 5 列是两层互连线(V3U 和 V4U)电迁移可靠性特征寿命的对数值。由于该两层互连线的结构及其工艺过程完全等同,这两个数据可以看成是同一工艺条件下的两次重复实验数据。U18 设计条件中选出 Run 7 和 Run 9 用于检验所建的模型。剩余的数据(16 个工艺条件)用来构建两次响应曲面模型。使用 JMP Pro 统计软件中的 Stepwise Regression 作变量筛选。此外,将常规的单一特征寿命指标修改为反映本征模式的本征寿命指标(t0.1)并新增加反映早期失效的一个比例指标,从而全面反映可靠性数据。该比例指标定义为本征失效的器件个数(♯ of Intrinsic)除以所有加速寿命试验器件的个数(Total♯),称为本征失效比例(% of Intrinsic),如表9.2中倒数第1列和第4列。这两个指标一起用作可靠性的响应变量对实验数据进行分析与建模。其中识别的失效器件个数与6个自变量关系的广义线性模型如下。

$$♯ \text{ of Intrinsic} = \text{Total}♯ \times \frac{1}{1 + \text{Exp}[f(x)]} \tag{9-1}$$

其中,

$$f(x) = -1.07 + 0.0209X_1 + 0.0031X_2 + 0.012X_3 - 0.0072X_4 - 0.0031X_5 + 0.106X_6 +$$
$$0.000\,078\,5(X_1 - 22.4)(X_5 - 282.3) - 0.000\,037\,9(X_3 - 59.7)(X_5 - 282.3)$$

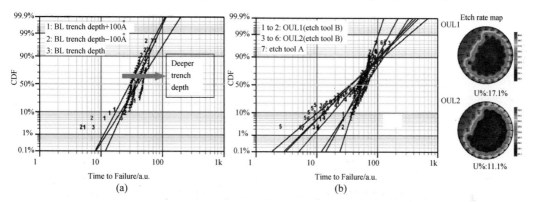

图 9.10　沟槽蚀刻深度以及 OUL 步骤蚀刻均匀度对电迁移可靠性的影响

表 9.2　铜互连沟槽蚀刻电迁移可靠性均匀设计及实验结果

Run♯	U18(4×5×4×6×4×6)table						Experimental Results					
	Pressure	Power A	Power B	gas injection mode	gas flow	OE%	Intr V3t0.1	Ln(V3t0.1 −Intr)	% of V3 Intr	Intr V4t0.1	Ln(V4t 0.1−Intr)	% of V4 Intr
	X_1	X_2	X_3	X_4	X_5	X_6						
1	2	4	1	5	1	2	178	5.182	0.852	172	5.147	0.630
2	3	2	4	5	3	6	342	5.835	0.926	257	5.549	0.852
3	1	1	4	3	2	3	290	5.670	0.655	187	5.231	0.393
4	1	5	2	4	3	4	271	5.602	0.655	214	5.366	0.464
5	2	5	4	4	1	5	419	6.038	1.000	297	5.694	0.966
6	1	3	1	2	2	6	386	5.956	0.920	219	5.389	0.821
7	1	2	3	5	4	4	257	5.549	0.741	124	4.820	0.536
8	3	2	2	1	1	4	270	5.598	1.000	214	5.366	0.852
9	2	4	3	2	3	3	223	5.407	0.833	213	5.361	0.600
10	3	1	1	2	3	1	57.3	4.048	0.450	90.3	4.503	0.385
11	2	1	2	6	2	5	252	5.529	0.792	357	5.878	0.808
12	3	4	2	3	4	6	351	5.861	0.760	256	5.545	0.917
13	3	4	3	6	2	4	236	5.464	0.724	344	5.841	0.655
14	4	3	1	6	4	3	248	5.513	0.690	98.5	4.590	0.250
15	4	2	3	3	1	2	206	5.328	0.739	330	5.799	0.852
16	4	3	2	4	2	4	298	5.697	0.926	389	5.964	1.000
17	2	3	4	1	4	2	175	5.165	0.667	231	5.442	0.759
18	4	5	3	1	3	5	350	5.858	0.966	280	5.635	0.966
POR	X_1	X_2	X_3	X_4	X_5	X_6	334	5.811	0.893	328	5.793	0.808

在对对数本征寿命 Ln(t0.1)与本征失效比例％of Intrinsic 建模完成后,利用最大化意愿函数对双指标进行联合优化,找到具有最佳电迁移性能的工艺条件。在给定的实验范围内希望 Ln(t0.1)和％ of Intrinsic 都最大化。预测的电迁移可靠性及其95％置信区间为:Ln(t0.1)为(5.808,6.089,6.329),即 t0.1(333,441,560)。即使是其下置信限 333 也远高于目标寿命100。该工艺条件对应的％ of Intrinsic 预测值及95％置信区间为(0.9669,0.985,0.9936)。验证试验中采用预测的最优化工艺条件,3片晶圆(各30个器件)的重复试验(如图9.11)结果为:3片晶圆的电迁移特征寿命都远高于目标寿命(100),而且早期失效降低到几乎为零。

(1) t0.1=350,％ of Intrinsic=100％;

(2) t0.1=445,％ of Intrinsic=100％;

(3) t0.1=484,％ of Intrinsic=100％;

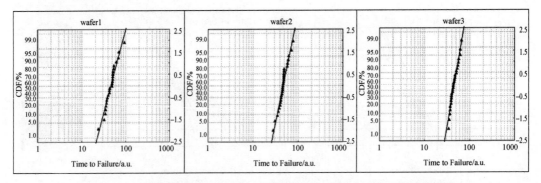

图9.11 沟槽蚀刻深度以及 OUL 步骤蚀刻均匀度对电迁移可靠性的影响

2. 蚀刻过程线性黑匣子模型识别与验证

图9.12 所示为 ICP 蚀刻机台上[45]在不同栅极蚀刻过程参数下原位椭圆偏振量测的 Δ 和 Ψ 信号,其中 $\tan\Psi$ 为入射光反射后之振幅比,Δ 为相位移。如果这两个信号数值已知,就可推算出所蚀刻膜的厚度。该例子建立的有限脉冲响应模型结构如式(9-2),其中 $y_L(k)$ 为第 L 个输出变量在采样时间 K 情况下的值。$u_i(k-j)$ 表示第 i 个输入变量在第 j 次延迟的值。m 是输入变量个数,N 是最大输入延迟,e 为均值为零的白噪声。

$$y_L(k) = \sum_{i=1}^{m} \sum_{j=1}^{N(i)} h_{ij}^L u_i(k-j) + e(k) \tag{9-2}$$

该线性多变量模型13个输入变量包括阻抗匹配调制、反射功率、直流偏压、氧气流量、溴化氢流量和8个 OES 信号(251/288/309/337/447/656/725/777nm)。每个输入变量的最大延迟量不尽相同,变化范围从32个采样点到64个采样点。模型的两个输出为 Δ 和 Ψ 信号。显然8组信号中以信号峰个数可以分成3大类:两组单峰,三组双峰,三组三峰。也就是识别模型的数据源覆盖了该蚀刻过程正常的波动范围。峰的数目与蚀刻速率相关,峰数目少意味着相应的电子温度较高。其中 OES 信号,反射功率等可以用来预测椭圆偏振量测的 Δ 和 Ψ 信号(虚拟量测模式),从而为实时确定蚀刻速率和蚀刻终点提供可能性。方差占比 V_{af}(Variance-accounted-for)定义如下,y_{real} 为实际输出变量值,y_{est} 为预测输出变量值。

$$V_{af} = \left[1 - \frac{V_{ar}(y_{real} - y_{est})}{V_{ar}(y_{real})} \right] \times 100 \tag{9-3}$$

表9.3 总结了在已获得的蚀刻实验数据基础上,各种线性黑匣子模型识别方法对于 Δ 信号识别和验证的 Vaf 对比(Ψ 信号有着类似的结论)。在3种椭圆偏振量信号上,子波技术的

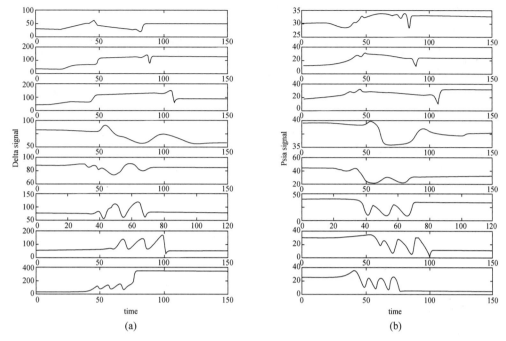

图 9.12 模型识别使用的 8 组椭圆偏振量测的 Δ(a)和 Ψ(b)信号

验证结果是最佳的(也远优于相应神经网络模型的预测)。具体的直观对比如图 9.13 所示。子波技术基本上正确预测了 Δ 信号的波峰波谷以及出现的频率。子波技术识别参数的压缩比约为 80%(手动设置某些参数为零)。单峰信号预测相对较弱可能是模型识别中单峰数据组相对较少。这个例子说明识别模型的数据完整度至关重要。线性模型的合理参数简化会事半功倍。

表 9.3 各种模型识别方法对于椭圆偏振量测 Δ 信号识别与验证对比

Method	Identification(Vaf)	Validation(Vaf)		
		Type Ⅰ	Type Ⅱ	Type Ⅲ
OLS	67.0	−1.9	−274.3	−36.4
RR	50.4	33.2	10.7	29.3
PLS	11.6	15.9	−1.7	21.4
PCR	10.8	15.0	−1.5	21.5
ECR	40.0	32.9	25.6	36.0
Subspace	67.1	20.8	14.6	6.9
QS-Wavelet	53.6	36.3	66.9	51.0

3. 蚀刻过程非线性黑匣子模型识别

图 9.14 是对于 ECR 机台上[47]采用前馈神经网络模型识别碳化硅蚀刻过程的试验设计条件。神经网络是经典的 3 层结构,模型参数由无约束非线性优化方法 BFGS 完成。试验设计采用的是中心组合设计,4 变量 5 水平共计 25 组实验。氧气流量、直流偏压、微波功率、腔室压力为变量,气体总流量(SF_6/O_2)和蚀刻时间分别固定为 10sccm 和 30min。图 9.15(a)是 550W 微波功率和 4mTorr 腔室压力下,蚀刻速率对于氧气流量和直流偏压的响应曲面。每

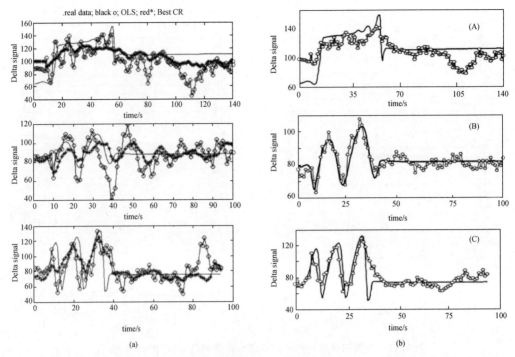

图 9.13　模型验证使用的 3 组椭圆偏振量测 Δ 信号：OLS/ECR（a）和 QS-Wavelet（b）

个直流偏压下都存在一个最大蚀刻速率的氧气流量。这可能是低氧时以与不饱和氟粒子反应释放氟为主,高氧时则以稀释氟浓度为主。图 9.15(b)则是 60％氧气流量比、−300V 直流偏压下,蚀刻速率对于微波功率、腔室压力的响应曲面。任意腔室压力下,蚀刻速率与微波功率基本是线性关系。在高微波功率情况下,正离子通量增加。在腔室压力升高过程中,电子温度降低,蚀刻机制从活性基团控制转到离子通量控制,从而出现蚀刻最快点。

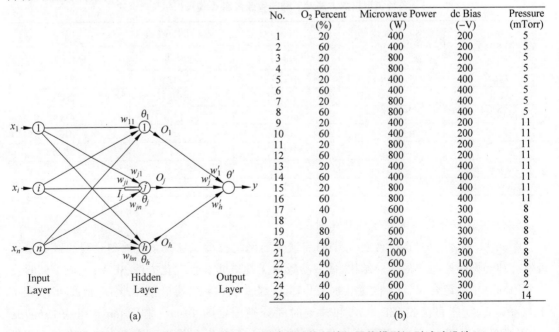

No.	O_2 Percent (%)	Microwave Power (W)	dc Bias (−V)	Pressure (mTorr)
1	20	400	200	5
2	60	400	200	5
3	20	800	200	5
4	60	800	200	5
5	20	400	400	5
6	60	400	400	5
7	20	800	400	5
8	60	800	400	5
9	20	400	200	11
10	60	400	200	11
11	20	800	200	11
12	60	800	200	11
13	20	400	400	11
14	60	400	400	11
15	20	800	400	11
16	60	800	400	11
17	40	600	300	8
18	0	600	300	8
19	80	600	300	8
20	40	200	300	8
21	40	1000	300	8
22	40	600	100	8
23	40	600	500	8
24	40	600	300	2
25	40	600	300	14

(a)　　　　　　　　　　　　　(b)

图 9.14　神经网络模型结构示意图(a)和碳化硅蚀刻神经网络模型识别试验设计(b)

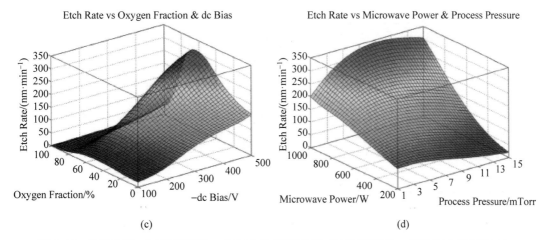

图 9.15 响应曲面：(a)蚀刻速率 vs 氧气含量/直流偏压，(b)蚀刻速率 vs 微波功率/腔室气压

9.4.3 等离子体蚀刻过程量测

美国 KLA Tencor 公司的专家 David W Price 在 2014 年[48]提出半导体制造业过程控制十大公理。第一条就是 *You can't fix what you can't find. You can't control what you can't measure*，说的就是量测在实现先进过程控制的重要性。量测和先进控制的关系可以借用 *Garbage in, garbage out* 这句计算机数学领域的习语来表征。即当量测不准确时，先进过程控制系统的功效会大打折扣，而不是聊胜于无。等离子体蚀刻过程与批次间控制相关的量测参数通常包括关键尺寸、深度、厚度等。主流的量测方法可以粗略地划分为光学量测（Optical Metrology）和非光学量测两大类（对比如表 9.4 所列）。总体来讲三者相辅相成，都是过程监测所必需的。从先进过程控制角度讲，光学量测从非破坏性、快速量测、半导体设备兼容性（Compatibility）、多量测目标以及高精度等多方面来满足过程控制要求。例如光学量测不仅可以量测光刻后的关键尺寸、光阻侧壁角度、等离子体蚀刻后的深度，而且可以量测湿法蚀刻后隐藏在栅极基底硅沟槽尖角的位置（如图 9.16(c) TD/ToG 所示）、化学沉积膜的厚度以及化学机械研磨后铜的厚度等。其与半导体设备的兼容性也为实现先进过程控制提供了便捷的平台。光学量测依赖于定制的有重复图形的测试单元，需要预先识别及验证量测模型。CD-SEM 在量测不规则图形关键尺寸上（例如 BSE 模式量测一站式蚀刻后 Via CD）还是无法替代的。X-SEM/TEM 自身除量测破坏性的特点之外，由于成像的分辨率问题，很难把量测精度控制在 2nm 以内。目前国际主流的 Optical Metrology 机台厂商有 3 家。美国的 Nanometrics 技术最全面，拥有已知最先进的 Muller Matrix 技术，而美国的 KLA Tencor 在缩小监测单元方面更胜一筹，以色列的 Nova Measuring Instruments 则主打低价战略。

表 9.4 光学量测与传统 CD-SEM、X-SEM/TEM 对比

	Optical Metrology	CD-SEM	X-SEM/TEM
Non-destructive	√	×	×
In-line Monitoring	√	×	×
Speed	√	×	××
Cost	√	×	×

续表

	Optical Metrology	CD-SEM	X-SEM/TEM
Accuracy	√	×	×
Profile	√	×	√
Embedded Structure	√	×	√
Irregular Pattern	×	√	√
No Special Testkey Model Dependence	×	√	√
	×	√	√
Multiple Functions	√	×	√
Compatibility	√	×	×

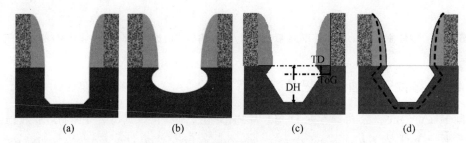

图 9.16 强化应力西格玛 p-MOS 沟槽形成示意图[49]

9.4.4 等离子体蚀刻先进控制实例

如图 9.17 所示,等离子体蚀刻先进过程控制的核心是可靠的模型、先进的控制技术、数据采集及处理。图中包括了已广泛使用的批次间基于模型的前馈和反馈过程控制,以及未来的基于虚拟量测的前馈和反馈实时过程控制。蚀刻本身的状态参数可以分为三大类:设备状态参数、等离子体过程参数和晶圆表面状态参数。设备状态参数包括设定的静电吸盘温度、反应室压力、气体流量、各种激励功率等的稳定性,通常依赖于比例、积分、微分控制等经典控制手法来实现,虽然重要但不属于先进过程控制的范畴。等离子体过程参数包括目前广泛检测的 OES 信号、逐步开始关注的 PIM 信号以及未来可能实时检测的离子通量、离子能量、离子角度、电子能量粒子密度及脉冲频率等。这些参数的检测使得在借助于虚拟量测的前提下,实时过程控制的实施成为可能。晶圆表面状态参数从实时监测角度讲主要是蚀刻的深度甚至整体晶圆表面形貌的纵向变化。这类参数也是实施实时过程控制的有效判据。由于蚀刻过程的多目标要求、材料多样性、蚀刻气体种类的延展和高端机台设计差异等高度复杂性,核心的过程模型以黑匣子模型为主。需要在对于具体蚀刻过程深入理解的前提下,采用试验设计等方式来建立过程模型。无论是批次间控制还是实时过程控制,该过程模型都可以设计成在线自动更新模式来及时捕捉蚀刻过程的漂移等变化。漂移现象虽然随着设备自身设计的提高已经大幅改进,但在不同产品混搭(共用反应室)以及由于蚀刻过程中金属暴露不可避免产生的累积效应等复杂情况下仍有存在的可能性。目前控制的蚀刻目标针对每片晶圆而言是整个晶圆范围内某个目标的平均值,例如特征尺寸、侧壁角度以及蚀刻深度等。随着鳍式晶体管时代的到来,由于鳍基底的存在以及化学机械研磨的精度极限和其不可避免的晶圆间差异,整个晶圆范围内伪栅极厚度均匀度如何达标迫切需要先进蚀刻控制技术的引入。

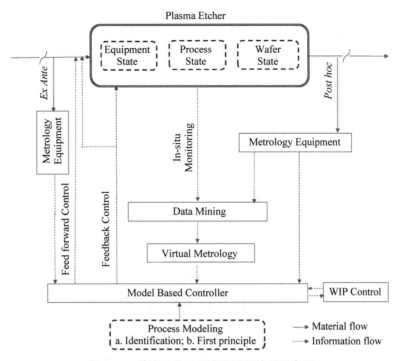

图 9.17 等离子体蚀刻先进过程控制示意图

1. 等离子体蚀刻先进控制：单输入单输出[50]

图 9.18 所示为日本电气电子公司(NEC)在 300mm 晶圆上开发验证的 65nm 沟槽蚀刻利用碳氟聚合物缩小沟槽关键尺寸的技术。在 65nm 铜互连结构还是采用先做出垂直通孔再做出沟槽的技术。低电介质蚀刻在东京电子的 SCCM(CCP 类型)上完成。图 9.18(b)是在蚀刻机台上由碳氟气体/氩气/氧气等离子体产生碳氟聚合物沉积来实现的，目的是缩小沟槽关键尺寸，另外类似的聚合物沉积技术可能会改善光阻自身的侧壁粗糙度。这种缩小关键尺寸的需求还可以通过其他方式来实现，相比较而言，这里的方法是最便捷和低成本的。该实例在这一步中氧气流量从 0sccm 增加到 25sccm，关键尺寸在 100nm 沟槽处相应的线性变化达到 15nm。此外，不同的光罩透光率也会影响最终的沟槽关键尺寸。为此，提出了考虑光罩透光率差异来调节图 9.18(b)蚀刻步骤中氧气流量来降低光刻关键尺寸晶圆间波动的前馈控制技术。对于某个特定互连层，光罩透光率是固定的，这就是一个单输入单输出的等离子体前馈控制案例，来克服光刻带来的沟槽关键尺寸晶圆间的差异。过程模型为线性的，即调整图 9.18(b)步骤中氧气流量。可以调节的线性范围在 15nm，足以弥补正常的晶圆间光刻关键

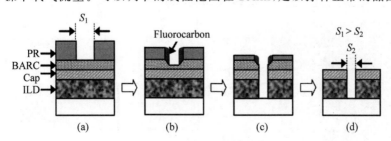

图 9.18 65nm 沟槽蚀刻

(a) 沟槽光刻；(b) 碳氟聚合物侧墙；(c) 沟槽蚀刻；(d) 掩膜移除

尺寸差异。图 9.19 以光罩透光率 40％为中心,对比了 5 种光罩透光率下该开环控制技术对沟槽关键尺寸的控制效果。对各种沟槽尺寸,晶圆间差异可以从 16nm 改善到 5nm 左右。同时可以看到光罩透光率对沟槽关键尺寸的影响与沟槽大小强相关。

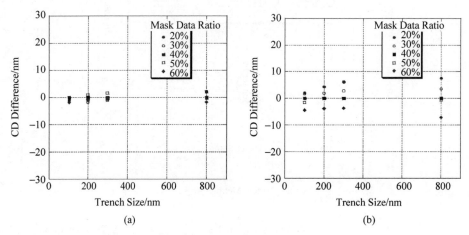

图 9.19　沟槽关键尺寸晶圆间差异和沟槽尺寸的关系

(a) 前馈控制；(b) 无控制

2. 等离子体蚀刻先进控制：多输入多输出[51]

图 9.20 所示为日本东京电子公司在 300mm 晶圆上开发的 45nm 硅栅极蚀刻中以晶圆内中心和边缘关键尺寸差别最小化为目标的多输入多输出控制技术。栅极蚀刻中常见的多输入多输出控制技术是以光刻后光阻关键尺寸及其侧壁角度为输入,蚀刻后栅极关键尺寸及其侧壁角度为输出。这种多输入多输出控制技术是从晶圆间平均栅极关键尺寸及侧壁角度来着眼的。随着关键尺寸的不断缩小到 45nm,对于晶圆内栅极关键尺寸的均匀度要求不断提高,蚀刻机台在晶圆边缘产生的影响逐渐引起了重视。利用光刻的剂量(焦距调整)图形技术来以反馈模式改善晶圆边缘蚀刻产生的关键尺寸偏差是通常最先考虑的方法。不过剂量图形技术还

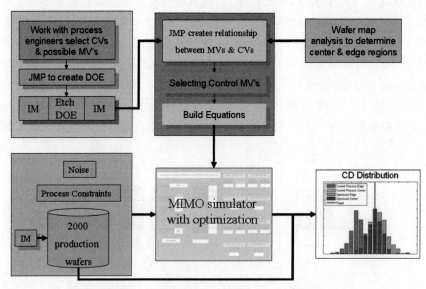

图 9.20　多输入多输出模型识别及控制流程

是存在一些无法克服的问题,比如调整关键尺寸的范围有限,基本在几个纳米范围之内。另外,不同节距(Pitch)补偿后变化可能是不同步的,而且蚀刻过程自身的变化也增加了剂量图形技术的成本。为此,图9.21中开发的控制技术的操作变量(MV)从蚀刻过程参数中选取。在JMP软件的帮助下,借助DOE,在5个蚀刻步骤中的10个过程参数中选取关键的操作变量。对应的输出为中心蚀刻偏差(光刻关键尺寸和蚀刻关键尺寸在同一个测试单元上的差值)和边缘蚀刻偏差。最终选取了两个关键操作变量形成两个输入两个输出的模型。最优操作变量选取是借助与求解一个带约束二次最优化问题,如式(9-4)。其中 C 表示对于两个控制变量(输出)的权重,y_t 表示输出变量目标值,y_p 表示输出变量模型预测值。式(9-5)中,u 表示输入变量(某蚀刻过程参数),x 表示光刻关键尺寸,n 表示模型误差。a/b 和 c/d 分别为两个输入变量(操作变量)的上下限。在 x 已知的情况下求解最优操作变量,然后完成蚀刻过程,所以这是一个前馈先进控制技术应用。

$$F_{\min} = C_1 x (y_{1t} - y_{1p})^2 + C_2 x (y_{2t} - y_{2p})^2 \tag{9-4}$$

其中,

$$y_{1p} = f_1(u_1, u_2, x_1) + n_1 ; y_{2p} = f_2(u_1, u_2, x_2) + n_2 \tag{9-5}$$

$$a \leqslant u_1 \leqslant b ; c \leqslant u_2 \leqslant d \tag{9-6}$$

45nm 2000片晶圆的量产数据用来验证已开发的多输入多输出的前馈先进控制技术。如图9.21(a)所示,在单输入单输出控制模式下,当栅极关键尺寸在晶圆中心达到目标值时(虚线为目标值),晶圆边缘的关键尺寸远未达标而且分布发散。图9.21(b)表明多输入多输出模型可以在中心区关键尺寸达标且分布几乎不变的情况下,边缘关键尺寸的调整能力(中心值约

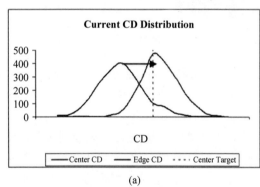

(a)

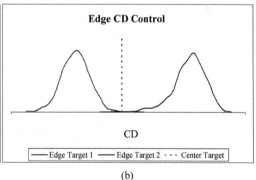

(b)

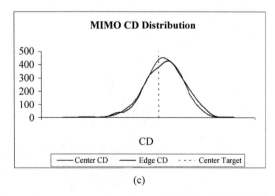

(c)

Data	Current	MIMO	Change
WiW 3 σ	1	0.38	62%
MSE	1	0.40	60%
Distribution 3 σ	1	0.72	28%

(d)

图 9.21 栅极关键尺寸在中心和边缘对比

(a)单输入单输出控制;(b)多输入多输出边缘控制;

(c)多输入多输出控制模拟;(d)多输入多输出控制技术改进对比

3nm 平移)。图 9.21(c)则是对 2000 片晶圆实施这种前馈控制技术的模拟结果：栅极关键尺寸在中心和边缘几乎重叠达标且分布类似。与单输入单输出控制技术相比(仅控制晶圆中心栅极关键尺寸)，图 9.21(d)中 WiW 是 2000 片晶圆中应用晶圆内多输入多输出前馈控制技术和晶圆间反馈控制后，中心和边缘关键尺寸均匀度提高 62%。此外，中心和边缘关键尺寸的方差(MSE)提高了 60%,3-sigma 分布改善了近 30%。

3. 等离子体蚀刻先进控制(Multi-resolution)[8]

2013 年，台积电公司在国际会议上公布了一种多尺度的蚀刻相关的先进控制技术。如图 9.22 所示，因为蚀刻后晶圆上关键尺寸可以分解为整个晶圆均值和单个晶片局部值的分布(即均匀度)。对于这两个目标采用不同的控制手段。通过蚀刻过程的时间调控来降低晶圆间关键尺寸(整个晶圆的均值)的差异，即批次间控制。而单个晶片局部值则通过光刻剂量的图形技术来改善，这种方法在蚀刻机台稳定的情况下改善效果显著。这里未提及具体的蚀刻工艺，应该是该蚀刻工艺不像栅极蚀刻工艺那样对于不同节距补偿不同步。

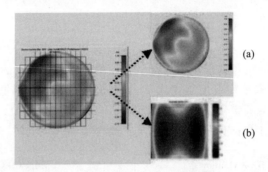

图 9.22　蚀刻后晶圆关键尺寸可分解为(a)整个晶圆均值和(b)单个晶片的局部值

图 9.23 是开发的多尺度频域控制流程图。上述两种控制变量(蚀刻时间、光刻剂量)看起来是独立的，可实施后对于最终的蚀刻后关键尺寸的晶圆均值和单个晶片的局部值还是有影响的，不能完全解耦。所以改善整个晶圆均值以调整蚀刻时间为主，同时要兼顾光刻剂量产生的影响。对于单晶片局部值控制也是如此，即以光刻剂量调整为主，同时兼顾蚀刻时间调整的影响。这里采用的控制技术是 1969 年英国曼彻斯特大学教授 Rosenbrock 提出的多变量频域方法中近似解耦方法：逆奈氏阵列(INA)方法。这是一种线性定常多变量方法，该方法是将

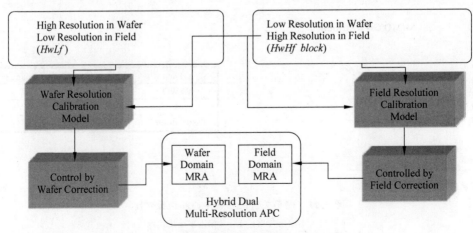

图 9.23　晶圆蚀刻关键多尺度频域控制技术

经典频率响应方法推广到充满不确定性且自变量多耦合的工业系统的控制系统设计方法。是20世纪60年代时域法在工业应用上遇阻后，开启的现代频域方法上的新纪元。与全解耦的围绕 Morgan 问题的相关状态空间法相比，Rosenbrock 的对角占优方法更能适应控制对象的不确定性，因而更容易推广到不确定多变量解耦控制系统中。所谓解耦控制就是把一个多变量控制问题转化为多个独立的单变量控制问题，解除输入、输出变量间的交叉耦合，然后可借助发展已相当成熟的单变量控制技术。当然实际应用中并非所有的多变量控制系统一定要解耦。INA 方法具有一定鲁棒性，但不能保证系统的鲁棒稳定性，属于传统解耦方法。如图 9.23 所示，分别针对均值(Wafer)和局部值(Field)识别出两个模型，每个模型都考虑了来自蚀刻和光刻输入的影响，控制实施则分别由两个独立的控制器来完成。这里虽然没有提及这种基于频域的多变量控制技术在具体蚀刻过程的改善情况，但提及该种方法应用在化学机械研磨平坦化过程，在整个晶圆研磨深度均值和整个晶圆内研磨深度均匀度同时取得了显著改善。相似的也是均值和均匀度为双目标的实施案例。不同的是在这个平坦化过程应用中，控制手段均是调整化学机械研磨平坦化过程的参数：研磨时间和研磨下压力。所以针对具体的控制对象，要有全面深入的了解，从而开发出行之有效的控制技术。

4. 等离子体蚀刻先进控制(STI/Gate)[52]

图 9.24 是日本日立(Hitachi)公司在 200mm 系统芯片上对多晶硅栅极蚀刻关键尺寸均匀度控制的改进对比。图 9.24(b)是在蚀刻过程中对于每片晶圆应用了基于光刻的前馈控制技术。多晶硅蚀刻后关键尺寸的分布从无控制的 9nm 降低到控制后的 5nm。为了进一步降低栅极关键尺寸分布，该公司提出了如图 9.25(a)所示的全厂控制技术，考虑了所有已知的对栅极蚀刻关键尺寸有影响的因素。该控制技术包括一条反馈控制线路和数条前馈控制线路，前馈控制有光刻与蚀刻间的紧邻前馈，多晶硅化学气相沉积与蚀刻间的中距离前馈，有浅槽隔离槽中氧化硅台阶高度(Step Height)的远程前馈。光刻与蚀刻间的前馈控制是比较经典直观的。这里采用的是固定时间的多晶硅主蚀刻和光谱终点的软着陆蚀刻，因此化学气相沉积的多晶硅厚度不同会影响最终栅极底部形貌，从而影响栅极关键尺寸。另外因为采用的是单层光阻和底部抗反射层来完成图形传递，氧化硅台阶高度的变化会影响底部抗反射层的厚度，而厚度的改变在多晶硅过蚀刻阶段蚀刻附产物消耗氧活性基团的量会不同，从而影响栅极关键尺寸。目前使用的多晶硅蚀刻的主蚀刻步骤一般采用干涉量测终点来控制多晶硅剩余的厚度，从而减小多晶硅沉积厚度变化引入的关键尺寸差异。不过干涉量测终点法对于氧化硅台阶高度比较敏感，目前依然是精确控制多晶硅栅极关键尺寸需要考虑的一个影响因素。类似地，在伪多晶硅栅极去除工艺中也必须考虑对氧化硅台阶高度的敏感性。

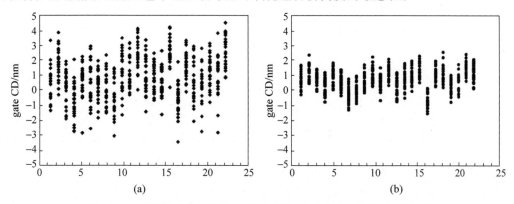

图 9.24 多晶硅栅极蚀刻的(a)无控制和(b)光刻与蚀刻间前馈控制

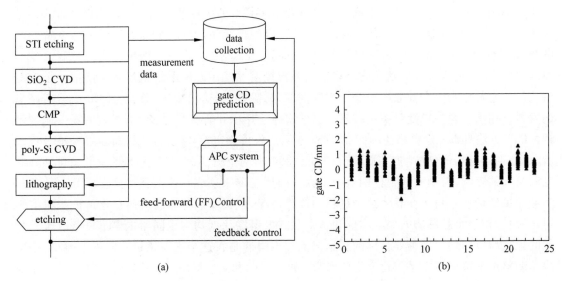

图 9.25　多晶硅栅极蚀刻的(a)全厂(Fab-wide)控制流程及(b)效果

如图 9.25(b)所示,开发的这套全厂先进控制技术(不包括反馈控制)可以把多晶硅蚀刻后关键尺寸的分布进一步降低到约 3nm。其中蚀刻调整的方法是底部抗反射层蚀刻这一步的氧气流量。氧气流量在所调整的 10nm 范围内与栅极关键尺寸呈线性反比关系。显然,图 9.25(b)中晶圆间均值的差异可以通过反馈控制来进一步降低。为了搞清楚多晶硅栅极与前层工艺单元的复杂关系,这里借助于试验设计如表 9.5 所列完成黑匣子模型识别,其中考虑了前层 5 种工艺单元[除了之前提到的光刻和化学沉积工艺,其他 3 个工艺(浅槽隔离槽蚀刻,氧化物沉积,化学机械研磨后湿法蚀刻)均是和氧化物台阶高度的形成有关系]的可能影响,5 个工艺单元(监测 14 个变量)3 水平实验共计 22 片晶圆。数据分析表明 14 个变量可简化成 3 个变量即:光刻关键尺寸(39%)、化学气相沉积多晶硅厚度(13%)以及氧化物台阶高度(10%)。3 种因素加在一起对栅极关键尺寸影响合力为 62%,剩余为在线量测误差(13%)和未知原因误差(25%)。最终识别的模型为线性模型,不但可以预测整个晶圆栅极关键尺寸的平均值,还考虑了晶圆内不同位置关键尺寸的预测。

表 9.5　模型识别的试验设计表

process	W#																					
	1	2	3	4	5	6	7	8	9	10	11	12	13	14	15	16	17	18	19	20	21	22
trench etching	1	-1	0	-1	-1	0	1	1	-1	1	1	1	-1	-1	0	1	0	-1	0	0	-1	1
SiO$_2$ CVD	-1	1	0	1	-1	0	-1	1	1	-1	1	-1	-1	0	-1	0	-1	0	-1	0	1	1
Wet etching after CMP	1	1	0	1	1	0	1	1	-1	1	-1	-1	1	0	-1	0	1	0	0	-1	-1	
poly-Si CVD	-1	-1	0	1	1	0	1	1	-1	-1	1	-1	1	-1	0	1	0	1	0	1	-1	
lithography	-1	-1	0	-1	-1	0	1	1	-1	1	-1	1	0	1	0	1	0	0	-1	-1		

5. 等离子体蚀刻先进控制(BEOL Multiple Module Interaction)

铜互连在 90nm 逻辑工艺中已经广泛使用,如图 9.26 所示,沟槽蚀刻与芯片最终的电性参数(WAT),晶圆级别的可靠性电迁移(Electro Migration,EM)以及芯片封装级别的可靠性

(Chip Package Interaction,CPI)密切相关。右侧 3 张小图表示这 3 种问题的测试结构,电性参数测试结构是一组密集的沟槽区,测试铜互连线的电阻。这个电阻除了与沟槽蚀刻的关键尺寸相关,还与化学机械研磨工艺后铜层厚度密切关联。双大马士革斜面则与上游电迁移可靠性密切相关。而在稀疏区(ISO)沟槽底部角落的尖齿效应会恶化 CPI。尖齿效应是 90nm 以下非金属硬掩膜工艺的特征之一,主要来自于沟槽蚀刻时为保证密集区沟槽侧壁无凹陷,采用高偏压功率引起稀疏区聚合物过多所致。这种现象在金属硬掩膜工艺中有很大改善。蚀刻前电介质层厚度存在着晶圆间的差异,一般在±5%的范围内,当电介质厚度偏薄时,如果后续的蚀刻过程、物理气相沉积以及化学机械研磨不变,势必对于 CPI 会有影响,因为尖齿底部的有效电介质层厚度会减小。因为可以通过适当缩短蚀刻时间来保证尖齿底部的有效电介质层厚度,可同时需要降低化学机械研磨量,以保证电性参数 Rs 达到目标值。当电介质厚度偏厚时,如果后续的蚀刻过程、物理气相沉积以及化学机械研磨不变,势必对于 EM 会有影响,这是因为双大马士革结构斜面抬高(增加局部最大电流密度)所致。为此需要延长蚀刻时间以维持最佳双大马士革结构的斜面高度,同时需要增加化学机械研磨的量,以保证电性参数 Rs 达到目标值。因此可以看出,一个简单的电介质层厚度变化都需要至少两个工艺模块的协调控制,才能使得各项芯片指数达标。

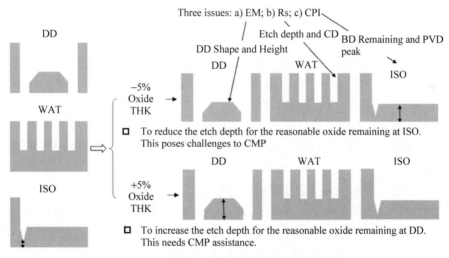

图 9.26　铜互连非金属硬掩膜沟槽蚀刻挑战

图 9.27 是为了全方位地使得芯片铜互连在电性参数和可靠性方面消除晶圆间差异以及机台自身的变化,全面达标而设想的全厂控制示意图。其中涉及了 5 个工艺模块:化学气相沉积、光刻、蚀刻(等离子体蚀刻+湿法蚀刻)、物理气相沉积和化学机械研磨。包括了 4 道前馈控制路线:①针对电介质层厚度变化调整沟槽等离子体蚀刻时间;②针对光刻关键尺寸变化调整沟槽蚀刻中掩膜蚀刻步骤中的气体比例;③针对蚀刻后双大马士革结构斜面变化调整物理气相沉积中的溅射时间;④针对蚀刻后沟槽深度变化调整化学机械研磨量。两道反馈控制路线:①沟槽蚀刻深度差异而对沟槽电介质主蚀刻时间的调整;②蚀刻后双大马士革结构斜面变化而对 OUL 蚀刻步骤的调整(如 9.4.2 节所示)。这些过程控制路线的建立首先要基于对于铜互连工艺中各个工艺模块的深入了解,然后确定控制目标以及最有效的实施控制的工艺参数。具体的应用可以在其基础上有所简化,例如蚀刻后双大马士革结构斜面变化即可以通过前馈方式调整,又可以由反馈方式来改善,或许择一即可。各个控制路线的经验模型可

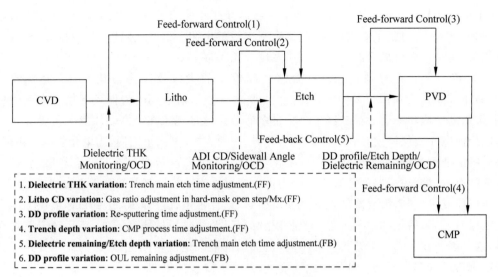

图 9.27 铜互连沟槽蚀刻全厂控制技术示意图

由试验设计来识别。所有控制的量测均是基于光学量测来实施的。

6. 等离子体蚀刻先进控制(Spatial/Time series：Hydra)[53]

随着鳍式晶体管时代的到来,由于鳍基底的存在以及化学机械研磨的精度极限和其不可避免的晶圆间差异,整个晶圆范围内伪栅极厚度均匀度如何达标迫切需要先进工艺技术的引入。2015 年[10],IBM 公司在 FinFET 技术中利用东京电子的 GCIB 蚀刻技术进一步降低CMP 后多晶硅层厚度在整个晶圆的均匀度。IBM 开发了 LSP 算法,可以根据 CMP 后多晶硅层厚度均匀度自动调整晶圆上相应区域的离子束能量,以前馈过程控制方式来实现更为理想的多晶硅层厚度均匀度。GCIB 以物理轰击为主,由于气体团簇离子束的特性,在大规模量产环境下,其生产率及产出会受到挑战。同期泛林半导体(Lam Research)[53]则在已经大规模量产验证的 ICP 机台上采用可分区变温的静电吸盘方式来实现 CMP 后的无定型硅层厚度的精确平坦化。这种静电吸盘的设计将传统的几个区的变温方式推广到几十个区可单独控温的模式,与 GCIB 相比,成本大幅度降低的同时,设备的一致性和兼容性也得到保障。

图 9.28 是两种蚀刻气体 HBr 和 C_4F_8 在这种新型静电吸盘上的蚀刻平坦化结果。HBr在蚀刻完 40%的厚度之后,将 77Å 的厚度范围改善到 21Å,文中表明在一定蚀刻配方下,10℃的温升可以使硅的蚀刻速量从 803Å 提高到 957Å。而 C_4F_8 在蚀刻完 7%的厚度后,将 67Å的厚度范围降低到 8Å。文中表明在一定蚀刻配方下,10℃的温升可以使硅蚀刻量提高 64Å。从图 9.28(b)、(c)对比来看,其他蚀刻参数(功率、流量等)的影响也要综合评估,也就是说在实现硅厚度均匀度提高的同时,蚀刻去除的硅厚度量可能会不同。这一方面来自于 CMP 后晶圆间硅厚度的差异性。蚀刻平坦化的主要机理是当静电吸盘温度改变时,晶圆表面的碳氟层厚度会发生改变,从而影响硅、氧化硅以及氮化硅的蚀刻速率。在大规模量产的情况下,几十个温控区温度的选择以及蚀刻配方其他参数的整体评估筛选在 10nm 以下工艺中受到高度重视,这也使得开发相关的先进控制技术势在必行。图 9.28 所示为无定型硅层整体厚度均匀度的改善,该技术也可以扩展到其他类型的薄膜,例如二氧化硅薄膜,氮化硅薄膜等。此外这类精确平坦化技术可以扩展到多层薄膜上,来实现整体(Global)和局部(Local)的同时精确平坦化。整体平坦化基于同一薄膜蚀刻对于温度的敏感性而局部的平坦化则是依赖不同薄膜间

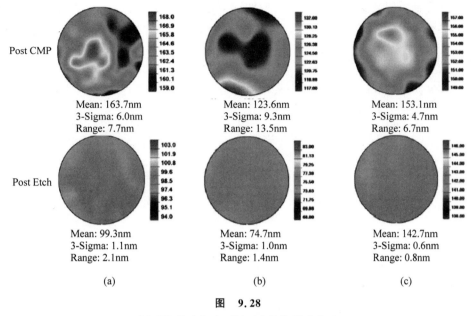

Post CMP

Mean: 163.7nm
3-Sigma: 6.0nm
Range: 7.7nm

Mean: 123.6nm
3-Sigma: 9.3nm
Range: 13.5nm

Mean: 153.1nm
3-Sigma: 4.7nm
Range: 6.7nm

Post Etch

Mean: 99.3nm
3-Sigma: 1.1nm
Range: 2.1nm

Mean: 74.7nm
3-Sigma: 1.0nm
Range: 1.4nm

Mean: 142.7nm
3-Sigma: 0.6nm
Range: 0.8nm

(a)　　　　　　　　(b)　　　　　　　　(c)

图　9.28

(a) HBr Etch back；(b)、(c) C_4F_8 Etch Back

蚀刻选择比的可调整性来改善稀疏区和密集区 CMP 导致的厚度差异。在这个范畴下，图 9.28 中示例相当于晶圆整体的精确平坦化。

式(9-7)～式(9-19)是将晶圆内伪栅极厚度蚀刻平坦化问题抽象为基于神经网络模型的自适应晶圆间先进控制技术。从数学上求解带约束的非线性优化问题。单片晶圆蚀刻平坦化需要几分钟时间，足以实现实时的优化蚀刻输入条件的求解。目标函数是蚀刻后伪栅极厚度 THK 与目标伪栅极厚度 THK_T 差的绝对值在 n 个静电吸盘可调温度区域内之和的最小值，理想值是零。k 是第 k 片晶圆，j 是第 j 个可调温度区。式(9-17)是单隐层多层感知器(MLP)神经网络模型，其中 u 为输入变量，p 为输入变量个数，q 为隐层节点数。输入变量包括静电吸盘温度、气体流量、功率、腔室压力以及气体中心/边缘分配比例等，相应的实际操作上下限和变动幅度限制如式(9-8)和式(9-9)所示。输入层到隐层的激活函数 f 采用双曲正切，隐层到输出层激活函数采用线性函数。模型自适应更新采用了广义最小二乘算法(IGLS)[54]，隐层和输出层之间的连接权值 W。由带动量的反向传播算法[BPM,式(9-18)]调节，隐层和输入层之间的连接权值 W_h 由递推最小二乘法[RLS,式(9-19)]来调整。α 是学习率，β 是动量因子，E_m 模型预告误差，P_h 是隐层协方差矩阵。式(9-11)是保证持续激励的条件，ρ_0 的选择非常关键，其较高值可以降低参数识别的信噪影响，过高则会使模型输出在目标值附近波动过大。λ 是针对渐变系统的遗忘因子。N 表示在一片晶圆蚀刻平坦化中需要分几步完成，一般一片晶圆蚀刻平坦化需要几分钟时间。为了得到更好的平坦化效果，蚀刻可以分成多步来完成。这些步骤可以使用完全不同的蚀刻配方，也可以使用部分相同的蚀刻配方。M 表示不同蚀刻配方步骤数。Y 为蚀刻厚度。初始神经网络模型的建立可以借助试验设计来完成。由于目标是控制整个晶圆几十个区域的薄膜厚度均匀度，而且调整的输入变量之一静电吸盘温度也是高维度的空间分布状态，这意味着所构建的神经网络模型结构庞大，参数众多，在实际应用中会给模型识别及应用带来困难。为此需要引入数据压缩方式来降低模型维度，比如主成分分析法、子波压缩法等，可以将模型几十个输出变量减少至几个新变量且原有信息量损失可控,大幅降低模型维度,从而实现更有效的蚀刻过程的先进控制。在实际应用,只要在操作范围内中,模型重在简单实用,并不是说非线性模型一定优于线性模型。

$$\text{Min} \sum_{j=1}^{n} |\text{THK}_j(k) - \text{THK}_T| \tag{9-7}$$

$$U_{\min} \leqslant U(k+i-1 \mid k) \leqslant U_{\max} \quad i = 1, \cdots, M \tag{9-8}$$

$$\Delta U_{\min} \leqslant \Delta U(k+i-1 \mid k) \leqslant \Delta U_{\max} \quad i = 1, \cdots, M \tag{9-9}$$

$$Y_{\min} \leqslant Y(k+i-1 \mid k) \leqslant Y_{\max} \quad i = 1, \cdots, M \tag{9-10}$$

$$\sum_{j=0}^{M-1} \lambda^j \Phi(k-j+i \mid k) \Phi(k-j+i)^T > \rho_0 I > 0 \quad i = 1, \cdots, M \tag{9-11}$$

$$\text{THK}_j(k) = \text{THK}_T - \sum_{i=1}^{M} y_j(k+i-1 \mid k) - (N-M)y_j(k+M-1 \mid k) \tag{9-12}$$

$$U(k+M+i \mid k) = U(k+M-1 \mid k) \quad i = 1, \cdots, N-M \tag{9-13}$$

$$U(k+i-1 \mid k) = [u_1(k+i-1 \mid k, \cdots, u_p(k+i-1 \mid k)]^T \tag{9-14}$$

$$\Phi(k-j+i \mid k) = [u_1(k-j+i \mid k, \cdots, u_p(k-j+i \mid k), 1]^T \tag{9-15}$$

$$Y(k+i-1 \mid k) = [y_1(k+i-1 \mid k, \cdots, y_n(k+i-1 \mid k)]^T \tag{9-16}$$

$$Y_1(k+i-1 \mid k) = F_1 \left[\sum_{j=0}^{q} w_{olj}(k) f_j \left[\sum_{i=1}^{p} w_{hji}(k) u_i(k+i-1 \mid k) + w_{hj0}(k) \right] + w_{ol0}(k) \right] \tag{9-17}$$

$$w_{ol}(k) = w_{ol}(k-1) + \alpha \left\{ -\frac{\partial E_m(k)}{\partial w_{ol}(k-1)} \right\} + \beta \Delta w_{ol}(k-1) \tag{9-18}$$

$$w_{hj}(k) = w_{hj}(k-1) + P_h(k) \Phi_h(k) e_{hj}(k) \tag{9-19}$$

参 考 文 献

[1] Stout T, et al. Pioneering Work in the Field of Computer Process Control. IEEE Annals of the History of Computing, 1995, 17 (1): 6-18.

[2] Su A, et al. Control Relevant Issues in Semiconductor Manufacturing: Overview with Some New Results. Control Engineering Practice, 2007, 15 (10): 1268-1279.

[3] Edgar T, et al. Automatic Control in Microelectronics Manufacturing: Practices, Challenges, and Possibilities. Automatica, 2000, 36 (11): 1567-1603.

[4] IDC and EMC report. 2014. (http://www.emc.com/leadership/digital-universe/index.htm).

[5] 2014 International Technology Roadmap for Semiconductors (ITRS): Factory Integration Chapter/ www.itrs.net.

[6] Moyne J. APC: A Factory-wide Strategy for Ultimate Yield Improvement, Solid State Technology, 2003. /http://electroiq.com/blog/2003/10/apc-a-factory-wide-strategy-for-ultimate-yield-improvement/.

[7] Sarfaty M, et al. Advance Process Control Solutions for Semiconductor Manufacturing. IEEE/SEMI ASMC, 2002: 101-106.

[8] Tsen A, et al. A Novel Multiple Resolution APC on CMP and Litho-Etching, e-Manufacturing & Design Collaboration Symposium (eMDC), 2013: 1-2.

[9] Roijen R, et al. Control of Etch and Deposition for Embedded SiGe. ASMC, 2010: 133-136.

[10] Kagalwala T, et al. Integrated Metrology's role in Gas Cluster Ion Beam Etch. ASMC, 2015: 72-77.

[11] Ebert J, et al. Model-Based Control and Virtual Sensing with Application to a Vertical Furnace. AEC/

APC Symposium. Salt Lake City, Utah. 2008. http://www. scsolutions. com/sites/default/files/ publications/aec_apc_2008. pdf.

[12] Krueger C, et al. Achieving Uniform Device Performance by Using Advanced Process Control and SuperScan^{TM}. AIP Conference Proceedings, 2011, 1321(1): 123-126.

[13] Anberg D, et al. A Study of Feed-forward Strategies for Overlay Control in Lithography Process Using CGS Technology. ASMC, 2015: 395-400.

[14] Emami-Naeini A, et al. Control in Semiconductor Wafer Manufacturing. Proceedings of the Symposium to honor W. Wolovich, the 47th IEEE Conference on Decision and Control. Cancun, Mexico, 2008: 9-11.

[15] Zhang J, et al. An Integrated Advanced Process Control on RTP Gate Oxide Thickness and Feed-forward Implant Compensation in Mass Production. ASMC, 2012: 284-287.

[16] Dementjev A, et al. Adaptive APC Strategies for A PVD process: A Case Study. Proceedings of the 12th Advanced Process Control and Manufacturing Conference (APCM). Grenoble, France, 2012: 29-34.

[17] Witham H. Challenges of Short Lifecycle Commercial Products in Compound Semiconductor Manufacturing. CS MANTECH Conference. New Orleans, Louisiana, USA, 2013: 3-6.

[18] Gaddam S. et al. Developing a Condition-based Process Control Model for STI Trench Depth Control. 2005. http://micromagazine. fabtech. org/archive/05/07/gaddam. html.

[19] Roussy A, et al. WET Etch Step Modelling to Help Shallow Trench Isolation Module Control. ASMC, 2011: 1-6.

[20] Moyne J. International Technology Roadmap for Semiconductors (ITRS) Perspective on AEC/APC. ISMI AEC/APC Symposium XXI-North America, Ann Arbor. Michigan, USA, 2009.

[21] Luhn G, et al. Real-time Information Base as Key Enabler for Manufacturing Intelligence and "Industrie 4. 0". ASMC, 2015: 216-222.

[22] Moyne J, et al. Big Data Emergence in Semiconductor Manufacturing Advanced Process Control. ASMC, 2015: 130-135.

[23] Stehli M, et al. Bridging the Gap-Integrating APC Constraints and WIP Flow Optimization to Enhance Automated Decision Making in Semiconductor Manufacturing. ASMC, 2015: 48-52.

[24] Obeid A. Scheduling and Advanced Process Control in Semiconductor Manufacturing. Ph. D Thesis. Ecole Nationale Sup'erieure des Mines de Saint-Etienne, 2012.

[25] Yugma C, et al. Integration of Scheduling and Advanced Process Control in Semiconductor Manufacturing: Review and Outlook. CASE, 2014: 93-98.

[26] Casali A, et al. Discovering Correlated Parameters in Semiconductor Manufacturing Processes: A Data Mining Approach. IEEE TSM, 2012, 25(1): 118-127.

[27] Nduhura-Munga J, et al. A Literature Review on Sampling Techniques in Semiconductor Manufacturing. IEEE TSM, 2013, 26(2): 188-195.

[28] Kushner M. A Three dimensional Model for Inductively Coupled Plasma Etching Reactors: Azimuthal Symmetry, Coil Properties, and Comparison to Experiments, J. Appl. Phys, 1996, 80: 1337-1344.

[29] Lymberopoulos D, et al. Two dimensional Self-consistent Radio Frequency Plasma Simulations Relevant to the Gaseous Electronics Conference (GEC) Reference Cell. Journal of Research of the National Institute of Standards and Technology, 1995, 100: 473-494.

[30] Li M, et al. Two-dimensional Simulation of Inductively Plasma Sources with Self-consistent Power Deposition. IEEE TSM, 1995, 23(4): 558-562.

[31] Wu H, et al. Two-dimensional Fluid Model Simulation of Bell Jar Top Inductively Coupled Plasma. IEEE Transactions on Plasma Science, 1997, 25(1): 1-6.

[32] Panagopoulos T. Three-dimensional Simulation of Inductively Coupled Plasma Reactor. Ph. D dissertation. University of Houston, 1999.

［33］ Logue M,et al. Ion Energy Distribution in Inductively Coupled Plasmas Having a Biased Boundary Electrode. Plasma Sources Sci. Technol,2012,21: 1-13.

［34］ Liu L,et al. External Control of Electron Energy Distributions in a Dual Tandem Inductively Coupled Plasma. Journal of Applied Physics,2015,118: 083303.

［35］ Zhang Y. Low Temperature Plasma Etching Control through Ion Energy Angular Distributions in and 3-Dimensional Profile Simulation. University of Michigan,2015.

［36］ Ringwood J V,et al. Estimation and Control in Semiconductor Etch: Practice and Possibilities,IEEE TSM,2010,23(1): 87-98.

［37］ He Q,et al. Large-scale Semiconductor Process Fault Detection using a Fast Pattern Recognition-Based Method. IEEE TSM,2010,23(2): 194-200.

［38］ Lynn S. Global and Local Virtual Metrology Models for a Plasma Etch Process. IEEE TSM,2012,25(1): 94-103.

［39］ He Q,et al. Statistics Patterning Analysis based Virtual Metrology for Plasma Etch Process. AACC,2012: 4897-4902.

［40］ Wan J,et al. A Dynamic Sampling Methodology for Plasma Etch Process using Gaussian Process Regression. ICAT,2013: 1-6.

［41］ Roeder G,et al. Feasibility Evaluation of Virtual Metrology for the Example of a Trench Etch Process,IEEE TSM,2014,27(3): 327-334.

［42］ Hirai T,et al. Adaptive Virtual Metrology Design for Semiconductor Dry Etching Process through Locally Weighted Partial Least Squares. IEEE TSM,2015,28(2): 137-144.

［43］ Ohmori T, et al. Correlational Study Between SiN Etch Rate and Plasma Impedance in Electron Cyclotron Resonance Plasma Etcher for Advanced Process Control. IEEE TSM,2015,28(3): 236-240.

［44］ Lu B. Improving Processing Monitoring and Modeling of Batch-type Plasma Etching Tools. Ph. D dissertation. The University of Texas at Austin,2015.

［45］ Zhang H. Spatial Uniformity Control of Plasma Etching in Inductively Coupled Plasma Reactor. Ph. D dissertation. University of Houston,2002.

［46］ Zhou J. Applying Uniform Design of Experiment in Tri-layer-based Trench Etch for EM Lifetime Performance Enhancement. ESC Trans,2013,52(1): 295-300.

［47］ Xia J,et al. Modeling of Silicon Carbide ECR Etching by Feed-forward Neural Network and Its Physical Interpretations. IEEE TSM,2010,38(5): 1091-1096.

［48］ Price D,et al. Process Watch: The 10 Fundamental Truths of Process Control for the SEMICOND IC Industry, 2014. http://electroiq. com/blog/2014/07/process-watch-the-10-fundamental-truths-of-process-control-for-the semiconductor-ic-industry/.

［49］ Zheng Z,et al. Strained p-Channel MOSFET Fabrication Challenge and Perspective for the 28-nm Technology Node and Beyond. ECS Transactions,2015,69 (10): 223-228.

［50］ Nagase M,et al. Advanced CD Control Technology for 65nm Node Dual Damascene Process,IEEE TSM,2007,20(3): 245-251.

［51］ Parkinson B,et al. Increased Uniformity Control in a 45nm Poly silicon Gate Etch Process. 7272. SPIE,2009.

［52］ Kurihara M, et al. Gate CD Control Considering Variation of Gate and STI Structure. IEEE TSM,2007,20(3): 232-238.

［53］ Shen M,et al. Etch Planarization—A New Approach to Correct Non-uniformity Post Chemical Polishing. IEEE TSM,2015: 502-507.

［54］ Ng G W,et al. On-line Adaptive Control of Non-linear Plants using Neural Networks with Application to Liquid Level Control,Int J. Adapt Control Signal Process,1998,12: 13-28.

第10章

虚拟制造在集成电路发展中的应用

摘　　要

由于世界范围对个人计算、通信、大数据和人工智能自动化的需求增加,在未来的二三十年,集成电路产业有望持续高速发展。尽管类似"摩尔定律即将失效"的预言层出不穷,反映了集成电路尺寸微缩遇到的阻力以及微缩幅度逐代减小的事实,但晶体管尺寸距离到达真正的物理极限还有一段很长的路程。在新制造技术(极紫外光刻、脉冲/原子层蚀刻、3D封装等)和计算机辅助技术的帮助下,集成电路技术仍然会维持两到三年更新一个技术节点的发展速度。随着先进节点面临越来越复杂的工艺和成本压力,计算机辅助技术在集成电路制造工艺开发中会越来越重要。

20世纪六七十年代,技术计算机辅助设计(Technical Computer Aided Design,TCAD)刚开始发展便迅速应用于半导体器件和工艺过程模拟,并发展成为电子设计自动化软件中的一个重要分支。初期的计算机辅助应用主要包含体器件模拟以及半导体制造技术中的离子注入、热扩散、氧化过程等。TCAD在半导体技术从双极型晶体管、N型金属氧化物晶体管到互补型金属氧化物晶体管的演化过程中起到了重要作用,计算机模拟器件和工艺能力也得到巨大提升。从起初的一维有限元模拟向二维和三维发展,TCAD技术逐渐增加原子级模拟及量子力学计算能力。进入21世纪,在光刻、蚀刻等新关键工艺模块的模拟中,计算机辅助技术都有较大发展。在集成电路工艺微缩难度越来越大的情况下,计算机辅助技术正在从单一工艺模拟向工艺模拟平台整合,形成全流程的虚拟制造(Virtual Fabrication,VF)的方向发展。

相较于成熟的平面晶体管技术(28nm及以上),以鳍式晶体管(FinFET)和环绕栅极晶体管(GAAFET)等代表的先进节点有着更复杂的三维结构。集成电路的性能和良率的提升与图形工艺以及晶体管细微结构的关系变得越来越密切。在先进节点,其器件和电路性能受材料界面状态以及量子效应的影响越来越明显。在先进节点制造工艺的开发中,精确定义晶体管的三维结构变得越来越重要,特别凸显了以光刻和蚀刻为代表的结构定义工艺模块的重要性。在先进节点晶体管的工艺开发过程中,研发人员常常需要对图形定义方案和三维结构工艺方案进行详细的前期研究,以保证项目的成功。由于先进节点结构的复杂性以及更多工艺步骤的应用,先进节点半导体对良率和成本控制以及工艺整合要求明显增加。为了保证半导体工艺节点综合指标的达成,以计算机辅助技术为纽带,结合工艺模拟和器件模拟的可制造性设计(DFM)、设计工艺协同优化(DTCO)以及系统工艺协同优化(STCO)等方法,已经成为在先进技术节点的制程开发、工艺改造和良率提升的重要手段。虚拟制造技术提供了统一模拟平台,在延续"工艺—器件—电路"这一基本中心法则的基础上,可以解决工艺、性能和良率等相关复杂问题。

本章围绕着虚拟技术的讨论分为四个小节,10.1节讨论以逻辑电路为代表的集成电路产业的发展趋势,10.2节总结目前关键工艺模块中计算机模拟技术的发展和应用,10.3节讨论电路设计和工艺之间的协同演进关系,10.4节展望未来的半导体技术的发展以及虚拟制造技术的应用。

作 者 简 介

姜长城，2012 年毕业于北京理工大学化学系，获学士学位。
2016 年毕业于美国俄亥俄州立大学化学系，获得哲学博士
学位。2019 年加入中芯国际集成电路制造(上海)有限公司
研发部，历任高级工程师和技术专家。主要负责前段和中
段工艺开发与整合的研究工作。2020 年获得上海市"浦江
人才"计划资助。发表文章 10 余篇期刊及会议论文，已递交
申请和获授权专利 19 项。

苏博，国家公派留学于慕尼黑工业大学物理系，2018 年获
得博士学位。现任中芯国际集成电路制造(上海)有限公
司技术研发部技术专家。参与中芯国际鳍式晶体管的前
段蚀刻工艺的研发和量产。2019 年外派比利时 IMEC 接
受前沿技术的相关培训。2020 年至今，负责先进制程的前
段工艺及整合，包括对新关键技术的评估和流片验证等工
作。2020 年获得上海市"浦江人才"计划资助。已递交申
请和获授权专利 100 余项，美国专利 22 项，发表文章 14
篇。在本章负责"蚀刻模块的计算机辅助模拟"的撰写。

涂武涛，2010 年毕业于华中科技大学材料成型与控制工程
系，获学士学位。2016 年毕业于清华大学机械工程系，获
工学博士学位。2016 年 7 月加入中芯国际先进研发部，先
后任工艺研发工程师及技术专家。参与中芯国际各代鳍式
晶体管研究开发，主要负责金属栅极蚀刻相关工艺研发。
2020 年获上海市科委青年科技人才启明星项目资助。发
表 10 余篇期刊及国际会议论文，已递交申请和获授权专利
70 多项。

10.1　未来集成电路技术的发展趋势

集成电路自诞生以来已经发展了六七十年,其中晶体管器件的尺寸持续微缩推动了整个行业的巨大发展[1]。构成集成电路基本单元的晶体管由早期的双极型晶体管(BJT)发展到场效应晶体管(FET),集成电路的能耗和处理速度都有了极大的提高。由于单位面积晶体管数量按照摩尔定律经年累月的增长,如今即使在最普通的智能手机和个人计算机的 CPU 中,也包含上百亿个晶体管和其他电子元件。随着先进节点集成电路器件关键尺寸的缩小,集成电路的设计和制造越来越复杂。现代集成电路的制造过程通常分为设计(Design)、制造(Fabrication)和封装(Packaging)等步骤。除少数公司外,先进节点的大规模集成电路生产通常由设计公司、晶圆代工厂和封装测试厂合作完成。

集成电路芯片的设计和制造过程一般如图 10.1 所示。借助电子设计自动化(EDA)软件,集成电路芯片的设计已经完成高度的自动化[2]。对于一款芯片产品,可以通过 EDA 软件实现芯片需要实现的功能,并将芯片的逻辑行为转换成具体的网格电路;再通过布局和排线等步骤将网格电路整合,并通过时序、功耗等指标的优化和验证等,形成最终电路设计图交付晶圆代工公司进行生产。由晶圆代工厂提供的工艺设计套件(Process Design Kit,PDK)是设计公司和晶圆代工厂之间最重要的沟通桥梁,其定义了从元器件到电路层面的参数和规则。工艺设计套件通常包含标准单元库(Standard Cell Library)、器件模型(Device Model)、技术文件(Technology File)以及物理验证规则(Physical Verification Rule)等内容。工艺设计套件应用于整个电路设计流程,包括电路模拟、物理电路设计图生成以及电路设计规则验证等。

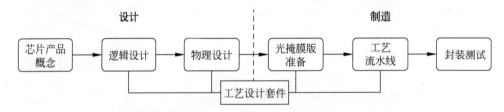

图 10.1　大规模集成电路芯片设计和制造的一般流程

在集成电路发展早期,由于集成电路的尺寸主要受光刻等工艺的限制,设备和工艺的进步就可以带来持续的尺寸微缩。在先进节点,由于工艺窗口已经非常受限,通常要同时从工艺和设计两个方面入手,减小电路面积,提高电路性能。站在设计公司的角度,芯片的设计既要考虑最大限度地提高芯片性能,又要考虑晶圆代工厂的工艺能力。为了获得最小的面积和最大限度的性能提升,需要设计公司与晶圆代工厂紧密合作。特定用于节省电路面积或者提高器件性能的设计或者工艺技术,称为尺寸微缩助推器(Scaling Booster)或器件性能助推器(Performance Booster)。

在摩尔定律的指导下,集成电路工艺在发展过程中晶体管单元不断向小尺寸、高密度和低功耗的方向发展。在集成电路早期,集成电路制程名称习惯以底层晶体管的特征尺寸来命名,如栅极长度(Gate Length,L_g)或第一金属层半节距(Metal 1 Half Pitch,M1P)。例如,微米尺度下的 $0.50\mu m$ 和 $0.25\mu m$ 工艺,集成电路制程的名称对应着栅极长度。后续集成电路工艺为了遵守摩尔定律,每一代都要求在晶体管横向和纵向尺寸做约 0.7 倍的微缩,以达到单位面积晶体管数量加倍的目标(注:$0.7\times0.7=0.49$)。当集成电路进入纳米尺度,由于每一代晶体管栅极和金属连线方向上的可压缩幅度不相同,在 90nm、65nm、45nm、32nm 等工艺节点,虽然摩尔定律依然成立,但是制程数字通常并不能与晶体管尺寸直接对应。

进入鳍式晶体管时代,FinFET 晶体管结构发生了根本变化,相对于产生于平面晶体管时代的制程数字意义有一定的差别。但是出于市场角度的考虑,在鳍式晶体管时代各家半导体厂商仍然延续用 0.7 倍法命名的习惯,如 22nm、14nm、10nm、7nm、5nm、3nm 等节点,这些数字与晶体管的关键尺寸(Critical Dimension,CD)没有特别对应关系,而且各家主流厂商的定义并不相同。业内规划的所谓"2nm"、"1.5nm"和"1nm"工艺,由于从 FinFET 到 GAAFET 结构的转变,命名与关键尺寸之间的差距进一步加大,以规划的"1nm"节点为例,其栅极半节距为 15~20nm,并不是真正的 1nm 尺寸的晶体管[3]。

10.1.1 鳍式晶体管后时代逻辑电路技术的发展趋势:三维逻辑器件

在集成电路特别是逻辑集成电路技术中,以金属氧化物场效应晶体管(MOSFET)为代表的场效应晶体管是目前应用的主要器件结构[1]。在平面场效应晶体管结构中,当有效沟道长度(L_{Eff})小于 20nm 时,由于短沟道效应(Short Channel Effect)的影响,晶体管因为对沟道的控制能力下降、漏电变严重而无法继续实现性能的提升(见图 10.2)。为了有效解决场效应晶体管漏电,增加栅极对沟道的控制,从 20 世纪 80 年代开始,业界陆续提出将沟道与基底隔绝的绝缘体上硅技术(SOI)以及利用栅极包裹沟道的鳍式场效应晶体管(FinFET)技术。

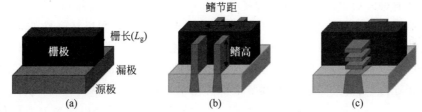

图 10.2 场效应晶体管结构对比:(a)平面晶体管、(b)鳍式晶体管和(c)环绕栅极晶体管

相对于平面晶体管(28nm 及以往节点),由于单位面积上有更大的有效沟道宽度(W_{Eff})且栅极对沟道明显提高控制能力,鳍式晶体管的工作电流和漏电性能都有了很大的提升。鳍式晶体管由于成本和器件性能的优势,发展成为目前逻辑电路的主流技术。

在集成电路技术发展过程中,通常使用 PPAC 评估标准(Power Performance Area Cost,PPAC)去评价半导体制程工艺以及电路设计,即同时综合考虑功耗、性能、面积和成本四个指标。如图 10.3 所示,从公开报道的数据来看,台积电公司的鳍式晶体管从 7nm 制程发展到

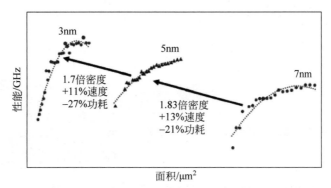

图 10.3 台积电公司 7/5/3nm FinFET 制程的逻辑电路密度、工作频率和功耗比较[4]

5nm 制程,大约获得了 1.8 倍的逻辑晶体管密度提升和 13% 的晶体管速度增加;从 5nm 制程发展到 3nm 制程,晶体管密度和性能也将获得类似水平的提升[4]。

在不断微缩的晶体管尺寸情况下,为了提高晶体管的性能,继续提高集成电路性能的工艺改进方向非常明确:①提高晶体管工作电流(I_d);②减小晶体管中有害的寄生电容;③减小中段和后段金属连接的电阻和电容[5]。因此,鳍式晶体管的结构在迭代过程中发生了一些非常有特点的变化。以 Intel 公司的鳍式晶体管制程为例,如表 10.1 所示,晶体管中的鳍节距(Fin Pitch)在微缩的情况下,鳍的高度却在增加。只计算浅层隔离以上的鳍部分,英特尔公司 22nm 制程(第一代鳍式晶体管)中鳍的高宽比为 4.2,而在最新的 10nm 节点,高宽比则达到约 7.6。从 22nm 工艺节点发展到 5nm 节点,鳍式晶体管栅极节距从 90nm 缩小到约 48nm,栅极长度从 26nm 缩小到约 15nm。高宽比(Aspect Ratio)随关键尺寸的减小而增大,是对工艺的非常明显的一项挑战。

表 10.1　英特尔公司 22/14/10nm 鳍式晶体管的鳍翅、栅极关键尺寸参数[3]

工艺节点	鳍高度	鳍宽度	鳍高宽比	鳍节距	栅极长度	栅极节距	金属层数
22nm	34nm	8nm	约 4.2	60nm	26nm	90nm	8
14nm	42nm	8nm	约 5.2	42nm	20nm	70nm	10~12
10nm	53nm	7nm	约 7.6	34nm	15nm	54nm	12

鳍式晶体管的发展中使用了一些比较广为人知的尺寸微缩助推器和性能助推器。例如,鳍式晶体管制程延续了平面晶体管的高介电金属栅极(HKMG)和以选择性外延生长的源漏区为代表的应力工程(Stress Engineering)作为电流增强手段。同时为了进一步缩减晶体管尺寸,在先进节点应用了锗硅(SiGe)沟道以及镧-铝偶极子(Dipole)金属栅极等新技术,进一步提高载流子迁移率、增大阈值电压调节范围和降低功函数金属厚度[4,7]。为了应对接触层以及后段金属尺寸缩小带来的延迟,先进鳍式晶体管延续了超低介电常数介质层材料(Ultra low K Dielectrics)的迭代以减少电容,并应用了铜回流(Cu Reflow)等新技术,以及使用钴、钌等新金属材料替代钨作为接触层材料,以减小金属电阻。

在鳍式晶体管之后,通常认为环绕栅极晶体管(Gate-all-around Field Effect Transistor,GAAFET)会替代鳍式晶体管成为新一代半导体器件架构。环绕栅极晶体管对沟道控制更好、漏电电流更小,而且在单位面积能通过沟道堆叠提供更大的驱动电流。如图 10.4 所示,2020 年国际设备和系统路线图(International Roadmap for Devices and Systems,IRDS)预测

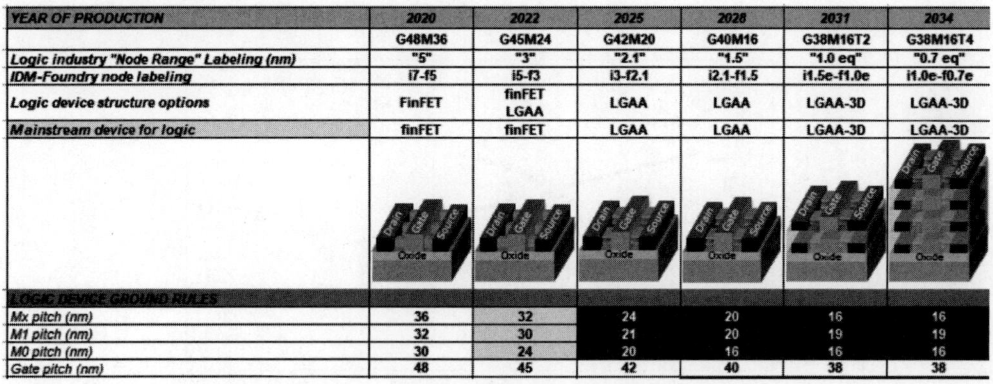

YEAR OF PRODUCTION	2020	2022	2025	2028	2031	2034
	G48M36	G45M24	G42M20	G40M16	G38M16T2	G38M16T4
Logic industry "Node Range" Labeling (nm)	"5"	"3"	"2.1"	"1.5"	"1.0 eq"	"0.7 eq"
IDM-Foundry node labeling	i7-f5	i5-f3	i3-f2.1	i2.1-f1.5	i1.5e-f1.0e	i1.0e-f0.7e
Logic device structure options	FinFET	finFET LGAA	LGAA	LGAA	LGAA-3D	LGAA-3D
Mainstream device for logic	finFET	finFET	LGAA	LGAA	LGAA-3D	LGAA-3D
LOGIC DEVICE GROUND RULES						
Mx pitch (nm)	36	32	24	20	16	16
M1 pitch (nm)	32	30	21	20	19	19
M0 pitch (nm)	30	24	20	16	16	16
Gate pitch (nm)	48	45	42	40	38	38

图 10.4　IRDS 2020 报告对逻辑器件架构的演进的预测[3]

环绕栅极晶体管架构会在 3nm 节点切入，预计在 2022 年量产[3]。而对于 2nm 之后的节点，环绕栅极晶体管会完全取代鳍式晶体管。基于当前单层结构，IRDS 2020 报告预测摩尔定律至少到 2028 年仍然有效。

在先进节点，集成电路器件结构向更加立体的方向发展。以目前探索较多的纳米片和纳米线环绕栅极晶体管器件（GAAFET）为例，为了实现面积的缩小，都一定程度应用了堆叠结构的设计。在环绕栅极晶体管再往后，集成电路面临进一步压缩面积的需求。目前业界比较用共识的解决方案是通过器件结构的堆叠（类似存储器件采取的策略）或者使用 3D 封装技术来实现单位面积更高密度的晶体管。互补场效应晶体管（CFET）和垂直场效应晶体管（VFET）架构中，都试图通过形成晶体管的上下堆叠增加晶体管密度。

10.1.2　集成电路研发和制造遇到的挑战

集成电路制造行业的根本矛盾是制造技术要不断追赶摩尔定律对尺寸微缩的需求。如图 10.5 中所示的半导体制造节点发展与图形定义方法的发展。由于极紫外光刻技术（Extreme Violet Lithography，EUV，光刻波长约为 13.5nm）较晚才导入商用，导致从 90nm 制程开始使用的深紫外光刻技术（Deep Violet Lithography，DUV，光刻波长约为 193nm）一直沿用到 7nm 制程。在使用浸没式 DUV 光刻技术基础之上，虽然通过一系列的技术升级，例如斜角照射（或称离轴照射，Off-axis Illumination，OAI）、双曝光（Double Exposure）、近光学修正（Optical Proximity Correction，OPC）以及正负光刻胶等技术的发展，光刻机线宽被不断压缩，到达约 40nm 极限。在先进节点鳍式晶体管工艺中，重要的鳍、栅极以及后段金属层（M1～M4）都不得不应用多重图形技术（Multiple Patterning，MP）来完成密集和复杂图形的定义。例如自对准双重图形（Self-aligned Double Patterning，SADP）、自对准四重图形（Self-aligned Quadruple Patterning，SAQP）和双重光刻（Litho-Etch-Litho-Etch or LELE）等方法。

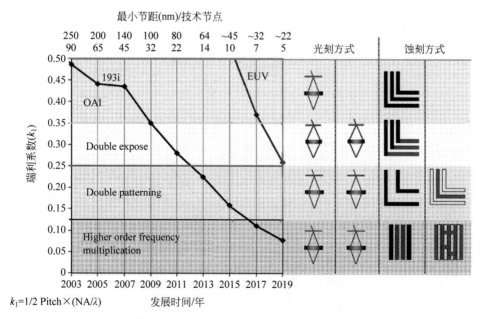

图 10.5　90nm 制程及之后各个节点图形定义技术，包含光刻和蚀刻方式[8]

　　图 10.6 是公开发表的 28nm 平面晶体管制程以及 14nm 和 7nm 鳍式晶体管制程的图形定义方法。从对比中不难看出,相对于 28nm 平面晶体管,14nm 和 7nm 鳍式晶体管的图形定义过程复杂程度成倍增加。同样使用浸没式 DUV 光刻机技术(193i),28nm 制程步骤的大部分只需要使用单重图形(Single Patterning,SP),鳍式晶体管大量使用了多重图形技术,而且随着技术节点的前进变得更加复杂。例如,为了实现 48nm 的鳍节距,14nm 鳍式晶体管制程的鳍的定义使用了 SADP 二重图形方法;而在 7nm 制程中,由于鳍节距超过了 DUV 光刻 SADP 所能定义的极限(小于 40nm),因此使用了更加复杂的 SAQP 四重图形技术。相对于双重光刻和四重光刻等多重套刻技术,以 SADP 和 SAQP 为代表的自对准多重图形技术节省了光刻工艺层数,却增加了额外的薄膜沉积和蚀刻工艺步骤,对芯轴和侧墙的形貌有比较严格的要求,工艺相对复杂。

图层	28nm		14nm		7nm	
	图形定义	节距/nm	图形定义	节距/nm	图形定义	节距/nm
Fin	193i SP		SADP+CUT	48	SAQP+LELE CUT	24
Gate	193i SP+CUT	110	LELE+CUT	82~90	SADP+CUT	42
M0A	NA		LELE	82~90	LELE	42
M0G	NA		LELE	82~90	LELE	42
V0	193i SP		LELE		LEx4	
M_Int	NA	NA	NA	NA	SAQP+LEx3 BLOCK	28~32
V_Int	NA	NA	NA	NA	LEx4	28~32
M1	193i SP	90	LELE(2D)	64	SAQP+LEx3 BLOCK	40~45
V1	193i SP		LELE	90	LEx4	
M2	193i SP	90	LELE(2D)	64	SAQP+LE~3 BLOCK	28~32
V2	193i SP		LELE	90	LEx3	
Mx	193i SP	90	LELE(2D)	64	SAQP+LEx3 BLOCK	28~32
Vx	193i SP		LELE	90	LEx3	
My	193i ArF	90	193i ArF		SADP+BLOCK	
Vy	193i ArF		193i ArF		LELE	

图 10.6　28nm、14nm 和 7nm 中关键结构(有源区、栅极和接触电路等)典型图形定义方法对比[9]

　　在半导体制程中,光刻层数通常是衡量成本的重要指标[9,10]。图 10.7 中列举了从 28nm 发展到 7nm 制程过程中主要工艺节点中的光刻层数的变化状况。以 7nm 为代表的先进鳍式

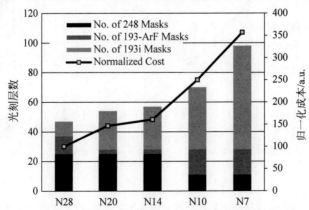

图 10.7　28nm 后主要节点光刻层数的使用趋势[9]

晶体管制程,由于集成电路图形密度以及复杂程度,总光刻层数量相对于平面28nm制程增加了一倍多。除去光刻机本身成本高昂外,高质量的光掩膜版(Photomask)的制作费用也很高。其中,用于193nm浸没式光刻机的高质量光掩膜版,28nm制程需要不到10层,而7nm制程需要60多层。总体来说,鳍式晶体管制程的成本相对于成熟工艺,研发和生产成本增幅巨大,通常是成倍的增加。

在7nm以下制程中,由于多重图形方法的效率太低,业界基本都转向EUV技术[11]。利用EUV技术替换多重图形工艺,可以明显降低先进节点的工艺复杂程度。通常晶体管尺寸越小,单个晶体管的制造成本会由于面积分担而降低。即便如此,台积电公司应用EUV技术的5nm鳍式晶体管制程的成本增加仍然很明显。Khan和Mann通过计算生产设备投入等成本,得出5nm制程的成本约为16700美元,远超7nm制程的成本(约9200美元)[12]。

先进鳍式晶体管工艺节点通常包含1000步以上工艺工序,完成所有工艺的开发和整合,需要考虑的变量太多。在传统半导体技术开发中基于经验和实验的"试错式"(Trial and Error)研发方式在先进节点已经不再可行;甚至机理不明确的实验设计(Design of Experiment,DOE)也很难大范围展开:一方面,试错的成本与成熟节点相比,不可同日而语;另一方面,先进节点的工艺复杂,实验设计失效的概率极高。对于复杂工艺,强调计算机辅助的先进开发模式更加适用。如图10.8所示,利用计算机辅助在先进节点研发中通过建立工艺数据库并进行设计和工艺的全方位模拟和迭代,是区别于传统开发模式的一种更加合理的开发方式。

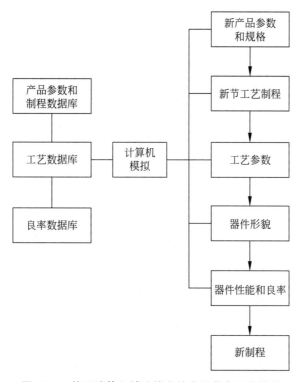

图10.8　基于计算机辅助技术的先进节点开发模式

10.2　关键工艺流程模拟和虚拟制造技术

由于半导体器件电性和制造工艺过程的模拟需求,20世纪七八十年代兴起了技术计算机辅助设计(TCAD),对半导体器件的电性和一些工艺过程进行模拟。例如由斯坦福大学

Robert W. Dutton 等开发的 SUPREM 等一系列基于数值分析方法工艺模拟软件,迅速应用于半导体器件离子注入以及氧化隔离结构(LOCOS)模拟[13,14]。SUPREM 的衍生版本(如 SUPREM-II/III/IV 等)以及 20 世纪 90 年代初由佛罗里达大学 Mark E. Law 开发的有限元软件 FLOOPS 等,构成了目前此类器件和工艺模拟软件的主要原型[15]。

　　半导体器件和集成电路的模拟技术的发展,通常围绕着"工艺—器件—电路"这个经典路径。在半导体器件尺寸不断缩小的过程中,半导体器件的结构反而变得更加复杂。在定义器件的关键步骤中,传统平面晶体管依赖离子注入和氧化层生长等工艺,而先进节点更加注重三维结构的构建。鳍式晶体管更加依赖光刻、蚀刻和薄膜沉积等工艺。在先进节点,仅在光刻工艺开发中就需要系统的仿真模拟工作,包括光刻多膜层反射率仿真、光刻系统空间成像仿真、掩膜版的三维散射和近光学效应修正(OPC)等。如图 10.9 所示,传统工艺模拟已经不足以反映受光刻和蚀刻过程定义的三维器件结构和性能。虚拟制造(Virtual Fabrication)这个包含了比传统 TCAD 更广泛的模拟概念,能更系统地概括从工艺模拟、器件模拟到电路模拟的计算机辅助技术。

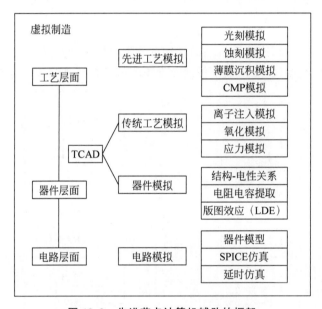

图 10.9　先进节点计算机辅助的框架

　　在先进节点,工艺的模拟和应用着眼于两个重要的方向:①半导体器件的性能与器件结构以及工艺参数的关系,②由于电路图形的差异造成工艺表现的差异,即版图效应(Pattern Dependent Effect,PDE)。在经典半导体器件中,器件的三维结构、离子掺杂分布和应力分布是影响器件电学性能的三个最主要因素。由于关键尺寸小,鳍式晶体管器件的三维结构受工艺过程的影响非常广泛,光刻、蚀刻、薄膜沉积、化学机械平坦化、表面处理,甚至清洗都会对器件的三维结构有明显影响。如图 10.10 所总结,在先进节点,设计晶体管的性能,也需要考量晶体管中鳍和栅极的尺寸高度以及金属连线等。在虚拟制造中,能全面模拟所有工艺过程是非常必要的。

　　表 10.2 总结了半导体制造中关键工艺模块的计算机模拟方法和应用。在半导体工艺模拟发展过程中,由于不同工艺物理化学过程相差较大,为了追求准确可靠的结果,通常每个模块倾向于发展独立的模拟软件模块。过程工艺的模拟通常分为两类:一类工艺有着较为单一的物理化学过程,另一类工艺的过程原理比较复杂。对于前者,基于一些数学公式或者数值分析方法就可以进行较为精确的描述和计算,如光刻工艺中的近光学修正和光栅的空间成像模拟等;而对于后者,仅通过单一的数学物理公式描述比较困难,如蚀刻、化学机械平坦化等复

器件设计参数

1. 晶体管 *I-V* 性能
   - Fin/Gate形状、表面粗糙度
   - 离子掺杂分布、沟道应力分布、载流子迁移率
   - HKMG价带结构和V_t……

2. 金属连线电阻电容
   - 栅极-接触层寄生电容、接触电阻
   - 后段金属电容电阻……

3. 电路可靠性　V_{bd}、NBTI、HCI、电迁移（Electromigration）……

图 10.10　先进节点的器件设计

杂工艺过程。针对于后一类工艺模拟，通常的做法是通过系统性实验采集数据，建立一个在一定的工艺窗口下可用的预测模型(Predictive Model)。针对一项复杂工艺时，无法模拟整个工艺过程时，也可以将其拆分成相对能够精确描述的子过程。

表 10.2　计算机辅助工艺模拟在各个工艺模块的发展

工艺模块	计算机辅助技术	备　注
光刻(Litho)	光刻胶曝光显影模拟	阈值模型或改进型整合参数模型
	光学临近技术修正(Optical Proximity Correction，OPC)	修正光掩膜版图形在光刻中由于衍射效应带来的变形
	光源掩膜联合优化(Source-Mask Optimization，SMO)	融合了光刻胶模型、OPC 和空间像模拟的光刻优化整体解决方案[16]
	光刻友好设计(Litho Friendly Design，LFD)	
等离子蚀刻(Etch)	混合设备等离子模型(Hybrid Equipment Plasma Model)	二维或三维的等离子模型，商用的如 Quantemol 和 Comsol 等软件[17]
	流体化学动力学模拟(FKS)和蒙特卡洛方法(Monte Carlo Method)	带有蒙特卡洛方法的如 Synopsys Sentauras 软件
	行为参数模型	基于行为参数模型的 Integration 软件，如 SEMulator 3D 软件[18]
薄膜沉积(Thin Film Deposition)	计算流体动力学模型(Computational Fluid Dynamics，CFD)	基于有限元流体动力学和表面沉积模型[19]
	行为参数模型	应用于如电金属沉积(Electrical Chemical Deposition，ECD)
	热氧化模型	以 Deal-Grove 热氧化模型为代表的氧化模型[20]
化学机械研磨(CMP)	行为参数模型	基于 Layout 和数据反馈的行为参数模型，如 Cadence CMP Predictor、Mentor Graphics、Calibre CMP ModelBuilder[23-24]
离子注入(IMP)	多重碰撞力理论和蒙特卡洛模型	
	Fick 扩散定理	
	晶格缺陷辅助扩散	
应力(Stress)	热残余应力和晶格失配应力模拟	基于连续介质有限元算法[25-26]

对于蚀刻过程,由于其较为复杂的物理化学过程,蚀刻工艺过程很难精确模拟。然而对于先进节点中,器件的三维结构非常依靠蚀刻过程来定义。等离子蚀刻通常会分拆成等离子体模拟和表面化学动力学蚀刻形貌模拟。下面对于蚀刻现有的等离子体模拟,以及涉及先进节点的脉冲等离子体蚀刻、高深宽比结构蚀刻以及原子层蚀刻过程等的模拟进行介绍。

10.2.1　蚀刻模块的计算机辅助模拟

纵观先进制程的工艺开发,等离子体蚀刻对图形传递与三维图形结构的形成过程中起到至关重要的作用。随着蚀刻机台的设计和工艺开发成本的逐年攀升,等离子体蚀刻的仿真模拟也在工业生产上显示出不可或缺的作用,主要表现在反应源频率的选择、腔体的设计、反应气体种类的选择、蚀刻过程与形貌实时演化以及蚀刻机理的分析等方面。未来先进制程对关键尺寸的严苛要求以及图形结构的复杂化,给等离子体蚀刻技术的开发带来了很多挑战,等离子体蚀刻模拟的应用将会显著缩短研发周期和开发成本。

通常在集成电路芯片制造过程中,等离子体蚀刻工艺呈现蚀刻气体多元化、蚀刻反应复杂化、蚀刻模式多样化、多个反应步骤协同等特点。例如,在鳍式栅极图形蚀刻中,往往分为：主蚀刻步骤(Main Etch Step)、软着陆步骤(Soft Landing Step)和过蚀刻步骤(Over Etch Step);在每一步中反应气体除了卤族气体外还会有氧气、$CH_xF_y(x, y \geqslant 0)$、惰性气体等辅助气体;另外,脉冲模式(包括开关模式、高低电位模式)、原位类原子层沉积和类原子层蚀刻也用于蚀刻过程中,达到对伪栅极侧壁形貌的可控性。相比之下,现阶段的蚀刻模拟仍显现出一定的局限性。例如,通常利用简化的气源对单独的某一步进行仿真;各个模型相对独立,不具备统一性,即对等离子体蚀刻的不同实验现象需要用不同的模型进行模拟仿真。等离子体反应模型的完善和多模型的协同,以及与三维蚀刻形貌可视化的整合必将是等离子体蚀刻模拟的发展方向。本节将从低温等离子体模型、反应模型(零维、二维和三维反应模型)进而扩展到应用实例来阐述等离子体蚀刻模拟的重要性。

1. 低温等离子模型

低温等离子体模型不但可以提供有效的实验预判,还可以对实验现象进行理论解释,对等离子体蚀刻设备的开发和量产蚀刻工艺参数的优化起到越来越重要的作用。由于计算机算力的限制,在一个模型里包含所有的参数是不现实的。简单来讲,对低温等离子体的模拟跨越了微米到米的空间尺度和微秒到秒的时间尺度。常见的低温等离子体模型根据时间范畴和运用公式的不同,可以分为流体模型(Fluid Model)、动力学模型(Kinetic Model)和混合模型(Hybrid Model)[27]。这三种模型都是等离子态在气体动力学理论和流体力学理论基础上的延伸和扩展。

流体模型是建立在玻尔兹曼方程基础上,在介观尺度对等离子体的密度、平均速度和平均能量进行描述,并结合麦克斯韦方程组,对电磁场与等离子体耦合后反应基团的能量可以进行有效的求解与表征。该模型具有运行速度快,对运算能力的需求不高的特点,经常用于复杂反应气源的选择、反应参数的优化和蚀刻速率的计算等方面。其缺点也显而易见,由于该模型是建立在玻尔兹曼方程的基础上,只能求解出对应参数的平均值,无法精确描述各参数的分布态,如电子的能量分布函数(Electron Energy Distribution Functions,EEDFs)。

动力学模型(也称为粒子模型)是建立在经典物理之上(如牛顿方程、洛伦兹方程、麦克斯韦方程等),以伪粒子(Pseudo-particles)作为运算的基本单元对参数的分布函数进行高精度的模拟。在该模型中,为了节省算力,只有电子、正离子和负离子被定义为伪粒子,而中性基团被认为在空间中均匀分布。一般而言,此模型的运算效力取决于伪粒子的数量,其中一个伪粒子包括 $10^5 \sim 10^7$ 个粒子,与流体模型相比,需要更高速的运算单元,模拟的成本较高。因此,该模型通常用来研究等离子体的电子能量分布。

为了同时能利用流体模型对等离子体介观特性模拟和伪粒子能量分布的动力学模拟,混合模型便应运而生[28]。例如,对等离子体的亚稳态模拟,完整的流体模型将会提供最快速的模拟方案;对电子能量分布模拟,电子可以用蒙特卡洛方法进行模拟,离子则通过流体方程模拟;当离子能量和离子角度分布(Ion Energy-Angular Distributions,IEADs)为首要研究对象时,离子将被认为是伪粒子,而电子被认为是麦克斯韦流体。由于该模型需要同时应用流体模型和动力学模型,而这两个模型所描述时间和空间的尺度相差很大(图 10.11),因此最小时间步长的选择变得尤为重要[29]。例如,射频电场的振荡发生在小于 1ns 的时间范围内,然而,要捕获在反应源尺度发生的特征现象(如反应气流),则需要大于 1s 的时间范围。在混合模型中,计算会根据不同的时间尺度分为多个模块,每个模块中会有各自的时间步长,其中参数以时间分段的方式在模块之间进行更新和传递,也就是说,参数会被分层、分步更新,直到系统达到稳态为止。该模型可以针对特定的研究对象和目标,在准确性和计算效率之间灵活选择。此外,当等离子体的瞬态行为不是研究重点时,计算加速技术(指利用上个步长的等离子体状态的演进,来预测下一个时间步长后的等离子体特性)的采用可以大大减少计算时间。

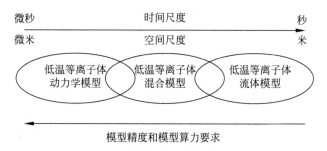

图 10.11　低温等离子体模型计算精度和时间与空间尺度的描述

2. 等离子表面反应模型

在等离子体蚀刻过程中,物理与化学反应过程的模拟是以等离子体和等离子体表面相互作用的建模为基础,从而对工艺参数优化和蚀刻机台反应源(Reactor)的设计提供理论基础和预测。在理论层面上,等离子体表面反应模型分为:第一性模型(*ab initio* Model),分子动力学模型(Molecular Dynamic Model)和蒙特卡洛动力学模型(Monte Carlo model)[30]。建立在量子力学基础上的第一性模型利用密度泛函理论(Density Functional Theory,DFT)通过薛定谔方程对粒子的势能进行计算。因此,该模型能够提供最精确的模拟结果,但只适用于小于 1nm 尺度的反应。第一性原理主要用来研究粒子反应表面(通常而言,表面材料最多包括上百个原子),且不考虑表面的拓扑。不同于第一性原理,在分子动力学模型中,粒子的势能作为输入项,所以该模型的计算是否准确很大程度上取决于粒子势能选择是否正确。该模型经常用于研究几百纳米尺度上等离子体表面反应机理。蒙特卡洛动力学模型的输入项可以是实验数据,也可以是从第一性模型、分子动力学模型运算出的结果,着重在整个结构尺寸上进行拓扑运算,常用的方法包括弦方法(String Method)、水平集方法(Level-set Method)和元胞方法(Cell-based Method)[31]。简而言之,这三个模型计算精度、时间与空间尺度的描述可以总结为图 10.12。

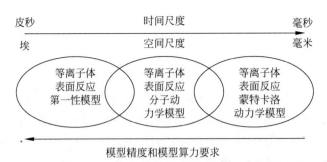

图 10.12 等离子体反应模型计算精度及时间与空间尺度的描述

从实际应用层面来说,等离子体表面反应模拟分为零维的 Global_Kin 模型、二维的 Hybrid Plasma Equipment 模型（HPEM）和三维的 Monte Carlo Feature Profile 模型（MCFPM）。在等离子体蚀刻的模拟中三个模型通常是协同使用的,例如对远程等离子体源（Remote Plasma Source）模拟时,会用 Plug Flow Approximation 的 Global_Kin 模型来模拟等离子体和反应基团的产生,并用 Hybrid Plasma Equipment 模型来模拟远程等离子体的反应气流和电子的动力学特性。

Global_kin 模型有助于对反应机理进行更快速的推演,通过蚀刻机台参数（压强、RF 功率、偏置电压等）调整,对特定有效反应基团的产生和反应过程的理解提供理论指导意义。Global_kin 模型各模块运算关系如图 10.13 所示。在给定反应气体种类、表面反应机理以及蚀刻机台参数的情况下,利用波尔茨曼方程推导出电子能量分布,并通过等离子体气相反应模块和表面化学反应模块预测电子、离子和中性粒子或基团的密度和温度。考虑到离子的低迁移率,该模型假定最初的反应源能量完全转移到电子,此假设对于电感耦合等离子体是合理的,但对于通过离子转移到鞘层中的电容耦合产生的等离子体而言,精度会变得较差。

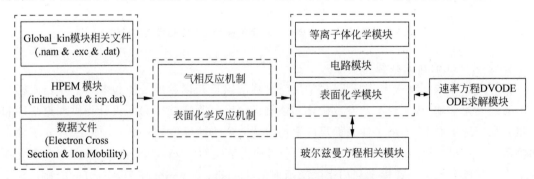

图 10.13 零维 Global_kin 模型各模块运算关系

如图 10.14 所示,Hybrid Plasma Equipment 模型包括多个模块:电磁学模块（Electromagnetics Module,EMM）、电子能量转移模块（Electron Energy Transport Module,EETM）、流体动力学泊松模块（Fluid Kinetics Poisson Module,FKPM）和等离子体化学蒙特卡洛模块（Plasma Chemistry Monte Carlo Module,PCMCM）。每个模块需解决低温等离子体的某个物理特性并与其他模块进行分层交互。该模型以估计反应基团的密度及其分布为起点,为 EMM 模块提供了等离子体的初始电导率。EMM 模块主要负责计算等离子体中产生的电磁场在空间和时间上的分布;电路模型用于仿真阻抗匹配系统,该电路模型可以捕获蚀刻机台的特性,如反射功率。在 EETM 模块中,利用 EMM 模块模拟的电磁场,通过蒙特卡洛模拟动力学,从而计算出电子的能量分布。电子的状态将影响反应速率 k 和反应源函数 s，并传递给 FKPM 模块。在 FKPM 中，会计算出粒子的密度 N、速度 v 和温度 T，还会生成粒子反应速率系数和反应源函数 s。利用等离子体和材料中电荷密度的计算结果，可以通过泊松方程求解出静电电场 E_s 和等离子体的电势 Φ_p。之后，静电场和反应源能量函数会被传递到 PCMCM 模块。在该模块中，将使用蒙特卡洛方法对伪粒子和中性离子进行追踪。粒子和电子的能量和角度分布（EAD）将记录在 PCMCM 模块中。

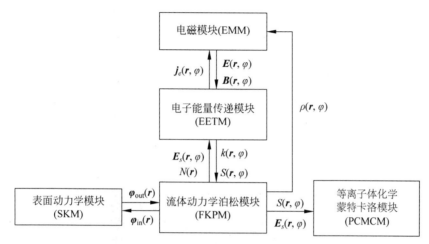

图 10.14　二维 Hybrid Plasma Equipment 模型各模块运算关系

在 Hybrid Plasma Equipment 模型中，模块采用时间分片技术进行耦合。执行模拟时，通过使用各模块输出的变量结果，从而在全局迭代后捕获等离子体的演变。在每次全局迭代期间，将调用相关模块，并以不同的时间步长更新变量。例如，在一个微秒范畴下的全局迭代中，FKPM 模块运行一次，并通过 EETM 模块对电子影响的反应速率 k 进行多次更新。该技术可以在相对更长的时间范畴内进行仿真，而不会牺牲过多的精度。由于该模型能对刻蚀腔室中功率源、偏置电压、压强及反应气体进行精确的模拟，因此在工业界得到了广泛使用，例如，功率源频率选择、腔体内各元件的设计和反应气体选择等方面。

Monte Carlo Feature Profile 模型使用三维立方网格（Mesh）来处理空间分布。图 10.15 是三维 Monte Carlo Feature Profile 模型各模块运算关系。物质的性质被分配给网格中的每个单元，通常称为 Voxel。蒙特卡洛伪粒子代表了气相的物质，其能量和角度分布可以从 Hybrid Plasma Equipment 模型中解得。当伪粒子与固体网格单元发生碰撞时，表面反应机制将通过蒙特卡洛方法模拟得出气体粒子和固体单元的下一步的反应的可能性和结果。基于反应模型中包括的不同种类的反应倾向，在碰撞发生的网格单元的状态可以归纳为以下三种：该网格单元物理化学性质的改变，例如钝化；该网格单元的物质被移到气相中，例如蚀刻；该网格被新的网格单元覆盖，例如沉积。该模型将追踪最初释放的所有粒子（离子、电子和中性自由基）与网格单元发生多次碰撞后轨迹，直到粒子被消耗或离开此网格单元为止。与此同时，表面反应产生的蚀刻或溅射副产物也被考虑在内，例如 SiF_x、$SiCl_x$ 和 CF_x，然而像 CO_2、CO、N_2 等非反应产物通常不包含在此模型中。通过计算在该单元内伪粒子和非反应基团的数量改变，可以分别推算出反应物基团和非反应基团的流出通量。

3. 等离子体模型的实际应用

（1）脉冲等离子体模拟的应用。由于高的离子轰击能量和不易控制的电离率，连续偏置

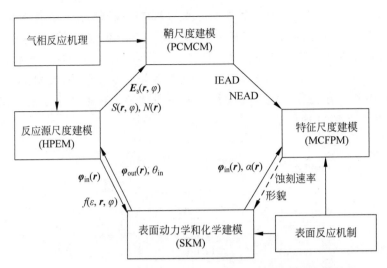

图 10.15 三维 Monte Carlo Feature Profile 模型各模块运算关系

电压模式的等离子体蚀刻在尺寸微缩下逐渐显示出局限性,例如,物理轰击和化学反应基团蚀刻同时进行时,相对较低的蚀刻选择比无法满足工艺要求[32]。然而,脉冲等离子体蚀刻则凸显出了更高的选择比和更少的表面损伤的优势(表面损伤主要是指在蚀刻过程中的高能离子的轰击所造成的晶格位错、高能离子的掺杂、表面粗糙度的增加等现象),从而达到蚀刻量在整片晶圆上的均匀性[33-36]。通过调整脉冲等离子体的脉冲频率和占空比,可以改变等离子体的离子和电子密度、电子温度、离子和中性基团的比例、等离子体的解离率和鞘层电势差等。在传统的连续等离子体刻蚀中,由于在硅片上不同图形区域带电粒子数目的不同,经常会导致蚀刻结构发生变形和扭曲,例如等离子体蚀刻后常见的微沟槽(Micro-Trenching)、侧壁凸出(Sidewall Bowing)和侧壁凹陷(Under-Cut)。Seiji 通过调节低频射频脉冲等离子体的偏置电压,消除蚀刻表面的电荷聚集效应。[37] 这主要归功于脉冲等离子体会产生相对较低的电子温度和大量负离子,从而实现图形蚀刻均匀性的改善。在等离子体的余辉阶段,具有更宽角度分布的低能离子有助于中和衬底图形上的电荷聚集。另外,由等离子体产生的紫外线所导致的损伤在等离子体脉冲模式下也会明显减少[32,38]。原位的薄膜体沉积也可以通过异步脉冲模式来实现,此方法已广泛应用在工业界先进制程芯片的蚀刻过程中。它不仅可以解决在不同图形密度刻蚀中对关键尺寸的控制,还可以起到去除在图形底部角落的材料残余和改善蚀刻图形侧壁粗糙度的作用。

Ramamurthi 等开发了二维连续模型,并证明了在电感耦合下,氯气电离在启辉后产生的瞬态等离子体是由强电负性的离子核心和电正性的鞘层组成的。模拟结果表明高的电子温度(T_e)出现在等离子体启辉阶段,并且负离子浓度受到中心区域等离子体的空间分布影响,即在理论模型上解释了负离子在启辉时被挤压,之后发生扩散的物理规律[39]。这种由离子占主导的等离子体出现在辉光后约 $15\mu s$,此时电子已经被湮灭,等离子体的衰减主要受到离子向腔室侧壁扩散的影响。Kim 在此基础上开发出平均体效应模型(Volume-Averaged Model),以分别研究电负性的离子中心和电正性的鞘层[29]。

为了研究脉冲电负性等离子体的瞬态形态,Thorsteinsson 和 Gudmundsson 利用 Global Model 首次从等离子体模拟的角度验证了射频电源的频率、脉冲的占空比和氩气载气浓度对等离子体电负性的影响,以及 Cl^+ 或 Cl 对正离子的比率产生的影响[40]。该模拟结果符合之前

Ahn[35] 和 Malyshev[41] 文献中所报道的氯气脉冲放电的实验结果,即在脉冲和连续射频电源下,氩气稀释的流量所带来的影响不随射频频率和占空比的改变而变化,并且当射频电源的频率为 1MHz 时,占空比不会对等离子体的电负性产生影响(如图 10.16(a)所示)。但当射频频率逐渐减小到一定程度时,1% 和 25% 脉冲模式将导致电负性相对降低。具体来说,当射频电源的频率降低到 40~100kHz 时,纯氯气等离子体的电负性将快速增长,增长速率比连续射频电源所产生的等离子体快 2~3 倍;然而,对于氯气、氩气混合气体的情况而言,增长速度并不显著。当频率小于 10kHz 时,由于射频功率在零功率周期内,电子密度的急剧降低会使等离子体的电负性以更快的速度增长。

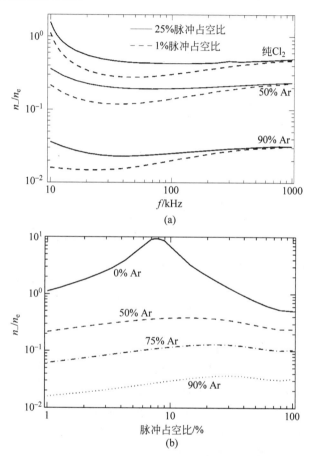

图 10.16 (a) 当脉冲占空比为 1% 和 25% 时,三种不同比例的载气的电负性 n_-/n_e 随射频电源
频率的变化曲线;(b) 当脉冲频率为 10kHz 时,占空比对不同氩气含量的等离子体电
负性的影响[40]

如图 10.16(b)所示,当脉冲频率为 10kHz、载气为纯氯气、占空比为 8% 时,电负性出现峰值,该数值为连续等离子体电负性的 20 多倍,是占空比为 1% 时的电负性的十几倍。即使在通入氩气时,等离子体电负性的峰值也不明显,但脉冲等离子体的电负性会在某个占空比时得到增强。这主要是由于当脉冲占空比为 1% 或 25% 时,Cl⁻ 的密度在整个脉冲周期内基本保持不变,但当占空比为 7% 时,电子密度出现急剧下降。即使氯气(结合能为 11.5eV)比氩气(结合能为 15.8eV)更容易电离,但由于在等离子体蚀刻过程中,氯气解离后的电子吸附和解离重组等反应,导致在纯氩气或有氩气稀释时电子密度大于纯氯气的情况。对于正离子

(Cl_2^+、Cl^+、Ar^+)而言,Cl^+所占的比例会随着氩气稀释量的增加而先增加再线性递减,并且此现象不受射频电源的频率和占空比的影响(如图10.17所示)。对于等离子体蚀刻而言,反应基团与蚀刻选择比强相关,通常表现为各向同性蚀刻;相反,正离子的轰击属于物理蚀刻,表现为各向异性蚀刻。所以,单纯地通过改变蚀刻气体和不同气体所占的比例是不可能实现高选择比的各向异性蚀刻的。当引入脉冲等离子体时,可以在一个周期内有效地改变离子和反应基团的比例,从而实现物理轰击去除反应副产物,促进化学反应的持续进行,从而达到方向性的高选择比蚀刻。因此,在脉冲模式下,通过改变射频频率、占空比和反应气体的比例来控制化学反应基团和正离子的比例尤为重要。

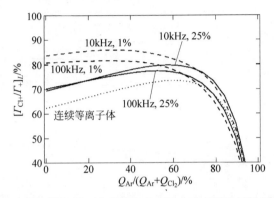

图10.17 在不同射频电源的情况下,Cl^+在所有正离子中所占的比例随着氩气稀释量的变化[40]

模拟仿真表明,在开关模式的脉冲等离子体中,电容到电感的转换会发生在每个周期中最初的启辉阶段,此阶段具有电子密度低、电磁场的集肤深度大于射频源尺寸的特点,此时电磁场的耦合效应不明显,磁滞线圈中的压降所产生的能量会通过静电性和电容性产生等离子体耦合,称为E模式。当电子密度逐渐增大时,集肤深度逐步变小,能量会通过电磁场与等离子体耦合,称为H模式。在E模式下,等离子体电势和体密度会发生很大的振荡,将在发射天线下方产生静电波。当等离子体工作在E模式和H模式的转换时,不稳定的电离会影响等离子体密度周期性的最大值的范围变大,从而导致蚀刻速率的变化。

为了保证等离子体E模式与H模式瞬态转换的稳定性,高低功率脉冲模式近些年开始应用在小尺寸和高深宽比结构的等离子体刻蚀中。然而即使在高低电位脉冲模式下,在低功率阶段开始时等离子体也会熄灭,然后在几十微秒到几毫秒后重新启辉(此现象称为启辉延迟),但等离子体的稳定性仍然优于开关模式的脉冲等离子体。这通常与射频电源向等离子体时变电阻的能量传递能力有关。为此,Kushner教授利用二维HPEM模型对高低功率脉冲电感耦合的等离子体进行模拟仿真[42]。

电子密度在周期内随着低功率的变化如图10.18所示。仿真的参数为:在20mTorr的压强下,氩气(5%)和氯气(95%)被13.56MHz射频上电极电离,混合气体流量为22sccm,脉冲频率采用5kHz,50%占空比。与开关模式的脉冲等离子体类似,电子温度产生的最大峰值在每个周期的高功率阶段,最小峰值在高低功率转换的阶段,但区别是电子温度在高功率和低功率阶段保持不变。当延长功率转换所用的时间后,电子温度变化的幅度将大大降低。集肤深度导致的电子温度和电子密度的波峰和波谷会在时间和空间上分布,直到作用到衬底上。

综上所述,在先进制程的高深宽比结构蚀刻中,低的射频功率和脉冲等离子体成为首选的蚀刻工艺,并且在等离子体稳定性较高的蚀刻过程中,高低周期的转换会采用斜坡模式

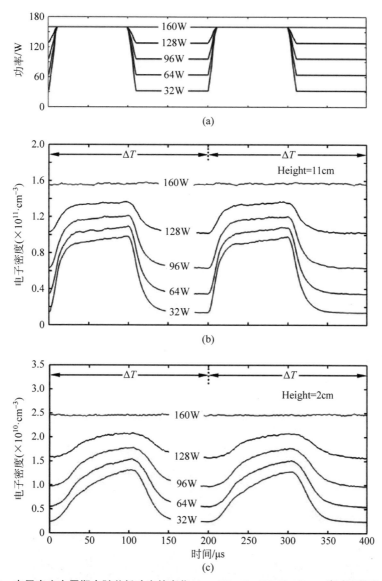

图 10.18　电子密度在周期内随着低功率的变化（Ar：Cl$_2$＝5：95；20mTorr，高功率挡位为 160W）

(a) 等离子体能量随功率(32～160W)在周期内变化曲线；(b) 等离子体在距离衬底上方 11cm
的能量分布；(c) 等离子体在距离衬底上方 2cm 的能量分布[42]

（Ramp Mode）。这也说明了蚀刻模拟仿真模型对实际工艺选择与优化的促进作用。

（2）高深宽比蚀刻中的应用。等离子体模拟仿真的另一个应用是高深宽比图形刻蚀。具体而言，随着高深宽比蚀刻工艺在逻辑芯片制造中应用范围越来越广泛，由此导致的图形传递失真问题变得亟待解决。理想情况下，等离子体蚀刻会从掩模层图形通过各向异性的等离子体把图形传递至衬底，但受到图形深宽比的提升，侧壁形貌、边缘粗糙度以及图形关键尺寸在不同图形密度区域的均匀性都会在高深宽比图形蚀刻过程中被恶化，对产品良率的影响越来越严重。进一步来说，根据成因的不同，可以把图形失真分为两类：系统性失真，例如离子的角度分布和蚀刻过程中离子的碰撞散射所导致的图形侧壁的凹凸；局部性失真，例如由于图形密度不同导致的从等离子体中吸附离子和电子多少的不同，导致蚀刻速率和侧壁倾斜角度的变化，以及蚀刻副产物的再次沉积概率的不同引起的侧壁起伏[43-45]。系统性失真不具备图形密度的相关性,可以通过调节反应气体的种类和比例,以及偏置电压来解决。然而,局部性失真主要受到图形之间内建电场的影响,对机理和蚀刻图形随时间演化的研究更为复杂。在该蚀刻模式下,理论模型的建立与仿真有助于对蚀刻量在高深宽比图形区域中差异(Local Etch Amount Loading Effect)的成因提供理论指导,对此蚀刻工艺的优化指明方向。Huang 和 Shim 等率先利用 MCFPM 三维模型对二氧化硅刻蚀进行模拟,气相的伪粒子代表等离子体产生的反应基团,其 IEAD 由 HPEM 模型得来[46]。

在仿真模型中,等离子体被认为是由伪粒子组成。伪粒子撞击材料表面可以通过溅射、化学反应、沉积、渗透和反射的形式改变下一层的元胞的性质,或者增加一个新的元胞(反应基团的沉积)。高能量的伪粒子可以穿透表面,激活被吸附反应基团,并与元胞发生化学反应。通过对泊松方程的求解可以得出元胞表面吸附电荷所产生的电势能,而图形间的电势差将以内建电场的方式进一步影响带电伪粒子的运动轨迹。在该仿真模型中,光阻、二氧化硅和碳氟基团都被认为是绝缘材料,所以一个图形产生的电场会影响邻近的其他图形。在计算 IEAD 时,三个频率的射频电源(80/10/5MHz)对反应气体($Ar/C_4F_8/O_2$)分别外加 400W/2500W/5000W 的功率,等离子体能量范围为 1400~3000eV,能量角度分布小于 3°,此条件也符合对高深宽比图形蚀刻的实际条件。模拟结果表明,当图形关键尺寸减小至十几纳米时,蚀刻速率和形貌的不同主要受到反应基团数目在邻近图形的随机分布的影响,并且由于在高深宽比下有效反应基团数量的减少,这种随机图形失真现象会进一步恶化。当采用了足够的过蚀刻量的情况下,这种随机图形失真会被改善,但是会带来系统性失真,例如图形的侧壁会出现凹或凸的情况。如图 10.19 所示,4 个对称的高深宽比通孔图形刻蚀过程中,电子主要吸附在通孔的上表面,由于正离子 IEAD 的各向异性分布,正离子能够到达通孔的更深的区域,正离子与表面的电子中和并以中性基团被反弹。对于深宽比相对较小时,正离子通常可以直接作用于通孔的底部,从而使通孔底部具有最大的正电势。随着深宽比的增加,正离子最终也会吸附在通孔侧壁上。但当深宽比为 15 时,孔底及侧壁将达到最大电势,此时内建电场的方向由通孔中部指向顶端和通孔底端,达到电势分布的亚稳态。

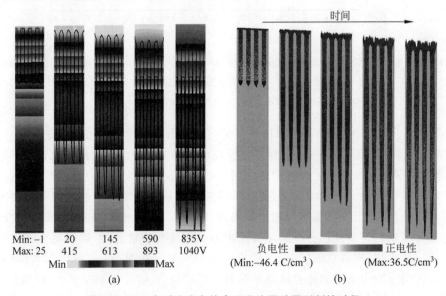

图 10.19 4 个对称分布的高深宽比通孔图形刻蚀过程

(a) 吸附电荷量随时间的分布;(b) 电势能随时间的分布[46]

图形密度相关性的局部失真主要是由于在相邻图形之间内建电场的产生,并导致离子运动轨迹的偏移。当深宽比为40的通孔图形成对称分布时,离子轨迹偏移成随机分布,在通孔底部离子碰撞平均最大概率仍为圆心处附近。这主要是因为邻近图形所产生的有效内建电场相互平衡,最终不会使离子运动轨迹偏移。对于非对称图形时,有效内建电场的方向通常由图形密度高的区域指向相对稀疏的图形区域,从而导致正离子向相对稀疏的图形区域偏移。换句话说,除了在考虑对称图形所产生垂直方向的内建电场外,水平方向的电场也要计算在内,最终内建电场的方向如图10.20(b)所示。当深宽比为11时,电势能达到最大值,然而在密集图形的最外围电势能为810V,比在密集图形中间的通孔电势能小了22%。另外,需要注意的是,当区域的图形显示正电性时,并不意味着正离子向稀疏方向偏移,例如,当该区域吸附的正离子小于其他区域,电场方向会指向该区域内部,从而使正离子向该区域内部偏移。

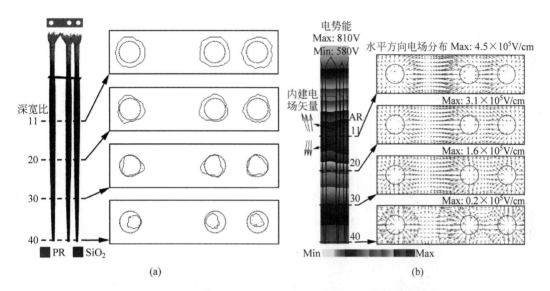

**图 10.20　3 个非对称分布的高深宽比通孔图形刻蚀过程,该过程包括 10%的过蚀刻量,
深宽比分别为 11、20、30 和 40**

(a) 通孔整体形貌;(b) 通孔中电势能和电场分布[46]

(3) 类原子层蚀刻的应用。类原子层刻蚀工艺具有高的刻蚀选择比和优异的蚀刻前端的形貌控制等优点,最早应用在砷化镓和硅基器件的等离子蚀刻中,但随着逻辑芯片的尺寸微缩,对蚀刻工艺的要求越来越严苛,使该技术逐步应用在 10nm 以下的硅基芯片的蚀刻工艺中。通常对于 FinFET 而言,鳍结构表面的缺陷将会降低载流子的迁移速率,类原子层蚀刻工艺能有效降低离子轰击产生的表面缺陷,从而减弱等离子体蚀刻工艺对器件性能的负面影响[47-50]。对于 2D FET 和图形周期尺寸小于 30nm 的蚀刻工艺而言,同步脉冲模式的类原子层蚀刻相比于连续模式的类原子层蚀刻,能更好实现图形的传递和侧壁形貌的控制,在先进蚀刻技术的开发中占据重要的地位。

一般来说,类原子层蚀刻包括两个步骤:①反应基团的沉积,即在待蚀刻表面发生钝化反应,此过程可能包括少量低能离子的轰击,但在反应基团的沉积步骤中低能离子的轰击所带来的影响通常可以忽略。②离子轰击,即该过程包括低通量的反应基团和高通量的离子,通过调节离子的能量,使其只会激活该钝化层的反应,而待蚀刻材料则不会发生反应。对介电材料(如氮化硅或氧化硅)进行蚀刻时,经常选用 Ar/C_4F_8 气体的组合搭配,经过解离后 CF_x 为有效的表面钝化反应基团,CF$_x$聚合物沉积的厚度将直接影响下一步氩离子轰击过程中蚀刻量[51]。

Wang 等率先利用三维的 MCFPM 模型对二氧化硅类原子层蚀刻过程进行模拟,对沉积过程和离子轰击过程分别采用两个相对独立的 HPEM 模型,即产生两套对应的离子通量和离子能量分布[52]。在图形蚀刻过程中,除了要考虑离子的能量及角度分布以外,还要考虑阴影效应和蚀刻副产物再沉积效应。图 10.21(a)展示了待蚀刻图形的材料及厚度信息,光阻的抗反射层(Anti-Reflection Coating,ARC)在此仿真中简化为二氧化硅材料。沉积过程的条件为:蚀刻的气体的总体流量为 800sccm,包括的气体比例为 Ar:C$_4$F$_8$:O$_2$=5:4:1,压强为 25mTorr,上电极外加一500V 的直流电压,下电极频率为 50MHz,两者的功率分别为 75W 和 100W。离子轰击阶段的上电极功率为 30W,下电极频率为 10MHz 和 50MHz 的双射频电源,对应功率分别为 50W 和 100W,氩气流量体为 800sccm。离子能量角度分布如图 10.21(b)所示,在沉积阶段,离子能量最高为 60eV(氧化硅蚀刻的最低能量为 70eV),角度分布区间为 ±15°,在高通量 CF$_x$(约 10^{16} cm^{-2} · s^{-1})的情况下,即使聚合物可以被离子和氧基团蚀刻,但总体而言,聚合物的沉积占绝对主导地位;在离子轰击阶段,Ar$^+$ 具有 130eV 和 ±10° 能量角度分布,该离子能量可以穿透纳米厚度的聚合物层,激活与钝化层的反应,但此能量远低于氧化硅蚀刻所需的最小阈值能量,从而实现只有钝化层 SiO$_2$C$_x$F$_y$ 络合物的蚀刻。

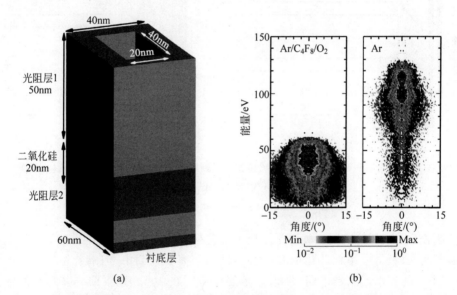

图 10.21 电容耦合等离子体二氧化硅类原子层图形蚀刻模拟:(a) 该仿真模型的初始待蚀刻图形的材料及厚度示意图,在 20nm 抗反射层(这里理想化成二氧化硅材料)上有 50nm 厚的光阻材料;(b) 正离子在沉积和离子轰击阶段的能量角度分布图示[52]

类原子层蚀刻的最终形貌主要受到 CF$_x$ 聚合物厚度和离子能量两方面的影响。图 10.22 展示了类原子层蚀刻理论模拟中每个循环蚀刻的沉积(T_p=10s)和离子轰击(T_i=30s)的时间,以及不同偏置电压功率(30~200W)对蚀刻形貌的影响。二氧化硅的侧壁倾斜角度和 CF$_x$ 聚合物层的厚度随着偏置电压功率的增加而减少,例如当偏置电压功率由 30W 增加至 200W 时,聚合物层的厚度会从 5nm 降至 1.7nm。由于 CF$_x$ 反应基团的产生和通量不受偏置电压功率的影响,所以聚合物层厚度减薄主要受到离子轰击的能量影响。同时,过蚀刻所需的循环次数也随着偏置电压功率的增大而减少,例如,当偏置电压的功率由 30W 增加至 200W 时,过蚀刻所需要的循环次数由 9 次减小至 4 次。在偏置电压功率相对较小时,CF$_x$ 聚合物层的厚度会随着蚀刻循环次数的增加而变厚,当厚度大于离子穿透距离时,蚀刻过程将停止,沟槽形貌也将停止演化。此过程中每个循环的蚀刻量呈逐渐减少的趋势,直至为 0。但是,当偏置电压功率为 200W 时,CF$_x$ 聚合物层的厚度在每个蚀刻循环中为定值,因此蚀刻所需要的循环次数也相对较少,沟槽的侧壁为相对竖直形貌。

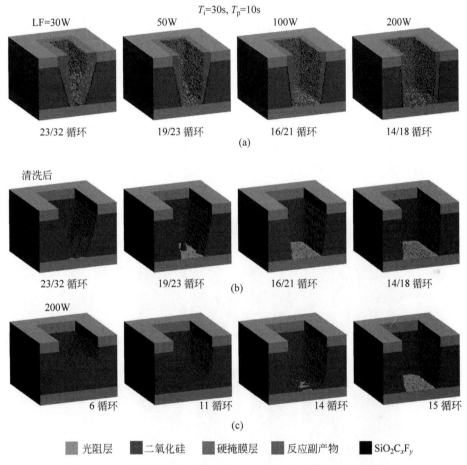

图 10.22 类原子层蚀刻 $T_i = 30s$,$T_p = 10s$ 时,沟槽图形的切面图

(a) 沟槽蚀刻最终随偏置电压功率的变化。23/32 是指蚀刻至阻挡层的循环次数为 23,沟槽形貌停止演化的循环次数为 32。(b) 与(a)条件相同,但经过清洗后,即去除 CF$_x$ 聚合物层和反应副产物,沟槽形貌随偏置电压功率的变化。(c) 当偏置电压功率为 200W 时,沟槽经过清洗后的最终形貌随类原子层蚀刻的循环次数(6、11、14、15)的变化[52]

在传统的高深宽比蚀刻中,离子的能量最高可达上千电子伏特,然而沉积的聚合物膜层通常小于 1nm,这就会导致在过蚀刻过程中,侧壁的形貌会随着蚀刻的进行而逐步演变。例如,对于高能离子而言,即使入射角很小时,仍然可以激活蚀刻反应过程,这就导致了侧壁很难保持竖直形貌。反观类原子层蚀刻,模拟结果显示,侧壁的倾斜角度不会随蚀刻过程发生显著的变化,并且在类原子层蚀刻中的过蚀刻量主要起到清理底部角落残留的作用。这种现象可以用低离子能量和相对较厚的 CF$_x$ 聚合物膜层来解释,即当侧壁的聚合物薄膜厚度达到反应的

阈值时,相对较低的离子能量不足以穿透聚合物膜层来激活反应,最终导致侧壁的倾斜角度将不再变化。综上所述,类原子层蚀刻除了能达到保持竖直侧壁形貌的作用外,也能实现清理底部角落残余的效果,这在纳米尺寸图形蚀刻过程中至关重要。通过模型仿真,类原子层蚀刻反应机理可以被精确表述,并对蚀刻过程中图形三维形貌的演化进行直观描述,为量产中类原子层蚀刻工艺的开发和优化提供了理论指导。

(4) 伪栅极蚀刻的应用。在 7nm 及以下的鳍式晶体管制程中,接触栅极节距(Contacted Poly Pitch,CPP)的缩小和深宽比的提高,为三维结构的伪栅极蚀刻带来更大的挑战。伪栅极蚀刻有以下四个工艺要求:高深宽比下竖直侧壁形貌的实现,侧壁蚀刻残余的清除,更少的栅极氧化硅消耗,伪栅极和鳍式结构底部交界处的伪栅极材料残余的去除。利用等离子体蚀刻工艺的模拟,能有效降低蚀刻工艺的开发难度,有助于对蚀刻工艺各步骤机理的理解。

Derren 等尝试结合 Synopsys 的 Sentaurus Process 流程仿真和蒙特卡洛粒子模型 (Particle Monte Carlo,PMC)仿真对伪栅极的蚀刻过程进行模拟(见图 10.23)[53]。其中仿真输入变量包括蚀刻的条件和初始图形。而对伪栅极形貌的定义采用了 Synopsys 的 Sentaurus Topography 3D 模块,该模块通常用于集成电路制造中模拟膜层的沉积和蚀刻,它利用水平集法和蒙特卡洛粒子模型来仿真图形三维形貌随时间的演化。

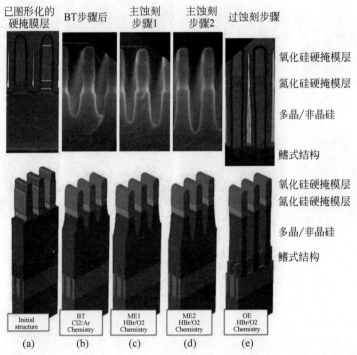

图 10.23　伪栅极蚀刻过程的四个步骤的 SEM 或 STEM(顶部)和模拟仿真结果(底部)的截面图对比

(a) 硬掩模版蚀刻结束后的结构对比;(b) Break Through 步骤之后的结构对比;(c) 主蚀刻 1 步骤之后的结构对比;(d) 主蚀刻 2 步骤之后的结构对比;(e) 过蚀刻步骤之后的结构对比[53]

为了与真实蚀刻过程匹配,在该模型中对伪栅极多晶硅材料蚀刻时也分为 4 个步骤(如表 10.3),即 Break Through(BT)、主蚀刻 1、主蚀刻 2 和过蚀刻。伪栅极蚀刻的各个步骤的 STEM 或 SEM 截面图和蒙特卡洛粒子仿真的结果对比如图 10.23 所示,总体而言,流程仿真能够很好地对多晶硅材料蚀刻图形的形貌和尺寸进行表征,而对于硬掩模顶部图形的形貌不能精确仿真,但这并不会对后续的蒙特卡洛粒子仿真产生影响。图 10.23(b)～(e)表明了蒙特卡洛粒子仿真结果与 STEM 或 SEM 高度的一致,包括硬掩模的剩余厚度、多晶硅沟槽蚀刻深度、多晶硅侧壁形貌等。在此基础上,图 10.24 展示了蚀刻压强对伪栅极形貌和离子角度分布的影响,即当压强增大时,离子角度分布(IAD)离差从 9°变为 10°、14°和 16°的过程中,伪栅极侧壁的形貌会从竖直变为弓形,但包围鳍式结构的二氧化硅的损耗会变少。

表 10.3　伪栅极蚀刻过程中四个步骤分别模拟仿真的输入条件

	Breakthrough (BT)	主蚀刻 1 (ME1)	主蚀刻 2 (ME2)	过蚀刻 (OE)
上电极主功率(W)	2000	0	2000	1700
下电极射频功率(W)	200	320	150	250
压力(mTorr)	10	20	5	130
Cl_2(cm^3/min)	100	0	0	0
Ar(cm^3/min)	110	300	0	1000
O_2(cm^3/min)	100	14	14	0
HBr(cm^3/min)	0	900	200	800

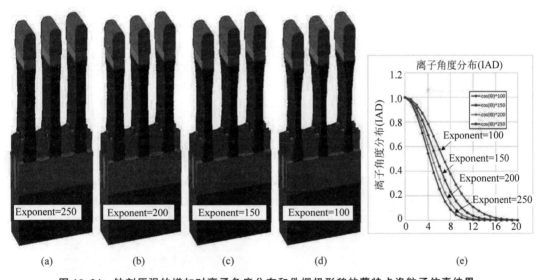

图 10.24　蚀刻压强的增加对离子角度分布和伪栅极形貌的蒙特卡洛粒子仿真结果:
(a) 此压强对应的 IAD 离差为 9°;(b) 增大压强后,IAD 离差为 10°;(c) IAD 离差为 14°;(d) IAD 离差为 16°[54];(e)仿真结果

综上所述,等离子体蚀刻的计算机辅助模拟不仅可以对实验现象提供理论支持,还可以为新的蚀刻机台的开发以及新蚀刻模式的研发指明方向。在蚀刻工艺参数优化方面,可以预判蚀刻参数的调整对蚀刻形貌的影响,从而减少蚀刻工艺开发过程中对硅片验证实验的依赖性,降低开发成本,减少新蚀刻工艺的开发周期。三维图形蚀刻模拟的实现,使多平台的协作成为可能,将是虚拟制造发展的一个重要方向。同时,在蚀刻模型发展方面,除了各个模型本身的不断完善外,多模型的兼容与统一也势在必行。

10.2.2　光刻、CMP 等模块的计算机辅助模拟

在计算机辅助模拟技术中,除蚀刻工艺外,光刻和化学机械平坦化(CMP)的计算机模拟

技术有较多的发展。在先进节点中,光刻直接决定了图形密度、质量和均一性水平,而化学机械平坦化决定了每个图形层的平整度。关于光刻与化学机械平坦化中的仿真方法,请读者参考伍强等编著的《衍射极限附近的光刻工艺》以及 Shinn 等参与编写的 *Handbook of semiconductor manufacturing technology* 中的 CMP 章节,其中有更加详细的论述[54-55]。

在光刻过程中,光掩膜版上的电路图形通过光刻机中的光学成像系统投影到涂有光刻胶的硅片上,并通过光化学反应将电路图形映刻在硅片上。光刻工艺是图形定义的起点,对后续的蚀刻等工艺以及晶体管三维结构影响很大。光刻一般包括光刻胶/反射层敷涂、软烘焙、曝光、显影、硬烘焙和图形检测等步骤。除去在曝光时到达光源的成像外,化学放大光刻胶(Chemically Amplified Resist,CAR)中由于光酸扩散也会影响光刻线宽以及光刻胶边缘粗糙度,对光刻工艺窗口也有重要的影响(先进节点光酸的等效扩散长度为 5~10nm)。光酸扩散以及光刻中的显影和烘焙过程光刻胶的变形,对光刻胶最终形貌结构也有很大影响。以较为明显的负显影光刻胶为例,由于溶解和官能团解离,通常烘焙定型之后的光刻胶与敷涂时的厚度相差达 15%~30%。显影和后烘焙过程的模拟可参考相关报道[56-57]。

光刻中空间像的计算,主流的算法有阿贝(Abbe)方法,即通过傅里叶级数展开计算光源上的一个点与掩膜版光栅的作用,再进行叠加得到成像。另一方面由于目前主流光刻工艺的波长大于光刻线宽(如在鳍式半导体工艺中广泛应用的 193nm 浸没式光刻机),衍射效应会造成曝光图形产生畸变,通常需要在光掩膜版的制作中应用近光学效应修正(Optical Proximity Correction,OPC)。光刻模拟中的近光学修正和图形曝光模拟实例如图 10.25 所示。精确的近光学效应修正需要通过空间像模拟,而由于此过程计算的复杂性,通常有基于规则(Rule-based)和基于模型(Model-based)两种不同的应用方法。

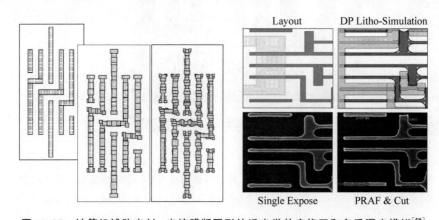

图 10.25 计算机辅助光刻:光掩膜版图形的近光学效应修正和多重曝光模拟[59]

在实际的工艺运用中,光刻需要在传递高保真的图形同时有足够的工艺窗口。为了兼顾光刻中各种图形密度和图形结构,需要综合考虑光源、光路系统和近光学效应修正,这种整体解决方案称为光源掩膜联合优化(Source-Mask Co-optimization)。在光刻模拟中光酸的扩散通常简化成一个高斯扩散来表示[59]。Mülders 等将光刻胶显影后的物理模型加入了光源掩膜联合优化,发现光刻胶模型直接影响最优光源形状。此种更精细的光源模拟方式对关键图形的定义以及良率提升有非常明显的意义[16]。

CMP 是利用机械和化学反应的协同对于晶圆表面进行抛光的工艺。CMP 在抛光过程中利用混合固体研磨剂的研磨液,可以对不同材料形成研磨速率的选择性。由于较为复杂的物理化学过程,业界对 CMP 过程的模拟以行为参数模型(Behavior Parameter Model)为主。如图 10.26 所示,对于具体的 CMP 工艺,通常基于测试图形系列构建工艺模型(如各接触材料的研磨速率、不同密度图形间的材料凹陷),基于模型对新的电路设计进行预测。结合图形识别和搜索软件,搜索电路设计中的薄弱点(Weak Point)或者热点(Hot Spot),进行问题排除。对此问题主要的 EDA 供应商如 Cadence 和 Mentor Graphics 都给出了类似的解决方案[21,23]。针对电路图中的热点,除了对 CMP 工艺参数进行调整,如磨液成分、研磨温度和压力等条件,可以通过增加热点区域的设计规则或者增加没有实际作用的伪结构(Dummy Fill)来解决[24,60]。

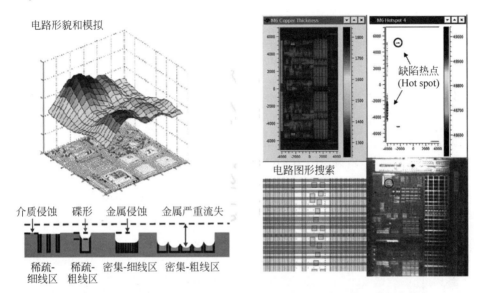

图 10.26 基于模型预测的 CMP 模拟技术:表面图形高度模拟和热点搜索

在先进节点中,电路设计中的每一层图形的设计和密度,对后续制造中的光刻、蚀刻、化学机械平坦化等工艺表现有很大影响。现在的电路设计中已经普遍使用计算机辅助图形布局,保证图形设计满足设计规则要求,并有计划地为设计的薄弱点添加伪结构以提高工艺表现和良率。芯片制程中的金属连线部分是一个典型的对图形设计要求很高的部分。由于先进节点金属连线层数增加,尺寸减小,金属连线造成的延迟已经成为越来越显著的问题。相对于传统的手动金属排线设计,在当代的芯片设计阶段,后段的金属排线分布已经可以通过计算机辅助生成。例如 IBM 公司开发的自动排线模块"Wirespreader"和"Wirebonder"可以通过利用所有连线层,最大限度地利用连线空间[61]。计算机自动排线主要有两方面好处:一方面,可以更加充分地利用后段空间,增加光刻和蚀刻等过程的工艺窗口;另一方面,计算机排线设计可以对金属连线造成延迟,更加符合电路模型设定,达到更高的时序表现。

10.2.3 虚拟制造中的器件模拟

器件模拟是虚拟制造中建立工艺参数和器件性能关系的重要步骤。目前,半导体器件的电性模拟主要是通过 TCAD 软件完成的。在半导体器件尺寸不断缩小的过程中,由于半导体器件结构越来越复杂,在工艺开发过程中利用器件模拟来优化器件性能是十分必要的。图 10.27 总结了 TCAD 软件模拟半导体器件的一般步骤和方法。器件模拟的目的通常是通过三维结构的调整来优化器件性能,例如针对工作电流、漏电电流、电阻电容(RC)、亚阈值摆幅(Sub-threshold Swing,SS)、漏诱导势垒降低(Drain-Induced Barrier Loss,DIBL)等指标；或者为了提高器件的可靠性,例如针对负偏压温度不稳定性(Negative-Bias Temperature Instability,NBTI)等指标。

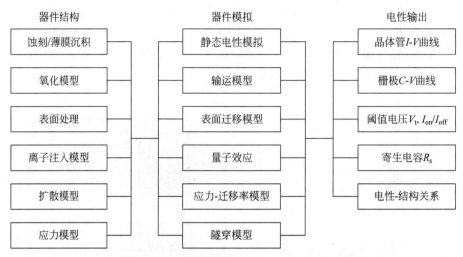

图 10.27 TCAD 模拟半导体器件特性的过程

通常,器件模拟软件通过对半导体器件中掺杂离子、应力分布、电场分布、载流子迁移率和输运建模,再通过求解泊松方程得到半导体器件中电流-电压等关系。在成熟的平面晶体管工艺中,由于沟道和器件的定义与离子注入、扩散和应力步骤直接相关,器件模拟工作的方向也主要涉及这几种工艺；在先进鳍式晶体管节点,由于器件的三维结构主要由光刻和蚀刻等工艺步骤来定义,且在线宽减小的情况下量子效应对器件性能的影响显著,器件性能需要针对光刻和蚀刻工艺来优化。

1. 鳍和栅极的三维结构

在鳍式晶体管和环绕栅极晶体管中,由于晶体管的沟道有鳍的三维结构作为限制,因此鳍的形状和高度等对晶体管的性能有非常明显的影响。Gaynor 等报道了 22nm 节点晶体管,截面分别是长方形圆头形状和三角形尖头的鳍,在同样的条件下,后者因为栅极对沟道的控制更好,短沟道效应和栅极诱导源漏电(GIDL)可以下降达 70%[62]。Sikder 等使用以格林函数为基础的 DFT 方法对环绕栅极晶体管使用纳米线或者纳米片作为沟道材料,发现沟道的厚度减小有利于工作电流的提高[63]。而根据 Chang 等的报道,当鳍式晶体管的鳍厚度低于 4nm 时,量子局限效应(Quantum Confinement)等会导致载流子迁移率大幅度下降[64]。

在晶体管中,栅极长度是控制电子迁移最重要的参数。在栅极对沟道的控制能力确定的情况下,栅极长度存在最优值。在平面晶体管时代,为了避免短沟道效应的不利影响,在晶体管节点从 90nm 到 28nm 的演化过程中,有效沟道长度(L_{Eff})维持在 24~25nm 几乎没有太大变化[65]。从平面晶体管过渡到鳍式晶体管结构时,由于栅极对沟道控制的增强,在鳍式晶体管中有效栅极长度有了实质性的减小。同样的趋势在晶体管结构转向环绕栅极晶体管时,预计也会出现。值得注意的是,在晶体管尺寸持续缩小时,由于隧穿效应的加强以及 DIBL 等效应对沟道长度的敏感性,栅极尺寸的缩小也会遇到很大困难。

2. 沟道应力的影响

在半导体器件中,针对沟道的应力技术是提高器件性能的重要工具。图 10.28 所示的是

130nm 节点之后,半导体器件中驱动电流的贡献分析(以 PMOS 驱动电流为指标)。在45nm 节点之后,应力工程和高介电金属栅极的引入贡献了超过一半驱动电流的提升。在平面晶体管工艺的发展过程中,沟道应力工程几乎是最有效的性能助推器。在鳍式晶体管制程发展中,利用源漏区 Fin 回刻以及选择性外延生长技术(Selective Epitaxial Growth)来提高晶体管电流的方法被继承了下来。

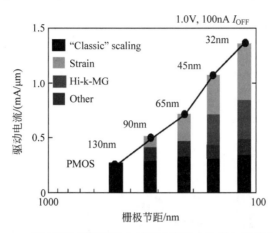

图 10.28　平面晶体管制程演化过程中驱动电流增加贡献分析[66]

在鳍式晶体管中,由于应力对电子和空穴的迁移率影响相反,需要在 PMOS 和 NMOS 中生长不同的材料。一般 PMOS 的源漏区生长锗硅(SiGe)会产生压应力(Compressive Stress),而在 NMOS 的源漏区生长碳硅(SiC)或者磷硅(SiP)会产生拉应力(Tensile Stress)。值得注意的是,源漏区回刻的形状会直接影响外延生长施加于沟道的应力。如图 10.29 所示,

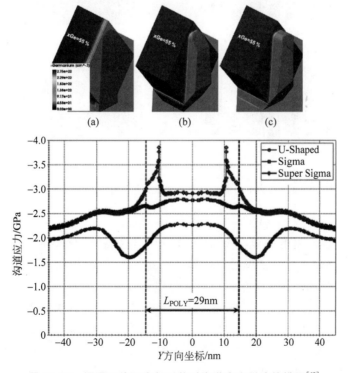

图 10.29　源漏区外延生长形状对沟道应力影响的模拟[68]

Gendron-Hansen 等报道了在鳍式晶体管的源漏区,回刻法形状对沟道应力提升的影响。在外延生长是 U 形(Fin 回刻边界与栅极齐平)、西格玛形(Fin 回刻边界向栅极突出)和超西格玛形(Fin 回刻边界向栅极突出,没有 over-hang)的情况下,超西格玛形产生的应力整体比 U 形高约 23％,对沟道上端的应力增强尤其显著[67]。

在利用外延生长材料对沟道施加应力时,不仅需要考虑应力产生,还要考虑应力的损耗。例如热处理和薄膜沉积等过程的高温通常会对沟道造成应力减退;另外在逻辑器件中器件隔离的工艺步骤(又称为 Diffusion Break,扩散区隔离)等会直接释放有源区的应力。在鳍式晶体管的器件隔离手段中,业界常用的有单扩散隔离(Single Diffusion Break,SDB)和双扩散隔离(Double Diffusion Break,DDB)工艺。此外,利用施加反向电压来电隔离(又称 Gate Tie-down)的工艺也有报道。如图 10.30 所示,DDB 工艺通常是将两个栅极间的鳍切断;而 SDB 工艺则是切断一个栅极下方的鳍达到扩散隔离的目的。由于 DDB 产生了两个没有实际作用的栅极,而 SDB 仅产生了一个无用栅极,因此 SDB 相对更省面积。在先进节点,这种因器件隔离方式产生的面积差异非常明显。

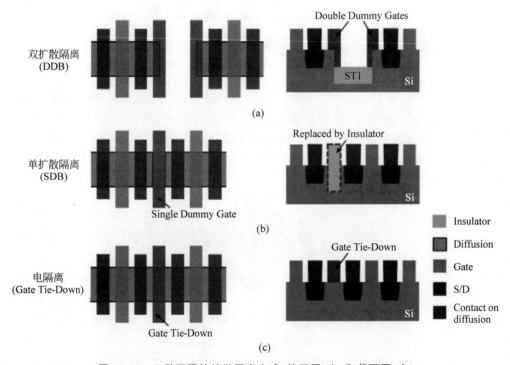

图 10.30 三种不同的扩散隔离方式,俯视图(左)和截面图(右)

(a) 双扩散隔离;(b) 单扩散隔离;(c) 电隔离[68]

在三种隔离方式中,SDB 需要在沟道应力产生之后对 Fin 进行切断,导致邻近器件有损失应力的风险。虽然回填合适的材料可以使器件重新获得引力,但是由于 NMOS 和 PMOS 对应力的需求不同,回填隔离槽而产生的应力有可能会导致 N/P 性能不平衡,造成器件性能下降。整体来看,SDB 在工艺上非常具有挑战性。Pal 等利用 TCAD 软件模拟了 3nm FinFET 节点下(Fin/Gate 节距 24/45nm)的 SDB 工艺对沟道应力的影响,结果发现器件隔离造成的应力损失程度和范围都非常大[69]。在一个 PMOS 器件两边分别做 SDB 隔离槽时,会造成器件中 90％的应力损失(如图 10.31);当左右各有超过四个晶体管做缓冲时,SBD 带来的应力损失才不明显。因此在评价 SDB 工艺影响时,需要充分考虑版图效应(Layout Dependent Effect,LDE)。电隔离工艺是在两个器件中间的栅极加反向电压将器件进行隔断。电隔离并不产生应力变化,对器件性能的变异影响非常小。当然由于电隔离在后段金属连线中需要额外的信号通路,其优点和缺点都很明显。

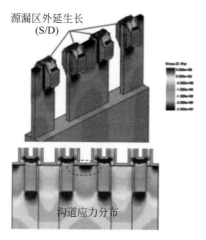

源漏区外延生长
(S/D)

沟道应力分布

图 10.31 单扩散隔离对器件应力影响的 TCAD 模拟[71]

在鳍式晶体管的制造过程中,除了考虑应力对载流子迁移率的影响,材料应力本身对晶体管的三维结构也造成影响。例如,在鳍式晶体管中当鳍的厚度接近或者小于 10nm 时,鳍很容易因为表面张力或者应力不平衡而变形。在设计鳍相关工艺过程时需要特别考虑,特别是在蚀刻中当鳍的高宽比超过一定界限时,很容易发生鳍的图形坍塌(Pattern Fail)或者鳍弯曲(Fin Bending)。如图 10.32 所示,Gencer 等报道了当鳍外层使用 LPCVD 方法沉积保护层时,靠外的鳍由于内外保护膜厚度差异产生了较大的弯曲[71]。同样地,在后续鳍之间填充 FCVD 材料时,也容易因为应力不平衡而造成鳍弯曲。Wen 等发现如果对 FCVD 材料进行额外的紫外线处理或者利用热氦离子注入的处理方法,可以改善由 FCVD 材料应力不均引起的鳍弯曲[72]。

3. 量子效应的影响

在鳍式晶体管工作时,由于载流子主要在沟道表面附近迁移,表面散射(Surface Scattering)对载流子迁移的影响增加。另外,由于栅极长度减小,源漏之间的载流子迁移方式除了经典的漂移(Drift)和扩散(Diffusion)外,还有弹道输运(Ballistic Transfer)和隧穿(Tunneling)等。在半导体制程接近材料的物理极限的情形下,准确的电性结果已经越来越不能仅凭经验和归纳的模型补偿得到。严格的原子级 *ab initio* 模拟能得到更可靠的结果。如图 10.33 所示,一个 5nm×5nm 高性能 Ge 纳米线 PMOS 器件处于关闭状态,若仅考虑隧穿模式或者弹道输运模式,则会高估或者低估器件的漏电流。最终的做法只能是从原子层面计算器件的价带结构,并在充分考虑散射的情况下得到精确的解[73]。

半导体器件的载流子输运模拟方法在过去几十年中有非常丰富的演化历史。目前计算半导体器件中最常用的方法是基于连续性方程的 Drift-Diffusion 方法。相对于其他方法,Drift-Diffusion 同时兼顾了准确性和时效性。由于在先进节点中半导体器件尺寸的微缩,沟道表面散射以及量子效应对半导体器件的性能影响比例增加。通过引入严格的 *ab initio* 级别计算,利用原子级别量子力学计算和分子动力学的校正,才能精确地考虑半导器件中的原子级的缺

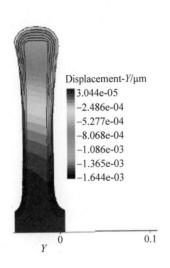

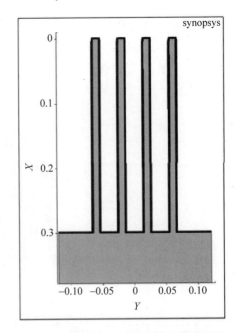

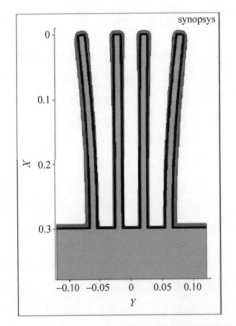

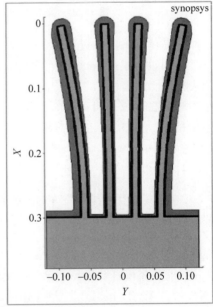

图 10.32　由外层氧化物厚度不均引发的鳍弯曲示意图[72]

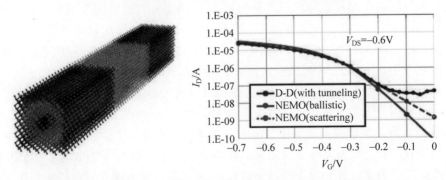

图 10.33　高性能 Ge 纳米线 PMOS(5nm×5nm)处于关闭状态的载流子输运模拟(L_g=20nm)[74]

陷和量子效应带来的影响,如图 10.34 所示。由于严格的 *ab initio* 方法太过于耗时,如何将基于薛定谔方程或者 DFT 方法的结果准确地引入较为迅速的 Drift-Diffusion 方法中是目前器件模拟领域研究的热点。

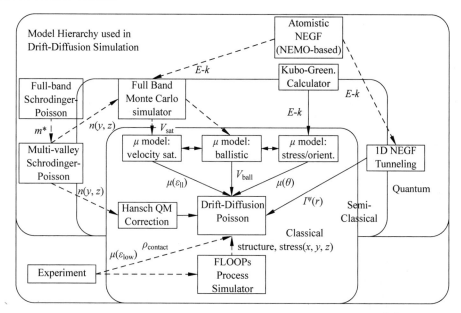

图 10.34　基于量子效应修正等手段的 Drift-Diffusion 算法扩展[73]

10.3　设计和工艺协同关系的演化

在集成电路的发展过程中,设计和工艺的协同关系上出现了三个阶段,分别是可制造性设计(Design for Manufacturing, DFM)、设计工艺协同优化(Design Technology Co-Optimization, DTCO)和系统工艺协同优化(System Technology Co-Optimization, STCO)。表 10.4 和图 10.35 总结了这三种交互方式的特点以及设计和工艺协同的实现方式。

在设计和工艺协同的方式中,DFM 是应用最早的协同模式,是在量产过程中针对工艺的薄弱点,通过更改电路和版图设计来提高良率的协作方法[74]。DTCO 是在面临更大的工艺开发和尺寸微缩的压力情况下,为满足先进节点开发的综合指标而采取的工艺和设计双向推进的协同方法[8,75]。基于目前的器件设计开发新一代工艺的成本越来越高且 DTCO 模式下带来的器件性能提高却越来越小,促使一种更新的工艺和设计交互形式诞生,即 STCO。STCO 的核心理念一方面是考虑芯片核心功能分区的进一步优化,将高密度区域和低密度区域分别制造,再通过 2.5D/3D 堆叠封装技术重新组合以降低成本;另一方面考虑所有可用的新材料、新器件和新架构,在常规的工艺设计优化措施之外考虑异质封装等技术继续提高芯片的性能。

无论是 DFM、DTCO,还是 STCO,设计工艺的协同技术在集成电路的设计和制造中占有越来越重要的地位。以 DTCO 为例,相关研究和应用在近年来发展迅速,越来越受到业界的重视。2011—2020 年,在国际器件电子会议(IEDM)和超大规模集成电路研讨会(VLSI)这两个集成电路领域重要会议中,DTCO 相关主题文章呈现爆发式的增长(如图 10.36 所示),位列两大会议的核心议题。

表 10.4 三个设计-工艺协同方法的对比

阶　段	目　标　问　题	特点和应用
DFM	尺寸微缩下工艺窗口和良率改善 ① 亚波长光刻分辨率; ② 蚀刻和 CMP 负载; ③ 变异控制; ④ 特殊结构导致的良率损失	电路设计或版图的单方面调整 ① 光刻友好设计(LFD); ② 伪结构添加(Dummy Fill)
DTCO	在控制成本情况下达成新节点演进 ① 面积缩小; ② 性能提升; ③ 成本降低; ④ 可制造性提高	性能目标和工艺成本平衡 ① 多重图形技术; ② 沟道和金属材料优化; ③ 标准单元设计优化
STCO	在后摩尔时代集成电路性能提升 ① 晶体管密度继续提升; ② 混合系统集成	顶层设计优化 ① Chiplet 技术; ② 3D 封装; ③ 异质整合

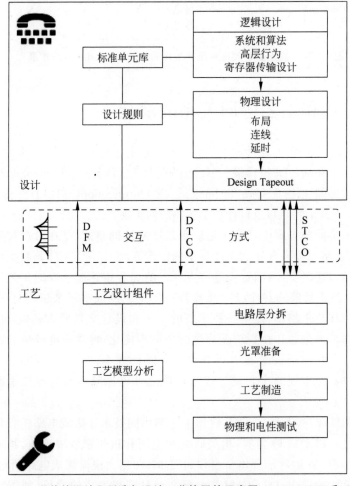

图 10.35 芯片的设计和制造与设计工艺协同的示意图：DFM、DTCO 和 STCO

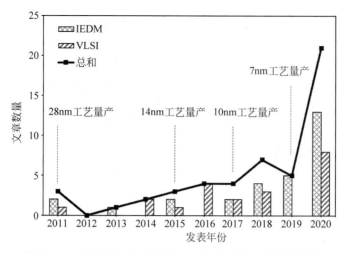

图 10.36　IEDM 和 VLSI 期刊上 DTCO 相关文章发表趋势

10.3.1　可制造性设计

可制造性设计(DFM)是成熟制程中最常用的工艺设计交互的形式。图 10.37 所示为典型成熟制程下工艺-设计交互的示意图[76]，在摩尔定律的黄金时代，工艺发展的方向主要是通过光刻技术分辨率的不断提升。在制程开发过程中对电路设计的考虑非常有限。从图 10.37 中可以看出这种交互模式的特征为从工艺到设计的单向指导模式。

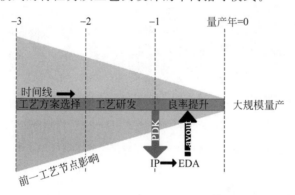

图 10.37　成熟制程工艺-设计交互模式[76]

在成熟工艺中常出现的问题是电路设计超出了工艺的窗口，造成量产过程中的良率损失。例如电路设计在转化为版图时，会出现由于设计不合理造成的光刻工艺窗口不足以及由于图形密度差异造成的蚀刻和化学机械平坦化过程中负载超出设计范围。以光刻工艺为例，随着光刻工艺分辨率的提升，设计图案布局的工艺窗口不断减小，个别图案由于工艺的实现波动性等原因无法良好制造出来，形成了曝光图案的坏点，造成相关缺陷及最终器件的失效。图 10.38 所示曝光线条图案末端坏点是由邻近图案的交互影响形成的[77]。为了避免这种晶圆上图案坏点的出现，一般会对设计图案开展设计规则检查并采用更新的光学邻近效应修正对设计图案进行修正处理。

由于集成电路的制造过程是利用光刻、蚀刻和化学机械平坦化等技术将二维图形层转化为三维立体结构。DFM 近年来从二维结构不断向三维结构发展。Chen 等利用仿真软件特别

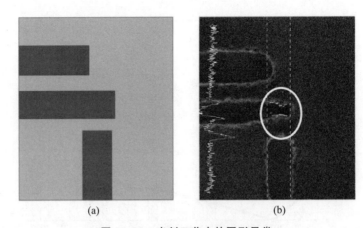

图 10.38　光刻工艺中的图形异常

(a) 设计线条图案；(b) 曝光后线条图案末端坏点[77]

针对后段互连中的最小隔离尺寸（Minimum Insulator），V1 与 M2 接触面积（V1-M2 Contact Area）以及最小互连金属尺寸（Minimum Cu Width）等指标进行检查，考察后段电路互连的设计方案[78]。结果如图 10.39 所示，图中深色标识处为可能存在不满足电路设计需求的坏点。通过虚拟软件对众多工艺参数的模拟结果进行总结，可以更有效地对蚀刻、光刻和化学机械平坦化等工艺过程进行指导。

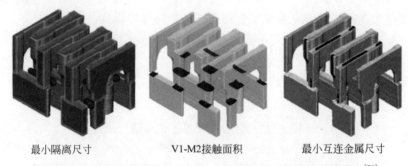

最小隔离尺寸　　　　V1-M2接触面积　　　　最小互连金属尺寸

图 10.39　后端金属连线中 V1-M2 三维结构的可制造性设计检查[78]

10.3.2　设计工艺协同优化

设计工艺协同优化（DTCO）需要综合考虑器件性能和工艺成本的影响，通常利用功耗、性能、面积和成本的复合指标（Power Performance Area Cost，PPAC）按比例来评判工艺选择方案。除了直观的器件面积外，器件的功耗、器件的面积和工艺的成本都会列为工艺选择和设计方案的评定标准。图 10.40 是先进节点下的 DTCO 模式。不同于 DFM，DTCO 模式下设计会在工艺方案决策过程中进行双向反馈，即在设计方案中除考虑工艺的可实现性之外，还需考虑工艺方案对设计带来的额外负担，两者协同优化，达到同时考虑器件性能和工艺成本的复合指标下的最优方案。

随着工艺尺寸的不断缩小，对光刻技术的分辨率要求越来越高。对于 193nm 浸没式光刻技术，其光学系统的最小分辨率距离为 71.5nm，而 ASML 公司标定深紫外光刻技术（DUV）单次曝光技术的最小节距为 76nm。图 10.41 所示为 IMEC 发布 16nm 到 3nm 光刻工艺路线图。可以看出，进入 16nm 及以下技术节点后，自对准多重图形技术已取代单次曝光技术，成

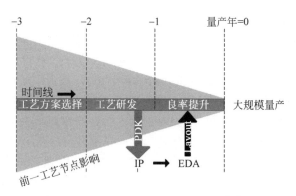

图 10.40　先进节点下 DTCO 模式[76]

为小节距下图形曝光工艺新的选择。由于自对准多重图形技术包含多次蚀刻、沉积工艺,其工艺难度远大于单重图形工艺。在某些情况下,由多重图形技术工艺波动带来的图形尺寸误差百分比能达到百分之几十,这也给最终良率的稳定性带来极大的挑战。

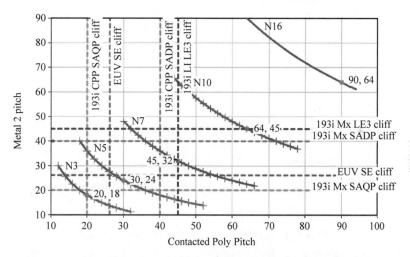

图 10.41　16nm 到 3nm 先进节点光刻技术和图形定义路线图(IMEC)[79]

　　为了保持最终良率和器件性能的稳定性,需要在工艺方案演进的同时对设计方案进行优化,以减轻工艺方案优化上不断增加的压力。以 7nm 以下的节点的 EUV 使用为例,如图 10.42 所示,台积电公司在 5nm 节点成功地应用 EUV 工艺对基于 DUV 的多重图形工艺进行替换,一道 EUV 光刻完成了原来 5 道 DUV 光刻才能定义的图形。由于 DUV 多重图形技术不仅在工艺复杂程度上而且在成本上也失去优势,因此从 DTCO 的角度,在密集图形的定义上,

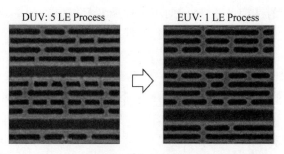

图 10.42　多重 DUV 光刻与等效单次 EUV 光刻的结果对比[11]

EUV 的使用不可避免。

在设计工艺协同优化的阶段,电路设计特别是集成电路中的标准单元(Standard Cell, STC)的设计与工艺间的协同显得尤为重要。图 10.43 所示为或反相器(And Or Inverter, AOI)从 14nm 工艺到 10nm 工艺的标准单元设计演化[80]。基于 14nm AOI 器件等效尺寸微缩 10nm 设计方案[图 10.43(b)]由于微缩后第一层金属层头对头(Head-to-Head, H2H)尺寸已经小于光刻工艺可实现的临界尺寸,这时工艺上需要额外的第三张光罩来实现电路设计。为了抵消额外光罩带来的成本支出,通过优化器件布局设计,10nm AOI 器件将原有利用 4Fin 驱动的器件优化成 3Fin 来驱动,如图 10.43(c)所示,可将 AOI 器件单元高度由 9T 优化成 7.5T,(9T 和 7.5T 是指标准单元高度与 M2 节距的倍数)。这里进一步提高器件密度来从另一个方向上降低成本。

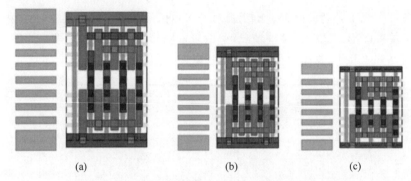

图 10.43　标准单元在工艺节点演进时的优化过程

(a) 14nm AOI 器件 STC 设计方案,(b) 基于 14nm AOI 器件等效尺寸微缩 10nm 设计方案,

(c) 布局优化的 10nm AOI 器件 STC 设计方案[81]

图 10.44 展示了三种由器件隔离技术和接触层连线优化的深度标准单元优化过程。图 10.44(a)所示为采用双扩散隔离工艺标准的 FinFET 单元,其纵向高度为 5.5T,横向宽度为 7 倍栅极节距(7CPP)。通过单扩散隔离工艺的优化,其标准单元设计优化成为图 10.44(b)所示结构。通过一组伪栅极替代两组伪栅极进行器件隔离,标准单元的宽度降低了约 14%(7CPP→6CPP)。图 10.44(c)所示为采用嵌入电源线(Buried Power Rail, BPR)的设计优化方案,利用 BPR 替代原来处于上层的尺寸较大的电源线,可将标准单元高度降低约 9%(5.5T→5T)。图 10.44(d)所示为采用特殊接触层连线方法,通过自对准栅极接触层(Self-Aligned Gate Contact, SAGC),将栅极接触层从非有源区移至有源区,标准单元高度缩小 5%(5T→4.75T)。

三维器件的结构设计与工艺协同优化一般以工艺基础作为内核,设计作为外在约束,两者的相互沟通通过晶体管的结构尺寸、器件的工作性能和最终电路的综合性能表现来实现。这里通过 14nm 鳍式晶体管中 SRAM 器件工艺设计协同优化案例说明工艺和设计的相互沟通过程[81]。图 10.45 所示为器件饱和电流(I_{dsat})与鳍宽度(W_{Fin})、栅极长度(L_g)和鳍高度(H_{Fin})三个变量的相关性模拟结果。其中图 10.45(b)为鳍高度为 25nm 条件下饱和电流分布曲面。可以看出,当前工艺条件下晶体管相关尺寸并不能达到器件的最优性能。当然,工艺结构尺寸对性能的影响,不仅考虑以上三个尺寸参数,需要从多方面进行综合评价。

图 10.46 所示为电路性能模拟结果,在图 10.46(a)为标准 SRAM111(PU∶PD∶PG＝1∶1∶1)结构下电路性能评价指标静态噪声容限(Static Noise Margin)和写入噪声容限

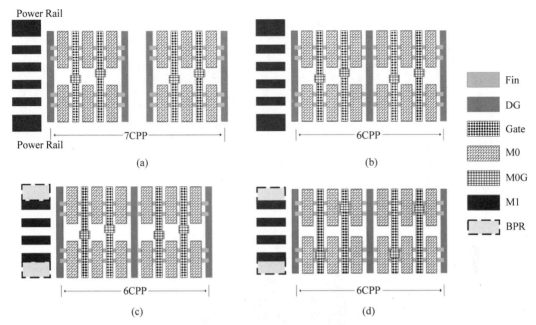

图 10.44　先进节点的标准化单元深度优化方案：标准方案和分别包含 SDB、BPR 和 SAGC 的优化方案

(a) 5.5T STC；(b) 5.5T STC w/SDB；(c) 5T STC w/SDB&BPR；(d) 4.75T STC w/SDB&BPR&SAGC

(Write Noise Margin)示意图。图 10.46(b)是 0.9V 工作电压下不同电路设计下标静态噪声容限模拟结果，其中包括了三种 SRAM 设计结构：SRAM111、SRAM121 和 SRAM122。图 10.46(c)是不同工作电压对电路性能的影响。从图 10.46(b)中可以看出在当前工艺条件下结构尺寸波动范围内，SRAM121 结构设计下标静态噪声容限最大，即静态噪声抗干扰能力最强。图 10.46(c)可以看到类似的趋势，同一工作电压条件下，SRAM121 结构抗噪声干扰能力最强，且其抗干扰能力随工作电压的增加而增强。这个例子显示在设计工艺协同优化过程中，电路模拟能够有效地对电路设计和工艺选择进行指导。

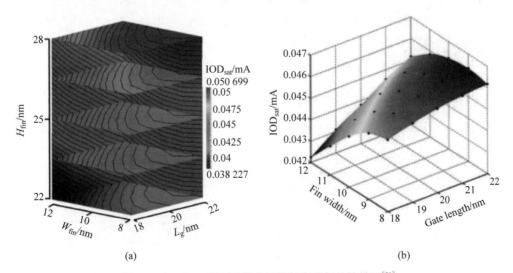

图 10.45　14nm SRAM 器件结构与电路相关性模拟[81]

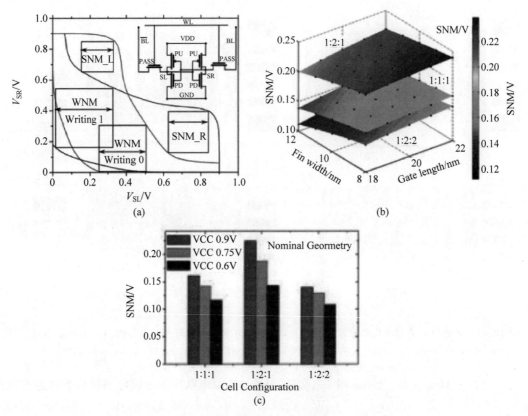

图 10.46　14nm SRAM 器件结构与电路性能相关性模拟[81]

10.3.3　系统工艺协同优化

系统工艺协同优化(STCO)是工艺设计协同优化的进一步发展形式。虽然可以通过 DTCO 来改善器件尺寸微缩对工艺带来的挑战,但随着关键尺寸的不断缩小,工艺制程能力仍不可避免地达到极限,这时就需要从系统层面考虑摩尔定律的推进。STCO 在极限工艺制程能力下推进晶体管密度的进一步提高或推进芯片性能的进一步提高。

图 10.47 所示为比利时半导体研究所(IMEC)发表的工艺节点路线图。当进入 5nm 技术

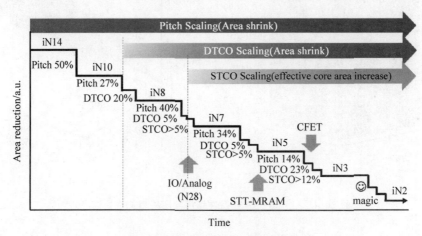

图 10.47　IMEC 工艺节点路线图[82]

节点以后,在 DTCO 基础上晶体管密度提升较为缓慢,这时需要在系统层面考虑新的器件结构(环绕栅极晶体管(GAAFET)、互补场效应晶体管(CFET)、垂直场效应晶体管(VFET)等)和先进封装技术(3D 封装技术等)来进一步提升晶体管密度。按照 IMEC 的计算方法,以增加芯片设计中核心功能区面积比重为目标的 STCO 技术在 10nm 以下节点会发挥越来越重要的作用[82]。

通过系统层面推进摩尔定律的相关方案,统称为 STCO。本节以 3D 封装为例来说明 STCO 过程。按照功能划分,常规逻辑电路芯片组成包括存储单元(SRAM、DRAM 等)、计算单元(CPU、GPU 等)、功能单元(图像信号处理器、声音处理器等)和其他辅助单元(IO、编码解码器等),分布示意图如图 10.48 所示。其中芯片性能往往只是由存储单元和计算单元等少数核心功能区所决定,这部分功能区晶体管密度的提升能直接决定最终芯片性能的提升,需要采用先进制程来制造。而其余非核心功能区

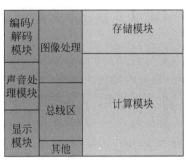

图 10.48　一般 SoC 芯片组成示意图

内晶体管密度的提升并不能直接决定最终芯片性能的提升,可以采用成熟制程来制造。

考虑通过提升芯片内核心功能区的面积比例等效提升芯片性能。目前 STCO 的实现普遍有两种工艺方案:①将核心功能区与非核心功能区分别放置在两个芯片上独立制造,后续再集成封装在一起,即 2.5D 封装;②基于 2.5D 封装,进一步将多个核心功能区芯片堆叠封装起来,即 3D 封装。图 10.49 所示为 2.5D 封装示意图,芯片 1 和芯片 2 分别代表不同功能区晶体管芯片,芯片之间的互联通过底部的重新分布层(Redistribution Layer, RDL)完成,互联之后的电路利用分布在硅嵌入层(Si Interposer)内的硅通孔(Through Silicon Via, TSV)与底部封装基底连接。

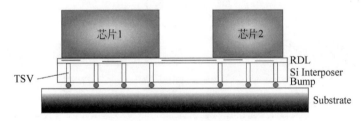

图 10.49　2.5D 封装技术示意图

作为 STOO 的最终模式,3D 封装的一般结构如图 10.50 所示。从图中可以看出,3D 封装技术利用纵向空间完成晶体管的垂直堆叠,实现单位面积内晶体管密度的进一步提升。硅

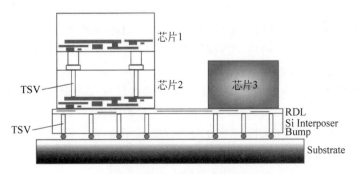

图 10.50　3D 封装结构示意图

通孔技术是 3D 封装的一个重要实现途径。2.5D IC 中需要利用硅通孔实现不同芯片与基底的连接,而 3D 封装中除了需要利用硅通孔实现芯片与基底的连接之外,还需要利用硅通孔完成纵向堆叠芯片的连接。硅通孔技术能显著降低互联距离,从而降低互联电阻,改善电路 RC 延迟,形成不同组件间低延迟的集成。

10.4　虚拟制造技术的展望

面向下一个十年,环绕栅极集体管(GAAFET)等逐渐取代目前的鳍式晶体管的大势已经抵定,集成电路技术迭代会继续进行而且即将开启一轮新周期。在图形尺寸微缩方面,目前量产的极紫外光刻技术已经达到满足 2nm 节点的图形定义水平[83]。如图 10.51 所示,在未来由于可预见的尺寸微缩变慢,集成电路晶体管密度的提高可能更多的是通过器件结构的设计进行提高;同时,以 3D 封装为代表的集成技术能够在更高维度上对集成电路的功能、成本和晶体管密度做到多目标协同。计算机模拟辅助工艺开发以及工艺设计协同方法会在新节点制程开发中起到重要作用。

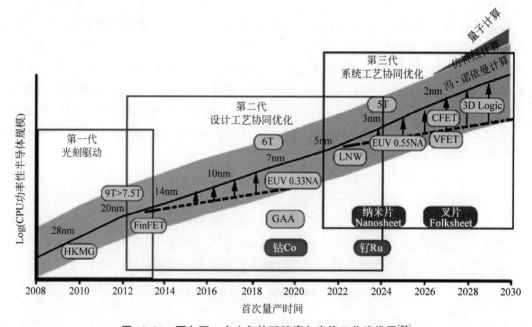

图 10.51　面向下一个十年的延续摩尔定律工艺路线图[82]

如表 10.5 所示,主要 EDA 厂商包括 Synopsys、Cadence 和 Siemens EDA(即 Mentor Graphics)等近年来都在积极布局先进节点的仿真,并且非常重视工艺和电路设计之间的协同。其中以 Synopsys 为代表,借助积累深厚的器件模拟和工艺模拟经验,已经提供了从元器件到电路的接近全流程的标准化服务。

当前,集成电路中关键工艺的计算机辅助应用仍然相对较为碎片化。在虚拟制造环境中整合电性模拟和虚拟实验设计模块,对工艺过程、成本和器件电性进行同步优化,以达到较高的效费比。为了实践 DFM、DTCO 和 STCO 等工艺技术协同技术,建立全流程的虚拟仿真平台是非常必要的。如图 10.52 所示,将所有的工艺模拟整合到一个模拟平台是计算机辅助技术的发展方向。

表 10.5 主流 EDA 厂商在先进节点的解决方案布局

	Synopsys	Cadence	Siemens EDA
工艺模拟	√	√	√
器件仿真	√		
电路仿真	√	√	√
光掩模仿真工具	√	√	√
DFM	√	√	√
DTCO	√		
设计和验证	√	√	√
3D 封装和系统验证	√	√	√

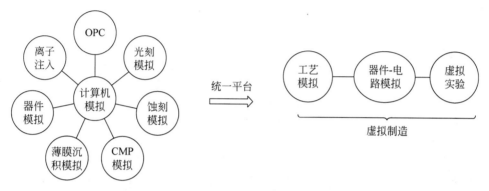

图 10.52 统一的平台的集成电路虚拟制造技术

参 考 文 献

[1] 张汝京. 纳米集成电路制造工艺[M]. 2 版. 北京：清华大学出版社，2017.

[2] Lavagno L, Markov I, Martin G, et al. Electronic Design Automation for IC Implementation, Circuit Design, and Process Technology[M]. CRC Press, 2016.

[3] More Moore. The International Roadmap for Device and Systems[R]. IEEE, 2020.

[4] Liu M. Unleashing the Future of Innovation[C]. IEEE International Solid-State Circuits Conference, 2021: 9-16.

[5] Thompson S E, Chau R S, Ghani T, et al. In Search of "Forever," Continued Transistor Scaling One New Material at a Time[J]. IEEE Transactions on Semiconductor Manufacturing, 2005, 18: 26-36.

[6] wikichip. Technology Node[EB/OL]. https://en.wikichip.org/wiki/technology_node.

[7] Frank M M. High-k Metal Gate Innovations Enabling Continued CMOS Scaling[C]. Proceedings of the European Solid-State Device Research Conference. Helsinki, Finland: IEEE, 2011: 25-33.

[8] Liebmann L, Chu A, Gutwin P. The Daunting Complexity of Scaling to 7nm without EUV: Pushing DTCO to the Extreme[C]. Design-Process-Technology Co-optimization for Manufacturability IX, 2015: 1-12.

[9] Mallik A, Ryckaert J, Mercha A, et al. Maintaining Moore's Law: Enabling Cost-Friendly Dimensional Scaling[C]Extreme Ultraviolet (EUV) Lithography VI, 2015, 9422: 531-542.

[10] Mallik A, Vansumere W, Ryckaert J, et al. The Need for EUV Lithography at Advanced Technology for Sustainable Wafer Cost[C]. NAULLEAU P P. Extreme Ultraviolet (EUV) Lithography IV, 2013, 8679: 803-812.

[11] Yeap G, Lin S S, Chen Y M, et al. 5nm CMOS Production Technology Platform featuring Full-fledged

EUV, and High Mobility Channel FinFETs with Densest $0.021\mu m^2$ SRAM Cells for Mobile SoC and High Performance Computing Applications[C]. IEEE International Electron Devices Meeting, 2019: 36. 7. 1-36. 7. 4.

[12] Khan S, Mann A. AI Chips: What They Are and Why They Matter[R]. Center for Security and Emerging Technology, 2020.

[13] Dutton R W. Modeling and Simulation for VLSI[C]. International Electron Devices Meeting, 1986: 2-7.

[14] Cham K M, Oh S Y, Moll J L, et al. Computer-Aided Design and VLSI Device Development[M]. Springer, 1998.

[15] Law M E. 20 years of SISPAD: Adolescence of TCAD and further perspective[C]. International Conference on Simulation of Semiconductor Processes and Devices, 2016: 1-6.

[16] Mülders T, Domnenko V, Küchler B, et al. Source-Mask Optimization Incorporating a Physical Resist Model and Manufacturability Constraints[C]. Optical Microlithography XXV, 2012: 157-169.

[17] Kushner M J, Collison W Z, Grapperhaus M J, et al. A Three-Dimensional Model for Inductively Coupled Plasma Etching Reactors: Azimuthal Symmetry, Coil Properties, and Comparison to Experiments[J]. Journal of Applied Physics, 1996, 80: 1337-1344.

[18] SEMulator3D[EB/OL]. http://www.coventor.com/products/semulator3d/.

[19] Zhang Y, Ding Y, Wu Z, et al. Run-to-Run Control of Thermal Atomic Layer Deposition[C]. Mediterranean Conference on Control and Automation, 2020: 1080-1086.

[20] Senez V, Collard D, Ferreira P, et al. Two-Dimensional Simulation of Local Oxidation of Silicon: Calibrated Viscoelastic Flow Analysis[J]. IEEE Transactions on Electron Devices, 1996, 43: 720-731.

[21] Rodriguez N, Song L, Shroff S, et al. Hotspot Prevention Using CMP Model in Design Implementation Flow[C]. International Symposium on Quality Electronic Design, 2008: 365-368.

[22] White D, Gower A. Impact of Multi-level Chemical Mechanical Polishing on 90 nm and Below[C]. International VLSI/ULSI Multilevel Interconnect Conference, 2005.

[23] Katakamsetty U, Koli D, Yeo S, et al. 20nm CMP Model Calibration with Optimized Metrology Data and CMP Model Applications[C]. STURTEVANT J L, CAPODIECI L. Design-Process-Technology Co-optimization for Manufacturability IX: SPIE, 2015: 225-233.

[24] Li Y, Li R, Jiang P, et al. Copper Interconnect Topography Simulation in 3D NAND Designs[C]. Design-Process-Technology Co-optimization for Manufacturability XIII: SPIE, 2019: 242-247.

[25] Law M E, Cea S M. Continuum Based Modeling of Silicon Integrated Circuit Processing: An Object Oriented Approach[J]. Computational Materials Science, 1998, 12: 289-308.

[26] Weber C E, Cea S M, Deshpande H, et al. Modeling of NMOS Performance Gains from Edge Dislocation Stress[C]International Electron Devices Meeting, 2011: 34. 4. 1-34. 4. 4.

[27] Economou D J. Hybrid Simulation of Low Temperature Plasmas: A Brief Tutorial[J]. Plasma Processes and Polymers, 2017, 14: 1600152.

[28] Kushner M J. Hybrid Modelling of Low Temperature Plasmas for Fundamental Investigations and Equipment Design[J]. Journal of Physics D: Applied Physics, 2009, 42: 194013.

[29] Kim S, Lieberman M A, Lichtenberg A J, et al. Improved Volume-Averaged Model for Steady and Pulsed-Power Electronegative Discharges[J]. Journal of Vacuum Science & Technology A, 2006, 24: 2025-2040.

[30] Schneider R. Plasma-Wall Interaction: a Multiscale Problem[J]. Physica Scripta, 2006, T124: 76-79.

[31] Guo W, Sawin H H. Review of Profile and Roughening Simulation in Microelectronics Plasma Etching[J]. Journal of Physics D, 2009, 42: 194014.

[32] Petit-etienne C, Darnon M, Vallier L, et al. Reducing Damage to Si Substrates During Gate Etching Processes by Synchronous Plasma Pulsing[J]. Journal of Vacuum Science & Technology B, 2010, 28: 926-934.

[33] Bodart P，Brihoum M，Cunge G，et al. Analysis of Pulsed High-Density HBr and Cl₂ Plasmas：Impact of the Pulsing Parameters on the Radical Densities[J]. Journal of Applied Physics，2011，110：113302.

[34] Petit-etienne C，Darnon M，Bodart P，et al. Atomic-Scale Silicon Etching Control Using Pulsed Cl₂ Plasma[J]. Journal of Vacuum Science & Technology B，2013，31：011201.

[35] Ahn T H，Nakamura K，Sugai H. Negative Ion Measurements and Etching in a Pulsed-Power Inductively Coupled Plasma in Chlorine[J]. Plasma Sources Science and Technology，1996，5：139-144.

[36] Banna S，Agarwal A，Cunge G，et al. Pulsed High-Density Plasmas for Advanced Dry Etching Processes [J]. Journal of Vacuum Science & Technology A，2012，30：040801.

[37] Ohtake H，Samukawa S. Charge-Free Etching Process Using Positive and Negative Ions in Pulse-Time Modulated Electron Cyclotron Resonance Plasma with Low-Frequency Bias [J]. Applied Physics Letters，1996，68：2416-2417.

[38] Okigawa M，Ishikawa Y，Ichihashi Y，et al. Ultraviolet-Induced Damage in Fluorocarbon Plasma and its Reduction by Pulse-Time-Modulated Plasma in Charge Coupled Device Image Sensor Wafer Processes [J]. Journal of Vacuum Science & Technology B，2004，22：2818-2822.

[39] Ramamurthi B，Economou D J. Two-Dimensional Pulsed-Plasma Simulation of a Chlorine Discharge[J]. Journal of Vacuum Science & Technology A，2002，20：467-478.

[40] Thorsteinsson E G，Gudmundsson J T. A Global(Volume Averaged)Model of a Cl₂/Ar Discharge：II. Pulsed Power Modulation[J]. Journal of Physics D，2010，43：115202.

[41] Malyshev M V，Donnelly V M，Colonell J I，et al. Dynamics of Pulsed-Power Chlorine Plasmas[J]. Journal of Applied Physics，1999，86：4813-4820.

[42] Qu C，Nam S K，Kushner M J. Transients Using Low-High Pulsed Power in Inductively Coupled Plasmas[J]. Plasma Sources Science and Technology，2020，29：085006.

[43] Wang M，Kushner M J. High Energy Electron Fluxes in DC-Augmented Capacitively Coupled Plasmas. II. Effects on Twisting in High Aspect Ratio Etching of Dielectrics[J]. Journal of Applied Physics，2010，107：023309.

[44] Shimmura T，Suzuki Y，Soda S，et al. Mitigation of Accumulated Electric Charge by Deposited Fluorocarbon Film during SiO₂ Etching[J]. Journal of Vacuum Science & Technology A，2004，22：433-436.

[45] Negishi N，Miyake M，Yokogawa K，et al. Bottom Profile Degradation Mechanism in High Aspect Ratio Feature Etching Based on Pattern Transfer Observation[J]. Journal of Vacuum Science & Technology B，2017，35：051205.

[46] Huang S，Shim S，Nam S K，et al. Pattern Dependent Profile Distortion During Plasma Etching of High Aspect Ratio features in SiO₂[J]. Journal of Vacuum Science & Technology A，2020，38：023001.

[47] Kim S D，Lee J J，Lim S H，et al. Assessment of Dry Etching Damage in Permalloy Thin Films[J]. Journal of Applied Physics，1999，85：5992-5994.

[48] Eriguchi K，Nakakubo Y，Matsuda A，et al. Plasma-Induced Defect-Site Generation in Si Substrate and Its Impact on Performance Degradation in Scaled MOSFETs[J]. IEEE Electron Device Letters，2009，30：1275-1277.

[49] Kuboi N，Tatsumi T，Kinoshita T，et al. Prediction of Plasma-Induced Damage Distribution during Silicon Nitride Etching using Advanced Three-Dimensional Voxel Model[J]. Journal of Vacuum Science & Technology A，2015，33：061308.

[50] Sakaue H，Iseda S，Asami K，et al. Atomic Layer Controlled Digital Etching of Silicon[J]. Japanese Journal of Applied Physics，1990，29：2648-2652.

[51] Lin K Y，Li C，Engelmann S，et al. Achieving Ultrahigh Etching Selectivity of SiO₂ over Si₃N₄ and Si in Atomic Layer Etching by Exploiting Chemistry of Complex Hydrofluorocarbon Precursors[J]. Journal of Vacuum Science & Technology A，2018，36：040601.

[52] Wang X,Wang M,Biolsi P,et al. Scaling of Atomic Layer Etching of SiO_2 in Fluorocarbon Plasmas: Transient Etching and Surface Roughness[J]. Journal of Vacuum Science & Technology A,2021, 39: 033003.

[53] Dunn D,Sporre J R,Deshpande V,et al. Guiding Gate-Etch Process Development using 3D Surface Reaction Modeling for 7nm and Beyond[C]. Advanced Etch Technology for Nanopatterning VI: SPIE, 2017: 75-86.

[54] 伍强. 衍射极限附近的光刻工艺[M].北京:清华大学出版社,2020.

[55] Doering R,Nishi Y. Handbook of Semiconductor Manufacturing Technology[M]. 2 版. Boca Raton: CRC Press,2008.

[56] Mülders T,Stock H J,Küchler B,et al. Modeling of NTD Resist Shrinkage[C]. Advances in Patterning Materials and Processes XXXIV: SPIE,2017: 147-157.

[57] D'Silva S,Mülders T, Stock H J,et al. Modeling the Impact of Shrinkage Effects on Photoresist Development[J]. Journal of Micro/Nanopatterning,Materials,and Metrology,2021,20(1): 1-18.

[58] Liebmann L W,Vaidyanathan K,Pileggi L. Design Technology Co-Optimization in the Era of Sub-Resolution IC Scaling[M]. Bellingham,Washington USA: SPIE Press,2016.

[59] Schmid G M,Stewart M D, Wang C Y,et al. Resolution Limitations in Chemically Amplified Photoresist Systems [C]. Advances in Resist Technology and Processing XXI: SPIE, 2004, 5376: 333-342.

[60] Kahng A B,Samadi K. CMP Fill Synthesis: A Survey of Recent Studies[J]. IEEE Transactions on Computer-Aided Design of Integrated Circuits and Systems,2008,27: 3-19.

[61] Liebmann L,Maynard D,Mccullen K,et al. Integrating DfM Components into a Cohesive Design-to-Silicon Solution[C]. Design and Process Integration for Microelectronic Manufacturing III: SPIE,2005: 1-12.

[62] Gaynor B D,Hassoun S. Fin Shape Impact on FinFET Leakage With Application to Multithreshold and Ultralow-Leakage FinFET Design[J]. IEEE Transactions on Electron Devices,2014,61: 2738-2744.

[63] Sikder O,Schubert P J. First Principle and NEGF Based Study of Silicon Nano-wire and Nano-sheet for Next Generation FETs: Performance, Interface Effects and Lifetime[C]. International Conference on Nanotechnology(IEEE-NANO),2020: 140-145.

[64] Chang J B,Guillorn M,Solomon P M,et al. Scaling of SOI FinFETs Down to Fin Width of 4 nm for the 10nm Technology Node[C]. Symposium on VLSI Technology-Digest of Technical Papers,2011: 12-13.

[65] Moroz V. Transition from Planar MOSFETs to FinFETs and its Impact on Design and Variability[R]. 2011.

[66] Kuhn K J,Murthy A,Kotlyar R,et al. Past,Present and Future: SiGe and CMOS Transistor Scaling [J]. ECS Transactions,2010,33: 3-17.

[67] Gendron-Hansen A,Korablev K,Chakarov I,et al. TCAD Analysis of FinFET Stress Engineering for CMOS Technology Scaling [C]. 2015 International Conference on Simulation of Semiconductor Processes and Devices(SISPAD),2015: 417-420.

[68] Badel S,Xu M,Ma X,et al. Chip Variability Mitigation through Continuous Diffusion Enabled by EUV and Self-Aligned Gate Contact[C]. IEEE International Conference on Solid-State and Integrated Circuit Technology,2018: 1-3.

[69] Pal A,Bazizi E M,Jiang L,et al. Self-Aligned Single Diffusion Break Technology Optimization Through Material Engineering for Advanced CMOS Nodes [C]. International Conference on Simulation of Semiconductor Processes and Devices,2020: 307-310.

[70] Miyaguchi K,Bufler F M,Chiarella T,et al. Single and Double Diffusion Breaks in 14nm FinFET and Beyond[C]. International Conference on Solid State Devices and Materials. Japan,2017.

[71] Gencer A H,Tsamados D, Moroz V. Fin Bending due to Stress and its Simulation[C]. International

Conference on Simulation of Semiconductor Processes and Devices,2013：109-112.

[72] Wen T Y,Colombeau B,Li C l. ,et al. Fin Bending Mitigation and Local Layout Effect Alleviation in Advanced FinFET Technology through Material Engineering and Metrology Optimization［C］. Symposium on VLSI Technology,2019：T110-T111.

[73] Stettler M,Cea S, Hasan S, et al. State-of-the-Art TCAD：25 Years ago and Today［C］. IEEE International Electron Devices Meeting(IEDM),2019：39.1.1-39.1.4.

[74] Radojcic R,Perry D,Nakamoto M. Design for Manufacturability for Fabless Manufactures［J］. IEEE Solid-State Circuits Magazine,2009,1：24-33.

[75] Liebmann L,Chanemougame D,Churchill P,et al. DTCO Acceleration to Fight Scaling Stagnation［C］. Design-Process-Technology Co-optimization for Manufacturability XIV：SPIE,2020：62-76.

[76] Yeric G,Cline B,Sinha S,et al. The Past Present and Future of Design-Technology Co-Optimization ［C］. Proceedings of the IEEE 2013 Custom Integrated Circuits Conference,2013：1-8.

[77] Chang C C,Shih I C,Lin J F,et al. Layout Patterning Check for DFM［C］. Design for Manufacturability through Design-Process Integration II：SPIE,2008：510-516.

[78] Chen Y D,Huang J,Zhao D,et al. Advanced 3D Design Technology Co-Optimization for Manufacturability ［C］. China Semiconductor Technology International Conference(CSTIC),2019：1-3.

[79] Ryckaert J,Raghavan P,Schuddinck P,et al. DTCO at N7 and Beyond：Patterning and Electrical Compromises and Opportunities［C］. Design-Process-Technology Co-optimization for Manufacturability IX：SPIE,2015：101-108.

[80] Liebmann L,Zeng J,Zhu X,et al. Overcoming Scaling Barriers Through Design Technology Co-Optimization［C］. IEEE Symposium on VLSI Technology,2016：1-2.

[81] Asenov A,Cheng B,Wang X,et al. Variability Aware Simulation Based Design-Technology Cooptimization(DTCO)Flow in 14 nm FinFET/SRAM Cooptimization［J］. IEEE Transactions on Electron Devices,2015,62：1682-1690.

[82] Kim R H,Sherazi Y,Debacker P,et al. IMEC N7,N5 and Beyond：DTCO,STCO and EUV Insertion Strategy to Maintain Affordable Scaling Trend［C］. Design-Process-Technology Co-optimization for Manufacturability XII：SPIE,2018：185-194.

[83] Lithography,The International Roadmap for Device and Systems［R］. IEEE,2020.

图书资源支持

◇◇◇

感谢您一直以来对清华版图书的支持和爱护。为了配合本书的使用,本书提供配套的资源,有需求的读者请扫描下方的"书圈"微信公众号二维码,在图书专区下载,也可以拨打电话或发送电子邮件咨询。

如果您在使用本书的过程中遇到了什么问题,或者有相关图书出版计划,也请您发邮件告诉我们,以便我们更好地为您服务。

◇◇◇

我们的联系方式:

地　　　址:北京市海淀区双清路学研大厦 A 座 714

邮　　　编:100084

电　　　话:010-83470236　010-83470237

客服邮箱:2301891038@qq.com

QQ:2301891038（请写明您的单位和姓名）

- -

资源下载: 关注公众号 "书圈" 下载配套资源。

资源下载、样书申请

书 圈

图书案例

清华计算机学堂

观看课程直播